软磁铁氧体生产工艺与控制技术

王自敏　编著

化学工业出版社

·北京·

图书在版编目（CIP）数据

软磁铁氧体生产工艺与控制技术/王自敏编著．—北京：化学工业出版社，2013.8（2023.8 重印）
ISBN 978-7-122-17921-0

Ⅰ.①软… Ⅱ.①王… Ⅲ.①软磁材料-铁氧体-生产工艺 Ⅳ.①TM277

中国版本图书馆 CIP 数据核字（2013）第 151216 号

责任编辑：刘丽宏　　装帧设计：刘丽华
责任校对：吴　静

出版发行：化学工业出版社（北京市东城区青年湖南街 13 号　邮政编码 100011）
印　　装：北京虎彩文化传播有限公司
787mm×1092mm　1/16　印张 21　字数 547 千字　　2023 年 8 月北京第 1 版第 3 次印刷

购书咨询：010-64518888　　售后服务：010-64518899
网　　址：http：//www.cip.com.cn
凡购买本书，如有缺损质量问题，本社销售中心负责调换。

定　　价：59.00 元

序

近年来，伴随通信、网络、家电、计算机、汽车电子、抗电磁干扰技术、雷达、导航及工业自动化等电子产品市场的强劲需求，软磁铁氧体的发展势头迅猛，我国现已成为全球最大的软磁铁氧体生产基地，但却不是软磁铁氧体研发、生产和应用的强国，其产品的性能参数和性价比，与发达国家相比，差距还很明显，其重要原因之一是本行业的高技能型人才极度缺乏，培养缓慢而流失严重，尤其是在人才培养方面国内目前还没有适合该行业高技能型人才培训所需的教材，本书的编写，填补了国内这方面图书的空白。

本书立足于软磁铁氧体的大生产技术，从软磁铁氧体的基本特性及其化学组成与晶体结构出发，对其常用原辅材料及其控制要点、常用软磁铁氧体的实用配方、预烧与固相反应、备料与造粒技术、成型与气氛烧结、磨加工与产品检测等生产环节的工艺与控制技术，按材料的不同要求与特性，进行了较系统的介绍，并对各生产工序中出现的常见质量问题及其解决措施，进行了较为系统的阐述。本书具有如下特色：

第一，基本原理与软磁铁氧体大生产的实际案例相结合。

第二，先进技术与大生产相结合，介绍了目前软磁铁氧体材料行业国内、国际先进的大生产工艺控制技术。

第三，重视解决软磁铁氧体大生产过程中出现的实际问题。

第四，基于软磁铁氧体系统化的生产过程，组织本教材的编写内容。以生产工序为章节，按材料的不同要求与特性对各工序作了对比介绍，对生产中常见的质量问题及其解决措施，进行了较为系统的阐述，实用性强。

本书图文并茂，文字通俗易懂，对于从事软磁铁氧体材料及元件的教学、生产、研究的人员具有良好的参考作用。相信对该行业高技能型人才的培养、大生产工艺技术问题的探索、行业技术进步的推动等具有重要而实际的价值。

电子科技大学教授　兰中文

前言

随着数字电视机、笔记本电脑的普及，以及调制解调器、宽带变压器、监视器、程控交换机、网络、通信、雷达、导航、汽车电子等需求的快速增长，软磁铁氧体的生产，近年来持续以超过8%的速度增长。我国现已成为全球最大的软磁铁氧体生产基地。为了适应我国软磁铁氧体行业快速发展的形式要求，培养更多行业生产方面的实用性技术人才，我们编写了《软磁铁氧体生产工艺与控制技术》一书。

本书对软磁铁氧体的工艺原理、工艺过程、操作方法以及有关工艺设备的基础知识等，进行了较详细的阐述。全书共分12章，内容包括软磁铁氧体的化学组成及其基本特性，常用原料及其控制要点，低、中、高磁导率MnZn铁氧体、各类常用MnZn功率铁氧体、各类常用NiZn、MgZn、LiZn铁氧体的主、辅实用配方，软磁铁氧体的备料、成型、烧结、磨加工、产品检测等生产环节的工艺与控制技术。

本书介绍了软磁铁氧体材料目前国内、国际较先进的大生产工艺控制技术，并将软磁铁氧体的工艺原理与大量的生产实际案例有机结合，注重解决大生产的实际问题，文字通俗，简明易懂，可以作为高职高专电子材料与元器件专业的教材或磁性材料行业专业技术员的参考书。

由于软磁铁氧体材料与元器件涉及面广，且发展十分迅速，加之编者水平有限，书中难免有不妥之处，敬请读者批评指正。

编著者

目录

第1章 认识软磁铁氧体

第2章 软磁铁氧体的化学组成与晶体结构

3 第3章 软磁铁氧体的基本特性

4 第4章 软磁铁氧体的常用原材料及其控制

5 第5章 常用软磁铁氧体的配方

6 第6章 原料的配料与混合

7 第7章 软磁铁氧体预烧工艺与控制

8 第8章 软磁铁氧体备料工艺与控制

9 第9章 软磁铁氧体成型工艺与控制

10 第10章 软磁铁氧体烧结工艺与控制

11

第11章 软磁铁氧体磨加工工艺与控制

12

第12章 软磁铁氧体检测工艺与控制

参考文献

第1章 认识软磁铁氧体

1.1 磁性材料及其分类

磁性是物质的一种基本属性，任何物质都具有或强或弱的磁性，任何空间都存在着或高或低的磁场。通常把磁性强的物质称为磁性材料，它主要由过渡族元素铁、钴、镍等元素及其合金组成，且能够直接或间接产生磁性。

在现代科技领域中，特别是在电工及电子技术领域中，磁性材料得到了广泛的应用，已成为国民经济的基础材料。目前，磁性材料主要应用于通信、信息、家用电器、仪器仪表、电子电力、自动控制、海洋、空间、生物、新能源、军事、科学研究等领域。

从材质和结构角度，磁性材料分为金属及合金磁性材料和铁氧体磁性材料两大类，铁氧体磁性材料又分为多晶结构材料和单晶结构材料。

从应用功能角度，磁性材料分为软磁材料、永磁材料、磁记录-矩磁材料、旋磁材料等。软磁材料、永磁材料、磁记录-矩磁材料中既有金属材料，又有铁氧体材料；而旋磁材料和高频软磁材料就只能是铁氧体材料了，因为金属在高频和微波频率下将产生巨大的涡流效应，导致金属磁性材料无法使用，而铁氧体的电阻率非常高，能有效地克服这一问题，并得到了广泛的应用。

1.2 金属软磁材料与软磁铁氧体材料

软磁材料是磁性材料中的一大类，分金属软磁材料和非金属软磁材料，它们的重要区别在于导电性的不同。金属软磁材料的电阻率 ρ 低，适用于低频电子产品；软磁铁氧体材料是非金属软磁材料，它的电阻率高，适用于高频和特高频。

(1) 金属软磁材料

金属软磁材料的生产已经有很长的历史，在电力、电信和自动控制等方面，都得到了广泛的应用。纯铁（99.99%）、硅铁（又称硅钢）和铁镍合金（又叫坡莫合金或欧姆合金）就是这类材料的典型代表。

纯铁（又称工程纯铁），在19世纪前，就已经作为一种金属磁性材料在电工技术上得到了应用，但由于其电阻率太小，涡流损耗太大，至20世纪初，就陆续被各种类型的硅铁合金所取代。硅铁合金的电阻率比纯铁高好几倍，是发电机、电动机和一些大功率变压器最常用的一种磁性材料。铁镍合金具有比硅铁合金更好的高频特性，开辟了金属磁性材料在较高频率下应用的新领域，已广泛用于海底电缆、电视、精密仪表等电器里的特种变压器以及录音、录像磁头等领域。

但是，由于金属磁性材料的电阻率 ρ 太低，一般只有 $10^{-4} \sim 10^{-2}\Omega \cdot m$，使用频率增大后，在材料内部产生的涡流将使能量显著损失。这样就使它在高频方面的应用受到了限制。为了使硅钢等金属磁性材料用作高频变压器，一般先轧成0.05～1.0mm厚的薄片，然后叠合起来使用，这样做，其工艺较复杂，成本较高，消耗金属的量较大。在20世纪20年代以后，基于高频无线电技术的迫切需要，软磁铁氧体得到了迅速的发展。

（2）软磁铁氧体材料

软磁铁氧体是铁氧体材料中种类最多、应用最广的一类非金属磁性材料。它是一种半导体材料，主要的特点是电阻率高，一般为 $10^{2} \sim 10^{8}\Omega \cdot m$，比金属软磁材料高数百倍到数十万倍。并且有较低的剩余磁通密度和矫顽力（小于10A/m），因此，用软磁体氧体作磁芯时，涡流损耗小，具有良好的高频特性。软磁铁氧体的化学成分和制造技术从20世纪30年代起，就不断地发展和完善，其典型材料有MnZn、NiZn、MgZn、LiZn和平面六角晶系铁氧体系列产品，软磁铁氧体的制造理论与技术也日益成熟。

随着电子工业的发展，不断需求一些新型的软磁铁氧体材料，目前世界上已有许多专门部门研究和开发软磁铁氧体的新产品，特别是在高频领域内更是如此，尽管新近发展起来的非晶态和纳米晶等磁体引起了人们的高度重视，但是在高频应用和性价比上，仍不能与软磁铁氧体相比，可以预见，在今后较长的时间里，软磁铁氧体材料在高频领域内的应用，仍将处于优势地位。

但是，软磁铁氧体也有不足之处，它的饱和磁感应强度 B_S 较低，最高约为0.6T，而硅钢为2T，B_S 低不利于用作转换（或储存）能量的磁芯。就磁导率而言，软磁铁氧体的商业产品只有15000～18000，实验室研究水平为40000左右，还不及优良金属软磁材料，故在数千赫兹或更低频段内，金属软磁材料仍占很大的优势，另外，因软磁铁氧体材料的居里温度 T_C 较低，在高频段内也有少数情况，例如要求居里温度 T_C 高或磁导率的温度系数低的情况，宜采用磁性金属薄片或细粉（与绝缘粉末混合）制成的磁芯。因此，软磁铁氧体的出现与发展，并未降低金属软磁材料的使用价值，只是各自使用的频段和场合不同。目前，软磁铁氧体材料仍是高频领域内应用最好的磁性材料。

1.3 软磁铁氧体的发展史

由于 Fe_3O_4 的饱和磁化强度仅仅是铁的1/4，因此，长期以来，人们并没有将它作为一种有实用价值的磁性材料对待。直到20世纪30年代，高频无线电新技术迫切地要求既具有铁磁性而电阻率又很高的材料，高电阻铁磁介质的实际重要性使人们重新考虑磁石或其他磁性氧化物的利用问题。单纯的 Fe_3O_4 的电阻率和磁导率都不够高，因此，有必要研制新的、高电阻率磁性材料。在1930～1940年10年里，法、日、德、荷兰等国家都对铁氧体开展了一定的研究工作，其中以荷兰菲利浦实验室物理学家斯诺克的工作最有成效，他研究出了多种具有优良磁性能的含锌的尖晶石型铁氧体，明确了其制备工艺过程。

在20世纪40年代，尖晶石型软磁铁氧体得以迅速发展，进入了工业化生产的规模，1946年，软磁铁氧体材料实现了工业化生产。在生产的推动下，理论和实践都得到了进一步的丰富和充实，1948年，在反铁磁性理论的基础上，建立了亚铁磁性理论，这是对铁氧体的磁性，从感性到理性认识的一次飞跃。

20世纪50年代，是铁氧体蓬勃发展的时期，1952年，制成了磁铅石型永磁铁氧体；1956年，又在此晶系中，发展出平面型的超高频软磁铁氧体；同年，发现了稀土族的石榴石型铁氧体，从而奠定了尖品石型、磁铅石型、石榴石型三大晶系三足鼎立的局面。新材料的不断发现促进了材料制备工艺的发展，沿袭粉末冶金和陶瓷工业的基本工序，形成了铁氧体制备的工艺流程。许多国家对软磁铁氧体材料的成分和添加剂进行了深入的研究，从而使软磁铁氧体的性能和工业化生产获得了进一步发展。

20世纪60年代，是软磁氧体发展历程中重要的时候。1960年，开始对MnZn铁氧体的生成气氛进行研究，对控制Fe^{2+}浓度、Mn离子的变价，起着十分重要的作用，从而为制备高质量MnZn铁氧体铺平了道路。对软磁铁氧体气氛的探索，一直延续地进行：1975年，Morinean等人对$MnZnFe_2O_4$等作出了具有实用参考意义的平衡气氛图。1961年开始对湿法（化学）制备MnZn铁氧体展开了研究，为70年代湿法制备高质量软磁铁氧体奠定了基础，同年，对MnO-ZnO-Fe_2O_3三元相图的组成与起始磁导率的关系进行了研究，开始注意到少量添加物处于晶界时，对制备低损耗MnZn铁氧体的作用。1962年对MnZn铁氧体的减落现象进行了实验和理论研究。1963年系统地研究了MnO-ZnO-Fe_2O_3三元相图组成与K_1、λ_S的关系，为MnZn铁氧体的制备、走向分子设计的道路创造了条件。1966年德国研究制成$\mu_i=4\times10^4$的高磁导率材料。60年代的基础研究成果在70年代的生产中发挥了重大的作用。

20世纪70年代软磁铁氧体的生产水平已达到了新的高度，例如，磁导率显著提高，损耗下降，频带展宽，国外软磁铁氧体的工业生产已步入成熟期。由于电子产品的调整与发展，对软磁铁氧体材料提出了许多更高的要求。例如，作为彩色电视机的大型偏转磁芯，要求其外径达15cm，作为磁记录磁头用的材料要求高密度和低磨损率；随着集成电路的发展，又要求微型化的电感器等，这些要求给传统的陶瓷工艺带来了困难。湿法制备铁氧体粉料的方法得到了发展。例如，化学共沉法、喷雾焙烧法和喷雾造粒等工艺，开始了工业化的生产，制出了综合磁性能更高的软磁铁氧体材料。

20世纪80年代以后，软磁铁氧体向着高性能、生产自动化、规模化方向发展。在传统的陶瓷工艺中，改进了球磨、造粒与成型等设备及工艺，如采用砂磨机、气流磨、喷雾造粒、回转窑、自动成型等设备，实现了自动化的工艺流程，提高了产量，保证了质量，降低了劳动强度。现在电子产品正向着轻、薄、小型化、高频、宽带化、高功率、低耗损方向发展，软磁铁氧体材料也随着电子产品的这些要求发展。

我国的铁氧体起步于20世纪50年代，当时在研究所及工厂试验室里研制。1957年由东德援建的798厂开始生产软磁铁氧体。60年代，南京、宜宾、宝鸡等部属厂及北京、天津、上海、济南、徐州、无锡等大中城市相继建立了磁性材料厂。这个阶段的主要产品是天线棒、中周磁芯、电感磁芯、载波通信用的罐形磁芯及变压器磁芯等。

20世纪80年代是我国铁氧体工业的发展时期。首先由898厂、4390厂、上海磁性材料厂、899厂、梅州磁性材料厂等从德国、意大利及东欧引进了先进的生产设备及技术。这些企业的技术改造为我国铁氧体工业的发展提供了一个参照模式，为专用设备的国产化提供了样板，同时，培养和造就了一批技术人才，取得了巨大的经济效益和社会效益，80年代中期，我国磁性材料工厂在全国各地像雨后春笋般地发展起来，粗略统计，大小共500多家磁性材料厂。这期间，又投资约4亿元，有20家企业引进了软磁铁氧体生产设备。所生产的产品，多是电视机等家电产品和电子仪表用的中低档产品。

20世纪90年代是我国磁性材料工业高速发展时期。随着我国经济的高速发展，家电产品的市场需求以及出口的逐年增加，我国铁氧体工业进入了高速发展时期。不仅产量增长，同时，也注意到了产品质量和档次的提高，国产化铁氧体生产设备的质量，基本上得到了保证。生产技术的扩散和普及，使软磁铁氧体的产量迅猛增长，到1998年，软磁铁氧体产量已达到4.2万吨，同时，以提升产品质量和档次为目的，继续引进国外先进生产设备，“八五”期间，全行业有十余家企业进行了较大规模的技术改造。“九五”期间，又有十余家企业进行了技术改造。近年来，工业发达国家和地区将铁氧体工业向发展中国家转移，日本、欧洲及中国台湾地区的一些公司，已在大陆建立合资或独资的软磁铁氧体生产企业，其规模和产量也在增加。产品除供给国内需求外，正走向世界。

1.4 软磁铁氧体的分类与产品名称的识别

1.4.1 软磁铁氧体的分类

软磁铁氧体材料种类繁多，性能和用途差异较大。

① 按晶体结构分类，可分为尖晶石型铁氧体和平面型六角晶系铁氧体两大类，前者主要用于音频、中频和高频范围，后者可以在甚高频和超高频频率范围内应用。

② 按微观结构分类，可分为多晶和单晶软磁铁氧体，多晶铁氧体应用广泛，生产量占99%以上。本书以介绍多晶软磁铁氧体材料为主，如没有特殊说明，均指多晶铁氧体材料。

③ 按材料组成分类，可分为单组分软磁铁氧体和复合软磁铁氧体。单组分软磁铁氧体又称简单铁氧体，是氧化铁和另一种金属氧化物组成的复合氧化物，其通式为 $MeFe_2O_4$（Me为二价金属元素），常用的有 $MnFe_2O_4$、$NiFe_2O_4$、$MgFe_2O_4$、$CuFe_2O_4$、$CoFe_2O_4$、$Li_{0.5}Fe_{2.5}O_4$ 等。

复合软磁铁氧体是由氧化铁和另外两种或两种以上的金属氧化物组成的复合氧化物，也可视为两种或两种以上的单组分铁氧体复合而成。常用的有 $Mn_{1-x}Zn_xFe_2O_4$ $Ni_{1-x}Zn_xFe_2O_4$ 和平面六角晶系铁氧体等（x为组成中Zn的含量）。

④ 按材料的性能和用途分类，软磁铁氧体材料可分为下列几类：

a. 高磁导率软磁铁氧体，简称高 μ_i 材料，指 μ_i 值大于5000的软磁铁氧体材料。主要用于低频宽带变压器、小型脉冲变压器和电感器等。提高 μ_i 值可以缩小电子元器件的体积。

b. 低损耗软磁铁氧体材料，要求 μ_iQ 高，一般为 $(50\sim10)\times10^4$，甚至更高，主要用作低、中频载波机的滤波器磁芯、高频调谐回路的电感磁芯，目的是缩小体积，增加通信路数，提高频率范围。

c. 低损耗高稳定性软磁铁氧体材料，即超优铁氧体。主要用于通信滤波器磁芯，可以提高频率可靠性，减小失真，增加通信路数，缩小体积。

d. 高频大磁场材料，这种 NiZn 铁氧体材料在高频大磁场下，损耗低，既能承受较高的功率，又能稳定地传递高频信号。例如：f=3.0～5.5MHz，直流偏场 H_{dc}=240～2400A/M 时，其 $\mu Qf \geqslant 7\times10^{10}$，这类材料主要用于质子同步加速器的空间谐振器、发射机终端的极间耦合变压器、跟踪接收机高功率变压器等。

e. 特高频软磁铁氧体材料，这类材料存在两种磁晶各向异性场 H_ψ 和 H_θ，使应用频率提高至 2000MHz，直接与超高频段相连接，主要用于扫频仪的电扫描磁芯、彩电宽带变压器磁芯及微波天线等。

f. 高密度软磁铁氧体材料，主要用于录音、录像磁头及计算机外存储器中的磁头。除要求高磁导率、低矫顽力以及高磁通密度外，还要求高密度、高硬度和好的耐腐性、抗剥落性，以提高记录的质量和使用寿命。

g. 电磁波吸收材料，这类材料工作在截止频率以上时，损耗会急剧增加，利用这一特点来吸收电磁波能量，广泛地应用于抗电磁干扰和隐身技术中。

1.4.2　软磁铁氧体产品名称的识别

行业里常参照 TDK 公司对其产品的识别方式，对软磁铁氧体元件进行识别，具体如下：

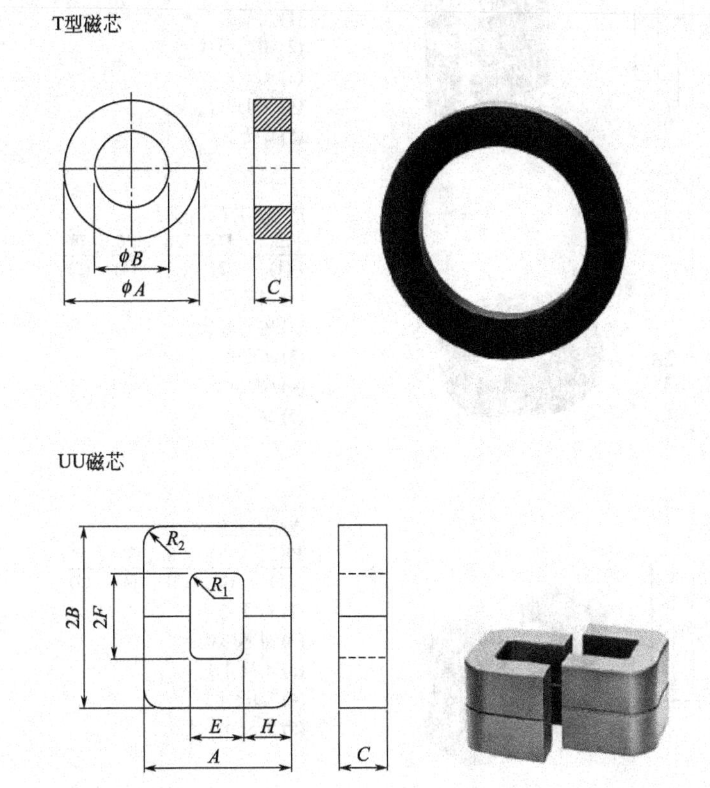

产品名称的识别法

PE22 (1)　T (2)　51 (3) × 13 (4) × 31 (5)

(1) 材质名
(2) 磁芯形状
(3) A尺寸
(4) C尺寸
(5) B尺寸

产品名称的识别法

PE22 (1)　UU (2)　79 (3) × 129 (4) × 31 (5)

(1) 材质名
(2) 磁芯形状
(3) A尺寸
(4) $2B$尺寸
(5) C尺寸

EC磁芯

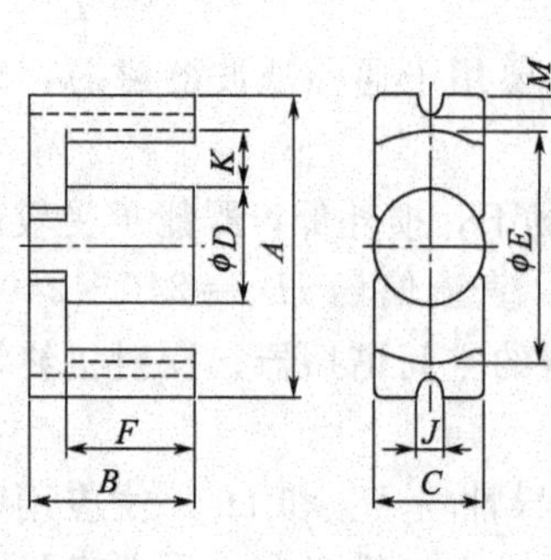

产品名称的识别法

$\frac{\text{PE22}}{(1)}$ $\frac{\text{EC}}{(2)}$ $\frac{90}{(3)}\times\frac{90}{(4)}\times\frac{30}{(5)}$

(1) 材质名
(2) 磁芯形状
(3) A尺寸
(4) B尺寸×2
(5) C尺寸

EIC磁芯

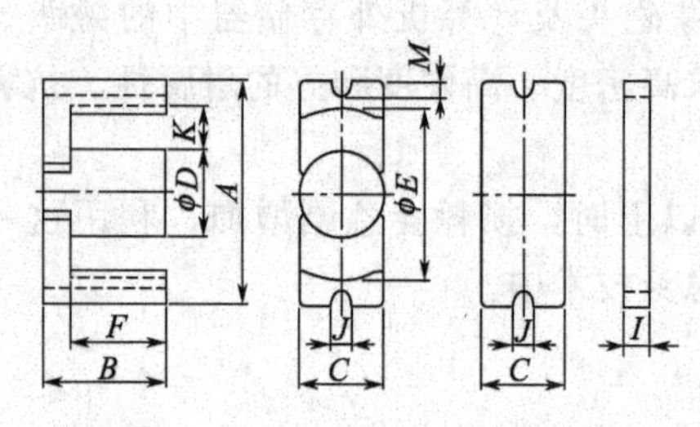

产品名称的识别法

$\frac{\text{PE22}}{(1)}$ $\frac{\text{EIC}}{(2)}$ $\frac{90}{(3)}\times\frac{55}{(4)}\times\frac{30}{(5)}$

(1) 材质名
(2) 磁芯形状
(3) A尺寸
(4) B+1尺寸
(5) C尺寸

EI磁芯

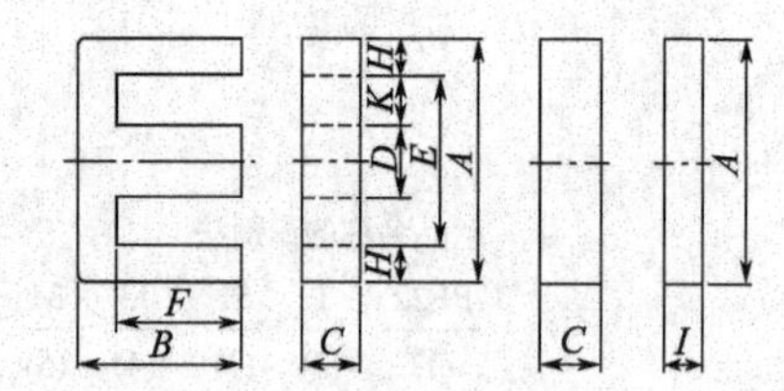

产品名称的识别法

$\frac{\text{PE22}}{(1)}$ $\frac{\text{EI}}{(2)}$ $\frac{70}{(3)}\times\frac{55}{(4)}\times\frac{19}{(5)}$

(1) 材质名
(2) 磁芯形状
(3) A尺寸
(4) B+1尺寸
(5) C尺寸

DT磁芯

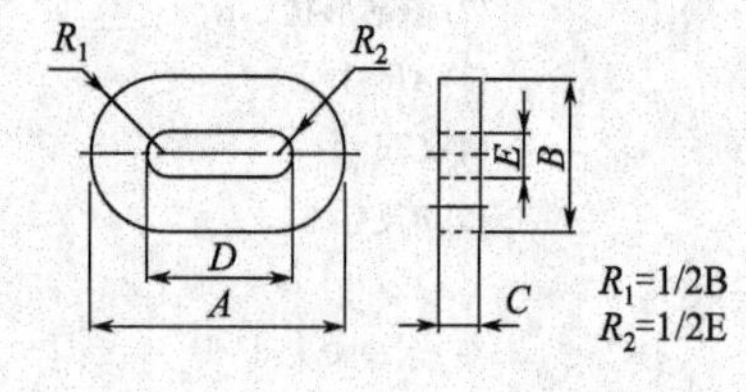

产品名称的识别法

$\frac{\text{PE22}}{(1)}$ $\frac{\text{DT}}{(2)}$ $\frac{138}{(3)}\times\frac{20}{(4)}\times\frac{58}{(5)}$

(1) 材质名
(2) 磁芯形状
(3) A尺寸
(4) C尺寸
(5) D尺寸

PQ磁芯

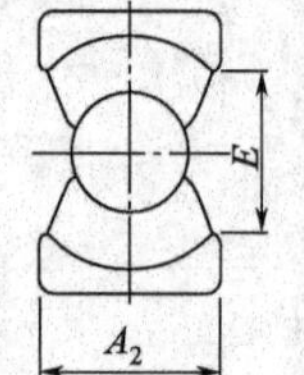

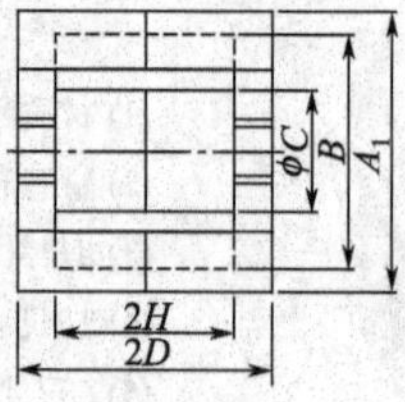

产品名称的识别法

$\frac{\text{PE22}}{(1)}$ $\frac{\text{PQ}}{(2)}$ $\frac{78}{(3)}\times\frac{39}{(4)}\times\frac{42}{(5)}$

(1) 材质名
(2) 磁芯形状
(3) A_1尺寸
(4) $2D$尺寸
(5) A_2尺寸

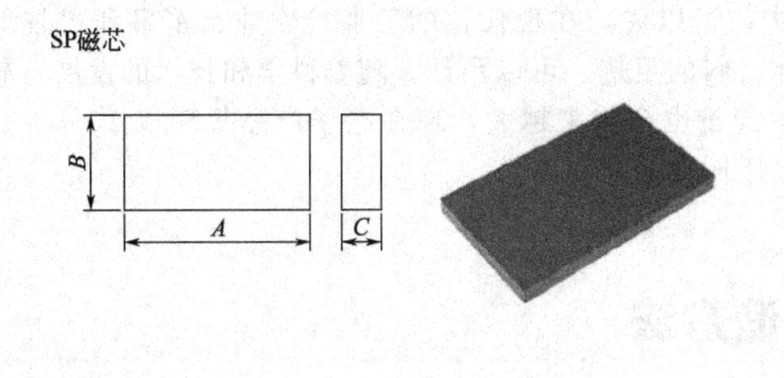

产品名称的识别法

PE22 SP 135×65×20
(1) (2) (3) (4) (5)

(1) 材质名
(2) 磁芯形状
(3) A尺寸
(4) B尺寸
(5) C尺寸

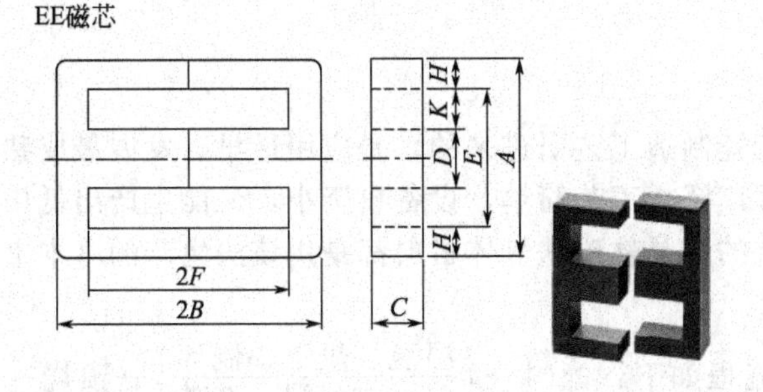

产品名称的识别法

PE22 EE 320×250×20
(1) (2) (3) (4) (5)

(1) 材质名
(2) 磁芯形状
(3) A尺寸
(4) $2B$尺寸
(5) C尺寸

还有EP型、ET型、RM型、LP型、UYF型、UF型、EPC型等产品，材质有PC40、PE90等等，这里不一一列举。

1.5 软磁铁氧体材料的应用

软磁铁氧体除了在高频有一定的磁导率、饱和磁感应强度和居里温度等优良的磁性能外，最主要的特性是电阻率高，具有良好的高频性能，在弱场高频技术领域具有独特的优势。它的种类繁多，性能各异，利用软磁铁氧体材料的各种电磁特性，先制成各种铁氧体磁芯，再制成各种元器件，在几百赫兹的音频到几千兆赫的频率范围内，已得到了广泛的应用。利用软磁铁氧的磁特性可制成下列元器件：

① 利用软磁铁氧体的磁导率特性，可制成各类电感器、变压器、无线谐振器及电磁变换器等器件。

② 利用软磁铁氧体的磁化（B-H）非线性特性，可制成放大器、稳压器、信频器和调制器等器件。

③ 利用软磁铁氧体磁致伸缩特性，可制成超声换能器等器件。

④ 利用软磁铁氧体的高饱和磁化强度（B_S）等特性，可制成磁带、磁盘和磁卡等元器件。

⑤ 利用软磁铁氧体磁谱中磁导率与频率成反比的特性，可制成行波变压器等器件。

⑥ 利用软磁铁氧体磁导率与温度的关系特性，可制成控温仪等器件。

⑦ 利用软磁铁氧体多种特性的组合设计，可制造具有各种用途的软磁铁氧体器件。

⑧ 利用软磁铁氧体的谐振特性和损耗特性制成的器件，如利用自然共振特性制成微波吸收体、微波暗室和负荷器；利用损耗特性制成电磁波吸收材料，用于隐身技术与电磁波屏蔽。

⑨ 利用软磁铁氧体的阻抗特性，制成抗电磁干扰磁芯来消除电磁干扰，提高电子产品的信号质量。

这些元器件已广泛地用于家电、计算机、监视器、程控交换机、无线和有线通信、雷达、导航及各种工业自动化等设备中，可以说，在现代化的工业、农业、军事和科技等部门，以及各个家庭，都有软磁铁氧体材料的足迹。可以预计，随着科学和技术的发展，软磁铁氧体材料将会有更多的新用途，生产量也会越来越大，现在电子产品每年以10%～15%的速度增长，软磁铁氧体的产品也会以同样的速度增长。

1.6 软磁铁氧体的制造方法

1.6.1 氧化物法

氧化物法又称陶瓷工艺法，是由陶瓷制造工艺引进来的，是应用最早、发展最成熟的制造软磁铁氧体的方法。因它的原料来源广泛、工艺简单、设备投资小，又能生产出低中档产品，或部分高档产品，因此，95%以上的多晶软磁铁氧体材料都是用该法生产的（本书后续章节将对该法进行重点介绍）。

国内常用制造软磁铁氧体的工艺流程如下：配料→{湿混、烘干、制坯 / 或干式强混、造球}→预烧→粗粉碎→砂磨→喷雾干燥造粒→成型→烧结→磨加工→检测。

枣庄磁材厂于1987～1991年引进组建了国内第一条二次喷雾造粒生产铁氧体的生产线，年产能力为750t，其主要工艺流程为：配料→一次制浆→一次喷雾造粒→预烧→二次制浆→二次喷雾造粒→成型→烧结→磨加工→检测，其工艺过程控制如图1.1所示。

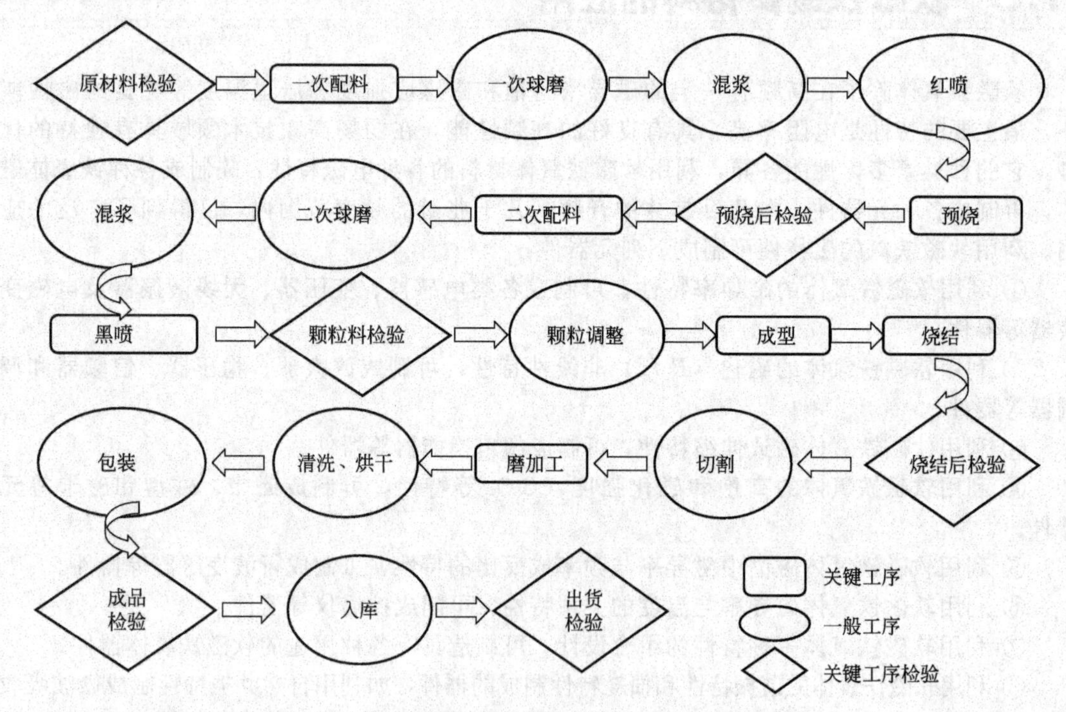

图1.1 氧化物法制备软磁铁氧体的工艺过程控制图

二次喷雾造粒工艺的应用使铁氧体生产工艺流程发生了变化，预烧前采用喷雾造粒工艺，省掉了粗粉碎和造球两道工序，且可获得均匀性较好的粉料，其缺点是，设备投资大。

二次喷雾造粒的主要目的在于，改变预烧用粉料的质量，以达到比较理想的预烧效果，为最终产品质量的提高打下基础。预烧料不用粉碎可直接进行第二次砂磨，磨后进行喷雾造粒。

由于大多数 NiZn 铁氧体产品都需要进行切割加工，因此，其常规生产工艺路线如图1.2所示。当然，也有的企业采用：配料→湿式混合→一次喷雾造粒→预烧→湿式研磨→二次喷雾造粒→颗粒调整→干压成型→切槽加工→空气烧结→分选的工艺路线。

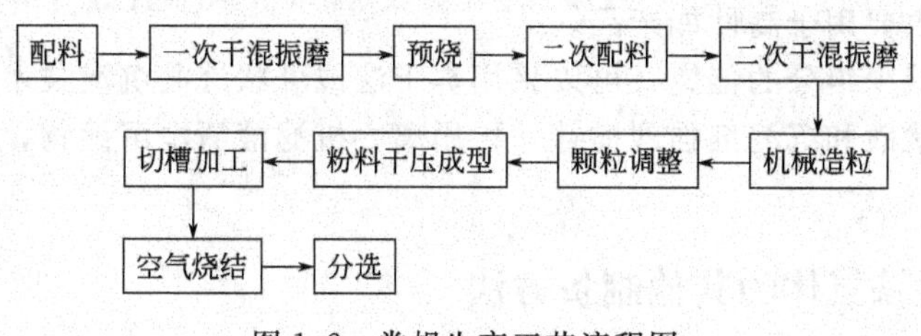

图 1.2 常规生产工艺流程图

1.6.2 化学共沉淀法

湿法生产铁氧体常用化学共沉淀法，与干法生产的主要区别在于粉料的制备，它通常的做法是将铁及其他金属的盐（SO_4^{2-} 或 Cl^-）按比例配好，在溶液状态中均匀混合，再用碱如 NaOH，NH_4OH 或 $(NH_4)_2C_2O_4$，$(NH_4)_2CO_3$ 等盐类作沉淀剂，将所需的多种金属离子共沉淀下来。沉淀剂的选择十分重要，早期采用 NaOH 作沉淀剂，但由于所得沉淀呈胶体状，Na^+ 很难洗涤干净，残留的 Na^+ 对磁性影响很大，导致密度、磁导率急剧下降，因此目前大多采用铵盐，例如 NH_4OH，$(NH_4)_2CO_3$ 等，如仅用 NH_4OH，由于生成易溶于水的络合物，以致 Ni^{2+}，Zn^{2+} 均难完全沉淀，采用 $(NH_4)_2C_2O_4$ 沉淀效果好，但价格较贵。

化学共沉淀法大致可分为中和法、氧化法、混合法等。其中，中和法是最早发展起来的，其化学表达式为：$2Fe^{3+}+M^{2+}+8ROH \rightarrow MFe_2O_4+8R^{+}+4H_2O$

R 为 K^+、Na^+、NH_4^+ 等正一价的离子，该法得到铁氧体的颗粒是超细粒子，其粒度≤0.05μm，太细成型困难。为改善成型压制特性，可将共沉淀粉料置于 800℃或以上温度下进行预烧。

氧化法是将配好的二价金属离子水溶液（SO_4^{2-}）加入强碱（NaOH），保持 pH 为一定值，即形成悬浮液，然后将溶液加温，同时通入空气进行氧化，其反应式为：

$$Fe^{2+} + M^{2+} + ROH + O_2 \xrightarrow{60\sim90℃} MFe_2O_4$$

铁氧体粉料的粒度与反应温度、溶液 pH 值、离子浓度、吸入空气流量等密切相关，控制制备条件，可将颗粒控制在 0.05～1μm。

混合法是将金属离子硫酸盐或卤化物通过溶液反应转化为草酸盐或碳酸盐沉淀，然后在氧气氛中高温煅烧，以获得铁氧体粉料的方法。以草酸盐法为例，有：

$$3(Ni_{1/3}Fe_{2/3})C_2O_4 \cdot 2H_2O \xrightarrow{300\sim600℃} NiFe_2O_4 + 6CO_2\uparrow + 6H_2O$$

化学共沉淀工艺中的核心问题是溶液中各种离子能共同沉淀下来，以致残留在溶液中的离子浓度很低（$<10^{-5}$M），这就要求阳离子的溶度积（在一定温度下，难溶电解质饱和溶液中，相应的离子之浓度的乘积）尽可能小，同时将理论计算和实验相结合，选择适宜的 pH 值条件。

化学共沉淀法的优点：原料在离子状态下进行混合，比机械混合法更均匀，并减少掺杂的机会，精确控制，计算成分较易，颗粒度可根据反应条件进行控制，粒度分布较窄，化学活性好，因而可以在较低的烧结温度下进行充分的固相反应，得到较佳的显微结构，便于自动化管道生产。缺点是：常呈现分层沉淀，以致沉淀物的组成常偏离原始配方，尤其当配方中含有少量掺杂元素时，要达到这些离子的沉淀与均匀分布尚有困难，从经济上看，其生产成本较氧化物工艺高。因其粉料活性太大，烧结工艺难以控制，太细的颗粒也使其成型困难。由于氧化物工艺法取得了一定的进展，可达到共沉淀法相近的性能，因而共沉淀法生产量较氧化物法少，主要用于高性能产品。

为了在沉淀时减少组分的偏离，可以采用雾干法或乳状液共沉淀技术。例如在稳定剂煤油中，将盐溶液乳状液和沉淀剂强烈搅拌，再用离心机滤液清洗沉淀物，可以得到很均匀的粉料。

1.6.3 软磁铁氧体的其他制备方法

(1) 盐类热分解法

盐类热分解法采用铁、锰、锌等金属的硫酸盐、碳酸盐、硝酸盐或草酸盐为原料，先按配方将原料混合加热，使盐类物质分解为氧化物，再通过氧化物之间的反应，制得基本铁氧体化的粉料。

盐类热分解法工艺环节主要有原料分析、配料、炒盐（去水）、分解（去硫）、粉碎、干燥、加黏合剂造粒等。其中“炒盐”起混合作用，约在300℃温度下进行。去硫兼起预烧作用，一般在1050～1100℃温度下保温5h。

例如，对常温下极不稳定的（如MnO、CaO、Li_2O、BaO等）或者活性不好（如惰性Al_2O_3）的氧化物原料，常采用相应的碳酸盐（如$MnCO_3$、$LiCO_3$、$BaCO_3$）或氢氧化物[如$Al(OH)_3$]替代，进行如下反应：

$$MnCO_3 \rightarrow MnO + CO_2\uparrow,\ Li_2CO_3 \rightarrow Li_2O + CO_2\uparrow$$

$$BaCO_3 \rightarrow BaO + CO_2\uparrow,\ 2Al(OH)_3 \rightarrow Al_2O_3 + 3H_2O$$

刚分解出的氧化物活性好，有利于固相反应的进行。另外，针对氧化物活性较差的特点，为了增进原料的活性，可采用锰、锌、铁等金属的硫酸盐、硝酸盐、碳酸盐或草酸盐作为原料，将它们按比例混合加热分解，分解时得到活性较大的氧化物，同时部分铁氧体化。由于各种不同的盐类热分解得到的氧化物活性不同，通常选择活性较大、分解温度较低的盐类。考虑到价格方面的因素，这类方法中曾较多运用的是硫酸盐法（酸洗金属回收液），现以MnZn铁氧体的制备为例，其主要步骤如下：

① 原料。采用$MnSO_4 \cdot 5H_2O$，$ZnSO_4 \cdot 7H_2O$，$FeSO_4 \cdot 7H_2O$。

② 炒盐。将原料碾碎并搅拌均匀混合，使水分逐渐蒸发，最后成无水、固态的硫酸盐混合物。

③ 盐类分解。将上述混合物灼烧，开始温度不宜过高，待盐类开始分解，有很浓的白烟（SO_3，SO_2）冒出时再逐渐升高温度；当白烟完全散尽，才最后升温至950℃保温数小时。在分解过程中，实际上已部分铁氧体化。如果为了使反应更充分，预烧温度可略高于分解温度，一般可取1 050～1 100℃，保温5h，其他过程与氧化物法相同。

盐类热分解法具有粉料化学活性好、均匀度高等优点，但由于同时产生大量的SO_3，SO_2，存在污染问题，此法已基本淘汰。将盐类分解法与喷雾技术相结合而发展起来的喷雾热解法，现已广泛应用于软磁铁氧体、六角晶系等材料的制备中。

(2) 溶剂蒸发法（喷雾法）

化学共沉淀法存在以下问题：

① 沉淀为胶状物，水洗、过滤困难；

② 沉淀剂（NaOH、KOH）作为杂质易混入最终的粉料，从而导致其性能下降；

③ 如果使用能够分解除去的铵盐作沉淀剂，则 Cu^{2+}、Ni^{2+}、Zn^{2+} 等易形成可溶性络离子而不能完全沉淀；

④ 沉淀过程中有各种成分的分离；

⑤ 水洗时，部分沉淀会重新溶解。

为了解决上述问题，发展了不同沉淀剂的溶剂蒸发法。在溶剂蒸发中，为了保持蒸发过程中液体的均匀性，要使溶剂分散成小滴，以使成分偏析的体积最小；要急剧蒸发，使液滴内的成分偏析最小。为了满足以上两点，需用喷雾法。采用喷雾法生成的氧化物颗粒一般为球体，流动性好，易于处理。由喷雾法制备氧化物粉末常用的方法有以下三种：

① 冰冻干燥法。冰冻干燥法是将按比例混合的金属离子盐溶液喷雾至低温的有机液体上，液滴在瞬间冻结（或用干冰骤冷成冰），经低温减压升华而除去冰冻状态的水分，然后经热分解而制成粉末。用该法所制成的颗粒细而均匀，反应性和烧结性良好，可用作热压铁氧体等高质量铁氧体的原料。

② 喷雾干燥法。喷雾干燥法是将溶液喷雾至热风中，而使之急剧干燥的方法。采用这种方法制得的铁氧体粉末，比用固相反应法制得的粉末具有更微细的结构。如用氧化物溶液进行喷雾、焙烧、热分解，可制得多种铁氧体粉料。喷雾干燥法也广泛应用于造粒。

③ 喷雾热分解法。喷雾热分解法是将金属盐溶液喷雾至高温气氛中，使溶剂蒸发和金属盐热解同在瞬间发生，用一道工序制得氧化物粉末的方法。该方法也被称为喷雾焙烧法、火焰喷雾法等。喷雾热分解法中，有将溶液喷雾至加热的反应器中和喷雾至高温火焰中两种方法，多数情况下采用可燃性溶剂（一般为乙醇），并将其燃烧热进行回收利用。例如，使按比例（摩尔分数）组成的硝酸盐，即 $n(Ni(NO_3)_2):n(Zn(NO_3)_2):n(Fe(NO_3)_2)=0.7:0.3:2$ 溶于酒精中，通过喷雾嘴喷入一高温燃烧室内，在酒精燃烧时，硝酸盐分解，反应立即完成，可得到平均颗粒尺寸达 0.15μm 的组成为 $Ni_{0.7}Zn_{0.3}Fe_2O_4$ 的粉料。喷雾热分解法作为复杂氧化物超细粉末的合成法，是大有发展前途的。喷雾热分解法和上述喷雾干燥法都宜于连续运转，生产能力较大。

(3) 金属醇盐水解法

醇盐水解法是近年来研究很活跃的一种方法，可制得微细、高纯度的粉末，金属醇盐是金属与乙醇反应而生成的 M—O—C 健的有机金属化合物，其化学式可表示为 $M(OR)_n$，其中 M 是金属，R 是烷基或丙烯基，$M+nROH\rightarrow M(OR)_n+\frac{n}{2}H_2$，金属醇盐一般可溶于乙醇，在水中，容易水解，含醇盐的金属元素氧化物、氢氧化物和化合物的沉淀，经氧化后可以生成铁氧体。金属醇盐具有挥发性，容易精制，水解时不需添加其他阳离子或阴离子便可得高纯度的生成物。该方法被认为是制造单一或复合氧化物高纯超细粉末的重要方法。用该法可获得颗粒尺寸约为 0.05μm，且近似为球状的超微细颗粒，但醇盐水解法成本较高，适用于高质量铁氧体的制备。

(4) 溶胶-凝胶法

溶胶-凝胶工艺与其他一些传统的无机材料制备方法相比，具有如下优点：

① 工艺过程温度低，材料制备过程易于控制，可以制得一些传统方法难以得到或根本得不到的材料；

② 制品的均匀性好，尤其是多组分制品，其均匀度可达到分子或原子尺度；

③ 制品的纯度高，采用这种工艺可制备出各种形状的无机材料，其中包括粉体、薄膜、块体、纤维等。

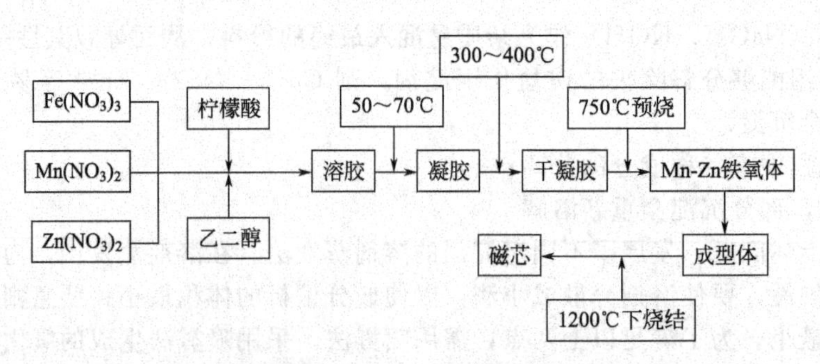

图 1.3　溶胶-凝胶法制备 MnZn 铁氧体的工艺流程图

以 MnZn 铁氧体为例，溶胶-凝胶法制备氧化物陶瓷的一般过程如图 1.3 所示。

实践表明，采用溶胶-凝胶法制备 MnZn 铁氧体磁芯，由于其生成的颗粒细小，活性高，预烧温度（750℃）明显低于临界预烧温度（1 020℃）。制得的磁芯磁性能可接近 TDK 公司 PC50 的技术指标。该方法制备工艺简单，反应易于控制，产物纯度高，颗粒均匀性和分散性好，适于制备软磁、永磁和高密度垂直磁记录介质材料等多种材料。

(5) 溶盐合成法

氧化物法是依靠固态粉末的接触，通过离子高温扩散而生成铁氧体。因此，要求粉料的颗粒度较细，烧结温度较高，保温时间较长。而溶盐合成则是采用低熔点的盐类与粉料混合在一起，由于盐类的熔化，可使氧化物溶解，以致在较低的温度下就可生成铁氧体。但盐类本身不进入铁氧体中，可用水洗法将其除掉。以 $Li_{0.5}Fe_{2.5}O_4$ 生成为例，以 Li_2SO_4-Na_2SO_4 系盐类为溶剂，其最低熔点为 600℃，将 Fe_2O_3 10g，Li_2CO_3 0.025g，Li_2SO_4 6.98g，Na_2SO_4 5.18g 混合，在 800℃以下保温 1h，其间 Li_2CO_3 完全溶解于盐类并迅速与 Fe_2O_3 反应生成 $Li_{0.5}Fe_{2.5}O_4$，冷却后经水洗，过滤去除盐类即可。

1.7 软磁铁氧体材料的发展方向

为适应电子元器件小型化、微型化的需要，国、内外都在致力于开发两大类磁性优异的材料，即宽带变压器用的高磁导率铁氧体（VHP）和开关电源用的低功耗铁氧体（LPL）（表 1.1）。

表 1.1　VHP 与 LPL 基本性能的对比

性能指标	μ_i	T_C/℃	B_S/mT	ρ/Ω·G	第二峰位置/℃
VHP	$>10^4$	>120	≈400	≈0.1	−5
LPL	≈2000	>200	≈500	≈0.5	−60

(1) LPL

晶体管开关电源的出现与发展引发了电源技术的革命，其心脏部件——软磁铁氧体磁芯，必须工作在高磁通状态，同时还要求提高效率和减小体积，并且在较高温度和较大迭加直流磁场下保持良好的性能，这就意味着材料的起始磁导率 μ_i 和振幅磁导率 μ_s 相对较高；饱和磁通密度 B_S 以及高温 B_S 较高；剩余磁通密度 B_r 相对较低；居里点 T_C 较高；功耗 P_c 较低及功耗谷点温度 T_p 较高；工作频率较高，因而其电阻率 ρ 较高。目前已开发并生产出可用于 25kHz～20MHz 的锰锌系和镍锌系功率铁氧体材料，其损耗得到了有效控制。此外，还开发出多种磁芯和绕组设计新技术，大大地促进了电源器件的小型化、轻量化。

(2) VHP

随着数字通信尤其是移动通信设备的飞速发展，宽带变压器磁芯等采用高磁导率材料，可保证通道中的高频脉冲具有稳定的阻抗-频率特性。此外，随着电子技术的迅猛发展，电磁干扰越来越严重，尤其是电源污染问题，这就要求提高仪器、设备自身抗干扰能力和降低仪器、设备对电源网络的污染，而解决这一问题的有效途径是采取电源滤波器。其中大量使用的共模扼流圈磁环等，促进了高磁导率材料的大规模生产和开发。如日本 TDK 公司 1994 年开发的 H5C3 材料（μ=13 000）以及 1996 年开发成功的 μ_i=23 000 的材料。德国 Siemens（西门子）公司在提高 μ_i的同时，侧重于改善频率特性。

当前这一领域，最新的发展方向是寻找一种饱和磁感应强度和磁导率同时高的材料，即兼有 VHP 和 LPL 的优良性能，B_S=500mT，μ_i=5000，高 T_C，低 $\tan\delta/\mu_i$ 以及改善的 μ_i-T 特性，不过，这类材料的研制难度大。德国的西门子公司在 20 世纪 90 年代即已开发出了这类材料（N55）；我国西南应用磁学研究所等单位对这类材料的开发，在基本配方的优化、添加剂的选用以及低温烧结等方面，做了一些有益的探索。

第2章

软磁铁氧体的化学组成与晶体结构

铁氧体（Ferrite）的磁性是由于被氧离子所隔开的磁性金属离子之间产生的超交换作用，使处于不同晶格位置上的磁性金属离子磁矩反向排列，若两者的磁矩不相等，则表示出强的磁性。由此可知，铁氧体的基本特性与其化学组成、晶体结构及金属离子在晶体中的分布等因素密切相关。所以，要研制与开发出新的高性能软磁铁氧体材料，必须深入了解它的化学组成和晶体结构，本章将对这方面的内容展开讨论。

2.1 软磁铁氧体的化学组成

软磁铁氧体是由氧化铁（Fe_2O_3）和其他金属氧化物组成的复合氧化物，单组分铁氧体的分子式为 $MeFe_2O_4$，其中 Me 代表二价金属离子，如 Mn^{2+}、Ni^{2+}、Zn^{2+}、Cu^{2+}和 Co^{2+}等。同时，Fe_2O_3 也能与 1 价或高价金属离子形成铁氧体。若 Fe_2O_3 与一种金属氧化物生成铁氧体，称为单组分铁氧体（又称简单铁氧体）；Fe_2O_3 与两种以上的金属氧化物生成的铁氧体，称为复合铁氧体。

2.1.1 单组分铁氧体

因各种金属离子的特性不同，生成的单组分铁氧体的性能有较大的差异。了解和掌握各种单组分铁氧体的特性，是研究复合铁氧体的基础，现在常见的单组分铁氧体有下列几种。

(1) 铁铁氧体 $FeFe_2O_4$（赤铁矿 Fe_3O_4）

铁铁氧体是由 Fe_2O_3 与 FeO 组成的铁氧体，是中间型尖晶石结构。金属离子分布为 $Fe^{3+}[Fe^{2+}Fe^{3+}]$，分子式为 $(Fe^{3+})_A\ [Fe^{2+}Fe^{3+}]_BO_4$，净磁矩等于二价铁离子（$Fe^{2+}$）磁矩，即 $10-6=4\mu_B$，该铁氧体的分子量为 231.6，密度为 $5.24\times10^3kg/m^3$，饱和磁感应强度为 0.6T，居里点为 585℃，磁晶各向异性常数 K_1 为 $-130\times10^{-3}J/m^3$，磁致伸缩系数

为$+40\times10^{6}$。

（2）锰铁氧体（$MnFe_2O_4$）

锰铁氧体是由Fe_2O_3与MnO组成的铁氧体，约80%为正尖晶石型铁氧体。金属离子分布为$Mn_{0.8}Fe_{0.2}$ [$Mn_{0.2}Fe_{1.8}$]，这种结构随热处理没有太大的变化。因为Mn^{2+}的净磁矩为$5\mu_B$，其转化程度不影响$MnFe_2O_4$的净磁矩。中子衍射结果给出的磁矩为$4.6\mu_B$，与从同一样品上测量的饱和磁化强度外延到0K给出的结果相等。$MnFe_2O_4$的分子量为229.5，密度为$5.00\times10^3kg/m^3$，饱和磁感应强度为0.5T，居里点为300℃，磁致伸缩系数为-5×10^{6}，电阻率为$10^2\Omega\cdot m$，磁晶各向异性常数K_1为$-40\times10^{-3}J/m^3$。

（3）镍铁氧体（$NiFe_2O_4$）

镍铁氧体是由Fe_2O_3与NiO组成的铁氧体，是中间型尖晶石结构。从中子衍射观察可知，镍铁氧体至少有80%转化为反尖晶石型，金属离子分布为$Fe_{0.8}Ni_{0.2}$ [$Ni_{0.8}Fe_{1.2}$]，饱和磁应强度$B_S=0.3T$，分子量为234.4，密度为$5.38\times10^3kg/m^3$，电阻率为$10\sim10^2\Omega\cdot m$，居里点为585℃，磁晶各向异性常数为$-69\times10^{-3}J/m^3$，磁致伸缩系数为-17×10^{6}。

（4）锌铁氧体（$ZnFe_2O_4$）

锌铁氧体是由Fe_2O_3与ZnO组成的铁氧体，为正尖晶石型结构，金属离子分布为Zn^{2+} [Fe_2^{3+}]。分子量为241.1，密度为$5.35\times10^3kg/m^3$，各向异性常数为$-7\times10^{-3}J/m^3$。

Zn^{2+}离子为非磁性离子，喜占A位，与$MnFe_2O_4$、$NiFe_2O_4$和$MgFe_2O_4$等复合，可使其总磁矩增大，这就是$ZnFe_2O_4$被广泛地用于制备复合铁氧体的重要原因。

（5）钴铁氧体（$CoFe_2O_4$）

钴铁氧体是由Fe_2O_3与CoO组成的铁氧体，为反尖晶石型结构，金属离子分布为Fe^{3+} [$Co^{2+}Fe^{3+}$]。$CoFe_2O_4$最显著的特点是具有高的磁致伸缩系数（$\lambda_S=-110\times10^{6}$）和很高的磁晶各向异性常数（$K_1=2000\times10^{-3}J/m^3$），接近于金属钴的各向异性。它与别的铁氧体复合，影响大部分铁氧体的各向异性，而且，与它复合的铁氧体，一般对磁场退火很敏感，因此，它有着特殊的用途。

（6）铜铁氧体（$CuFe_2O_4$）

铜铁氧体是由Fe_2O_3与CuO组成的铁氧体，为反尖晶石型结构，金属离子分布为Fe^{3+} [$Cu^{2+}Fe^{3+}$]。$CuFe_2O_4$在高于760℃时，为立方尖晶石结构（部分转化），但冷却时，便转化为与Mn_3O_4（黑钝矿）四角结构相似的结构，这样，正方相通过淬火可以保持下来。在这个转变过程中，晶体内原子的相对位置有着较细微的改变。

$CuFe_2O_4$的分子量为239.2，密度为$5.35\times10^3kg/m^3$，饱和磁感应强度B_S为0.17T，居里点为455℃，磁晶各向异性常数为$-63\times10^{-3}J/m^3$，磁致伸缩系数为-10×10^{6}。

（7）镁铁氧体

镁铁氧体是由Fe_2O_3与MgO组成的铁氧体。为中间型尖晶石型结构，金属离子分布为$Mg_{0.1}^{2+}Fe_{0.9}^{3+}$ [$Mg_{0.9}^{2+}Fe_{1.1}^{3+}$]。在高温下，镁铁氧体转变为正尖晶石结构，$Mg^{2+}$因热激发而进入四面体位，因此，其磁化强度受冷却方式的影响。淬火有助于保持其正尖晶石结构；缓冷有助于发展中间型尖晶石结构，因为它使镁离子有时间迁移到八面体B位。Mg^{2+}没有净磁矩，所以，中间型尖晶石的磁化强度将为零（正尖晶石的磁化强度为$10\mu_B$）。由于镁铁氧体具有高的电阻率、低的磁损耗和电损耗，所以，镁铁氧体及其衍生物在微波技术中得到了广泛的应用，它也可以用作软磁铁氧体材料。

（8）锂铁氧体（$Li_{0.5}Fe_{2.5}O_4$）

锂铁氧体是由Fe_2O_3与Li_2O组成的铁氧体，是反尖晶石型结构，金属离子分布为

Fe^{3+} [$Li^{+}_{0.5}Fe^{3+}_{1.5}$]，由于锂是单价的，所以，在所有的铁离子都是三价时，可保持电荷平衡。从750℃缓慢冷却保持有序状态，从950℃淬火导致在A位上的锂和铁离子的无序排列，所以，制备Li铁氧体的冷却状态直接影响其磁性能。分子量为207.1，密度为$4.75\times10^3 kg/m^3$，磁致伸缩系数为-1×10^6。

2.1.2 复合铁氧体

将两种以上的单组分铁氧体复合生成的铁氧体，或者是氧化铁与两种以上的金属氧化物生成的铁氧体称为复合铁氧体。由上面的介绍可知，各单组分软磁铁氧体的性能差异较大，有的常数不仅数值不同，而且符号相反，若把具有相反符号的磁晶各向异性常数K_1或磁致伸缩系数λ_S的单组分铁氧体复合，可以得到相应参数实际上为零的复合铁氧体。目前广泛应用的软磁铁氧体都是由两种或两种以上的单组分铁氧体所组成的复合铁氧体。复合铁氧体的性能与单组分铁氧体的特性有密切的关系，所以，可根据单组分铁氧体的特性来设计复合铁氧体。下面是几种常用的复合软磁铁氧体。

(1) 锰锌铁氧体（$MnZnFe_2O_4$）

MnZn铁氧体是研究最多，应用最广及产量最大的软磁铁氧体材料。由$MnFe_2O_4$与$ZnFe_2O_4$复合而成，通式为$Mn_{1-x}Zn_xFe_2O_4$，x为锌含量。它具有高μ_i、低损耗、高稳定性和低减落等特性。在500kHz以下的频率范围应用极广，1～3MHz的材料正在开发中。试验室的μ_i值可达40000以上。

(2) 镍锌铁氧体（$NiZnFe_2O_4$）

NiZn铁氧体由$NiFe_2O_4$和$ZnFe_2O_4$按一定比例复合而成。通式为$Ni_{1-x}Zn_xFe_2O_4$，x为含锌量。μ_i最高值可达5000左右，在低频时损耗比MnZn铁氧体大，μ_iQ乘积较低，原材料镍的来源较少，价格贵，所以在低频范围内很少应用。但它的最大特点是高频损耗小，是目前应用最多的高频软磁铁氧体材料，一般应用频率范围为1～300MHz，特殊处理的NiZn铁氧体材料使用频率可达800MHz，以至1000MHz。由于它具有较大的μ_{max}和λ_S，具有较大的非线性，是较好的非线性材料，适合用在高频大功率场合。因NiZn铁氧体材料在生产工艺过程中无离子氧化问题，较容易制造，也是一类应用较多的软磁铁氧体材料。

(3) 镁锌铁氧体（$MgFe_2O_4$）

MgZn铁氧体由$MgFe_2O_4$和$ZnFe_2O_4$复合而成，通式为$Mg_{1-x}Zn_xFe_2O_4$，因为它的饱和磁矩太低，室温时，$4\pi M_S=0.1\sim0.2T$，是一种只适用于25MHz以下范围的高频材料。它的高频特性不如Ni-Zn铁氧体，低频特性又不如MnZn铁氧体，但由于组成中不含有贵金属，原料来源广泛，价格便宜，工艺简便，而且没有氧化问题，至今仍有一定的应用价值。目前人们采用加入部分Ni或Mn来改善其性能，提高使用频率范围。在30MHz以下，用它代替NiZn材料使用，可降低其生产成本。

(4) 镍铜锌铁氧体（$NiCuZnFe_2O_4$）

NiCuZn铁氧体是由$NiFe_2O_4$、$CuFe_2O_4$和$ZnFe_2O_4$按一定比例复合而成的多元复合铁氧体材料。由于它的烧结温度低，能与内导体Ag在900℃以下共烧，又能保证一定的高频磁性能，最近在微组装技术中应用广泛。由于它是一种电子产品向高频化、小型化及叠层片式组装化发展不可缺少的高频软磁铁氧体材料，近年来，其发展速度特别快。

(5) 平面型六角晶系铁氧体

平面型六角晶系铁氧体是一种适用于100～2000MHz的甚高频和超高频铁氧体材料。它具有较大的单轴各向异性和较高的共振频率，所以，在100MHz以上的频段使用时，它

仍能保持较高的 μQ 值。其高频磁特性比 Ni-Zn 铁氧体好。目前在国内外已有不少应用，是一种很有发展前途的高频软磁铁氧体材料。

除上述复合软磁铁氧体系列外，还可以按使用材料的性能要求，设计和研制其他复合铁氧体材料，并可在其中加入适量的微量元素来改善其性能。可以预见，随着科学技术的发展，今后会提出许多新需求，需设计和研制新的软磁铁氧体材料，以满足新的需要，NiCuZn 铁氧体的快速发展，就是一个典型的例子。

2.2 铁氧体的晶体化学

晶体化学是研究晶体成分和晶体结构的学科。在一定的物理化学条件下，晶体的成分与结构是对应的。晶体的成分与结构是内在本质，形态和性能是晶体的外在表现。晶体化学决定晶体形态、硬度、密度、解理、折射率、光性方位、电性、磁性以及其他一些物理化学性能。晶体的形成和变化与其形成条件（如温度、压力、介质条件等）有关，且在一定的物理化学条件下呈相对稳定状态，其成分和结构以及形态和性能，随形成条件的变化而产生程度不同的变化。铁氧体晶体化学是晶体化学原理与研究方法在铁氧体晶体组成与晶体结构研究中的应用。下面将介绍一些与铁氧体化学组成和晶体结构有关的晶体化学原理。

铁氧体晶体中的各个原子或离子以化学键结合在一起，研究其晶体结构与组成，必须要了解铁氧体晶体中的化学键。

2.2.1 铁氧体晶体中的化学键

许多晶体的键具有中间性质，即表现为两种或两种以上键的性质。另外，在许多晶体结构中，两种或两种以上的键可以同时存在于同一晶体的不同原子之间，铁氧体晶体就有离子键、共价键和范德华键。

(1) 离子键

离子键，亦称电价键、异极键，通常是由电离能很小的金属原子、离子与亲和能很大的非金属原子形成的，当二者相互亲近时，前者失去最外层电子成正离子，后者获得电子成为满壳层的负离子，正负离子之间的库仑引力和斥力平衡时，就形成稳定的离子键。由于正负离子的电子云都具有球形对称性，故形成的离子键没有方向性与饱和性。离子键化合物比较稳定，反映在物理性质上，其硬度高、熔点高、热膨胀系数小。最典型的离子键化合物是 NaCl，无机化合物中的很大部分为这类化合物，如：ABO_4 和 AB_2O_4 型（尖晶石型）化合物等。

(2) 共价键

共价键，亦称同极键，通常是化合价键。原子之间以共用电子对的方式达到电子壳层的稳定。当化合前的原子含有自旋方向相反的未成对的电子时，就可以两两耦合，构成电子对，形成一个共价键。共价键是电负性相差不大的原子间共同用一对或几对电子所产生，这类电子称为共用电子对。共用电子对较集中地分布在这两个原子连线之间，相当于形成了所谓的“电子桥”。

根据量子力学的观点，共键价的形成是两个原子的电子云重叠的结果。而且，只有当形成共用电子对的两个价电子自旋反平行时，才会使得两核间电子云密度大，从而形成共价键；若电子自旋平行，则电子云相互排斥不能成键。显然，电子重叠的程度愈大，共键价愈稳定。因此，在形成共键价时，电子云总是尽可能地达到最大限度的重叠。

由于只有未成对的电子才能与自旋反平行的电子配成共价键，而且配成键的电子，又不能再与其他电子配对成键，因此，可配成的键是很有限的，并且由离子的电子结构决定，这一特点称为共键价的饱和性。

对于能量相同（或能量相差不大）的轨道，电子云可以互相杂化。如果轨道杂化后键能增加，结合能量有所降低，就可以生成杂化键。在铁氧体中，组成杂化键的共价电子均由 O^{2-} 供给，而金属离子提供接受电子对的空轨道，这种形式的杂化键称为共价配键。如 Zn^{2+} 离子，其外层电子为 $3d^{10}$，d 轨道全充满，无空的 d 轨道，只能由能量接近的 4s 及 4p 空轨道形成共价配键。

（3）金属键

在铁氧体中形成金属键的情况较少，故不详述。

（4）范德华键

范德华键，亦称剩余键或分子键，是一种较弱的原子间力，没有方向性和饱和性，作用范围为 0.3～0.5nm。

2.2.2 球体密堆原理和鲍林规则

密排六方、体心立方和面心立方是最常见的三种晶体结构，其基本性质列于表 2.1。

表 2.1 常见三种晶体结构的基本性质表

名称	晶系	单位晶胞中原子数	配位数	原子位置	空间利用率/%
面心立方	等轴	4	12	$000, 0\frac{1}{2}\frac{1}{2}, \frac{1}{2}0\frac{1}{2}, \frac{1}{2}\frac{1}{2}0$	74.05
体心立方	等轴	2	8	$000, \frac{1}{2}\frac{1}{2}\frac{1}{2}$	68.02
密排六方	六方	6	12	$000, \frac{2}{3}\frac{1}{3}\frac{1}{2}$	74.05

图 2.1（a）为面心立方晶胞的结构示意图，每三层重复一次，也称 A_1 型最密堆积；图 2.1（b）为密排六方晶胞的结构示意图，每两层重复一次，也称 A_3 型最密堆积；图 2.1（c）为体心立方晶胞的结构示意图。表 2.1 给出了按刚性球体积计算出来的空间利用率，余下的部分为空隙，空隙的种类和容积对于形成铁氧体相十分重要。

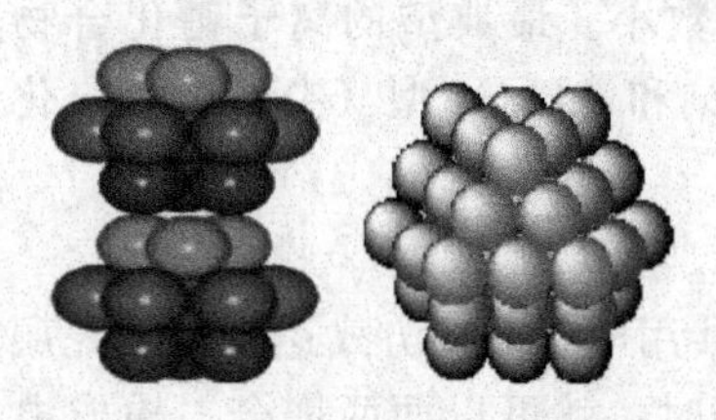

(a) 面心立方晶胞

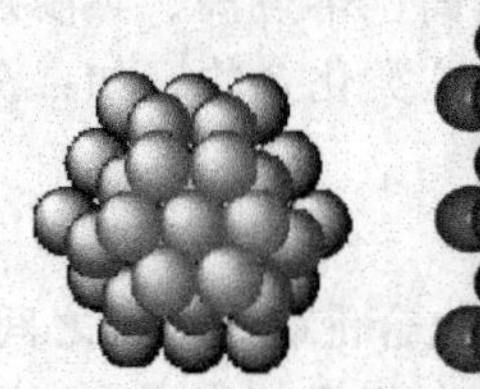

(b) 密排六方晶胞

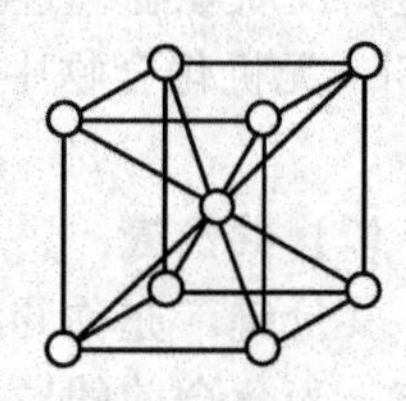

(c) 体心立方

图 2.1 三种晶体结构的示意图

密置层的结构如图 2.2 所示，每个球与 6 个球紧密接触，形成 6 个三角形空隙，其中 1、3、5 三角形空隙的底边在下、顶点在上，2、4、6 三角形空隙的底边在上、顶点在下。

在堆积第二层等径球时，这个密置层中圆球的凸出部位正好处于第一密置层的凹陷部位，也就是一个球同时与第一密置层的三个球接触，它可以占据 1、3、5 空隙，也可占据

2、4、6空隙，但不会两者都占，也不会混合占据。如果占据1、3、5空隙，第一密置层中的1、3、5三角形空隙转化成密置双层中的底面在下、顶点在上的正四面体空隙 T_+，见图2.3(a)。而2、4、6三角形空隙转化成正八面体空隙 O，见图2.3(c)。注意在7位还有一个底面在上、顶点在下的正四面体空隙 T_-，见图2.3(b)。两个密置层间形成的空隙种类及分布如图2.4所示。

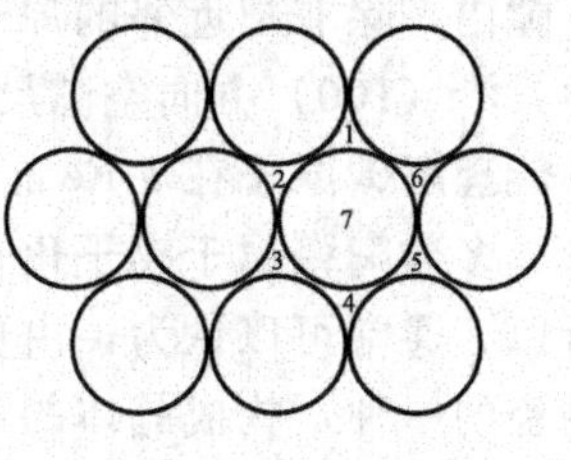

图2.2　等径球的密置层

空隙形式除四面体空隙和八面体空隙（最常见）外，还有立方体、三角形、哑铃形，如图2.5所示。各种点阵的空隙数如表2.2所示。

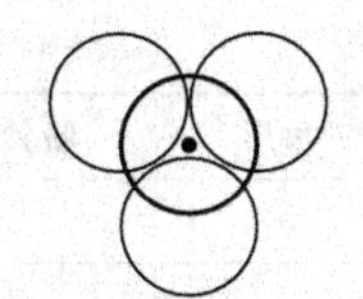

(a) 四面体空隙 T_+

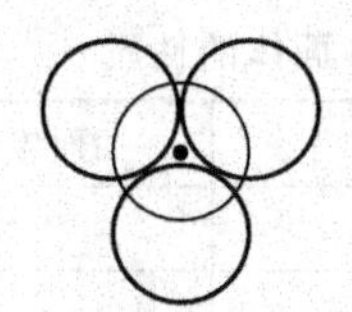

(b) 四面体空隙 T_-

(c) 八面体空隙 O(第一层为细线球、第二层为粗线球，下同)

图2.3　三种空隙

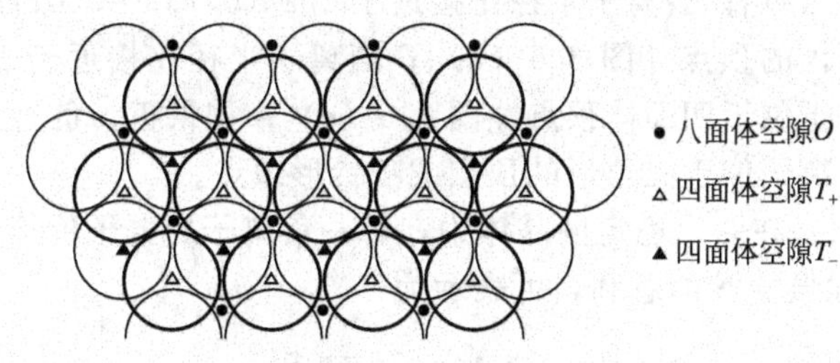

图2.4　密置双层及空隙分布

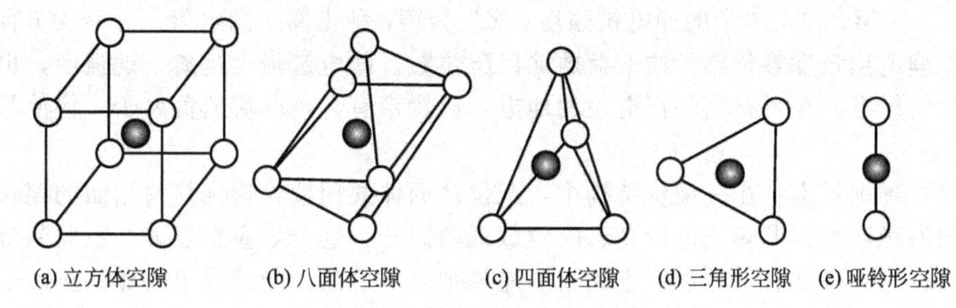

(a) 立方体空隙　(b) 八面体空隙　(c) 四面体空隙　(d) 三角形空隙　(e) 哑铃形空隙

图2.5　晶胞中的空隙形式

表2.2　各种点阵的空隙数

点阵类型	四面体空隙	八面体空隙
面心立方	8	4
密排六方	12	6
体心立方	12	6

由于四面体和八面体与密排点阵中的空隙不同，每一种空隙的棱长实际上并不相等，故不是正多面体。四面体空间位于八面体之间，但不能简单地看成八面体的一部分，四面体空隙的最大尺寸为 $0.291r$（间隙半径与原子半径之比为0.291），而八面体空隙仅为 $0.15r$。所以，如果在四面体空隙内嵌入一个最大尺寸的刚性球，就会陷在那里不能自由地移到八面体

空隙内，除非把近邻的原子挤开。但是必须注意，八面体空隙的非对称性。在八面体空隙中，沿（100）方向空隙尺寸虽然只有 0.154r，但沿（110）方向却有 0.633r。了解这一点，才能理解碳原子在 α-Fe 晶体中为什么不能填入四面体空隙，而填入八面体空隙。

多数陶瓷属于离子化合物，是由正离子和负离子构成的。由于负离子的直径一般较大，所以，通常可以认为，由负离子形成的多面体，正离子间隙在负离子空隙中。铁氧体是功能陶瓷的一种，构成晶体的负离子［O^{2-}］直径较大，密堆积成多面体空隙，体积较小的金属离子，填充在［O^{2-}］离子形成的多面体空隙中。离子晶体的构成服从鲍林规则。

鲍林第一规则指出：在正离子周围形成一个负离子多面体，正、负离子的间距取决于离子半径之和，而配位数取决子离子半径比（如表 2.3 所示）。

表 2.3　正离子配位多面体的性质

负离子多面体	立方八面体变七面体	立方体	八面体	四面体	三角形	哑铃形
配位数	12	8	6	4	3	2
r^+/r^-	1.000	1～0.732	0.732～0.414	0.414～0.225	0.225～0.155	0.155～0

当正、负离子半径比接近于 1（1～0.732）时，正离子配位数为 8，负离子位于立方体的八个顶点上［图 2.5（a）］；当离子半径比接近于 1/2（0.732～0.414）时，正离子配位数为 6，负离子位于八面体的顶点［图 2.5（b）］；当离子半径比接近于 1/4（0.414～0.225）时，配位数为 4，负离子位于四面体顶点［图 2.5（c）］；如果正、负离子半径比再下降，则配位数只有 2 或 3，负离子位于三角形的顶点或哑铃形顶点。

鲍林第二规则指出：在一个稳定的晶体中，每一负离子的电子价等于或接近等于与之邻接的各个正离子静电键强度 S 的总和，可表示为：

$$Z^- = \sum^{i} S_i = \sum^{i} \frac{z_i^+}{n_i} \tag{2-1}$$

式中，S 为第 i 种正离子的静电键强度；Z_i^+ 为第 i 种正离子的电价；n_i 为第 i 种正离子的配位数。静电键强度等于离子的电荷数除以配位数。静电键强度是离子键强度，也是晶体结构稳定性的标志。在具有大的正电位的地方，放置带有大负电荷的负离子，将使晶体结构趋于稳定。

鲍林第三规则指出：在一配位结构中，配位多面体共用棱，特别是共用面的存在，会降低这个结构的稳定性，尤其是电价高、配位数低的离子，这个效应更显著。在此基础上，引出鲍林第四规则：在含有一种以上正离子的晶体中，电价高、配位数小的那些正离子特别倾向于共角连接。

鲍林第五规则是：在同一晶体中，本质上不同组成的结构单元的数目趋向于最少数目。

鲍林规则不适用于以共价键为主的晶体。

2.2.3　尖晶石型铁氧体晶体中的晶格常数及氧参数

已知尖晶石晶体结构是以氧离子为骨架进行最密堆积而成，假定氧离子为刚体圆球，则各种尖晶石铁氧体的结构尺寸应完全相同，但是，在实际晶体中这些量是不同的。这是因为在理想的最密堆积情况下，A 位置与 B 位置有一定的大小，$r_A \approx 0.3$Å，$r_B = 0.55$Å（当氧离子半径 $r_0 \approx 1.32$Å 时），而进入 A、B 位置的金属离子半径一般在 0.6～1 Å 之间。因此，实际的晶体尺寸要膨胀一些，为此引入晶格常数 α 及氧参数 u 的概念加以区别。

晶格常数，又称点阵常数 α，它是单位晶胞的棱边长，如图 2.6 所示。根据氧离子密堆

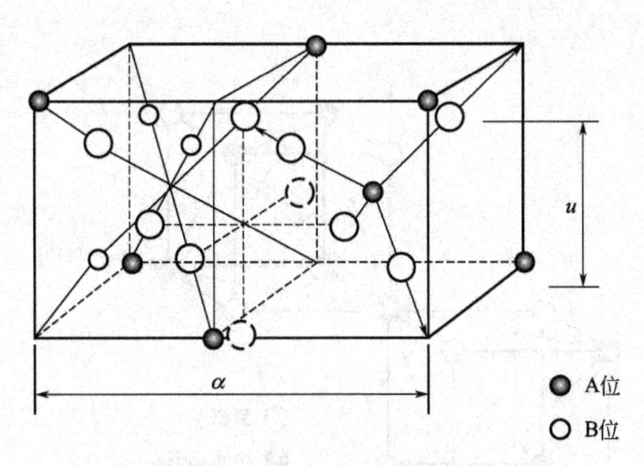

图 2.6　尖晶石型晶胞中的晶格常数 α 与氧参数 u

积的几何关系可以算出理想的晶格常数 α。

$$\alpha=4r_0\sqrt{2}\approx7.5\text{Å} \tag{2-2}$$

式中，r_0 为氧离子半径，约为 1.32Å，事实上，进入 A、B 位置的金属离子都较大，因而氧离子的堆积比密堆积要松些，上式 α 值看作为尖晶石铁氧体 α 值的最小值。实际上，其晶格常数值在 8.0～8.9Å 之间，表 2.4 给出了一些尖晶石型晶体的晶格常数。

表 2.4　一些尖晶石型晶体的晶格常数/nm

品种	晶格常数	品种	晶格常数	品种	晶格常数
$MnZnFe_2O_4$	0.850	$MgAl_2O_4$	0.807	$MnCo_2O_4$	0.815
$FeFe_2O_4$	0.839	$FeAl_2O_4$	0.812	$FeCo_2O_4$	0.82
$CoFe_2O_4$	0.838	$CoAl_2O_4$	0.808	Co_3O_4	0.809
$NiFe_2O_4$	0.834	$MnCr_2O_4$	0.845	$MgFe_2O_4$	0.838

可以由晶格常数 α 及分子量 M，计算出尖晶石铁氧体的 X 射线密度 d_x：

$$d_x=8M/(N\times\alpha^3\times10^3)(\text{kg/m}^3) \tag{2-3}$$

(2-3) 式中，$N=6.02\times10^{23}$mol（阿伏加德罗常数）。

氧参数 u 是描述氧离子真实位置的一个参数，它定义为氧离子与子晶格中一个面的距离，并以晶格常数为单位（见图 2.6）。在理想的面心立方中，$u=3/8\approx0.375$。

在尖晶石铁氧体中，由于 A 位置的间隙很小，一般金属离子均容纳不下，这样 A 位置必然扩大一些，这引起氧离子在晶格中的位置发生一定的位移，即实际上，氧参数 u 比 3/8 略大一些。

在氧离子位移比较小的情况下，由图 2.6 可见，根据几何关系可得 A 位置和 B 位置上可容纳金属离子的半径分别为：

$$r_A=\left(u-\frac{1}{4}\right)\alpha\sqrt{3}-r_0 \tag{2-4}$$

$$r_B=\left(\frac{5}{8}-u\right)\alpha-r_0 \tag{2-5}$$

式中，r_0 为氧离子半径，α 为点阵常数。由上式可见，当氧参数增加时，r_A 扩大，r_B 缩小，两者逐渐趋近。A 位置的扩大，就是 A 位置近邻的 4 个氧离子均向外（图 2.6 中箭头所指的方向）移动，这样 A 位置仍保持为正四面体的中心，即 A 位置仍是立方对称。但对 B 位置而言，由于它近邻的 6 个氧离子并非都是向心移动，因此，当 $u\neq0.375$ 时，B 位

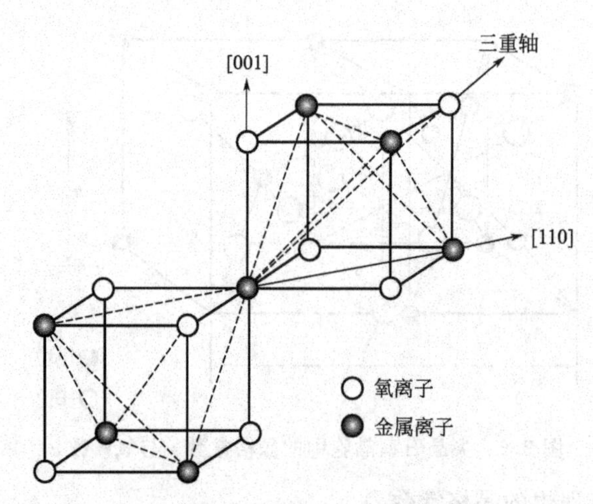

图 2.7　B 位置的 120°旋转对称

置便失去了立方对称。即使在理想的情况（$\mu=0.375$），它近邻的 6 个氧离子为立方对称，但对近邻的 6 个 B 位置而言，显然不是立方对称。而对某一［111］轴，则可看作是 B 位置的 120°旋转对称轴（三重对称轴），如图 2.7 所示，这一点对材料的磁场热处理及感生单轴各向异性机理的讨论尤为重要。

2.2.4　尖晶石铁氧体晶体中离子置换的摩尔比条件

尖晶石铁氧体单位晶胞中含有 8 个 $MeFe_2O_4$ 分子，每个分子有 3 个金属离子，为了与氧离子保持电中性，金属离子化合价的总和必须为正 8 价。实际上实用的尖晶石铁氧体一般具有三种以上的金属离子，称为多元复合铁氧体，金属离子以怎样的原则组成多元铁氧体呢？现设金属元素 A、B、C 等的离子价为 n_A，n_B，n_C，…其分子式为：$A_x^{n_A}B_y^{n_B}C_z^{n_c}\cdots O_4$，则该复合铁氧体的摩尔比条件为：。$x(n_A)+y(n_B)+z(n_C)=8$。　(2-6)

掌握这一条件，对于正确判断尖晶石铁氧体的分子式及离子取代规律等均是很有用的。但是也有例外的情况，如尖晶石铁铁氧体 γ-Fe_2O_3，可以写成 $Fe_{\frac{8}{3}}^{3+}\square_{\frac{1}{3}}O_4$ 或 $Fe_{\frac{2}{3}}^{3+}\square_{\frac{1}{3}}Fe_2O_4$，□代表离子空位，这时，阳离子价仍为 8，而阳离子数却小于 3。这表示在尖晶石结构中，有一些本来应为金属离子所占的位置是空着的。此外，铁氧体在高温烧结时，若发生脱氧，淬火样品中将出现氧离子空位，这时金属离子数总和大于 3。这说明金属离子数总和等于 3 的条件不一定要满足，但离子价总和等于 8 的条件必须满足。

在生产实践中，单组分铁氧体的电磁性能往往不能满足要求，我们必须用各种不同金属离子进行置换，以便生产出满足性能要求的复合铁氧体。这种置换有时是相当复杂的。为了获得正分配方，一般需要根据置换前后离子数和离子价数不变的原则进行计算。

上述一些铁氧体晶体化学基础理论，是研究软磁铁氧体的晶体结构、晶体组成及其磁性能不可少的理论知识，了解和掌握了它的规律，对开发新的软磁铁氧体材料有很大的帮助。

2.3　软磁铁氧体的晶体结构类型

软磁铁氧体按晶体结构可分为尖晶石型和平面六角晶系（磁铅石型）铁氧体两大类。

尖晶石型铁氧体又称为磁性尖晶石，在早期文献中，铁氧体仅指化学式为 $MeFe_2O_4=$

$MeO \cdot Fe_2O_3$ 的复合氧化物，是最早被系统研究的一类尖晶石型铁氧体，至今有些文献中依然还用铁氧体这个名词专指尖晶石铁氧体，对这一类铁氧体所积累的经验性规律和相应的有系统的理论认识，大体上也适用于其他铁氧体材料。

磁铅石型铁氧体可作软磁应用的典型材料是其易磁化方向垂直于六角结构 c 轴平面的铁氧体，故称其为平面六角晶系铁氧体。一种平面六角晶系铁氧体的化学式为 $Ba_3Co_2{}^{2+}Fe_{21}O_{41}$，简写为 Co_2Z。这种软磁材料适用于特高频频段，在 1000MHz 频率下，其磁导率基本不变，易磁化面内各向异性场 $H_{\varphi}^{A}=7.96\times10^5\,A/m$，由于它比尖晶石型软磁铁氧体的自然共振频率高很多，因此，在 100MHz 以上时，有比 NiZn 铁氧体更好的特性。表 2.5 给出了这两类软磁铁氧体的主要特性与应用范围。

表 2.5 尖晶石型和平面六角晶系铁氧体主要特性与应用范围

类别	主要特性	频率范围	应用举例
尖晶石型	高 μ_i，Q，B_s，ρ；低 α_{μ_i}，D_A，$\tan\delta$	1kHz～300MHz	多种通信及电视用的各种磁芯和录音、录像等各种磁记录磁头、滤波器、磁性天线等
平面六角晶系	高 Q，f_r 低 $\tan\delta$	300M～1000MHz	多路通信及电视机用的各种磁芯

2.4 尖晶石型铁氧体的晶体结构

Fe_3O_4 及其派生的铁氧体具有尖晶石（$MeAl_2O_4$）同型的晶体结构，属于立方晶系，空间群为 O_h^7（F3dm）。尖晶石的晶格是一个较复杂的面心立方结构，每一个晶胞容纳 24 个阳离子和 32 个氧离子，相当于 8 个 $MeFe_2O_4$，阳离子分布在两种不同的晶格位置上，以晶格常数 a 为单位，这些晶格的位置是：

8f（A 位置）：000，$\frac{1}{4}\frac{1}{4}\frac{1}{4}$，(+f. c. c)

16c（B 位置）：$\frac{5}{8}\frac{5}{8}\frac{5}{8}$，$\frac{5}{8}\frac{7}{8}\frac{7}{8}$，$\frac{7}{8}\frac{7}{8}\frac{7}{8}$，$\frac{7}{8}\frac{7}{8}\frac{7}{8}$，(+f. c. c)

32e（氧位置）：uuu，$u\bar{u}\bar{u}$，$\bar{u}u\bar{u}$，$\bar{u}\bar{u}u$，$\frac{1}{4}-u\ \frac{1}{4}-u\ \frac{1}{4}-u$，$\frac{1}{4}-u\ \frac{1}{4}+u\ \frac{1}{4}+u$，$\frac{1}{4}+u\ \frac{1}{4}-u\ \frac{1}{4}+u$，$\frac{1}{4}+u\ \frac{1}{4}+u\ \frac{1}{4}-u$，(+f. c. c)

(+f. c. c) 的意思是指每一个坐标已给出的点子，加上它们通过的三个平移；$0\frac{1}{2}\frac{1}{2}$，$\frac{1}{2}0\frac{1}{2}$，$\frac{1}{2}\frac{1}{2}0$ 所得到的点子。f，c 和 e 是三种不同晶格位置的代表符号。8f 指 f 是 8 位，在每一个晶胞中有 8 个完全对等的 f。u 称为氧参量，它的实测值接近 3/8（=0.375）但一般比 3/8 略大些。令 $u=\frac{3}{8}$，可以由上面的 8f、16c 和 32e 位的说明，推出全部 56 个晶格位置，如表 2.6 所示。

为了更清楚地了解 A 位和 B 位的几何性质，在图 2.8 中将晶胞分成 8 个边长为 $\frac{a}{2}$ 的立方分区，并且只画出其中两个相邻的分区中的离子，其他 6 个分区中的离子分布可以通过 $0\frac{1}{2}\frac{1}{2}$，$\frac{1}{2}0\frac{1}{2}$，$\frac{1}{2}\frac{1}{2}0$ 平移推出来。因此，凡只共有一边的两个分区有相同的离子分布，而

表 2.6 尖晶石型铁氧体晶体的 56 个晶格位置

名称	晶格位置
A 位	$000,0\frac{1}{2}\frac{1}{2},\frac{1}{2}0\frac{1}{2},\frac{1}{2}\frac{1}{2}0,\frac{1}{4}\frac{1}{4}\frac{1}{4},\frac{1}{4}\frac{3}{4}\frac{3}{4},\frac{3}{4}\frac{1}{4}\frac{3}{4},\frac{3}{4}\frac{3}{4}\frac{1}{4}$
B 位	$\frac{1}{8}\frac{5}{8}\frac{1}{8},\frac{5}{8}\frac{1}{8}\frac{1}{8},\frac{3}{8}\frac{7}{8}\frac{1}{8},\frac{7}{8}\frac{3}{8}\frac{1}{8},\frac{3}{8}\frac{5}{8}\frac{3}{8},\frac{5}{8}\frac{3}{8}\frac{3}{8},\frac{1}{8}\frac{7}{8}\frac{3}{8},\frac{7}{8}\frac{1}{8}\frac{3}{8},\frac{1}{8}\frac{1}{8}\frac{5}{8},\frac{3}{8}\frac{3}{8}\frac{5}{8},\frac{5}{8}\frac{5}{8}\frac{5}{8},\frac{7}{8}\frac{7}{8}\frac{5}{8},\frac{1}{8}\frac{3}{8}\frac{7}{8},\frac{3}{8}\frac{1}{8}\frac{7}{8},\frac{5}{8}\frac{7}{8}\frac{7}{8},\frac{7}{8}\frac{5}{8}\frac{7}{8}$
O 位	$\frac{1}{8}\frac{3}{8}\frac{1}{8},\frac{3}{8}\frac{5}{8}\frac{1}{8},\frac{5}{8}\frac{7}{8}\frac{1}{8},\frac{3}{8}\frac{1}{8}\frac{1}{8},\frac{5}{8}\frac{3}{8}\frac{1}{8},\frac{7}{8}\frac{5}{8}\frac{1}{8},\frac{1}{8}\frac{7}{8}\frac{1}{8},\frac{7}{8}\frac{1}{8}\frac{1}{8},\frac{1}{8}\frac{3}{8}\frac{5}{8},\frac{3}{8}\frac{5}{8}\frac{5}{8},\frac{5}{8}\frac{7}{8}\frac{5}{8},\frac{3}{8}\frac{1}{8}\frac{5}{8},\frac{5}{8}\frac{3}{8}\frac{5}{8},\frac{7}{8}\frac{5}{8}\frac{5}{8},\frac{1}{8}\frac{7}{8}\frac{5}{8},\frac{7}{8}\frac{1}{8}\frac{5}{8},\frac{1}{8}\frac{1}{8}\frac{3}{8},\frac{3}{8}\frac{3}{8}\frac{3}{8},\frac{5}{8}\frac{5}{8}\frac{3}{8},\frac{7}{8}\frac{7}{8}\frac{3}{8},\frac{1}{8}\frac{5}{8}\frac{3}{8},\frac{3}{8}\frac{7}{8}\frac{3}{8},\frac{7}{8}\frac{3}{8}\frac{3}{8},\frac{5}{8}\frac{1}{8}\frac{3}{8},\frac{1}{8}\frac{1}{8}\frac{7}{8},\frac{3}{8}\frac{3}{8}\frac{7}{8},\frac{5}{8}\frac{5}{8}\frac{7}{8},\frac{7}{8}\frac{7}{8}\frac{7}{8},\frac{1}{8}\frac{5}{8}\frac{7}{8},\frac{3}{8}\frac{7}{8}\frac{7}{8},\frac{7}{8}\frac{3}{8}\frac{7}{8},\frac{5}{8}\frac{1}{8}\frac{7}{8}$

共有一个面或共有一顶点的两分区的离子分布不同。A 位和 B 位常更明确地叫作四面体位置和八面体位置，占$\frac{3}{4}\frac{1}{4}\frac{1}{4}$（图 2.8 中，左上分区的体心位置）的阳离子就在占据$\frac{5}{8}\frac{3}{8}\frac{5}{8}$，$\frac{7}{8}\frac{1}{8}\frac{5}{8}$，$\frac{5}{8}\frac{1}{8}\frac{7}{8}$，$\frac{7}{8}\frac{3}{8}\frac{7}{8}$的氧离子的四面体间隙里。而在右上方内占$\frac{5}{8}\frac{5}{8}\frac{5}{8}$的阳离子占据了$\frac{5}{8}\frac{5}{8}\frac{3}{8}$，$\frac{5}{8}\frac{5}{8}\frac{7}{8}$，$\frac{3}{8}\frac{5}{8}\frac{5}{8}$，$\frac{7}{8}\frac{5}{8}\frac{5}{8}$，$\frac{5}{8}\frac{3}{8}\frac{5}{8}$，$\frac{5}{8}\frac{7}{8}\frac{5}{8}$的氧离子的八面体间隙。在 μ 比 3/8 略大的情况下，A 位的周围间隙变大，仍保持正四面体的对称；B 位的周围空隙缩小，不再保持正八面体的对称。每一晶胞中有 64 个四面体间隙和 32 个八面体间隙，而被阳离子占据的 A 位只有 8 个，B 位只有 16 个，总共仅为间隙的 1/4。在有的晶体中，存在着结构上的缺陷，少数 A 或 B 位置没被阳离子占据，或相反的少数氧位空出。铁氧体成分中过渡族元素具有多价倾向是有利于这一缺陷的出现的。此外，少数阳离子可能会出现在 A 位和 B 位以外的间隙里。

图 2.8 给出了尖晶石结构中金属离子分布，由此可以更清楚地了解尖晶石型铁氧体的晶体结构。

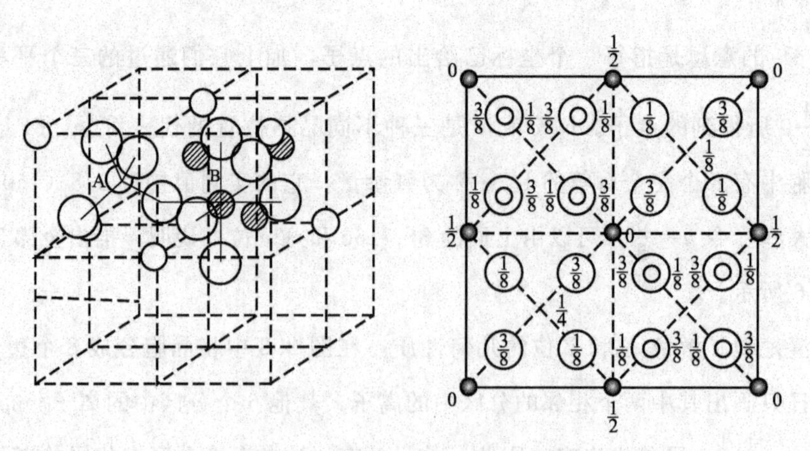

图 2.8 尖晶石结构中金属离子的分布示意图

2.5 尖晶石型铁氧体中金属离子分布规律及影响因素

尖晶石型铁氧体材料的亚铁磁性是由于 A-B 位置上的磁性离子的磁矩反向排列，而相互不能抵消所产生的。因此哪些金属离子占 A 位置，哪些金属离子占 B 位置，与材料的磁性关系非常密切。了解和掌握尖晶石型铁氧体中金属离子的分布规律及影响因素，对开发和生产软磁铁氧体材料是非常重要的。

一般地讲，每种金属离子都有可能占据 A 位或 B 位，其离子分布式（或结构式）可表示为：$(Me^{2+}_{x}Fe^{3+}_{1-x})[Me^{2+}_{1-x}Fe^{3+}_{1+x}]O_4$。

上式中，() 内的离子表示占 A 位（有时不加括号），[] 内的离子表示占 B 位。在 A 位上有 x 份数的 Me^{2+} 和（$1-x$）份数的 Fe^{3+}，在 B 位上有（$1+x$）份数的 Fe^{3+} 和（$1-x$）份数的 Me^{2+}，其中 x 为变数，根据离子分布状态，可以归纳为三种类型：

① $x=1$，离子分布式为 $(Me^{2+})[Fe^{3+}_{2}]O_4$，表示所有 A 位都被 Me^{2+} 占据，而 B 位都被 Fe^{3+} 占据。这种分布和 $MgAl_2O_4$ 尖晶石相同，而被称为正尖晶石型铁氧体。如锌铁氧体 $ZnFe_2O_4$。

② $x=0$，离子分布式为 $(Fe^{3+})[Me^{2+}Fe^{3+}]O_4$，表示所有 A 位都被 Fe^{3+} 占据，而 B 位则分别被 Me^{2+} 和 Fe^{3+} 各占据一半，这种分布恰和镁铝尖晶石相反，不是 Me^{2+} 占 A 位而是 Fe^{3+} 占 A 位，所以称为反尖晶石型铁氧体，如镍铁氧体 $(Fe^{3+})[Ni^{2+}Fe^{3+}]O_4$。

③ $0<x<1$，实际生产中大多数铁氧体的 x 值介于两者之间，其离子分布式为 $(Me^{2+}_{x}Fe^{3+}_{1-x})[Me^{2+}_{1-x}Fe^{3+}_{1+x}]O_4$ 称为中间型（或正反混合型）尖晶石型铁氧体，如镍锌铁氧体 $(Zn^{2+}_{x}Fe^{3+}_{1-x})[Ni^{2+}_{1-x}Fe^{3+}_{1+x}]O_4$。

上述三种情况如表 2.7 所示。

表 2.7 尖晶石型铁氧体的金属离子分布

类型	正型尖晶石	中间尖晶石	反型尖晶石
A 位(四面体)	$[Me^{2+}]$	$[Me^{2+}_{x}+Fe^{3+}_{1-x}]$	$[Fe^{3+}]$
B 位(八面体)	$[Fe^{3+}_{2}]$	$[Me^{2+}_{1-x}+Fe^{3+}_{1+x}]$	$[Me^{2+}Fe^{3+}]$
实例	$ZnFe_2O_4$	$Mn_{0.8}Fe_{0.2}[Mn_{0.2}Fe_{1.8}]O_4$ $Mg_{0.1}Fe_{0.9}[Mg_{0.9}Fe_{1.1}]O_4$	$NiFe_2O_4$，$CoFe_2O_4$，$FeFe_2O_4$
备注	磁性较弱	有磁性	磁性较强

x 也称为金属离子的反型分布率，它表明尖晶石铁氧体中金属离子分布的位置。在生产实际中，金属离子在尖晶石中分布是比较复杂的，影响因素也比较多。一般认为金属离子在 A-B 位上的分布与离子半径、电子层结构、离子间价键的平衡作用以及离子的有序现象（即离子自发的有规则排列趋势）等因素有关。它是晶体结构内部各种矛盾对立统一的结果，在实践和理论分析的基础上，从大量实验研究中总结出如下一些有用的规律。

(1) 金属离子半径

金属离子占据 A-B 位置的趋势是各种因素综合平衡的结果。一般认为尖晶石结构中的 B 位比 A 位大，所以离子半径大的倾向占 B 位；离子半径小的倾向于占 A 位；高价离子倾向于占据 B 位；低价离子倾向于占据 A 位。这样可使电子之间的波恩（Born）斥力下降，晶

表 2.8 金属离子占据四面体空隙（A 位）和八面体空隙（B 位）的倾向程度

倾向程度	弱 —占据 B 位的倾向→ 强 强 ←占据 A 位的倾向— 弱		
离子名称	Zn^{2+}，Cd^{2+}	Ga^{3+}，In^{3+}，Ge^{4+}，Mn^{2+}，Fe^{3+} V^{3+}，Cu^{2+}，Fe^{2+}，Mg^{2+}	Li^{+}，Al^{3+}，Cu^{2+}，Co^{2+}，Mn^{3+}，Ti^{4+}，Sn^{4+}，Zr^{4+}，Ni^{2+}，Cr^{3+}
离子半径/nm	0.082，0.103	0.062，0.092，0.044，0.091，0.067，0.065，0.096，0.083，0.078	0.078，0.058，0.078，0.082，0.070，0.064，0.074，0.087，0.078，0.064

体结构稳定。表 2.8 给出了一些金属离子占据 A-B 位置的倾向性。

但也有例外，Li^{+} 是离子半径不小的低价离子却易占据 B 位，Ge^{4+} 是离子半径不大的高价离子易占据 A 位，一般认为这是由电子有序现象决定的。一般尖晶石铁氧体的 u 值均小于 0.375，这说明 A 位置均小于 B 位置。在尖晶石铁氧体中常出现的金属离子 Me^{2+} 的半径一般都比 Fe^{3+}（0.67Å）大（见表 2.8），因此，仅从离子半径考虑，一般形成反尖晶石结构（即 Fe^{3+} 进入 A 位置）较为有利，如 Fe_3O_4、$NiFe_2O_4$、$CoFe_2O_4$ 等为反型分布。但是对于 Zn-Fe_2O_4 却不能以此原因解释。Zn^{2+} 半径大于 Fe^{3+} 离子半径，依此它进入 B 位置，但是 Zn^{2+} 离子特别喜欢占据 A 位置，所以仅从离子半径考虑离子的分布是不足的。

(2) 金属离子的分布与离子键的形成

离子晶体是由正负离子间的库仑静电引力互相结合而形成的，离子晶体的结合能也称为离子键。在 B 位上，Me_B 被 6 个 O^{2-} 包围，由于负电性较强而要求填入正电荷较大的高价离子；相反，在 A 位上，Me_A 只被 4 个 O^{2-} 所包围，负电性较弱而要求填入正电荷不大的低价离子。

另外，氧参数 u 大时，离子键的势能较低，负电性较弱，有利于低价离子占据 A 位；氧参数 u 小时，离子键的势能较高，负电性较强，有利于高价离子占据 A 位。为了使尖晶石结构稳定，库仑能量必须低，若仅从库仑能量考虑，可归纳出如下的结论：

当 $u>0.379$ 时，有利于生成正尖晶石结构；$u<0.379$ 时，有利于生成反尖晶石结构。所以，Ni^{2+}，Co^{2+}，Mg^{2+}，Fe^{2+} 倾向于占据 B 位，Zn^{2+}，Cd^{2+} 等倾向于占据 A 位，但 $CuFe_2O_4$ 的 $u=0.380$ 却属于反型尖晶石分布，Cu^{2+} 占据 B 位，就无法解释，需进一步研究其他因素的影响。

(3) 金属离子的分布和共价键、杂化键的形成

在尖晶石铁氧体中，既有离子键存在，也有共价键存在。共价晶体（又称原子晶体）是由共有的价电子，依靠带电荷的电子云的最大重叠，与带正电荷的原子核结合而成，其结合能称为共价键（或共价配位键）。如果电子云不是由纯粹的单一轨道，而是由几个不同类型的轨道混合而成的，这种共价晶体的结合就称为杂化键。在尖晶石中，金属离子的空间配位只有四面体和八面体两种位置，对四面体位置，最适应的是 sp^3 杂化键。即由一个 s 电子和 3 个 p 电子混合组成的电子云分布状态，互成 1.91rad（弧度）的四个键，刚好与四面体的四个顶点的氧离子相适应，使电子云重叠最多。目前已知 Zn^{2+}、Cd^{2+}（均为 d^{10} 离子）是以 sp^3 杂化键存在于尖晶石铁氧体中，所以，它们特喜四面体位置，此外，Ga^{3+}、In^{3+} 也形成 sp^3 杂化键，占四面体位置。

对八面体位置而言，最适应的是 dsp^3 杂化键（四方键），它是在同一平面内互成 $\frac{\pi}{2}$rad 的四个杂化键；另一种是 d^2sp^3 的杂化键，它是在空间互成 $\frac{\pi}{2}$rad 的六个杂化键，例如 Cu^{2+}

($3d^9$) 和 Mn^{3+} ($3d^4$) 能够形成 dsp^3 杂化键，倾向于占八面体位置，因此也可以解释含有 Cu^{2+} 和 Mn^{3+} 离子的尖晶石铁氧体中出现的晶格畸变。Cu^{2+} 或 Mn^{3+} 在八面体中与一平面内四个配位氧离子形成 dsp^3 杂化键，而与另外两个氧离子形成离子键，由于杂化键的键长小于离子键长，因而产生八面体的畸变，即 $c/a>1$；另一种是 d^3sp^3 杂化键，在空间互成 $\frac{\pi}{2}$ rad 的六个键，如金属离子 Cr^{3+} 倾向于占据 B 位。

在铁氧体中以共价键为主，还是以离子键为主，除了决定阳离子与阴离子的电负性外，也与金属离子同间隙的相对大小、金属离子是否具有形成共价键的空轨道等因素有关。总之，是以形成系统能量最低的那一种键为主。

(4) 金属离子分布和晶格电场能量

外层电子具有 ($3d^8$) 和 ($3d^3$)(指原子核外第三电子层的 d 电子分别为 8 个和 3 个) 的 Ni^{2+}、Cr^{3+} 在 B 位上晶格电场能量较低，比较稳定。所以 Ni^{2+} 进入 B 位后将部分 Fe^{3+} 挤入 A 位而形成反型尖晶石结构 $NiFe_2O_4$，Cr^{3+} 进入 B 位后和处于 A 位的 Mn^{2+} 形成正尖晶石结构 $MnCr_2O_4$。

由于某些金属离子的置换，可以改变金属离子的原有分布。如 Li^+ 由电子有序现象决定其倾向于占据 B 位，锂铁氧体是反尖晶石结构，离子分布为 (Fe^{3+}) [$Li^+_{0.5}Fe^{3+}_{1.5}$] O_4。当加入 Cr^{3+} 后，由于 Cr^{3+} 倾向于占据 B 位的程度较强，而把 Li^+ 赶入 A 位得到新的铁氧体 ($Fe^{3+}_{0.8}Li^+_{0.2}$) [$Li^+_{0.3}Cr^{3+}_{1.5}$] O_4，不仅阳离子可以置换，阴离子也可以置换。如将正型尖晶石 (Me^{2+}) [Cr^{3+}_2] O_4 (Me 为二价金属离子 Cu、Co 等) 中的 O^{2-} 被硫属元素 S^{2-}、Se^{2-} 和 Te^{2-} 等置换，所得的硫属铬酸盐 $CoCr_2Se_4$ 和 $CdCr_2S_4$ 等，就是一些新型的铁氧体磁光材料，但从 (Co^{2+}) [Cr^{3+}_2] Se_4 得知，Co^{2+} 占据 A 位而不是占据 B 位。

金属离子的分布受温度的影响很大，一般在高温热骚动的作用下，将某些金属离子改变位置，趋向于中间型分布。温度对 Mg^{2+}、Mn^{2+} 的影响最大，其次是 Cu^{2+} 和 Zn^{2+}。在一般情况下，$ZnFe_2O_4$ 属于正尖晶石，Zn^{2+} 占据 A 位，Fe^{3+} 占据 B 位。但在高温下离子的动能很大，Zn^{2+} 可以部分进入 B 位，Fe^{3+} 可部分进入 A 位，呈中间型分布，从而使得 $ZnFe_2O_4$ 具有良好的亚铁磁性。又如 $MgFe_2O_4$ 是一种中间型尖晶石，在 A-B 上都可以出现 Mg^{2+}，但其分布概率却容易受热处理的影响，在高温下急冷到室温（高温淬火）时，$MgFe_2O_4$ 有 26% 的 Mg^{2+} 占据 A 位，所以，生产中常常用高温淬火的方法生产 $ZnFe_2O_4$ 和 $MgFe_2O_4$。

综上所述，影响金属离子在尖晶石中分布的因素较多，如果仔细分析，还是有规律可循的。如果掌握了这些规律，可以使金属离子按磁性能的需要分布，从而生产出性能优良的铁氧体材料。

2.6 磁铅石型晶体结构与平面六角晶系铁氧体

磁铅石型铁氧体，可以作硬磁材料，又可以作超高频软磁材料使用，在铁氧体材料中占有很重要的地位。

(1) 磁铅石型铁氧体的晶体结构

这类铁氧体与天然磁铅石 Pb ($Fe_{7.5}Mn_{3.5}Al_{0.5}Ti_{0.5}$) O_{19} 有类似的晶体结构，属于六角晶系，又称六角晶系铁氧体。其单分子式可表示为 $MeFe_{12}O_{19}$ (或 $MeO\text{-}6Fe_2O_3$)，Me 为两

价金属离子 Ba、Sr、Pb 等。

早在 1938 年，北欧的晶体学家就从天然磁铅石得到启示，制备了 $PbFe_{12}O_{19}$、$BaFe_{12}O_{19}$ 和 $SrFe_{12}O_{19}$，其晶体结构为六角晶系 D_{6h}（C6/mm）。这一类型的晶体结构比较复杂，仅就 Fe 离子的分布，就有 5 种对称性不相同的晶格位，一般称之为 2a、2b、12k、$4f_1$ 和 $4f_2$。各晶格位置和坐标是比较清楚的，每个晶胞含二倍 $SrFe_{12}O_{19}$，其晶体结构如图 2.9 所示。

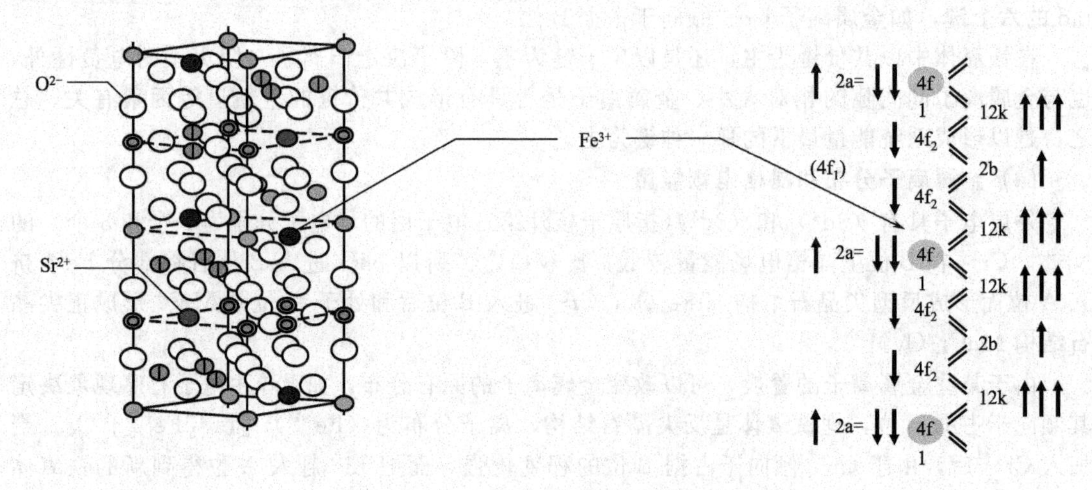

图 2.9　$SrFe_{12}O_{19}$ 的晶体结构

1952 年菲利浦实验室制成以 $BaFe_{12}O_{19}$ 为主要成分的永磁铁氧体后，继续进行含 Ba 铁氧体的研究工作，先后找到五种有类似结构的磁性铁氧体，并发现了它们的新应用。发明者称这五种结构为 W、X、Y、Z 和 U 型，而把原有的 $BaFe_{12}O_{19}$ 称为 M 型。

这六类晶体结构之间的差别就在于氧离子密集层的堆垛重复的次数和含 Ba 层出现率的不同，具体见表 2.9。在这类晶体中常出现堆垛差错，引起晶体周期性不完整或多相同时存在。

表 2.9　磁铅石型的 6 种晶体结构

符号	分子式	氧密集层数
M	$BaFe_{12}O_{19}$	10
W	$BaMe_2^{2+}Fe_{16}O_{27}$	14
X	$BaMe_2^{2+}Fe_{23}O_{46}$	36
Y	$BaMe_2^{2+}Fe_{12}O_{22}$	18
Z	$BaMe_2^{2+}Fe_{24}O_{41}$	22
U	$BaMe_2^{2+}Fe_{36}O_{60}$	48

磁铅石型晶体也与尖晶石晶体一样，能够容许相当数量的离子空位存在。M 型（正分 $BaFe_{12}O_{19}$）的相域可以延伸到 $BaO:Fe_2O_3=1:5.8$ 的成分，仍以单相存在。$BaFe_{12}O_{19}$ 的铁离子如果部分地被二价阳离子代换，就会相应地有氧离子空位出现。例如，曾有人制备出相当于 $BaZnFe_{11}O_{18.5}$ 的 M 型磁性铁氧体。

由于 Sr^{2+}、Pb^{2+} 的离子半径与 Ba^{2+} 相近，Ca^{2+} 的离子半径较小，而常用 Sr^{2+}、Pb^{2+} 和 Ca^{2+} 置换 Ba^{2+} 生成 Sr、Pb、Ca 系列的 M 型铁氧体。这种碱土类金属氧化物和 Fe_2O_3 所组成的碱土类铁氧体，具有更好的磁性，也得到了更广泛地应用。

(2) 磁铅石型复合铁氧体的晶体结构

用 Me 部分地置换磁铅石型铁氧体 $BaFe_{12}O_{19}$ 中的 Ba^{2+}，即组成 $BaO\text{-}MeO\text{-}Fe_2O_3$ 三元系列的磁铅石型复合铁氧体，其中 Me 表示 Mg、Mn、Fe、Co、Ni、Zn、Cu 等二价金属离子，或 Li^+ 和 Fe^{3+} 的组合，前面叙述的 W、X、Y、Z 和 U 型的铁氧体均系复合铁氧体。

各种复合铁氧体都是由单组分铁氧体复合而成。单组分尖晶石型铁氧体 $Me_2Fe_4O_8$，非磁性钡铁氧体 $BaFe_2O_4$ 与单组分磁铅石型（M 型）铁氧体 $BaFe_{12}O_{19}$，按比例配合，即可组成各种类型的磁铅石型复合铁氧体。如 X 型和 W 型复合铁氧体就是由 $Me_2Fe_4O_8$ 和 M 按一定比例组成的固溶体，Y 型是由 M、$Me_2Fe_4O_8$、$BaFe_2O_4$ 组成的固溶体，Z 型和 U 型则是 M 型和 Y 型组成的固溶体。

各种磁铅石型复合铁氧体的化学分子式，可以用 $m(Ba^{2+}+Me^{2+})O\cdot nFe_2O_3$ 表示，也可以用简写表示，如 Me^{2+} 为 Co^{2+} 时，所组成的 Z 型磁铅复合铁氧体可用 Co_2Z 表示，而 Me^{2+} 为 Zn 和 Fe 时，所组成的 W 型磁铅复合铁氧体，则可简写成 ZnFeW。

(3) 平面六角晶系铁氧体

六角晶系磁铅石结构铁氧体与立方晶系尖晶石结构铁氧体有很大的不同，具有磁铅石结构的六角晶系铁氧体，其晶格常数 α 远小于晶轴 c（$\alpha<<c$）。如上所述，由于 O^{2-} 重复次数和 Ba^{2+} 离子层出现的间隔不同，构成了不同类型的结构。既可以作永磁材料，又可以作高频铁氧体材料使用。

各种六角晶系铁氧体因其结构上的差异，各向异性不同，磁化方向也不同。按其磁化方向，六角晶系铁氧体材料可分为三种不同的类型：

① 易磁化方向为六角晶系的主轴方向，称为主轴型，主轴型六角晶系铁氧体的矫顽力和剩磁高，宜作永磁铁氧体材料。

② 易磁化方向处于垂直于 C 轴的平面内，称为平面型，即为平面六角晶系铁氧体材料，具有软磁铁氧体的特性，宜作甚高频和超高频软磁铁氧体，是目前在甚高频、超高频直至微波频应用性价比，最好的软磁材料。

③ 介于以上两者之间的是其易磁化方向处于一个圆锥面内，称为锥面型。

同时，六角晶系铁氧体的磁化状态受其化学组成、晶体结构和材料使用的环境温度的影响，从大量试验得知，在室温下，只有 Y 型和部分 Co^{2+} 取代的 Z 型与 W 型六角晶系铁氧体才具有平面六角晶系铁氧体的软磁特性。

2.7 软磁铁氧体的微观结构与性能的关系

材料的性能是其微观结构（其控制方法详见 10.5 节）的反映。

① 晶粒大小对性能的影响。晶粒越大，晶界越整齐的材料 μ_i 越高，晶粒越小的材料，其矫顽力 Hc 越大。

② 晶界对性能的影响。铁氧体的晶粒与晶界是不可分割的整体。因晶界的大小和形状直接影响到铁氧体材料的磁导率和矫顽力 Hc，所以，晶界的相组成、晶界的形状和厚薄等，对材料的性能，特别是电性能和力学性能的影响较大。

③ 晶粒均匀性对性能的影响。晶粒均匀性对材料的性能也有直接的影响，具有巨晶和微晶交错的双重结构，其材料的性能，如 μ_i、μ_iQ、α_μ、D_F 等都较差。

④ 气孔对性能的影响。铁氧体内部的气孔形状很不一样：有开口的，有闭口的；有圆

形的，也有扇形的。气孔的位置有两种，一种位于晶粒内部，一种分布在晶界上。

气孔率的大小和分布与晶粒一样，对材料的性能也有很大的影响，气孔的存在，减少了磁路的有效面积，也不利于畴壁移动，所以，气孔率高的材料（即密度低），剩余磁感应强度 B_r 较低，矫顽力 Hc 比较高，矩形度较差，磁导率也较低。

同时，气孔对材料的机械强度、耐磨性、透光性、吸湿性、损耗特性以及温度稳定性和时间稳定性也有一定的影响。材料的气孔率越高，它的机械强度、耐磨性、透光和温度稳定性、时间稳定性也越差，吸湿性也越大。对于某些软磁铁氧体材料，必须设法减少气孔，即降低其气孔率。但是，气孔可以提高材料的电阻率，降低涡流损耗，改善材料的品质因素。可以根据材料的要求，采用各种措施控制材料的气孔率，利用气孔调节材料的高频特性；利用铁氧体的多孔性，还可制作各种用途的温敏铁氧体和多孔铁氧体。

⑤ 夹杂物对性能的影响。在铁氧体晶体内部有一些夹杂物（又称杂质），绝大部分在晶界处，也有少数进入了晶粒的内部。其夹杂物来自三个方面，一是原材料中的杂质；二是在制备工艺过程中带进的杂质，例如，球磨过程中会带进铁，在预烧过程中，可能会带进微量的耐火材料（主要是 Al_2O_3 和 SiO_2 等）；三是为改进材料某些方面的性质，有意加入的添加物，这些夹杂物对磁性能的影响很大，这将在以后的有关章节中论述。

综上所述，铁氧体的各种物理性能取决于材料的微观结构。例如，在低频磁场下工作的软磁材料，要求有较大的平均粒径，高磁导率的软磁材料的微观结构，只允许在晶界上有少许气孔，要求有最大的密度和最小的气孔率。总之，进一步提高材料微观结构的均匀性，使晶粒均匀，晶界清晰，晶粒形状完整，周围没有氧化区，尽量避免缺位、凹坑和裂纹等缺陷，是各种铁氧体材料的共同要求。

第3章 软磁铁氧体的基本特性

软磁铁氧体的应用，就是利用它们的基本特性，制作成各种铁氧体元器件，用于各种电子仪器、仪表、家用电器及国防电子设备等国民经济的各种领域。所以，在软磁铁氧体材料的研制和开发时，必须充分了解它们的基本特性及其影响因素与改变方法。软磁铁氧体的磁性是亚铁磁性，具有多种电磁性能，归纳起来主要有下列基本特性：

① 软磁铁氧体的内禀磁性；

② 软磁铁氧体的磁化特性；

③ 软磁铁氧体的频率特性；

④ 软磁铁氧体材料的损耗；

⑤ 软磁铁氧体材料的稳定性；

⑥ 软磁铁氧体的电学特性；

⑦ 软磁铁氧体的物理化学性能。

从应用角度讲，对现代软磁铁氧体材料的要求概括为“四高”，即高起始磁导率、高品质因素、高稳定性（包括温度稳定性高、减落小、随时间的老化小）和高截止频率。除此之外，对应用于不同场合的材料，还有许多特殊的要求，例如，开关电源及低频脉冲功率变压器要求高 B_S；磁记录器件要求高密度材料等。由磁学理论得知，材料的基本特性主要由其原材料、配方和制造工艺所决定。本章的主要任务就是介绍软磁铁氧体的各种性能，以及与材料、配方和制造工艺的关系，为制备新材料时，对其原材料的选择、配方的设计以及制造工艺的拟定等，提供理论指导。

3.1 铁氧体的磁性来源及亚铁磁性

关于铁氧体的磁性来源，属于磁学的研究范畴，于 1948 年才从理论上弄清楚。原子的电子结构是物质磁性的基础。物质的磁性来源于原子的磁矩，根据物质结构理论，原子是由原子核和围绕核外运动的电子组成。那么原子磁矩即由原子核磁矩和电子磁矩构成。因为原子核磁矩实际上是无穷小，在讨论问题时，可将其忽略，所以，原子的磁矩即为其核外运动电子的磁矩。

电子绕核运动，与地球绕太阳运动相似，除电子在各自的轨道上绕核旋转外，还有自转。因此，电子磁矩由两部分组成：一是轨道磁矩，即绕核运动的磁矩；二是自旋磁矩，即自转形成的磁矩。所以原子磁矩可视为轨道磁矩与自旋磁矩的矢量和。

根据量子力学的计算，轨道磁矩的绝对值为：

$$\mu_L=\sqrt{L(L+1)}\frac{eh}{2m_e}=\sqrt{L(L+1)}\cdot\mu_B \tag{3-1}$$

式中，L 为角量子数；h 为普朗克常数；e，m_e 分别为电子的电量和质量，$\mu_B=\frac{eh}{2m_e}$，μ_B 为波尔磁子。对于整个原子系统而言，总轨道磁矩的绝对值为：

$$\mu_L=\sqrt{L(L+1)}\cdot\mu_B \tag{3-2}$$

在填满电子的壳层中，各个电子的轨道运动分别占了所有可能的方向，其合成的总角动量 $L=0$，所以轨道磁矩 μ_L 等于零。

总自旋磁矩

$$\mu_s=-2\sqrt{s(s+1)}\cdot\mu_B \tag{3-3}$$

在填满电子壳层中，电子自旋角动量互相抵消，$s=0$。总自旋磁矩也为零。

由此可以得出结论：原子磁矩来源于未填满壳层中的那些电子。

当原子构成分子和物质之后，原子内部及其相互之间，其相互作用是变化的，问题较为复杂，所以，物质磁矩不应等于孤立的原子磁矩。根据物质的磁化率 x 的大小及其变化规律，可把各种物质的磁性分为5类，即抗磁性、顺磁性、铁磁性、反铁磁性和亚铁磁性。

抗磁体和顺磁体只有在外磁场的作用下才能显其抗磁性和顺磁性。而铁磁体，即使无外磁场的存在，它们中的元磁体也能定向排列，这叫作“自发磁化”。铁氧体是 Fe_2O_3 与各种金属氧化物生成的复合氧化物。铁族原子的磁性正是由未被填满的3d壳层的电子所决定的，在这类金属氧化物中，金属阳离子被氧离子隔开，氧离子能使相邻金属阳离子间产生一种相互作用，在磁学中称之为间接交换作用，也称为超交换作用。在铁氧体中的这种间接交换作用往往是负的，从而导致相邻的金属阳离子的磁矩成反平行排列，如图3.1所示。在 M_A 和 M_B 两个具有磁性阳离子之间夹着一个氧离子，通过氧离子的作用使 M_A 和 M_B 各自的磁矩呈反平行排列，它们合成的磁矩是抵消之后的剩余磁矩，通常，把由此产生的强磁性称之为亚铁磁性。

若 M_A 和 M_B 两者的磁矩相等，相互抵消后的磁矩为零，这就是在磁学上称为反铁磁性，不难看出，所谓亚铁磁性，实质上是属于未被抵消的反铁磁性，如图3.2所示，所以铁

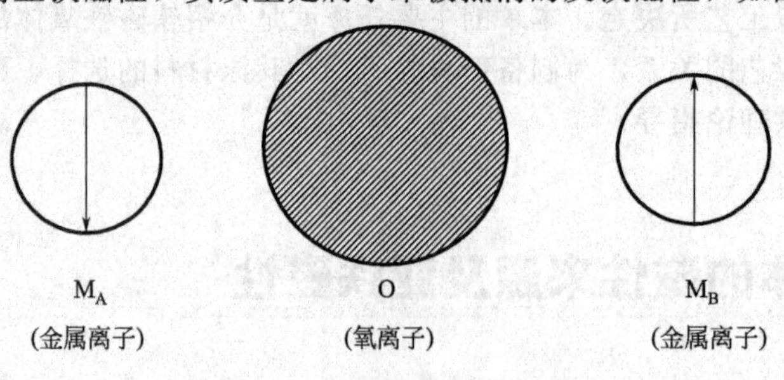

图 3.1 超交换作用示意图

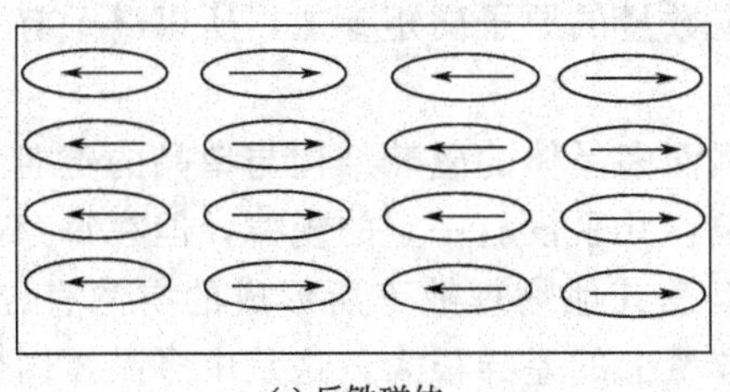

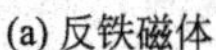

(a) 反铁磁体

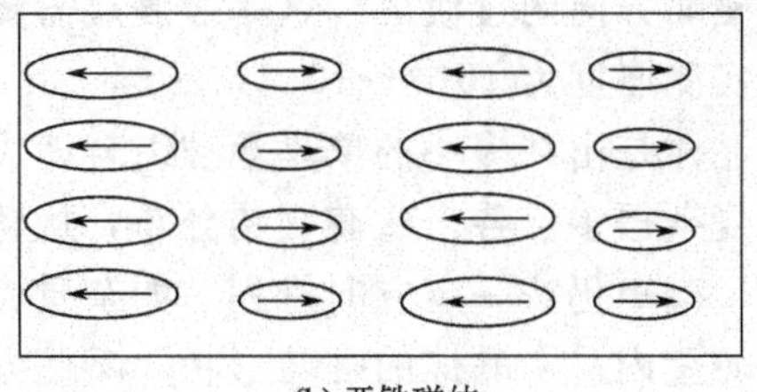

(b) 亚铁磁体

图 3.2　铁氧体中磁矩的排列示意图

氧体是典型的亚铁磁性物质。

亚铁磁性的磁化率 $x>>0$，其相对磁导率 $\mu_r>>1$，顾名思义，亚铁磁性强于反铁磁性，弱于铁磁性。和反铁磁性材料一样，它的原子磁矩之间也存在着相反磁矩的相互作用，只不过两相反平行排列的磁矩大小不相等，导致其具有一定的自发磁性，所以，亚铁磁体与铁磁体相似，具有自发磁化基础上的较强磁场和磁滞现象等磁化特征。

3.2 磁畴和磁畴壁

软磁铁氧体在没有磁场作用时，显示不出磁性，只有在外磁场中，才被感应显示磁性。在没有外磁场的情况下，铁磁体和亚铁磁体中的电子自旋磁矩可以在小范围内“自发地”排列起来，形成一个个小的“自发磁化区域’，称为磁畴。在没有外磁场作用时，各磁畴中分子磁矩取向各不相同，如图 3.3 所示，磁畴的这种排列方式，使磁体处于能量最小的状态。因此，没有磁化的铁磁体和亚铁磁体的各磁畴的矢量之和相互抵消，对外不显磁性。

磁畴的存在可用粉纹法、磁光效应、电子显微镜等，对铁磁体和亚铁磁体的表面进行直接观察。磁畴的形状和大小取决于磁性材料的结构状态，即与材料的品种、晶型、晶粒尺寸和气孔等有关。由于实际材料内部的结构状态复杂，而磁畴的实际形状也极其复杂，很难有明显的规律性，同一材料的不同部位往往就出现不同的磁畴，或同时有几种磁畴。磁畴的形状虽然有所不同，但磁畴内部的原子磁矩都是按易磁化方向排列的。经实验测定，磁畴的最大宽度为 10^{-3}～10^{-6}m（相当于几百万个原子到几万个原子的间距）。

磁畴和磁畴之间的边界称为畴壁。在畴壁内原子磁矩的方向可以逐渐转变，根据原子磁矩转变的方式，可将畴壁分为布洛赫壁（Blohwalls）和奈尔壁（Neelwalls）。布洛赫壁的特点是畴壁内的磁矩方向改变时，始终与畴壁平面平行，一般在大块的磁性材料内，存在布洛赫壁。当铁磁体的厚度减少到相当于二维的情况，即厚离为 1～10^2nm 的薄膜时，容易形成奈尔壁，它是畴壁平面上出现磁极（例如磁矩垂直于壁面）的一类畴壁。奈尔壁通常仅在厚度小于某一临界尺寸的磁膜中才能形成。在较厚的磁层中，从能量的观点看，更有利于形成布洛赫壁。

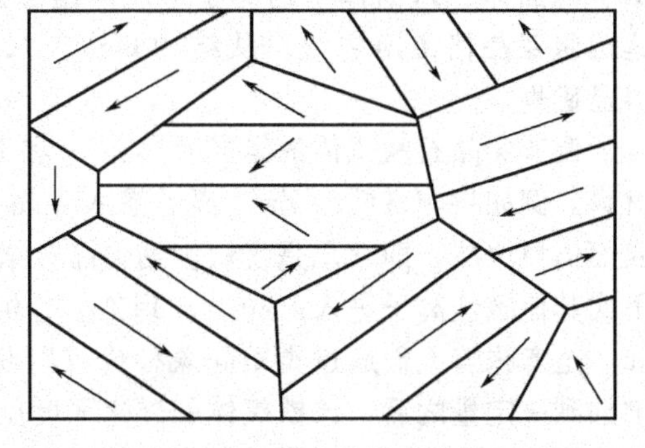

图 3.3　未磁化前的磁畴状态

一般说来，处于自发磁化状态下的相邻磁畴，内部的原子磁矩彼此是反平行的。在相邻磁畴之间，磁矩逐渐改变方向的过渡层就是磁畴壁，即磁畴壁是原子磁矩由一个磁畴的方向逐渐向相邻磁畴方向的过渡区，这一过渡层需要有一定数量的原子磁矩参加，所以畴壁有一定的厚度。实测厚度为 10^{-6}～10^{-7}m。

多晶体是由许多小的单晶颗粒组合而成的，因而多晶体的磁畴结构与单晶的磁畴结构相比，要复杂得多。各个磁畴交错分布，从整体来说，几乎没有一定的规律，但在每个晶粒内部的原子磁矩仍按一定方向排列，如杂质、气孔以及其他物理缺陷所形成的空洞直径较小，都处于畴壁内。多晶体的磁畴形状、畴壁方向和数量上的差异很大，这是由多晶体内各晶粒生长的不均匀性、晶界缺乏规则的外形等原因引起的。

3.3 尖晶石型铁氧体的磁性

如前叙述，尖晶石型铁氧体的化学式$(Me_{1-x})[Me_xFe_{2-x}]O_4$ 中的 Me 代表 Mn、Ni、Mg、Fe、Co、Cu、Zn 等金属离子，由于这些金属离子在晶体中的分布不同，形成三种不同的磁性结构。式中，$x=0$ 时，为正尖晶石型结构 $MeFe_2O_4$，该结构的铁氧体，其磁矩为0；$x=1$ 时，为反尖晶石型结构 (Fe)[MeFe] O_4，该结构的铁氧体，其磁矩最大；$0<x<1$时，为中间型尖晶石结构 $(Me_{1-x}Fe_x)[Me_xFe_{2-x}]O_4$，该结构的铁氧体，其磁矩间于二者之间。

一般说来，正尖晶石型结构的铁氧体不具有亚铁磁性。例如锌铁氧体 $ZnFe_2O_4$ 和镉铁氧体 $CdFe_2O_4$ 是非亚铁磁性的。这是因为，在正尖晶石型结构中，相反方向排列的磁矩相等，使得铁氧体的磁矩相互抵消，导致这类物质不显示亚铁磁性。很多铁氧体具有反尖晶石结构，如铁、钴、镍铁氧体，具有亚铁磁性。中间型尖晶石铁氧体，几乎都是亚铁磁性铁氧体。

尖晶石型铁氧体的磁性起源于两方面：首先是构成离子的外电子壳结构。如果该离子的外电子层中，具有未成对电子，则它就可能产生磁性；具有这种电子结构的离子为过渡族离子、稀土离子和超铀离子；其次是需要一定的结构，例如，同是过渡族离子构成的正尖晶石结构，物质 Mn_3O_4 没有磁性，只有反尖晶石结构的有关物质才显磁性。位于反尖晶石结构中四面体位和八面体位亚格子中的过渡族离子，通过氧离子发生三种磁相互作用：即 A—A，B—B 和 A—B。对于夹角最接近 180℃的那些金属离子，通过氧离子起作用的金属离子之间的间接交换耦合是最大的。对于完整的尖晶石点阵，离子之间主要的夹角是 A—O—B，其值为 125°9′和 154°34′，B—O—B，其值为 90°和 125°9′，以及 A—O—A，其值为 79°38′，最接近于完整排列的 A—O—B，其值为 154°34′。A—B 位相互作用及尖晶石结构中四面体、八面体里的离子形成两组磁矩方向相反的亚晶格，而结构的总磁矩 M_S 等于这两组亚晶格磁矩之差。从结构知道，八面体中的离子数大于四面体中的离子数，故材料显磁性。

调节尖晶石铁氧体的组成及其在 A 和 B 位的占位数量，可以获得不同磁化强度的磁性材料。例如将非磁性的 Zn^{2+} 离子掺入尖晶石铁氧体中以形成 Zn 铁氧体，Zn^{2+} 具有很高的四面体择位能，即它总是喜欢占据尖晶石结构中的 A 位。Zn^{2+} 的掺入将迫使 A 位中的铁离子或其他磁性离子进入 B 位。从理论上分析，在 0K 时，该铁氧体的磁化强度应有很大的增加。这意味着人们通过类质同象替代可以获得良好的磁性材料。但是，实验表明，Zn 含量增加到一定量之后，该铁氧体的磁化强度反而下降，表明它的铁磁性耦合，已开始消失，这是 B 格子中离子开始互相平行排列的结果。

3.4 决定软磁铁氧体基本磁性的主要因素

铁氧体的性质分本征的和非本征的两类。本征性质与结构和成分有关，即可以通过调整组成而改变其性质；而非本征性质则是受材料制备条件和显微结构制约的。表 3.1 列出了铁氧体的本征和非本征性质。

表 3.1 铁氧体的性质

本征性质	M_S	磁晶各向异性	磁致伸缩	居里温度	铁磁共振	晶格电阻率	热膨胀	杨氏模量
非本征性质	磁导率	磁损耗	磁滞回线	能量积	铁磁共振线宽	体电阻率	挠曲强度	晶粒尺寸

在铁氧体磁性材料中，氧离子与磁性离子之间的相对位置很多，彼此之间均有或多或少的超交换作用存在。实践表明，氧离子与金属离子之间距离较近，且磁性离子与氧离子之间的夹角接近 180°时，超交换作用最强。由此可见，铁氧体磁性材料的磁性不但与结晶结构有关，还与磁性离子在晶体结构中的分布有关。改变铁氧体中磁性离子或非磁性离子的成分，可以改变磁性离子在晶格中的分布。所以，用不同磁矩的金属离子取代晶体中部分离子（如在 Ni 铁氧体中，用部分 Zn^{2+} 取代 Ni^{2+}），可以改变铁氧体材料的磁性能，以便制成所需要的铁氧体材料，这就是铁氧体配方设计的理论根据。

理论和实践都表明，材料的组成决定的性质为其本征性质，必须要调整组成来改变。不要企图调整制造条件来改变材料的居里温度。制备工艺条件决定其非本征性质，只有改变工艺条件才能改变其非本征特征。不要企图靠调整材料的化学组成来调整材料的损耗，所以，铁氧体的组成（即配方）和制备工艺是决定其基本磁性的主要因素。依照一定的磁学理论，改变材料的组成和制造工艺，就能研制出一系列软磁铁氧体材料。

3.5 软磁铁氧体主要的内禀磁性

如前述，材料的内禀磁性是其本征磁特性，主要决定于材料的组成和结构，基本不受材料的缺陷和热处理等工艺条件的影响，软磁铁氧体的内禀磁性主要有饱和磁化强度、居里温度、晶体各向异性、磁致伸缩、铁磁共振和晶格电阻率等，这里只对前四种主要的内禀磁性进行讨论。

(1) 饱和磁化强度 M_S

饱和磁化强度指磁性材料在一定温度下，在外加强磁场中磁化到饱和时单位体积具有的磁矩。软磁材料通常要求具有高的 M_S，这样可以获得高的 μ_i 值，还可节省资源，实现器件的小型化。

从宏观上看，磁饱和是磁性材料的磁化强度与外磁场关系的磁化曲线已基本上平行于磁场轴，磁化强度基本上不随外磁场增加而改变的磁状态。严格地说，是磁化曲线外推到无穷大磁场的磁化强度，用 M_∞ 表示。将饱和磁化曲线外推到磁场为零时的磁化强度，称为自发磁化强度，用 M_0 表示。在绝对温度为零度，外磁场为无穷大时的外推磁化强度值，称为绝对饱和磁化强度，用 $M_{0\infty}$ 表示。磁化强度的单位与磁场强度 H 的单位相同，都是安（培）/米（A/m）。

从微观看，磁饱和是磁性材料在强外场磁场作用下已不存在磁畴壁的状态，饱和磁化强度是磁性材料单位体积中存储磁能（E_m）的量度（$E_m \propto M_S^2$），它是决定磁导率和多种磁效应的重要磁参量，在一般应用中，总是要求饱和磁化强度越高越好。

饱和磁化强度 M_S 的大小主要决定于材料的结构和成分，为了提高分子的饱和磁矩，可以用任何非磁性离子（或磁矩较小的离子）置换到磁性尖晶石中，使之偏于进入 A 位。例如 Zn^{2+}、Cd^{2+} 和 Ga^{3+}、In^{3+} 等置换 $NiFe_2O_4$ 中一部分 Fe^{3+}，对饱和磁矩的影响，与以 Zn^{2+} 置换部分 Ni 时极其相似，对 $NiO \cdot (Fe_{1-x}Ga_x)_2O_4$ 中，当置换量 $x<0.8$ 时，随 x 的增加，磁矩 M 显著增加，而当 $x>0.8$ 时，M 急剧下降；当 $x=1$ 时，如 Ga^{3+} 全部替代 Fe^{3+} 而成为非磁性的 $NiO \cdot Ga_2O_4$，则其饱和磁矩 $M=0$。反之，要降低饱和磁矩，亦可加入 Al^{3+} 和 Cr^{3+}。

(2) 居里点或奈尔点（T_C 或 θ_N）

居里点或奈尔点指磁性材料中，自发磁化强度降低到零时的温度。如果是铁磁材料，这一温度称为居里点或居里温度，用 T_C 表示；如果是反铁磁材料，这一温度则称为奈尔点或奈尔温度，用 θ_N 表示；如果是亚铁磁材料，因为它宏观上类似于铁磁材料，微观上又类似于反铁磁材料，故称居里点或奈尔点都可以，习惯上称居里温度，一般用 T_C 表示，也有用 θ_f 表示的。

实际上，常采用饱和磁化强度降低到很小的值，以外推法或扦入法确定居里点，称为铁磁居里点，即 T_C，即可采用磁化率倒数（$1/x$）温度曲线外推到 $1/x \to 0$ 来确定居里点。称为顺磁居里点 θ_P，一般情形下，$T_C \neq \theta_P$，反铁磁材料的奈尔点，则是根据磁化率温度曲线的最大值来确定。

居里点是使用磁性材料的温度上限，当然希望它越高越好，它也是判断磁性材料温度稳定性的重要判据。因为居里点在微观上是自发磁化和磁有序消失的温度，故它也是交换作用强弱的一种量度。

在有的亚铁磁体中，在居里点以下也可能会出现饱和磁化强度减小到零或极小值的现象，称为抵消点。这是由于含有多个磁次晶格的亚铁磁材料恰好在某一温度发生各次晶格的磁化强度互相抵消的现象，外观上类似于居里点。但这时仍存在磁有序。在抵消点上下磁化强度都不为零，因而使它与居里点现象完全不同。

除饱和磁化强度外，居里温度也主要由铁氧体的组成决定。一般规律是 Fe^{3+}—O—Fe^{3+} 超交换力最强，如 $Li_{0.5}Fe_{2.5}O_4$ 的居里点最高（940K），Mn^{2+} 与 Fe^{3+} 都为 $3d^5$ 离子，但 Mn^{2+}—O—Fe^{3+} 的超交换力却比 Fe^{3+}—O—Fe^{3+} 弱得多，故 $MnFe_2O_4$ 的居里点较低（570K）；另外，Zn^{2+}（或 Al^{3+} 等非磁性离子）的存在，将使材料的 T_C 显著地下降，这是因为，非磁性的锌离子取代锰离子或镍离子会使铁氧体次晶格之间的反铁磁性耦合减弱。因此，铁氧体含锌离子越多，破坏磁性排列所需的热能越小，T_C 的下降就越明显。不仅锌含量影响居里温度，铁含量也影响居里温度，纯亚铁铁氧体 Fe_3O_4 有较高的居里温度（858K）。因此，当 Fe_2O_3 含量增加，从而导致亚铁氧体中铁的含量增多时，则复合铁氧体的居里温度将升高。

一般地说，只要确保材料的组分不变，由起始磁导率随温度的变化测得某一组分的居里温度数据，很少受不同制造方法的影响，因此，测试居里温度可作为检验可能出现配方变动的手段，例如，检验在烧结中锌挥发和第二相的析出。这种比较简单地测定居里温度的方法，连同其他与组分有关的性能测定，提供了不破坏样品的可能性。在许多情况下，这种测定可达到与化学分析和 X 光照相分析相同的精度。

(3) 磁晶各向异性常数（K_1）

在晶体结构中原子按一定规律排列，各个方向不全相同；有的方向原子之间的距离近些，而在另一个方向的原子之间的距离远些；晶体中各方向的原子间的作用不同而引起性能上的差异就叫作晶体各向异性（或称结构各向异性）。对铁磁性晶体来说，这种结构上的各向异性而导致晶体沿各个方向磁化难易程度不同，就称为磁晶各向异性。而沿晶体不同方向所需的磁化能量的差值，称为单位体积磁晶各向异性能，或磁晶各向异性自由能，以 E_K 表示（有的称为磁晶能密度 F_K）。

磁晶各向异性能 E_K 的大小直接取决于磁化强度矢量 M_S（也就是磁畴的磁矩）对晶轴所取的方向，K_1 是磁晶各向异性能 E_k 变化大小的主要标志。

从铁氧体的各向异性情况看来，一般有下列规律：

① 磁晶各向异性和晶体结构的对称性有很大关系，一般来说，结构对称性高的（如立方晶系），其磁晶各向异性小，结构对称性低的（如六角晶系），其磁晶各向异性大（相差1～2 个数量级）；

② 各种单组分铁氧体，除 Co 铁氧体和 130K 以下时的 Fe_3O_4 的 K_1 值是正值外，其余大多数铁氧体的 K_1 值都是负值，这就是说，位于八面体的 Co^{2+} 和 Fe^{2+} 的 K_1 值是正的，而同样位于八面体的 Fe^{3+} 和 Mn^{3+} 的 K_1 值都是负值；

③ Co^{2+} 在低温区有特别大的正值 K_1，它的绝对值比 Fe^{2+}、Fe^{3+} 和 Mn^{3+} 等大 2 个数量级，所以，不论尖晶石型，还是磁铅石型，含 Co 的铁氧体，其 K_1 的绝对值都特别大；

④ 磁晶各向异性常数与温度有很大关系，一般 K_1、K_2 随温度的升高而降低。但是磁铁矿 Fe_3O_4 的 K_1 值随温度的变化却与一般不同，在 130K 时，符号发生变化，低于此温度，K_1 是正的，高于此温度，K_1 是负的，如图 3.4 所示。

⑤ 磁晶各向异性是材料的内禀特性，但对一些技术磁性如磁导率、矫顽力和剩磁比等却有重要的影响，所以，我们在研究磁性材料时，必须要重视它的作用。

(4) 饱和磁致伸缩系数（λ_S）

磁性材料由于磁化状态的改变而引起的变形，称为磁致伸缩。决定磁化状态的能量主要有交换能、磁晶各向异性能和静磁能（含外磁场能和退磁能），而这些能量又都与磁性材料的变形状态有关。由交换能引起的变形称为体积磁致伸缩或交换磁致伸缩。它同交换能一样，是各向同性的；由磁晶各向异性能引起的变形称为线性磁致伸缩，它是各向异性的；由退磁能引起的形变称为形状效应，它与材料的形状有关。在磁性材料中，一般讨论的是由外加磁场引起的线性磁致伸缩。单位长度产生的磁致伸缩称为磁致伸缩系数 λ（$\lambda=\Delta L/L$，L 为长度，ΔL 为磁致伸缩引起的长度变化）。材料随磁场强度的增加而伸长或缩短，最后停止伸缩达到的饱和伸缩比，称为饱和磁致伸缩系数，用 λ_S 来表示。磁致伸缩系数 λ 是与材料结构有关的结构灵敏量。而在饱和磁化状态下的饱和磁致伸缩系数 λ_S 才是磁性材料的内禀磁学量。磁致伸缩来源于磁性与弹性之间的相互作用，其微观机制与磁晶各向异性有相似之处。

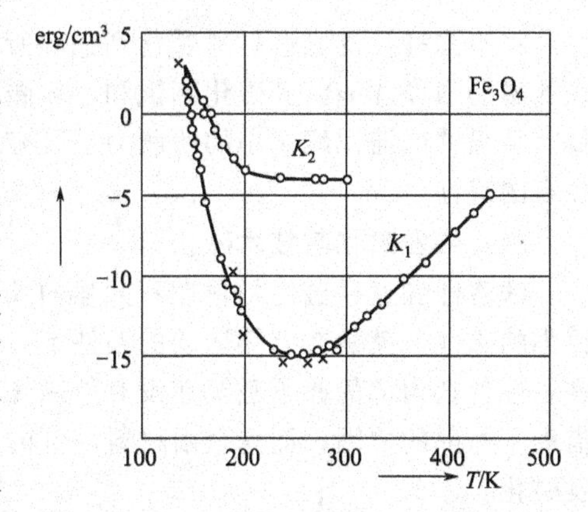

图 3.4 Fe_3O_4 的 K_1 与 K_2 与温度的关系（$1erg=1\times10^{-7}J$）

实际上，磁性材料磁化时，不但磁化方向会伸长（或缩短），在偏离磁化方向的其他方向也同样会伸长（或缩短），但是偏离越大，伸长比（或缩短比）也逐渐减小，到了接近于垂直方向时，磁性材料反而缩短（或伸长）。所以，磁致伸缩可以分正磁致伸缩和负磁致伸缩两大类。正磁致伸缩（$+\lambda$）是磁性材料在磁化方向伸长，在垂直于磁化方向缩短（例如 Fe）；负磁致伸缩（$-\lambda$）是材料在磁化方向缩短，而在垂直于磁化方向伸长（例如 Ni）。这两类材料的这种性质，可以用 λ_S 值的正负号来区别。磁致伸缩是一种可逆的弹性形变，由于磁晶各向异性，所以 λ_S 也是各向异性的。

如磁铁矿 Fe_3O_4 单晶在［100］方向磁化，并在此方向测定其饱和磁致伸缩系数为 λ_{S100}（-19.5×10^{-6}），沿［111］方向磁化，并测得其饱和磁致伸缩系数为 λ_{S111}（77.6×10^{-6}），测试结果表明，其数值不同，而且符号也不同（这两个值以后分别用 λ_{S100}，λ_{S111} 表示）。

一般磁性材料都是多晶体，晶轴取向紊乱，宏观上并不显示其对磁化方向的依赖性。因而在磁场方向测得的 λ_S，只是各晶粒在此方向的致磁伸缩系数的平均值 $\bar{\lambda}_{OS}$，可证明其与晶体 λ_{100}、λ_{111} 有关。

$$\bar{\lambda}_{OS}=\frac{2\lambda_{S100}+3\lambda_{S111}}{5} \tag{3-4}$$

由式（3-4）可知，不论在什么方向，所测的 $\bar{\lambda}_{OS}$ 都是相同的，即各向异性的晶粒形成的多晶体，其磁致伸缩是同性的。

对常见铁氧体，其磁致伸缩特性具有以下规律：

① 一般铁氧体的 λ_{S100} 和 λ_S 都是负值，除 Ni 铁氧体和 Mn 铁氧体、Mn-Zn 铁氧体和 Mg-Mn 铁氧体外，λ_{S111} 都是正值。

② 一般 Co 铁氧体及含 Co^{2+} 的铁氧体，在［100］方向的磁致伸缩系数的负值特大，而 Mn、Mg、Li、Ti 铁氧体的 λ_{S100} 却很小。

③ 含 Ti^{4+} 和 Ti 铁氧体在［100］方向的磁致伸缩系数 λ_{S100} 是正值，λ_{S111} 的正值也较大。

④ 磁致伸缩系数 λ_{S100}、λ_{S111} 与铁氧体的化学组成有很大关系，以 Mn 铁氧体和 Co 铁氧体为例，磁致伸缩系数 λ_{S100}、λ_{S111} 随 Fe^{2+} 含量减少而降低，Co 铁氧体的负值虽大，但如部分以 Mn^{2+} 或 Zn^{2+} 等替代，则负磁致伸缩值即显著下降，如 $Ni_{0.56}Fe^{2+}_{0.44}Fe_2O_4$ 的 $\lambda_S=0$。

3.6 软磁铁氧体的磁化特性

将不同种类的磁性材料磁化到饱和所需要的磁场强度有很大的差别，永磁材料要求用很强的磁场强度才能将其磁化到饱和，软磁材料则只需一个弱磁场，就能将其磁化到饱和，它具有窄长的磁滞回线，小的矫顽力。既容易获得，也容易失去宏观磁性，是软磁铁氧体磁化独有的特性。

（1）自发磁化与技术磁化

铁磁性和亚铁磁性材料在不太强的外磁场作用下，就能将其磁化到趋近于饱和而显示出很强的磁性，就是在有热运动的条件下，也仍然具有较高的磁化强度。这是因为铁磁性和亚铁磁性材料内部的原子磁矩在没有外磁场作用时，在各个区域内已经定向排列了。这种不是借助于外部的原因，而完全由材料内部的原子磁矩自动地定向排列所发生的磁化现象称为自发磁化。

铁磁性和亚铁磁性材料其内部互相连接的自发磁化区域就叫作磁畴。磁畴和自发磁化是铁磁性和亚铁磁性材料的基本特征。

众所周知，磁性材料在没有外磁场作用时，一般不显示宏观磁性。但是，在使用过程中，磁性材料在外磁场作用下，从磁中性状态（指 $H=0$ 时，$B=O$ 的状态）下被激发出来，磁化强度 M 逐渐增强，而达到饱和状态并显示宏观磁性的过程，称为技术磁化过程。

技术磁化是通过磁畴的两种变动进行的，一种是磁畴磁矩的一致转动，一种是磁畴壁的位移，磁性材料在未磁化前，磁畴磁矩取不同方向，磁矩的矢量和为零，如图 3.5（a）所示，磁畴磁矩的一致转动是在磁场作用下，各磁畴磁矩整体地逐渐趋向磁场方向或靠近磁场方向，从而对磁化作出贡献，这称为磁畴的转动磁化过程，如图 3.5（b）所示，另一种过程，是那些磁矩方向与磁场方向一致或接近的磁畴逐渐扩大，磁矩方向同磁场方向相反或相差较远的那些磁畴逐渐缩小，即磁畴体积发生了变化，相当于磁畴间的畴壁发生了位移，称为畴壁位移过程，如图 3.5（c）所示。

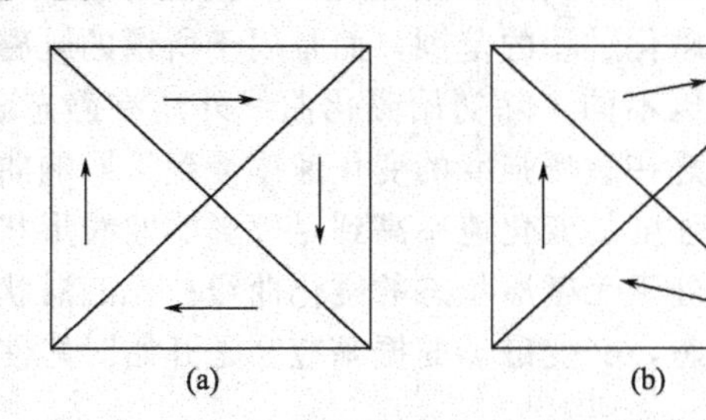

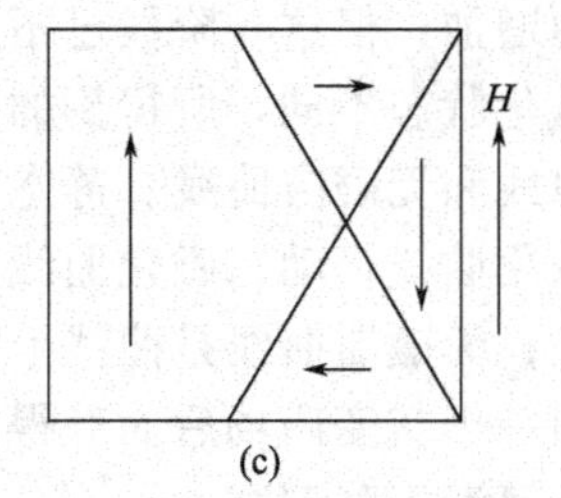

图 3.5　磁性材料的技术磁化示意图

实践表明，磁化来源于三个方面：

① 磁畴的体积变化对 ΔM 的贡献（即磁畴间的畴壁发生位移，表现为畴壁磁化）；

② 磁畴的磁化矢量 M_S 与磁场 H 方向夹角的变化，对 ΔM 的贡献（磁化矢量的旋转磁化）；

③ 磁畴内的磁化矢量 M_S 本身的大小变化对 ΔM 的贡献（只有磁畴内本身的饱和磁化强度 M_S 的大小发生了变化，称为顺磁磁化，它对磁化贡献很小，因为只有在外磁场很强时才能表现出来）。

在实际情况下，壁移和畴转两个过程不能截然分开，只是以哪一个为主而已。自发磁化和技术磁化有着密切的联系，自发磁化是技术磁化的基础，而技术磁化则是自发磁化在磁化条件下的进一步发展，因此，探讨技术磁化的物理本质是深入掌握铁氧体磁特性的重要途径之一。

（2）磁化曲线和磁化过程

磁性材料在磁中性状态下，受到逐渐增加的外磁场的作用而磁化时，其磁化强度 M 随外磁场 H 的变化关系曲线，称为磁化曲线，如图 3.6 所示。该曲线表示磁性材料从磁中性状态开始逐渐均匀、且又循序地增加磁场，从而被磁化的过程，一般称为初始磁化曲线（也称为原始磁化曲线或起始磁化曲线）。从图 3.6 可知，软磁材料从磁中性状态至饱和状态的过程中，各阶段的磁化过程各有其不同的特征，一条典型的技术磁化曲线可分为可逆转动或壁移磁化、不可逆壁移磁化、转动磁化和趋近饱和磁化四个阶段。

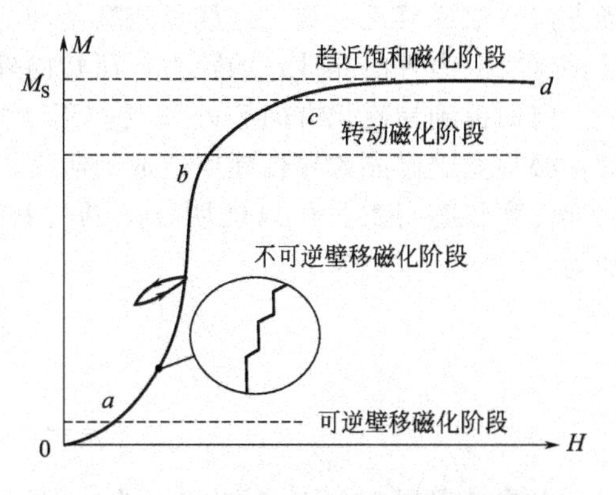

图 3.6　软磁材料的磁化曲线和磁化过程
（圆内所示为巴克霍森跳跃示意图）

① 可逆转动或壁移磁化（又称起始磁化），

是在弱磁场下进行的。所谓“可逆”就是该磁场 H 减弱退回到零时，磁化强度 M 也会近似地沿磁化曲线退回到零。在这个阶段，磁导率 μ 和 H 之间是线性的关系。

② 不可逆壁移磁化，又称不连续的跳跃磁化阶段或最大磁导率阶段，是在中等磁场下进行的，磁场的大小和矫顽力 H_{CJ} 相近，M 随 H 急剧增加，经过最大磁导率 μ_{max} 和最大磁化率 X_{max}，出现巴克霍森跳跃，磁矩的变化较大，磁化曲线极其陡峻。但当磁场 H 退至零时，磁化强度 M 却并不沿原磁化曲线减退至零，而沿另一曲线减退。

③ 转动磁化阶段是在较强磁场下进行，磁化曲线趋向比较平缓，到后期时，磁化过程又逐渐成为可逆过程。

④ 趋近饱和阶段是在高磁场下进行的。磁化曲线极其平缓地趋近于一水平线，而达到技术饱和状态。如果饱和后再略为增加强磁场，M_S 并不增加；如在极强磁场下，则 M_S 将有极缓慢的增加。但这一阶段已不属于技术磁化过程的范围，而是属于所谓的顺磁阶段了。

由于磁化状态不同，所得到的磁化曲线也不同，除初始磁化曲线外还有静态磁化曲线、动态磁化曲线和无磁滞曲线。静态磁化曲线是在磁场强度的变化速率慢到不影响曲线形状时所得到的磁化曲线；动态磁化曲线是在磁场强度的变化速率高到足以影响曲线形状时所得到的磁化曲线；无磁滞曲线是曲线上每一点都处于无磁滞状态的磁化曲线。无磁滞状态是在静磁场上叠加一个交变磁场后而获得的一种状态，交变磁场的振幅应当是开始时能使材料达到饱和，然后逐渐下降到零。

综上所述，磁性材料的磁化曲线的变化规律，有两点是值得注意的：

① 磁性饱和现象，当磁化强度足够大时，磁化强度达到一个确定的饱和值 M_S 后，继续增加 H，M_S 保持不变。每种磁化材料都有自己特定的 M_S 值，所以饱和磁化强度 M_S 是磁性材料的一个重要特性。

② 磁滞现象，材料的 M 值到达饱和以后，外磁场降低到零时，M 并不恢复到零的现象。磁滞现象也是磁性材料的重要特性。

(3) 以磁畴转动为主的磁化过程

大家知道，磁性材料存在磁晶各向异性，每个晶体都有一个或者几个易磁化轴（或几个易磁化方向）。每个磁畴的磁矩在没有外磁场时，总是以某个易磁化方向来取向的。但是，在磁化时，晶体中的这些磁畴，有些是和外磁场方向一致，有些则和外磁场方向不一致而有一定夹角。和外磁场方向一致或接近一致的磁畴，它的静磁能最小，各种能量总和也最低，它的状态就比较稳定。而那些和外磁场方向夹角较大或反向的磁畴，静磁能较大，各种能量总和也较大，它的状态就不稳定。在外磁场的作用下，这些不稳定的磁畴逐渐转变到和外磁场方向一致或接近一致，这就是磁畴转动的原理。因此，磁畴的磁化强度矢量克服磁晶各向异性（或应力各向异性）的阻力，而转向外磁场方向的过程就是畴转过程。

前面提到易磁化方向和外磁场作用下的静磁能有关，但是磁矩的转动是在晶体中进行的，必须克服磁晶各异性能所造成的阻力。因此，磁畴的磁化强度矢量 M_S 的旋转与磁晶各向异性和状态有关。可以证明，多晶材料由畴转而引起的起始磁化率和起始磁导率 μ_i 分别为：

$$x_i=\frac{M_S^2}{3K_1} \tag{3-5}$$

$$\mu_i=1+4\pi x_i=\frac{4\pi M_S^2}{3K_1} \tag{3-6}$$

上式是根据立方体 $K_1>0$（即［100］为易磁化方向）而求得的，当［111］为易磁化方向，即 $K_1<0$ 时，可以证明多晶材料的起始磁化率 x_i 和起始磁导率分别为：

$$x_i=\frac{M_S^2}{2|K_1|} \tag{3-7}$$

$$\mu_i=1+4\pi x_i=\frac{2\pi M_S^2}{|K_1|} \tag{3-8}$$

如果材料内部不论什么原因都存在着内应力 σ 时，就会产生应力各向异性。这种应力各向异性如同磁晶各向异性一样，也将对磁矩的转动起阻碍作用，因而必须考虑由应力而引起的磁弹性能 E_σ 的作用。同样，多晶材料中，考虑应力各向异性所作用的畴转磁化关系，有

$$x_i=\frac{M_S^2}{3\left(\frac{3}{2}\lambda_S\cdot\sigma\right)}=\frac{2M_S^2}{9\lambda_S\cdot\sigma} \tag{3-9}$$

$$\mu_i=1+4\pi x_i=\frac{4\pi M_S^2}{9\lambda_S\cdot\sigma} \tag{3-10}$$

从式（3-6）、式（3-8）和式（3-10）可知，为借助于畴转磁化过程获得较高的起始磁导率，必须尽可能提高材料的饱和磁化强度 M_S，降低材料的磁晶各向异性常数和磁致伸缩系数 λ_S，而且力求材料结构均匀、减小空隙、降低内应力 σ，这些原则性的结论对研究高磁导率和超高磁导率铁氧体都具有重要指导意义。

(4) 以磁畴壁移动为主的磁化过程

上面提到最小能量原理是磁畴转动的主要根据，同样畴壁移动也是从最小能量原理出发的。一般外磁场方向和晶体的最易磁化方向不一致时，在较强的磁场作用下，只能使和外磁场方向成最小夹角的磁畴通过壁移而不断扩大，最后吞并其他磁畴。因而从微观上来说，壁移是在畴壁附近的原子磁矩改变方向而属于左磁畴，由原来对外磁场取向不利的位置转向对外磁场取向有利的位置。这就是说，壁移过程本质上是一种微观的磁矩转动过程，在壁移过程中，磁矩并没有移动位置，只是在那里转动而已。通过这种微观畴转才使畴壁产生宏观的移动，由原来外磁场的磁化能较大而不稳定的方向转到能量较低的比较稳定的方向。畴壁移动磁化示意图如图 3.7 所示。

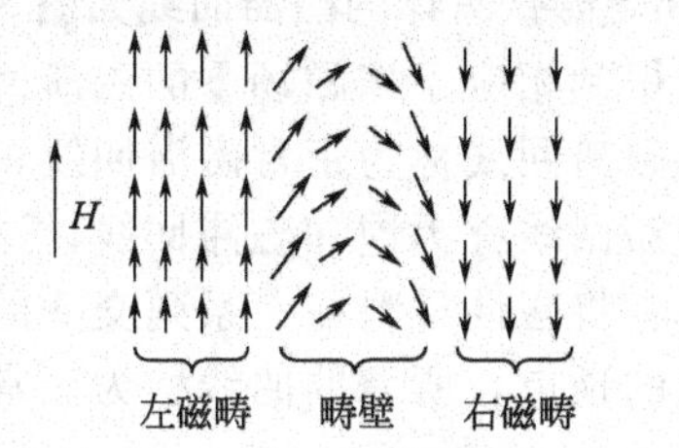

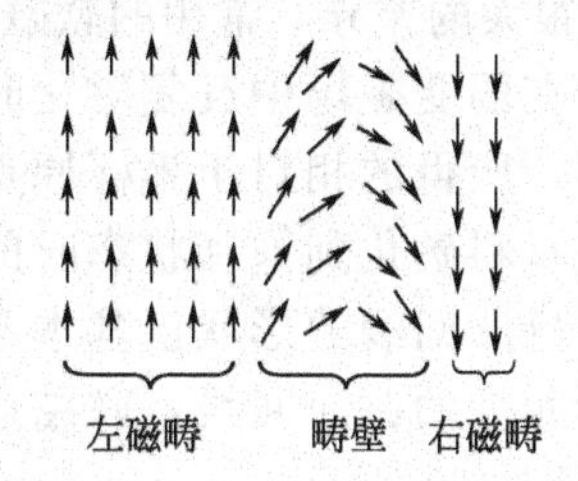

图 3.7　畴壁移动磁化示意图

但是壁移过程的这种微观畴转和前面所述的宏观畴转过程还是有很大的区别。宏观的畴转磁化过程是整个磁畴的磁矩同时转动，转角的大小是由外磁场强度以及其他因素而定；但壁移磁化过程只是靠近畴壁的磁矩局部地选择转动，转动的角度是一定的，由一个磁畴方向转到另一个磁畴方向。至于有多少磁矩参加这种微观转动，当然和外磁场的强度条件有关，但主要还是取决于畴壁移动的距离。

静磁能是壁移过程的原动力，而畴壁能和退磁能却是影响壁移的主要因素。当然磁性材料内部结构的均匀性、掺杂、空隙以及存在的内应力等对畴壁能都有一定的影响。由于能量的变化与畴壁的类型有关，因而为了便于分析，可将畴壁简单归纳为 180°和 90°两种类型。

从壁移前的稳定条件出发，一般畴壁厚度 $\delta\leqslant L$（L 为应力周期变化的距离）。因为，当 $\delta=L$ 时，两个邻近的畴壁已经碰上了，所以，多晶材料（如考虑 180°畴壁位移过程）的起

始磁化率和起始磁导率为

$$x_i \geqslant \frac{2M_S^2}{3\pi^2 \lambda_S \cdot \sigma_0} \text{或} \ \chi_i \geqslant \frac{2M_S^2}{3\pi^2 \lambda_S{}^2 E} \tag{3-11}$$

$$\mu_i \geqslant \frac{8M_S^2}{3\pi^2 \lambda_S \cdot \sigma_0} \text{或} \ \mu_i \geqslant \frac{8M_S^2}{3\pi^2 \lambda_s^2 E} \tag{3-12}$$

式中，$E=\sigma_0/\lambda_S$，λ_S为饱和磁致伸缩常数，σ_0为随一个方向的距离而变化的起始状态的应力幅度$\left(\text{即畴壁厚度 } \delta=-\sigma_0 \cos\frac{2\pi\chi}{c}\right)$。

必须指出，式（3-11）、式（3-12）的精度不高，只能作一般的定性估算。至于90°畴壁位移过程的起始磁化率，其基本形式和式（3-11）、式（3-12）相同。

从式（3-12）可知，要在壁移磁化中得到较高的磁导率的原则性结论，基本上与式（3-10）相似，但磁性材料的晶粒大小却和壁移磁化有很大的关系。因此太细的晶粒将成为单畴，没有畴壁存在也就不可能有壁移磁化，磁导率必然也低。因此，一般高导的软磁材料不会有太细的晶粒，相反，硬磁材料却都采用微晶的办法来消除壁移磁化，以提高矫顽力，所以壁移磁化理论可指导我们进行软磁和永磁铁氧体材料的开发工作。

（5）磁滞和磁滞回线

当磁性材料磁化到饱和之后，将H减小到零，则磁感应强度B将随之减小，由于材料内部存在的各种杂质和不规则应力所产生的摩擦阻抗，使B不能回到零，而沿另一条曲线回到B_r（B_r为剩余磁感应强度）。这种磁感应强度B的下降总是落后于外磁场H的现象称为磁滞。

如果要使B减到零，必须加上强度足够大的反向磁场，这样的磁场强度称为矫顽力H_{CB}。同样在饱和磁化状态下，使M减到零时的磁场强度称为禀矫顽力H_{CJ}，H_{CJ}总是大于H_{CB}。如果将H继续在相反方向增加后又降低到零，再返回正方向增加，则磁感应强度B和磁化强度M也会随之变化，而回到原来的正向饱和状态B_S、M_S。B和M随H变化所形成的闭合曲线称为磁滞回线。一般磁性材料都有相应的磁滞回线，但由于磁特性的不同，其磁滞回线的形状也有很大的差异。常用的软磁铁氧体和硬磁铁氧体的磁滞回线如图3.8所示。

当磁性材料在弱变磁场中反复磁化时，就可得到相应于该磁场下的磁滞回线。一般处于循环磁化状态时，所得的相对于坐标原点对称的磁滞回线称为正常磁滞回线；当交变磁场的振幅较大，而使材料磁化到饱和状态时的正常磁滞回线称为饱和磁滞回线，这时如果再增大磁化场的振幅，磁滞回线的形状已基本不再变化。将磁性材料在一系列交变的外磁场中反复磁化，便可得到相应的磁滞回线，联结这族回线的顶点，所得的曲线称为正常磁化曲线或基本磁化曲线，如图3.9所示。

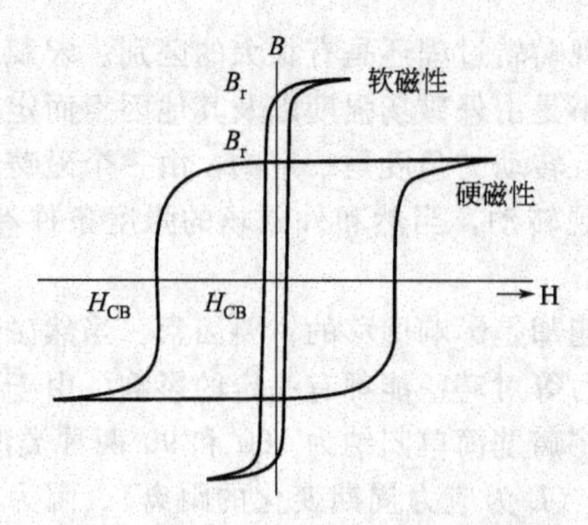

图3.8 铁氧体软磁和硬磁材料的磁滞回线

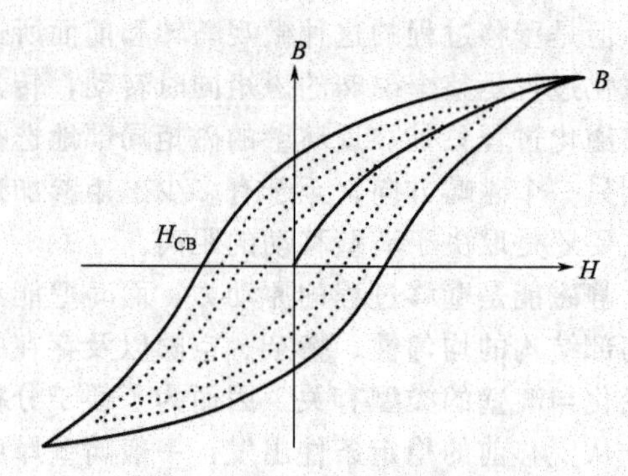

图3.9 正常磁化曲线示意图

正常磁化曲线和初始磁化曲线在外形上基本一致，初始磁化曲线虽较精确，但试验条件较严，不易准确获得，正常磁化曲线虽较粗糙，但却容易测得，因而实用意义很大，应用也较为广泛。在磁化过程中，还可以形成各种相对于原点不对称的次磁滞回线，称为局部磁滞回线，除此之外，还有静态磁滞回线、动态磁滞回线和增量磁滞回线等。

静态磁滞回线是指在磁场强度的变化速率慢到不影响磁化曲线形状情况下获得的磁滞回线；动态磁滞回线是指在磁场强度的变化率高到足以影响磁化曲线形状的情况下获得的磁滞回线；增量磁滞回线是指磁性材料在共线静磁场下获得的非对称磁滞回线。

磁化曲线和磁滞回线把磁性材料的一些主要参数做了一个综合表述，上面提到的 μ_i、μ_{max}、M_S、B_S、B_r、H_{CJ}、H_{CB}等参量都是度量磁性材料性能的主要参量，以后还要对其作进一步的讨论。

(6) 磁性材料的磁导率

任何磁性材料，在外加磁场作用下，必有相应的磁化强度 M 或磁感应强度 B，材料的工作状态相当于 M-H 曲线或 B-H 曲线上的某一点，称为工作点。在解决实际工作问题时，普遍采用 B-H 曲线，通常亦称 B-H 关系为磁化曲线。定义 B 与 H 的比值为磁导率，用 μ 表示，即

$$\mu=\frac{B}{\mu_0 H} \tag{3-13}$$

由于磁感应强度 $B=\mu_0$（$H+M$）则

$$\frac{B}{\mu_0 H}=1+x=\mu \tag{3-14}$$

应该注意，μ 并不等于 B-H 曲线的斜率，而是曲线上的某一点与原点连线的斜率。磁性材料受不同的磁场作用，就处于不同的工作点，也就具有不同的磁导率。磁导率是表示磁性材料在给定磁场强度下，究竟能得到多大 B 值的主要参数，图 3.10 表示磁性材料 μ_i 和 μ_m 随 H 的变化规律。图 3.10（a）表示磁化曲线以及 μ_i、μ_m 的定义，图（b）表示 μ_i、μ_m 随 H 的变化规律。下面是软磁铁氧体常用的磁导率。

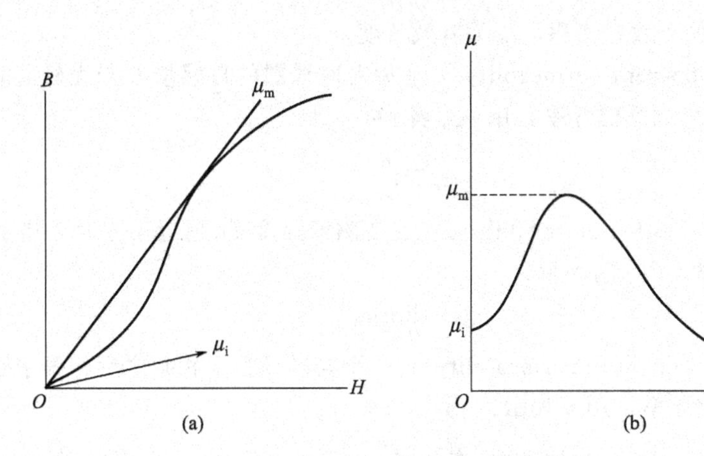

图 3.10 磁导率随 H 的变化曲线

① 起始磁导率（initial permeability）：在交流磁化时，B 和 H 用峰值表示，如果材料是从退磁状态开始，受到对称的交变磁场的反复磁化，当这种交变磁场的振幅趋近于零时，所得的磁导率称为起始磁导率（即铁氧体材料磁化曲线起始点处磁导率的极限值），用 μ_i 表示：

$$\mu_{\mathrm{i}}=\frac{1}{\mu_0}\lim_{H\to 0}\frac{B}{H} \tag{3-15}$$

② 最大磁导率（maximum permeability）：磁场强度的振幅改变时所得到的振幅磁导率的最大值称为最大磁导率，用 μ_{m} 或 $\mu_{\max}$ 表示。

③ 振幅磁导率（amplitude permeability）：当磁场强度随时间以周期性变化，其平均值为零，并且材料在开始时，处于指定的磁中性状态，由磁感应强度的峰值 $\hat{B}$ 和外磁场强度的峰值 $\hat{H}$ 之比求得的磁导率称振幅磁导率，用 μ_{α} 表示：

$$\mu_{\alpha}=\frac{\hat{B}}{\mu_0\hat{H}} \tag{3-16}$$

④ 增量磁导率（incremental permeability）：处于退磁状态下，在直流偏置磁场和振幅较小的交变磁场同时作用下，形成一个不对称的局部磁滞回线，此局部磁滞回线的斜率与 $1/\mu_0$ 的乘积称为增量导磁率，用 μ_{Δ} 表示：

$$\mu_{\Delta}=\frac{1}{\mu_0}\frac{B}{H} \tag{3-17}$$

⑤ 微分磁导率（differential permeability）：磁化曲线或磁滞回线上某一点的斜率相对应的磁导率称为微分磁导率，用 μ_{d} 表示

$$\mu_{\mathrm{d}}=\frac{1}{\mu_0}\frac{\mathrm{d}B}{\mathrm{d}H} \tag{3-18}$$

⑥ 有效磁导率（effective permeability）：含有气隙磁芯的磁导率称为有效磁导率，用 μ_{e} 表示；

$$\mu_{\mathrm{e}}=\frac{1}{\mu_0}\frac{\sum\frac{l_{\mathrm{e}}}{A_{\mathrm{e}}}}{\sum\frac{l_{\mathrm{e}}}{\mu_i A_{\mathrm{e}}}} \tag{3-19}$$

式中，A_{e} 为磁芯的有效截面积，l_{e} 为有效长度。

⑦ 表观磁导率（apparent hermeablity）：有磁芯时线圈的自感量 L 与无磁芯时同一线圈的自感量 L_0 之比，称为表观磁导率，用 μ_{app} 表示：

$$\mu_{\mathrm{app}}=\frac{L}{L_0} \tag{3-20}$$

⑧ 可逆磁导率（revesibie permeability）：交变磁场强度 H 趋近于零时，增量磁导率的极限值称为可逆磁导率，用 μ_{rev} 表示：

$$\mu_{\mathrm{rev}}=\lim_{H\to 0}\mu_{\Delta} \tag{3-21}$$

⑨ 绝对磁导磁率（absolute permeability）：一个与磁场强度相乘之后，等于磁感应强度的量，则称之为绝对磁导率，用 μ 表示：

$$B=\mu H \tag{3-22}$$

⑩ 相对磁导率（relative permeability）：材料或媒介的绝对磁导率与磁性常数之比，为相对磁导率，用 μ_{r} 表示。

另外，还有张量磁导率，多用于旋磁铁氧体材料，这里不作介绍；复数磁导率将在材料的频率特性中介绍。上述软磁铁氧体材料不同的磁导率用于不同的场合，应用最普遍的是起始磁导率 μ_{i} 和最大磁导率 μ_{m} 两种。

3.7 影响起始磁导率的主要因素及其改善途径

(1) 影响起始磁导率的主要因素

磁导率是软磁铁氧体材料的重要参数，从使用要求来看，主要是 μ_i，其他磁导率如 μ_{max}、μ_{rev} 等都与 μ_i 存在着内在的联系，因此，本书着重讨论 μ_i。

从微观机理来分析，在实际磁化过程中，μ_i 是畴转磁化和位移磁化这两个过程的迭加，即 $\mu_i=\mu_{i转}+\mu_{i位}$，式中，$\mu_{i转}$ 为可逆畴转磁导率，$\mu_{i位}$ 为可逆畴壁位移磁导率。

对具体材料，有的以壁移为主，即 $\mu_i\approx\mu_{i位}$。有的以畴转为主，即 $\mu_i\approx\mu_{i转}$。一般烧结铁氧体样品，若内部气孔多、密度低，则畴壁移出气孔需消耗较大的能量，故在弱场下磁化机制主要是可逆畴转；若样品晶粒大、密度高、气孔少，畴壁位移十分容易，磁化就以可逆壁移为主了。通常二者均存在，它们各自所占的比例随材料微观结构而异。

目前两种起始磁化的理论都不是完善的，和实际情况都有一定的距离。在实际磁性材料中，既有畴转磁化，也有壁移磁化，一般认为，低磁导率铁氧体（如 $FeFe_2O_4$、$NiFe_2O_4$ 等）由于内部结构的均匀性较差，非磁性杂质和空隙也较多，晶粒较细，在磁化初始阶段，壁移受到阻碍，而常以畴转磁化为主；但对高磁导率和超高磁导率的 MnZn 铁氧体来说，由于原材料较纯，内部结构较均匀，磁体的密度较高，晶格畸变、非磁性杂质和孔隙也都较少，晶粒较粗，壁移磁化起主要作用。

从畴转磁化和壁移磁化过程的分析不难看出，不同磁化过程，起始磁导率及其理论公式的形式虽有所不同，但从各式中可以看出一个共同的规律：

$$\mu_i\propto\frac{M_S^2}{K_i+\lambda_S\sigma} \tag{3-23}$$

材料的各向异性主要包括磁晶各向异性和应力各向异性，磁晶各向异性通常可用磁晶各向异性常数 K_1 代表，由磁畴转动引起的 μ_i 与 M_S 和 K_1 之间的关系有：

$$\mu_i=\frac{M_S^2}{3\mu_0 K_1} \tag{3-24}$$

一般软磁材料的磁晶各向异性都很小，因此，材料的各向异性主要由应力各向异性确定。而应力必须通过材料的磁致伸缩系数才能起作用。处于退磁状态的材料，M_S 总是停留在应力最低的方向上。如果磁矩偏离该方向，则应力各向异性增大。为了实现磁化，必须提供能量，以克服应力的各向异性能量密度，$W_\delta=\frac{3}{2}\lambda\bar{\delta}$（$\lambda$ 为材料的磁致伸缩系数，$\bar{\delta}$为平均内应力能量密度）。用 W_δ 代入式（3-24）中的 K_1 后得

$$\mu_i=\frac{2}{9}\frac{M_S^2}{\mu_0\lambda\bar{\delta}} \tag{3-25}$$

在磁性材料内的应力分布很弱时，其最小应力决定子磁致伸缩所引起的固有应力。即 $\bar{\delta}=\lambda E$（E 为铁氧体的弹性模数，约为 10^5N/mm^2）。如果 $\lambda=1\times10^{-6}$，$M_S=0.45\text{A/m}$，由应力各向异性确定的磁导率上限为：$\mu_i=\frac{2\times0.45^2}{9\times(1\times10^{-6})\times10^5\times4\pi\times10^{-7}}\approx3.5\times10^5$。同时考虑 K_1 和（$\lambda\bar{\delta}$），则由磁畴转动磁化过程所引起的磁导率 μ_i 为

$$\mu_i=\frac{M_S^2}{3\mu_0\left(K_1+\frac{3}{2}\lambda\overline{\delta_1}\right)} \tag{3-26}$$

由 180°磁畴壁的可逆位移所确定的磁导率为

$$\mu_{\mathrm{i}}=\frac{M_{\mathrm{S}}^{2}}{\pi\mu_{0}\lambda\delta}\times\frac{1}{\delta} \tag{3-27}$$

式中，δ 为布落赫壁的宽度。

同样，可以求出在其他条件下的 μ_{i}。软磁材料 μ_{i} 的磁化机制见表 3.2。

表 3.2　软磁材料 μ_i 的磁化机制

磁化机制	畴壁位移		磁畴转动		气孔退磁场	晶粒边界退磁场
	应力理论	含杂理论	$K_1 \gg$	$\ll \lambda_S \cdot \sigma$		
方程单一形式	$\mu_{\mathrm{i应}} \propto \frac{\mu_0 M_S^2}{\lambda_S \sigma}$	$\mu_{\mathrm{i应}} \propto \frac{\mu_0 M_S^2}{K_1 \frac{\delta}{d} \beta^{\frac{2}{3}}}$	$\mu_{\mathrm{i转}} \propto \frac{\mu_0 M_S^2}{K_1}$	$\mu_{\mathrm{i转}} \propto \frac{2\mu_0 M_S^2}{\frac{3}{2}\lambda_S \sigma}$	$\mu_{\mathrm{app}}=\frac{(1-P)\mu_{\mathrm{i}}}{\left(1+\frac{P}{2}\right)}$	$\mu_{\mathrm{app}}=\frac{\mu_{\mathrm{i}}^{-}}{\left(1+\frac{0.75t}{D}\cdot\frac{\mu_{\mathrm{i}}}{\mu_{\mathrm{b}}}\right)}$
方程迭加形式	$\mu_{\mathrm{i位}} \propto \frac{\mu_0 M_S^2}{\left[K_1+\frac{3}{2}\lambda_S \sigma\right]\frac{\delta}{d}\beta^{\frac{2}{3}}}$		$\mu_{\mathrm{i转}} \propto \frac{\mu_0 M_S^2}{a K_1}+\frac{2\mu_0 M_S^2}{b\,\frac{3}{2}\lambda_S \sigma}$		$\mu_{\mathrm{app}}=\frac{(1-P)\mu_{\mathrm{i}}}{\left(1+\frac{P}{2}\right)\left(1+\frac{0.75t}{D}\cdot\frac{\mu_{\mathrm{i}}}{\mu_{\mathrm{b}}}\right)}$	
符号说明	β—含杂体积浓度；P—气孔率；d—杂质直径；D—平均晶粒尺寸；t—晶界有效厚度；δ—畴壁厚度；a、b 为≥1的比例常数；μ_{b}—晶界磁导率；μ_{app}—有退磁场时的起始磁导率，表观磁导率					

（2）获得高 μ_{i} 材料的途径

起始磁导率是高 μ_{i} 材料的主要特性，如何提高 μ_{i} 值是高 μ_{i} 材料研究的核心问题，从磁学理论得知，高 μ_{i} 材料的磁化过程主要是畴壁移动过程；则 $\mu_{\mathrm{i}} \propto \frac{M_S^2}{K_1+3\lambda_S\sigma/2}$。

实践和理论均证明，提高磁导率的必要条件有两个，一是，M_S 要高（$\mu_{\mathrm{i}} \propto M_S^2$）；二是，$K_1 \to 0$，$\lambda_S \to 0$。而充分条件则有以下四个：一是，原料纯、无掺杂、无气孔、无另相，使 β（P）减小（即减少杂质的质量分数），并避免在它们周围引起退磁场，对 MnZn 材料而言，特别要注意避免半径较大的杂质混入；二是，高密度以及优良的显微结构，这可通过二次还原烧结法与平衡气氛烧结法来实现；三是，结构均匀，晶粒完整无形变，使内应力 σ 减小（降低晶界阻滞）。这可采用适当的热处理工艺，以进一步改善磁体的显微结构，消除内应力，调节离子、空位的稳定分布状态；四是，大的晶粒尺寸，以减小晶界阻滞（退磁场）。

① 提高铁氧体的 M_S。因尖晶石铁氧体的 $M_S=\lvert M_B-M_A \rvert$。所以，一是，选用高 M_S 的单元铁氧体［常以 $MnFe_2O_4$（4.6～5μ_B）；$NiFe_2O_4$（2.3μ_B）为基］；二是，加入适量的 Zn，使 M_{AS} 降低，但 Zn、Cd（镉）等非磁性离子在置换时，将会导致材料居里温度的下降，如果这些非磁性离子的加入量过多，材料的 M_S 也会下降。因此，在考虑材料的高 μ 值时，尚需兼顾材料的 M_S 及其居里温度值。

在选取单元铁氧体时，不单要考虑 $\mu_{\mathrm{i}} \propto M_S^2$，更重要的是 $\mu_{\mathrm{i}} \propto \frac{1}{K_1+\frac{2}{3}\lambda_S\sigma}$。$CoFe_2O_4$（3.7$\mu_B$）；$Fe_3O_4$（4$\mu_B$）的 M_S 虽然较高，但其 K_1 较大，不宜作高 μ_{i} 材料的基本成分；而 $Li_{0.5}Fe_{2.5}O_4$（2.5 μ_B）的 M_S 较高，且其 K_1 和 λ_S 也较小，但其烧结工艺性差，在 1 000℃时，Li 离子会挥发。

通过离子置换，可以在一定范围内增加材料的 M_S 值，但其变化幅度有限。另外，非磁性离子的加入，会使材料的居里点下降，因此，通过提高 M_S 来改善 μ_{i}，不是最有效的方法。

② 降低 K_1 和 λ_S。根据 K_1 和 λ_S 来源于自旋-轨道耦合的机制，首先应从配方上选用无

轨道磁矩 L（$L=0$，K_1 和 λ_S 很小）的基本铁氧体，如 $MnFe_2O_4$、$Li_{0.5}Fe_{2.5}O_4$、$MgFe_2O_4$；或选用轨道磁矩 L 被淬灭（K_1 和 λ_S 较小）的铁氧体，如 $NiFe_2O_4$、$CuFe_2O_4$；然后再采用正负 K_1 和 λ_S 补偿或加入非磁性金属离子，来冲淡磁性离子之间的耦合。具体办法如下：

a. 加入 Zn^{2+}，冲淡了磁性离子的磁晶各向异性。Zn^{2+} 为非磁性离子，虽有可能提高 M_S，但更主要的作用是降低 K_1、λ_S。

b. 加入 Co^{2+}。一般软磁铁氧体的 $K_1<0$，$\lambda_S<0$，Co^{2+} 的 $K_1>0$，$\lambda_S>0$，适量 Co^{2+} 的加入，可以对软磁铁氧体进行正负 K_1、λ_S 的补偿；但 CoO 控制 $\lambda_S\rightarrow0$ 的效果不如 Fe^{2+} 好，所以在低频时，MnZn 铁氧体常采用 Fe^{2+} 来起补偿作用。需指明：不管是在低频 MnZn 中，还是在高频 NiZn 中，加 CoO 的补偿作用，其主要目的是提高软磁铁氧体材料的温度稳定性和使用频率，以及降低其磁损耗。

c. 引入 Fe^{2+}。常采用的办法是在配方时，Fe_2O_3 的摩尔分数大于 50%，使生成的 Fe_3O_4 固溶于复合铁氧体中，Fe_3O_4 的突出优点是具有正的 λ_S，而其他尖晶石铁氧体的 λ_S 均为负。因此少量的 Fe^{2+} 可起补偿作用，使 $\lambda_S\rightarrow0$。另一方面，Fe_3O_4 的 $K_1>0$，MnZn、NiZn 铁氧体的 K_1 为负数，随成分或温度的变化，会出现 K_1 由负变 0 到正的效果。因此，MnZn 铁氧体的 μ_i 除在 T_C 附近出现极大值外，在 $K_1\rightarrow0$，$\lambda_S\rightarrow0$ 时，也处于极大值。但 Fe_3O_4 的电阻率低，必要时，应采用其他措施来提高材料的电阻率。

d. 加入 Ti^{4+}、$Fe^{2+}+Ti^{4+}$。Ti^{4+} 进入晶格时，在 B 位将出现 $2Fe^{3+}\rightarrow Fe^{2+}+Ti^{4+}$ 的转化，不仅增多了 Fe^{2+}（$K_1>0$），还由于 Ti^{4+} 的离子半径比 Fe^{3+} 的离子半径大，从而改变了晶体的磁场特性，使其磁晶各向异性具有明显的 $K_1>0$ 的作用。另外，非磁性离子的 Ti^{4+} 的加入，M_S 将降低，因此，当其加入量过多时，μ_i 反而下降。

e. 选择高磁导率的成分范围。现有资料显示，$\mu_i=40\ 000$ 的 MnZn 铁氧体材料其各成分的摩尔分数分别为：52%的 Fe_2O_3，23%的 ZnO，25%的 MnO。

③ 改善材料的显微结构。材料的显微结构是指结晶状态（晶粒大小、完整性、均匀性、织构等）、晶界状态、另相、杂质和气孔的大小与分布等；显微结构影响着磁化的动态平衡，从而影响到 μ_i。高 μ_i 材料往往是大晶粒，其晶粒均匀、完整，晶界薄，无气孔和另相。

对高 μ_i 材料，杂质和气孔的含量与分布是影响 μ_i 的重要因素。可以通过原材料的选择、烧结温度及热处理条件的选择等措施来降低杂质、气孔的含量。对于软磁铁氧体材料，可以选择纯度高、活性好的原料以及适当的烧结温度、保温时间、热处理条件来实现。

平均晶粒尺寸对 μ_i 的影响很大。晶粒尺寸增大，晶界对畴壁位移的阻滞作用减少，μ_i 升高。同时，随着晶粒尺寸的增大，对 μ_i 作贡献的磁化机制也会发生变化。以 MnZn 铁氧体为例，当其晶粒尺寸为 5μm 以下时，晶粒在单畴尺寸附近，对 μ_i 的贡献以畴转磁化为主，μ_i 在 500 左右；当其晶粒尺寸为 5μm 以上时，晶粒不再为单畴，对 μ_i 的贡献以位移磁化为主，μ_i 在 3 000 以上。当平均晶粒直径=30μm，且晶粒均匀，气孔仅出现于晶界时，μ_i 可达 25000；再增至 80μm 时，μ_i 可达 40000。

晶粒尺寸的大小要受烧结条件的影响。适当地提高烧结温度，可以使晶粒尺寸长大，密度提高，μ_i 增大。但如果温度过高，材料内部会出现气孔，μ_i 反而降低。因此，在铁氧体的制备过程中，应严格控制烧结过程的工艺条件。

④ 降低内应力。降低内应力，可以提高软磁铁氧体材料的 μ_i。根据内应力的不同来源，可以采用不同的方法：

a. 由磁化过程中的磁致伸缩引起的内应力，它与 λ_S 成正比，因此，可以通过降低材料的 λ_S 来减小此应力。

b. 烧结后冷却速度太快，会造成晶格畸变，产生内应力，可以采用低温退火处理来消除应力。

c. 由气孔、杂质、另相、晶格缺陷、结晶不均匀等引起的应力，如在晶体中存在大离子半径的杂质，如碱金属或碱土金属离子，将导致晶格歪曲、应力加剧，使 μ_i 下降。可以通过原材料的优选以及工艺过程的严格控制来消除。

材料的织构化也是提高材料 μ_i 的一种方法。它主要是利用 μ_i 的各向异性来改善材料的磁特性，通常有结晶织构和磁畴织构两种方法。结晶织构是将各晶粒易磁化轴排在同一方向上，沿该方向磁化，则 μ_i 高。磁畴织构是使磁畴沿磁场方向取向，从而提高 μ_i 值。

3.8 软磁铁氧体的频率特性

由于铁氧体的电阻率高，涡流损耗和趋肤效应都很小，在许多情况下都可以忽略，所以，铁氧体是研究强磁性物质的高频磁性的良好对象，也是高频应用最理想的磁性材料，了解和掌握软磁铁氧体的频率特性是研究与应用软磁铁氧体材料的重要课题。

（1）复数磁导率

软磁铁氧体通常应用于交变磁场中，处于交变磁化状态，由于磁滞、涡流、磁后效导致磁性材料在交变场中将存在能量损耗。从静态或准静态过渡到动态时，由于这些损耗的存在，使磁感应强度 B 和磁场强度 H 之间产生一个相位差 δ（称之为损耗角），使磁导率由实数变为复数。

设外磁场 $H=H_0\cos\omega t$，B 较 H 滞后 δ，即 $B=B_0\cos(\omega t-\delta)$，则

$$B=B_0\cos\delta\cos\omega t+B_0\sin\delta\sin\omega t=\mu' H_0\cos\omega t+\mu'' H_0\sin\omega t \tag{3-28}$$

其中，$\mu'=\frac{B_0}{H_0}\cos\delta$，为磁性介质复数磁导率的实部分量（正比于能量的储存）；$\mu''=\frac{B_0}{H_0}\sin\delta$ 为磁性介质复数磁导率的虚部分量（正比于磁能的损耗），$\mu=\mu'-j\mu''$为磁性介质的复数磁导率，即为磁性材料中磁通密度与磁场强度之复数比。

由复数磁导率 $\mu=\mu'-j\mu''$可以得到相应的复数磁化率 $x=x'-jx''$，它们的关系从一般定义 $\mu=1+4\pi x$ 可以推得，$\mu'=1+4\pi x'$，$\mu''=4\pi x''$，复数磁导率的物理意义，表示磁性材料既有磁能的储存（μ'或 x'），又有磁能的损耗（μ''或 x''）。

在实际应用中，常采用 μ''与 μ'的比值，来表征材料的损耗特性：

$$\frac{\mu''}{\mu'}=\frac{(B_m/H_m)\sin\delta}{(B_m/H_m)\cos\delta}=\tan\delta \tag{3-29}$$

式中，$\tan\delta$ 的为损耗角正切，其倒数称为品质因素，即 $Q=\frac{1}{\tan\delta}$。μ'、μ''、$\tan\delta$ 和 Q 是软磁铁氧体交流磁性的基本物理量，在生产中常以比损耗系数 $\frac{\tan\delta}{\mu'}=\frac{1}{\mu' Q}=\frac{\mu''}{(\mu')^2}$ 或 μQ 来表示材料的交流磁性，通常希望 μ'高，μ''低，即要求 Q 值高，$\tan\delta$ 小或 μQ 值高。

一般说来，除了微分磁导率外，这里所定义的任何磁导率都可以表示成复数磁导率，当这些磁导率没有用符号指明它是复数或是复数分量时，则认为是实部。

（2）铁氧体磁谱

软磁铁氧体材料在弱交变磁场中的复数磁导率的实部 μ'和虚部 μ''随频率增加而变化的曲线称为铁氧体磁谱。根据铁氧体在不同电磁波波段内具有不同的特点和起主要作用的机制

可以把磁谱分为 8 段：

① 1 段和 2 段：甚低频和低频，$f<10^5$ Hz，其特点是 μ'几乎不随频率变化，μ''的变化也很小。

② 3 段：中频，f 为 $3\times(10^5\sim10^6)$ Hz，一般与低频磁谱相似，但由于磁内耗和磁畴壁共振而使 μ''逐渐增大，在频率改变时，μ''出现第一个峰值。当然整体上来说，μ'和 μ''的变化仍旧很小。

③ 4 段：高频，f 为 $10^6\sim10^7$ Hz，磁谱的显著特征是 μ'的急剧下降和 μ''的迅速增加。

④ 5 段：甚高频，f 为 $10^7\sim10^8$ Hz，由于铁氧体磁矩的自然共振使 μ'继续下降而接近 $\mu'\leqslant1$ 的极限值。

⑤ 6 段和 7 段：特高频和超高频，f 为 $10^8\sim10^{10}$ Hz，在该区域内 μ'继续下降，$(\mu'-1)<0$，而 μ''具有峰值。

⑥ 8 段：极高频，$f>10^{10}$ Hz，属于自然共振（f 为 $10^{12}\sim10^{13}$ Hz）的区域，至今实验观察还不多。

目前软磁铁氧体使用频率上限为 1000MHz 左右，磁谱上大于 1000MHz 的情况已不属于软磁铁氧体材料研究的范畴，但是随着电子产品向高频化、小型化方向发展，人们正在千方百计地设法提高软磁铁氧体使用频率的上限。软磁铁氧体高频化是今后研究开发的重点课题之一。

(3) 影响磁谱的因素

磁谱包括复数磁导率的实数部分 μ'随频率的变化（频散）和虚数部分 μ''随频率的变化（吸收），是软磁铁氧体材料随频率的增加引起频散和吸收的特性，产生频散和吸收的机制有许多种，现在从材料的制备和应用出发，主要讨论下列几种因素对磁谱的影响。

① 样品几何因素的影响。由样品的几何因素直接引起的频散和吸收，包括涡流效应、尺寸效应和磁力共振效应。由于铁氧体的电阻率一般为金属磁性材料的 $10^8\sim10^{16}$ 倍，其表面效应常常可以忽略不计，对于铁氧体，只有尺寸共振效应和磁力共振效应引起的频散和吸收。

a. 尺寸共振效应：是强磁介质的几何尺寸同在其中传播的电磁波的半波长相近时，产生驻波所引起的共振现象。铁氧体是同时具有磁性和介电性的“双复介质”，在一定频率范围内，例如 MnZn 铁氧体在兆赫附近时，如 $\mu_i=10^3$，$\varepsilon'=5\times10^4$，这时铁氧体中电磁波的波长：

$$\lambda_d\approx\frac{v}{f}=\frac{c}{f\sqrt{\mu\varepsilon}}\approx\frac{3\times10^{10}}{10^6\sqrt{10^3\times5\times10^4}}\approx4\text{cm}$$

当样品的最小尺寸为$\frac{\lambda_d}{2}\approx2$cm（或为半波长的整倍数时），便会在样品中产生驻波，使得样品好像一个谐振腔。这样就出现了类似于谐振电路的频散和吸收，由上式可以看出，μ 和 ε 越大的软磁铁氧体材料，其尺寸共振的频率也越低。在制造和应用时，都应考虑这种尺寸效应的影响。如果减小尺寸或采用叠片形式，就可以避免尺寸共振。当需用大尺寸铁氧体磁芯时，为避免尺寸共振，必须采用高 ρ 低 ε 的 NiZn 铁氧体材料，必要时，采用叠片形式。

b. 磁力共振效应：当交变场的频率与样品固有的机械振动频率一致时，交变磁致伸缩与样品机械振动发生共振，从而引起磁谱的频散和吸收。磁力共振频率依赖于样品尺寸、材料杨氏模量 E 及密度 d。例如对中间固定，两端自由的棒状样品（长度为 L）其机械振动的固有频率为

$$f_r=\frac{1}{2L}\left(\frac{E}{d}\right)^{1/2} \tag{3-30}$$

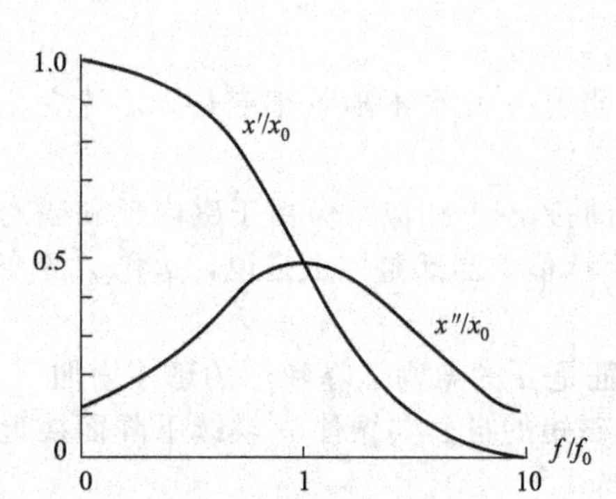

图 3.11 畴壁共振的磁谱曲线（弛豫型）

对环状样品（平均半径为 r），其径向机械振动固有频率为：

$$f_r=\frac{1}{2\pi r}\left(\frac{E}{d}\right)^{1/2}(1+n)^{1/2} \tag{3-31}$$

式中，r 为旋磁比，n 为沿环长度上的波数。

通过调节样品尺寸或将样品用绝缘材料将其固定，防止振动，就可避免共振现象。

② 畴壁共振对磁谱的影响。材料的动态磁化过程相当于一个弹簧受迫的振动过程。当交变场频率较低时，畴壁的振动可以与交变场同步，损耗不大，频散小；当频率升高到某一数值时，畴壁发生共振，从外场中吸收大量能量，μ'迅速下降，μ''大大增加。如果材料的阻尼系数 β 很小，则出现共振型磁谱；如果材料的有效质量 m_w 很小而 β 很大，磁谱曲线变成弛豫型，如图 3.11 所示。

当畴壁共振时，其壁移磁导率 μ_i 与畴壁共振频率 f_r 之间有下列关系。

$$(\mu_i-1)^{\frac{1}{2}}f_r=\frac{M_S}{2\pi}\left(\frac{2\delta}{\pi\mu_0 D}\right)^{\frac{1}{2}} \tag{3-32}$$

式中，δ 为畴壁厚度，D 为畴壁宽度，这表明 $(\mu_i-1)^{\frac{1}{2}}f_r$ 与磁畴和畴壁的参量（具有结构灵敏的性质）有关。

由畴壁共振引起的磁谱中的频散和吸收在腊多等人的实验中，获得了有力的证明。图 3.12 是一种主要成分为镁的铁氧体的烧结样品的磁谱，可以清楚地看出其中有 2 个频散和吸收峰，一个出现在 f 为 43MHz，另一个出现在 f 为 1400MHz，如果把该铁氧体变成细粉（直径 0.4μm）后，再同石蜡混合成为粉末样品，其磁谱曲线如图 3.13 所示，显然，高频的（43MHz）频散和吸收消失了，而超高频段磁谱依然存在，腊多等认为，高频段磁谱相应于畴壁共振，而超高频段磁谱则相应于磁畴的自然共振，因为磨细后，每一个粉料变为单畴，粉末样品中已不存在畴壁，故高频的磁谱样品也不再有频散和吸收现象。

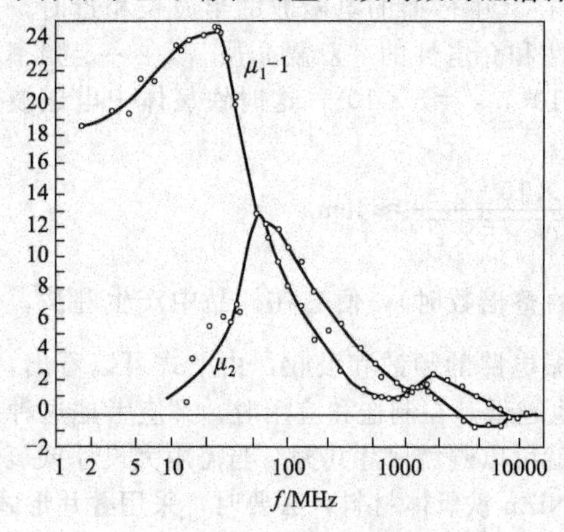

图 3.12 镁铁氧体烧结样品的磁谱曲线

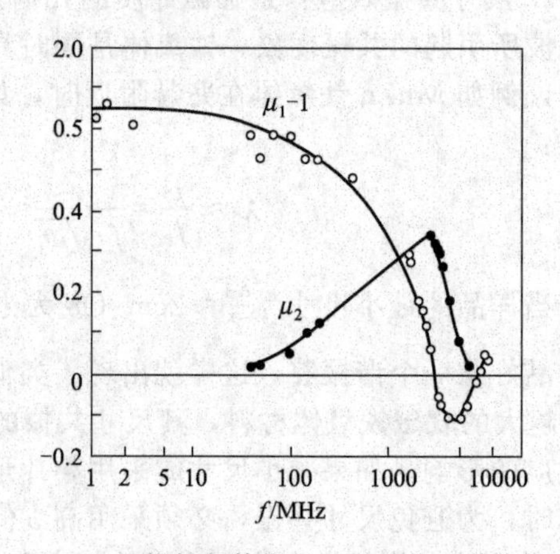

图 3.13 镁铁氧体烧粉末样品的磁谱曲线

③ 自然共振对磁谱的影响。自然共振是指磁性材料在只有交变磁场而无外加恒定磁场 H 的情况下，在材料的磁晶各向异性场和磁畴结构产生的退磁场作用下，所产生的铁磁共振现象。由于磁晶各向异性作用和磁致伸缩作用以及退磁场的作用都相当于对样品施加了一个有效的内磁场，对于单畴样品，当磁矩 M_S 只受到磁晶各向异性场 H_K 的作用时，磁矩

M_S 绕 H_K 转动磁化的自然共振角频率为：

$$\omega_r = \gamma H_K \tag{3-33}$$

当交变磁场角频率 $\omega=\omega_r$时，发生自然共振现象。磁谱曲线是共振型或是弛豫型，视材料的阻尼大小而定。

对有畴壁存在的样品，畴结构对转动磁化过程中的 M_S 将产生退磁作用，其退磁场一般表示为 $N \cdot M_S$；对多晶样品，其自然共振角频率的范围是：

$$\gamma H_K < \omega_r < \gamma(H_K + M_S) \tag{3-34}$$

对软磁材料来说，$\omega_r=\gamma H_K$（最低自然共振角频率）是衡量其使用频率的上限，要提高 ω_r，必须提高 H_K（或提高等效各向异性场 H_{eff}）。对立方晶系 $K_1>0$ 的多晶材料，磁晶各向异性场 $H_K=\dfrac{2K_1}{\mu_0 M_S}$，畴转引起的静态起始磁化率为：

$$x_i = \frac{\mu_0 M_S^2}{3K_1} = \frac{2M_S}{3H_K} \tag{3-35}$$

即 $H_K=\dfrac{2}{3}\dfrac{M_S}{x_i}$，代入 $\omega_r=\gamma H_K$得

$$(\mu_i - 1) f_r = \frac{1}{3\pi} \gamma \cdot M_S \tag{3-36}$$

这个公式称为斯诺克（Snock）公式。它表明，只考虑畴转过程引起的起始磁导率和截止频率的乘积为一个受材料内禀特性（γ 和 M_S）所决定的恒量，给出了一个获得高频高磁导率软磁材料的理论极限。对于平面六角晶系的特高频软磁铁氧体材料，$H_K=\sqrt{H_\theta H_\varphi}$，故斯诺克公式为：

$$(\mu_i - 1) f_r = \frac{2}{3} \gamma M_S \left(\sqrt{\frac{H_\phi}{H_\theta} + \frac{H_\theta}{H_\phi}} \right) \tag{3-37}$$

式（3-36）与式（3-37）相比，在 μ_i相同时，平面六角晶系铁氧体的 f_r值较大，因此，平面六角晶系铁氧体有更高的使用频率。

3.9 软磁铁氧体的截止频率及其改善途径

磁谱是研究磁导率（或磁化率）与频率的关系，各种软磁铁氧体材料都有自己特有的磁谱，即是各种软磁铁氧体材料的磁导率随频率的变化曲线不同。在低频弱磁场时，μ'相应于稳定磁场中所测得的起始磁导率 μ_i，但随着频率升高，μ'与 μ''就有明显的差别。随频率升高到某一频率时 μ'急剧下降，而 μ''急剧上升。通常定义对 μ'下降到 1/2 时，所对应的频率，为该材料的截止频率，此时的 μ''最大。即材料的损耗最大。每一种软磁铁氧体材料都有自己的截止频率。

表 3.3 给出了各种铁氧体材料的 μ_i与 f_r的关系，由此可知，f_r的高低主要取决于畴壁位移的弛豫与共振，以及磁畴转动所导致的自然共振。

由 Snock 公式可知，当 $\gamma \cdot M_S$不变时 $\mu_i \propto \dfrac{1}{f_r}$，这就揭示了获得高频和高磁导率材料的一个理论极限。截止频率是软磁材料使用频率的上限。表 3.4 给出了几种常用铁氧体材料的截止频率 f_r和软磁材料的使用频率 f，不同的铁氧体材料的截止频率和使用频率不同，MnZn 铁氧体的磁导率高，截止频率和使用频率低，一般 f_r在 3～6MHz 以下；NiZn 铁氧

表 3.3　各种铁氧体材料的 μ_i 与 f_r 的关系

磁化机制	晶体类型	μ_i 与 f_r 的关系
磁畴转动	立方晶系(尖晶石型)	$(\mu_i-1)f_r=\frac{1}{3\pi}\gamma\cdot M_S$
	平面六角晶系(磁铅石型)	$(\mu_i-1)f_r=\frac{1}{6\pi}\gamma\cdot M_S(\sqrt{\frac{H_\varphi}{H_\theta}+\frac{H_\theta}{H_\phi}})$
畴壁位移	立方晶系(尖晶石型)	$(\mu_i-1)f_r=\frac{1}{2\pi}\gamma\cdot M_S\left(\frac{2\delta}{\pi\mu_0 D}\right)^{\frac{1}{2}}$

表 3.4　几种常用铁氧体材料的截止频率 f_r 与使用频率 f

材料种类	MnZn 2000	MnZn 800	NiZn 400	NiZn 60	$NiFe_2O_4$	Co_2Z
μ_i	1500～2000	600～1000	300～500	48～72	11	12
f_r/MHz	2.5	6	8	150	200	1500
使用频率上限/MHz	0.5	1	2	25	50	300

体的截止频率可达 350MHz；MgZn 铁氧体介于二者之间，可使用在 30～100MHz 范围内。

六角晶系具有从优磁化平面铁氧体（简称平面型铁氧体）的磁谱，虽然与立方晶系铁氧体相似，但其截止使用频率远高于立方晶系。平面型 Co_2Z 和立方晶系 $NiFe_2O_4$ 虽然在低频时，其磁导率大致相同，但 Co_2Z 截止使用频率的上限却要高得多。这是因为六角晶系平面型的铁氧体是一种磁铅石型结构，它的易磁化轴与 C 轴垂直，K_1 值比 $NiFe_2O_4$ 要大 10^2 数量级，自然共振频率 f_0 很高，一般尖晶石型铁氧体的截止频率 $f_r<300$MHz，而六角晶系磁铅石型铁氧体的截止频率可高达 1000MHz 或更高的频率，这种甚高频铁氧体的出现，为软磁铁氧体材料在甚高频波段的应用，开拓了新的领域。

随着电子产品的高频化，必须设法提高应用于电子产品的软磁铁氧体材料的 f_r。腊多认为：在烧结多晶铁氧体样品中，一般都应有壁移和畴转两个技术磁化过程，但因实用软磁材料大多含有 ZnO 成分，这就使材料的居里温度 T_C 和磁晶各向异性 K_1 都降低，因而使 μ_i 增加，f_r 降低，这样便可使壁移和畴转两个共振混合为一个，形成单共振现象。一般说，有畴壁存在的软磁材料，畴壁共振容易首先出现，此时是它限制着应用频率的上限，要提高材料畴壁共振频率（即提高 f_r），由公式 $\omega_r=\sqrt{\frac{a}{m_v}}$ 的关系（式中，m_v 为有效质量，a 为劲度系数）可知，需要提高材料的劲度系数 a，因为 a 是当畴壁在其能谷中离开最低能量的平衡位置时，所受到的回复力大小的量度。当材料中各种缺陷和不均匀性（如空隙、杂质、应力等）影响畴壁能的分布时，都会影响到 a。因而 a 是一个结构灵敏参数。提高 a 的典型例子是在 NiZn 铁氧体中加入少量 Co^{2+} 形成单轴各向异性，造成很深的能谷，使畴壁冻结于其中，从而增大劲度系数 a，加 Co^{2+} 可使 f_r 提高 5～10 倍。提高劲度系数 a 的方法不仅提高了畴壁共振频率，更重要的是对磁化转变为畴转有利。因为畴壁被“冻结”，壁移困难，而畴转磁化所需能量反而降低。当这种转化完成后，就应考虑自然共振限制着材料的截止频率的问题，需要指出，在 μ_i 相同的条件下，畴转磁化比壁移磁化具有更高的 f_r，因而此时必须提高材料的 H_K，即提高磁晶各向异性常数 K_1 来提高 f_r。此外，气孔的退磁作用（形成各向异性）和应力各向异性相当于导致各向异性的作用，也可以利用，归纳起来，提高截止频率的具体办法有以下几种：

① 减少配方中的含 Zn 量，从而保证 K_1 值在要求范围内。应用于高频的 NiZn 铁氧体

材料，其使用频率随含 Zn 量的减少而上升。

② 选 K_1 较高的材料来作高频材料，如 $NiFe_2O_4$ 的 K_1 较大，截止频率在 300MHz 附近，故它可以作高频材料。平面六角晶系铁氧体（如 Co_2Z）具有特高的 K_1，可以应用到 1000MHz 以上。一般地，$f_r \leqslant 1MHz$，以 MnZn 铁氧体材料为主；$f_r \geqslant 1MHz$，以 NiZn 铁氧体材料为主；$f_r \geqslant 100MHz$，以平面六角结构材料为主。

③ 附加少量的 PbO（或 BaO），这种低熔点氧体物可以降低烧结温度 150～200℃，提高密度和电阻率，细化晶粒，从而获得高密度细晶粒结构，使截止频率上升，此法适用于 MnZn 和 NiZn 铁氧体。

④ 在 NiZn 铁氧体（如 $Ni_{0.85}Zn_{0.15}Fe_2O_4$）中加入少量 Co_2Y 生成基相仍为尖晶石的细小晶粒结构，使截止频率提高。若同时添加 $CoFe_2O_4$ 与 Co_2Y，其 f_r 会更高。这种材料的显微结构表明：Co_2Y 是作为液相在 NiZnCo 晶粒边界，促使其致密化，但却不增大晶粒尺寸（除非烧结温度超过某一临界值，例如 1280℃）。

⑤ 热压成高密度细晶粒材料，使畴壁减少为单畴。由实验得知：晶粒尺寸为 $0.28\mu m$，$f_r = 290MHz$；如晶粒尺寸减小至 $0.095\mu m$ 时，f_r 可达 630MHz。

⑥ 降低烧结温度，形成多孔细晶粒结构从而增大 H_{eff}，提高 f_r。Ni 系铁氧体具有多孔细晶粒结构特点，适合于高频应用；Mg 系和 Li 系铁氧体也具有此特点，虽然 K_1 值低，也可在 30～100MHz 范围内使用。实践表明，随着气孔率的增加，μ' 下降，μ'' 出现峰值的频率移向高频，从而 f_r 上升。

此外，在使用过程中，对 $K_1 < 0$（$\lambda < 0$）的材料加张力；对 $K_1 > 0$（$\lambda > 0$）的材料加压力；或加直流偏场，均可提高 f_r。磁芯开气后，μ_i 下降，高频 Q 上升，从而可提高其应用频率。

3.10 软磁铁氧体材料的磁损耗

软磁材料在弱交变磁场中一方面会受磁化而储能，另一方面由于各种原因造成 B 落后于 H 而产生损耗，即材料从交变场中吸收的并以热能的形式耗散的功率为其损耗。表征材料损耗特性的 $\tan\delta$，一般希望它愈小愈好。

(1) 磁损耗的分类

软磁铁氧体在交变场中应用时会产生多种损耗，按产生机理，可分为涡流损耗 W_e、磁滞损耗 W_h 和剩余损耗 W_c 三类，即

$$W = W_e + W_h + W_c \tag{3-38}$$

式中，W 是单位体积的总磁损耗，在磁感应强度 B 较高或频率较高时，各种损耗互相影响，难于分开。所以在涉及磁损耗大小时，应注意工作频率 f 以及对应的 B_m 值。但在低频弱场（$B_m < 0.1B_S$）情况下，可把铁氧体材料内部的总磁损耗用上述三种损耗角正切的代数和表示：

$$\tan\delta = \tan\delta_e + \tan\delta_h + \tan\delta_c \tag{3-39}$$

式中，$\tan\delta_e$、$\tan\delta_h$ 和 $\tan\delta_c$ 分别称为涡流损耗角正切、磁滞损耗角正切和剩余损耗角正切。由此可得比损耗系数（又称比损耗正切，损耗因数）$\tan\delta/\mu_i$ 的关系：

$$\frac{R_m}{\mu_i f L} = \frac{2\tan\delta}{\mu_i} = ef + aB_m + c \tag{3-40}$$

上式为列格（Legg）公式，其中 R_m 为相应于磁损耗的电阻；L 为磁芯的电感量；B_m

为磁芯在工作时的最大磁感应强度；右边第一项为比涡流损耗，e 为涡流损耗系数；第二项为比磁滞损耗，α 为磁滞损耗系数；第三项为比剩余损耗，亦称剩余损耗系数（c）。

测量各种不同频率 f 和不同最大磁感应强度的 R_m 和 L（条件是远低于共振频率的弱场），就可以分别求得 e、α 和 c 值，图 3.14（a）所示的损耗曲线的斜率为涡流损耗系数 e，如将各损耗曲线外推到 $f=0$ 的纵轴截距 $\left(\frac{R_m}{\mu_i fL}\right)_{f=0}=aB_m+c$，即为图 3.14（b）。最后，由 αB_m+c 对 B_m 的直线斜率和纵截距就可求出磁滞损耗系数 α 和比剩余损耗，这种将损耗系数分别测出的方法也称为约旦损耗分离。

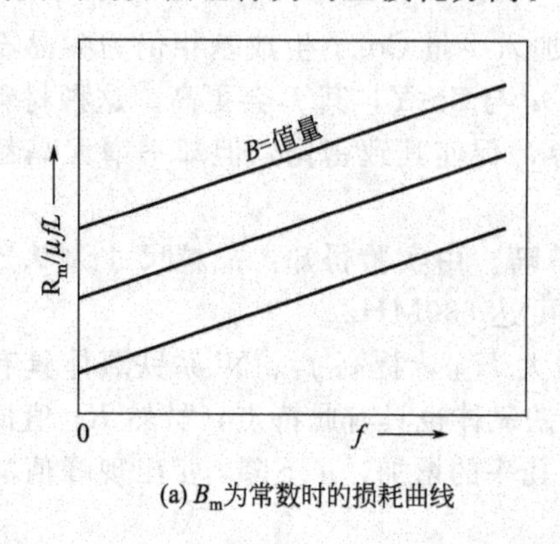

(a) B_m为常数时的损耗曲线

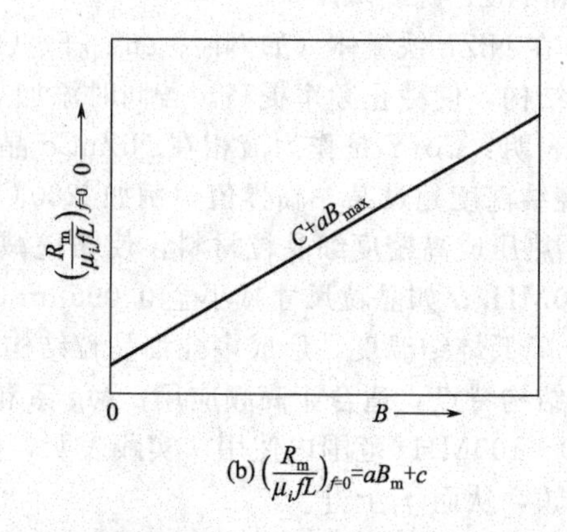

(b) $\left(\frac{R_m}{\mu_i fL}\right)_{f=0}=aB_m+c$

图 3.14 约旦损耗分离法测损耗系数

在不同频率下，材料内部各种损耗所占的比例也各不相同。对于电阻率较高的软磁铁氧体材料来说，低频时主要是磁滞损耗和剩余损耗；在高频时，则以涡流损耗和剩余损耗为主。

（2）软磁铁氧体材料损耗产生的机理及影响因素

涡流损耗、磁滞损耗和剩余损耗是软磁铁氧体材料的三种主要损耗，其产生机理及主要的影响因素如下：

① 涡流损耗。涡流是由电磁感应所引起的一种感应电流，因其流线是闭合旋涡状而得名。涡流不能由导线向外输送，只能使磁芯发热而产生功率损耗，这种由涡流引起的功率损耗就称涡流损耗。材料的比涡流损耗与样品的厚度 d^2（或半径 R^2）和频率 f 成正比，而与电阻率 ρ 成反比，见式（3-41）：

$$\frac{2\pi\tan\delta_e}{\mu_i}\propto f\mu_i\frac{d^2}{\rho}=ef \tag{3-41}$$

对于厚度为 d 的平板样品，其涡流损耗系数见式（3-42）：

$$e=\frac{4\pi^2\mu_0^2}{3}\cdot\frac{d^2}{\rho} \tag{3-42}$$

可见，影响涡流损耗的主要因素是样品的厚度 d（或半径 R）和材料的电阻率 ρ，常用的软磁铁氧体的电阻率 ρ（$10\sim10^{10}\Omega\cdot m$）比金属软磁（$\rho\leqslant10^{-6}\Omega\cdot m$）要高得多，所以对于一些尺寸不大的磁芯，其涡流损耗可以忽略，但是高 μ_i MnZn 铁氧体含 Fe^{2+} 较多，$\rho=10^{-6}\Omega\cdot m$，特别是当频率上升时，将具有相当大的涡流损耗，此时，必须设法降低涡流损耗。

② 磁滞损耗。由磁滞现象导致磁芯发热而造成的功率损耗称为磁滞损耗，即为软磁材料在交变场中存在不可逆磁化而形成的磁滞回线所引起的被材料吸收掉的功率。单位体积材料每磁化一周的磁滞损耗值就等于磁滞回线的面积所对应的能量。在一般情况下，B-H 间

是复杂的非线性函数关系，但在弱场下（$B<0.1B_S$），即瑞利区（Rayleigh），磁滞回线为抛物线。此时的比磁滞损耗见式（3-43）：

$$\frac{2\pi\tan\delta_h}{\mu_i}=\frac{8b}{3\mu_0\mu_i^3}\cdot B_m=aB_m \tag{3-43}$$

所以，磁滞损耗系数为：$a=\frac{8b}{3\mu_0\mu_i^3}$，其中 $b=\frac{d\mu_i}{dH}$，为瑞利常数，与不可逆壁移相关。由式（3-43）可知，比磁滞损耗与材料在应用时的最大磁感应强度 B_m 成正比，如 B 值不变，则在相同 B_m 的条件下，磁滞损耗与起始滋导率的立方成反比，但当采取工艺措施使 μ_i 提高时，往往引起 b 值相应上升。虽然如此，仍可使 $\tan\delta_h$ 下降。把 B_m、μ_i 与磁滞回线的面积联系起来看，在 B_m 相同的条件下，狭窄的回线 μ_i 高，面积小；肥胖的回线 μ_i 低，面积大。可见，降低磁滞损耗即在于缩小磁滞回线的面积。如 μ_i 不变，使 b 值下降，即减小不可逆壁移所占的成分，也可使 $\tan\delta_h$ 下降。例如减小晶粒并使 $K_1\rightarrow 0$，使磁化以可逆畴转和可逆壁移为主，或者采用巨明伐效应"冻结"畴壁，使不可逆壁移难以发生。

对较强磁场下减小磁滞损耗，主要靠提高 μ_i，降低 H_C 来实现。由于此时避免不可逆壁移已不可能，只好让它提前在 H_C 较低时发生，从而减小磁滞回线的面积。

③ 剩余损耗。剩余损耗是软磁材料除涡流损耗和磁滞损耗以外的一切损耗。当磁性材料的电阻率很高，可以略去涡流损耗（如软磁铁氧体），同时作用的磁场又很小，又可以略去磁滞损耗时，这样便主要是剩余损耗的作用了。在许多情况下，铁氧体磁谱中 μ'' 部分便相当于剩余损耗。在低频弱场下，剩余损耗主要是后效损耗；在较高的频率下，由于畴壁共振和自然共振的尾巴延伸至较低频率，故剩余损耗上升，这时剩余损耗主要包括畴壁共振损耗和自然共振损耗等。因此，在高频磁场下，剩余损耗主要表现为由尺寸共振、畴壁共振、自然共振和自然共振引起的弛豫损耗。

磁后效的概念可用图 3.15 来说明，在 $t=0$ 时，如将外磁场 $H_0\rightarrow 0$，磁感应强度并不立即由 $B_0\rightarrow B_r$，而是先降至 B'，然后才逐渐达到平衡态 B_r，在磁感应变化 $\Delta B=B_1+B_2$ 中，B_1 与时间无关，而 B_2 则是后效部分，所以，磁后效是指从 $t=0$ 开始，从 B' 降至平衡态 B_r 的变化值。实际上是一种弛豫过程，这种由"磁黏性"所引起的"磁化滞后"的损耗，就称为磁后效损耗。

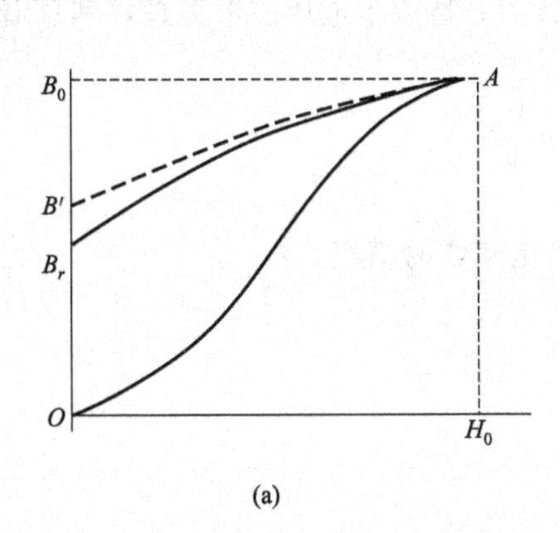

(a)

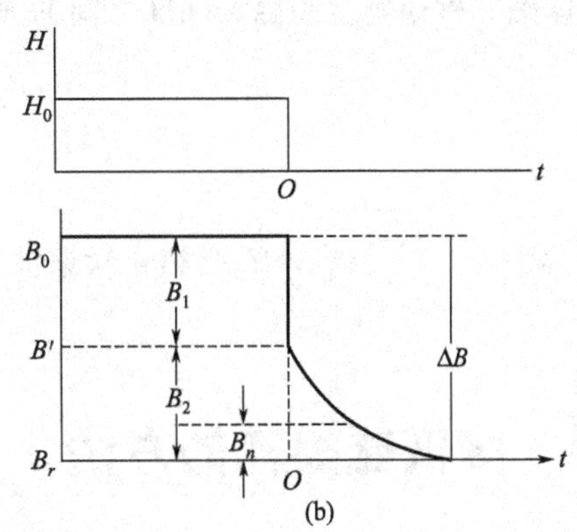

(b)

图 3.15 磁后效示意图

磁后效引起的剩余损耗与频率、畴壁位移和磁化矢量转动的阻尼系数成比例。这种损耗大致有两类：里希特型和约旦型损耗。前者与温度和频率有关；后者对温度和频率的依赖性甚小。里希特型损耗主要是由杂质扩散产生的感生各向异性引起的，约旦型损耗则主要是由热涨落引起的，铁氧体的里希特损耗是由于价电子在离子间扩散引起的。

由于铁氧体的磁后效损耗主要是由电子、空位和离子扩散造成的，根据扩散公式

$$\tau \approx \frac{1}{9.6Cfe^{\frac{-Q}{KT}}} \tag{3-44}$$

式（3-44）中，τ 为扩散弛豫时间（s）；C 为扩散粒子浓度；f 为晶格振动频率（$\approx 10^{13}$/s）；Q 为扩散激活能，是扩散难易程度的标志；T 为绝对温度，K 为玻尔兹曼常数。如果参与扩散的粒子激活能 Q 高，而环境温度 T 低，则扩散弛豫时间 τ 远较应用频率对应的 t 长，故损耗小；如 T 升高，使 τ 与应用频率对应的 t 相当，则损耗大。

需要注意的是，有些扩散粒子（如 $Fe^{2+} \rightleftharpoons Fe^{3+} + e$ 之间的电子转移）的 Q 很低，损耗虽大，但损耗却出现在低温，而不位于室温附近，室温附近的损耗并不大；有些粒子（如 Fe^{2+} 与 Fe^{3+} 通过空位扩散以及 $Ni^{2+} \rightleftharpoons Ni^{3+} + e$ 之间的扩散）扩散的激活能 Q 较高，损耗峰值出现于室温附近，致使室温损耗上升，应加以避免。

一般来说，这种后效损耗是可逆的［也称里希特（Ricter）损耗］，磁化时为了满足能量最低的要求，处于同晶格的 Fe^{2+} 和 Fe^{3+} 互相转移，导致离子在晶格中的重新排列，在高频时，这种离子（和空穴）的扩散，是由磁感强度 B 远远落后于磁场强度 H 所致，而材料中存在 Fe^{2+}，不利于降低后效损耗。实践表明，固相反应越完善，后效损耗也越低，MnZn 铁氧体的固相反应比 NiZn 铁氧体完全，后效损耗也较小，所以，作为低频高导材料，MnZn 比 NiZn 铁氧体更合适。

（3）功率损耗 P_{CV}

其单位为 kW/m^3、mW/g，它是指磁芯在高磁通密度下的单位体积损耗或单位重量损耗。该磁通密度可表示为：

$$B_m = \frac{E}{4.44fNA_e} \tag{3-45}$$

式中，E 为施加在线圈上电压的有效值（V），B_m 为磁通密度的峰值（T），f 为频率（Hz），N 为线圈匝数，A_e 为有效截面积（m^2）。目前，功率损耗的常用测量方法包括乘积电压表法和波形记忆法。

（4）总谐波失真 *THD*

铁氧体磁芯磁通密度和磁场强度之间的非线性关系造成了电压波形失真，其总谐波失真的描述如下：

$$THD = 20\lg\frac{V_m}{V_f} \tag{3-46}$$

式中，$V_m = \sqrt{\sum_{n=1}^{\infty} V_n^2}$，$V_n$ 是第 n 次谐波，V_f 是基波的幅度。

3.11 降低磁损耗的方法

软磁铁氧体在交变磁场中一方面受到磁化，另一方面会产生损耗，耗散能量。材料应用过程中希望材料损耗越小越好，所以在设计和制造材料过程中，应根据产生损耗的机理，设法降低软磁铁氧体材料的损耗，具体办法如下：

（1）降低涡流损耗的方法

降低涡流损耗的有效方法是提高材料的电阻率，对多晶铁氧体材料，电阻率包括晶粒内

部和晶粒边界两部分，因此，提高电阻率也需要从这两方面入手。

① 提高晶粒内部的电阻率。当配方中，Fe_2O_3 >的摩尔分数大于 50%时，就会出现 Fe_3O_4 固溶于复合铁氧体中，甚至在正分配方时，若烧结气氛稍有缺氧也可出现 Fe^{2+}。当有 Fe^{2+} 存在时，导电机制主要是 $Fe^{2}\rightleftharpoons Fe^{3+}+e$ 的电子扩散，在八面体位置上就会出现不同价电子导电，激活能量低，所以具有强导电性。为了提高晶粒内部的电阻率，必要时，需防止 Fe^{2+} 出现。例如，对于在高频应用的 NiZn 铁氧体，具体方法如下：

a. 采用缺铁配方，防止 Fe^{2+} 出现。对 $Ni_{0.3}Zn_{0.7}Fe_{2+x}O_{4+\delta}$ 随成分的变化，当铁含量稍大于正分值时，Fe^{2+} 出现，电阻率迅速下降，所以，缺铁配方可以提高 ρ 值。

b. 加入适量的 Mn^{2+} 或 Co^{2+} 抑制 Fe^{2+} 出现，其原因之一是，Co^{2+}、Mn^{2+} 的电子扩散激活能高于 Fe^{2+}；另一原因是 Co^{2+}、Mn^{2+} 离子在烧结的高温段比 Ni^{2+} 对氧的亲和力还要强，而低温时又能给氧于 Fe^{2+}。因此，在 $NiFe_2O_4$ 或 NiZn 铁氧体中有微量的 Mn^{2+} 或 Co^{2+} 存在时，在烧结的降温阶段有抑制 Fe^{2+} 出现的作用。当 $NiFe_2O_4$ 或 NiZn 铁氧体中不加 Co^{2+} 或 Mn^{2+} 时，只可能存在少量 Fe^{2+} 和 Ni^{3+}，其电阻率仅 $10^4\Omega\cdot m$，导电机制为 $Ni^{2+}+Fe^{3+}\rightleftharpoons Ni^{3+}+Fe^{2+}$；当加入微量 Co^{2+} （Mn^{2+}）后，导电机制发生了变化：

$$Ni^{3+}+Mn^{2+}\rightleftharpoons Ni^{2+}+Mn^{3+}$$

$$Fe^{2+}+Mn^{3+}\rightleftharpoons Fe^{3+}+Mn^{2+}$$

从而抑制了 Fe^{2+}，电阻率显著上升，如果加 Mn^{2+}、Co^{2+} 太多时（对 $NiFe_{1.9}Co_xO_4$ 或 $NiFe_{1.9}Mn_xO_4$，$x\geqslant 0.02$），会出现 $Mn^{2+}\rightleftharpoons Mn^{3+}+e$（$Co^{2+}\rightleftharpoons Co^{3+}+e$）导电；电阻率下降。

c. 在高氧气氛的条件下，烧结并采用缓慢冷却方式，让铁氧体吸氧后，Fe^{2+} 转变为 Fe^{3+}。

d. 降低烧结温度，因为 Fe^{2+} 随烧结温度的升高而增加。

综上所述，对在高频应用 NiZn 铁氧体采用缺铁配方，并适量加入 Mn^{2+} 或 Co^{2+} 离子，抑制 Fe^{2+} 在低温高氧化气氛中烧结，并缓慢冷却至室温可以提高晶粒内部的电阻率，获得高电阻率的优良磁性能的软磁材料。

② 提高晶界电阻率。对于高 μ_i 铁氧体，由于要求含有一定量的 Fe_3O_4 以控制 K_1 和 λ_S 降至零，从而提高 μ_i 值，由于烧结温度较高，晶粒较大，气孔少，晶粒内部的 ρ 值必然不高。因此，只能通过选用其添加剂使其在晶界形成高电阻层，从而提高晶界电阻率 ρ，使 $\tan\delta/\mu_i$ 下降（在 100kHz 时最小已达 1×10^{-6} 以下）。这类添加剂常用的有 CaO、ZrO_2、SiO_2、GeO_2 及它们的组合形式。例如加入 CaO 0.1%～0.5%（摩尔分数，余同）和 SiO_2 0.01%～0.05%于 MnZn 铁氧体配方中，反应生成 $CaSiO_3$，在晶界形成高阻层，使 ρ 和 μQ 积均明显提高。此外，ZrO_2 与 SiO_2，CaO 与 B_2O_3，CaO 与 TiO_2，BaO 与 SiO_2 及 V_2O_5 与 SiO_2 等组合物也可提高电阻率。

在 MnZn 铁氧体的制造过程中，降低烧结温度也可以提高晶界电阻率。这是因为烧结与晶粒生长密切相关，温度愈高，晶粒愈大、晶界愈薄，ρ 愈低，涡流损耗愈大。在配方中加 Nb_2O_5、Na_2O、TaO_2、PbO 等可降低烧结温度，促使晶粒细化，提高电阻率。加入 SnO_2 使 Fe^{2+} 限制在局部，也可提高 ρ。此外，提高 ρ 还可以适当控制烧结气氛中的含氧量，或通过烧成后热处理，使一定量 Fe^{2+} 转变成 Fe^{3+}，但是这种变化仅在晶粒表面进行，对整个晶粒及材料的磁性影响很小。

(2) 降低磁滞损耗的方法

对于低频软磁材料，特别是工作磁场较高时，磁滞损耗在总损耗中占有较大的比例。如上所述，降低磁滞损耗在于减小磁滞回线的面积，即要求 H_C 和 B_r 小。当外场较小，磁化处在可逆情况时，能量的损耗是比较小的；如外磁场加大，出现不可逆磁化，则磁滞损耗将大大增加。因此，在不同磁场和不同材料的情况下，降低磁滞损耗采用的方法是不一样的。

① 低场下的磁滞损耗。在低场区，比磁滞损耗$\frac{2\pi\tan\delta_h}{\mu_i}=\frac{8b}{3\mu_0\mu_i^3}\cdot B_m=aB_m$。从表面看来，此公式说明降低磁滞损耗与提高$\mu_i$一致。由于低场下的磁化主要是可逆壁移与畴转，那么尽量减小畴壁能和应力能、磁晶各向异性能及形状各向异性能，从而使磁化的阻滞减小，则磁滞损耗便会随μ_i的增加而降低。但需注意，这样做的结果往往会造成不可逆壁移十分容易，即使上式中b值增加，其效果也不显著。因此，还必须注意采用一些与提高μ_i不同的方法。例如，在低场磁化时，如果样品的晶粒较小，形状完整，晶界较厚，气孔小，磁晶各向异性K_1较小，可逆壁移与畴转不会受到多大妨碍，但不可逆壁移却容易避免，这是因为小晶粒的畴壁大幅度移动受到了因退磁能上升而引起的特别大的阻滞。当烧结工艺适当时，$\tan\delta_h/\mu_i$有最小值。

在MnZn中用Ti^{4+}取代部分Fe^{3+}，可降低烧结温度，而不会促成晶粒生长，便于获得较小的均匀晶粒与低气孔率。Ti^{4+}的取代能使壁厚增加到与晶粒直径相当的程度，特别是在$K_1\approx0$（K_1-T曲线两次过零）的补偿点下，在一些晶粒内部，畴壁消失，磁化过程仅由自旋转动起作用，因此，可使磁滞损耗降为最小。

在低场作用中，另一降低磁滞损耗的有效方法是在NiZn材料中加少量CoO，并在配方与工艺上密切配合，形成单轴各向异性，“冻结”畴壁。当畴壁在能谷内可逆移动时，会造成狭窄的峰腰型磁滞回线（叵明伐效应），从而使磁滞损耗减至很小。此法亦对MnZn材料有效。

② 强场下的磁滞损耗。要降低强场下的磁滞损耗，采用限制不可逆壁移的方法已经不可能了，因此，必须采用加速畴壁不可逆位移在较低磁场下发生并结束的方法。要达到此目的，就要使畴壁能及电磁能均很小，这样，材料的磁滞回线很窄，H_C、B_r均小。其配方原则是使$K_1\approx0$、$\lambda_S\approx0$工艺；原则是做到密度高、晶粒大，且均匀和完整，另相少、内应力低，晶界薄而整齐，气孔少。因为异相掺杂会引起较大的内应力，对原材料的要求是纯度高、活性好。上述要求均与高μ_i材料一致。

③ 降低剩余损耗的方法。软磁铁氧体的剩余损耗在低温主要由$Fe^{2+}\rightleftharpoons Fe^{3+}+e$之间的电子扩散引起，损耗也延续到高温。在室温，主要是由$Fe^{2+}\rightleftharpoons Fe^{3+}$通过空位扩散引起。在室温或室温以上还可能出现其他离子的扩散，例如$Mn^{2+}\rightleftharpoons Mn^{3+}$、$Ni^{2+}\rightleftharpoons Ni^{3+}$、$Co^{2+}\rightleftharpoons Co^{3+}$也会造成损耗甚至出现峰值。所以，损耗大小与材料的基本化学成分、工艺条件、使用温度、频率等因素有关。在以上诸因素中，Fe^{2+}含量是引起关注的主要问题。降低剩余损耗一方面要防止电子空位、离子扩散，另一方面是在应用条件下避开后效峰。

从防止扩散考虑，必须控制Fe^{2+}含量，破坏提供它扩散的重要条件——空位的参与作用，即控制空位数。控制Fe^{2+}含量与降低损耗有相似之处；控制空位数必须采用气氛烧结法，在能保持阳离子空位最小数量的氧分压P_{O_2}下烧结。气孔是空位源，所以剩余损耗与气孔率有关。这些与烧结过程中的固相反应有密切的关系，固相反应越完善，空位数越小，MnZn铁氧体固相反应比NiZn铁氧体更完全，密度更高，所以，低频应用的MnZn损耗比NiZn小。

另外，当烧结温度上升时，损耗峰将增高并向低温移动。这是因为烧结温度升高时，电子浓度增加，$Fe^{2+}\rightleftharpoons Fe^{3+}+e$之间的电子扩散变得更加容易。

由上述可知：为了在应用频率和使用温度下使剩余损耗为最小，可以通过调整配方成分与工艺，避开损耗峰落在应用范围内来实现；也可以添加少量的TiO_2、SnO_2、Ta_2O_5等添加物，降低损耗峰与调整峰值出现温度、频率范围使应用温度与频率内剩余损耗最小。

总之，降低材料损耗，提高材料的品质因素，是制造软磁铁氧体材料的主要工作内容，一般可以通过调整配方成分，添加微量元素和控制制造工艺来实现。但对于不同的材料，具体做法各不相同。

3.12 软磁铁氧体材料的稳定性

随着科学技术的发展，对电子产品的可靠性要求越来越高，在电子产品中应用的软磁铁氧体材料的稳定性直接决定着电子产品的可靠性。高精尖，特别是高可靠工程技术的发展，要求软磁材料不但要高 μ_i，低 $\tan\delta$，更重要的是高稳定性，即磁导率的温度稳定性要高，减落要小，随时间的老化尽可能小，以保证长寿命工作于太空、海底、地下及其他恶劣环境。在低温、潮湿、电磁场、机械负荷、电离辐射等影响因素较强的情况下，软磁铁氧体性能的变化是其基本特性参数在物理化学过程中发生变化的结果。这些理化过程引起的变化有：

① 材料基本特性参数随温度的变化；

② 固溶体组成中的离子、电子及空位等受各种干扰后引起扩散以至组成的分解；

③ 晶格中阳离子分布或价态的变化。

在铁氧体中，这些变化分可逆与不可逆变化两种，它们都是实用中所关心和需要解决的问题。由于铁氧体磁性源于亚铁磁性，居里温度 T_C 比金属磁性材料低，稳定性比金属磁性材料差，组成和价态也易受外界的影响而变化，这些都给铁氧体材料的制造和使用造成困难。综合分析，软磁铁氧体材料的稳定性主要表现在以下几个方面：温度稳定性；时间稳定性；频率稳定性；机械稳定性；对外界环境的适应性等。因此，研究和掌握稳定性问题的现象、机制、影响因素、分析方法、工艺措施和应用效果等是材料工作者的艰巨任务。

(1) 软磁铁氧体材料的温度稳定性

① 温度稳定性的表示方法。软磁材料的温度稳定性用温度系数 α_μ 表示。定义为：由于温度的改变而引起的被测量的相对变化与温度变化之比。故磁导率的温度系数 α_μ 为：

$$\alpha_\mu = \frac{1}{\mu}\frac{\Delta\mu}{\Delta T} \tag{3-47}$$

在实际应用中，常在一定的温度间隔（T_2-T_1）中，测量磁导率的变化（$\mu_{T_2}-\mu_{T_1}$），从而确定在该温度间的平均温度系数。

$$\overline{\alpha}_\mu = \frac{\mu_{T_2}-\mu_{T_1}}{\mu_{T_1}(T_2-T_1)} = \frac{\Delta\mu}{\mu\Delta T} \tag{3-48}$$

由于 μ_i 随温度的变化将引起电感量的改变，从而影响电感器件工作的稳定性，因此，在实际应用中对 α_μ 有严格的要求。在某些场合下也采用比温度系数 $\beta=\alpha_{\mu_i}/\mu_i$ 表示材料的温度特性。用比温度系数 β 可以方便地比较具有不同磁导率值的铁氧体的温度系数，国内常用“TK_μ”符号代之。因此，低温度系数材料被称为低 TK_μ 材料。可以证明，对于同一种软磁材料的磁芯，不管是否开有气隙，磁芯的 α_{μ_i}/μ_i 值是一个常数，作为生产使用的材料，通常要求其 α_{μ_i}/μ_i 只有（0.4±0.1）$\times10^{-6}$ 的微小变化。

② 影响软磁铁氧体温度稳定性的因素。由于软磁铁氧体的起始磁导率 μ_i 与饱和磁化强度 M_S 的平方成正比，与磁晶各向异性常数 K_1、磁致伸缩系数 λ_S 及内应力 σ_i 的乘积成反比，而这些参数都是温度的函数，因此，磁导率 μ_i 就是温度的复合函数。通常，磁导率 μ_i 随温

度的变化有一个或多个峰值。K_1 和 $\lambda_S\sigma$ 值随温度的变化情况是决定材料温度稳定性的主要因素。

a. 磁晶各向异性 K_1 对 μ-T 特性的影响。因为 K_1 随温度的变化比 M_S^2 随温度的变化还大，所以 K_1 是影响 μ_i 的首要因素。因此，在讨论磁导率的温度稳定性时，应着重研究铁氧体晶体的 K_1-T 的变化规律。随着温度的上升，磁晶各向异性的难易磁化方向的能量逐渐趋近，因而 K_1 随温度的上升而降低。对于复合铁氧体的 K_1 值，不仅应采用固溶体中单元铁氧体的叠加 K_1-T 变化形式，还应注意到可能引起的晶场变化对 K_1-T 关系的影响（从而影响材料的 μ_i 值）。

在居里温度附近，K_1 急剧趋于零，而 M_S 尚有一定数值，故导致 μ_i-T 出现峰值（Ⅰ峰）。当温度到达居里温度时，$M_S\to 0$，铁磁性消失，μ_i 从最大值很快下降为 I，一般含 Zn^{2+} 的软磁铁氧体，由于非磁性 Zn^{2+} 降低了 K_1 值与 T_C，使 K_1-T 曲线变化更为显著，从而 μ_i-T 的变化也更大些。

对于 MnZn 铁氧体，如图 3.16 所示的 μ_i-T 及 K_1-T 曲线，可证实 μ_i 的峰值出现在 $K_1\approx 0$ 点，所以，Ⅱ峰的出现可归结为 $K_1\approx 0$ 起了主要的作用。利用材料 K-T 的变化规律，可以人为地控制Ⅱ峰出现的温度，从而使两峰之间具有平坦的区域，从而达到控制 μ_i 的温度稳定性的目的。同时，人为地控制Ⅱ峰的温度，也可使在某一温度范围内 α_{μ_i} 为正或负，以适应实用上的要求。

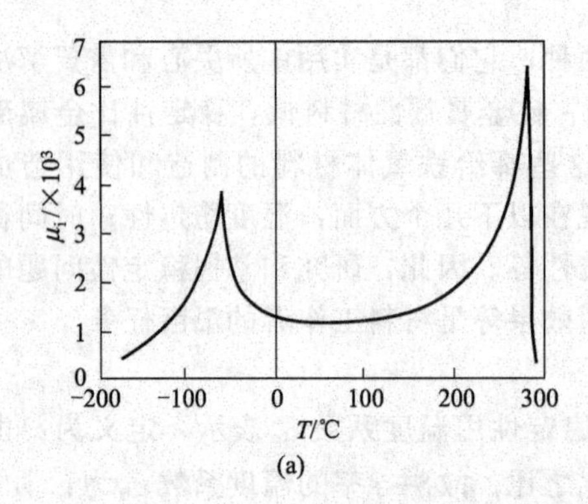

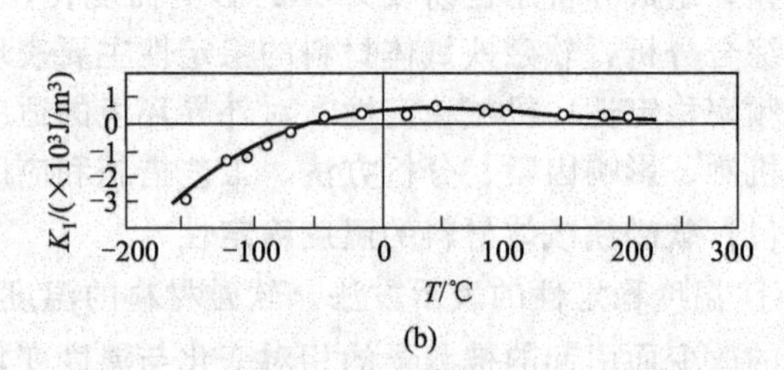

图 3.16 MnZn 铁氧体的 μ_i-T 与 K_1-T 曲线

b. 磁致伸缩系数 λ_S 对 μ_i-T 特性的影响。由于 $K_1=0$ 与 $\lambda_S=0$ 常不为同一成分，所以要获得 μ_i 的低 α_{μ_i}，除补偿 K_1 外，还要设法使 λ_S 在应用条件下也为零。从磁性物理中可知：$\lambda_S=\dfrac{2\lambda_{S100}+3\lambda_{S111}}{5}$，因此，要使 $\lambda_S\to 0$，除采用与使 $K\approx 0$ 相似的方法外，还可依靠正的 λ_{S111} 和负的 λ_{S100} 效应相等，即 $2|\lambda_{S100}|=3|\lambda_{S111}|$ 来实现。一般尖晶石铁氧体的 λ_{S100} 均小于零，而大部分铁氧体的 λ_S 亦小于零，但 Fe_3O_4、$CoFe_2O_4$ 的 $\lambda_{S100}>0$，所以，适量的 Fe^{2+}、Co^{2+} 加入到其他单元铁氧体中亦可造成 $\lambda_{S111}>0$，再与基本铁氧体成分（如 MnZn、NiZn）组合，就有可能实现 $\lambda_S\to 0$，从而促使 μ_i-T 曲线平坦。

c. 显微结构对 μ_i-T 特性的影响。显微结构对 μ_i-T 特性的影响可归纳如下：

(a) 如晶粒尺寸增加，μ_i-T 取向峰值将增高。Ⅱ峰的位置也因 Fe^{2+} 含量的不同而发生变化；

(b) 如气孔较多，晶粒过小，不仅会造成 μ_i 值降低，而且 μ_i-T 曲线的Ⅱ峰将消失。

(c) 晶粒均匀性和晶界特性对 μ_i-T 曲线形状的影响相当灵敏。

一般地，如晶粒均匀一致，气孔少而分散的结构，其 μ_i-T 曲线比较平坦，温度稳定较好；而晶粒大小不均，有双重结构，巨晶内部有气孔的结构，其Ⅱ峰的位置和高度虽然相同，但实验结果表明，在 μ_i-T 曲线上会出现相当大的凹谷，温度稳定性较差；另外，材料成分的不均匀和产品的内应力，对 μ_i-T 曲线也有影响，也直接影响到温度的稳定性。

③ 提高软磁铁氧体温度稳定性的具体方法

a. 选择合适的主配方。实践表明，要获得低温度系数材料，首先要合理选择配方。对于居里温度要求一定的材料，其温度系数的大小对Ⅱ峰的位置有很大的依赖性，而Ⅱ峰位置又对应 $K_1=0$ 的温度点。我们知道，正分 MnZn 铁氧体（按摩尔分数计，Fe_2O_3 的量为 50%）$K_1<0$，而 Fe^{2+} 在 MnZn 铁氧体中对 K_1 值的贡献为正，因此 Fe^{2+} 可以起到补偿 K_1 的作用，由于 Fe^{2+} 的 K_1-T 曲线比一般尖晶石的 K_1-T 曲线变化缓慢。所以总 K_1 值在补偿点 θ_c 以上为正，θ_c 以下为负，如图 3.17 所示。当 Fe^{2+}（$Fe_2O_3\geqslant 50\%$）含量增加时，补偿点向低温方向移动，因而 μ_i-T 曲线的Ⅱ峰也随 Fe^{2+}（$Fe_2O_3>50\%$）增加而移向低温，Ⅱ峰的位置可由经验公式初步估算出来。根据 Koning 的大量实验，若铁氧体成分为 $Zn_xFe_yMn_zFe_2O_4$（$x+y+z=1$），当 Mn 含量 $z=0.522\sim0.55$ 时，Fe^{2+} 含量 y 和Ⅱ峰位置与补偿点 θ_c 之间的经验关系为：

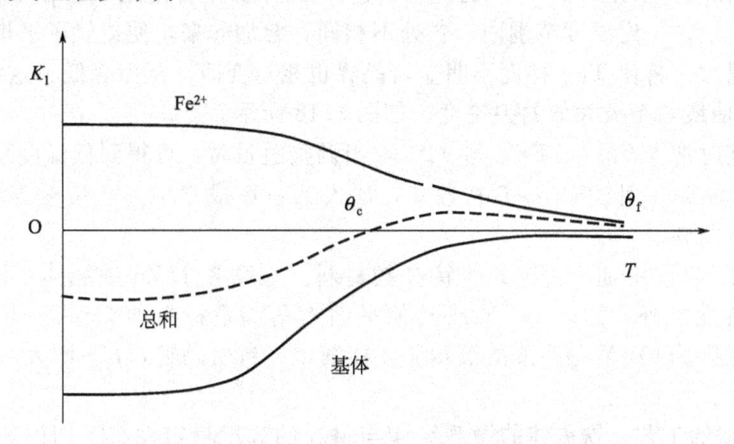

图 3.17 Fe^{2+} 补偿 K_1 的 K_1-T 曲线示意图

$$\theta_c/\theta_f\approx 0.88-2.9y \tag{3-49}$$

式（3-49）中，$0<y<0.2$，θ_f 和 θ_c 均以“K”为单位，如果基本成分中 Fe^{2+} 含量由于其他阳离子取代而变化，上述关系仍然成立。一般情况下，一价和二价金属氧化物杂质加到基本物料中将引起 Fe^{2+} 含量的减少，而三价和四价的加入，将使 Fe^{2+} 增加。

因此，要获得低温度系数材料，从配方上考虑 MnZn 铁氧体应该采用过铁配方。研究表明，当 Fe_2O_3 的含量（按摩尔分数计）控制为 53.6% 时，可以获得良好的温度稳定性，它的磁导率 μ_i 基本上可以在 10～60℃之间保持基本不变。

b. 掺入适当的杂质改善温度系数。实验证明，在主配方中加入适当的添加物可以明显地改变材料的温度稳定性，常用的方法有以下几种：

(a) Co^{2+} 离子的补偿。如果将具有很大的正 K_1 值的 $CoFe_2O_4$，与具有较低的负 K_1 值的铁氧体（包括 NiZn，MnZn，MgZn 等）以适当的比例叠加在一起，由于 Co^{2+} 含量的增加，其补偿点向高温方向移动很明显，对应的 μ_i-T 曲线明显变平坦，其 α_{μ_i} 值较小。通过控制 Co^{3+} 含量，可以控制Ⅱ峰的位置。当 Co^{2+} 适量时，就可在某一温度范围内获得较高的 μ_i 值及较低的 α_{μ_i} 值，上述方法在生产中已获得了广泛的应用。如 $(Ni_{0.4}Zn_{0.6})_{1-x}Co_xFe_{2.08}O_4$ 铁氧体，其 x 从 0.00～0.04 范围内改变时，随 Co^{2+} 含量的增加，其 μ_i-T 曲线Ⅱ峰将逐渐向高温移动，适量添加 Co^{2+} 可获得低值的 α_{μ_i} 铁氧体材料。

(b) Co^{2+} 和 Fe^{2+} 同时补偿。采用 Co^{2+} 和 Fe^{2+} 同时补偿的方法可在很宽的温度范围内获得低温度系数。实践表明，对 Co^{2+} 补偿的材料，在补偿点以下，K_1 为正值，在补偿点以上，K_1 为负值；而 Fe^{2+} 补偿的材料却刚好相反。因此，当同时补偿时，若控制 Co^{2+} 和 Fe^{2+} 的比例适当，K_1 值将出现两个零点（补偿点），对应的 μ_i-T 曲线在较宽温度范围内较平坦，由此，可获得宽温低 α_{μ_i} 材料。

(c) 加 Ti^{4+} 或 Sn^{4+} 对 μ_i-T 曲线的影响。对于 MnZn 铁氧体用 Ti^{4+}（或 Sn^{4+}）替代部分 Fe^{3+}，Ti^{4+} 若进入晶格，则在八体位置将引起 $2Fe^{3+} \rightarrow Fe^{2+} + Ti^{4+}$，即 Fe^{2+} 和 Ti^{4+} 同时出现于 B 位。因 Ti^{4+} 为非磁性离子，粗看起来，好像同属 Fe^{2+} 补偿的 μ_i-T 曲线关系，而实际的 μ_i-T 曲线却与 Co^{2+} 的补偿作用类似，随着 Ti^{4+} 含量的增加，其Ⅱ峰向高温移动。

Ti^{4+} 替代 Fe^{3+} 为什么会使 μ_i-T 曲线平坦呢？经研究证实：Ti^{4+} 一方面像 Ca、Si 一样存在于晶界，形成 20Å 厚的晶界层；另一方面 Ti^{4+} 还将透入晶体内呈梯度分布。这种 Ti^{4+} 梯度必然导致晶粒内部 K_1 的不均匀性，同时，晶格尺寸变得比替代前稍大，这也将影响 K_1 值和 K_1-T 曲线。所以，因 Ti^{4+} 的进入和造成 Ti^{4+} 梯度将使区域的 μ_i-T 曲线的两个极大值位于晶格中，在一定温度范围内，各处不相同，叠加起来，便造就了平坦的 μ_i-T 曲线。如果晶粒尺寸增大，将使 Ti^{4+} 梯度不明显，晶界也相对变薄，从而降低了这种不均匀分布，就会增强 μ_i-T 曲线两个极大值的尖锐度，如图 3.18 所示。

如果采用同时加入 Co^{2+}、Fe^{2+} 与 Ti^{4+}，当调整适量时，可得到低温度系数 α_{μ_i} 的材料，除 Co^{2+}、Fe^{2+} 与 Ti^{4+} 可改善 μ_i-T 特性外，加入 Al_2O_3 或 Cr_2O_3 也可改善 μ_i-T 特性，但这仅适用于低 μ_i 材料。

(d) 在高频 NiZn 中加入 Co_2Y 等特高频材料。在高频 NiZn 铁氧体中除加 $CoFe_2O_4$，可以改善温度特性之外，加入 Co_2Y 或其他平面六角晶系材料如 Co_2Z，也可以大大改善 μ_i-T 特性。这是因为 Co_2Y 等生成的液相流体能细化、致密晶粒，H_C 增大，μ_i 值下降，μ_i-T 曲线更加平坦。

④ 采用合适的工艺。铁氧体的微观结构与材料的温度稳定性有密切的关系，一般情况下：晶粒均匀一致，气孔少而分散的材料，μ_i-T 曲线较平坦，温度稳定性较好；而晶粒大小不均匀，有双重结构，巨晶，内部有气孔的材料，即使其Ⅱ峰位置和高度不变，但由于畴壁移动阻力较大，在 μ_i-T 曲线上也会出现相当大的凹谷，温度稳定性较差。根据铁氧体制造原理可知，材料的微观结构主要是由制造工艺，特别是由烧结工艺决定的，为提高材料的温度稳定性，必须严格控制烧结工艺，以达到晶粒均匀一致，气孔少而分散，同时控制烧结温度和气氛，可使 Fe^{2+} 保持在一定范围，这也是降低温度系数的有效方法之一。根据实践采用合适的制造工艺是制造良好的微观结构，提高材料温度稳定性的主要方法之一。

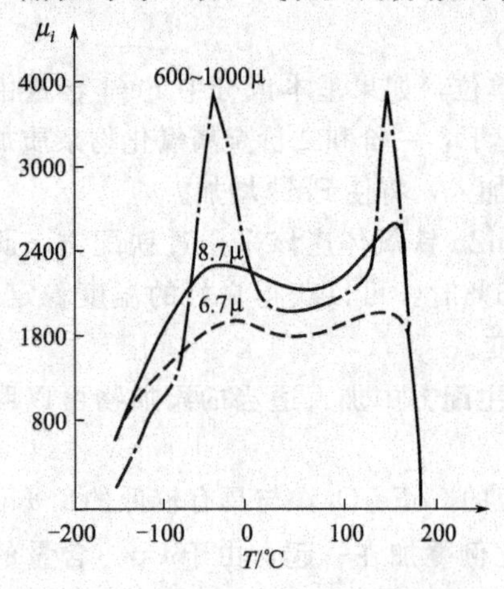

图 3.18 $Mn_{0.64}Zn_{0.30}Ti_{0.05}Fe_{2.01}O_4$ 另添加质量分数为 0.05%的 CaO，0.05%的 SiO_2 时，不同晶体颗粒尺寸的 μ_i-T 曲线

⑤ 热处理对 μ_i-T 特性的改善。对于 MnZn 铁氧体在平衡氧分压条件下进行高温热处理，处理条件为 1100～1200℃处理 2h，可以调整含氧量，使材料结构均匀化，μ_i 提高，μ_i-T 特性发生变化，如图 3.19 所示。低温热处理，处理条件为 220℃

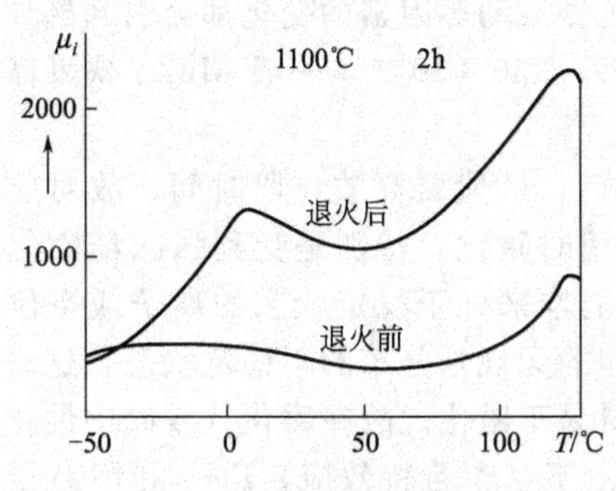

图 3.19 1100℃退火热压对 MnZn 铁氧体 μ_i-T 曲线的影响

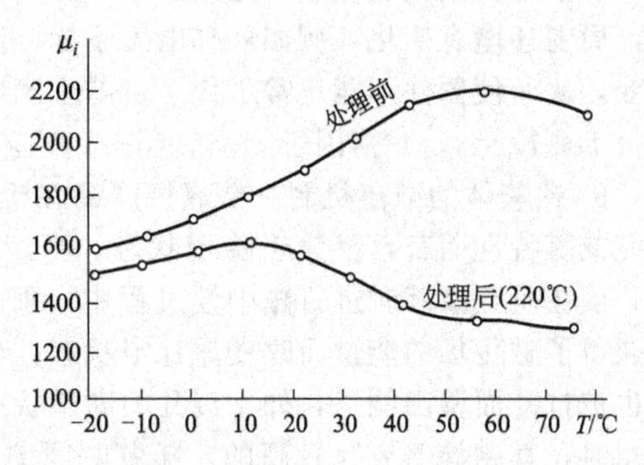

图 3.20 低温热处理（220℃/85h）对 MnZn 铁氧体 μ_i-T 曲线的影响

（成分为 $0.536Fe_2O_3 \cdot 0.384MnO \cdot 0.08ZnO$，加 0.2%的 $CaCO_3$，0.6%的 SiO_2）

处理 6～90h，可使 μ_i-T 曲线Ⅱ峰向低温移动，如图 3.20 所示。这是因为离子向低能态重新排列引起局域性感生单轴各向异性 $K_\mu>0$，使补偿点向低温移动，同时，热处理将减小和消除材料的内应力，改善材料的性能，所以，在使用需要时，对材料进行适当的热处理可以改善材料的温度稳定性。

(2) 软磁铁氧体材料的时间稳定性

软磁铁氧体的时间稳定性主要是指材料的磁导率随时间增加而变化的情况。通常磁导率随着时间的增加而逐渐下降，这种变化大致上可以分为两部分：一部分是由于材料内部结构随时间变化而引起磁导率的下降。这种变化是不可逆的，称为磁老化；另一部分是可逆的，即经过重新磁中性化后磁导率可以恢复原值，这种随时间的变化称为减落。

高 μ_i 材料的老化一般都比较严重。它通常与材料的制备工艺有关，有时磁芯封装受压时，也会加重老化。适当的热处理可加速这种变化，或者回复其原状态。减落现象是磁后效的一种表现形式。

a. 减落现象。减落的物理现象是磁性材料去磁（磁中性化）后，在未受到任何外界干扰时，其起始磁导率 μ_i 会随时间减小。如受磁的或其他形式的冲击后，减落过程都可能重复发生。所以减落是一种可逆的现象，它反映了材料内部在受冲击后逐渐恢复到平衡状态的过程。

减落 D 指在正常磁状态化之后，在恒定温度下，经过一定时间间隔（从 t_1 开始到 t_2 结束），磁性材料磁导率的相对减少，即

$$D=\frac{\mu_1-\mu_2}{\mu_1} \tag{3-50}$$

式中，μ_1 为退磁后 t_1 分钟的磁导率，μ_2 为退磁后 t_2 分钟的磁导率。

减落系数 d：在正常磁状态化之后，出现的减落除以两次测量时间之比的对数（以 10 为底），即 $d=\frac{D}{\lg\frac{t_2}{t_1}}$，而减落因子是指减落系数与第一次测量时间（$t_1$）测得的相对磁导率之比。

$$D_F=\frac{d}{\mu_1} \tag{3-51}$$

当 $t_2=10t_1$ 时（我国检测标准：t_1 为磁中性化后 1min，t_2 为 10min），则 $D=d$。

减落是衡量软磁铁氧体起始磁导率时间稳定性的重要指标。一般希望减落尽可能小，否则，周围环境有变化，例如外加电磁干扰、温度、机械振动等因素的变化都会引起磁导率的改变，从而使器件不能正常工作。目前生产中要求 $D_F<30\times10^{-6}$，一般 MnZn 铁氧体的减落值 $D\leqslant1.5\%$，减落因子 $D_F\leqslant(5\sim10)\times10^{-6}$。

b. 铁氧体的减落机制。铁氧体产品在生产好以后，一般要存放一段时间，故对应用或研究减落特性而言，已属于稳定状态。当产品在应用时磁化，特别是受到强磁场磁化或干扰，或在研究减落时进行磁中性过程中，那些 B 位上本来处于稳定状态的离子或空位将由于获得了磁化场的能量而改变原稳定状态，迁入高能的无规则分布的不稳定状态。这时的畴壁也被打乱而移出能谷，处于混乱的高能状态，变得易于磁化。故在磁化（或磁中性化）刚停止时，其磁导率 μ_i 是较高的。随着时间的增长，由于（李希特效应）Fe^{2+} 和阳离子空位的重新排列，引起单轴感生各向异性，它叠加在原来的磁晶各向异性上，从而“冻结”畴壁，降低 μ_i。

c. 减落的诱因与控制。减落受温度、化学成分和工艺条件的影响很大。由于材料内部各晶格中的离子分布（如阳离子、阴离子和空位等分布）并不完全是规则排列的，处于一种短程有序状态，即局部具有各向异性，所以，在热运动的激发下，晶格中离子和电子的迁移，需要有一定的时间才能使局部的各向异性发生改变，趋于自由能较低的稳定状态，这就是产生减落的主要原因。

但实际上减落是很复杂的。图 3.21 所示的 $Mn_xZn_{3-x}O_{4+\gamma}$（$\gamma=0.043$）的减落曲线就出现Ⅰ、Ⅱ、Ⅲ、Ⅳ、Ⅴ五个峰，分别表示为－200℃、－100℃、0℃、100℃和 220℃时的减落值，不同的峰值是由不同的原因引起的。一般来说，Fe_2O_3 含量大于正分时，在空气中烧结的铁氧体容易生成 γ-Fe_2O_3，它是尖晶石结构，但却具有 Fe^{3+} 的空位和 Fe^{2+}，即

$$4Fe_2^{3+}O_3(+3e^-)\rightarrow3[Fe^{2+}O\cdot Fe_{5/3}^{3+}\square_{1/3}O_3]$$

实践表明，在（100℃以上）热激发下所需的激活能较低，达到稳定状态所需的弛豫时间也较短，容易出现高减落峰值，Ⅳ、Ⅴ峰分别出现在 100℃和 220℃，受热激发的影响较大，这时，空位迁移起着主要作用。但是Ⅲ峰出现温度位置却与离子和空位的迁移无关，而与 FeO 的存在密切关系，电子的迁移在起主要作用。这是由于 Fe^{2+} 和 Fe^{3+} 共存，Fe^{2+} 电子会迁移到 Fe^{3+}，离子虽然仍在原处，但 Fe^{2+} 和 Fe^{3+} 却互相变换。出现同元素异价离子共存情况（如 Co^{2+} 和 Co^{3+}，Mn^{2+} 和 Mn^{3+}，Cu^{+} 和 Cu^{2+} 等）的铁氧体都可能发生电子扩散，当然这种离子也有可能发生电子扩散的间接过程，例如，$Co^{2+}+Fe^{3+}\Leftrightarrow Co^{3+}+Fe^{2+}$，在 Mn 铁氧体中加入少量 Co，有可能发生 Mn、Co、Fe 三种离子之间的价交换。

可见，减落峰值的位置和高低，随材料的化学成分而异，与烧结温度、气氛等工艺条件有密切的关系，可以通过控制材料的化学成分与制造工艺来控制减落，出现在室温附近的减落Ⅲ峰和较高温度的减落峰为实用中最关心的问题，必须采取有效措施控制其数值，使之符合使用要求；或采取措施使应用温度范围的减落为最小，由于造成减落的原因是 Fe^{2+} 离子（或其他金属离子）与离子空位扩散的联合效应，因此，如果我们破坏这两个因素之一，即控制 Fe^{2+} 的数量或减少空位数，就可使减落值下降，所以，控制减落的具体方法是：

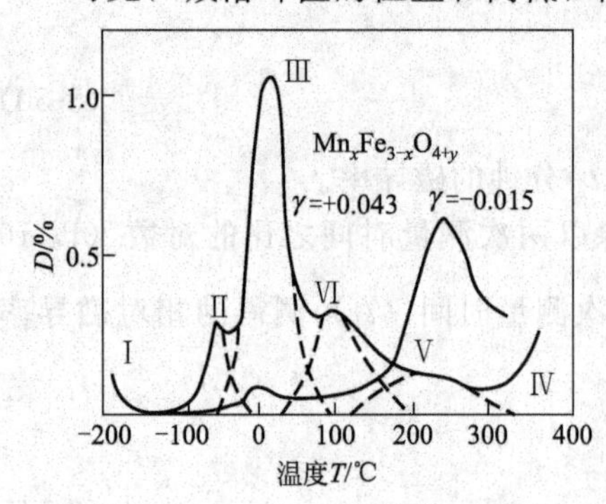

图 3.21 $Mn_xZn_{3-x}O_{4+\gamma}$ 的减落与温度的关系

(a) 选用合适的配方，使化学成分适当。对 MnZn 铁氧体，当 MnO 成分不变，见图 3.22，

Fe_2O_3 由 55%增至 58%，A 峰向低温移动，峰值下降，B 峰也向低温移动，但峰值上升，当 Fe_2O_3 成分不变，MnO 由 36%增至 41%，A、B 峰的移动和峰值大小正与上相反，其原因是 Fe_2O_3 含量增加（相当于 MnO 量减少），Fe^{2+} 增加，在室温附近，离子通过空位的扩散引起感生各向异性增加，所以峰高增加，并随 Fe^{2+} 增加向低温移动，由于出现 A 峰的温度较 B 峰低，离子的热运动能量较低，扩散效果较差，所以，A 峰峰值较低，另外，Mn^{2+} 有抑制 Fe^{2+} 的作用，所以 MnO 增加，情况与上相反。

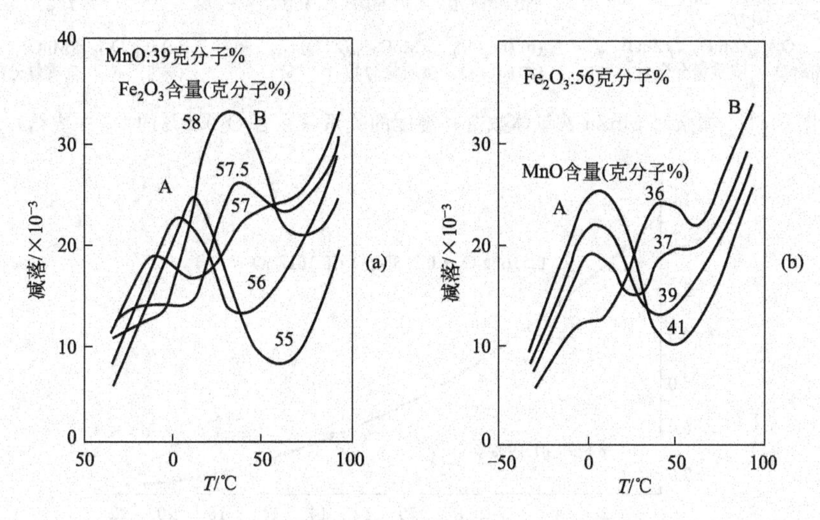

图 3.22 MnZn 铁氧体含量不同时的 *D*-*T* 关系（N_2 中 1180℃烧结 8h，含 O_2 0.5%）

总之，空位越多，减落也越大；温度越高越有利于空位迁移，弛豫时间越短。所以，为了降低减落，在不影响其他性能的前提下，应尽可能减少 Fe_2O_3。

（b）添加适当的添加剂控制减落性能。在 MnZn 铁氧体中，适当掺加 SnO_2、Li_2O 和 CaO 可以有效地调节减落的温度稳定性，见图 3.23，适当加入高价离子（如 Sn^{4+}），可使 Fe^{2+} 数量增加（$Fe^{3+} \rightarrow Fe^{2+}$），A 峰向低温移动，峰值下降，这与增大 Fe_2O_3 的含量一致，同时，在 50℃附近出现 B 峰，位置向室温附近移动。此外，加 Ta_2O_5、ZrO_2 都可以获得与增加 Fe_2O_3 相近的效果。

加入低价离子 Li^+（Na^+，Mg^{2+}）使 Fe^{2+} 减少（$Fe^{2+} \rightarrow Fe^{3+}$），结果与上相反；加入 Ca^{2+} 可在整个温度范围内降低 D，而不影响减落峰的位置，因为 Ca^{2+} 离子半径较大，只在晶界处，不进入八面体中，所以不影响峰的位置。添加 BaO 和 SrO 与此有相似的作用。

降低减落的添加剂的最佳量应以不降低其他磁性能为宜，有时还可以改善其他性能，但往往是有矛盾的，需要折衷考虑。

（c）严格控制烧结温度和烧结气氛。对 MnZn 铁氧体，烧结气氛中含氧量增加，D 值增大。含 O_2 量大的烧结气氛，在烧成后铁氧体内就有一定的空位，由于存在一定的空位，使其 D 值有所不同。

在许多铁氧体中，只要有 Fe^{2+} 或 Co^{2+} 存在，其减落值总不为零，如果材料在烧结时有少量氧化，则 D 值与阳离子空位浓度和 Fe^{2+} 浓度的乘积成正比，如图 3.24 所示。

对于高 μ_i MnZn 铁氧体，为使 K_1、$\lambda_S \rightarrow 0$，常使 Fe_2O_3 略过量（高于 50%），其减落的控制则主要是控制其 B 位上阳离子的空位数。其常用控制方式主要有以下三种：一是，在 N_2 中烧结，见图 3.24，虽然材料中 Fe^{2+} 含量较空气中烧结更多，但空位少，减落不大；二是，在高温（如 1350℃）空气中烧结后，在 N_2 中高温（1250℃）回火处理空位数下降，减落下降，对 NiZn 铁氧体也有类似的效果；三是，适量添加 Ti^{4+}。由于铁氧体中的空位是

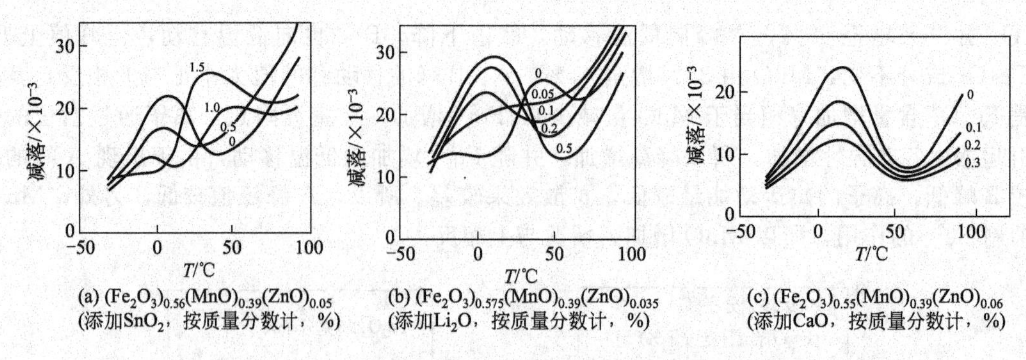

(a) $(Fe_2O_3)_{0.56}(MnO)_{0.39}(ZnO)_{0.05}$ (添加SnO_2，按质量分数计，%)
(b) $(Fe_2O_3)_{0.575}(MnO)_{0.39}(ZnO)_{0.035}$ (添加Li_2O，按质量分数计，%)
(c) $(Fe_2O_3)_{0.55}(MnO)_{0.39}(ZnO)_{0.06}$ (添加CaO，按质量分数计，%)

图 3.23 加杂对 MnZn 铁氧体减落和温度的关系（在含 O_2 0.6%的 N_2 中烧结）

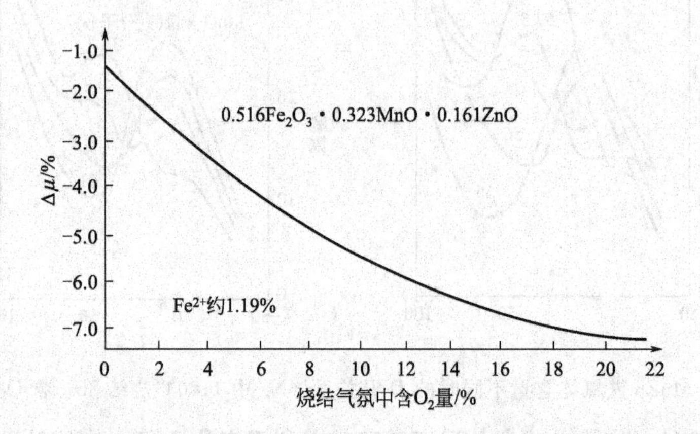

图 3.24 烧结气氛对 MnZn 铁氧体减落的影响（1250℃下烧结，在含 0.1% O_2 的 N_2 中冷却）

由于氧的渗入，Fe^{2+} 氧化成 Fe^{3+}，生成 γ-Fe_2O_3 固溶于其中所致，适量的 Ti^{4+}，可抑制 $Fe^{2+} \rightarrow Fe^{3+}$，从而减少空位，降低减落。

另外，如果烧结温度过高，MnZn 铁氧体晶体内部会出现较少封闭气孔，不仅损耗增大，减落也随之上升，其原因是在低氧气氛烧结时，当温度升高后晶粒中有氧逸出。当铁氧体失去 δ 个氧，伴之出现 $2\delta Fe^{2+}\left(Fe^{3+}+\frac{1}{2}O^{2-} \rightarrow Fe^{2+}+\frac{1}{4}O_2\uparrow\right)$，这些氧空位与 Fe^{2+} 同样会产生减落现象。

由此可知，要降低减落值，既要使材料尽量避免氧化以防止空位过多，又不能让氧气从晶体中逸出而造成封闭气孔，并将过多的 Fe^{2+} 与氧空位留于晶粒内部的有效方法，也是改善减落机制的有效方法。适当的烧结温度可以降低减落值，提高材料的综合磁性能，如表 3.5 所示。

表 3.5 不同烧结温度下的 μ_i、$\tan\delta_h$、$\frac{\tan\delta_h}{\mu_i}$ 和 D_F

烧结温度/℃	μ_i	$\tan\delta_h$/$\times10^{-6}$	$\frac{\tan\delta_h}{\mu_i}$/$\times10^{-6}$(100kHz)	D_F($\times10^{-6}$)，1s～10min
1225	1950	0.25	2.3	2.5
1250	2200	0.35	2.8	3.0
1275	2300	0.43	3.7	3.8
1300	2400	0.64	4.0	5.0

注：成分为 $2.2Fe_2O_3 \cdot 1.2MnO \cdot 0.8ZnO$，保温 2h，在 1250℃时的气氛含 O_2 量均为 2%，晶体颗粒尺寸为 5～10μm。

(d) 老化处理。可采用自然老化或人工老化的办法来加速减落的稳定。由于在室温下，使减落达到稳定的时间很长，因而可以采用人工方法加速减落，一般将产品置于150℃烘箱中存放4h，即可相当于一个月以后的稳定数值。

(3) 软磁铁氧体材料的频率稳定性

前面已较详细地介绍了软磁铁氧体的频率特性，得知磁谱是软磁铁材料在弱交变磁场中的复数磁导率的μ'、μ''随频率增加而变化的曲线。可以较全面地反映磁导率与频率的关系。一般用频率的不稳定系数γ表示铁氧体应用频率宽度（简称频宽）

$$\gamma=\frac{\Delta\mu_i}{\mu_i f^2} \tag{3-52}$$

式（3-52）中，$\Delta\mu_i$表示频率f变化时相应起始磁导率μ_i的变化。γ越小，则在此频段内μ_i值变化越小，磁导率的频率稳定性也越好。每一种铁氧体材料都有其最佳的使用频率范围，在此范围内，材料的性能稳定，超过此范围时，材料性能就不稳定，达到截止频率时，材料就不能使用。

软磁铁氧体材料有频散与吸收特性，这种频散和吸收包括涡流损耗、尺寸共振、磁力共振、磁畴共振及自然共振，因此，提高软磁铁氧体材料的频率稳定性应从这些方面着手。其内容已在影响磁谱的因素和提高截止频率的方法中作了较详细的论述，这里概括为下面两点：

① 对于频率的稳定性而言，材料的起始磁导率与截止频率是互相制约的，因此，在对磁导率没有特殊要求的情况下，可以通过适当降低磁导率来提高材料的应用频率。

② 若材料对磁导率的要求较高时，可以用缺铁配方以及降低烧结温度等途径，来提高软磁铁氧体材料的使用频率。

(4) 软磁铁氧体材料的机械稳定性

起始磁导率对机械振动很敏感，尤其是磁致伸缩值和μ_i值都很高的Ni-Zn铁氧体，最为明显。由振动所引起的机械应力使磁畴产生永久性畸变，而使μ_i稳定地减少并达到一个极限值。但对于MnZn铁氧体，由于λ_S较小，磁弹性能不大，所以对振动相对不敏感。

在实际生活中，由于切割、去毛边和磨加工等机械振动所产生的应力对产品性能有显著的影响，例如罐形磁芯在磨加工后，表层应力可达696MPa，从表层到内部迅速减弱，至5μm深度就趋于零。由于表层所受的应力太大，使这部分的温度系数剧增至$\alpha_{\mu_i}\approx600\times10^{-3}$，因而对产品的总温度系数将产生不良影响，必要时，应消除这些应力的影响，一般采用热处理、腐蚀等办法消除，对要求高的国防产品，还应作机械振动的例行实验，达到要求后才能使用。例如，用于某远程导航系统固态发射机的MnZn双5000大磁环，经过冲击、振动、跑车（即将产品装箱，放在卡车箱内跑1万多千米）等实验再测起始磁导率，达到要求的技术指标后，才能使用，把这个过程称为机械老化处理，目的是防止产品在以后的使用或运输过程中，因振动产生应力或产品开裂，使其性能下降，达不到技术要求。所以，对长期使用或在不能停机的整机中使用的铁氧体材料，都必须作机械老化处理。

(5) 软磁铁氧体材料的环境适应性

铁氧体材料物理化学性能稳定，在1000℃以上的高温下才能分解，功率铁氧体等在100℃的高温下，仍能正常工作。一般地讲，软磁铁氧体材料对外界环境适应性较强。但有的材料，特别是NiZn铁氧体等材料，易吸潮并使其磁性能恶化，所以，在潮湿的环境里使用时，必须进行防潮处理。通常经过特殊处理的软磁铁氧体材料，能适合于多种外界条件下使用。

3.13 软磁铁氧体的电学性能

铁氧体材料既是磁介质又是电介质材料，绝大多数铁氧体的导电特性是属于半导体类型。软磁铁氧体的基本电学性质是指其在电场作用下的传导电流和被电场感应的性质。常用电阻率 ρ 和介电常数 ε 作为软磁铁氧体材料电学性质的基本参数。关于 ρ，详见 3.10 节，本节重点讨论 ε。介电常数是衡量电介质材料储存电荷能力的参数，通常又叫介电系数或电容率，铁氧材料既是磁介质又是电介质材料，所以介电常数也是铁氧体的特征参数之一。

尖晶石铁氧体是立方对称晶体，对于这类对称性高的材料来说，通常不表现出强的介电特性。但是，实际上铁氧体在低频时，一般都表现出非常大的介电系数 ε，如 MnZn 铁氧体的 ε，在低频时可达 10^5，NiZn 铁氧体在低频时的 ε 也较大。

ε 和 ρ 都具有弛豫的频率特性，当频率增加时，在弛豫频率附近，ε 和 ρ 均急剧下降，最后介电常数都降至 10 左右。

另一方面，铁氧体的介电常数与温度之间，有密切的关系，在一定的临界温度以下，具有较小的介电常数，一般 ε 为 13～17，且不依赖于 f。当温度超过临界温度时。ε 值剧增，并对频率 f 有很大的依赖性。

在低频时，铁氧体的介电特性趋于晶界特性，铁氧体表现出高 ε、高 ρ 特性。在高频时，铁氧体的介电特性趋近于晶粒特性，表现出低 ε、低 ρ 特性。

这是由于，在铁氧体中，电子的跃迁并非所有的电子均能进行，只有那些具有一定动能的电子，才能在外场作用下克服位垒，完成导电作用。有部分低能电子，虽不参与导电，但在外场作用下可作局部的位移，因而产生极化。这样的电子愈多，则 ε 愈高，而当频率增高时，参与极化的电子来不及位移，极化程度减弱，因而 ε 值下降。

3.14 软磁铁氧体的其他物理性能

随着生产技术的发展，软磁铁氧体的应用范围日益广泛，目前不仅可作一般的电感元件，而且也是磁记录、超声、水声、温敏和激光等元件的关键材料。它们对软磁铁氧体提出了各种特殊的要求，所以，加强铁氧体材料各种特殊性能的研究，具有很大的现实意义。软磁铁氧体的其他物理性能是指除主要电磁性能以外的物理特性。

(1) 力学性能

软磁铁氧体的力学性能（详见 11.1 节）与一般的陶瓷极其相似，其弹性模量 E 和陶瓷同属一数量级。质硬而脆，符合一般脆性材料的规律，不能切削而只能研磨。

(2) 热学性能

由于软磁铁氧体应用于不同的温度环境中，因此，热学性质也是软磁铁氧体材料的重要性质之一，虽然软磁铁氧体的热学性能和化学组成之间，有一定的关系，但主要还是取决于材料的微观结构。

(3) 软磁铁氧体材料的吸湿性

由于软磁铁氧体材料是多孔性的功能陶瓷，结构不致密，特别是 Ni 和 NiZn 铁氧体，具有多孔性结构，易吸潮，在潮湿环境下工作，如果防潮湿不当，材料严重吸潮后的品质因

素 Q 将显著降低，实验表明，吸潮不仅严重地影响磁性能，而且使磁芯的机械强度大大降低，尤其是低温烧结的 Li-Mn 铁氧体和 Ni 铁氧体最为显著，吸湿后强度下降最大可达48%，以致严重影响磁芯的使用寿命，在多雨的潮湿地区，更要注意磁芯的防潮处理。

(4) 密度

磁性材料的密度是指单位体积中所含物质的多少，常用 D 或 d 表示，单位为 g/cm^3 或 (kg/m^3)。从磁学中得知

$$M_S = \sigma_s d \tag{3-53}$$

式 (3-53) 中，σ_s为单位质量的饱和磁化强度，d 为材料的密度，因此，材料的饱和磁化强度与密度成正比，提高密度 M_S值就会提高；又因为 $\mu_i \propto M_S$，密度提高可直接提高 μ_i。

实验证明，材料的密度主要由生产工艺决定，同一配方用不同的生产工艺制造的材料，其密度不同，在各个生产工序中，造粒、成型与烧结对密度的影响较大。在干压成型工艺中，影响成型密度的主要因素有颗粒的粒度配比，颗粒的流动性及成型压力等（详见 9.1.7 节）。

软磁铁氧体的烧结工艺直接影响到材料的微观结构。如果烧结工艺合适，烧制的材料晶体结构紧密，晶粒分布均匀，气孔少，无巨晶等弊病，材料的密度就高，反之就低。

第4章 软磁铁氧体的常用原材料及其控制

原材料是制备软磁铁氧体的物质基础。每一种原材料都有自己固有的特性，掌握所用原材料的准确成分是准确配料的依据，掌握原材料的物理和化学特性是制定生产工艺和制备出合格产品的前提。所以，在软磁铁氧体的制备过程中，了解原材料的成分及其物理、化学特性，是制造软磁铁氧体材料的基础工作之一。

制备软磁铁氧体所用的原材料可分为两类：一类是直接用于配料的原材料，简称主料；另一类是在制造过程中不可缺少的材料，只是在生产过程的某个中间环节使用，材料的成分并不进入晶体的成分，或在一定的工序中加入，经固相绕结后，又被排除干净，例如，所使用的黏结剂（聚乙烯醇）等，这类材料称为辅助材料，简称辅料。

软磁铁氧体是由氧化铁（Fe_2O_3）和一种或几种金属氧化物组成的复合氧化物，所以，各种金属氧化物是它们生产中应用的主要原材料，有时也采用金属盐为原料，尤其是在湿法生产中，用金属盐较多。制造软磁铁氧体所用氧化物和金属盐的组成元素基本上为元素周期表中的过渡元素。各种原料根据其作用和用量的不同，可分为主要原料、添加剂和助熔剂。

4.1 软磁铁氧体用主要原料

铁氧体的主要成分对铁氧体性能起着决定性作用，属于主要原料。主要原料的用量和影响均较大，对其性能指标，也有较高的要求。

软磁铁氧体的主要原料有氧化铁（Fe_2O_3）、碳酸锰（$MnCO_3$）、二氧化锰（MnO_2）、氧化亚镍（NiO）、氧化锌（ZnO）、氧化镁（MgO）、碳酸锂（Li_2CO_3）等。

(1) 氧化铁

氧化铁是铁氧体生产用量极大的主要原料，占永磁铁氧体原料的85%左右，占旋磁铁氧体原料的50%左右，占软磁铁氧体原料的70%左右。软磁铁氧体对氧化铁的纯度要求较高，其中，MnZn 铁氧体用氧化铁要求 99.2%以上，NiZn、NiCuZn 铁氧体要求 99.0%以上，MgZn 铁氧体要求 98.5%以上。

氧化铁 Fe_2O_3 有两种主要的同素异构体：属于三角晶系的 α-Fe_2O_3，是弱铁磁性物质，它是各种类型铁氧体的主要原料；属于立方晶系的 γ-Fe_2O_3，具有强磁性，是铁氧体的一种，又称磁性氧化铁。它是生产磁记录材料用的磁粉原料。α-Fe_2O_3，由于磁性极弱，不宜用来生产磁记录材料。

铁与氧有一系列的氧化物：氧化亚铁（FeO）、氧化铁（Fe_2O_3）、氧化亚铁-氧化铁（FeO-Fe_2O_3）、氧化铁的水合物（$Fe_2O_3.nH_2O$）等。氧化铁（Fe_2O_3）的相对分子质量为 159.70，常温下呈深红色粉末状态，不溶于水。氧化铁的化学活性与其制造方法有关，工业产品常以其硫酸盐（$FeSO_4$）、盐酸盐（$FeCl_2$）或草酸盐［$Fe_2(C_2O_4)_3$］为原料。例如用硫酸亚铁制备氧化铁，其反应过程如下：

氨水沉淀：$FeSO_4+2NH_4OH \longrightarrow Fe(OH)_2\downarrow+(NH_4)_2SO_4$

空气氧化：$2Fe(OH)_2+\frac{1}{2}O_2 \longrightarrow 2FeOOH$(铁黄)$+H_2O$

铁黄热分解：$2(\alpha\text{-}FeOOH)\xrightarrow{400℃}\alpha\text{-}Fe_2O_3+H_2O$

1992 年以前，我国软磁铁氧体用氧化铁主要是用硫酸盐热分解方法制得，1992 年以后，中国的钢铁企业开始用鲁斯纳（Ruthner）喷雾焙烧工艺制备。即将钢板酸洗后的废酸液经脱硅处理后，再进行喷雾焙烧而成。反应方程式如下：

$4FeCl_2+4H_2O+O_2 \rightarrow 2Fe_2O_3+8HCl$（水蒸气氧气充足，这是主要的反应）

$2HCl+O_2 \rightarrow H_2O+Cl_2$（如 O_2 过剩、H_2O 不足，产生的 HCl 将生成 Cl_2）

$3FeCl_2+3H_2O+\frac{1}{2}O_2 \rightarrow Fe_3O_4+6HCl$

$2FeCl_3+3H_2O \rightarrow Fe_2O_3+6HCl$

行业对氧化铁的技术要求可以分为三个阶段：第一阶段，只重视高纯度，要求 $Fe_2O_3\geqslant$ 99.1%；第二阶段，强调低硅，要求 $Fe_2O_3\geqslant$99.1%，$SiO_2\leqslant$130ppm（1ppm$=1\times10^{-6}$），CaO$\leqslant$100ppm，$Al_2O_3\leqslant$100ppm；第三阶段，除对 SiO_2、CaO、Al_2O_3 要求外，重视对 P、Cr 的控制，要求 P$\leqslant$50ppm，Cr$\leqslant$100ppm，同时要求 SiO_2 进一步控制在 100ppm 以下。另外，越来越多的厂家将平均粒径 *APS*、比表面积 *SSA*［S. Brunauer（布鲁尼尔）、P. Emmett（埃密特）和 E. Teller（特勒）于 1938 年提出一种测试比表面积的方法，简称 BET。指单位粉体质量的表面积，单位 m^2/g 或 cm^2/g。在粉体颗粒无空隙的情况下，比表面积 $S_w=k/(\rho d)$，ρ 为粉体的密度，k 为颗粒的形状系数，对于球状粒子 $k=6$，不同的形状有不同的系数。d 为粉体的平均粒径。所以，只要有粉体的平均粒径，就可计算其比表面积。当然非球状颗粒应该进行形状系数的修正］、松装密度 *BD* 等物理性能指标也纳入了采购标准。

由于传统 Ruthner 工艺生产的氧化铁红，存在氯根及其他化学指标偏高，粒径偏粗、比表面积普遍只有 2.0m^2/g 左右，反应活性较差等问题，难以满足高性能锰锌软磁铁氧体材料的生产需要。有的企业开始对传统 Ruthner 工艺生产的氧化铁，进行再处理，其典型工艺如下：

① 首先对 Ruthner 工艺生产得到的氧化铁红干粉进行初级筛分（过 40～100 目筛），然后加入氧化铁红干粉重量的 0.5～5 倍的脱盐水，搅拌混合均匀后进行二级筛分（过 100 目到 300 目筛）；

② 将一级筛分后的料浆进行砂磨 1～10h；所用钢球为 ϕ3～6mm。

③ 将砂磨后的料浆进行水洗 1～10h，水洗用的脱盐水是氧化铁红干粉质量的 2～10 倍；

水洗时，最好边搅拌边用循环泵进行循环。

④ 将水洗后的料浆进行沉淀1～7天，使上面层的清液溢流，沉淀后的泥浆用隔膜压滤机进行压滤脱水，进料时控制进料压力为0.1MPa，并逐步提高进料压力至0.8MPa，进完料后用高压水充入隔膜，进行再次脱水，鼓膜压力为1.5MPa，使脱水后的滤饼含水率小于15%。

⑤ 滤饼经破碎机破碎后，进入旋转闪蒸干燥机进行干燥，控制进风温度为100～200℃、出风温度为80～120℃，使干燥后的氧化铁红的含水率小于0.3%。

将干燥后的氧化铁红经抽风机抽入氧化铁红成品料仓，冷却后即可。所得的氧化铁红，其含水溶性离子得到了大幅度的降低，其中：Cl^-<0.07%，Ca^{2+}<0.01，K^+<0.005%，Na^+<0.005%，SO_4^{2-}<0.01%；并提高了氧化铁红的物理性能，其中：比表面积达到4.0m^2/g以上，松装密度为0.35～0.75g/cm^2，平均粒径为0.5～0.8μm；可用于生产类似于TDK的PC44、PC95、H5C3（μ_i=15k）等高性能锰锌软磁铁氧体材料。

软磁行业用氧化铁新标准具体的化学指标列于表4.1，各牌号氧化铁物理性能的新标准见表4.2。

表4.1 软磁行业用氧化铁新标准（质量分数）/%

成分	牌号			
	YHT1	YHT2	YHT3	YHT4
氧化铁(Fe_2O_3)	≥99.4	≥99.30(99.20)	≥99	≥98.8
二氧化硅(SiO_2)	≤0.008	≤0.01	≤0.015	≤0.03
氧化钙(CaO)	≤0.01	≤0.010(0.014)	≤0.015	≤0.03
三氧化二铝(Al_2O_3)	≤0.008	≤0.01	≤0.02	≤0.04
氧化锰(MnO)	≤0.26	≤0.28	≤0.3	≤0.3
硫酸盐(以SO_4^{2-}计)	≤0.05	≤0.1	≤0.15	
氯化物(Cl^-)	≤0.1	≤0.15	≤0.15	≤0.2
二氧化钛(TiO_2)	≤0.005	≤0.01	≤0.01	≤0.02
氧化镁(MgO)	≤0.01	≤0.01	≤0.02	≤0.05
氧化钠(Na_2O)	≤0.01	≤0.01	≤0.015	≤0.03
氧化钾(K_2O)	≤0.005	≤0.005	≤0.01	≤0.02
水分(H_2O)	≤0.3	≤0.4	≤0.5	
五氧化二磷(P_2O_5)	≤0.005	≤0.01	≤0.02	≤0.03
氧化镍(NiO)	≤0.01	≤0.015	≤0.02	≤0.04
三氧化二铬(Cr_2O_3)	≤0.01	≤0.01	≤0.02	≤0.04
氧化铜(CuO)	≤0.005	≤0.01	≤0.02	≤0.04
硼(B)	≤0.0007	≤0.001		≤0.0015

表4.2 各牌号氧化铁的物理性能

分析项目	牌号			
	YHT1	YHT2	YHT3	YHT4
平均粒径 *APS*/μm	0.5～1.0		1.0～1.5	
松装密度 *BD*/(g/cm^3)	≥0.40		0.35～0.40	
比表面积 *SSA*/(m^2/g)	≥3.0		1.8～3.0	

(2) 碳酸锰

碳酸锰的相对分子质量为114.95，其相对密度为3.125。它几乎不溶于水，微溶于含二氧化碳的水中（即碳酸），不溶于醇和液氨，溶于稀无机酸，微溶于普通有机酸中。它在干燥的空气中相对稳定，潮湿的空气中，易氧化，形成三氧化二锰而逐渐变为棕黑色，受热时，分解放出二氧化碳，其分解温度较低，约为150℃。它在烘干处理时，必须严格控制温度，以免受热分解，它与水共沸时将发生水解反应，它在沸腾的氢氧化钾中，将生成氢氧化锰。

碳酸锰的生产方法主要有：软锰矿法、菱锰矿法、复分解法。软磁材用碳酸锰，以复分解法最为切实可行。复分解法是以硫酸锰和碳酸氢铵为原料，经过除重金属、碱金属与碱土金属等杂质，最后获得纯净的软磁材料用碳酸锰。

碳酸锰是软磁、矩磁和尖晶石旋磁铁氧体的常用原料之一，其活性较好，在较高的烧结温度下，铁氧体容易生成较大的晶粒。因功率铁氧体的晶粒必须细小而均匀，所以使用它来做功率铁氧体材料，工艺控制难度较大，通常采用Mn_3O_4来做功率铁氧体。

软磁铁氧体用碳酸锰通常分为三种类型：Ⅰ型和Ⅱ型用于高磁导率铁氧体，高饱和磁感应强度、低功耗铁氧体，高稳定性、低损耗铁氧体；Ⅲ型用于一般铁氧体。其外观为浅红色至浅棕色粉末。软磁铁氧体用碳酸锰应符合表4.3要求。

表4.3　碳酸锰的技术要求（质量分数）/%

项目	指标				
	Ⅰ型	Ⅱ型		Ⅲ型	
		优等品	一等品	一等品	合格品
碳酸锰(以Mn计)含量≥	44～46				43～46
氯化物(以Cl^-计)含量≤	0.01	0.01	0.01	0.02	0.03
硫酸盐(以SO_4^{2-}计)含量≤	0.05	0.30	0.30	0.30	0.50
二氧化硅含量≤	0.01	0.01	0.02	0.02	0.05
铝(Al)含量≤	0.01	0.01	0.02	0.02	0.05
钾(K)含量≤	0.01	0.01	0.01	0.01	0.02
钠(Na)含量≤	0.02	0.02	0.02	0.02	0.03
钙(Ca)含量≤	0.03	0.03	0.09	0.3	1
镁(Mg)含量≤	0.02	0.02	0.05	0.1	0.05
铅(Pb)含量≤	0.01	0.005	0.01	0.01	0.02
筛余物(45 μm试验筛)	1	3	3	—	—

碳酸锰通常用内衬聚乙烯塑料袋的木桶包装，贮存于阴凉、通风、干燥的库房中。应防止受潮、受热及变质。运输时，要防雨淋和日晒，装卸时，应轻拿轻放，防止包装破损。

(3) 四氧化三锰

四氧化三锰的分子量为228.82，系红棕色、棕色或棕黄色粉末，溶于盐酸放出氯气，不溶于水，相对密度4.7，熔点1567℃，在氧气中加热生成二氧化锰。

四氧化三锰的制备方法多种多样，从工艺特点和反应性质大致可归纳成四类：焙烧法、还原法、氧化法和电解法。国内四氧化三锰的生产基本上都采用电解金属锰粉（片）悬浮液氧化法。它是以电解金属锰片为原料，先将金属锰片粉碎，制成悬浮液之后，利用空气或氧气作氧化剂，在一定的温度下，结合适量的添加剂（如铵盐），从而制备出四氧化三锰。该方法的基本工艺流程为：

电解金属锰片→制粉（干法、湿法）→氧化→洗涤→干燥→成品

有的企业用菱锰矿做主原料，也获得了性能优异的四氧化三锰，其工艺如下：

① 酸浸。用硫酸溶液在常温常压下酸浸菱锰矿（所用菱锰矿石的含锰量为15.14%，磨矿细度为-100 目占100%），酸浸过程中，硫酸与该菱锰矿的质量比（即酸矿比）为0.6∶1，酸浸时间为30min，过滤后得到硫酸锰溶液。

② 净化提纯。对步骤①得到的硫酸锰溶液进行净化提纯，净化提纯依次包括氧化中和除铁、除重金属、除钙镁和除硅四个步骤，这四个步骤的操作具体如下。

a. 氧化中和除铁。先加入菱锰矿石，将步骤①得到的硫酸锰溶液进行初步中和至 pH 值为 2.0，再用氨水将体系的 pH 值进一步调节至 6.5，然后向溶液中鼓入空气进行氧化除铁，氧化温度为90℃，氧化时继续用氨水控制体系 pH 值为 6.5 至反应终点，鼓入的空气流量为理论氧气量的 5.26 倍，氧化时间 1h，氧化反应完成后进行过滤。

b. 除重金属。按每立方米的待处理滤液添加 50g 二甲基二硫代氨基甲酸钠（SDD）（按溶质计），向上述步骤 a 所得的滤液中加入质量浓度为 5%～10%的 SDD 水溶液除重金属，除重金属过程的反应温度控制在 60℃，反应时间控制在 1h，反应完成后静置 12h，过滤。

c. 除钙镁。向上述步骤 b 所得到滤液中，按所需理论量的 1.5 倍加入 NH_4F 除钙镁，除钙镁过程的反应温度控制在 90℃，反应时间控制在 2h，反应终点的 pH 值控制在 5.0，反应完成后静置 6h，过滤。

d. 除硅。将上述步骤 c 所得的滤液浓缩至 Mn 含量约为 100g/L 后，向该浓缩液中添加絮凝剂聚丙烯酰胺，添加量按每立方米的待处理浓缩液中，添加 6g 聚丙烯酰胺计，添加的聚丙烯酰胺的质量浓度为 0.1%，除硅过程的反应温度控制在 75～100℃，搅拌速度为 60～70r/min，搅拌反应时间控制在 35min，搅拌反应完成后再静置 24h，过滤，最终得到净化提纯后的硫酸锰溶液。

③ 沉淀氢氧化锰。将步骤 d 所得的净化提纯后的硫酸锰溶液放入反应槽中，装上温度控制装置及通气装置等，启动搅拌并加热，然后按所需氨气理论量的 11 倍计算所需氨水的用量，并配制成质量浓度为 25%的氨水，准确量取氨水的体积，待反应槽中的温度升温到 50℃后，将量取的氨水添加到反应槽中，继续搅拌 1h，使硫酸锰溶液中的二价锰离子生成氢氧化锰沉淀，过滤，洗涤滤饼。

④ 脱硫。将步骤③得到的滤饼置于去离子水中，然后用质量浓度为 5%的 Na0H 溶液进行脱硫，添加 Na0H 溶液调节体系 pH 值＝9.0，脱硫时 pH 值保持在 9.0、反应温度为 50℃、反应时间为 1h，再过滤、洗涤滤饼。

⑤ 氧化。将步骤④所得的滤饼置于去离子水中，然后添加氨水调节 pH 值至 9.0，再按所需氧气理论量的 15 倍通入空气氧化该滤饼，氧化反应时的温度控制在 50℃，氧化反应的时间控制在 3h，再次过滤后，用去离子水洗涤、烘干，得到的四氧化三锰成品，其水分含量为 0.46（质量分数），比表面积为 15.8m^2/g，松装密度为 0.72g/cm^2，其化学成分如表 4.4 所示。

表 4.4　四氧化三锰中各成分的质量分数/%

Mn	SiO_2	CaO	MgO	Na_2O	K_2O	Fe_2O_3	S	Se
71.12	0.005	0.008	0.006	0.005	0.002	0.008	0.030	0.001

按软磁铁氧体用四氧化三锰产品的比表面积和硒含量的不同，通常将它分为四个牌号：RM-06A、RM-06B、RM-15A 和 RM-15B，其中，RM 表示软磁铁氧体用四氧化三锰的软和

表 4.5　软磁铁氧体用四氧化三锰技术参数（质量分数）/%

牌号	RM-06A	RM-06B	RM-15A	RM-15B
Mn 含量≥	71	71	70	70
二氧化硅含量≤	0.01	0.01	0.01	0.01
CaO≤	0.01	0.01	0.01	0.01
MgO≤	0.01	0.01	0.01	0.01
Na_2O≤	0.005	0.005	0.005	0.005
K_2O≤	0.005	0.005	0.005	0.01
Fe_2O_3≤	0.7	0.7	0.7	0.7
S≤	0.05	0.05	0.05	0.05
Se≤		0.002		0.002
水分	0.5	0.5	1	1
比表面积/(m^2/g)	4～7	4～7	12～17	12～17
松装密度/(g/cm^3)	0.6～0.8	0.6～0.8	0.6～0.8	0.6～0.8

锰的汉语拼音第一个字母，06 为低比表面积产品，15 为高比表面积产品，A 表示含硒产品，B 为无硒（或低硒）产品。软磁铁氧体用四氧化三锰的技术参数应符合表 4.5 的规定。

吸入氧化锰烟尘可致“金属烟雾热”，长期吸入其烟尘将引起慢性锰中毒。操作时应注意密闭操作，全面通风。防止粉尘释放到车间空气中。操作人员必须经过专门培训，严格遵守操作规程。建议操作人员佩戴自吸过滤式防尘口罩，戴化学安全防护眼镜，穿紧袖工作服，长筒胶鞋，戴防化学品手套。避免产生粉尘，避免与盐酸接触，配备泄漏应急处理设备。

储存时应注意将其储存于阴凉、通风的库房。远离火种、热源。防止阳光直射。包装密封。避免与酸、碱等化学物品接触，防潮。

(4) 氧化锌

氧化锌的相对分子质量为 81.37，为白色或浅黄色粉末，不溶于水和醇，易吸收空气中的二氧化碳，需密封存放。是矩磁、软磁和尖晶石旋磁铁氧体常用原料之一。在正常压力下能升华。加热至 300℃时，其颜色变黄，但冷却后又成白色。能溶于稀乙酸、矿酸、氨水、碳酸铵和氢氧化钠溶液，几乎不溶于水。其相对密度为 5.67，六角晶体或粉末，熔点为 1975℃（分解）。

氧化锌主要以白色粉末或红锌矿石形式存在。工业生产用的氧化锌通常以燃烧锌或焙烧锌矿等方式获得。全球氧化锌的年产量在 1000 万吨左右，其生产方法主要有直接法、间接法、酸法、氨法、喷雾热分解法等，软磁铁氧体用氧化锌主要是用间接法制备而成。

间接法的原材料是经过冶炼得到的金属锌锭（0 号）或锌渣，在石墨坩埚内于 1000℃的高温下转换为锌蒸气（Zn 的熔点为 419.5℃，沸点为 911℃），随后被鼓入的空气氧化生成氧化锌，并在冷却管后收集得氧化锌颗粒。间接法是于 1844 年由法国科学家勒克莱尔（Le-Claire）推广的，因此又称为法国法（火法）。间接法生产氧化锌的工艺技术简单，成本受原料的影响较大。

间接法生产的氧化锌颗粒直径在 0.1～10μm 左右，纯度在 99.5%～99.7%之间。按总产量计算，间接法是生产氧化锌最主要的方法。软磁铁氧体用氧化锌应符合表 4.6 的要求。

表 4.6 软磁铁氧体用氧化锌的技术指标（质量分数）/%

项目		指标		
		Ⅰ	Ⅱ	Ⅲ
ZnO 含量≥		99.75	99.65	99.5
Zn 含量≤		无	无	无
Pb≤		0.01	0.02	0.05
Mn≤		—	0.0001	0.0001
Cu≤		0.0002	0.0002	0.0002
盐酸不溶物≤		0.005	0.005	0.005
水溶物含量≤		0.1	0.1	0.1
筛余物含量(45μm 实验筛)≤		0.05	0.05	0.05
105℃挥发物≤		0.2	0.2	0.2
Cl^-		0.005	0.005	0.005
Cd		0.0010	0.0015	0.0030
Ni		0.01	—	0.01
Si(以 SiO_2 计)		0.01	0.01	0.01
B		0.01	0.01	0.01
表观密度	松密度/[g/mL]	0.4～0.5		
	紧密度/[g/mL]	0.8～1.0		

(5) 氧化亚镍与氧化镍

氧化亚镍的相对分子质量为 74.69，系绿色粉末，遇热变黄，不溶于水。400℃时，吸收空气中的氧而变成 Ni_2O_3，600℃时，又还原成 NiO。氧化亚镍是高频软磁铁氧体常用原料。

氧化镍的相对分子质量为 74.70，绿色至黑绿色粉末，立方晶系，其熔点为 1984℃，其相对密度（水＝1）为 6.6～6.8，不溶于水、液氨和碱液，溶于酸与氨水，其熔点为 1984℃。氧化镍过热将变成黄色，低温制得的一氧化镍具有化学活性，1000℃高温煅烧制得的一氧化镍呈绿黄色，活性小。随制备温度的升高，其密度和电阻将增加，其溶解度和催化活性将降低。软磁铁氧体用氧化镍，主要的技术指标是其 Ni 含量，通常要求达到 76%以上，具体见表 4.7。

表 4.7 软磁铁氧体用氧化镍的技术指标

项目	Ni/%	Co/%	Fe/%	Cu/%	Zn/%	S/%	盐酸不溶物/%	Ca,Mg 及其他/%	粒度/目
特级	77	0.1	0.05	0.02	0.02	0.05	0.10	0.50	320
一级	76	0.1	0.2	0.10	0.10	0.10	0.30	1.30	320
二级	75	0.2	0.4	0.15	0.15	0.20	0.40	1.50	250

氧化镍通常贮存在通风、干燥的库房中。密封包装，防止受潮结块。它不可与强酸、强碱共贮混运；失火时，可用水扑救。

(6) 氧化镁

氧化镁的相对分子质量为 40.31，系白色粉末，微溶于水，不溶于醇，易吸收空气中的水分和二氧化碳。按密度分类有轻质和重质两种，轻质 MgO 经 1000℃以上的高温灼烧，可转化为晶体，温度升到 1500℃以上时，则成死烧氧化镁或烧结氧化镁。吸收空气中的二氧化碳和水生成碱式碳酸镁（轻质碳酸镁）。

碳酸镁在 550℃开始分解，到 950℃就完全变成轻质 MgO。制备 Mg-Zn 铁氧体，通常用轻质氧化镁，轻质氧化镁是矩磁、软磁和尖晶石旋磁铁氧体常用原料之一。市售的轻质 MgO，其典型特性见表 4.8 所示。

表 4.8　市售轻质 MgO 的典型特性

项目	MgO/%	CaO/%	Cl^-/%	SO_4^{2-}/%	SiO_2/%	D_{50}
指标	≥97	≤0.7	≤0.1	≤0.2	≤0.25	≤2.5μm

(7) 碳酸锂

碳酸锂的相对分子质量为 73.89，为无色单斜晶系结晶体或白色粉末，其密度为 2.11g/cm^3，其熔点为 618℃，它溶于稀酸，也溶于水（0℃时，其溶解度为 26.1g/100g 水），它在冷水中的溶解度比热水中要大，但不溶于醇及丙酮。其分解温度较低，仅为 132℃，不宜在高于分解温度以上作烘干处理。碳酸锂是锂系铁氧体常用原料。

4.2 添加剂与助熔剂

(1) 添加剂

为改善铁氧体磁特性，需用少量的添加剂。添加剂在高温烧结时参加化学反应，有的固溶于铁氧体晶粒边界上，有的则固溶于铁氧体晶粒内部。

软磁铁氧体常用的添加剂有二氧化钛（TiO_2）、氧化锰（MnO）、三氧化二钴（Co_2O_3）、氧化钙（CaO）和氧化钡（BaO）等。

在锰锌铁氧体配方中，添加适量的 TiO_2 可以改善铁氧体的温度特性。如在 $Mn_{0.6}Zn_{0.4}Fe_{2.0}O_4$ 配方中添加适量的 TiO_2 取代 Fe_2O_3，得到 $Mn_{0.6}Zn_{0.4}Ti_{0.05}Fe_{1.95}O_4$，研究发现，在各向异性常数（$K_1$）的温度曲线上出现两个 $K_1=0$ 的补偿点（如图 4.1 所示），这就是说，在低于居里温度 T_C 的范围内，将会出现两个 μ 的峰值点。选择合适的热处理条件，可以得到平坦的 μ-T 曲线，这对宽温度和低温度系数器件十分有利。

掺加 MnO 也有利于改善铁氧体的温度特性。掺 MnO 的质量分数为 6%～7%时，可使 Ni-Zn-Cu 铁氧体材料的 μ-T 曲线变得平坦，温度特性显著改善。

在 Ni-Zn 铁氧体中加入质量分数为 0.5%～0.6%的 Co_2O_3，可以提高电阻率和改善温

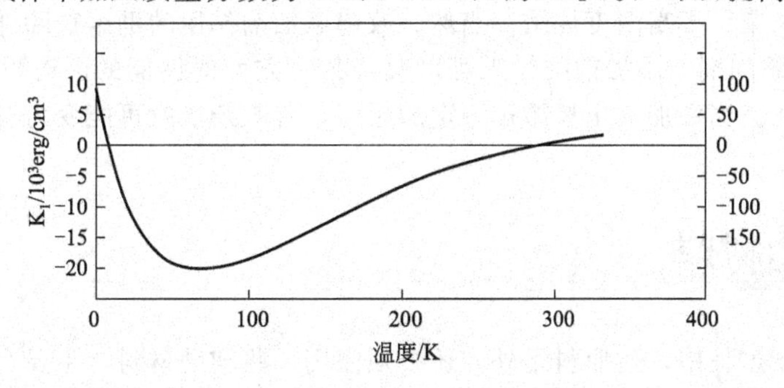

图 4.1　掺 Ti 的 MnZn 铁氧体（$Mn_{0.6}Zn_{0.4}Ti_{0.05}Fe_{1.95}O_4$）的 K_1-T 关系

度特性，降低温度系数。Ni-Zn-Pb-Co 铁氧体是性能良好的高频大功率铁氧体材料。

BaO 或 PbO 可以与 Fe_2O_3 生成六角晶系铁氧体，尽管有可能降低了磁导率 μ，但铁氧体的高频特性可以得到明显改善，因而用于高频范围的 Ni-Zn 铁氧体往往以 BaO、PbO 或 $BaFe_{12}O_{19}$、$Ba_2Co_2Fe_{12}O_{22}$ 等为添加剂。

添加 CaO 可以增大铁氧体的晶界电阻，提高 Q 值。但单独添加 CaO 往往会使减落增加。为了既提高 μQ 值，又改善磁性能的稳定性，通常与 SiO_2 同时使用。从表 4.9 可以看出，CaO 和 SiO_2 同时添加比单独添加效果要好得多。

表 4.9　SiO_2，CaO 对 Mn-Zn 铁氧体体的影响（100kHz）

添加情况 / 特性	不添加	添加摩尔分数为 0.1%的 CaO	添加摩尔分数为 0.02%的 SiO_2	添加摩尔分数为 0.1%的 CaO 和 0.02%的 SiO_2
μ_i	2000	2100	2300	2200
Q	4.3	25	40	110
$\mu_i Q$	8600	52500	92000	242000

（2）助熔剂

在生成铁氧体的过程中，助熔剂是参加固相反应的少量附加物。助熔剂应具有较低的熔点或能在反应中产生低熔点中间产物。在高温下，助熔剂呈低黏度液相，有利于增加固相反应的接触面积，大大加快反应速度，降低烧结温度。

常用助熔剂有氧化铜（CuO）、氧化铋（Bi_2O_3）、二氧化硅（SiO_2）、五氧化二磷（P_2O_5）、四氧化三铅（Pb_3O_4）和氧化铅（PbO）等。

氧化铜（CuO），熔点 1064℃，700～800℃开始形成铜铁氧体，在 1200℃下开始熔融。在铁氧体配方中加入适量的氧化铜，可以明显降低烧结温度，获得较高密度的铁氧体。

氧化铋的熔点更低，约为 820℃，它既是 Bl-Ca-V 旋磁铁氧体的主要原料之一，也是另一种常用助熔剂。

实验表明，在配方中加入质量分数为 0.1%的五氧化二磷（熔点 580～585℃）作助熔剂，可使 Mn-Zn 铁氧体烧结温度明显下降，且可改善其电磁性能。但由于 P_2O_5 的加入可能生成导电性强的磷铁酸盐，使材料的高频损耗增大，因而对 Ni-Zn 铁氧体，不宜用 P_2O_5 作助熔剂。

（3）添加剂及助熔剂的使用

添加剂和助熔剂统称有效杂质，处理适当可以收到预期效果；否则，可能适得其反。

① 尽量少用助熔剂。助熔剂的主要作用是降低烧结温度，但助熔剂将进入最后生成物。除个别情况助熔剂的加入有利于某些磁性能的改善外，多数不利于高性能的获得。因此，应尽量少用助熔剂，宁可提高温度烧结。当然，兼起添加剂作用的助熔剂除外。

② 严格控制添加剂。添加剂的加入可以改善某一方面的性能的同时也常常会抑制或降低另一方面的性能。当添加剂用量超过一定的量时，有效杂质就可能变为有害杂质。

4.3 辅助材料

在铁氧体生产过程中，除原料之外，还必须使用一些辅助材料，主要有用于湿法球磨的弥散剂和制粉造粒用的黏合剂（或称胶合剂）。辅助材料的性能对铁氧体产品质量以及生产工艺也有较大影响。

(1) 弥散剂（有的将其称之为研磨介质）

目前，国内铁氧体生产的球磨工序（包括一次球磨和二次球磨）多采用湿磨方式。球磨时，加入的水或其他液体物质称为弥散剂。弥散剂的作用在于使磨料分散开来，以增加流动性，提高混合、研磨的效果。用量最大的弥散剂是水，特殊情况下使用酒精、煤油或苯等，弥散剂仅起改善球磨效果的作用，不进入铁氧体最终成分，弥散剂应满足如下要求：

① 化学性质稳定。在球磨过程中，不与其他成分发生化学反应。

② 挥发后，不留下任何残存物质（或不挥发物甚少），以免造成额外掺杂。

③ 各种原料在其中不溶解，即溶解度极小，以免去除弥散剂时（如压滤），造成成分流失。

此外，在满足上述要求的条件下，力求采用来源充足、价格低廉的弥散剂。

(2) 铁氧体生产用水

弥散剂中用量最大的是水。水来源充足、价格低廉，适于大规模生产。

① 水的硬度。天然水含杂质情况与其来源有关，差别较大。水的含杂质情况通常用水的硬度来表示。硬度最初的含义是指水沉淀肥皂能力的大小。硬度主要来源于水中所含的钙盐和镁盐，铁、锰、铝、锶和锌等金属离子也是硬度的来源，但一般情况下，这类离子在天然水中含量极少，可略去不计，而以钙、镁离子总数（均换算为钙离子计算）作为硬度的计算。我国以每升水中含有10mg氧化钙为硬度一度，与德国的表示方法相同。我国北方的自来水多采用地下水源，硬度较高；江南多用河水、塘水，硬度较低。使用自来水作为弥散剂，对提高和稳定铁氧体质量是不利的，尤其在制造高性能铁氧体时，应采用蒸馏水或去离子水。生产中必须使用自来水或天然水源时，应对其硬度进行测定，以便采取必要的措施。

② 水的弱极性。水是一种弱极性物质，当原料粉末磨细到一定程度时，颗粒小到可能和水分子发生聚合作用。如MgO分子和水分子在研磨过程中会生成OH—Mg—O—$(MgO)_n$—Mg—OH链状分子，它会包围其他氧化物粉末颗粒，形成牢固的聚合体，使磨球效率降低，因而球磨时间不宜太长，必要时，可采用苯、煤油等非极性液体作弥散剂。

③ 原料的溶解度。当原料中包含溶于水的物质（如碳酸锂等）时，不宜用水作弥散剂。可改用酒精作弥散剂，否则，在压滤水时，可能失去某些原料成分，使结果偏离预定配方。

(3) 黏合剂

黏合剂是铁氧体生产中用于造粒的辅助材料。黏合剂的作用在于将塑性较差的铁氧体粉料制成造粒颗粒（亦称三次颗粒），以满足干压成型的要求，使成型坯件具有一定的强度。热压成型与挤压成型等成型用料也需加黏合剂。经常使用的黏合剂有聚乙烯醇（PVA，常用于干成型，详见8.3节）、甲基纤维素（CMC，常用于挤压成型）和石蜡（常用于热压铸成型）等。黏合剂不进入铁氧体最后成分，性能良好的黏合剂应具备下述性质：

① 黏性好，能吸附水分，在固体颗粒周围形成液体薄膜，从而加强颗粒之间的吸附力。

② 在烧结过程中能充分挥发，最后留下的残存物质越少越好，以免给铁氧体造成额外掺杂。

③ 挥发温度不要过分集中，即挥发温度范围较宽，以免因黏合剂集中挥发而造成产品开裂。

④ 挥发温度适当，不要低于100℃，以免水分与黏合剂同时挥发造成铁氧体内部出现大量的气孔。挥发温度也不可太高，一般应低于铁氧体固相反应开始的温度。因为固相反应开始后，坯件开始收缩，此时黏合剂挥发可能造成产品开裂。开始固相反应的温度与原料性质、产品配方等因素有关，一般在600℃以上。

铁氧体常用的黏合剂名称及其特性如表 4.10 所示。

表 4.10 常用黏合剂名称及特性

名称	分子式	分子量	熔点/℃	特点
硬脂酸	$CH_3(CH_2)_{16}COOH$	284.47	69～70	白色叶片状，90～100℃逐渐挥发，溶于醇，几乎不溶于水
硬脂酸钙	$CaCH_3(CH_2)_{16}COOH$	607	128	白色粉末，不溶于水，高温分解
硬脂酸钡	$BaCH(CH_2)_{16}COOH$	704.25	152	白色或微带黄色无定型粉末，熔点＞225℃，溶于热乙醇、苯、甲苯和其他非极性溶剂，不溶于水和乙醇。在空气中有吸水性。无硫化物污染性。遇强酸分解为硬脂酸和相应的钡盐
樟脑	$C_{10}H_{16}O$	152.24	179	白色晶状，常温下易挥发
萘	$C_{10}H_8$	128.18	80.5	鳞片状结晶，有强烈煤黛，易燃，不溶于水，沸点低，常温下逐渐升华
聚乙烯醇	$\{CH_2CHOH\}_n$			溶于水、醇，微带状粉末，常温下，开始挥发，220℃大量挥发
羧甲基纤维素钠	$C_6H_7O_2(OH)_2CH_2COONa$		300	简写 CMC，白色粉末，溶于水，不溶于热水，225℃以下稳定

硬脂酸钙黏性次于樟脑，在常温下不挥发，无气味，润滑性很好，但压制出的坯件机械强度较差。硬脂酸钡的性能与硬脂酸钙相近，润滑性略差。

樟脑具备润滑与黏结双重性，未压紧时以润滑性为主，压紧后以黏结性为主，由于樟脑易挥发，会增添粉料的分散性，是一种较为理想的黏合剂。天然樟脑性能较佳，但价格昂贵，料源不广；采用人工樟脑时，在球磨过程中易聚团成块，容易黏附于球磨罐壁，且它的易挥发性保证不了粉粒湿度的稳定性，同时，散发的气味不利于操作人员的健康。

萘又名洋樟脑，有类似樟脑的气味。料源广、价格低廉。但它常以鳞片状结晶存在于粉粉料之中，很难与料高度弥散而均匀混合。因此成品中气孔较多，取向度不佳。

若单独加入上述试剂时，加入量（质量分数）大致为：硬脂酸约 3%，樟脑 3%，聚乙烯醇（质量浓度为 15%）溶液 0.5%～3%，硬脂酸钙 0.5%～2%，硬脂酸钡 0.5%～2.0%。

显然，要在一种黏合剂中，同时具有优良的分散性、润滑性和黏合性是比较困难的。于是，采用混合黏合剂，以取长补短。这样做会取得较为满意的结果。

4.4 原料的选择

选择适当的原料是制备性能良好的铁氧体产品的第一步，选样原料必须考虑多方面的因素。如 NiZn 选择原材料的原则（与 MnZn 铁氧体相似），在满足产品性能要求的条件下，尽量选用价格便宜的原材料，以便降低生产成本。NiZn 铁氧体材料大多用作小型电感磁芯，主要技术指标是 μ_i 值和 Q 值，一般选用工业纯或三级原材料即可。将选用的原材料进行准确的化学成分分析，根据原材料的组成和配方要求，在配料时加以调整。但对于高性能 NiZn 铁氧体材料，必须选用高纯度、活性好的原材料。

(1) 适当的纯度与化学活性

为了保证铁氧体成分严格符合预先确定的配方，必须选择纯度较高的原料。如前所述，原料的作用和用量各不相同，因而纯度要求也应有所区别。

① 主要原料的纯度要求。铁氧体的主要原料用量较大，尤其是氧化铁的用量更大，质量分数一般均在 50%以上。主要原料的化学纯度应选得高一些，以保证杂质含量不超过允许范围。即使是生产一般的铁氧体产品，氧化铁的纯度也需要在 98%以上。生产高性能 $MnZnFe_2O_4$ 对原料的要求见表 4.11，原料的颗粒度与比表面积见表 4.12。

表 4.11 高性能 $MnZnFe_2O_4$ 对原料的要求（质量分数）/%

杂质 原料	SiO_2	Na_2O/K_2O	CaO	其他	总杂质
Fe_2O_3	0.03	0.05	0.03	光谱纯	≤0.8
Mn_3O_4	0.04	0.10	0.03		≤0.5
ZnO	0.002	0.002	0.03		≤0.5

表 4.12 原料的颗粒度与比表面积的比较

项目	Fe_2O_3	Mn_3O_4	ZnO
平均粒度/μm	0.15～0.25	<0.1	0.2～0.3
比表面积/(m^2/g)	4～10	15～25	3～7

② 添加剂和助熔剂的纯度。用作添加剂或助熔剂的原料，其用量很少，因而其中的有害杂质含量与各种原料的总量相比，它们对材料的磁性能影响相对较小。如果片面地追求添加剂和助熔剂原料的高纯度，意义不大。

③ 控制杂质的最高含量。在高档 MnZn 铁氧体材料生产中，原材料中的有害杂质，如 Si、Ca、Mg、Na、Al、Cr、Pb、S 和 Cl 等在烧结过程中会使晶粒非正常生长，造成晶格缺陷，从而影响到材料的内禀特性和显微结构。所以，原材料的纯度必须达到一定的标准。在保证各种原料的纯度要求的同时，还必须有效地控制各杂质的最高含量。如果各种原料含有较多相同的杂质，即使各种原料均具有较高的纯度，也可能出现个别杂质含量超出允许范围的可能。不同系列、不同用途的铁氧体产品，需要控制的杂质种类和含量不同。如一般高磁导率、低损耗的 Mn-Zn 铁氧体，原料中钡、铅、锶、钴、硅、铜和镁等杂质元素的总质量应小于原料总质量的 0.01%，而铯、铝、砷等的总含量应小于原材料总量的 0.05%。

在实际生产中，有时化学成分良好的原材料，未必能获得性能及微观结构良好的 MnZn 铁氧体材料，其原因是原材料的物理化学特性的影响。

④ 原料的化学活性要求。原料的化学活性是原料参与化学反应能力的标志，为了确保固相反应进行完全，配方中所有的原料一般均应有较好的化学活性。原料活性对铁氧体生成率有着直接的影响。在相同的工艺条件下，活性好的原料能生成更多的铁氧体，相应的产品性能也要好些。原料的化学活性不是一个孤立因素，活性与原料的纯度有着直接的关系。高纯原料一般化学活性较差，而纯度低的原料化学活性较好。原料中的各种杂质，事实上起了助熔剂的作用。

活性太好的原料往往给工艺条件的控制造成一定的困难，工艺条件的微小变化也可能造成产品质量的明显波动。从这个角度考虑，为了保证产品质量的一致性，选择原料不应追求过高的化学活性。

(2) 合适的粉末特性和工艺特性

原料的化学特性是选择原料的重要依据，迄今为止，关于原料的粉末特性和工艺特性对铁氧体产品性能的影响，还缺乏系统的认识，仍处于以经验为主的阶段。因而，粉末特性及工艺特性仅作为选择原料的参考依据。比表面积较大的原料化学活性也较好，便于获得高性能的铁氧体。而粉末比表面积与粒度、松装密度等因素有关。这种基本的看法可以作为选择铁氧体原料的参考依据。实验表明，当平均粒度小到 0.03μm 以下时，Fe_2O_3 的磁化率有明显升高，这可能就是原料比表面积增大的结果。

(3) 选择原料的其他依据

除性能指标外，选择原料时还需考虑产品用途、成本及原料来源等方面因素，如原料的实用性、稳定性与经济性应相结合。

另外，原料的化学活性也应相互适配。如果原料的比表面积越大，即该原料的粒度越细，原料微粒间的接触面积就越大，加热时，固相反应就越容易发生。如果原料的活性不同，活性相对偏高的原料就会在就热时首先发生自烧结，形成大的单一成分的粒团。这相当于混合均匀性下降，导致铁氧体材料生产微观结构的磁性能劣化。所以，生产 MnZn 铁氧体原材料的活性必须相互适应，不能一种活性太大（或太小）。实践证明，在生产中原材料的物理化学性能的匹配也是很重要的，所以在配料前对 Fe_2O_3、Mn_3O_4 和 ZnO 等原材料粉末必须预先进行表面积和松装密度测试，选择三者之间合适的比表面积和松装密度进行匹配。BET 为 3～5m^2/g 的氧化铁，适配的四氧化三锰，其 BET 为 15～25m^2/g，适配的氧化锌，其 BET 为 4～6m^2/g，如氧化铁的 BET 较小，其他原料的 BET 也相应减小。

进行原材料匹配时，主要是考虑它的活性。决定原材料活性的因素，除了比表面积外，还有粉末本身的晶格缺陷、化学纯度、颗粒形状等因素。所以，对原料的活性必须了解多种影响的因素，进行综合评价。

为了保证 MnZn 铁氧体的产品质量，大多数厂家都建立了自己的原料基地，或固定的原料供应商。每批原料都必须测定其比表面积或松装密度，以便使原料更好地匹配，从而对 MnZn 铁氧体材料生产的质量进行有效的控制。

第5章 常用软磁铁氧体的配方

5.1 MnZn铁氧体的配方

5.1.1 认识MnZn铁氧体

锰锌铁氧体（MnZn铁氧体）是应用最广、生产量最大的软磁铁氧体材料。20世纪初实现了人工合成，1946年实现了工业化的生产。经过几十年的发展，MnZn铁氧体的制造理论与技术已发展成熟。一些基本原理和制造技术也适用于其他软磁铁氧体材料，所以MnZn铁氧体的制造原理与技术是我们讨论的重点。

(1) MnZn铁氧体的基本特征及其应用

MnZn铁氧体是指具有尖晶石结构的$MnFe_2O_4$、$ZnFe_2O_4$与少量Fe_2O_3组成的单相固溶体。它是低频性能最好的软磁铁氧体材料，在1MHz以下，具有高磁导率、低损耗和高稳定性的特性。

随着科学和技术的发展，MnZn铁氧体的基本磁性也有了较大的提高和改善。原来MnZn铁氧体材料一般用于1MHz以下的低频段，现在在0.5～3MHz频率范围内，已研制出了一些新材料，能满足3MHz以下频率应用的需要。国内已能批量生产10000～15000的高μ_i材料，国外生产的高磁导率材料μ_i值已达到15000～18000，实验室可达40000。饱和磁感应强度B_S已达到0.5T以上，矫顽力在10A/m以下，电阻率ρ可达$0.1 \sim 10^3\Omega \cdot m$，$\mu_i Q$一般为50万～100万（100kHz），最好可达到200万～300万（100kHz），这就是MnZn铁氧体高频、高磁导率、高饱和磁感应强度、和低损耗的“三高一低”的基本磁性，这为它的应用开辟了广阔的天地。

现在MnZn铁氧体材料已制成天线磁芯，各种电表磁芯，各种变压器和滤波器磁芯等，广泛地用于各种电子设备、电子仪表、通信办公设备、计算机和控制设备；导航、雷达及电子自控等军用设备；电视机、VCD、电子游戏机和洗衣机等家用电器。

特别是电子信息产业的高速发展，对高频电子元件（如高频变压器，小型电感器）提出了各种新要求，作为电感元件的主要组成部分——铁氧体磁芯，也随之要求改进和提高。目前，MnZn 铁氧体中的高频功率铁氧体和高 μ_i 铁氧体的发展，基本上满足了信息产业的需要，使用量大增，这两种铁氧体材料的产量已占软磁铁氧体材料总产量的60%以上，高频功率铁氧体材料主要用于各种高频小型化的开关电源（如 AC-DC/DC-DC 变换器）及显示器回扫变压器；高磁导率铁氧体材料主要制成 ϕ10mm、ϕ5 mm、ϕ3mm 甚至更小的微型磁芯，用作局域网隔离变压器、场致发光电源变压器、计算机网卡、低频噪声共模滤波器、输入滤波器、电流互感器、延迟器、音频变压器、脉冲变压器和宽带变压器以及各种微型化抗 EMI 元件等。

（2）MnZn 铁氧体材料的分类

一般 MnZn 铁氧体材料，按其性能特征对其进行分类，如 TDK 公司将其 MnZn 铁氧体产品分为：高 B_SMnZn 铁氧体、低损耗 MnZn 铁氧体、高频 MnZn 铁氧体、宽温低损耗 MnZn 铁氧体等。TDK 公司各牌号的 MnZn 铁氧体产品及其主要特性如图 5.1 所示。

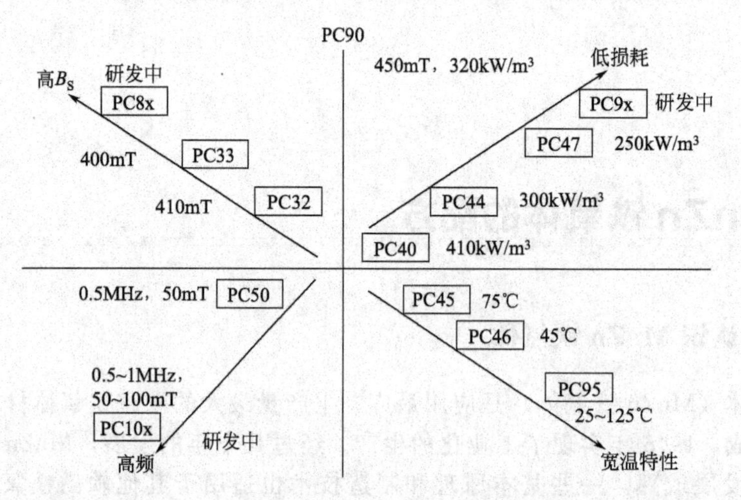

图 5.1 TDK 公司各牌号的 MnZn 铁氧体产品及其主要特性

有的是依照材料的磁导率 μ_i 的高低对其进行分类。在 20 世纪 70 年代以前，批量生产的高 μ_iMnZn 铁氧体材料，其 μ_i 值在 5000～6000，很难达到 10000 以上，现在 MnZn 铁氧体材料生产技术发展成熟，氮窑和大型钟罩窑性能先进，国内外均能批量生产 μ_i 值大于 10000 的 MnZn 铁氧体材料，其他性能参数也有较大的提高。所以，需对原来 MnZn 铁氧体的分类方法作一些调整，按目前的情况，通常，MnZn 铁氧体材料可分为下列五类。

① 低 μ_i MnZn 铁氧体材料。这里所说的低 μ_i MnZn 铁氧体材料，其 μ_i＝200～1000，相当于原来资料中所讲的中 μ_i MnZn 铁氧体材料。由于对 μ_i 等磁性能要求不高，生产技术简单，工艺控制难度小，用途较广，产量较大，在 1～3MHz 范围内，NiZn 铁氧体的性能比 MnZn 铁氧体好，但 MnZn 铁氧体在一般的铁氧体器件中也能使用，因其成本低，所以在 0.5～3MHz 频段，可以用低 μ_i MnZn 铁氧体代替部分 NiZn 材料使用。

② 高 μ_i MnZn 铁氧体材料。这类材料是指其 μ_i 值大于 5000 的 MnZn 铁氧体材料，必须用高纯原料生产，制造工艺难度较大。

③ 中 μ_i MnZn 铁氧体材料。μ_i 值介于低 μ_i 和高 μ_i MnZn 铁氧体材料之间，包括一般中

μ_iMuZn 铁氧体材料、功率铁氧体和低功耗高稳定性铁氧体三类。一般中 μ_i 材料，性能要求不高，通常用高 ZnO 配方和淬火工艺生产，用途也较广。功率 MnZn 铁氧体材料是应用最广、生产量最大的中 μ_i MnZn 铁氧体材料。用于制造变压器磁芯，工作在高功率状态，要求材料具有高饱和磁感应强度 B_S、高居里温度和低功耗。低损耗高稳定性 MnZn 铁氧体材料就是超优铁氧体，要求高的 $\mu_i Q$。

由于高功率元器的小型化，其组装密度的增大，要求元器件的发热量小，因此，要求磁芯材料具有更低的损耗，目前功率和低损耗材料的发展，有合二为一的趋势。高 B_S、低损耗的功率 MnZn 铁氧体材料已发展成一个系列，用量越来越大。

④ 双高 MnZn 铁氧体材料。这是近期研究出来的高性能 MnZn 铁氧体材料，其饱和磁感应强度 B_S 为 5000Gs 左右（0.5T），其 μ_i 值大于 5000，它具有功率铁氧体的高饱和磁感应强度和高 μ_i 铁氧体的高磁导率特性。初期人们把这种材料称为双 5000 材料，现在已能作到 B_S 为 5000Gs，μ_i 值为 10000 左右的材料，它是一种很有发展前途的新型软磁铁氧体材料。

⑤ 高密度 MnZn 铁氧体材料。高密度 MnZn 铁氧体材料较一般软磁铁氧体材料具有密度高、硬度大、耐磨性好、电阻率高、高频性能好等特点。常用高 μ_i 多晶 MnZn 铁氧体热压材料作音频、视频磁记录磁头。其特点是价钱便宜、工艺成熟、使用噪声小、寿命长。因磁记录的快速发展，现在，高密度多晶 MnZn 铁氧体材料，已发展成生产量较大的一类软磁铁氧体材料。

5.1.2 MnZn 系固溶体范围及 MnZn 铁氧体的最优配方点

配方是决定 MnZn 铁氧体基本磁性能的内在因素，但由于 MnZn 铁氧体的 Mn 和 Fe 离子容易变价，如果工艺条件控制不当，不仅会使配方点偏移，其物理性能恶化，甚至会变成非磁性材料。所以，MnZn 铁氧体的配方设计有它的特殊性，在设计配方时，必须结合其制造工艺来考虑，最后经实验验证来确定。

由于 MnZn 铁氧体是由 Mn、Zn、Fe 三种金属氧化物在高温下发生固相反应而生成的，而在不同温度与气氛条件下，Mn、Fe 将发生离子价的变化，因此，为了保持在 MnZn 铁氧体中各金属离子价的特定要求（例如要求 Zn^{2+}、Mn^{2+}、Fe^{3+} 及少量 Fe^{2+}）和尖晶石单相结构，就必须严格控制配方成分及固相反应的温度与气氛条件，为此，必须先了解 MnZn 系固溶体范围及 MnZn 铁氧体的最优配方区及配方点，图 5.2 为 MnO-ZnO-Fe_2O_3 系的三角相图，分为四个区域：

① Ⅰ区域。当配方中 Fe_2O_3 含量显著低于 50%，而 ZnO 含量却大于 50%时，过量的 ZnO 以另相析出，与 MnZn 铁氧体、γ-Mn_3O_4 所组成的固溶体以两相共存形式出现。

② Ⅱ区域。配方中的 Fe_2O_3 含量仍显著低于 50%，而 ZnO 或 MnO 含量却大于 50%，此时，全部 Fe_2O_3 与 ZnO、MnO 生成尖晶石 $Mn_{1-x}Zn_xFe_2O_4$ 固溶体磁性相，还存在 ZnO 和 $Mn_{1-x}Zn_xO_4$ 两种非磁性相。

③ Ⅲ区域。该区域是具有尖晶石结构的单相固溶区。可在中间部位生成正分 $Mn_{1-x}Zn_xFe_2O_4$，但在该区内，各个不同部位的化学成分和磁性能的差别也很大，这点正是其不同应用场合所需要的，由于 ZnO 含量的不同，构成高磁导率和高饱和磁感应强度等不同性能的一系列 MnZn 铁氧体材料。

在 MnZn 成分较多的单相固溶区内，过量的 MnO 在转变为 γ-Mn_3O_4 以后，与正分 $Mn_{1-x}Zn_xFe_2O_4$ 形成固溶体，其晶格常数随 MnO 的过量而增大（立方晶系的尖晶石结构

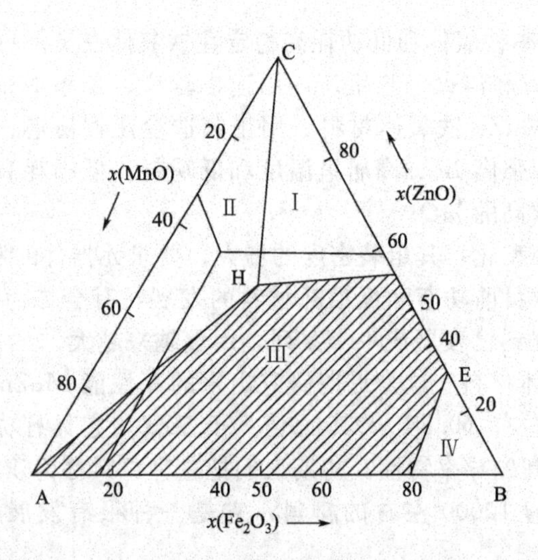

图 5.2 MnO-ZnO-Fe_2O_3 系的三角相图（真空烧结，$T_{烧结}=1370℃$，保温 5h）

逐渐变为四方晶系结构，晶轴比 c/a 也随之增大）。在 Fe_2O_3 成分较多的单相固溶区，过剩的 Fe_2O_3 将转变为 γ-Fe_2O_3 或 Fe_3O_4，与正分 $Mn_{1-x}Zn_xFe_2O_4$ 形成固溶体。

④ Ⅳ区域。当配方中 Fe_2O_3 含量超过 80%时，γ-Fe_2O_3 将转变成赤铁矿 α-Fe_2O_3，并以另相析出，与尖晶石相并存。

由此可知，MnZn 铁氧体的最优配方区在第Ⅲ区域中间部分的尖晶石单相区。Mn-Zn 铁氧体等 μ 值线、K_1 和 λ_S 零值线及成分相图如图 5.3 所示，可作为我们设计配方时的参考。

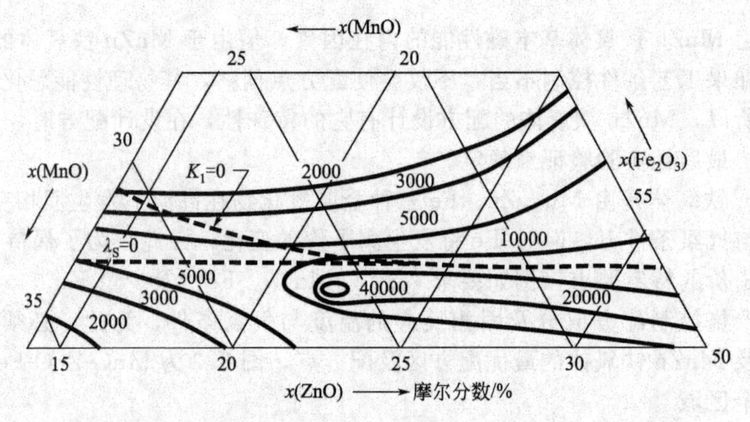

图 5.3 Mn-Zn 铁氧体等 μ 值线、K_1 和 λ_S 零值线及成分相图

5.1.3 低 μ_i MnZn 铁氧体材料及其配方

因为生产低 μ_i 材料所用原材料纯度低，生产设备和工艺简单，所以生产成本低，产品售价便宜，虽然其性能不高，但在一些要求不高的电子产品中，仍能使用，目前仍有一定的市场。它主要用来生产下列产品。

(1) 电感磁芯

低 μ_i 材料生产的电感磁芯主要有以下几种型号 Mx-400、Mx-600、Mx-700、Mx-800 和 Mx-1000，Mx 表示 MnZn 铁氧体，后面的数字为起始磁导率，如 Mx-600 表示起始磁导率为 600 的 MnZn 铁氧体材料。

用上述材料加工成各种环型、工字型、王字型或条型磁芯等，用作电子电路中的电感元件，也有加工成固定电感器出售的，用户可以根据所需电感值选购。

(2) 天线磁芯

天线磁芯，又称天线棒，为圆形或扁形棒状产品。一般天线磁芯用 Mx-400 或 Mx-1000 材料制成，用作中波天线磁芯，最高使用频率为 1.6MHz，其材料的主要性能如表 5.1 所示。

表 5.1 中波天线磁芯用 MnZn 铁氧体材料的技术指标

材料型号	$\mu_i\pm20\%$	比温度系数 $\frac{Q_{\mu_i}}{\mu_i}\times10^{-6}$ (20～60℃)	比损耗系数 $\frac{\tan\delta}{\mu_i}\times10^{-6}$	B_S/mT	H_C/[A/m]	T_C/℃	ρ/Ω·m	截止频率 f/MHz
Mx-400	400	0～8	<50(1MHz)	>320	<80	>150	10	1.5
Mx-1000	1000	0～4	<50(0.1MHz)	>320	<40	>130	10	1.0

在产品烧结好以后，除检验外观和产品尺寸外，还须测试磁导率与品质因素。为了测试方便，一般测表观磁导率 μ_{app} 和表观品质因素 Q_{app}，即将磁芯插入标准线圈测其感量 L，再测无磁芯的同一线圈的自感量 L_0，二者的比值为表观磁导率 $\mu_{app}=\frac{L}{L_0}$，同样，$Q_{app}=\frac{Q}{Q_0}$。中波天线磁芯的长度为 50～200mm，表观磁导率与表观品质因素应符合产品要求，一般为：$\mu_{app}=5\sim12$，$Q_{app}=2.5\sim1.1$。

(3) 黑白电视机用偏转磁芯

电视机发展初期为黑白电视机，所用偏转磁芯生产量大，随着电视机的发展，逐渐为彩色电视机所代替，黑白电视机的生产量减少，但仍然有少量黑白电视机生产，并且在其他一些仪器中也需用黑白显像管，所以，现在黑白电视机用的偏转磁芯仍有一定的市场。黑白电视机用偏转磁芯为低 μ_i MnZn 铁氧体材料制成，按使用性能分高电阻率和宽温两种材料，即 Mx-800W 与 Mx-800R（R 表示高电阻率材料，W 表示宽温度范围材料）。主要技术指标列于表 5.2。

表 5.2 黑白电视机用偏转磁芯材料的主要技术指标

材料型号	$\mu_i\pm20\%$	比温度系数 $\frac{Q_{\mu_i}}{\mu_i}\times10^{-6}$ (20～60℃)	比损耗系数 $\frac{\tan\delta}{\mu_i}\times10^{-6}$	B_s/mT	B_r/mT	H_C/A/m	T_C/℃	ρ/Ω·m	截止频率 f/MHz
Mx-800W	800	0～1.2	<12(0.1MHz)	>300	<150	56	150	10^3	1.0
Mx-800R	800	0～6	<30(0.1MHz)	>300	<180	40	170	10^5	1.0

按质量分数计，材料的配方范围为：Fe_2O_3 为 (61～68)%，ZnO 为 (10～15)%，其余是 MnO，并加 CaO 与 CuO 等添加物改善其性能，其制造工艺与低 μ_i MnZn 铁氧体制造的工艺相同。用低 μ_i MnZn 铁氧体制造的黑白电视机偏转磁芯，已大量生产和使用多年，性能稳定，能满足各种黑白显像管的技术要求。

(4) 高频焊接磁棒

高频焊接磁棒又称焊接磁芯，产品为直径不同的圆棒形，用作高频焊接。高频焊接广泛应用于有缝钢管的制造过程中。焊接的钢管称为焊管，是用高频焊接磁棒作为阻抗器（又称磁集器），在高频焊管机中焊接而成。由于高频焊接具有材质广、焊接速度高、质量好，耗

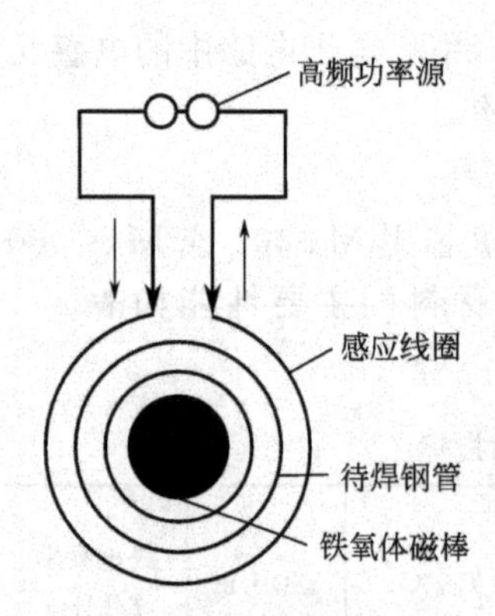

图 5.4 高频感应焊示意图

能少等优点，因此，高频焊接钢管发展迅速。高频焊接磁棒是用 MnZn 铁氧体制成的，是高频焊接中不可缺少的元件，每年消耗的铁氧体磁棒有千万支以上，随着工业的发展，焊管的用量越来越大，应用的铁氧体磁棒也就越来越多。

① 铁氧体磁棒在高频焊接中的作用。钢管高频焊接装置的电器部分由高频信号发生器、焊接变压器、感应铜环和高频焊接磁芯组成，如图 5.4 所示。高频信号为 200～500kHz，电压约为 10^4V。发生的信号经焊接变压器传给外层感应铜环时，电压接近 1000V，高频焊接磁棒在内层，并通过水冷却，待焊钢管则从铜环和焊接磁棒中间通过。若将铜环看成变压器的初级，则待焊钢管既是次级又是负载，而高频焊接磁棒则为变压器磁芯。在高频感应线圈（励磁线圈）通过 250～450kHz 的高频电流时，钢管壁上产生高频电流，由于趋肤效应和邻近效应，电流高度集中在焊缝边缘，使焊缝在极短时间加热到焊接温度，经过挤压辊挤压，焊缝边缘合二为一，焊接在一起成为焊管。磁棒的插入起到了集中电磁能量的作用，因而使焊接效率显著提高。因此，有人称其为“磁集中器”，因磁棒起到了阻抗匹配的作用，也有的称其为“阻抗器”。

② 高频焊接对所用磁棒材料性能的要求。高频焊接磁棒使用频率为 200～500kHz，MnZn 铁氧体正好适用于这个频段，并且原材料便宜，所以高频焊接磁棒多用 MnZn 铁氧体材料制成。由于高频焊接利用铁氧体磁棒集中磁能的作用传递高频功率，因此该铁氧体材料的磁导率应尽量大；又因高频焊接的功率比较大（一般在数百千瓦上下），所以该铁氧体的饱和磁感应强度 B_S 也应尽可能大。

在焊接过程中，铁氧体磁棒外围的钢管始终处于高温下，即使有流水冷却，铁氧体磁棒内部温度也超过 100℃，所以磁棒材料的居里温度 T_C 应尽量高，B_S 的温度特性要好，即要求高温（100℃左右）B_S 要高；由于磁棒材料功耗太大，将会影响焊接效率，所以，要求磁棒材料的功耗 P_{CV}要小，即材料的电阻率 ρ 要高，矫顽力 H_C 要小；另外，要求磁棒具有一定的机械强度，耐热冲击性能好，能耐急冷、急热的温度变化。所以，要求使用材料的晶体结构致密均匀、孔隙率低，这就要求材料制造采用相适当的配方和工艺。

综上所述，高频焊接磁棒应具有高 B_S、高 T_C、高 μ_i值和较低功耗 P_{CV}的三高一低的材料特性；同时，还要求一定的机械强度及耐热冲击性能，并且有合理的几何形状和尺寸；不能弯曲。但是，焊接磁棒又是一种消耗品，价格不能太贵，需采用廉价原料和简单的制备工艺，又因为它的产品细长，一般长度为 160～200mm，烧结时易变形弯曲，易断裂，所以，其制造技术有一定的难度，产品的主要技术指标：起始磁导率 $\mu_i=600\pm20\%$；饱和磁感应强度 $B_S=0.45$T；居里温度 $T_C>250$℃。

【例 5.1】 高频焊接磁棒的配料。

(1) 原料

一般用工业纯氧化物或金属盐为原料，为保证产品性能，尽量选用有害杂质（特别是 SiO_2）少的氧化物粉料。

(2) 配方

为保证高 B_S 与高 T_C，采用低锌含量的配方，按摩尔分数计算，ZnO 含量应小于 8%。为防止氧化和降低烧结温度，可加入适量的 CuO 等添加剂。

由于低 μ_i MnZn 铁氧体材料的 $\mu_i=200\sim1000$，其成分范围变化较大，使用要求不同，其配方不同。如果要求居里温度 T_C 和 B_S 高（如本例），应选用过剩的 Fe_2O_3，较少的

ZnO，按摩尔分数计，一般情况，其配方为52%～56%的 Fe_2O_3，小于10%的 ZnO（如本例，<8%），其余为 MnO。

对居里温度 T_C 与饱和磁感应强度 B_S 要求不高的材料，可采用高 ZnO 的配方，按摩尔分数计，其配方为54%～55%的 Fe_2O_3，14%～20%的 ZnO，其余为 MnO。如果 μ_i 值要求不高，需采用少量的 CuO 防止氧化和降低烧结温度，在空气中烧结和冷却即可；如果 μ_i 值要求较高，可采用空气中烧结，在氮气中冷却或真空中淬火，均可以获得 T_C、B_S 和 μ_i 都较高的材料。

5.1.4 高起始磁导率材料

（1）高 μ_i 材料的现状

进入20世纪80年代以后，软磁铁氧体材料总产量有了很大的增长，除了功率铁氧体有了很大的发展以外，还与高 μ_i 材料的应用领域得到开拓有关，高 μ_i 材料的产品已占到软磁铁氧体的30%左右，现已成为广大铁氧体工作者研究开发的重点方向之一。

自从1961年罗斯等研制出磁导率为10000的锰锌铁氧体材料以后，高磁导率锰锌铁氧体的发展异常迅速。对于高 μ_i 材料，除要求 μ_i 值和居里温度尽量高之外，有的器件还要求比损耗系数 $\frac{\tan\delta}{\mu_i}$ 和温度系数尽量低、μ_i-f 曲线在宽频带内平坦，于是，现在又研制出了宽频高 μ_i 材料和高 μ_i 低损耗材料，这两种材料的 μ_i 值在100kHz以内，能达到7000～10000。

高 μ_i 材料的制粉工艺有氧化物法和化学共沉淀法，两种工艺均可获得满意的结果。氧化物法用的氧化物原料纯度在99.5%以上，并需要严格控制 SiO_2 含量在0.005%以下。国内对共沉淀法有较多的偏爱。共沉淀法制得的粉料烧结活性好，杂质含量少。

高 μ_i 材料的烧结方式不同是造成国内外差距的主要原因。MnZn 铁氧体烧结工艺要求特定的气氛和温度曲线，控制烧结和冷却过程中的氧分压，使 Fe 和 Mn 达到合适的氧化-还原状态。目前国内的控制设备较国外差，难以达到控制的最佳状态。国外 μ_i 值低于10000的材料在 N_2 窑中烧结，高于10000的材料在钟罩炉（如日立公司用德国 Riedhammer 公司生产的钟罩炉）内烧结，而国内普遍采用的仍是 N_2 窑或真空窑炉，μ_i 难以做高，且产品一致性差。

（2）高 μ_i 材料的主要特性及应用

起始磁导率 μ_i 是软磁铁氧体材料的基本参数。在通信设备中大量使用的各种电子变压器多数工作在低磁通密度下，这时材料的磁导率起主要作用。当材料的磁导率较高时，较少线圈匝数就可以获得规定的电感量，因而能有效地减小线圈的直流电阻及其所引入的损耗。也就是对规定的损耗，使用高磁导率的材料能明显地缩小变压器的体积。一般认为变压器的体积与材料的 $\mu_i^{\frac{3}{2}}$ 成反比，当磁导率增加一倍时，体积仅为原来的35%，所以高 μ_i 材料的主要特性就是 μ_i 值要高。因此，对高 μ_i 材料的性能要求是：μ_i 值和居里温度尽量高，比损耗系数 $\frac{\tan\delta}{\mu_i}$ 和温度系数尽量低，饱和磁通密度 B_S 通常为：0.32～0.42T，μ_i-f 曲线在宽频带内平坦。

在当今信息社会中，尤其是在通信领域，数字通信技术和光缆通信设备更新速度快，迫切需要大量优质的高 μ_i 铁氧体磁芯制造的滤波器、宽频变压器和脉冲变压器等，这极大地促进了高 μ_i 铁氧体材料的发展。高 μ_i 铁氧体材料主要用于：

① 电源共模电磁干扰（EMI）滤波器，用来消除出/入电源线—地、线—线间的电磁干扰，常做成低通滤波器；

② 宽带变压器，用于业务数字网、局域网、宽域网等数字网络及通信系统起阻抗匹配、信号变换和隔直流等作用；

③ 电感磁芯，用于通信系统等电子设备。

随着电子设备的不断发展，要求元器件进一步宽频化、小型化，对高 μ_i 材料会提出更高的要求。不但要进一步提高 μ_i 值，还要提高使用频率，使其在更宽的频率范围内，μ_i-f 曲线平坦，降低材料损耗，提高温度稳定性。

5.1.5 高起始磁导率 MnZn 铁氧体的配方

(1) 主原料的含杂

MnZn 铁氧体的起始磁导率 μ_i 对微量杂质反应很敏感，少许的杂质就会使 μ_i 值大幅度下降，特别是对 CaO 和 SiO_2 要求更严，因 CaO 和 SiO_2 会在晶粒边界形成非晶玻璃相，μ_i 值难以提高。所以，生产高 μ_i 材料，要求使用高纯度的金属氧化物或金属盐类作原料，同时还要求原材料的粒度小，粒度分布窄，最好粒度能在 0.15～0.25μm 范围之内，并要求各原料的物理化学特性必须相互匹配，才能生产出性能良好的高 μ_i 材料。

但是高纯度、活性好的 Fe_2O_3、MnO 和 ZnO 等的价格昂贵，生产成本较高，再者氧化物法的生产过程较长，在生产过程中，外界因素影响较大，μ_i 值很难做得很高。目前许多单位用化学法制造超高 μ_i 材料，用得较多的是化学共沉法，它可以降低对原材料的要求，并且制粉过程容易密闭，减少外界因素的影响，制得的粉料活性好，生产材料的 μ_i 值高。

一般用一级或三级硫酸盐溶于水，在沉淀以前把不溶的杂质先过滤掉，在沉淀以后用去离子水漂洗沉淀物，把可溶性杂质再漂洗干净，这样，用纯度较低的原料就可以制造出高纯度的粉料。目前，市面上出售的有 R12k 共沉淀粉料，用它生产的高 μ_i 产品，其 μ_i 为 11800～13500，B_S=0.38T，T_C≥120℃。

【例 5.2】 三级硫酸盐为原料做高 μ_i MnZn 铁氧体。

配方为 $(Fe_2O_3)_{51.6}$ $(MnO)_{23.4}$ $(ZnO)_{25}$，采用三级硫酸盐为原料，用草酸盐共沉淀法制备的粉料制成坯体，在真空炉中用真空烧结法烧成的样品，其主要参数：μ_i（1 kHz, 5mOe）为 15000，μ_m 为 29000；B_S 为 0.34T，B_r 为 0.05T，T_C 为 90℃。

表 5.3 示出了日本 TDK 公司高磁导率材料所用原材料的要求。

表 5.3 日本 TDK 公司高磁导率材料所用原材料的杂质含量（质量分数）

原材料	SiO_2	CaO	Al_2O_3
Fe_2O_3	<0.0017	<0.002	<0.006
ZnO	<0.001	<0.001	<0.001
MnO	<0.001	<0.008	<0.02

(2) 高起始磁导率 MnZn 铁氧体的配方

【例 5.3】 罗斯的高起始磁导率 MnZn 铁氧体的主配方。

按摩尔分数计，为 52% 的 Fe_2O_3，23% 的 ZnO，25% 的 MnO，基本满足了 $K_1 \approx 0$，$\lambda_S \approx 0$ 的条件，μ_i 值可达 40000。但在不同制造工艺条件一下，生产的材料 μ_i 大不相同，同样的配方若用 N_2 窑烧结，μ_i 值为 10000 左右；若用钟罩炉烧结，μ_i 值可达 13000～15000；若采用特定的制造工艺，μ_i 值还可以再提高。所以，设计高 μ_i 材料的配方，必须与制造工艺相结合。结合制造工艺确定基本配方，并根据试验情况调整主配方，使之与生产工艺相适应。

① ZnO 与 Fe_2O_3 过量对高 μ_i MnZn 铁氧体材料性能的影响。MnZn 铁氧体属混合尖晶

石结构，其金属离子分布为（$Zn_x^{2+}Fe_{1-x}^{3+}$）[$Mn_{1-x}^{2+}Fe_{1+x}^{3+}$]$O_4$，$Zn^{2+}$的加入通常占A位，它将A位上部分$Fe^{2+}$赶到B位，铁氧体分子饱和磁矩增加，其$B_S$将上升，这在$x<0.4$时是成立的。而当$x>0.4$时，随$x$的增加，$B_S$下降。由于$Zn^{2+}$是非磁性离子，它的加入，A位上磁性离子相对减小，减弱了A—B超交换作用，居里点下降。当B位上失去与A位超交换作用的那些磁性离子，受到它近邻B位上磁性离子的B—B超交换作用时，使B位上部分磁性离子磁矩与其他大多数B位上磁性离子磁矩反平行，造成B位上磁矩下降，故随ZnO含量增加，B_S下降。那么ZnO过量为什么会导致μ_i上升呢？主要原因是过量ZnO的加入，降低了磁晶各向异性常数K_1和λ_S，根据磁晶各向异性单离子模型，铁氧体的磁晶各向异性是各种单个磁性离子的各向异性之和，单磁性离子微观磁晶各向异性是由晶格电场和磁性离子自旋-轨道耦合共同作用的结果，λ_S的来源也与之基本相似。Zn^{2+}是非磁性离子，3d轨道全部填满，没有空的轨道，晶场对其没有影响。Zn^{2+}取代磁性离子后，减少了产生磁晶各向异性的磁性离子数目，故K_1和λ_S下降，同时过量Zn^{2+}的加入，晶格之间的距离变大，晶格场对磁性离子的作用变弱，也造成K_1和λ_S减小。

MnZn铁氧体配方中过量的Fe_2O_3，在烧结时生成Fe_3O_4，固溶在MnZn铁氧体中。MnZn铁氧体的K_1和λ_S是负值，而Fe_3O_4在一定温度范围内，其K_1和λ_S是正值，利用正负抵消可使K_1和λ_S减少，但Fe_2O_3过量的主要作用是使B_S增加，因为Fe^{2+}占据B位，增加了A和B位磁矩差，故B_S上升；Fe^{2+}和Fe^{3+}都是磁性离子，将占据A位和B位，增强A—B位之间的超交换作用，居里点T_C上升，所以，随着Fe_2O_3含量的增加，材料的B_S和T_C增加。由于Fe^{2+}和Fe^{3+}同处B位离子上，电子易跳动，电阻率下降，涡流损耗上升，Q值下降。

当B_S变化不大时，H_C的变化与μ_i的变化相反。所以，设法降低材料的矫顽力，也是提高μ_i值的方法之一。

在高μ_i MnZn铁氧体中，通过ZnO过量，μ_i可以大幅度提高，增长幅度在30%以上。因为Zn^{2+}过量能有效地促使K_1和λ_S趋于零，在高μ_i铁氧体中，选择ZnO含量较高的配方，经实验，以0.51 Fe_2O_3 · 0.24 MnO · 0.25 ZnO和0.515 Fe_2O_3 · 0.245 MnO · 0.24 ZnO的配方，ZnO再过量2%（摩尔分数，下同）的MnZn铁氧体，起始磁导率均为10000以上，但其B_S和T_C比较低。

如果要求铁氧体有较高的B_S和T_C，则在高μ_i的MnZn铁氧体中，可选择Fe_2O_3含量较高的配方，如采用0.525 Fe_2O_3 · 0.245 MnO · 0.210 ZnO，其B_S达432mT，居里温度T_C为156℃；如要求铁氧体的μ_i，B_S和T_C都高，则可选择配方为0.521 Fe_2O_3 · 0.254 MnO · 0.225 ZnO。

实践表明，在高μ_i MnZn铁氧体中，在一定范围内，增加ZnO和Fe_2O_3，都可以提高μ_i、B_S，但各有侧重，增加ZnO主要是提高μ_i值，增加Fe_2O_3主要提高B_S。所以，在高μ_i材料的配方中，适当的ZnO和Fe_2O_3过量，对提高材料的性能是有益的。

② 添加剂对高μ_i材料性能的影响。

【例5.4】 SnO_2与高起始磁导率MnZn铁氧体材料。

砂磨机将称量好的Fe_2O_3、Mn_3O_4、ZnO（摩尔分数之比为52∶26∶22）和一定量的SnO_2（或不加，第1组样加SnO_2，第2组样不加）混合均匀，烘干后在700℃～900℃下预烧2 h，加入适量的微量添加物，如MoO_3、Bi_2O_3和Nb_2O_5，二次砂磨至平均粒度为0.85μm左右，然后造粒、成型、压制，在1380℃平衡氧分压下烧结，用HP4294A阻抗分析仪测量样品的电感量L和品质因素Q，计算出相应的起始磁导率μ_i和比损耗系数$\frac{\tan\delta}{\mu_i}$，第一组样品有不同的 SnO_2 添加量（未添加 Nb_2O_5），如表 5.4 所示。

表 5.4　三种不同 SnO_2 添加量样品的特性参数

	样品		
	1	2	3
SnO_2 的质量分数/%	0.00	0.05	0.10
μ_i	13230	14243	15512
Q	13.6	14.3	14.7
$(\tan\delta/\mu_i)/10^{-6}$	5.6	4.9	4.4
$d/(kg \cdot m^{-3})$	4.97	4.99	5.01

从表 5.4 中可以看出，添加 SnO_2 后材料的起始磁导率 μ_i 有所提高。这是由于 Sn^{4+} 不仅像 Si^{2+}、Ca^{2+} 离子一样存在于晶界外，Sn^{4+} 还将进入尖晶石晶格内，为了满足电中性条件，必然有相应的 Fe^{3+} 转化为 Fe^{2+}，生成相对稳定的 Sn^{4+}—Fe^{2+} 离子对，Sn^{4+}、Fe^{2+} 在尖晶石结构中偏向于占 B 位，由于 Sn^{4+} 的离子半径（0.074nm）和 Fe^{2+} 的离子半径（0.083nm）均比 Fe^{3+}（0.067nm）的大，从而改变晶体的晶场特性，使磁晶各向异性常数 K_1 具有更明显的正作用，从而降低了烧结体的 K_1。因此，适量添加 SnO_2 可以提高 MnZn 铁氧体材料的起始磁导率 μ_i。但由于 Sn^{4+} 为非磁性离子，M_S 将随 Sn^{4+} 进入量的上升而减小，如添加量稍大，反会使磁导率 μ_i 下降。另外，添加适量的 Sn^{4+}，可生成相对稳定的 Sn^{4+}—Fe^{2+} 离子对，抑制 $Fe^{2+} \rightarrow Fe^{3+}$ 的转化过程，从而减少空位，有效抑制由于空位缺陷引起的晶粒非均匀生长，有利于提高材料的起始磁导率，改善烧结体的密度。加之，SnO_2 的添加，降低了磁晶各向异性常数 K_1，减少了畴转磁化的阻力，内部缺陷会阻碍畴壁位移，均匀的晶粒结构有利于畴壁位移，从而有效地降低磁滞损耗，进而降低材料的比损耗系数。

第二组样品有不同的 Nb_2O_5 添加量（未添加 SnO_2）：按质量分数计算，分别为 0.000%，0.005%，0.010%，0.015%（分别对应于图 5.5 中的曲线 1～4），样品的起始磁导率及比损耗系数随 Nb_2O_5 添加量的变化如图 5.6 所示。从图 5.6 中可以看出，样品起始磁导率及比损耗系数均随 Nb_2O_5 的添加而下降，而在 Nb_2O_5＝0.005%时，有相对较高的起始磁导率和相对较低的比损耗系数。图 5.5 所示为样品磁导率频率特性随 Nb_2O_5 添加的变化情况。随着 Nb_2O_5 的添加量的增大，材料起始磁导率降低，截止频率移向高频。

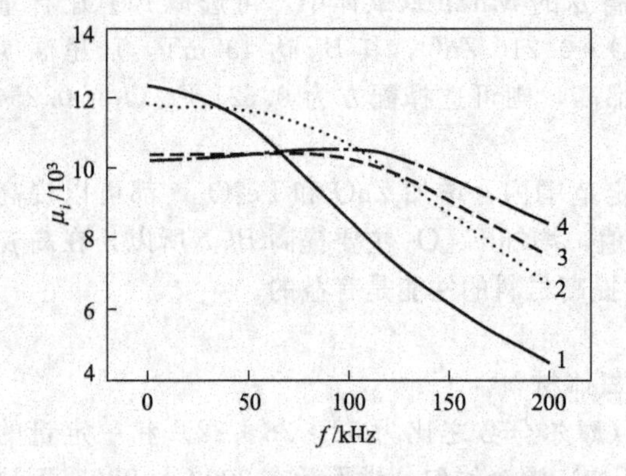

图 5.5　Nb_2O_5 对材料 μ_i 频率特性的影响

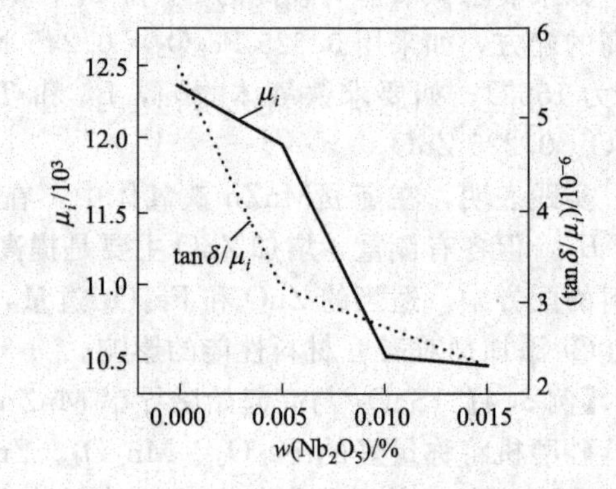

图 5.6　Nb_2O_5 对材料 μ_i 及比损耗系数的影响

这是由于 Nb^{5+} 的加入，进入尖晶石晶格内，为满足电荷平衡，可以使 Fe^{3+} 转化为 Fe^{2+}，生成相对稳定的 Sn^{4+}-Fe^{2+} 离子对，有效补偿 K_1，且 Sn^{4+} 可促使晶粒均匀生长，能提高材料的起始磁导率及烧结密度，有效降低材料的比损耗系数；由于 Nb_2O_5 的细化晶粒作用，能有效改善材料的频率特性，降低材料损耗，磁导率稍有降低，但当添加质量分数大于0.005%的Nb_2O_5时，会显著降低材料的起始磁导率。

另外，在基本配方中添加Co^{2+}和增加Fe^{2+}等离子使正负K_1和λ_S趋于0，也可显著提高μ_i值。在高μ_i材料制造中，降低K_1的有效措施，还有用In^{3+}置换八面体位置上的Fe^{3+}离子，同时，加入少量的Ca^{2+}离子（如按质量分数计，加入1%的In_2O_3，0.01%的CaO），可促进晶粒增大，从而均匀致密，使μ_i值增高。

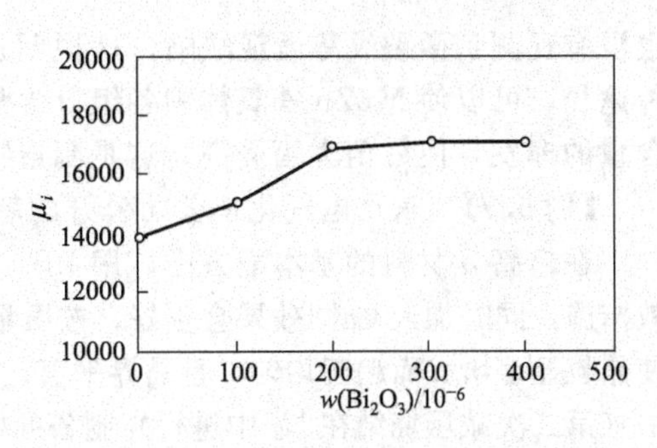

图5.7 Bi_2O_3的添加量与起始磁导率的关系

【例5.5】 Bi_2O_3与高μ_i MnZn铁氧体材料。

日本TDK公司作了在高μ_i MnZn铁氧体中添加Bi_2O_3的试验，选取的主配方为0.528 Fe_2O_3·0.242 MnO·0.23 ZnO，Bi_2O_3的添加量为0～600ppm，烧结温度为1450℃，起始磁导率与Bi_2O_3添加量的关系如图5.7所示。从图中可以看出，Bi_2O_3在（0～200）ppm之间，μ_i值上升很快，在（200～400）ppm之间，μ_i值几乎保持不变。添加了Bi_2O_3之后，磁体中产生了晶粒大且均匀的微观结构；另外，添加Bi_2O_3之后，减少了烧结体表面与内部成分差异，也就是说，防止了ZnO的挥发，从而大幅度地提高了起始磁导率，但添加过量的Bi_2O_3反而会使μ_i下降。

如添加适量的CaO与SiO_2，可以降低烧结温度，减少ZnO的挥发，CaO与SiO在烧结时生成的$CaSiO_3$将在晶界形成高电阻层，提高晶界的电阻率，降低材料的损耗；如添加适量的TiO_2、SnO_2和ZrO_2等高价离子，可改善材料的温度和损耗特性，同时，也可以控制Fe^{2+}，降低K_1和λ_S，提高材料的μ_i值。

值得注意的是，要求低温度系数的高μ_i材料（μ_i大于10000），不能采用掺加少量CoO来降低α_{μ_i}，因为$CoFe_2O_4$的K_1值过大，补偿后K_1-T关系变化大，会影响μ_i值的提高。目前通常采用严格控制Fe离子的含量，利用Fe^{2+}补偿，使K_1趋于0来获得α_{μ_i}较小的高μ_i材料。

【例5.6】 日本东北金属公司的特高μ_i材料。

该公司采用下列提高μ_i值的方法，制造出了$\mu_i>40000$的特高μ_i材料。

① 使ZnO适当过量；

② 采用适当的添加剂：Bi_2O_3、Sb_2O_3、SnO及V_2O_5中的一种或几种，按质量分数计，添加总量<1.0%；

③ 烧结时，将压制好的坯体埋在软磁铁氧体（含ZnO）的粉末中。

如按摩尔分数计，其试验主配方为：52% Fe_2O_3，21% MnO，27% ZnO，按质量分数计，添加0.4% Bi_2O_3，将粉料混合均匀后，在850℃预烧2h，球磨20h，干燥、造粒、压制成环状坯体，埋在含ZnO的铁氧体粉末里，在含有0.3%的氧气气氛中，于1380℃下烧结6h，烧制样环的主要性能如表5.5所示。

用X光微量分析仪对实验样品进行观测，在制造样品中未发现成分偏差（特别是ZnO），

表5.5 埋烧与未埋烧特高μ_i材料的主要性能比较表

性能参数	μ_i(1kHz)	B_{10}/mT	H_C/(A/m)	T_C/℃
未埋烧样品	14500	300	3.2	80
埋烧样品	48200	310	1.6	80

也没有观测到微裂纹等微观缺陷，这说明通过 ZnO 含量适当过量，以及用铁氧体粉埋烧这种途径，可以使 MnZn 铁氧体中各组分含量准确，特别是可以有效地防止磁芯表面附近 Zn 含量的挥发，使 μ_i 值大幅提高，这是制造特高 μ_i MnZn 铁氧体行之有效的方法。

【例 5.7】 东京电气化学公司公开的超高 μ_i MnZn 铁氧体材料。

在超高 μ_i 材料的基本配方中，用 In^{3+} 置换八面体位置的 Fe^{3+} 是降低磁晶各向异性的有效措施，同时加入 Ca^{2+} 效果会更好，按质量分数计，添加 0.6% 的 In_2O_3 和 0.01% 的 CaO，将使晶粒显著增大而趋于均匀，且晶界平直、密度高、气孔少。因此用下列配方和二次还原烧结法（第二次减压烧结在 N_2 中进行）制备的样品，μ_i 可达 20000 以上。

主配方（按摩尔分数计）为：(51～52)% Fe_2O_3；(22～25)% ZnO，其余为 MnO、添加物；按质量分数计为 0.6% In_2O_3 和 0.01% CaO，获得的产品，其主要性能如表 5.6 所示。

表 5.6 二次还原烧结超高磁导率 MnZn 铁氧体性能

配方/克分子	μ_i(1kHz)	μ_{max}	B_{10}/mT	H_{CB}/A/m	T_C/℃	D/(g/cm³)	ρ/Ω·cm	α_{μ_i}/(×10⁻⁶/℃)
Mn∶Zn∶Fe =24∶25∶102	22600	40000	375	1.04	95	5.15	1.1	0.5～1.5 (−30～70℃)
Mn∶Zn∶Fe =27∶22∶102	18000	32000	425	2.4	125	5.10	1.2	—

【例 5.8】 天通公司公开的高 μ_i MnZn 铁氧体材料。

陈卫锋等人用高纯的 Fe_2O_3、Mn_3O_4 和 ZnO 为主原料（按质量分数计，分别为 69.2%，15.5%，15.3%作为主配方），称量并采用振动球磨机混合 25min，得红色固体混合物，该混合物进料量在 2～5kg/min，在 800℃的温度下，在转速为 10～20r/min 的回转窑内进行预烧，充分固相反应得黑色粉末，随后用振动球磨机粗粉碎 30min，投入砂磨机中细粉碎 90min，粒度控制在 1.2～1.5μm。砂磨过程中，按质量分数计加入去离子水 30%～50%、分散剂 0.01%、聚乙烯醇 0.8%和消泡剂 0.005%，并加入 0.02%的 WO_3，0.06%的 Bi_2O_3，0.08%的 MoO_3 作为为其辅成分，最后将砂磨后的料浆在 200～300℃下喷雾造粒得到表面干燥、中间湿润具有良好的流动性和分散性的椭圆球颗粒，椭圆球的含水率在 0.1%～0.6%，松装密度为 1.22～1.45g/cm³，安息角在 26°～30°。取该料 18g 以 6000kgf/cm³（1kgf/cm² = 98kPa）的压力成型，得到直径 35.5cm、高 14cm 的环状成型体。在 1350℃温度下保温 4h 烧结成 Mn-Zn 铁氧体烧结体，获得了 B_S 为 435mT，T_C 为 125℃，10kHz 的 μ_i 为 15600，100kHz 的 μ_i 为 12500 的产品。

(3) 高磁导率、低损耗 MnZn 铁氧体

通信变压器用高磁导率、低损耗 MnZn 铁氧体适用于低功率信号传输变压器（如 ADSL 变压器），可以降低变压器谐波失真，提高传输速率。其制备关键是降低材料的磁滞常数 η_B、改善 μ_i-f 特性。

【例 5.9】 μ_i=10000，$\tan\delta/\mu_i < 3\times10^{-6}$ 的 MnZn 铁氧体。

采用宝钢的铁红、金瑞科技的四氧化三锰、上海京华的氧化锌作原料。按摩尔分数基本配方为：Fe_2O_3 52.0%～52.8%，ZnO 21%～22%，余下为 MnO。按配方称量后混合均匀，在空气中 950℃下预烧 2h，然后将预烧料与微量添加剂 $CaCO_3$、Bi_2O_3、Co_2O_3、TiO_2、V_2O_5 等，按照 m（料）∶m（水）∶m（球）=1∶0.6∶5 的比例进行砂磨；砂磨后烘干，将粉料过 40 目筛网并加入质量分数约为 10%的 PVA 溶液（其溶液浓度为 10%）作黏合剂并造粒；然后压制成 ϕ18mm×ϕ8mm×5mm 的标准样环和 EP13 产品，在钟罩炉中采用平衡氧压烧结，终烧温度为 1360℃。然后采用 HP4284A 和电热干燥箱测试品质因素 Q 和电感L_S，采用ATS-1音频测试仪测试EP13磁芯的总谐波失真度THD。相关公式如下：

$$\eta_B=\frac{(\tan\delta_2-\tan\delta_1)}{(\mu_i\cdot\Delta B)} \tag{5-1}$$

$$\frac{\tan\delta_1}{\mu_i}=\frac{1}{(Q\mu_i)} \tag{5-2}$$

$$\mu_i=\frac{10^9c_1L_S}{(4\pi N^2)} \tag{5-3}$$

$$THD=10\lg\left(\frac{P_h}{P_f}\right)=20\lg\left(\frac{V_h}{V_f}\right) \tag{5-4}$$

式（5-1）～式（5-4）中：$\tan\delta_1$，$\tan\delta_2$ 分别为 $B=1.5$mT 和 3.0mT 下的损耗系数，$\Delta B=3.0\sim1.5$mT；L_S为电感（单位为nH），c_1 为尺寸常数（单位为 cm^{-1}），P_h 为总谐波输出功率，V_h 为谐波输出电压，P_f 为基波输出功率，V_f 为基波输出电压。

要降低材料的磁滞常数 η_B和改善 μ_i-f 特性，以获得宽频低损耗材料，需在材料中加入适量的改性杂质，如V_2O_5、TiO_2 等。图5.8是 η_B与 TiO_2 掺入量的关系。TiO_2 的加入可提高材料的电阻率，降低涡流损耗，同时使磁晶各向异性常数 $K_1\rightarrow0$，降低磁滞损耗。图5.9给出了未添加 V_2O_5 与添加质量分数为0.03%的 V_2O_5 的 μ_i-f 特性。V_2O_5 的加入明显降低了磁导率，使材料的频率特性得到了改善，这是因为 V_2O_5 可抑制晶粒的生长，细化晶粒，改善材料的显微结构。表5.7列出了该材料的特征参数。

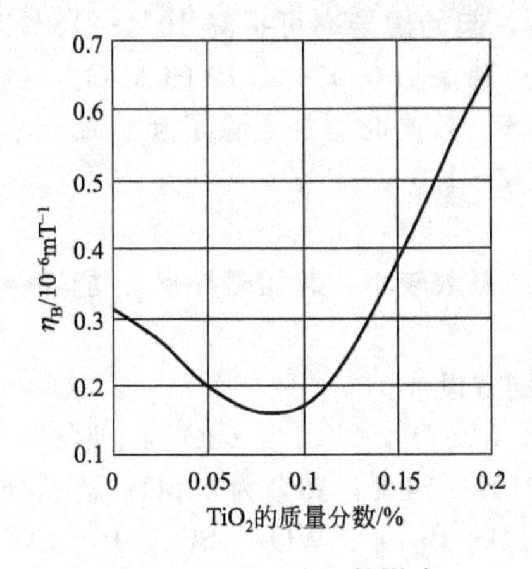

图5.8　TiO_2 对 η_B的影响

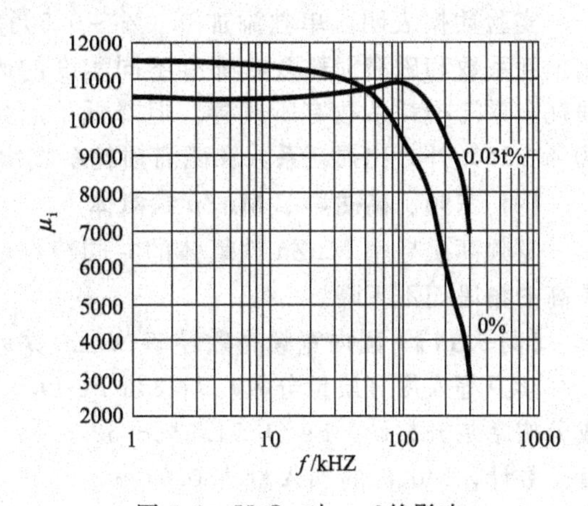

图5.9　V_2O_5 对 μ_i-f 的影响

表5.7　高磁导率、低损耗MnZn铁氧体的特征参数

磁性能	测试条件		天通公司的TH10
μ_i	f:10kHz, B<0.25mT		10 000
			±30%
B_r/mT	f:10kHz H:800A/m	23℃	390
		100℃	220
$(\tan\delta/\mu_i)/10^{-6}$	f:10kHz		<3
$\eta_B/10^{-6}\cdot mT^{-1}$	f:10kHz B:1.5～3.0mT		<0.3
T_C/℃			>120
$d/g\cdot cm^{-3}$			4.9

电子产品的小型化不但要求铁氧体材料的 μ_i 值高，也需要材料的损耗低。但从理论上分析，提高 MnZn 铁氧体材料的磁导率，与降低损耗是相矛盾的，因此，人们常采用折中的办法，在原高 μ_i 材料基本配方中，加入适当的添加剂，在基本不降低 μ_i 值的情况下，降低材料的损耗，研制出了高导、低损耗 MnZn 铁氧体材料，简称低损耗高 μ_i 材料。

【例 5.10】 高纯的 Fe_2O_3、MnO 和 ZnO 按摩尔质量比 52：25：23 计，按质量分数计，加入适量的 0.005% SiO_2，0.01% CaO，单独或复合添加 0～0.6% SO_3 和 0～0.15% V_2O_5，用氧化物法制粉成型，在 1350～1400℃氮气中烧结，烧结时确保一定的氧分压。烧结后在 10kHz 下测样品的磁性能，数据见表 5.8。

表 5.8 添加 SO_3 与 V_2O_5 对高 μ_i 材料磁性能的影响

样品编号	添加物/%		μ_i	$\frac{\tan\delta}{\mu_i}/10^{-6}$	磁滞损耗系数 h_{10}
	SO_3	V_2O_5			
1	0	0	9900	8.5	50
2	0.3	0	11000	4.5	30
3	0.6	0	10000	6.0	45
4	0	0.10	9100	3.0	20
5	0	0.15	9000	5.0	40
6	0.3	0.05	11500	2.5	20
7	0.3	0.15	10500	5.0	40

实验数据表明，单独添加 0.1%～0.5%的 SO_3，起始磁导率可提高 10%～15%以上，比损耗系数和磁滞损耗系数都有不同程度的改善。单独添加 0.05～0.10 的 V_2O_5，虽然比损耗和磁滞损耗系数有所改善，但降低了起始磁导率。若同时添加，除了起始磁导率提高 10%～15%外，比损耗系数和磁滞损耗系数均下降 1/2～1/3。

（4）宽频、高磁导率 MnZn 铁氧体

宽频高磁导率 MnZn 铁氧体的共同特点是比损耗系数较小，起始磁导率 μ_i 能够保持到较高的频段而不下降。

【例 5.11】 国内宽频高磁导率 MnZn 铁氧体的配方设计。

李卫等人用（质量分数）99.3% Fe_2O_3，98.5% Mn_3O_4，99.5% ZnO 为主原料，其主成分按摩尔分数计，Fe_2O_3 51.5%～52.5%，ZnO 21%～24%，其余为 MnO；辅成分按质量分数计，MoO_3 的加入量为 0.01%～0.06%。适量的 Bi_2O_3、WO_3、SO_3、P_2O_5 等化合物具有助熔、降低烧结温度、加快反应速度等作用。MoO_3 与 Bi_2O_3、WO_3、SO_3、P_2O_5 中的至少一种的适当组合，可有效地提高材料的起始磁导率，添加 CaO、V_2O_5、SiO_2、SnO_2、TiO_2 等化合物的组合可以有效降低比损耗系数，进而改善磁导率的频率特性，但以上五种添加剂的加入量，均不宜超过 0.05%，否则，将导致起始磁导率的下降。表 5.9 给出了比损耗系数与起始磁导率的频率特性之间的关系，从表 5.9 可以看出，磁导率的频率特性与比损耗系数密切相关，良好的频率特性需要低的比损耗系数。

表 5.9 比损耗系数与磁导率的频率特性

样环代号	$(\tan\delta/\mu_i)\times10^{-6}$			μ_i		
	10kHz	100kHz	200kHz	10mV 10kHz	10mV 100kHz	10mV 200kHz
1#	4.20	61.98	190.91	16660	11939	6862
2#	0.74	23.08	69.30	13583	14299	10389
3#	0.31	12.59	36.63	13081	15086	12978
4#	0.15	10.49	28.67	13180	15253	13603

【例 5.12】 日本 TDK 公司报道的宽频、高磁导率 MnZn 铁氧体的配方设计。

据报道，在高磁导率配方中（如高纯的 Fe_2O_3、MnO 和 ZnO 按摩尔分数比 52∶25∶23 计）加入适量的 Bi_2O_3 和 CaO（按质量分数计，均加 0.02%～0.05%）制成的 MnZn 铁氧体，具有平稳的磁导率频率特性曲线，工作频率上升至 100kHz 以上，磁导率基本不降，仍保持在 7000 以上。

另外，高纯的 Fe_2O_3、MnO 和 ZnO 按摩尔质量比 53：26：21 计，按表 5.10 添加 Bi_2O_3 和 CaO，在其他条件均相同的情况下，在含氧为 0.5%的氮气氛中，于 1300℃保温 3h，所得样品其磁性能见表 5.10 所示。

表 5.10 Bi_2O_3 和 CaO 单独添加与复合添加对样品起始磁导率的影响

添加剂/质量分数/%	Bi_2O_3/0.02	CaO/0.02	Bi_2O_3/0.02+CaO/0.02	无
μ_i(20kHz)	8230	6250	7930	6440
μ_i(100kHz)	3980	5860	7780	3750

Fe_2O_3、MnO 和 ZnO 按摩尔质量比 53∶24∶23 计，按表 5.10 添加 SiO_2、MoO_3、P、Bi_2O_3 和 CaO，在其他条件均相同的情况下，于 1420℃保温 3h，所得样品其磁性能见表 5.11。

表 5.11 复合添加对样品起始磁导率的影响（质量分数）/%

CaO	SiO_2	Bi_2O_3	MoO_3	P	μ_i(1kHz)	μ_i(100kHz)
0.02	0.01	0.01	0.01	0.0008	31000	13900
0.02	0.01	0.02	0.02	0.0008	36300	15000
0.02	0.01	0.02	0.02	0.002	33100	14800
0.02	0.01	0.04	0.02	0.0008	35800	16200
0.02	0.01	0.02	0.04	0.0008	34900	16800

【例 5.13】 日本川崎制铁公司报道的宽频、高磁导率 MnZn 铁氧体的配方设计。

据报道，铁氧体磁芯的里外可以不使用同一组分的材料，表层使用饱和磁感应强度高的低损耗材料，内部使用高磁导率材料，把表层的低损耗材料称为 A 组材料，它的主要成分，按摩尔分数计为：(52～54)% Fe_2O_3，(34.5～35.5)% MnO，(11.5～12.5)% ZnO，辅成分按质量分数计为：(0.05～0.10)%的 CaO，(0.01～0.02)% SiO_2。内部高 μ_i 材料称为 B 组，主要成分按摩尔分数计，为 (52～54)% Fe_2O_3，(24.5～25.5)% MnO，(21.5～22.5)% ZnO，辅成分按质量分数计为：(0.01～0.05)% CaO，(0.005～0.01)% SiO_2。

A、B 组分别经过混合、磨细、预烧（900℃×2h）、造粒、成型时，按 A∶B∶A=3∶7∶3（填充深度为 25mm）的体积比往模具中填充，以 98MPa 的压力成型，另外，为了便于比较，分别将 A 和 B 组分压制成型、在 1330℃控制氧分压的气氛中烧结 3h，获得的烧结体在 500kHz 下测得的主要磁特性列于表 5.12。用此法制造的磁芯表层因晶粒小且均匀，故形成高电阻层，而内部晶粒大、磁导率高，对提高高频特性有明显效果。

表 5.12 双组分宽频高 μ_i 材料的主要性能

成型时装料条件	A 组分	B 组分	A∶B∶A=3∶7∶3	A∶B∶A=2∶6∶2
μ_i(f=500kHz)	6800	7600	8200	8000
功耗，f=500kHz，P_C(mW/cm³)，B_m=0.1T	1200	1450	1080	1120

5.1.6 MnZn功率铁氧体材料

为适应开关电源轻、小、薄的要求，需要增大开关频率，而制作开关电源变压器磁芯的MnZn铁氧体材料就必须在较高频率和较大磁通密度下具有良好的磁性能。这类材料被称为功率铁氧体材料，它具有高B_S，高T_C和低功耗P_{cv}等特点，所以又称为高B_S MnZn铁氧体材料，简称高B_S材料。

(1) 开关电源技术发展动向及对功率铁氧体的要求

电子仪器和通信系统中应用极为广泛的开关电源，在近半个世纪的发展过程中，因具有轻、小、高效、稳定和发热低等优点，逐渐取代传统技术制造的连续工作电源，成为电子电源中的主流产品。

开关电源用的高B_S MnZn铁氧体磁芯，由于工作在高功率状态，是在大电流或直流偏场的大电流情况下通过磁化来传递功率的，由于材料的磁感应强度高（即高B_S）传递的功率才大；振幅磁导率或增量磁导率高，才能减少磁化电流和降低磁滞损耗；体积功耗低，才能降低发热量和能源损耗。并且随着温度的升高，饱和磁感应强度会降低、功耗增大，为避免这种不良后果，产生恶性循环，要求材料的居里温度高，高温（100℃）的B_S高，在应用温度范围温度稳定性好，所以，现代功率铁氧体材料应具备下列优良磁特性：

① 高饱和磁感应强度　室温的$B_S \geqslant 500$mT；100℃的$B_S \geqslant 370$mT；

② 有高的振幅磁导率μ_a和增量磁导率μ_Δ；

③ 高居里温度：$T_C \geqslant 230$℃；

④ 超低的材料损耗；

⑤ 截止频率高，一般在100～1000kHz应用，最高可达3MHz；

⑥ 高的表观密度：$D \geqslant 4.8 \times 10^3 kg/m^3$；

按开关电源的要求，只有同时具备上述特点的功率铁氧体材料，才能很好地在高功率和高温（100℃）的状态下工作。根据铁氧体的制造技术，一些技术指标很难同时提高，所以，功率铁氧体的制造技术难度较大。

(2) 功率铁氧体材料的发展历程及其现状

20世纪70年代初，为适应开关电源市场的需要开发出第一代功率铁氧体材料，如TDK的H35、FDK的H45及飞利浦的3C85，由于这类材料的功耗较大，使用时温升显著，故一般只用于20kHz左右的开关电源。80年代初第二代功率铁氧体材料问世，如TDK的H_7C_1（PC30）、FDK的N49、西门子的N27，国内有898厂的R2KG、R2KD，899厂的RM2KB2和9所的R2KH等，这类材料的最大特点是呈现负温度系数功耗（20～80℃，随温度的升高，功耗呈下降趋势），能有效地防止温升造成的电磁性能下降，且综合指标较好。80年代中后期，国外又竞相开发实用频率可达100～500kHz的第三代材料，如TDK的H_7C_4（PC40）、FDK的H_{63}B、西门子的N47、飞利浦的3F3，典型性能指标为：B_S=490～510mT，$T_C \geqslant 200$℃，P_C=400～500mV/cm³（100 kHz，200mT，100℃）。这类材料特别适用于工作频率为数百千赫的开关电源，现在被广泛应用于工业类开关电源中。国内类似的产品有R_2KB_1、R_2KB_2和R_2KDB等。90年代中期，由于信息技术对器件小型、片式化的要求，第四代功率铁氧体材料开发成功，具有代表性的是TDK的PC50、日立金属的SB-IM、西门子的N49、飞利浦的3F4和日本东北金属的B40等，国内金宁公司、天通公司和东磁公司也相继研究出了类似材料，这类材料的功耗大大低于第三代材料，使用频率可达500～1000 kHz，飞利浦公司的3F4材料应用频率可达3MHz，是目前使用频率最高的功率 MnZn 铁氧体材料，这为开关电源进一步小型化作出了贡献。

在这期间各国铁氧体工作者仍继续进行提高功率铁氧体使用频率和降低功耗的研究开发工作，日本 TDK 公司相继推出了 PC45、PC46、PC47、PC90 和 PC95 等产品，其他公司也推出了一些类似的材料，这些材料主要是针对不同应用而开发的，其主要差别在于功率损耗的最低点不同。

我国的“软磁铁氧体材料分类”行业标准，把功率铁氧体材料分为 PW1～PW5 五类，其适用工作频率也逐步提高。如适用频率为 15～100kHz 的 PW1 材料；适用频率为 25～200kHz 的 PW2 材料；适用频率为 100～300kHz 的 PW3 材料；适用频率为 300～1MkHz 的 PW4 材料；适用频率为 1～3MHz 的 PW5 材料。目前，国内的企业已能生产相当于PW1～PW3 的材料，PW4 材料只有部分企业批量试生产，PW5 材料有待于进一步开发和生产。

5.1.7 MnZn 功率铁氧体材料的配方

功率铁氧体材料要求 B_S 和 T_C 尽量高，而材料的损耗要尽量低，从图 5.10 中可以看出，实现最高 B_S 和最低功率的两个最佳性能区域并不重叠，也就是说不能通过选取基本配方使二者达到最佳值。

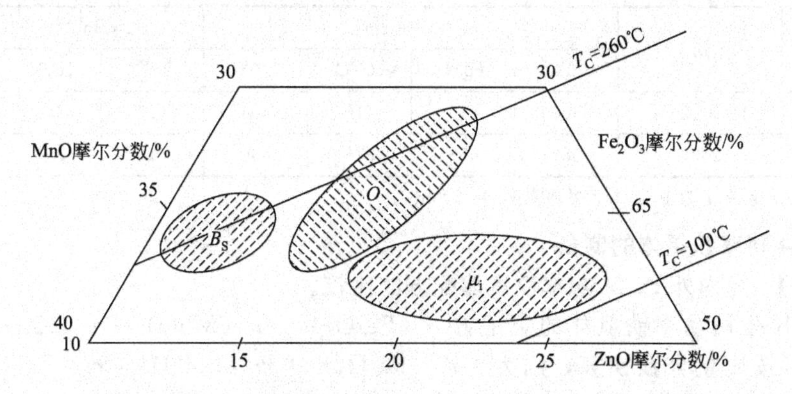

图 5.10 实现 MnZn 铁氧体最佳性能项目的主配方组成

在某一温度下，材料的 $B_S(T)$ 有如下关系：

$$B_S(T)=B_S(0)\frac{\rho}{\rho_1}\left(1-\frac{T}{T_C}\right)^{\gamma} \tag{5-5}$$

式 (5-5) 中，$B_S(T)$ 为测定温度下材料的饱和磁感应强度，$B_S(0)$ 为绝对零度下，材料的饱和磁感应强度，ρ 与 ρ_1 分别为材料的烧结密度与理论密度，T 为测定温度，T_C 为材料的居里温度，γ 为常数，其值在 0.5～2 之间。由此可见，提高 B_S 主要从提高材料的 $B_S(0)$、ρ、T_C 三方面入手。B_S 与 T_C 是 MnZn 铁氧体的本征特性，由材料的组成决定，从提高 B_S 角度考虑，需要用过铁配方，Fe_2O_3 的含量要高，ZnO 含量应低。但是 Fe_2O_3 增加，Fe^{2+} 离子增多，Fe^{2+} 与 Fe^{3+} 之间的电子传递增多，材料的损耗增大，如果 Fe_2O_3 适当过量，可以形成一定量的 Fe_3O_4，因为 Fe_3O_4 的 K_1、λ_S 为正值，可以补偿 MnZn 铁氧体的各向异性常数 K_1 和 λ_S，降低损耗，所以，功率铁氧体配方设计的关键问题是处理好 Fe^{2+} 离子，另外，通过适当的加杂和生产工艺，进一步降低材料损耗；为此，其主配方与副配方的设计，通常为：

① 主配方选用最佳配方区域的下限，按摩尔分数计，即 Fe_2O_3 为 53%左右，ZnO 为 10%左右，其余是 MnO；

② 适量添加高价离子，如 TiO_2、SnO_2 或 Ta_2O_5 等，可提高材料的电阻率；

③ 添加适量的 CaO 与 SiO_2 等添加物，提高材料的晶界电阻率；

另外，每种材料的具体要求不同，主配方的选取与添加物的种类及加入量也各有差异。

(1) PC40 功率铁氧体的制备

【例 5.14】 国内外 PC40 功率铁氧体配方的比较。

飞利浦公司的 3C85 材料（相当于 TDK 公司的 PC40）主配方为：m（Fe_2O_3）：m（MnO）：m（ZnO）＝71：20：9。

天通公司也公开了一种 PC40 功率铁氧体的制备方法，具体为，按质量分数计，称取 71%的 YHT2 牌号的 Fe_2O_3，23%的 Mn_3O_4，6%的 ZnO，采用振动球磨机混合 25min，粒度控制在 1～1.5μm，目的是使原料混合均匀，在 870℃的温度下预烧。预烧时间为 32min，随后用振动球磨机粗粉碎 40min，再投入砂磨机中细粉碎 30min，砂磨过程中需加入纯水 30%，磷酸二辛醇 0.3%，聚乙烯醇 0.65%和消泡剂 0.01%，并加入 0.009%的 SiO_2、0.012%的 $CaCO_3$、0.082%的 V_2O_5，最后喷雾造粒得到 Mn-Zn 铁氧体粉，取该粉 18g 以 6000kgf/cm^2 的压力成型，得到直径 35.5mm、高 14mm 的环状成型体，于 1350℃下保温 4h，用 SY8232 测试仪测试烧结体在如表 5.13 的温度下的功耗，列于表 5.13 中。

表 5.13 日本 TDK 的功率铁氧体材料主要牌号及性能指标

材料	μ_i	P_C/mW·cm^{-3}				B_S/mT		T_C/℃
		25℃	60℃	100℃	120℃	25℃	100℃	
PC40	2300±25%	600	450	410	500	510	390	>215
本例	2336	589	452	376	480	515	390	>215

注：测试条件，频率 f 为 100kHz，磁通密度 B=200mT。

(2) PC44 功率铁氧体的制备

【例 5.15】 国内外 PC44 功率铁氧体配方的比较。

日本 TDK 公司功率铁氧体的主配方 n（Fe_2O_3）：n（MnO）：n（ZnO）＝53.5：36.5：10，若按质量分数换算，则为：m（Fe_2O_3）：m（MnO）：m（ZnO）＝71.5：21.6：6.9，与国内许多企业 PC44 的主配方，Fe_2O_3：MnO：ZnO＝53.3：36.5：10.2（摩尔分数）相近，就 PC44 而言，由于其 B_S 较高，必须采用过 Fe 配方，因为 Fe_2O_3 的摩尔分数在（51～55)%范围内，B_S 随 Fe_2O_3 含量的增加而增大（反之，若 ZnO 含量过多，则会造成材料高温 B_S 和 T_C 的下降）。

通过掺入添加物与烧结工艺的调整细化晶粒，减小晶粒尺寸，可以提高材料的截止频率（也就提高了其工作频率）。但晶粒尺寸的无限减小，必定增大功率损耗。另一方面，μ_i 的高低（与烧结温度有较大关系）也关系到 f_r 的大小。

对通常工作在几百千赫兹高频下的 PC44、PC50 材料而言，功率损耗主要由磁滞损耗 P_h 和涡流损耗 P_e 两部分组成。由于 $P_h \propto B_m^3$（B_m 为工作磁通密度），可见，要降低 P_h，材料的 B_S 要高，成分的均匀性要好（采用高纯原材料），同时必须改善晶粒大小的一致性并提高材料密度，尽量减小内应力。涡流损耗用式（5-6）表示。

$$P_e = (\pi^2/4) r^2 f^2 B_m{}^2 / \rho \tag{5-6}$$

式（5-6）中，r 为平均晶粒尺寸；ρ 为电阻率。

可见，在高频下降低材料功率损耗主要有两条途径：一是提高电阻率；二是控制铁氧体的晶粒在最佳状态范围内（晶粒过小，P_e 会变小，但 P_h 会增大）。

控制晶粒大小和电阻率的最有效办法是合理地掺入添加物和改善烧结工艺。众所周知，掺入一些有益的添加物，如 SnO_2、TiO_2、Co_2O_3 等，可进一步控制材料的 K_1 值，使其在较宽的温度范围内变得很小；复合添加 CaO 和 SiO_2，可增大材料的电阻率、降低材料的功率损耗。实际上，对 Mn-Zn 铁氧体性能提高有实用价值的添加物较多，它们的主要作用可分为三类：第一类添加物在晶界处偏析，影响晶界电阻率；第二类影响铁氧体烧结时的微观结构变化，通过烧结温度和氧含量的控制可改善微观结构，降低功率损耗、提高材料磁导率的温度和时间稳定性、扩展频率等；第三类固溶于尖晶石结构之中，影响材料磁性能。Ca，Si 等元素的添加物属第一类和第二类；Bi、Mo、V、P 等元素属第二类；Ti、Cr、Co、Al、Mg、Ni、Cu、Sn 等元素的主要作用属第三类。

图 5.11 所示为 MoO_3、CuO 等 6 种添加物对 Mn-Zn 铁氧体磁导率的影响，其中 μ_i 和 μ_{it} 分别表示未掺添加物和掺入了少量添加物的铁氧体的磁导率；图 5.12 示出了掺入 SiO_2 对 Mn-Zn 铁氧体磁导率的影响；图 5.13 所示为 TiO_2 添加量对 Mn-Zn 铁氧体 μ_i-T 曲线的影响；图 5.14（a）与图 5.14（b）分别示出的是复合添加 SiO_2、CaO 对 Mn-Zn 铁氧体在 100kHz 时的电阻率和比损耗系数（$\tan\delta/\mu_i$）的影响。

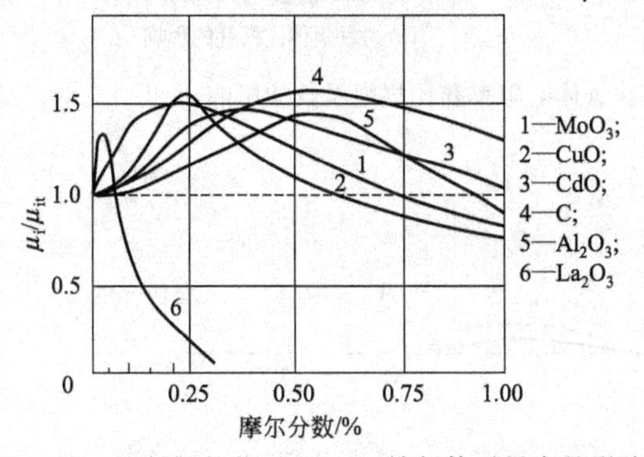

图 5.11 少量添加物对 Mn-Zn 铁氧体磁导率的影响

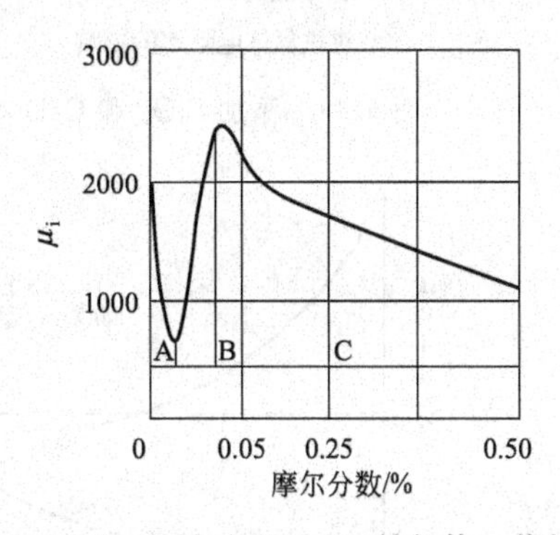

图 5.12 SiO_2 含量对 Mn－Zn 铁氧体 μ_i 值的影响

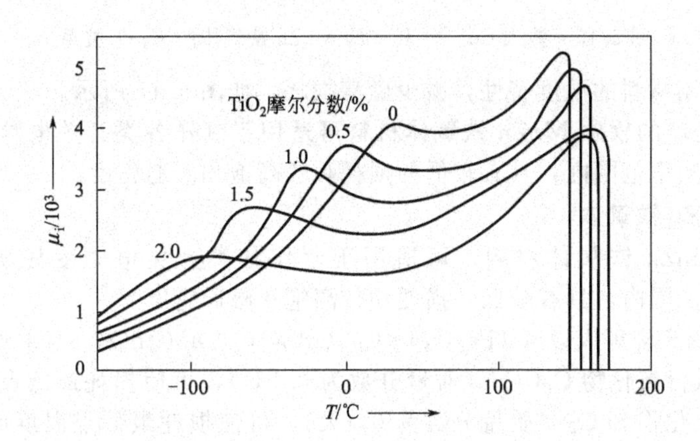

图 5.13 加 TiO_2 对 Mn-Zn 铁氧体 μ_i-T 曲线的影响

总的配方和掺杂原则是尽可能地使磁晶各向异性常数 K_1 和磁致伸缩常数 λ_S 趋近于零。选择添加物要注意以下原则：

① 掺入添加物总量（质量分数）应控制在 0.2%以下；

② CaO（或 $CaCO_3$）和 SiO_2 通常是不可或缺的添加物；

③ V_2O_5、Nb_2O_5、TiO_2、Ta_2O_5、HfO_2、Co_2O_3 等高价离子组合添加，组分不宜过多，最好不超过 4 种，每种添加物的质量分数一般应控制在 0.1%以下；

④ 在上述各添加物中，除了 Co^{3+} 离子外，其他离子的 K_1 值都是负值，如飞利浦公司开发的 3F3 材料（介于 PC40 和 PC50 之间的一种材料），其基本技术要点就是同时添加了

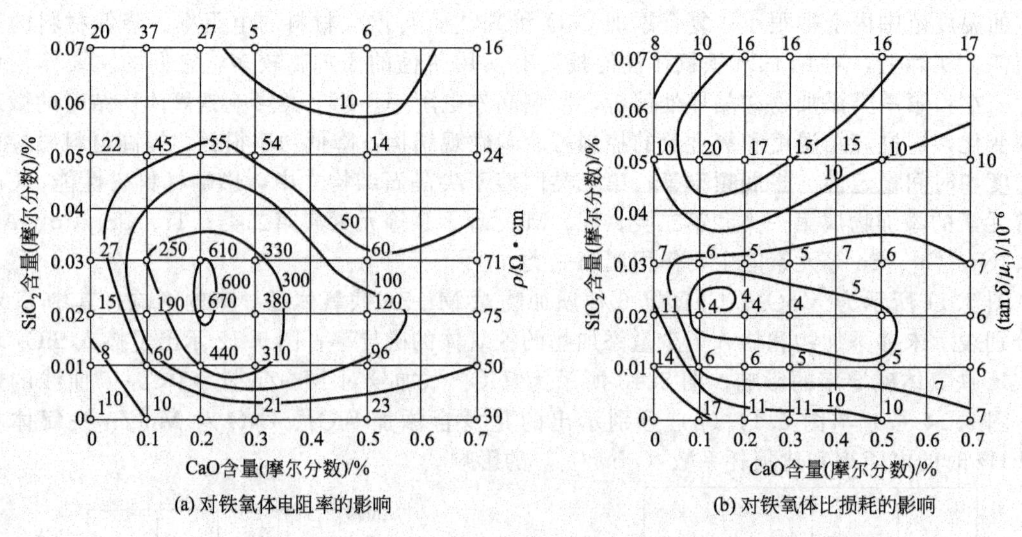

图 5.14 添加 SiO_2 和 CaO 对 Mn-Zn 铁氧体电阻率和比损耗系数的影响

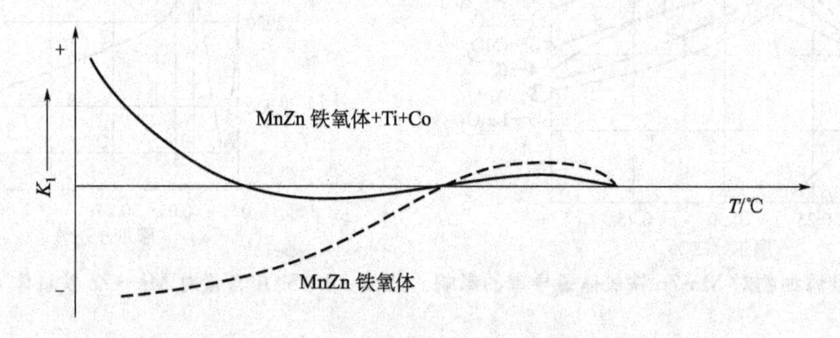

图 5.15 掺入 Co^{3+}、Ti^{4+} 的 MnZn 铁氧体的 K_1-T 关系

Ti^{4+} 和 Co^{3+} 以控制材料的温度特性，减少磁滞损耗，如图 5.15 所示。

用上述方法生产的软磁 MnZn 铁氧体材料可适用于制作各类开关电源变压器磁芯，在 10～500kHz 工作频率范围内，具有较低的损耗和较高饱和磁通密度。

(3) PC45MnZn 铁氧体

PC45 软磁 MnZn 铁氧体材料，可适用于制作各类开关电源变压器磁芯，在 10～500kHz 工作频率范围内，具有较低的损耗和较高饱和磁通密度。

【例 5.16】 彭声谦等人以 n（Fe_2O_3）：n（MnO）：n（ZnO）＝53.2：35.8：11.0 为主成分，并掺入低价氧化物 $CaCO_3$（质量分数为 0.1%），可使损耗最低点温度向高温方向移动；掺入高价氧化物 SnO_2（质量分数为 0.1%），可使损耗最低点温度向低温方向移动，如图 5.16 所示。

如图 5.17 所示，其主成分配方：n（Fe_2O_3）：n（MnO）：n（ZnO）＝53.0：37.0：10.0，图中下方曲线代表的是采用二次掺杂技术，即在主成分 Fe_2O_3、MnO、ZnO 一次砂磨时，掺入质量分数为 0.3% 的 SnO_2。并在干燥造粒后经 950℃ 预烧，预烧后在二次砂磨细碎时，再加入质量分数为 0.03% 的 Nb_2O_5，0.05% 的 $CaCO_3$ 和 0.03% 的 V_2O_5。上方曲线代表采用一次掺杂技术，即在主成分砂磨、预烧时不掺入添加剂，仅在主成分经一次砂磨、预烧后，在二次砂磨细碎时，再加入质量分数为 0.03% 的 Nb_2O_5，0.05% 的 $CaCO_3$ 和 0.06% 的 V_2O_5。在主成分中掺入添加剂，可使添加剂在晶粒内、晶界上均匀分布，固溶于尖晶石晶格中，对提高材料的电阻率有明显的效果，所以对材料的涡流损耗有明显的改善。

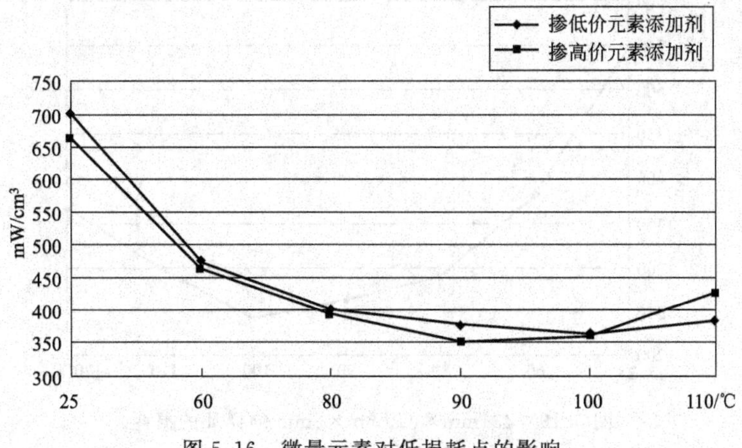

图 5.16 微量元素对低损耗点的影响

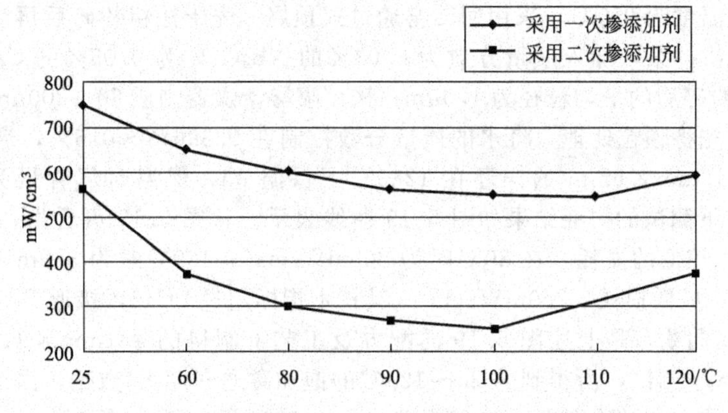

图 5.17 一次掺杂与二次掺杂对铁氧体功耗的对比

从图 5.17 中可以看出，铁氧体损耗在二次掺杂情况下明显低于一次掺杂情况。

图 5.18 所示曲线，显示了在 100℃情况下，Nb_2O_5 加入量多少对损耗的影响。主成分配方：n（Fe_2O_3）：n（MnO）：n（ZnO）＝53.2：36.7：11.0，在主成分中掺入 0.3％的 SnO_2，在预烧后粉料细粉碎时掺入 0.05％的 $CaCO_3$，0.03％的 V_2O_5 和变量的 Nb_2O_5（Nb_2O_5 的加入量在 0～0.05％之间）。

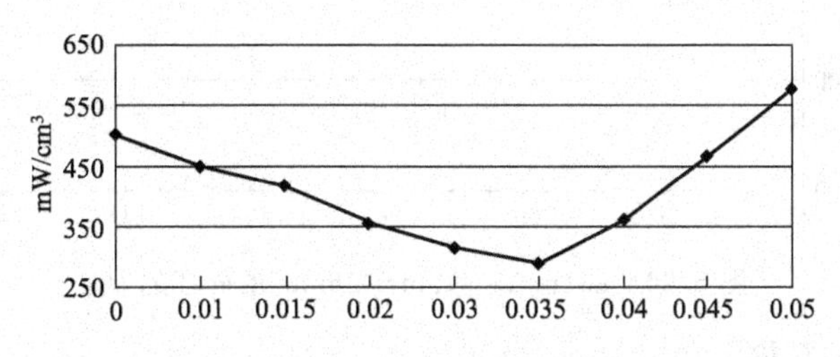

图 5.18 Nb_2O_5 掺杂对铁氧体功耗的影响

从图中可看出，Nb_2O_5 的加入量在 0～0.035％之间时，其加入量与损耗成反比，即加入量越多损耗越低；当 Nb_2O_5 加入量超过 0.035％时，其加入量与损耗成正比，即随着加入量增多损耗反而变大。Nb_2O_5 的加入量在 0.02％～0.035％范围时，铁氧体损耗较小，基本在 350mW/cm³ 以下。

图 5.19 所示，主成分配方：n（Fe_2O_3）：n（MnO）：n（ZnO）＝53.0：37.0：

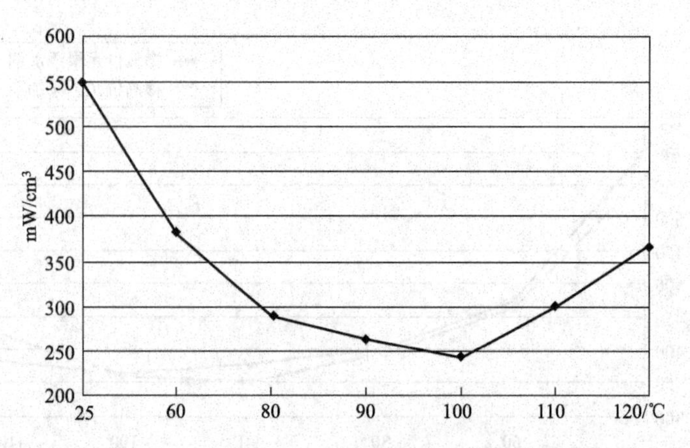

图 5.19 ϕ31mm×ϕ19mm×6mm 的样环的损耗

10.0，在主成分中掺入质量分数为0.3%的SnO_2，经材料湿法混合30min，通过喷雾干燥机制成颗粒，预烧温度为950℃，采用回转窑通过式预烧；先干法粗粉碎后再湿法细粉碎，在细粉碎时进行二次掺杂，加入质量分数为0.03%的Nb_2O_5，为0.05%的$CaCO_3$和0.03%的V_2O_5，湿法粉碎后的平均粒径为1.0μm；采用喷雾干燥器制成80～200μm的颗粒。在颗粒用于成型前，先将颗粒处理，将水的质量分数控制在0.396%～0.5%，流动角小于30°。制成ϕ31mm×ϕ19mm×6mm的样环在1280℃下保温3h，保温时氧含量为3%。样环在100kHz/200mT下测试的损耗结果如图5.19曲线表示。从图5.19可看出，该材料在60～120℃的范围具有较低的损耗，在80℃时为300mW/cm³；120℃时为370mW/cm³。损耗的最低点在100℃，最低损耗<250mW/cm³（其技术指标超过PC45，接近PC47）。

图5.20所示曲线，是上述图5.19的配方及工艺下制得的ϕ31mm×ϕ19mm×6mm样环，在1194A/m下测试，所得到的25～120℃的饱和磁通密度B_S数据。由图5.20可看出，该材料具有较高的饱和磁通密度，在25℃时，B_S>530mT；在100℃时，B_S>420mT。

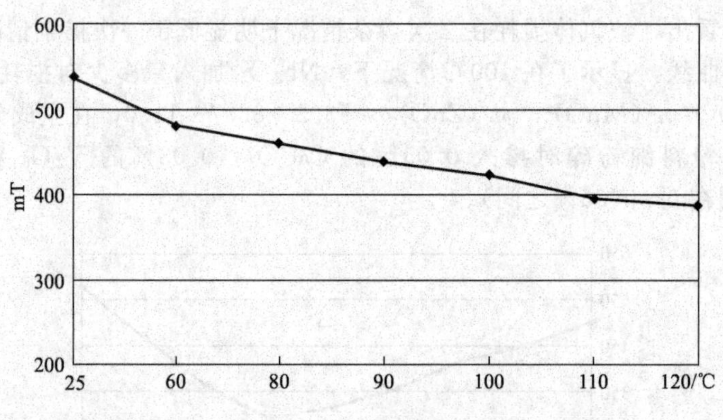

图 5.20 ϕ31mm×ϕ19mm×6mm 的样环的 B_S

(4) PC47 软磁铁氧体

用PC47软磁铁氧体制成的电源变压器磁芯，可工作在10～500kHz的频率，在80～110℃的温度，必要的功率通常是1～100W。

【例5.17】 国内外PC47功率铁氧体配方的比较。

① 安原克志等人采用主成分（按摩尔分数计）：Fe_2O_3为53.2%，MnO为37.4%，ZnO为9.4%，并将这些材料一起湿法混合，然后通过喷雾干燥器的方法干燥，在900℃煅烧2h。再将由主成分原料煅烧的产物与用于辅助成分的原材料混合，辅成分（按质量分数计）的组

成：SiO_2 为 0.01%，CaO 为 0.05%，Nb_2O_5 为 0.025%，ZrO_2 为 0.01%，NiO 为 0.12%。

粉碎直到煅烧产物的平均粒径达到约 2μm。在获得的混合物中添加黏结剂，采用喷雾干燥器的方法造粒，平均粒径是 150μm，然后成型，最后在具有可控氧分压的气氛中和氮气气氛中的冷却条件下（具体见 10.12 节）烧结，其最高温度为 1300℃，并保温 5h，这样制得的铁氧体在外加 100kHz 的正弦波交流磁场下（具有 200mT 的最大值），100℃的功率损耗（最小功耗）能够降低到 260kW/m³ 或更低。尽管磁滞损耗正比于频率，涡流损耗正比于频率的平方，但采用该方法制得的涡流损耗较小的铁氧体，即使在超过 100kHz 的高频范围也没有发现功率损耗有显著的增大。由这样的铁氧体制成的电源变压器磁芯，可工作在 10～500kHz 的频率，在 80～110℃的温度，必要的功率通常是 1～100W。

② 董斌等人按如图 5.21 所示的工艺路线制备的 PC47 软磁铁氧体，其主配方（按摩尔分数计）：Fe_2O_3 为 53.5%，ZnO 为 9.5%，余为 MnO，作为主要成分进行配料；同时，按

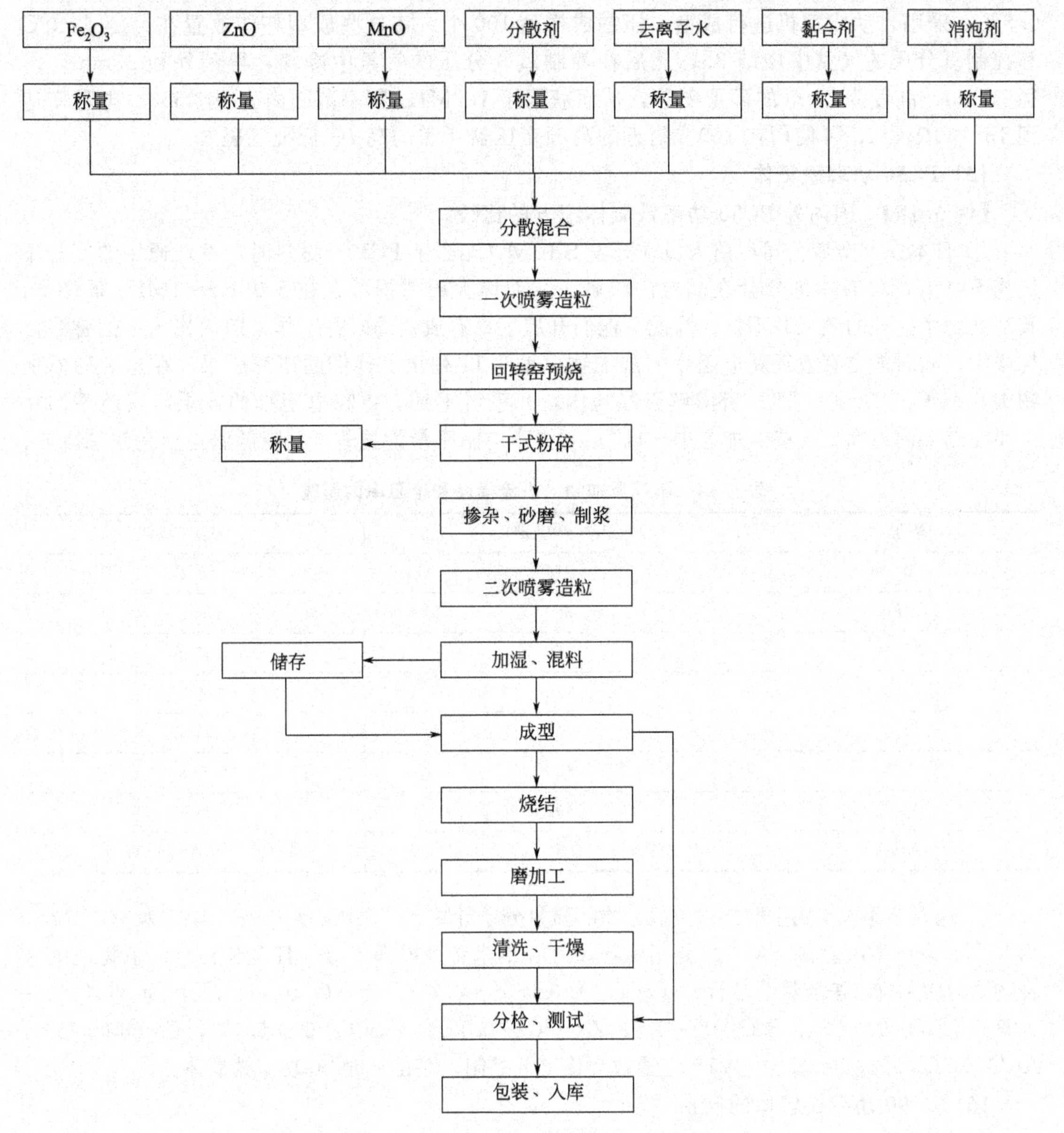

图 5.21　PC47 软磁铁氧体的工艺路线图

质量分数计，加入分散剂聚丙酸 0.5%，消泡剂正辛醇 0.2%，去离子水 95%，将它们混合后，加入黏合剂聚乙烯醇 0.8%（浓度为 8%），在高速混合器中混合 70～80min，通过喷雾式干燥机制成为平均粒径约为 100μm，水分在 0.1%以下，且流动角小于 40°的颗粒；放在回转窑进行预烧，温度 925℃，预烧 1.5～2.0h；进行干式或湿式粉碎 25～35min，制成平均粒径为 1.5～2.0μm 的粉料；按质量分数计，加入纳米级材料添加剂氧化钙（CaO）0.06%、二氧化硅（SiO_2）0.015%。上述 CaO 及 SiO_2 为磁性材料的最终组成。纳米级材料添加剂的粒度范围在 10～500nm 之间。在加入纳米级材料添加剂成分的同时，按质量分数计，再加入去离子水 50%、分散剂聚丙酸 0.5%，消泡剂正辛醇 0.2%，黏合剂聚乙烯醇为 0.8%（其浓度为 8%），放在砂磨机中进行混合、细磨 50～70min，磨成平均粒度为 0.8～1.0μm；固含量为 60%以上，黏度为 250～350cP 的浆料；采用喷雾式干燥机制成 80～200μm 的颗粒，且流动角小于 30°的颗粒；进行混合、加湿，至含水率为 0.5%～0.8%；采用自动成型机进行成型，压制成样品 100 个。将这些成型坯体放置在温度 1240℃和控制氧分压的气氛中烧结 3h，然后在控制氧气分压的气氛中冷却，得到外径 25mm，内径 15mm，高度为 5mm 的环形磁芯，从而获得了 1.2MHz 频率范围内 μ_i 为 2600，电阻率达到 15～20Ω·m，可使用在 100℃附近的高频变压器所需的高 B_S 低损耗磁芯。

（5）PC50 功率铁氧体

【例 5.18】 国内外 PC50 功率铁氧体配方的比较。

① 日本东北金属公司科研人员在开发 SB-1M（相当于 PC50）材料时，发现通用的复合添加物 SiO_2、CaO 有一部分会在晶粒内溶解，从而增大磁滞损耗，在 500kHz～1MHz 条件下，其降低功率损耗的效果并不好。为此，他们开展了卓有成效的研究工作，期望找出不使磁滞损耗增大，同时能更有效提高电阻率的添加物。表 5.14 列出了他们的研究成果，在这 8 种添加物中，Al_2O_3、SnO_2、TiO_2 都溶解于晶粒内，几乎看不到有提高电阻率的效果，其他添加物主要在晶界内游离。这些添加物中，HfO_2 对提高电阻率最为显著，其降低涡流损耗效果最佳。

表 5.14 不同添加物对涡流损耗和电阻率的影响

添加物	P_e/(kW/m³)	ρ/Ω·m
Al_2O_3	710	5.4
HfO_2	390	31.5
Nb_2O_5	670	17.5
SnO_2	720	4.7
Ta_2O_5	460	21.4
TiO_2	580	6.8
V_2O_5	490	11.0
ZrO_2	550	16.0

② 包大新等人采用主配方（按氧化物的质量分数计）为：Fe_2O_3 为 55%，ZnO 为 3%，MnO 为 37%。余量为掺杂成分 M；M 是指颗粒尺寸在纳米量级或微米级，且至少含有以下物质中四种物质的掺杂物（按质量分数计）：$CaCO_3$ 为 0.06%～0.2%，为 SiO_2 0～0.04%，为 Nb_2O_5 0～0.08%，TiO_2 0～2%，SnO_2 0～2%，ZrO_2 0～0.06%，$NaCO_3$ 0～0.1%，Co_2O_3 0～2%，Al_2O_3 0～0.08%，Ta_2O_5 0～0.1%。通过严格工艺控制，获得了 PC50 功率铁氧体。

（6）PC90 功率铁氧体的制备

PC90 功率铁氧体，在数十 kHz 至数百 kHz 频带内损耗低，且在 100℃左右，饱和磁通密度较高，可达440mT以上。

【例5.19】 TDK公司报道的PC90功率铁氧体。

福地英一郎等人将作为主要成分原料的Fe_2O_3粉末、MnO粉末、ZnO粉末以及NiO粉末按照表5.15所示的组成进行湿式混合后，以表5.15所示的温度分别预烧2h。其次，将主要成分原料的预烧物与次要成分原料进行混合。作为次要成分原料，使用SiO_2粉末、$CaCO_3$粉末、Nb_2O_5粉末、ZrO_2粉末以及Co_3O_4粉末。在主要成分原料的预烧物中添加次要成分的原料，边粉碎边混合。并测定粉碎后的混合粉末的比表面积（BET），50%粒径以及90%粒径，其结果示于表5.15。从表5.15可以确认：预烧温度越低且粉碎时间越长，则粉末的比表面积越大。接着，在得到的混合物中添加黏结剂，经颗粒化后成型，得到圆环形状的成型体。将得到的成型体按照表5.16所示的条件进行烧成，由此便得到铁氧体磁芯。另外，使用该铁氧体磁芯测定初始导磁率（μ_i，测定温度为25℃、频率为100kHz）、25℃（RT）以及100℃的饱和磁通密度（B_S，测定磁场为1194A/m）、25～120℃的铁心损耗（P_{CV}的测定条件为100kHz、200mT）。其结果示于表5.16。数据表明，样品在100℃的饱和磁通密度为440mT或以上，作为损耗显示最小值的温度的底部温度为80～120℃，且在100kHz，200mT的条件下测得的损耗的最小值为320kW/m³或以下。

表5.15 样品的配方及工艺控制参数表

试样NO	Fe_2O_3	MnO	ZnO	NiO_2	SiO_2	$CaCO_3$	Nb_2O_5	ZrO_2	CoO	预烧温度/℃	粉碎时间/h	BET/(m²/g)	50%粒径/μm	90%粒径/μm
	摩尔分数/%				质量分数/×10⁻⁶									
1	55.1	35.7	7.4	1.8	100	1000	300	120	1000	750	4	3.173	0.989	1.824
2											12	3.749	0.834	1.241
3										850	2	1.852	1.736	3.411
4											8	2.312	1.293	2.154
5											12	2.583	1.237	1.996
6											32	4.642	0.883	1.255
7										950	2	1.244	2.639	4.568
8											8	1.755	1.647	2.638
9											16	2.463	1.392	2.252

表5.16 样品的工艺控制参数与磁性能表

试样NO	烧成条件	烧成密度/(mg/m³)	平均晶粒直径/μm	μ_i	B_S/mT		P_{CV}(100kHz,200mT)/(kW/m³)						
					RT	100℃	25℃	40℃	60℃	80℃	90℃	100℃	120℃
1	1300℃×5小时氧分压1.5%	4.979	15.8	2612	546	454	638	533	417	320	299	348	473
2		4.995	16.6	2633	553	460	644	526	412	315	305	351	503
3		4.978	14.1	2441	545	452	656	547	439	350	308	322	446
4		5.007	16.2	2614	550	455	613	507	398	309	295	334	473
5		5.001	16.1	2644	545	455	600	514	403	318	295	332	463
6		5.006	17.3	2610	547	460	607	506	402	312	306	335	467
7		4.945	13.6	2481	541	445	666	566	460	360	334	336	444
8		4.985	16.2	2478	537	451	645	544	429	345	304	310	414
9		5.023	17.0	2586	554	457	593	494	400	314	296	320	444

(7) 低、常温功耗、宽温功率铁氧体

现代通信设备的户外设施，如中继器、微波接力站、海底电缆、光缆水下设备等，不仅要求耐高温，还要求能承受严寒，在无人值守的情况下，几十年不出故障，这就要求所使用的元器件具有宽温、低功耗、长寿命、高稳定性的优良特性。为此，元器件所用的功率铁氧体材料不但要求高温功耗低，而且也要求常温功耗低，在整个使用温度范围内稳定性好。

为达到这样的目的，各国铁氧体公司已研制开发出了多种功率铁氧体材料，但是大多数材料的高温功耗低，最低已达 250 kW/m^3 左右，常温功率却仍在 600kW/m^3 左右，有的材料虽然常温功率降下来了，但高温功率又翘上去了，如西门子公司的 N51 常温功耗降到 407kW/m^3，高温功耗又升到 700 kW/m^3，TDK 的 PC46 常温功耗为 350 kW/m^3，高温功耗又升到 760 kW/m^3，(120℃)。在实际应用中，在某些情况下，常温功耗与高温功耗一样重要。常温是所有监控设备、仪表电器长时间待机状态的温度，如果功耗不下来，浪费的能源数量惊人。有资料表明，仅在德国每年的待机功率损耗就达到 300 亿千瓦左右。美国也颁布了相应法规，限定时间减少待机功耗，所以，在降低功率铁氧体高温功耗的同时，也要降低常温功耗，才能满足元器件宽温、低损耗、高稳定性的要求。

在 100kHz、200mT 条件下测试材料功耗，并进行损耗分离。分离的结果为磁滞损耗在常温时，占总损耗的 70%以上，可见，降低材料的常温功率的主要矛盾就是降低磁滞低损耗。众所周知，常温磁滞损耗与起始磁导率的三次方成反比，所以，降低磁滞损耗的方法与提高起始磁导率的方法是一致的。

【例 5.20】 国内外 PC95 功率铁氧体配方的比较。

① PC95 功率铁氧体材料。颜冲等人的实践表明：适量添加剂的加入，有利于材料磁性能的改善，具体如表 5.17 所示。

表 5.17 PC95 功率铁氧体常用添加剂其添加量对比表

添加剂	添加量（质量分数）/%	添加量过少的危害	添加量过多的危害
$CaCO_3$	0.008～0.06		部分钙离子会进入晶粒内部，引起内应力，使磁滞损耗增加，不利于整体损耗的降低
SnO_2	0.01～0.05		材料的谷点往低温方向移动
Nb_2O_5	0.01～0.03		部分铌离子进入晶粒内部，使得材料的内应力增加，磁滞损耗变大，不利于整体损耗的降低
ZrO_2	0.01～0.08	材料的电阻率不够高，涡流损耗下降的幅度比较小，不利于整体损耗的降低	在烧结过程中，部分 Zr^{4+} 进入晶粒，成为反应中心，引起异常晶粒的长大，这样既不利于涡流损耗的降低，也不利于磁滞损耗的降低，从而影响材料整体损耗的降低
Ta_2O_5	0.01～0.02		在烧结的过程中，部分钽离子进入晶粒，成为反应中心，引起异常晶粒的长大，这样既不利于涡流损耗的降低，也不利于磁滞损耗的降低，从而影响材料整体损耗的降低
Co_2O_3	0.01～0.05	K_1 下降的幅度比较小，不利于磁滞损耗的降低	由于钴铁氧体的 K_2 比较大，其量过多，会对磁滞损耗的降低产生不利的一面

MnZn 功率铁氧体材料，其主成分（按摩尔分数计）为：Fe_2O_3 53.8%，ZnO 10.2%，MnO 36%。根据配方称好原料，在砂磨机中对原料进行混合均匀和破碎，而后将粉料烘干、过筛，在 930℃的温度下保温 120min 进行预烧。预烧之后形成预烧料。在预烧料中加入辅助成分，添加的辅助成分（按质量分数计）：0.04% $CaCO_3$，0.03% Nb_2O_5，0.05% SnO_2，以及 0.03% Co_2O_3。采用二次砂磨工艺，对上述粉料进行混合和破碎、烘干。加入 PVA 后进行喷雾造粒，成型为 ϕ25mm 的标准样环。在 1300℃下在平衡氧分压气氛条件下进行烧

结，保温时间为5h。然后用SY-8258型B-H测试仪在100kHz，200mT下测试样品的P_{CV}，在50kHz，1 194A/m下测试样品的B_S，在10kHz，0.25mT下测试样品的起始磁导率，结果见表5.18。

表5.18　二次不添加SiO_2与添加SiO_2时磁性能的比较

编号＼参数	P_{CV}/(mW/cm³)	P_{CV}最低温度/℃	B_S/mT		μ_i
			25℃	100℃	
不加SiO_2	221	45	541	430	3500
加SiO_2	347	45	518	412	2900

在上述实验添加辅助成分的基础上，增加了质量分数为0.01%的SiO_2作为辅助成分。比较发现，没有添加SiO_2的铁氧体，不仅具有和含SiO_2铁氧体相同的P_{CV}最低温度，而且提高了铁氧体的B_S和起始磁导率，最重要的是降低了铁氧体的P_{CV}。

② TDK公司低常温功耗宽温功率铁氧体的典型配方见表5.19。

表5.19　低常温功耗宽温功率铁氧体的典型配方

试样NO	Fe_2O_3	MnO	ZnO	SiO_2	$CaCO_3$	Nb_2O_5	ZrO_2	Co_3O_4	20～100℃的功率损失		
	摩尔分数/%			质量分数/×10⁻⁶(ppm)					最小值/(kW/m³)	与最小值对应的温度/℃	最大值-最小值/(kW/m³)
1	54	38	8	100	800	300	250	3000	310	100	147
2								3500	315	100	138
3								4000	312	90	26
4								4500	301	30	45
5								5000	307	60	275

为了更加切实地防止机器的热失控，希望即使超过底温度功率消耗也不会显著增大，尽可能维持在底温度时的功率消耗的值。中畑功等人开发出了励磁磁通密度为200mT和频率为100kHz的磁场中，底温度高于120℃，且底温度时的功率消耗为350kW/m³以下的产品。其主成分（按摩尔分数计）：Fe_2O_3为52.8～53.8%，ZnO为7.5～9.5%，其余为MnO。作为其辅成分，由于Co的K_1具有较大的正值，通过使烧结铁氧体含有适量的Co，可以充分抑制在高于底温度的温度区域内的功率消耗的温度变化率，相对于主成分氧化物的合计质量，按质量分数计（以下同），Co的含量（换算成CoO）为1500～3000ppm；在此基础上加适量的Ti，可以改善产品的时间稳定性，Ti的含量（换算成TiO_2）为2500～4000ppm；Si可使晶界高电阻化，因此，可以使烧结铁氧体含有适量的Si，以降低功率消耗，Si的含量换算成SiO_2为70～130ppm，如添加太多，会引起异常的晶粒成长，不能充分降低功率消耗；由于Ca与Si同样具有提高烧结铁氧体的烧结性的作用，而且使晶界高电阻化，可以使烧结铁氧体含有适量的Ca，以降低功率消耗，Ca的含量，按$CaCO_3$计，为350～1250ppm；由于Nb可以使烧结铁氧体的结晶组织均一化，通过使烧结铁氧体含有适量的Nb（换算成Nb_2O_5为200～500ppm）可以降低功率消耗，添加量低了，结晶组织的均一化容易变得不充分，又不能充分降低功率消耗的倾向；高了，反而具有促使结晶组织不均匀化的倾向。由于Ta与上述的Nb同样可以使烧结铁氧体的结晶组织均一化，也可以通过使烧结铁氧体含有适量（换算成Ta_2O_5为300～900ppm）的Ta，降低功率消耗；由于Zr可以使晶界高电阻化，通过使烧结铁氧体含有适量（换算成ZrO_2为80～150ppm）的Zr可

以降低功率消耗，由于Hf与上述的Zr同样可以使晶界高电阻化，通过使烧结铁氧体含有适量（换算成 HfO_2 为130～260ppm）的Hf，可以降低功率消耗。V（V_2O_5）及Mo（MoO_3）与上述的Nb、Ta同样可以使烧结铁氧体的结晶组织均一化，因此，通过使烧结铁氧体含有适量的V或Mo可以降低功率损耗。

（8）高温高 B_S 功率铁氧体

功率铁氧体器件工作在高功率状态下，使用时由于材料的功耗将部分电磁能较变为热能，使材料温度升高。但是功率铁氧体的饱和磁感应强度是温度的函数，随着温度的升高而下降，使承受功率下降。通常，用加大磁芯截面积的办法来弥补高温器件工作时的磁感应强度下降，这样不但会增加器件的体积，而且会增大生产成本，最好的办法是提高功率铁氧体的高温 B_S。

铁氧体的饱和磁感应强度为材料的本征特性，主要由材料的组成决定。为提高 B_S，除需要合适的材料组成外，还与金属离子在晶格中的分布有关，材料的高温 B_S 更是如此。当温度升高时，晶体中A位与B位的磁矩 M_A 与 M_B 也将下降。在这一过程中，M_S 随温度的变化依赖于0K时，A、B位的饱和磁化强度 M_{A0}、M_{B0} 的大小，而且热骚动破坏A、B位磁矩的反平行排列。同时，超交换作用不仅存在于A～B之间，而且也存在于A～A、B～B之间，这些超交换作用是倾向A（或B）位本身的磁矩反向排列，这在决定 M_S 的反常温度特性时，将成为决定性的因素。

铁氧体的居里温度 T_C 反映了铁氧体超交换作用对抗热骚动的能力。金属软磁的居里温度较高，所以其 B_S 也较高。在单组分铁氧体中，$NiFe_2O_4$ 和 $Li_{0.5}Fe_{2.5}O_4$ 的居里温度较高，分别为860℃、940℃，所以，MnZn铁氧体常引入NiO或 Li_2O 来提高 T_C，从而提高 B_S，但损耗会增加，可采用别的办法降低损耗。

【例5.21】 国外高温高 B_S 功率铁氧体的配方设计。

作为主成分的原料，准备 Fe_2O_3 粉末、MnO粉末、ZnO粉末NiO粉末和 Li_2CO_3 粉末，作为辅成分的原料，准备 SiO_2 粉末、$CaCO_3$ 粉末、ZrO_2 粉末和 Nb_2O_5 粉末。称量主成分原料，使达到表5.20所示的铁氧体主成分组成，使用湿式球磨机湿式混合16h后，进行干燥，然后将干燥物在大气中、900℃下煅烧3h后，进行粉碎。向得到的煅烧粉末中加入辅成分原料，使达到表5.20所示的铁氧体辅成分组成，进行混合粉碎得到混合物粉末，向该混合物粉末中加入黏合剂，制成颗粒后进行成型，得到环状的成型体。对于烧结之后得到的铁氧体样品，分别对100℃下的饱和磁通密度 B_S（测定条件1194A/m）、铁心损耗 P_{CV}（测定条件：100kHz、200mT）进行测定，结果如表5.21所示。

（9）高频低损耗功率铁氧体

随着近年来电子设备的小型轻量化和便携式设备的普及，与之相伴随，安装在各种电气设备中的开关电源，也要求进一步的小型化、高性能化。开关电源在需要电源供给的各种电路中使用，例如个人计算机（PC）中，DSP（digital signal processor），MPU（micro-processing Unit）等零件的附近装配有DC-DC转换器。随着构成DSP和MPU的LSI（large-

表5.20 高温高 B_S 功率铁氧体的配方

样品	主成分(摩尔分数)/%				辅成分(相当于主成分的质量分数)/ppm				
	Fe_2O_3	MnO	ZnO	$LiO_{0.5}$	NiO	SiO_2	$CaCO_3$	Nb_2O_5	ZrO_2
A	55.6	34.9	6.8	1.7	0	100	1100	250	100
B	58.1	32.2	5.7	0	4	130	1300	250	100

表 5.21 高温高 B_S 功率铁氧体的工艺参数与磁性能

样品编号	铁氧体组成	烧结温度/℃	高温保持操作部氧分压 P_2/%	降温操作部氧分压 P_1/%	P_2/P_1	饱和磁通密度 B_S/mT	铁心损耗 P_{CV} /(kW/m³)
A-1	A	1325	2.0	1.0	2	477	365
A-2		1325	3.0	1.0	3	478	352
A-3		1325	4.0	1.0	4	476	361
A-4		1325	5.0	1.0	5	476	379
B-5	B	1300	1	0.8	1.25	485	425
B-6		1300	2	0.8	2.5	487	412
B-7		1300	3	0.8	3.75	486	423
B-8		1300	4	0.8	5	482	456

scale integration）的动作电压的低压化，进行 DC-DC 转换器向低输出电压化和大电流化的改进。动作电压的降低，常会导致 LSI 相对于输出电压不稳定的变动，因此，常采用提高 DC-DC 转换器的开关频率的方法来应对。

通常来说，在用正弦波驱动变压器时，磁通密度 B 表示为：

$$B=\left(\frac{E_p}{4.44N_PAf}\right)\times 10^7 \tag{5-7}$$

式（5-7）中，E_p是外加电压［V］，N_P是一次侧绕线数，A 是磁芯截面积［cm²］，f 是驱动频率（Hz），驱动频率的高频率化对变压器的小型化是有效的，因此，近年来，电气设备要求能够在数 MHz 的高频率下使用的高性能的磁芯。目前，作为在电源变压器等器件中使用最多的磁芯材料，Mn-Zn 系铁氧体材料在约 100kHz 的低频区域中确实是磁导率高且损耗低，满足了作为磁芯材料的重要特性。但是，该铁氧体材料在驱动频率高达数 MHz 的情况下损耗明显增大，难以供于使用。

另外，开关电源电路搭载于 EV（电车）、HEV（混合动力电车）等，或搭载于移动电话等移动体通信设备，将在各种环境下使用，环境温度和负载状态存在各种变化。开关电源电路不仅自身发热，而且，有时还会因其他的周边电路的发热和环境温度，从而达到 100℃附近。这样，开关电源电路将在高频下，且在各种环境中使用，因此，要求其中的铁氧体磁芯也在高频并且较宽的温度范围和动作磁通密度范围内低电力损失。针对这些问题，各厂家竞相开发高频、宽温低损耗功率铁氧体材料。

【例 5.22】 国外高频低损耗功率铁氧体的配方案例。

① Sanno 等在研究中发现，大约 600kHz 以上的频段，铁氧体材料的功率损耗不再与其电阻率 ρ 成反比，而是取决于$\frac{d^2}{\rho}$，此处 d 为晶粒直径，所以，要实现材料的高频低损耗特性，除了高电阻率外，还需小的晶粒尺寸，这与前述提高截止频率的方法是一致的，所以第四代功率材料（以 TDK 公司的 PC50 为代表）均采用了细化晶粒方案。即把烧结体的平均晶粒尺寸控制在 3～6μm，并通过纳米结构控制技术使 Ca、Si 等微量添加剂在晶界集中偏析，形成数量众多、总面积很大的高电阻晶界区，以有效抑制高频下迅速扩大的涡流损耗。依据上述的理论和方法，国内外的铁氧体厂商研制出了多种高频低损耗功率铁氧体材料。

② 日立金属石胁将男等人的研究表明，为了得到高体积电阻率 ρ 和降低损耗，可使 Ca 固溶于尖晶石相中、减少 Fe^{2+}，并且调整为在晶粒晶界偏析的 Ca 比固溶于尖晶石相的 Ca 多，提高晶粒内电阻，并且形成高电阻的结晶晶界。为此，需要使 Ca 和 Si 的质量比分别以

$CaCO_3$ 和 SiO_2 换算为 2 以上。

组成中引入 Co^{2+}，可调整电力损失达到最小的温度，并且，改善了电力损失的温度依存性。Co^{2+} 具有比其他金属离子大的结晶磁各向异性常数和磁应变常数，因此，为了不使电力损失达到最小的温度变化而改善电力损失的温度依存性，可以根据 Co 的添加量减少 Fe_2O_3 量。为了在频率 2MHz 和磁通密度 25mT 时，0～120℃的电力损失 P_{CV} 为 350kW/m^3 以下，进而在频率 2MHz 和磁通密度 50mT 时，20～120℃的电力损失 P_{CV} 为 1500kW/m^3 以下，所采取的典型工艺如下：将主成分（见表 5.22）的原料（Fe_2O_3、Mn_3O_4、ZnO）湿式混合后使其干燥，在 900℃进行了 2h 的预烧。将预烧粉和辅成分的原料（Co_3O_4、SiO_2、$CaCO_3$ 和 Ta_2O_5）投入球磨机，粉碎混合至平均粒径为 0.75～0.9μm。在得到的混合物中作为黏合剂加入聚乙烯醇，由喷雾干燥器进行了颗粒化。使颗粒形成规定形状后进行煅烧，由此得到了外径 14mm、内径 7mm 及厚度 5mm 的环形磁芯。

表 5.22 各试样的主成分和辅成分的含量

试样 No	主成分(摩尔分数)/%			辅成分/ppm				
	Fe_2O_3	ZnO	Mn_3O_4	Co_3O_4	$CaCO_3$	SiO_2	Ta_2O_5	$CaCO_3/SiO_2$
1	54.4	6.7	其余	1930	1200	150	1000	8.0
2	54.4	6.7	其余	1930	1200	300	1000	4.0

对各试样测定了以下参数的特性。

a. 电力损失 P_{CV} 的温度依存性。使用 B-H 分析器（SY-8232），分别在 1MHz 和 25mT 的条件以及 2MHz 和 25mT 的条件下施加正旋波交流磁场，测定 0～140℃的各温度下的电力损失 P_{CV}，可评价材料电力损失 P_{CV} 的温度依存性。

b. μ_i 和比损耗系数 $\tan\delta/\mu_i$。使用 HP-4284A 测定 100kHz 和 20℃的 μ_i 和 $\tan\delta/\mu_i$。

c. 使用万用表测定了材料的电阻率 ρ。

d. 通过阿基米德法测定材料的密度 d_s。

e. 平均结晶粒径。用浓盐酸腐蚀试样，拍摄其表面的扫描型电子显微镜（SEM）照片（3000 倍），在照片上引出 5 条相当于 30μm 长度的直线，通过对各直线上晶粒的粒径进行平均而求得。表 5.23、表 5.24 显示了各特性的测定结果。

表 5.23 高导宽频率低损耗 MnZn 的损耗特性

试样 No	P_{CV}/(kW/m^3)								测试条件
	0℃	20℃	40℃	60℃	80℃	100℃	120℃	140℃	
1	9	3	3	6	12	19	30	41	1MHz,25mT
2	22	17	16	20	26	35	47	64	
1	66	49	48	64	101	160	263	418	2MHz,25mT
2	82	79	78	100	131	179	250	360	

表 5.24 高导宽频率低损耗 MnZn 的其他电磁特性

试样 No	μ_i	($\tan\delta/\mu_i$) (×10^{-6})	d_s /(×10^{3}kg/m^3)	ρ/Ω·m	平均结晶粒径/μm
1	1218	1.8	4.83	1.7	1.9
2	1008	2.3	4.94	2.9	2.2

③ TDK 公司高频低损耗功率铁氧体材料的典型配方见表 5.25。

表 5.25 高频低损耗功率铁氧体材料的典型配方

Fe_2O_3	MnO	ZnO	SiO_2	$CaCO_3$	Nb_2O_5	TiO_2	CoO	烧结温度/℃	P_{O_2}/%	125℃下的 P_{cv}/(kW/m³)	
摩尔分数/%			质量分数/%							2M-50mT	1M-50mT
54.36	45.52	0.12	0.02	0.22	0.07	0.12	0.24	1150	0.85	484	96
							0.38			451	117
							0.52			324	64

5.1.8 低损耗高稳定性 MnZn 铁氧体材料的配方

低损耗高稳定性 MnZn 铁氧体又称超优 MnZn 铁氧体，在某些应用场合，如载波机中滤波器的电感线圈。磁芯线圈的首要参数是电感，环形磁芯的电感只取决于匝数和材料的起始磁导率 μ_i，如果要求电感体积小，则材料的 μ_i 要高，但高 μ_i 与高稳定性往往存在矛盾，必须在保证电感量稳定可靠的前提下来提高 μ_i。由于 μ_i 的稳定性达不到使用要求，只能采用开气隙的磁芯来提高其稳定性。这时，要用有效磁导率 μ_e 来代替 μ_i，μ_e 的大小由 μ_i 和气隙的长度来决定。一般地。μ_e 比 μ_i 低得多，为 200～300，若材料的$\frac{\alpha_{\mu_i}}{\mu_i}$小，当然应把 μ_e 调高些（通过调节气隙长度来改变 μ_e 值）更好，目前，最高的 μ_e 约为 500，因此，在滤波器线圈磁芯中 μ_i 值虽只起间接作用，但却关系着$\frac{\alpha_{\mu_i}}{\mu_i}$、$D_F$ 和 μ_e，一般要求为 μ_i＝1000～2000。

载波机滤波器的小型化要求，及其对软磁材料的，低比损耗$\frac{\tan\delta}{\mu_i}$、小的约旦损耗系数$\frac{h}{\mu_i^2}$和高稳定性（$\frac{\alpha_{\mu_i}}{\mu_i}$和 D_F 小）要求，促使了超优 MnZn 铁氧体的出现与发展。表 5.26 列出了铁氧体磁芯线圈参数、超优 MnZn 铁氧体的磁特性。

表 5.26 超优 MnZn 铁氧体的磁特性表

线圈参数	电感	温度系数	品质因素	非线性失真系数	减落因子
材料参数	μ_i(100kHz)	α_{μ_i}(－20～80℃)/10^{-6}	$\frac{\tan\delta}{\mu_i}$(100kHz)/10^{-6}	$\frac{h}{\mu_i^2}$(100kHz)/10^{-6}	$\frac{D}{\mu_i}$/(10^{-6}/℃)
超优 MnZn 指标	1000～2000	0.4±0.1	1.0±0.2	35	2

注：当 f＝800Hz 以及（$\frac{N}{l}$）·I＝1（A/cm）时，磁滞系数 $h=1.4\times10^3\mu_i\alpha$（cm/A），$N$ 为线圈的匝数，l 为线圈的长度，I 为有效电流强度，α 为磁滞常数。

从表 5.26 可以看出，磁芯线圈对软磁铁氧体材料的要求是同时具备 μ_i 值高、损耗低和稳定性好的优良磁特性。理论分析和实践证明，超优 MnZn 铁氧体的基本配方为 0.54 Fe_2O_3·0.10 ZnO·0.36 MnO 成分附近。在制备超优 MnZn 铁氧体时，为使配方和制造工艺达到最佳状态，可向组成中加入适当的添加剂，改善其性能。

① 微量 CaO 和 SiO_2 的加入并在适当的低温（如 1180℃）低氧压气氛（如含量为 0.6%的 N_2 中烧结）烧成后的样品中，其 Fe^{2+} 含量较多，因而阳离子空位浓度将下降，这将导致其减落变小，温度系数下降（Fe^{2+} 补偿使 μ_i-T 曲线平坦）。同时晶界电阻率增大、晶粒细化，从而导致其 μ_i 下降，比损耗系数下降。应注意：加入硅后必须在适当的烧结条件下，

才能显示出其优越性。

② 少量 SnO_2（或 TiO_2）及 Co_2O_3 的加入，有三个作用：一是补偿 K_1，使 μ_i-T 曲线趋于平坦，从而改善$\frac{\alpha_{\mu_i}}{\mu_i}$；二是，与 Fe^{2+} 联合造成 $K_1=0$，使磁化以可逆畴转为主，从而降低磁滞损耗，改善非线性失真和降低$\frac{\tan\delta}{\mu_i}$；三是，SnO_2 或 TiO_2 可降低材料晶粒内部的空位数，从而降低减落因子 D/μ_i。由此可见，少量添加剂是实现超优指标的必要条件。

【例 5.23】 超优 MnZn 铁氧体材料的配方案例。

T·AKashi 等人用共沉法制备 MnZn 铁氧体，其基本配方为 $(MnO)_{0.36}(ZnO)_{0.10}(Fe_2O_3)_{0.54}$，添加质量分数为 0.06% 的 CaO，0.02%的 SiO_2，0.015%的 Co_2O_3 和 2.0% 的 SnO_2；在 1180℃含氧 0.6%的 N_2 中保温 8h，然后按一定的 P_{O_2}-T 曲线降温，可获得性能全部合格的超优 MnZn 铁氧体材料。

5.1.9 双高材料

双高 MnZn 铁氧体材料是饱和磁感应强度 B_S 和起始磁导率都高的 MnZn 铁氧体材料，它是融开关电源变压器用高饱和磁感应强度低损耗铁氧体与宽带变压器用高磁导率铁氧体的优良磁性为一体，适用于高功率器件小型化的新型软磁材料。开关电源的小型化，首先要求磁性器件的小型化。磁芯是磁性器件的核心部件，只有磁芯小型化，磁性器件才能小型化。目前，常用的高 B_S MnZn 铁氧体材料的 $B_S \geqslant 5000$Gs，$\mu_i=2000 \sim 3000$，如果在保持 B_S 仍大于 5000Gs 的情况下，提高 μ_i值，就会缩小磁芯的体积，使器件小型化。由于 μ_i值较高的材料制成的磁芯比同体积低 μ_i材料制成磁芯的电感量大，即同样电感量的磁芯，用较高 μ_i值材料制成的磁芯体积小。因此，高 B_S、高 μ_i MnZn 铁氧体材料，有利于开关电源的小型化。20 世纪 80 年代以来，各国铁氧体工作者在这方面做了不少的研究工作。首先研制出 $B_S \geqslant 5000$Gs，$\mu_i \geqslant 5000$ 的铁氧体材料。开始，人们称这种材料为双 5000 材料。随着研究工作的深入和制造技术的提高，又研制出 $B_S \geqslant 5000$Gs，μ_i接近 10000 的 MnZn 铁氧体材料，我们称这种材料为双高 MnZn 铁氧体材料，简称“双高材料”。

双高材料的主要特性是 $B_S \geqslant 5000$Gs，$\mu_i \geqslant 5000$，同时，具备功率铁氧体低损耗和高 μ_i铁氧体的特性。日本 TDK 公司研制的 DN50、德国西门子公司的 N55 等均是典型的双高材料。西安导航技术研究所研制的直径大于 150mm 的双高大磁环，用于某国防尖端设备，性能指标达到世界先进水平。实践证明，双高材料是一种很有发展前途的高性能软磁材料，将会在电子产品的小型化中发挥重要作用。部分双高 MnZn 铁氧体材料的主要性能参数见表 5.27。

表 5.27 部分双高 MnZn 铁氧体材料的主要性能参数表

生产厂家	材料牌号	μ_i	B_S/mT		B_r /mT	H_C /(A/m)	功耗/(kW/m³)			居里温度 /℃	密度 /(×10³ kg/m³)
			25℃	100℃			25℃	60℃	100℃		
日本 TDK	DN50	5500±20%	550	380	95	7.0	550	450	1000	210	
德国西门子	N55	5300±25%	480		100	9.6				≥180	4.8
绵阳九所	样品	5000±25%	500		80	8.0				200	4.85
西安导航研究所	大功率材料	5000±10%	489		120	6.16				169	4.82
	双高材料	9000±20%	500		92	6.20				170	4.90

双高材料的大致配方范围（按摩尔分数计）为：ZnO含量在（12～16）%之间，为提高B_S和T_C，尽量选下限值，若μ_i值达不到要求，也可适当增加ZnO含量（如15%），也可以用增加Fe_2O_3的方法来弥补B_S的不足，因为B_S和T_C也与配方中的铁含量有关，一般是Fe_2O_3含量增加，B_S增大，因此，双高材料一般采用过铁配方，使Fe_2O_3含量在（53～55）%之间，但是，随着铁含量的增多，Fe^{2+}离子含量增大，$Fe^{2+}+e \rightleftharpoons Fe^{3+}$的导电机制，使损耗增加，一般采用加入适量的CaO和TiO_2等离子，提高电阻率，控制Fe^{2+}离子，使损耗降低。

【例5.24】 双5000材料的配方。

汪敢等人选用配方$Mn_{0.639}Zn_{0.294}Fe^{2+}_{0.0747}Fe_2O_4$，按质量分数计，添加0.3%～0.6%的$TiO_2$和0.02%的$CaCO_3$等添加剂，采用市售的AR级$Fe_2O_3$、$MnCO_3$、ZnO为原料，用传统的铁氧体工艺制备铁氧体生坯，然后用致密烧结真空炉制出最终样，其性能如表5.27所示，达到了双5000的要求。

5.1.10 高B_S、低损耗、高T_C的MnZn铁氧体材料

随着数字电视机、笔记本电脑的普及，以及以因特网为中心的综合业务数字网（ISDN）、ADSL网络、局域网（LAN）、调制解调器、宽带变压器等通信领域和背景照明、汽车启动系统等市场的快速增长，对MnZn高导、高B_S铁氧体材料的需求不断增大，同时也提出了越来越高的要求。不仅要求材料的B_S要高，损耗要低，还要求材料具有较高的居里温度T_C，可以保证电子设备的高可靠性。

该类材料具有高饱和磁通密度（25℃约550mT，100℃约435mT）、高居里温度（T_C>260℃）、低损耗等诸多优点。其典型参数见表5.28。

表5.28 德国EPCOS公司N45材料性能表

材料	测试条件及单位			N45
起始磁导率	25℃	μ_i	单位	3 800±25%
饱和磁通密度(1200A/m)	25℃	B_{MAX}	mT	550
	100℃	B_{MAX}	mT	435
矫顽力(f=10kHz下)	25℃	H_C	A/m	15
	100℃	H_C	A/m	21
居里温度		T_C	℃	>255
电阻率			Ω/m	11
密度		ρ	kg/m^3	4900
比损耗系数	10kHz	$\tan\delta/\mu_i$	10^{-6}	<1.0
	100kHz	$\tan\delta/\mu_i$	10^{-6}	<2.0
比温度系数	5～25℃	α_F	10^{-6}/K	1.5～3.0
	25～55℃	α_F	10^{-6}/K	−0.8～0.5
磁滞系数	10kHz	η_B	10^{-6}/mT	<0.3

【例5.25】 高B_S、低损耗、高T_C的MnZn铁氧体的配方。

(1) 配方的选择

① 就B_S而言，要想获得高B_S材料，必须采用过铁配方，因为Fe_2O_3的摩尔分数在

51%～56%范围内，B_S随 Fe_2O_3 含量的增加而增大。ZnO 含量是影响高温 B_S的关键性因素，ZnO 含量过多，会使材料的高温 B_S下降。实验及理论相结合发现高 B_S，MnZn 铁氧体 Fe_2O_3 的摩尔分数在 52%～56%，ZnO 含的摩尔分数在 9%～16%。

② 单从磁导率方面考虑，Fe_2O_3、MnO、ZnO 的范围很宽，但顾及其他因素，如频率、Q 值、磁晶各向异性常数 K_1 等因素，Fe_2O_3 的摩尔分数略超过 50%，在烧结过程中，可使适量的 Fe_3O_4 固溶于复合铁氧体中，从而使 $K_1 \rightarrow 0$，$\lambda_S \rightarrow 0$ 来提高材料磁导率。

③ 从居里温度方面考虑，居里温度的本质是铁磁材料内静电交换作用强弱在宏观上的表现，交换作用越强，就需要更大的热能才能破坏这种作用，宏观上就表现为居里温度越高。ZnO 含量是影响 MnZn 铁氧体居里温度的最主要因素，超交换作用随 Zn^{2+} 的增加而下降，而铁氧体的磁性主要来自于超交换作用。ZnO 多，居里温度下降，磁导率上升，高温 B_S变差；ZnO 少，则相反。Fe_2O_3 含量对材料的居里温度也要产生影响，Fe_2O_3 多，居里温度上升；Fe_2O_3 少，居里温度则下降。

综合考虑，将 ZnO 的摩尔分数固定在 5%～10%，将 Fe_2O_3 的摩尔分数控制在 52%～55%，其余为 MnO。

(2) 部分杂质的加入

根据材料的低损耗等性能要求，可添加的杂质有 V_2O_5、$CaCO_3$ 等。

① V_2O_5。由于 V_2O_5 是含有小半径、大电荷的金属离子化合物，在高温固相反应过程中 V^{5+} 进入晶粒内部，使之产生晶格畸变，熔点降低，成为反应中心，促使晶核生成，在适当温度下，形成结晶中心，有利于晶粒的生长；同时，在高温下又以杂质离子化合物的形式存在，从而限制了晶粒的生长。V_2O_5 的熔点也比较低（690℃）可以与铁氧体形成低熔点化合物，高温下形成黏性液体，使固相反应在有液相的情况下进行，从而加速反应速度，降低烧结温度，提高磁体密度。V_2O_5 还具有良好的结构强度，添加 V_2O_5，还可以使铁氧体抗压能力增强。

② $CaCO_3$。由于该类材料采用过铁配方，降低了材料的电阻率，导致了涡流损耗的增大（当 MnZn 铁氧体的 Fe_2O_3 含量稍大于正分值时，材料的电阻率就会大幅度下降）。为了增大材料的电阻率，降低涡流损耗，最有效的方法是添加一定量的杂质，使其均匀地分布于铁氧体晶粒内或晶界处，以达到增加电阻率，降低涡流损耗的目的。添加 $CaCO_3$，在烧结过程中，Ca^{2+} 易于向晶界处扩散，在晶界处形成一定厚度的绝缘层。Ca^{2+} 半径大，富集于晶界，生成晶界中间相，从而增大材料的电阻率。少量 $CaCO_3$ 的加入，基本上不影响材料的磁导率，但过多，会引起磁导率下降，故应酌情添加。

5.2 NiZn 铁氧体的配方

5.2.1 认识 NiZn 铁氧体

(1) NiZn 铁氧体材料的主要特性及其应用

NiZn 铁氧体材料的晶体是多孔性的尖晶石结构，具有下列主要特性。

① 优良的高频特性。NiZn 铁氧体材料的电阻率高，一般可达 $10^8\Omega \cdot m$，易于生成细小的晶粒，呈多孔结构。在一定的配方和工艺条件下可以使材料避免畴壁位移弛豫和共振，材料的应用频率高，频带宽，同时它的矫顽力可小至 10A/m，高频损耗低。适用于 1～

300MHz的频率范围，经过特殊处理的NiZn铁氧体材料使用频率可达1000MHz，成为目前应用频段最宽的软磁材料。

② 良好的温度稳定性。NiZn铁氧体材料的饱和磁感应强度B_S可达0.5T，居里温度T_C较MnZn铁氧体高，温度系数低，故温度稳定性高。

③ 大的非线性。NiZn铁氧体具有较大的最大磁导率μ_{max}，可以作到较大的磁致伸缩系数λ_S，具有较大的非线性特性，特别适用于制作非线性器件。

④ 配方的多样性。生产NiZn铁氧体材料需用大量的NiO。因为镍是贵金属，价格高、资源少、生产成本高。为了降低成本，人们进行了用廉价原材料，如MnO、MgO和CuO等取代部分Ni的开发工作，已研制出了成本较低又适用的多种新材料。由NiZn铁氧体派生出NiCuZn系、NiMnZn系和NiMgZn系等多种铁氧体系列材料，均已得到了广泛的应用。

⑤ 制造工艺简单稳定。因为组成NiZn铁氧体的原材料，在制备过程中没有离子氧化问题，不需要特殊的气氛保护烧结，一般在空气中烧结，制造设备简单，生产工艺稳定。

由于NiZn铁氧体材料具有上述的特性，所以得到了广泛的应用。表5.29列出几种软磁氧体的主要性能，从表中数据也可以看出，NiZn铁氧体具有电阻率高、高频损耗低和使用频段宽等优点，所以它广泛地用作高频天线、高中频电感磁芯、滤波器磁芯、变压器及磁放大器磁芯等；因为NiZn铁氧体在高频大磁场下能承受较高的功率，又能稳定地传递高频信号，所以能作大功率通信装置的调谐器磁芯、质子同步加速的空腔谐振器、发射机终端极间耦合变压器及跟踪接收机高功率变压器的磁芯；又由于其具有较大的非线性特性，可作非线性器件和水声换能器等；此外，又因其具有大的饱和磁化强度和较好的介电特性，在微波领域里也获得了重要的应用。

表5.29 几种软磁氧体的主要性能

铁氧体	μ_0/(H/m)	$\frac{\tan\delta}{\mu_0}$($\times10^{-6}$)	α_{μ_i}/$\times10^{-6}$	适用频率/MHz	居里温度T_C/℃	电阻率ρ/Ω·m
MnZn	5.02×10^{-4}～7.54×10^{-3}	≤10～50 (100kHz)	1000～4000	0.3～1.5	120～180	5～10
NiZn	1.26×10^{-6}～2.5×10^{-3}	≤100 (1MHz) ≤300～500 (50MHz)	100～2000	1～300	100～400	10^3～10^5
MgZn	6.28×10^{-6}～6.28×10^{-4}	—	—	1～25	100～300	2×10^3～8×10^5
LiZn	2.51×10^{-5}～1.51×10^{-3}	≤10～50 (100kHz) (50MHz)	—	10～100	100～500	
甚高频	1.25×10^{-4}～6.28×10^{-5}	—	—	100～1000	300～600	10^2～10^8

随着电子设备对抗电磁干扰技术提出的更高要求，电子器件小型化及表面安装技术的快速发展，以及通信技术的高速发展对各种高频宽带铁氧体器件的大量需求，大大拓宽了NiZn铁氧体的应用领域；同时，也对NiZn铁氧体的电磁性能提出了各种新的要求。例如用于抗电磁干扰的NiZn铁氧体材料，除满足截止频率前的低损耗外，还要求μ'在截止频率后下降缓慢，以使材料具有更高的阻抗频率特性以及更宽的干扰吸收频带；而对于片式电感及抗EMI的NiZn系材料，则需注重低温烧结（900℃）下的致密化及优良的电磁性能；应用于通信、多媒体、因特网等领域的高频高磁导率NiZn材料，不仅要求具有高的起始磁导率，还要求材料具有高的居里温度及良好的温度稳定性等。

(2) NiZn 铁氧体材料的分类

NiZn 铁氧体按用途与特性可分为高频、高起始磁导率和高饱和磁感应三类。

① 高频 NiZn 铁氧体材料。这类材料又分为高频低 μ_i 和高频中 μ_i NiZn 铁氧体材料两种。高频低 μ_i 材料具有高 ρ、低 μ_i（$\mu_i=5\sim60$）、低 $\tan\delta$ 和低 α_{μ_i} 的一高三低的优良的高频特性，适用于 20～300MHz 的频率范围。主要用于高频电感（固定或可调）磁芯和短波天线。高频中 μ_i NiZn 铁氧体材料的 μ_i 值大于 60，具有较低的 $\tan\delta$ 和相当高的温度稳定性，应用频率为几兆赫至 30MHz。主要用于高、中频电感磁芯、滤波电感磁芯和脉冲变压器磁芯等。

② 高起始磁导率 NiZn 铁氧体材料。NiZn 铁氧体的 μ_i 值不像 MnZn 铁氧体可达 10000 以上，最高的 μ_i 值只能达 5000 左右，一般生产的高 μ_i NiZn 铁氧体的 $\mu_i=1000\sim2500$。在低频时，损耗比 MnZn 材料大，$\mu_i Q$ 乘积稍低，而且原料价格贵，以往，除了要求最大磁导率 μ_{max} 较大的磁放大器或其他非线性很大的场合，使用高 μ_i NiZn 铁氧体材料外，一般都用 MnZn 铁氧体材料代替。

但是，随着光纤同轴电缆混合（HFC）系统、多媒体，有线宽带技术的高速发展，需要大量的分支/分配器、功分器、隔置器、宽带传输变压器，EMI 滤波器等射频宽带器件等。这些器件频带的扩展，使得高频高磁导率的 NiZn 铁氧体材料得到了快速的发展，高 μ_i NiZn 铁氧体材料有了许多新用途，生产量也大幅度增加。

③ 高饱和磁感应（高 B_S）NiZn 铁氧体材料。这类材料又称高频大磁场 NiZn 铁氧体材料，简称高 B_S 材料。

工作在高频大磁场下，要求损耗低，既能承受较高功率，又能稳定地传递高频信号。例如在 $f=3\sim5.5$MHz，直流偏磁场 $H_{dc}=(24\sim2400)$ A/m 的条件下，材料的高频磁通密度 $B_{rf}=0.005\sim0.01$T（$B_S\geqslant0.33$T），其 $\mu_i Qf\geqslant7\times10^{10}$（$Q_{1MHz}=150\sim200$，$\mu_{rec}=20\sim200$），主要用于质子同步加速器的空腔谐振器、发射机终端极间耦合变压器、跟踪接收机高功率变压器以及大功率通信装置调谐磁芯等。

(3) 多元复合铁氧体

因 $NiFe_2O_4$ 有较大的固溶性，除了与单元 $ZnFe_2O_4$ 形成单相尖晶石 NiZn 铁氧体外，还能与单元 $CoFe_2O_4$、$CuFe_2O_4$、$MnFe_2O_4$ 和 $MgFe_2O_4$ 等形成三元以上的单相复合铁氧体。多年来铁氧体工作者对复合铁氧体材料设计原理及制造工艺进行了许多研究工作。研制出了多种高性能新型的多元铁氧体材料，并在电子产品中得到了广泛的应用。目前应用较多的有下列几种：

① NiZnCo 铁氧体。$NiFe_2O_4$ 与 $ZnFe_2O_4$、$CoFe_2O_4$ 在一定的工艺条件下生成 NiZnCo 铁氧体。由于钴可以感生单轴各向异性，Co^{2+} 沿 [111] 方向有序排列，所产生的巨明伐效应，将导致起始磁化过程主要为磁畴转动过程，这有利于提高材料的截止频率，降低材料的损耗，是目前国内外生产的高频软磁铁氧体的主要类型。

② NiCuZn 铁氧体。$NiFe_2O_4$ 与 $CuFe_2O_4$、$ZnFe_2O_4$ 在一定的工艺条件下生成 NiCuZn 铁氧体材料。由于 CuO 熔化温度低，可以降低烧结温度，促进低温致密化，增大起始磁导率。能在 900℃以下与内导体 Ag 共烧，不与 Ag 发生化学反应，并且烧结体具有足够的烧结密度和高的电阻率，因此，NiCuZn 铁氧体材料已成为低温烧结的理想材料。现已形成 NiCuZn 铁氧体系列材料，主要用作叠层片式电感器件。

③ NiMgZn 铁氧体。在高频段应用的 NiZn 铁氧体材料，因为 NiO 较贵，生产成本高，常用廉价的 MgO 代替部分 NiO，制造 NiMgZn 铁氧体材料。但是随着 MgO 量的增加，高频损耗增大。为此再添加适量的添加剂，降低高频损耗，这样生产的材料不但成本低，而且磁性能也能满足高频使用要求。

【例 5.26】 采用氧化物法，按摩尔分数计，在主成分含 48.7% 的 Fe_2O_3、10% 的 MgO、7% 的 CuO、29% 的 ZnO、7% 的 NiO 的铁氧体材料中，添加质量分数为（0～1.0)% 的 WO_3，经过混合、球磨、造粒和压制成坯体，在 1000～1150℃ 的温度下烧结成磁芯，经测试添加 0.1% WO_3 的磁芯，损耗改善 34%；添加 0.4% WO_3，损耗改善 45%；若添加量超过 0.6% WO_3，磁芯损耗开始增加。故添加量在（0.25～0.60)% 范围内，可获得低损耗的 NiMgZn 铁氧体材料。目前，在一定的频率范围内，多用这类掺杂的 NiMgZn 铁氧体材料代替 NiZn 铁氧体材料使用，广泛地用作电子电路的变压器、扼流圈和偏转磁芯等。

④ NiMnZn 铁氧体。NiZn 铁氧体的高频性能好，但 B_S 和 μ_i 较低，MnZn 铁氧体的低频性能好，B_S 和 μ_i 均高。有些学者试图把它们复合成 NiMnZn 铁氧体材料，相互取长补短，研制出使用频率范围宽的高 B_S 和高 μ_i 铁氧体。但因 NiZn 与 MnZn 铁氧体对烧结气氛要求恰好相反，NiZn 材料需在氧化气氛中烧结，而 MnZn 材料则需在平衡气氛中烧结和冷却，很难同时满足二者烧结气氛的要求，从而设计出合适的烧结工艺条件。虽然有加杂调节烧结气氛的报道，但尚未见到成熟的生产和应用情况的报道。现在报道较多的是在 NiZn 铁氧体材料中添加少量的 MnO 或在 MnZn 材料中添加少量 NiO 改进其性能的情况，不过将 MnZn 铁氧体与 NiZn 铁氧体复合制备出使用频率范围宽，综合性能好的 NiMnZn 铁氧体材料，是一个发展方向。

近年来，关于多元铁氧体材料，特别是 NiCnZn 铁氧体的生产和研制情况的报道较多，多种单元铁氧体复合制备综合磁性能高的新材料，是今后铁氧体材料发展的一个方向。

在制备 NiZn 铁氧体材料时，用得最多的是氧化物法，其次是化学共沉淀法。随着氧化物法制造技术水平的提高，许多高性能产品都能生产，只有少数用氧化物法生产达不到技术要求的，才用化学共沉淀法，所以，这里主要介绍氧化物法的制造工艺及设备。制备 NiZn 铁氧体材料的工艺流程与制造 MnZn 铁氧体的相似，只是具体工艺条件不一样。在制备 NiZn 铁氧体材料的工艺过程中，配方设计、原材料混合的均匀性、防止预烧和烧结过程中的脱锌和挥发，是 NiZn 铁氧体制备的关键。

5.2.2 NiZn 铁氧体的主配方与常用添加剂

(1) 主配方的范围

为了得到反应完全的单相 NiZn 铁氧体，通常选择的主配方，按摩尔分数计，Fe_2O_3 为 (50～70)%，ZnO 为（5～40)%，NiO 为（5～40)%。该范围配方的特点是，Fe_2O_3 超过正分值，适合于宽温、低温度系数材料的选取，又因可生成有空位的 γ-Fe_2O_3 固溶于其中，如果加适量 CoO，产生巨明伐效应以冻结畴壁，则可得到高频高 Q NiZn 材料。ZnO 含量因使用频率与具体用途而异。当用于 1MHz 以下的较低频段时，ZnO 含量可适当提高，其摩尔分数甚至可达 35%。使用频率的增高，要求 ZnO 含量随之减小，其摩尔分数甚至可低到百分之几。表 5.30 列出了一般通信用 NiZn 铁氧体的配方与截止频率的关系。

在 NiZn 材料中，也可以采用缺铁配方，即 Fe_2O_3 含量小于 50%（摩尔分数）的配方。

表 5.30　一般通信用 NiZn 铁氧体的配方（摩尔百分数,%）与截止频率

$n(Fe_2O_3):n(NiO):n(ZnO)$	50.3：17.5：33.2	50.2：24.9：24.9	50.8：31.7：16.5	51.6：39：9.4	51.1：48.2：0.9
μ_i	640	240	85	44	12
截止频率/MHz		30	75	140	350

由于缺铁在烧结过程中不易出现 Fe^{2+}，所以材料的电阻率较高，高频特性较好，工艺也较稳定。若在少量缺铁 NiZn 配方中加入适量的 CoO，在氧化气氛下烧结，则可形成 Fe^{3+}，生成具有畴壁"冻结"特性的单相 NiZnCo 铁氧体，适用于高频大磁场场合。至于最优配方的确定，则取决于使用性能的要求。

(2) 常用添加剂对 NiZn 铁氧体性能的影响

① Co_2O_3。在 NiZn 铁氧体中，添加少量的 Co_2O_3，可以改善材料的频率和损耗特性。其中 Co^{2+} 形成单轴各向异性，造成很深的能谷，冻结畴壁，从而提高畴壁共振频率。对立方多晶而言，自然共振角频率 $\omega_r \propto H_k \propto K_1$，所以 K_1 增大，截止频率 f_r 提高；同时，Co^{2+} 能抑制 Fe^{2+} 的出现，提高电阻率，降低 $\tan\delta$。

随着 Co_2O_3 含量的增加，在 $\tan\delta$ 降低和使用频率提高的同时，μ_i 值会下降。为了保证一定的 μ_i 值，Co_2O_3 的添加量应限制在一定的围内，或同时加入其他添加剂来提高 μ_i 值；另外，随着 Co 含量的增加，材料的介电常数 ε' 增大，而 ε'' 变化不大，随着频率的增大，介电常数曲线趋于平缓，表明掺 Co 的 NiZn 铁氧体材料，其介电常数的高频特性好，并且在较宽频率范围内稳定。

② 复合添加 CoO 与 BaO（或 SrO)。添加 CoO 的 NiZn 铁氧体，其 μ_i-T 曲线常呈马鞍形。如果同时添加少量的 BaO（其质量分数约为 0.3%），可以得到平坦的 μ_i-T 曲线，其温度特性得到改善，并可防止晶粒长大，材料的高频损耗亦很低，50MHz 的频率下，其损耗因子低于 100×10^{-6}。其原因被认为离子半径大的 Ba^{2+} 的加入，使局域晶格畸变，磁晶各向异性常数 K_n（$n>1$）的值有一定的增加。

③ 添加平面六角 Co_2Y 铁氧体。如上所述，在 NiZn 铁氧体中同时加入适量的 Co^{2+} 与 Ba^{2+} 离子，有利于改善频率和温度特性。Co_2Y 的分子式为：$Co_2Y=Ba_2Co_2Fe_{12}O_{22}=2CaO\cdot 2CoO\cdot 6Fe_2O_3$，添加 Co_2Y 铁氧体就是同时添加 Co^{2+} 和 Ba^{2+} 离子。实践证明，向 NiZn 铁氧体中直接添加 Co_2Y 铁氧体，更有利于改善材料的频率特性及温度系数。如向成分为 $Ni_{0.85}Zn_{0.15}Fe_2O_4$ 的材料中，按质量分数计，添加 2%、8% 的 Co_2Y 后，材料的频率特性得到了明显的改善。其中，加 2%的 Co_2Y，材料的 μ_i-T 曲线基本平坦，其温度性能，比直接添加 Co（质量分数为 3%）的材料好，在 $-20\sim70$℃范围内，温度系数可以降低到 10^{-7}。由于在晶体中 Co^{2+} 离子呈方向有序排列，使畴壁稳定在能量最低的位置，Ba^{2+} 离子半径大，可以起到钉扎畴壁的作用，添加 Co_2Y 起到了双重添加的效果，并可在较低的温度下烧结时，Co_2Y 起到了助熔剂的作用，增进了密度，但又不促进晶粒的生长，所以，Co_2Y 是制备 NiZn 铁氧体材料的理想添加剂。

④ SnO_2。NiZn 铁氧体在烧结过程中，伴随部分 Zn^{2+} 的挥发，相应地就有部分 Fe^{3+} 转变为 Fe^{2+}，使电阻率下降。如果引入高价的阳离子，可使 Fe^{2+} 生成稳定的静电键，从而使 Fe^{2+} 束缚在高价离子的附近而难以参与导电过程。Varshney 等人研究了 Sn^{4+} 对 NiZn 铁氧体电阻率的影响，$Ni_{1+x-y}Zn_ySn_xFe_{2-2x}O_4$ 铁氧体的电阻率随二值的变化。研究表明，Sn^{4+} 从优八面体位，因此，能有效地遏止 Fe^{2+} 参加导电过程，使激活能增加，电阻率升高。所以，含 Sn 的 NiZn 铁氧体的电阻率高、涡流损耗小，可以作为高频（0.1～75.0MHz）的感抗磁芯。

⑤ SiO_2 与 Bi_2O_3 组合。通常，缺铁 Ni—(Zn)—Co 铁氧体的温度系数为正值，而一般高频电容器的温度系数亦为正，因此，用作滤波线圈磁芯时，共振频率 $f_c\propto\frac{1}{\sqrt{LC}}$，并将随温度的升高而下降。为了保证一定的温度稳定性，要求铁氧体具有负的磁导率温度系数，而添加 Bi_2O_3 与 SiO_2 可以制得负的温度系数。

添加 Bi_2O_3 主要起降低熔点和致密化的作用，添加 SiO_2 使 Si^{4+} 进入晶粒，为了电价平衡而产生相应的 Fe^{2+}，改变磁晶各向异性常数，导致负的磁导率温度系数。假如仅仅加 SiO_2，则只有当温度高于 1300℃ 时，Si^{4+} 才能进入晶格，而在高温下烧结致使晶粒长大，但当 SiO_2 与 Bi_2O_3 组合添加时，在较低的温度下，可使 Si^{4+} 进入晶格，也不使晶粒尺寸长大。

⑥ V_2O_5。V_2O_5 是常用的助熔剂，其熔点约为 700℃，添加少量的 V_2O_5，有利于促进产品液相烧结，在较低的烧结温度下，即可获得高密度、高磁导率和低损耗特性。对于富铁的 NiZn 铁氧体配方，合适的 V_2O_5 添加量为 0.4%（摩尔分数）左右。

⑦ Co_2O_3 与 V_2O_5 组合。在 NiZn 铁氧体配方中，单纯添加少量 Co_2O_3 可以降低材料的损耗，提高使用频率，但 μ_i 值有所下降。单纯添加 V_2O_5 可以在较低的烧结温度下，获得高密度、高磁导率和低损耗特性，如果同时添加 Co_2O_3 和 V_2O_5，对 NiZn 铁氧体的性能有何影响呢？实践表明，在一定的添加范围内，起始磁导率 μ_i 下降很缓慢。因为 V^{5+} 离子可以促进晶粒长大，从而增大了起始磁导率，Co^{2+} 的加入增大了 K_1，从而降低了起始磁导率，其总的结果将导致起始磁导率在一定范围内，缓慢降低，当二者超过一定量时，起始磁导率迅速下降。采用复合添加，品质因素 Q 的变化趋势与单独添加 Co_2O_3 时的情况类似，当添加量较小时，Q 值迅速上升，而后随添加量的增加，其上升趋势渐缓。实验证明，Co_2O_3 与 V_2O_5 的组合添加量在 0.2%～0.4%（质量分数）之间，可以获得最佳的 Q 值。所以，合理选择一定配比的 Co_2O_3 与 V_2O_5 添加，能同时达到在低温下烧结降低损耗，提高使用频率，又能保持磁导率下降幅度小，从而改善 NiZn 铁氧体的工艺与磁性能。

【例 5.27】 在配方为 Fe_2O_3 142.3g，NiO 56.33g，ZnO 14.71 g，$MnCO_3$ 3.3g，Co_2O_3 1.96g，V_2O_5 0.1g 的组成中，添加 0.1%的 Co_2O_3（质量分数），用氧化物法制造的样品，其 Q 值由 140 提高到了 230，μ_i 值与使用频率的改变不大。

⑧ $CaCO_3$。因为 Ca^{2+} 的半径较大，一般不进入晶格内部，只在晶格边界形成高电阻晶界层。在 NiZn 铁氧体中，加入微量 $CaCO_3$ 的好处就在于它不破坏材料的晶体结构，并能提高材料的电阻率，降低材料的涡流损耗。

⑨ ZrO_2。在 NiZn 铁氧体中加入少量（质量分数为 0.2%～0.5%）的 ZrO_2，可以使磁性能与力学性能大为改善。例如，采用组成为 $(NiO)_{28}$ $(ZnO)_{13}$ $(Fe_2O_3)_{59}$ 的配方中，在球磨时加入适量的 ZrO_2，在 1250℃烧结样品，其磁损耗下降 50%，在其他组成与工艺相同的情况下，掺适量的 ZrO_2，材料的抗弯强度 δ_B 提高了一倍。经分析，掺入 ZrO_2 并没有改变 NiZn 铁氧体的晶粒形状，只是使断面由纯晶界型，部分或大部分转变为横穿的过渡层型，由此导致其抗弯强度急剧增加。

⑩ Nd_2O_3。由于 Nd^{3+} 离子具有较大的离子半径，掺入 NiZn 铁氧体后，将会影响烧结过程中晶粒的生长，改变材料的密度，对材料的微观结构和电磁性能有一定的影响。

【例 5.28】 陈亚杰对实验配方 $Ni_{0.4}Zn_{0.6}Nd_xFe_{2-x}O_4$，采用传统的陶瓷工艺，就 Nd_2O_3 对 NiZn 铁氧体的影响进行了讨论。他先将 NiO、ZnO、Fe_2O_3、Nd_2O_3，用无水乙醇混合湿磨，烘干后在 900℃预烧 2h，再次粉碎后，在无水乙醇中球磨，烘干后，造粒成型（圆环和圆片状），最后在 1250℃下烧结 3h，而后随炉冷却。他的实验表明：

a. 对微观结的影响。当 $x \leqslant 0.003$ 时，样品为单一的尖晶石相；当 $x \geqslant 0.007$ 时，则有正交结构的 $FeNdO_3$ 另相出现。

在 $x \leqslant 0.003$ 时，产品的表观密度 d 随 x 单调增加，随后当 x 进一步增加时，d 反而下降，其原因是 Nd^{3+} 离子半径为 0.101nm，尽管它可能占据较大的八面体 B 位，但 Nd^{3+} 离子进入 B 位后，使 B 位增大，晶格常数也变大，并可能出现晶格畸变。这种晶格畸变，增大了烧结动能，提高了烧结活性，有利于晶粒长大。且随着 Nd^{3+} 的增多，畸变也增加，必然使样品的平均晶粒尺寸 D_m 增大。但是当 $x \geqslant 0.007$ 时，产品中将出现另相，其表观密度将随之下降。

b. 对起始磁导率 μ_i 及品质因素 Q 的影响。随 x 的增大，μ_i 呈下降趋势，而 Q 呈上升之势，但当 x 达到 0.007 后，μ_i 和 Q 的变化均趋于缓和。当频率上升至 5MHz 后，μ_i 随 Q 的变化不是很敏感，这是由于引入 Nd^{3+} 后，D_m 有明显的增大，而剩余损耗又随晶粒尺寸增大而移向较低频率，于是在低频率下（≤5MHz），测量其 μ_i 和 Q 值，有着明显的变化。

c. 对截止频率关的影响。当 Nd^{3+} 离子掺入 $Ni_{0.4}Zn_{0.6}Fe_2O_4$ 铁氧体后样品的截止频率 f_r 随 Nd 离子的增加而升高。

d. 对电阻率 ρ 的影响。当 $x \leqslant 0.003$ 时，ρ 随 x 的增大而减小，而当 $x > 0.003$ 时，ρ 随 x 的增大而增大。这可以由 D_m 的变化规律来解释，在 $x \leqslant 0.003$ 时，D_m 随 x 的增大而迅速增大，致使晶界电阻率 ρ 减小，从而使整个多晶体的总电阻率下降。但是，当 x 达到 0.007 后，由于出现了正交结构的 $FeNdO_3$ 另相，而这些另相往往在晶界析出，使晶界电阻率 ρ 显著增大。

e. 对居里温度的影响。随着 Nd_2O_3 含量的增多，起初居里温度 T_C 呈现渐渐升高的态势，而当接近另相出现的含量时，T_C 变化缓慢，并伴随着另相增多，T_C 有下降之势。

通过上述分析得知，在 NiZn 铁氧体中添加适当的 Nd_2O_3 有利于综合磁性能的改善。一般添加量在 0.002～0.006 之间。

⑪ CuO。CuO 是 NiZn 铁氧体材料的主要添加剂之一，在 NiZn 铁氧体材料中添加适量的 CuO，可以促进低温致密化，增大磁导率，实现材料的低温烧结。

⑫ TiO_2。在 NiZn 铁氧体中添加适量 TiO_2 的作用与添加 SnO_2 和 ZrO_2 等高价离子相似，能遏制 Fe^{2+} 参与导电机制，降低材料损耗，并能降低烧结温度而不促使晶粒的生长，从而改善综合磁性能。Q 值由 5 提高到 55，相应地 μ_i 值也会降低。

⑬ MnO。在 NiZn 铁氧体中添加适量 MnO 可大幅度提高电阻率，改善功耗特性，相应地 μ_i 值也会下降，如表 5.31 所示。

表 5.31　NiZn 铁氧体掺 MnO 性能比较表

NO	配方(质量分数)/%				品质因素 Q	$\frac{L}{\mu H}$	μ_i
	Fe_2O_3	NiO	ZnO	MnO			
1	64.53	10.53	24.28	0.68	55	98	358
2	64.16	11.51	24.33	0	5	200	810

Ni 铁氧体的导电机制是 $Ni^{2+} + Fe^{3+} \rightarrow Ni^{3+} + Fe^{2+}$，当适量 MnO 加入时，晶粒内部的导电机制将受到影响，因 Mn^{2+} 的电离能（33.97eV）低于 Ni^{2+}（35.92eV）而高于 Fe^{2+}（31.69eV），在高温时，Mn^{2+} 离子对氧的亲和力比 Ni 强，低温时，Mn^{2+} 离子又容易给氧于 Fe^{2+}。因此，Mn^{2+} 离子的引入，可抑制 Fe^{2+} 及 Ni^{3+} 的出现，减少八面体位不同价的导电电子，提高电阻率，进而增大 Q 值。

综上所述，不同的添加剂，对 NiZn 铁氧体磁性能的影响不同，可以根据产品性能的要求、添加剂在 NiZn 铁氧体中的作用及其对制造工艺的影响来选择适当的添加剂和添加量，设计出副配方使主配方和制造工艺都达到最佳状态。不同的 NiZn 铁氧体有不同的添加剂，具体添加情况将在后面做进一步的阐述。

5.2.3 高频 NiZn 铁氧体的主配方

高频 NiZn 铁氧体要求有高的电阻率，必须相应提高 NiO 的用量和降低 Fe_2O_3 及 ZnO 的用量，严格控制 Fe_2O_3 的含量，力求不出现过量的 Fe^{2+}。按摩尔分数计，其常用主配方为 25%～35%的 NiO，15%～20%的 ZnO，50%的 Fe_2O_3。总之，使用频率越高，ZnO 含量应越低，NiO 含量随之相应提高，而 Fe_2O_3 的含量基本上保持在 50%左右。

【例 5.29】 高温度稳定性高频 NiZn 铁氧体材料。

在 $Ni_{0.8}Zn_{0.2}Fe_2O_4$ 的基础配方中加入少量 PbO（按质量分数计，为 5%）起助熔作用，可降低烧结温度 150～200℃，另按质量分数计，添加 1.2%的 Nb_2O_5，1.2%的 ZrO_2，可抑制晶粒的生长，促使晶粒的细化，添加 0.6%的 Co_2O_3，可改善其温度特性。当工艺适当时，可在 2～10MHz 频段内获得 $\mu_i=40$，$Q=200\sim300$，$\alpha_{\mu_i}\leqslant400\times10^{-6}$，$\rho=10^7\Omega\cdot m$ 的优良性能的材料。

5.2.4 高 μ_i NiZn 铁氧体的主配方

高 μ_i NiZn 铁氧体必须提高 M_S，使磁晶各向异性常数 K_1、磁致伸缩常数 λ_S 和内应力 σ 降至最小值。随着 Zn 含量的增加，M_S 将显著上升，而 K_1、λ_S 亦将随之降低。当 ZnO 含量达 35%（按摩尔分数计），烧结温度为 1380℃，高 μ_i NiZn 铁氧体的 μ_i 值可达 5000 以上。在烧结条件适当时，按摩尔分数计，NiO=15%，ZnO=35%，Fe_2O_3=50%，是高 μ_i NiZn 铁氧体的最优配方点，其相应化学分子式为 $Ni_{0.3}Zn_{0.7}Fe_2O_4$，实践表明，NiZn 铁氧体的最优配方点与烧结温度有极大的关系，只有在合适的烧结条件下，才能制造出性能优良的高 μ_i NiZn 铁氧体。

【例 5.30】 起始磁导率为 3000、$T_C\geqslant105$℃，$B_S\geqslant280$ 的 NiZn 铁氧体，其制备方法具体如下：

① 按 $n(Fe_2O_3):n(NiO):n(ZnO):n(CuO)$=50.5%：14%：32%：3.5% 的配方比例，称取 Fe_2O_3、NiO、ZnO 和 CuO 氧化物原料，一次球磨混合均匀后，在 100℃左右的烘箱内，将其烘干。

② 将步骤①所得的烘干料放置于烧结钵中压实打孔，按 30℃/min 升温至 1050℃的预烧温度点，保温 2.5h，然后随炉自然冷却至室温。

③ 将步骤②所得的预烧料掺入 0.2%（质量分数）的 WO_3，二次球磨 6h。

④ 将步骤③所得的二次球磨料烘干后，加入 10%（质量分数）的聚乙烯醇溶液造粒，聚乙烯醇溶液浓度约为 10%（质量分数），将造粒料于 50MPa 的压力下成型，压制成标准生坯样品。

⑤将步骤④所得的生坯样品在 1200℃下，进行保温 3h 的烧结。

5.2.5 高饱和磁感应强度（大功率）的 NiZn 铁氧体的主配方

饱和磁感应强度的大小，取决于单位质量的比饱和磁化强度 σ_S 和密度 d，所以，要获得高饱和磁感应强度（简称高 B_S）的 NiZn 铁氧体，要求材料有较高的密度和配方中有一定的 ZnO 含量。由于高 B_S 的 NiZn 铁氧体主要用于大功率的高频磁场，因而也要求有较高的 Ni 含量过量的 NiO、ZnO 和 Fe_2O_3 都不能得到较高的 M_S 值，按摩尔分数计，NiO=30%，ZnO=20%，Fe_2O_3=50%，是高 B_S NiZn 铁氧体的最优配方点，其相应化学分子式为 $Ni_{0.6}Zn_{0.4}Fe_2O_4$。

在这种材料的制造过程中，微量元素的掺杂也是很重要的，特别是Co的添加，Co^{2+}扩散将引起感生单轴各向异性，利用巨明伐效应，使畴壁冻结，提高材料的临界磁场H_C，改善材料的磁性能，图5.22示出了$Ni_{0.6-x}Zn_{0.42}Co_xFe_{1.96}O_{4+\gamma}$铁氧体的$\mu_i$和$\tan\delta$与高频磁场强度之间的关系，可见，Co含量不同，其振幅特性差异明显。

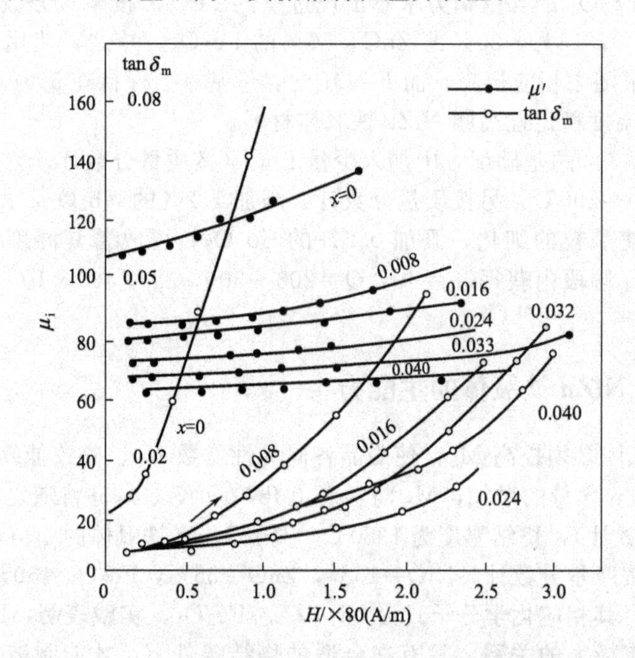

图5.22　$Ni_{0.6-x}Zn_{0.42}Co_xFe_{1.96}O_{4+\gamma}$中$Co^{2+}$浓度不同的振幅特性（3MHz）

一般地，高频大磁场（高B_S）铁氧体的配方的选择原则如下：

① 按摩尔分数计，选择Fe_2O_3为50%以下，高NiO的主配方；同时，添加适量的Co_2O_3（一般为0.5%～1%），形成缺铁的NiZnCo铁氧体，这类铁氧体，其高频大磁场下（H_C以下）的损耗，通常只有普通NiZn材料的1/5～1/2。

② 适当调节NiO/ZnO的比例，可设计出不同μ_i的大功率材料；

③ 加入适当的助熔剂，可降低烧结温度，细化晶粒。

【例5.31】 交流火花触发器用大功率NiZn铁氧体。

交流火花触发器是电影放映机必不可少的设备，其主要作用是将220V交流电压升压、变频产生高压进行放电，触发点燃氙灯，作为放映机的光源。触发器中的磁棒（$\phi10\times200$mm）在强磁场下工作，要求磁棒有较高的饱和磁感应强度B_S和振幅磁导率μ_a，同时在强磁场下仍有较高的品质因素和高居里温度T_C。该磁棒材料为缺铁的NiZnCo铁氧体，参考配方，按摩尔分数计，Fe_2O_3为48.9%、NiO为25.1%、ZnO为24.8%、Co_2O_3为0.71%、Pb_3O_4为0.49%。用氧化物法制成的材料性能为$\mu_a=951$（测试条件：$B=150$mT，$f=16$kHz），$B_S=344$mT，$\rho=10^7\Omega\cdot$m，$T_C=370$℃。使用这种材料制成$\phi10\times200$mm的磁棒装机实验，放电距离为22mm，超过了20mm的要求，且连续放电不断，经35s内放电，火花无明显减弱现象。

5.2.6 低温度系数、低损耗和高饱和磁通密度NiZn铁氧体材料

研究表明，Cu^{2+}的玻尔磁矩小于Ni^{2+}，Cu^{2+}替代Ni^{2+}将降低材料的比饱和磁化强度，而$\mu_i\propto M_S$，因此，Cu^{2+}的替代对磁导率将产生不利影响。但低温烧结体具有更高的密度，

能够提高单位体积内的磁矩。而更完整、更均匀的晶粒将有利于畴壁的移动，这对于提高磁导率也是非常有利的，因此，适量Cu^{2+}的添加，能够有效降低这种不利影响，从而保证低温烧结体具有高的起始磁导率。高的密度和均匀的晶粒分布是低温烧结体具有更低损耗的主要原因。因为在1MHz以下的频率范围内，NiZn铁氧体的损耗主要是由磁滞损耗构成，并且其磁化的机理主要是畴壁移动。而更高的烧结密度和更均匀的晶粒尺寸将有利于畴壁的移动，降低磁滞损耗。

由于非磁性离子Zn^{2+}占据了尖晶石结构中的A位，大部分的磁性离子则占据了B位，因此，NiZn铁氧体的磁性主要来源于B位中的磁性离子与O^{2-}之间的交换耦合，而Cu^{2+}进入晶格中加强了B位中的磁性离子与O^{2-}的交换耦合作用，使得交换耦合作用抗热干扰能力增强，从而材料具有更好的热稳定性，而且均匀的微结构能够有效地减少内部的退磁场，这也是改善温度特性的另一个重要因素。

【例5.32】 广泛用于汽车电子领域中的低温度系数、低损耗和高饱和磁通密度NiZn铁氧体材料的制备。

① 原材料。选择工业纯的Fe_2O_3、ZnO、NiO、MnO和CuO。

② 成分设计与称料。主配方（摩尔分数）按照Fe_2O_3为49%，ZnO为26%，CuO为10%，MnO为3%，NiO为12%称取，其中n（MnO）：n（CuO）≈1：3.33。

③ 原材料的混合。将称好的原材料放入球磨机中，加入与料等质量的去离子水，球磨5h。

④ 预烧。将混磨好的原材料烘干，放入炉内预烧。预烧温度为780℃，预烧时间为3h，气氛为空气，预烧后随炉冷却。预烧后，对预烧料进行XRD相分析，确定预烧料中只存在尖晶石结构，没有其他杂相。

⑤ 杂质添加。选择Bi_2O_3和V_2O_5作为添加杂质联合添加。其中Bi_2O_3的质量分数为0.13%，V_2O_5为0.18%，m（Bi_2O_3）：m（V_2O_5）≈1：1.39。

⑥ 二次球磨。将预烧料放入球磨机中，加入与料等质量的去离子水，球磨12h，使预烧料的平均粒度小于0.8μm。

⑦ 成型烧结。将预烧料烘干，加入质量分数为10%的聚乙烯乙醇（PVA），充分混合之后，使用45目分样筛造粒，并压制成ϕ25mm的样环，放入箱式炉内烧结，烧结温度控制为965℃左右，保温时间为6h，随炉冷却到室温。制备好的样环，在Hp4284A阻抗分析仪上测其磁性能，样品的密度采用浮力法测量。

制备出来的样品在保持起始磁导率大于800的基础上，具有5.05kg/m^{3}以上的密度；在$-20\sim65$℃的温度范围内，具有小于7.0×10^{-6}的比温度系数；在100kHz的频率下，具有小于10×10^{-6}的比损耗系数；在4000A/m的测试磁场下，$B_S>420$mT，$T_C>190$℃。

5.2.7 高清晰度偏转铁氧体材料用NiZn铁氧体

高清晰度偏转铁氧体材料是高清晰度的计算机终端阴极射线管（CRT）显示器、工业监视器用低损耗偏转铁氧体材料的简称。这种材料能够降低磁芯发热引起图像质量的下降，并能控制瞬变现象。同时，也适用于制备随高磁通密度而产生高热的他用磁芯。

近年来，由于急速普及OA、CAD-CAM等自动记录及检测显示器等，使用了大量高清晰度的CRT。CRT扫描速度快、水平偏转频率高，由于水平偏转频率的增高，引起MgMnZn磁芯自身发热等方面的问题达不到高标准的要求。另外，现在使用的MgMnZn铁氧体材料，虽然具有高的电阻率，但在总损耗中，涡流损耗占很少的比例，大部分损耗是磁滞损耗，要降低总损耗比较困难。使用制造开关电源变压器的低损耗MnZn铁氧体来制造偏转磁芯，虽然可以改善磁芯的温升，但在CRT图像上，会产生瞬变现象，所以难以采用。实践证明，NiZn系列铁氧体可满足其要求。目前已开发了NiZn系列铁氧体偏转磁芯材料，满足了高清晰度偏转磁芯的技术指标。

【例5.33】 工作频率在130kHz的高清晰度偏转铁氧体材料。

该材料的基本配方为$Ni_aZn_bCu_cFe_2O_4$（$a+b+c=1$），为了更好地降低功率损耗，配方中还可加入少量的Mn、Mg和Ti，常用配方为：$Ni_{0.24}Zn_{0.57}Cu_{0.19}Mn_{0.01}Mg_{0.015}Ti_{0.015}Fe_{1.56(1+a/100)}O_4$。α为Fe的基本配方的漂移因子（负值），当$a=-0.7$时，铁氧体材料的功耗达到最小值。测试条件在100℃，130kHz和0.1T时，材料的功率损耗仅为传统铁氧体材料的一半。

【例5.34】 工作频率在170kHz的偏转铁氧体材料。

其主配方按摩尔分数计，Fe_2O_3为（47～50）%、NiO为（14～20）%、ZnO为（26～33）%、CuO为（4～7）%时，而适量添加MnO制备的材料，在高行扫描频率下具有高的电阻率和低的功率损耗。表5.32为基本配方及在170kHz、0.1T条件下测量的功耗与电阻率。

表5.32 功耗和电阻率与基本配方的关系

曲线序号	成分(摩尔分数)/$\times10^{-2}$				功耗/$W\cdot cm^{-3}$		电阻率/$\Omega\cdot cm$
	Fe_2O_3	NiO	ZnO	CuO	25℃	140℃	
1	47.5	16.5	30.5	5.5	1.36	2.27	5.6×10^{10}
2	48.0	16.5	30.0	5.5	1.10	1.57	1.5×10^{10}
3	48.5	16.5	29.5	5.5	1.40	1.15	4.1×10^{8}
4	49.0	16.5	29.0	5.5	1.32	1.00	2.3×10^{7}
5	49.5	16.5	28.5	5.5	1.21	1.79	6.8×10^{6}
Mg-Mn-Zn材料					2.35	—	5.3×10^{6}

图5.23（a）给出了不同Fe_2O_3含量制得材料功率的温度特性，由此可以看出，随Fe_2O_3的增加ZnO的减少，功耗由随温度升高而增加变为随温度上升而减小，控制了材料发热的恶性循环现象，但电阻率有明显下降的趋势。针对上述情况，在基本配方的基础上，外加MnO来改善其性能，基本配方选表5.32中的5号，按质量分数计，添加（0～1.2）%的

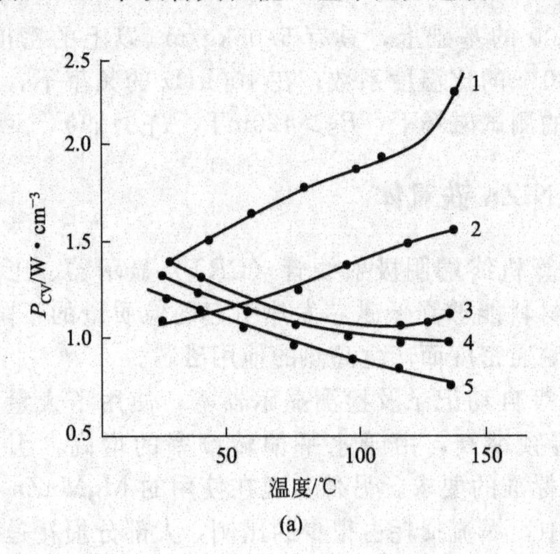

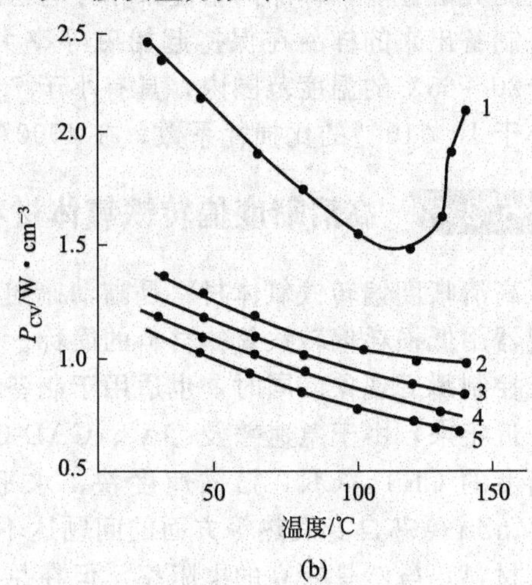

图5.23 功耗的温度特性

表 5.33 MnO 含量与功率损耗和电阻率的关系

加杂号	MnO 质量分数$\times 10^{-2}$	功率损耗/W·cm^{-3}		电阻率/Ω·cm
		25℃	140℃	
1	0	1.21	0.79	6.8×10^{6}
2	0.3	1.08	0.66	1.3×10^{8}
3	0.5	1.00	0.59	1.2×10^{11}
4	0.8	1.15	0.76	4.1×10^{9}
5	1.2	1.32	0.96	8.5×10^{7}

MnO，混料后，在 850℃预烧 1h，球磨造粒压制成坯体，在空气中 1150℃下烧结制得材料，功耗的温度特性如图 5.23（b）所示。表 5.33 为 MnO 含量与材料性能的关系。由此可知，少量的 MnO 不但能大幅度提高材料的电阻率，而且改善了其功耗特性。

实践结果表明，NiCuZn 铁氧体中增加 Fe_2O_3 可设计出负值的功耗特性，添加 MnO 后，随 Fe_2O_3 添加量的增加，防止了电阻率的下降。由于功耗的降低，提高了高清晰 CRT 用偏转磁芯的可靠性，有利于器件的小型化、轻量化。该材料不仅能用于高清晰度偏转磁芯，也可以在高频高磁通密度下使用，减小磁芯的发热现象。

5.3 MgZn 铁氧体的配方设计

5.3.1 认识 MgZn 铁氧体

(1) MgZn 铁氧体的基本特性及其应用

MgZn 铁氧体材料经过多年的研究与开发，在其组成中引入了 Mn、Ni、Co 和 Cu 等成分，加上制造工艺的改进，使其综合磁性能有较大的改善，目前在 0.5～30MHz 频段内已能达到下列技术指标：

起始磁导率 $\mu_i=20\sim800$，饱和磁感应强度 $B_S=200\sim350$mT；

矫顽力 $H_C=40\sim400$A/m，居里温度 $T_C=130\sim400$℃；

比损耗角正切 $\tan\delta/\mu_i=(27\sim50)\times10^{-6}$；

电阻率 $\rho=10^2\sim10^8$ Ω·m。

MgZn 铁氧体的 B_S 和 μ_i 值均比较低，不宜作高 μ_i 材料和功率材料。其低频特性比 MnZn 铁氧体差，高频特性又比 NiZn 铁氧体差。但因其不含贵金属，其生产成本较低，加之 Mg^{2+} 在生产过程中不变价，其生产工艺简单，所以，在频率低于 30MHz 的情况下，可利用它来替代部分昂贵的 NiZn 铁氧体材料，有时也可替代部分低性能的 MnZn 铁氧体，目前，该类材料已得到了广泛的应用，其生产量已成为仅次于 MnZn 和 NiZn 铁氧体的一大类软磁铁氧体材料。

从目前的生产情况看来，MgZn 铁氧体材料用于制作使用频率从 0.5～25MHz，甚至更高频率的多种铁氧体元器件，可以得到高的 Q 值，在这个应用频率范围内制作的中波高 Q 天线磁芯，其性能优于 MnZn 铁氧体，制作的短波天线磁芯，其性能不亚于 NiZn 铁氧体，并可以生产 $R_{20}\sim R_{800}$ 的一系列软磁铁氧体元件，如电视机天线匹配器用 R_{20}、R_{800} 的双孔磁芯、电视机调节电感用的 R_{20}-DK9×7 环形磁芯、螺纹磁芯、工字磁芯和柱形磁芯等。Mg-

Zn 铁氧体用量最大的是生产各种彩色电视机用的偏转磁芯。由于其表面电阻高，生产的偏转磁芯性能优良，目前尚有较大的生产量。

(2) MgZn 铁氧体材料的工艺特点及制造工艺

由于组成 MgZn 铁氧体的 Mg^{2+} 与 Zn^{2+} 的化学稳定性好，在生产过程中不变价，不需要特殊的防止变价的设施，工艺过程与 NiZn 铁氧体相似。但是 MgZn 铁氧体是混合尖晶石型结构，在不同的烧结和冷却条件下，制成材料的正、反尖晶石的比例不同，材料的性能有较大的差异。所以，MgZn 铁氧体的生产，也有它自己的工艺特点。实践表明，MgZn 铁氧体的性能在很大程度上取决于镁铁氧体的性能，而 Mg 铁氧体的性能主要是由 Mg^{2+} 的分布所致。Mg 铁氧体的特征金属离子是二价镁离子（Mg^{2+}），具有稳定不变的原子价。在尖晶石结构中，Mg^{2+} 离子分布在 B 位上，但也有的占据 A 位，可用下式来表示其阳离子的分布：$Mg_{\delta}^{2+}Fe_{1-\delta}{}^{3+}$（$Mg_{1-\delta}Fe_{1+\delta}$）$O_4$，式中 δ 为转化率，用 X 射线衍射、中子衍射和磁性测量等方法可以确定其 δ 值，现已证明，对 Mg 铁氧体而言，其激活能 E 大约为 0.14eV，其阳离子分布与温度的关系符合玻尔兹曼分布：

$$\frac{\delta(1+\delta)}{(1-\delta)^2}=e^{\frac{-E}{RT}} \tag{5-8}$$

从式（5-8）可以看出，且实践也表明，Mg 铁氧体的阳离子分布与烧结后降温及热处理条件有直接的关系，其烧结及降温与热处理控制，也是制备该类材料的工艺重、难点。

(3) 彩色偏转磁芯及彩偏铁氧体材料

在当今信息社会，显示技术正向彩色，高清晰、大屏幕、多功能和长寿命等方向发展，其中，阴极射线管（CRT）以其自身的优点及技术上的不断进步，至今在显示器件上保持其主导地位。

彩色显示管（CDT）和彩色显像管（CPT）同属于阴极射线管，其显示方式仍采用电子束大角度扫描的电磁偏转技术。偏转线圈（DY）起着不可取代的重要作用，是阴极射线管的关键组件，而偏转磁芯则是偏转线圈的核心元件，偏转磁芯是用铁氧体材料制造的，所以，偏转铁氧体材制的性能，直接决定着阴极射线管的功能和质量。偏转铁氧体材料的发展与阴极射线管（CPT）有着密不可分的关系。随着高清晰度电视和高分辨率监视器的出现，对偏转铁氧体材料提出了更高更新的要求，促进了偏转铁氧体材料的改进和发展。

① 彩色偏转磁芯的功能与特征。目前，无论是显像还是显示用的阴极射线管（CRT），其显示方式仍采用电子大角度扫描电磁偏转技术。作为 CRT 管头主要附件的偏转线圈，由直接绕在偏转磁芯上的垂直偏转线圈（帧包）和贴于偏转磁芯内侧的水平偏转线圈（行包）组成。

彩色偏转磁芯是电视接收机中偏转扫描系统的重要元件，它有效地增加了显像管枪颈内的磁场强度，使偏转灵敏度得以提高。偏转磁芯不仅具有屏蔽外界磁场对偏转磁场的干扰作用，同时还有防止偏转磁场向外界泄漏的功能。因此，磁芯必须具备下列的功能与特性：

a. 为有效地减少偏转磁场的损耗，提高偏转灵敏度，要求磁芯有较高的磁导率和尽可能低的功率损耗。

b. 由于垂直线圈直接把导线绕在磁芯上，因此，要求磁芯有很高的电阻率和表面电阻，而且表面和边缘应光滑无毛刺。

c. 磁芯应有足够的机械强度，以承受垂直线圈在绕制和夹持过程中的机械冲击。

d. 磁芯和外形结构能防止偏转磁场向外泄漏，并有良好的电磁屏蔽作用。

对于彩色显示管而言，由于要求高分辨率，扫描频率成倍提高。彩电显像管工作频率一般在 16kHz 左右，而显示管的工作频率则在 32kHz、64kHz，甚至更高的频率。随着工作频率的提高，功率损耗必然上升，从而使彩管温度上升而无法正常工作，因此，降低材料的功率损耗，使功耗随温度的上升而下降，以避免高频损耗与引起的温升两者形成的恶性循环是至关重要的。电阻率应该更高，以降低涡流损耗并避免高频振铃振荡。此外，由于要求良好的会聚特性和高分辨率，对磁芯的尺寸精度，特别是内曲面的公差要求更为严格，以保证扫描与会聚的精度，减少各类失真。为便于比较，表 5.34 列出了用户对偏转线圈和磁芯的要求。目前，我国生产的彩偏磁芯的性能，一般分为三个指标，表观磁导率、表面电阻率和破坏强度。表 5.35 给出了部分彩偏磁芯的电磁性能。

表 5.34　用户对偏转线圈和磁芯的要求

用途	使用方法	用户要求
民用电视机 显示器	偏转角 110° 水平扫描频率 <90kHz	低价格 高精度尺寸(内尺,圆长) 高饱和磁通密度 低磁芯损耗
高分辨率 显示器	水平扫描频率 92～130kHz	高精度尺寸 高饱和磁通密度 低磁芯损耗
高清晰电视机 (HDTV)	倍频扫描 偏转角 100°	低价格 高精度尺寸 高饱和磁通密度,低磁芯损耗

表 5.35　彩偏磁芯电磁性能

型号及规格	表观磁导率 μ_{app}	表面电阻率 $\rho/\Omega\cdot m$	破坏强度 W/N	备注
PV4845(37cm)	13±20%	$\geqslant 10^8$	≥490	日立型粗管径
PV5136(56cm)	11±20%	$\geqslant 10^8$	≥490	日立型细管径
PV4033(47cm)	≥8	$\geqslant 10^7$	≥245	东芝型细管径
PV4034(53cm)	≥10	$\geqslant 10^7$	≥245	东芝型细管径
PV4335(53cm)	≥10	$\geqslant 10^7$	≥245	松下型细管径
PV4631(71cm)	≥9	$\geqslant 10^7$	≥245	美国机型
PV4846(53cm)	≥11	$\geqslant 10^8$	≥490	
PV4037	≥13	$\geqslant 10^8$	≥294	

② 彩偏磁芯的结构及形状。随着电子工业的不断发展，彩偏磁芯不但用于彩色电视接收上，而且还用于计算机终端阴极射线（CRT）显示器和工业监视器上。37cm、47cm、53cm、56cm 等彩偏磁芯，其内圆呈内曲面，符合显像管管径的形状，彩偏磁芯经过绕线后采用弹簧卡子卡住，因此，在磁芯上留有尺寸要求精确的卡子槽。

③ 彩色偏转磁芯用铁氧体材料种类的确定。铁氧体材料的性能主要是由其配方决定的，在早期研究高频低损耗的偏转材料时，曾经使用制造开关电源变压器的低功耗 MnZn 铁氧体材料生产偏转磁芯，MnZn 铁氧体虽然改善了磁芯在高频下的温升问题，但由于材料的电阻率低而产生振铃振荡，破坏电视画面，显然选择其做偏转磁芯材料不合适，而 NiZn 铁氧体电阻率高，性能虽适宜，但需用贵金属镍，生产成本高。表 5.36 是不同材质彩偏磁芯性能的比较，由表可知，MgZn 铁氧体是制造彩偏磁芯较为理想的材料。

表 5.36 偏转线圈用磁芯的比较

用途	特性	Mg-Zn	Ni-Zn	Mn-Zn
偏转磁芯	磁芯损耗	中	中	好
	饱和磁通密度	差	中	好
	电阻率	好	好	差
	起始磁导率	好	好	好
	居里温度	中	好	好
偏转线圈	温度上升	差	中	好
	振铃	好	好	差
	串扰	好	好	差
	差拍	好	差	好
	成本	好	中	差
总成本特性		好	中	差

进一步的探索表明，加少量 Mn 的 MgZn 铁氧体，是制造彩偏磁芯的最佳材料，其电阻率可以高达 10^7～$10^8\Omega\cdot m$，而且，这种材料的表面电阻与断面电阻相等，或者说，其电阻率与表面电阻率具有同一数量级。此外，材料的性能及其电阻率，对烧结气氛和冷却速度的依赖关系不明显，因此，在烧结工序可以采用空气气氛烧结和缓冷却方式，这样不但简化了工艺，而且避免了产品在急速冷却中，造成炸裂和机械强度变差等缺陷。所以，目前彩色电视机偏转磁芯所用的材料大部分采用 MgMnZn 铁氧体材料。

但是 MgMnZn 系铁氧体材料通常适用于行扫描频率为 16～32kHz，随着高清晰度电视机和高分辨率监视器的问世和发展，要求提高行扫描频率。Mg 系铁氧体就难以满足要求。目前，又开发出了 NiZn 系列铁氧体材料，用作高清晰度电视机、显示器和分辨率监视器的偏转磁芯（其常见配方见 5.2.6 节）。

5.3.2 MgZn 铁氧体的主配方及其常用添加剂

(1) MgZn 铁氧体的组成及 Zn 含量对其性能的影响

MgZn 铁氧体是 $MgFe_2O_4$ 与 $ZnFe_2O_4$ 按一定比例复合而成，为混合型尖晶石铁氧体，其分子式为 $Mg_{1-x}Zn_xFe_2O_4$，式中 x 为 Zn 的含量，由于 Zn 含量的不同，构成 MgZn 铁氧体正、反尖晶石的比例也不同，其磁性能有较大的差异。随 Zn^{2+} 取代 Mg^{2+} 量的增加，产品的磁化强度增加，当 Zn^{2+} 取代 Mg^{2+} 的量增大到 50%时，磁化强度开始下降，在完全取代时，即 $ZnFe_2O_4$，其磁化强度为零。

(2) MgZn 铁氧体的主配方

实践证明，适用的 MgZn 铁氧体材料组成中，按摩尔分数计，ZnO 的含量应小于 25%，MgO 的含量在 25%～50%之间，Fe_2O_3 含量在 50%左右。MgZn 铁氧体晶格内，其离子的分布与 ZnO 的含量有关，在 ZnO 含量为（0～25)%范围内，能制成一系列混合型尖晶石 MgZn 铁氧体材料。

为改善 MgZn 铁氧体材料的性能，通常在主配方中引入 Ni、Mn、Cu 等成分，可制成多元铁氧体材料。在 MgZn 铁氧体中掺入喜欢占据尖晶石 B 位的 Ni^{2+}，可以取代一部分 B 位上的非磁性 Mg^{2+}，制成 MgNiZn 铁氧体，从而提高分子磁矩，减少磁滞损耗；另外，材料中有少量 Mn^{2+} 存在的情况下，Ni^{2+} 与 Fe^{3+} 之间不会发生导电现象，克服了高频损耗的主要诱因——电子弛豫。所以，在制备 MgNiZn 铁氧体材料时，同时加入少量的 Mn^{2+}；因为锰原子的第三电离能比铁原子的第三电离能大，可抵制因过铁而造成的 Fe^{2+} 的出现。如果在配方中加入（2～4）%的 MnO（按质量分数计），可以使电阻率由 $10^2\Omega \cdot m$ 增加到 $10^9\Omega \cdot m$，材料的损耗降低，综合磁性能得到改善。目前，已形成 MgMnZn 铁氧体系列产品，并得到了广泛的应用。如在 MgZn 铁氧体配方中加入适量的 CuO，可以降低烧结温度，细化晶粒，减少 Fe^{2+} 的出现，如果在配方中，按摩尔分数计，引入（5.5～13.5）%的 CuO，可以制成低温烧结 MgCuZn 铁氧体材料。由于它与内导体 Ag 结合的内应力小，将成为替代 NiCnZn 材料的新型铁氧体材料，大量应用于叠层片式元器件中，在 MgZn 铁氧体主配方中引入 Ni、Mn 和 Cu 等成分，改善材料的综合磁性能，已成为目前研究开发的重点课题之一。

(3) 常用添加剂

为使主配方和制造工艺达到最佳状态，在 MgZn 铁氧体材料的制造过程中，常分别或同时添加下列添加剂。

① 在过铁配方中，按质量分数计，掺入适量的 Co_2O_3（如 0.5%），可以冻结畴壁提高截止频率。同时，$CoFe_2O_4$ 的 *K-T* 曲线与 MgZn 铁氧的 *K-T* 曲线进行有效的补偿，可以使材料在较宽的温度范围内，μ_i、*Q* 特性稳定。

② 在 MgZn 铁氧体材料中，加入少量的 $SrCO_3$ 或 $BaCO_3$（如 0.3%左右），可使晶粒细化，K_1 值增加，截止频率提高。

③ 如果同时加入 CoO 和 $BaCO_3$，可补偿材料的磁晶各向异性常数 K_1，提高材料的截止频率，改善材料的温度稳定性。

④ 锂铁氧体的添加量，按质量分数计，在 3%左右，对提高材料的低频 *Q* 值有利，在 4%左右时，对提高高频的 *Q* 值有利。据分析，加锂的主要作用是 Li^+ 与 Fe^{3+} 在尖晶石 B 位置上呈 1∶1 有序排列的结果，限制了它们之间的电子交换，提高了电阻率，同时，也减少了电子弛豫现象，从而降低了剩余损耗。

⑤ 向 MgZn 铁氧体配方中，加入少量的助熔剂 V_2O_5 或 CuO 等，可以降低烧结温度，细化晶粒，从而有效地降低材料的磁损耗。

⑥ 添加微量的 $CaCO_3$，提高晶界电阻率，使 *Q* 值增加。

⑦ 按质量分数计，加（0.2～0.3）%的 TiO_2，可以改善材料的温度特性并降低损耗。

⑧ 以 Al 取代 $MgFe_2O_4$ 内的 Fe，可降低其饱和磁化强度，同时直流磁导率增加，直流电阻率也明显增加到 $10^8\Omega \cdot m$。

除上述添加剂以外，还有 WO_3 和玻璃等添加剂，在实际生产中，可以根据产品性能的不同要求，选取适当的添加剂，在第二次球磨时加入，其添加量虽少，却可以使材料的性能得到很大的改善。

从上述讨论可知，MgZn 系铁氧体的配方设计与 MnZn 和 NiZn 铁氧体的不同之处，是在其主配方中，可引入较多的 Mn、Ni 和 Cu 等成分，构成 MgMnZn 系、MgNiZn 系和 MgCuZn 系等多元铁氧体，再加入适当的添加剂，可改善材料的磁性能。目前应用最多的是这些多元铁氧体材料。虽然 MgZn 系铁氧体材料的制造工艺较为简单，但是其配方的设计却较复杂，多元铁氧体主配方的设计及添加剂的选取，是制造 MgZn 系铁氧体的关键技术之一。

5.3.3 常见 MgZn 系铁氧体的配方

(1) 低损耗 MgZn 铁氧体的配方

电子设备中用的偏转线圈 DC-DC 变压器和电流扼流圈等因磁芯体积大，材料成本高，故需要在不降低材料性能的前提下，设法降低材料的成本。使用成本低的MgZn铁氧体或用Mg替换NiZn、NiCuZn系铁氧体中的部分镍，虽然成本降低了，但磁芯损耗增大了，所以，降低MgZn铁氧体材料的损耗，是扩大MgZn铁氧体应用范围特别是高频应用的关键。各国学者在这方面已做了不少研究工作，研制出了一系列低损耗MgZn铁氧体材料，大大地扩展了其应用范围。

为了减少Fe^{2+}离子，可选用缺铁配方，按摩尔分数计，Fe_2O_3含量可选择在（46～49）%的范围内，再在主配方中加入适量的CuO、NiO和MnO。因为加入少量的CuO，可以降低烧结温度和细化晶粒。Mg铁氧体中加入少量Ni^{2+}，如前述，可提高分子磁矩减少磁滞损耗。若在材料中存在少量的Mn^{2+}，Mn^{2+}和Fe^{3+}之间不会发生导电现象，可以克服高频损耗的主要诱因——电子弛豫，从而降低材料的损耗。所以，低损耗MgZn铁氧体的主配方可由Fe_2O_3、MgO和ZnO三种主要成分和CuO、NiO和MnO三种附加成分组成。再在球磨时加入适当的杂质，就可以获得低耗损的MgZn铁氧体材料。

【例5.35】 TDK公司曾报道了一种低损耗MgZn铁氧体的配方，按摩尔分数计，Fe_2O_3为47%，MgO为10%，CuO为7%，ZnO为29%，NiO为7%等成分的铁氧体中，按质量分数计，添加（0～1.0）%的WO_3，用适当的工艺制得的样品，磁芯损耗明显下降，添加0.025% WO_3时，磁芯损耗改善17%；添加0.1%时，损耗改善34%；添加0.4%时，损耗可改善45%；但其添加量如超过0.6%时，损耗则增大，故其添加量应限定在(0.025～0.6)%的范围内。另外，作了改变MgO含量的实验，WO_3的添加量为0.1%，用与上面实验同样的工艺制造样品，损耗改善了25%以上，实验结果如表5.37所示。

表5.37 MgZn铁氧体的组成对功耗的影响

编号	Fe_2O_3	MgO	ZnO	CuO	NiO	MnO	不加WO_3时的功耗W/kg	加0.1%的WO_3时功耗W/kg
材料A	47	10	29	7	7	—	11.5	7.5
材料B	46	23	28	—	—	3	18.5	13.8
材料C	49	22	23	6	—	—	55	41

实验表明，在含NiO和CuO的MgZn铁氧体中，加入适量的WO_3，可以明显改善材料的损耗特性，获得低损耗的MgZn铁氧体材料。

【例5.36】 对低损耗的MgZn铁氧体，也可以采用加CoO的过铁配方制造低损耗Mg-Zn铁氧体材料，如按摩尔分数计，在主配方为59.0%的Fe_2O_3，21%的MgO，20%的ZnO，4%的MnO，2%的NiO，次配方为适量的CoO、$BaCO_3$、CuO和$Li_{0.5}Fe_{2.5}O_4$，所制成的材料损耗低。因为，在过铁配方中同时加入CoO不仅可以提高材料的品质因素Q值，而且还能提高材料的截止频率。这是由于适量Mn^{2+}可抑制因过铁而造成Fe^{2+}的出现，适量Li^{+}的加入，提高了电阻率，同时，也减少了电子弛豫的现象，降低了剩余损耗，所以，设计出合理的主配方和适当加杂是制造低损耗MgZn铁氧体材料的必要条件（内因）。

（2）烧结MgCuZn铁氧体材料

目前，NiCuZn铁氧体是生产叠层片式元器件的主要铁氧体材料，然而它对应力非常敏感，容易受到因内导体或安装到底板上时而产生内应力的影响，使磁性恶化，尽管掺入SiO_2等添加剂能减少其应力的敏感性，但仍然影响其在某些方面的应用。铁氧体工作者用与研究低温烧结NiCuZn类似的方法，开发了磁致伸缩比NiCuZn铁氧体小的MgCuZn铁氧体。

【例5.37】 日本TDK公司Nahata等人，研究了MgCuZn铁氧体制造叠层片式元器件的可行性。其主配方（按摩尔分数计），Fe_2O_3 为 47.5%、ZnO 为 21%、MgO 为（31.4-x）%，进行 CuO 的取代试验，x 为 CuO 的取代量。通过试验证明获得性能优良的低温烧结 MgCuZn 铁氧体的条件是：粉料的比表面积超过 8.5m^2/g，预烧温度应在 760～850℃之间，CuO 的含量应大于 7.5。

(3) 天线磁芯用 MgZn 铁氧体

20 世纪六七十年代铁氧体天线磁芯生产技术已发展成熟，到了 70 年代后期与 80 年代，国内一些单位为了降低成本，进行了以 Mg 代 Ni、以 Mg 代 Mn 开发 MnZn 铁氧体天线磁芯的工作，并取得了较好的效果。现在 MgNn 铁氧体天线磁芯（又称天线棒）已广泛地用于收音机、收录机和电视机等电子产品。国内磁性材料厂生产 MgZn 铁氧体天线磁芯，生产技术大同小异，一般多采用过铁配方，用氧化物法生产。

【例 5.38】 国内 MgZn 铁氧体天线磁芯的常用配方。按摩尔分数计，Fe_2O_3 为（57～59）%，MgO 为（22～28）%，ZnO 为（15～19）%，适当地加入 CoO、NiO、$MnCO_3$ 或 $BaCO_3$、V_2O_5、CuO 等添加剂，改善其性能和制造工艺。常使用的配方如表 5.38 所示。

表 5.38 制造 MgZn 铁氧体天线磁芯的常用配方

原料 品名	主成分(摩尔分数)/%			辅成分(质量分数)/%		
	Fe_2O_3	ZnO	MgO	CoO	$MnCO_3$	CuO
中波磁棒	57	27	16	0.5	2.5	2.5
中短波磁棒	58.5	18	23.5	0.5	2.8	2.2
短波磁棒	58.5	12.5	29	0.5	2.8	2.0

适量加入 $CaCO_3$，也可提高 MgZn 铁氧体磁芯的短波性能。因为 Ca^{2+} 离子半径大，不进入晶粒内部，若在配方中加入少量的 $CaCO_3$，在烧结过程中 $CaCO_3$ 将分解成 CaO，以高浓度分布于晶界处，形成固有的高电阻层，提高材料的电阻率，畴壁移动困难，涡流损耗和剩余损耗明显减小，可改善材料的短波性能。

【例 5.39】 加 $CaCO_3$ 的，用作短波磁芯的 MgZn 铁氧体。

实验的基本配方按摩尔分数计，Fe_2O_3 为（54～56）%，ZnO 为（15.6～18.6）%，MgO 为（25～28）%，辅成分按质量分数计，Co_2O_3 为 0.5%，$MnCO_3$ 为 2%，CuO 为 0.05%，$CaCO_3$ 为（0.003～0.1）%。用氧化物法制备，预烧温度为 1160～1190℃，保温 2～3h，在 1170～1200℃烧结 2～3h，制得的产品性能列于表 5.39。由此可知，在原配方中加入适当的 $CaCO_3$，短波磁芯的 Q 值提高了 20%左右。

为了进一步降低成本，国内有些厂家用富铁矿或铁鳞等廉价原料代替氧化铁制造 MgZn 铁氧体天线磁芯，生产的磁棒价格低廉，性能可达到部颁标准，还可用它来制备小型的电感磁芯。

表 5.39 Ca^{2+} 离子对 MgZn 铁氧体性能的影响

频率	1.6MHz			12MHz		
参数	Q_{app}	Q	μ_{app}	Q_{app}	Q	μ_{app}
A-120	2.82～2.89	183～186	7.25～7.40	1.74～1.84	150～160	3.4～3.45
B-120	2.6～2.7	170～176	7.1～7.4	1.50～1.55	129～133	3.45～3.55
部标 Y_{10}×120	≥2.4	—	≥7.1	≥1.65	—	≥3.30

注：样 A 为加 $CaCO_3$，样 B 为不加 $CaCO_3$。

（4）MgMnZn 系铁氧体

【例 5.40】 用于抗电磁干扰、使用频率宽的 MgMnZn 铁氧体的配方。

屠新根在制备该类材料时，分两次添加氧化镁，他认为，这样可以增加镁锌铁氧体在材料微观晶粒结构表面的密度，阻断铁离子的流动，从而增加材料的电阻率。纳米级的氧化物活性较高，可在更低的温度下发生融解，容易进入铁氧体晶体内部，可以阻止磁畴的转动和壁移，因而能提高铁氧体的截止使用频率。碳酸锰以及微量的碳酸钙，在高温下分解的二氧化碳，在逃逸过程中，将使材料的内部形成微小的气孔，可以提高铁氧体的截止使用频率。他将 12g 氧化锌、60g 氧化铁和 5g 的氧化镁依次加入到混料机中，均匀混合后，在 1050℃下预烧 40min，得到经预烧的粉料；在预烧后的粉料中，添加 0.5g 二氧化硅（纳米），7g 碳酸锰，0.5g 碳酸钙和 5g 氧化镁后，进行二次粉碎，加入黏合剂混合，采用喷雾造粒法得到平均直径为 0.1～0.8mm 的颗粒；将各颗粒烘干后压制成型，并进行修整得到成型体；将成型体在 1300℃下烧结 2.5h 后，降温即可。经检测，所获铁氧体的气孔率为 2%，居里点大于 120℃，电阻率大于 $10^7\Omega\cdot cm$，在 1kHz，25℃时的起始磁导率为 600，在 $H=1600A/m$ 的磁场中，25℃时的饱和磁通密度大于 2600Gs，截止使用频率可达 30MHz 以上，使用范围从 0.1～30MHz 以上。

5.4 LiZn 铁氧体的配方设计

5.4.1 认识 LiZn 软磁铁氧体

Li 和 LiZn 铁氧体及其由其他金属离子取代生成的 LiZn 铁氧体，统称锂系铁氧体材料，它不但是很好的旋磁和矩磁材料，也是一种在高频范围内应用的软磁铁氧体材料。LiZn 软磁铁氧体材料在 10～100MHz 的频率范围内，具有良好的软磁磁性，与 NiZn 铁氧体相比，具有以下特性：

（1）$Li_{0.5}Fe_{2.5}O_4$ 在室温时的 B_S 比 $NiFe_2O_4$ 大（在室温时，$Li_{0.5}Fe_{2.5}O_4$ 的 $B_S=0.39T$；$NiFe_2O_4$ 的 $B_S=0.34T$），故对于同样具有 $K_1<0$ 的材料，在相同 μ_i 值的条件下，$Li_{0.5}Fe_{2.5}O_4$ 的自然共振频率比 $NiFe_2O_4$ 高。因此 $Li_{0.5}Fe_{2.5}O_4$ 和 LiZn 铁氧体可成为与 $NiFe_2O_4$ 及 NiZn 铁氧体相当的高频软磁铁氧体材料。

（2）$Li_{0.5}Fe_{2.5}O_4$ 的居里温度是铁氧体中最高的一种，因此，Li 系铁氧体的温度稳定性均高于其他铁氧体材料。

（3）$Li_{0.5}Fe_{2.5}O_4$ 的磁致伸缩系数（绝对值）比 $NiFe_2O_4$ 小（$Li_{0.5}Fe_{2.5}O_4$ 的 $\lambda_S=-1\times10^6$；$NiFe_2O_4$ 的 $\lambda_S=-26\times10^{-6}$），因此，磁致伸缩应力所造成的损耗较小；同时，LiZn 铁氧体的磁晶各向异性低、电阻率高，所以，其高频损耗较小。

（4）由于 Li_2O 和 Li_2CO_3 的分子量小，Li^+ 在 LiZn 铁氧体中占的比例较小，又不用贵金属，所以生产 LiZn 铁氧体的成本较低。

（5）由于 Li_2O 在 1150℃就会分解，而且 Li 及 LiZn 铁氧体中的氧离子在 1100℃左右易分解，使晶粒脱氧而出现 Fe^{2+}，电阻率下降，因此，LiZn 铁氧体材料必须在 1100℃以下烧结。但在此温度下，化学反应不完全，密度低，磁性能不能充分发挥，这使得它的磁性能不及 NiZn 铁氧体，为此，在配方和工艺上，人们在防止 Li_2O 的挥发，降低其烧结温度，提高产品的密度与电阻率等方面，做了深入细致的研究工作。1977 年 Baba 等人以多种离子进行置换，尤其是附加微量的 Bi（≤0.005 个离子/分子式单元），可使材料在 1000℃左右烧结时，密度达到 99%，并可防止氧的损失和 Li 的挥发。由于这一新的突破，使它的缺点得到了很大程度的改善，从而使得 Li 系铁氧体跨入了微波领域，成为很有发展前途的一类材料。同时，人们结合 Zn^{2+} 的取代技术，制成了 LiZn 软磁铁氧体材料。

现在，LiZn 软磁铁氧体材料已广泛地应用于天线放大器、闭路电视元件、彩电电感器、彩偏磁芯、计算机用滤波器等方面。LiZn 软磁铁氧体材料在闭路电视工程中的使用，证明了它更适合在甚高频段使用。所以，在某些场合，用 LiZn 软磁铁氧体代替 NiZn 材料使用，可以降低成本。但因 Li_2O 易挥发等原因，LiZn 铁氧体工业生产的产品一致性较差，在某些应用中，受到了一定的限制，在生产过程中，减少 Li_2O 挥发，提高产品的一致性是今后急需解决的问题。

5.4.2 LiZn 铁氧体的主配方及其常用添加剂

LiZn 铁氧体的配方，也是由主配方与副配方（添加剂）构成。由于 Li 离子为正一价，在对其主配方进行设计时，需要特别注意其化合价的平衡问题；又因 Li_2O 和 Li_2CO_3 易挥发，可加入适当的添加剂，降低烧结温度，防止 Li 的挥发，改善其综合磁性能，显得比其他铁氧体更为重要，其副配方是每种实用 LiZn 软磁铁铁氧体必不可少的组成部分。

(1) 主配方

LiZn 铁氧体的主配方可由下式表示：$Li_{0.5-0.5x}Zn_xFe_{2.5-0.5x}O_4$，$x$ 为锌含量，在 0～1 之间，若 $x=0$，则上式变为 $Li_{0.5}Fe_{2.5}O_4$，变为单元 Li 铁氧体；若 $x=1$，则上式变为 $ZnFe_2O_4$，为单元锌铁氧体；若 $0<x<1$，则可以生成一系列 LiZn 铁氧体。

在 LiZn 铁氧体中，锌含量 x 值不同，材料的磁性能有较大的差异，如图 5.24 所示。

随着 Zn^{2+} 离子含量的增加，μ_i 值变大，当 $x=0.7$ 时，μ_i 有一个极大值；而含量 $x=0.5$ 左右时，$\tan\delta/\mu_i$ 有一极小值。因为锌离子为非磁性离子，占四面体位，它的掺入使 $4\pi M_s$ 增加；同时，Zn^{2+} 离子不具有磁晶各向异性，它取代磁性离子之后，减少了产生磁晶各向异性离子的数目，K_1 值必然减小，根据 $\mu_i \propto M_S/(K_1+\lambda_S)$ 的原理，μ_i 值会增加，$\tan\delta/\mu_i$ 会减少。又因为矫顽力从 $H_C \propto K_1/M_S$，加入非磁性 Zn^{2+} 离子使 K_1 下降，M_S 增加，故 H_C 会单调下降。如表 5.40 所示，当 Zn^{2+} 含量 x 由 0.1 增加到 0.7 克分子时，H_C 由 200A/m 降到 28.8A/m。

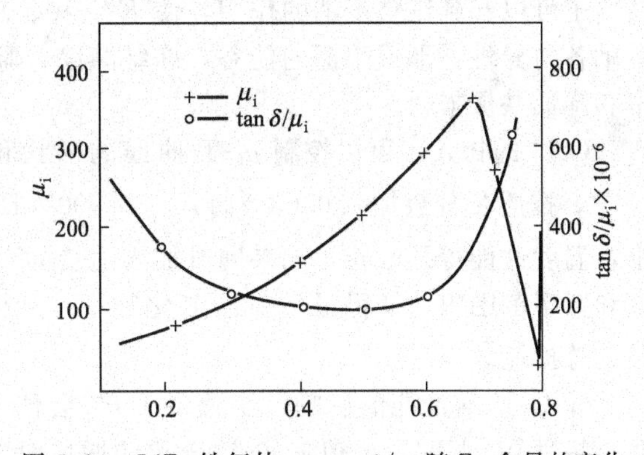

图 5.24 LiZn 铁氧体 μ_i、$\tan\delta/\mu_i$ 随 Zn 含量的变化

表 5.40 Zn 含量对 LiZn 铁氧体 $4\pi M_s$ 与 H_C 的影响

Zn 含量	0.1	0.2	0.3	0.4	0.5	0.6	0.7	0.8
$4\pi M_s$/Gs	4023	4454	4738	4511	3915	3050	1971	627
H_c/Oe	2.49	1.66	1.44	1.24	0.90	0.60	0.36	—

图 5.25 表明，Zn 含量增加会使居里温度下降，温度性能变坏，当含量由 0.1 增加到 0.6 时，温度系数 α_{μ_i} 由 2450×10^{-6} 变到 15000×10^{-6}。

从上述分析可知，Zn 含量增加，会使材料的 $4\pi M_S$ 值增加，$\tan\delta/\mu_i$，H_C 下降，材料

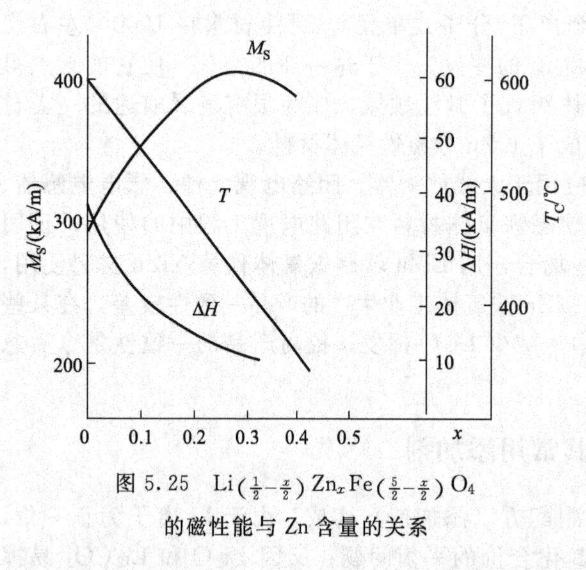

图 5.25 $Li_{(\frac{1}{2}-\frac{x}{2})}Zn_xFe_{(\frac{5}{2}-\frac{x}{2})}O_4$ 的磁性能与 Zn 含量的关系

的综合磁性能变好。但是，当增加到一定的值后，μ_i 值（$x=0.7$）会下降；$\tan\delta/\mu_i$（$x=0.5$）会增大，综合磁性能变坏，同时，随着 Zn 含量的增加，T_C 下降，温度稳定性变坏。LiZn 铁氧体材料中，Zn 含量对其性能起着决定性的作用（内因），因此，设计 LiZn 铁氧体主配方时，要根据材料性能的要求，综合考虑各项指标，选出合适的 Zn 含量，一般 LiZn 铁氧体的锌含量 x 应小于 0.5。

（2）添加剂（副配方）的作用

在 LiZn 铁氧体的制造过程中，常用下列添加剂，降低烧结温度，防止 Li 的挥发，改善材料的磁性能。

① 加助熔剂降低烧结温度。因为 Li_2O 在高温下会挥发，LiZn 铁氧体材料常在 1100℃ 以下烧结，所以，在 LiZn 材料的制造过程中，须向组分中加入助熔剂，以便降低烧结温度。常用的助熔剂有 Bi_2O_3、CuO 和 V_2O_5等。实践证明，加入适量的 Bi_2O_3 效果更好，不但可以使烧结温度降到 1000℃附近，防止 Li_2O 的挥发，还能使固相反应完全，获得高密度材料并能减少材料的磁滞损耗。

② 添加适当的 Co^{2+} 提高材料的使用频率、降低共振损耗和改善材料的温度特性。Co^{2+} 具有较大的正 K_1 值，λ_{111} 也大于零，而 LiZn 铁氧体的 K_1 值和 λ_S 值均为负值，加入适当的钴离子可以起到正负抵消的作用，使 $K_1\rightarrow0$、$\lambda_S\rightarrow0$，降低材料的损耗。并且 Co^{2+} 能形成单轴各向异性，形成很深的能谷，冻结畴壁，避免自然共振和位移，利于提高材料的使用频率和降低共振损耗。

Co^{2+} 的掺入，可以控制 μ_i-T 曲线的形状和次峰出现的位置，在未加时，$\alpha_{\mu_i}=4270\times10^{-6}$，按质量分数加入 0.03%时，$\alpha_{\mu_i}=900\times10^{-6}$，因此，适当加入 Co^{2+} 离子可以使 α_{μ_i} 变小，温度性能得到改善，如果同时加入适量的 Co^{2+} 与 Ti^{4+}，可使材料的 K_1 值在很宽的温度和频率范围内，变得很小，α_{μ_i} 变化很小，从而提高材料的温度稳定性，降低材料在高频段的总损耗。

③ Ca^{2+} 对性能的影响。少量的 Ca^{2+} 会使 LiZn 铁氧体的 μ_i 值增加，当含量（质量分数）超过 0.4%时，μ_i 值随 Ca^{2+} 含量的增加而下降。少量的 Ca^{2+} 可以降低材料的 $\tan\delta/\mu_i$，含量从 0→0.1%时，$\tan\delta/\mu_i$ 从 500×10^{-6} 逐渐降到 200×10^{-6}，含量高于 0.1%时，$\tan\delta/\mu_i$ 随 Ca^{2+} 添加量的增加而增大。因为在 LiZn 铁氧体成分中，Ca^{2+} 可进入晶粒间隙中，形成第二相，使晶粒均匀，气孔减少并在晶界处形成高阻层。这样，畴壁移动就容易，故 μ_i 增大。Ca^{2+} 多时，反而使晶粒生长出现畸形，形成双重结构，产生不均匀性，阻止了畴壁移动，降低了 μ_i。少量的 Ca^{2+} 在晶粒间形成的高电阻层，使电阻率增大，涡流损耗降低，过多时产生的双重结构，使磁滞损耗大大增加，同时适量的 Ca^{2+} 离子会使温度系数稍有降低，含量（质量分数）由 0.4%到 1.6%，$\alpha_{\mu i}$ 由 6630×10^{-6} 降到 3260×10^{-6}。

④ Sn^{4+}、Zr^{4+}、In^{3+} 离子对性能的影响。μ_i 随 Sn^{4+} 含量的增加而降低，$\tan\delta/\mu_i$ 在 Sn^{4+} 含量（摩尔分数）为 0.1%左右有一极小值。因为 Sn^{4+} 易占八面体位，与 Fe^{2+} 结合，代替 Fe^{3+}，使多余的 Fe^{3+} 变成 Fe^{2+}，从而使 K_1 与 $4\pi M_S$ 都减小，但是 $4\pi M_S$ 下降的速率

比 K_1 下降的速率更快，从而导致各向异性场 $|K_1/M_S|$ 变大，H_C 变大，μ_i 变小。

Sn^{4+}、Zr^{4+} 与 In^{3+} 的加入对 μ_i、$\tan\delta/\mu_i$ 的影响不同。同样加入 0.3%（摩尔分数）的情况下，掺 In^{3+} 的 μ_i 最大，Sn^{4+} 的次之，Zr^{4+} 最小。掺 Zr^{4+}、In^{3+} 的 μ_i 与烧结温度关系不大，而掺 Sn^{4+} 的 μ_i 随烧结温度升高而变大。当 Sn^{4+} 含量合适时，温度性能较好，$\alpha_{\mu_i}=188\times10^{-6}$。

⑤ Mn^{3+} 对性能的影响。加入适量的 Mn^{3+}，可减少磁致伸缩系数，减少剩磁对应力的敏感性，改善矩形度，减少气孔率，降低 H_C，其副作用是居里温度点有所下降。

(3) 低温烧结 LiZn 软磁铁氧体材料

LiZn 软磁铁氧体材料具有居里温度高、饱和磁化强度高、电阻率高、磁晶各同异性低等“三高一低”的特性，并能在1000℃左右烧成，是所有二元铁氧体烧结温度最低的材料。所以人们自然就会想到进一步降低烧结温度，与内导体 Ag 共烧制造叠层片式器件。现在国内外已有这方面研制情况的报道。FDK 公司在 Li 铁氧体中掺入低熔点的锂玻璃获得了较好的性能。也有在 LiZn 铁氧体中掺 CuO，进行 LiCuZn 铁氧体研制的。

【例 5.41】 电子科技大学的学者在 $Li_{0.2}Zn_{0.6}Fe_{2.2}O_4$ 的主配方中，按质量分数计，加入 0.4% Bi_2O_3，在 850℃保温 2h，在 1MHz 的频率下，测得其 $\mu_i=220$，$T_C=220$℃，$D=4.97\times10^3$ kg/m³，$\rho=2.5\times10^8\Omega\cdot$m，在配方为 $Li_{0.276}Zn_{0.5}Mn_{0.035}Ti_{0.15}Fe_{1.34}O_4$ 中，掺入适量的 Bi_2O_3 和 V_2O_5 来降低烧结温度，获得的产品，其 $\rho=2.5\times10^4\Omega\cdot$m，$D=4.95\sim5.0\times10^3$ kg/m³，当按质量分数计，掺入 1.0%的 Bi_2O_3，在 860℃保温 2h，$\mu_i=450$。

(4) 具有高电阻率的 LiTiZn 软磁铁氧体材料

现在，国内外均已研制出了具有高电阻率（$\rho>10^6\Omega\cdot$m）的锂钛锌软磁铁氧体材料。

【例 5.42】 高电阻率锂钛锌软磁铁氧体的常用配方如下：

$$Li_{0.5(1+t-x)}Zn_xMn_mFe_{2.5(1-0.22-0.6t-0.4m-\varepsilon)}Ti_tO_4$$

式中，x 为锌含量，t 为钛含量，m 为锰含量，ε 为缺铁量。

组分中的锌和钛的作用是降低磁晶各向异性，提高起始磁导率。在 $0.45\leqslant x\leqslant0.6$，$0\leqslant t\leqslant0.15$ 时，随着 x、t 含量的增加 μ_i 值增大，为防止 Fe^{2+} 存在，可加入微量的 Mn，一般加入量 $m=0.035$ 左右。为了降低烧结温度，提高电阻率，可加入适量的 Bi_2O_3，含量为 $1.5\times10^{-3}\leqslant Bi\leqslant2\times10^{-2}$，烧结温度会降到 1000℃以下。最后考虑球磨时铁含量的增加，缺铁量 ε 应选在 $0.02\leqslant\varepsilon\leqslant0.06$。用这样的配方制成的坯体，在 900～1000℃之间，通氧烧结 8～16h，其性能如表 5.41 所示。

表 5.41 LiTiZn 铁氧体性能

x	0.45	0.50	0.55	0.60	0.60	0.60	0.60
t	0	0	0	0	0.05	0.10	0.15
B_S/T	0.445	0.328	0.35	0.303	0.279	0.25	0.223
T_C/℃	322	279	238	196	172	150	127
μ'/20℃	400	440	510	680	740	810	900
$(\tan\delta/\mu)/\times10^{-6}$ 10kHz	46	40	33	30	28	27	27
$\rho/\times10^6\Omega\cdot$m	9	⩾10	⩾10	⩾10	9	9	10

用普通氧化物法对 MgZn 和 LiTiZn 两种铁氧体材料进行了试验。MgZn 材料的表面电阻率可做到 $10^{5\sim9}\Omega\cdot$m，LiTiZn 材料可稳定在 $10^{6\sim7}\Omega\cdot$m，并且都能达到电视机偏转磁芯 $\mu_i\geqslant400$，比功耗 $P\leqslant40$mW/g 的要求。考虑到成本、工艺稳定性、性能一致、尺寸控制的难易程度和破开切割的合格率，LiTiZn 材料比较优越，因此，LiTiZn 软磁氧体材料，是一种较理想的高电阻偏转磁芯材料，可以代替 MgZn 材料制造电视机偏转磁芯。

第6章 原料的配料与混合

6.1 主配方的计算

铁氧体是一种或多种金属与铁的复合氧化物。不同性能的铁氧体，所含元素的种类及比例不同，即配方不同。

常用的配方形式有三种：按摩尔分数配方、按质量分数配方和按分子浓度配方。掌握各种配方间的换算方法，正确计算各种原料的投放量（投料量），是保证配方得以实施的条件。

【例 6.1】 现要制备组成为 $Mn_{0.75}Zn_{0.25}Fe_{2.1}O_4$ 的粉料 400kg，需 $MnCO_3$（质量分数为 94%），ZnO（质量分数为 99.5%），Fe_2O_3（质量分数为 99.7%）各多少？

解法一： 设需 $MnCO_3$（$M_1=114.95$），ZnO（$M_2=81.396$），Fe_2O_3（$M_3=159.69$）各 x，y，z（kg），对应的化学反应式为：

$0.75\ MnCO_3+0.25\ ZnO+1.05\ Fe_2O_3 \rightarrow Mn_{0.75}Zn_{0.25}Fe_{2.1}O_4+0.75\ CO_2\uparrow$

$0.75MnO$　　$0.25ZnO$　　$1.05\ Fe_2O_3$　　$1Mn_{0.75}Zn_{0.25}Fe_{2.1}O_4$

0.75×114.95　　0.25×81.396　　1.05×159.69　　1×241.23

$0.94x$　　$0.995y$　　$0.997z$　　400

$0.75\times114.95/0.94x=241.23/400$

$x=152.08$ kg

同理可得 $y=33.91$kg，$z=278.88$ kg

解法二： 先计算 $Mn_{0.75}Zn_{0.25}Fe_{2.1}O_4$（各氧化物的量分别为：0.75 molMnO，0.25 mol ZnO，2.1 mol Fe_2O_3）中各组分对应的摩尔分数：

$x_1=0.75/(0.75+0.25+1.05)\times100\%=36.5\%$

$x_2=0.25/(0.75+0.25+1.05)\times100\%=12.19\%$

$x_3=1.05/(0.75+0.25+1.05)\times100\%=51.22\%$

则质量分数（摩尔分数与其相对分子质量的乘积）为

$y_1=x_1M_1/(x_1M_1+x_2M_2+x_3M_3)\times100\%=22.06\%$

$y_2=x_2M_2/(x_1M_1+x_2M_2+x_3M_3)\times100\%=8.43\%$

$y_3 = x_3M_3/(x_1M_1 + x_2M_2 + x_3M_3) \times 100\% = 69.51\%$

投料量为：

$w_1 = 400x_1y_1/0.94 = 152.0\text{kg}$

$w_2 = 400x_2y_2/0.996 = 33.9\text{kg}$

$w_3 = 400x_3y_3/0.997 = 278.9\text{kg}$

6.2 原料的分析处理与配料

(1) 衡量软磁铁氧体原材料质量的几个重要指标

制造软磁铁氧体所用的原材料都是各种粉末材料。原料的纯度、粒度及颗粒形状等，是衡量原材料质量的几个重要指标。

① 原料的纯度。原料的纯度一般是指材料含杂质的程度，一般地讲，原料的纯度越高所含杂质的种类和数量也越少。杂质分有害杂质与无害杂质，它与原料的产地和制造方法有关。不同产地的原料，含杂质的种类和数量有很大的差异。原料中存在的杂质对软磁铁氧体的电磁性能影响很大，尤其是有害杂质的含量不能超过允许值。

不同的杂质对产品性能影响不同，杂质 Ba、Sr、Ca 等的氧化物将与 Fe_2O_3 生成六角晶系的硬磁铁氧体，材料的 H_C 增加，磁导率下降，如制备高磁导率的软磁铁氧体，切忌含离子半径较大的杂质，如 BaO、SrO 和 PbO 等，如果含有 0.5%的此类有害杂质，可使磁性能降低约 50%；杂质 K 和 Na 等氧化物和 Fe_2O_3 可生成六角形的八面体结构；杂质 Al、Si 等离子在铁氧体内部生成非磁性体，在磁体内部形成退磁场，明显降低材料的磁导率。有的离子还会使涡流和磁滞损耗大大增加。原材料中的杂质，特别是有害杂质对软磁铁氧体性能的影响很大，如果杂质含量超标，很难生产出高性能软磁铁氧体材料。因此，在保证纯度的同时，必须有效地控制各种杂质的最高含量，以确保产品质量的一致性和工艺的稳定性。

② 原料的粒度。原料的粒度（又称细度）和颗粒的组成（又称颗粒级配）是原材料的又一个重要质量指标。生产软磁铁氧体材料用的是各种金属氧化物或金属盐的粉末，粒度是指所用原材料粉末粗细程度，一般以最大粒径、平均粒径或比表面积（平方米/克）来表示，也有用颗粒组成（即不同粒径颗粒组成）的质量百分数来表示。原料越细，则其平均粒径越小，比表面积越大。铁氧体原料的颗粒组成、粒度大小对铁氧体的质量影响很大，因为颗粒大小均匀，平均粒度较小的原料，成型密度高，而比表面积大的原料活性大，有利于固相反应，便于获得高质量的烧结铁氧体材料。

③ 原料的颗粒形状。原料的颗粒形状取决于其加工方法，对铁氧体的产品质量亦有很大影响，一般以球形或接近于球状颗粒为最好，便于成型，并有利于固相反应，而棒状和片状颗粒最次，所以，在生产中以选择球状颗粒的原材料为好。

用化学共沉淀法、喷雾焙烧法或冰冻干燥等化学方法所生产的各种金属氧化物，除活性较大以外，其颗粒形状为立方形、球形或接近于球形，空隙率较小，易于紧密成型，固相反应更完全。

④ 原料的活性。影响原材料质量的主要因素是它们的纯度与化学活性，一般粒度越细，粒度分布越窄，原料的活性越高，便于获得高性能的铁氧体。不同方法制得的原料，其化学活性不同，如金属镍的草酸盐、氢氧化物和碳酸盐比一般氧化镍具有更大的活性，所以，在相同的条件下，可获得更多的铁氧体相。一般湿法（化学法）生产的软磁铁氧体粉料的活性

较氧化物法高，所以，高性能软磁铁氧体材料多采用湿法生产的原材料，另外，低温预烧得到的铁氧体粉料，其活性比高温预烧得到的铁氧体粉料高。

⑤ 原材料的稳定性与吸潮性。碳酸锰在室温常压下极不稳定，易分解放出 CO_2，使原料中的锰含量增高，将影响配料的准确性。现在大多数厂家改用 Mn_3O_4 为原料，就避免了这问题。ZnO 极易吸水受潮形成小团，也会影响配料的准确性和混料的均匀性。

总之，原材料的质量直接影响制备的软磁铁氧体的性能，需要充分加以重视。

(2) 原料的分析与处理

铁氧体原料在投料前应作必要的分析鉴定，尤其是不同批号原料投入使用时（包括原料产地、厂家变更等），这种分析更为重要。一般常做的是化学成分分析，含水量分析和粒度测量等。

粉末原料包含一定的水分，因而，投料前应尽可能作烘干处理。大批量生产时用烘房，数千克以下原料一般用烘箱烘干。烘干温度应控制在原料分解温度以下，一般略高于100℃。对分解温度较低的 $MnCO_3$ 和 Li_2CO_3 等原料，应谨慎处理，以防原料分解。烘干时间随原料多少而定，烘干后应尽量接近恒重状态。此外，烘干处理时，应注意防止灰尘和其他杂质进入原料。

(3) 配料

由配方和原料成分计算出各种原料的应投量，根据计算结果，准确地称取各种原料的应投量，这个操作过程称为配料。操作虽然简单，一旦称错，就会造成全部产品报废，所以配料也是一项很重要的工作，必须注意以下事项：

① 称量前必须仔细检查原材料是否符合技术标准，有无吸潮或分解等情况，若有，应该由有关技术人员处理好，或换原料再称量。

② 称量工具必须符合使用要求，称量准确度需达到千分之一以上，例如投料是100kg，应选用最大称量为100kg的台秤或电子秤称主配方的原材料，用最大称量为1kg的天平或电子秤称量添加物。

③ 如果用电子秤在计算机控制下称量，一般会准确无误。如果是人工称量，须两人同时操作，互相检查、监督，以免出错。

④ 在原料混合好后，应分析混合料的成分，若发现有问题，应及时调整。

总之，配料必须做到准确无误。

6.3 混合

混合工艺有干混与湿混两种。干法粉料制备的第二道工序是原料的混合，国内多采用球磨方法混合，习惯上称作“一次球磨”。湿混过程长，掺杂机会多，能源消耗大，但混合较均匀；“干混”则相反，掺杂机会少，节省能源，但存在粉尘问题，混合均匀度也不如“湿混”。干混易于实现自动化，管道化生产。

(1) 混合工艺的目的

铁氧体的形成是粉末原料颗粒间发生固相反应的结果。要获得化学成分严格符合配方的铁氧体，原料之间的均匀混合是十分必要的。球磨兼有均匀混合与磨细的作用。铁氧体各原料都是粒度很细的粉末状物质，如氧化铁粒度在0.15～0.9μm范围，氧化锌的粒度在0.1～0.3μm之间。因而，混合工艺的主要目的不在于磨细，而在于获得充分混合的化学均匀性。

(2) 干混工艺

干混是将配好的原料，用强混机或锥型混料器将其强力搅拌、混合。但是，经这样混合的粉料，仍能用肉眼观察到白色的 ZnO 小团，难以充分分散具有高表面积的 ZnO 粉末，现在，较先进的厂家，常采用两级干混的方式，即经强混机混合的粉料，再用振动球磨机作干式振动碾磨。经这样处理的粉料，具有较好的成分均匀性，且其松装密度高，这对其预烧有利。

在原料混合均匀之后、预烧之前的造球过程中，需向粉料中喷入适量的水（按质量分数计为 10%～15%），为了使料球具有要求的机械强度，还需喷入少量的黏结剂溶液，造球过程完成之后，过筛，将未成球的粉末和过大或过小的球分离出来，返回强混机中再处理。刚造出的球，不能立即入窑烧，因球中 10%以上的水分，一进窑，几百度的高温下，容易炸球。

另一种比较好的干法混合工艺是：强混→加黏合剂→混合→辗片→破碎→过筛。这样造的颗粒虽然球形度不太好，但也解决了流动性和均匀性的问题，且预烧后的颗粒较小（0.5mm），不需要粗破碎。

(3) 湿混

湿混是用球磨机或砂磨机将原料与一定量的钢球和水，装入球磨机或砂磨机，混合粉料。湿混的典型工艺路线为：混合（球磨机或砂磨机）→加黏合剂、搅拌料浆（搅拌池）→喷雾干燥（喷雾干燥器）。球磨机的工作原理图如图 6.1 所示。

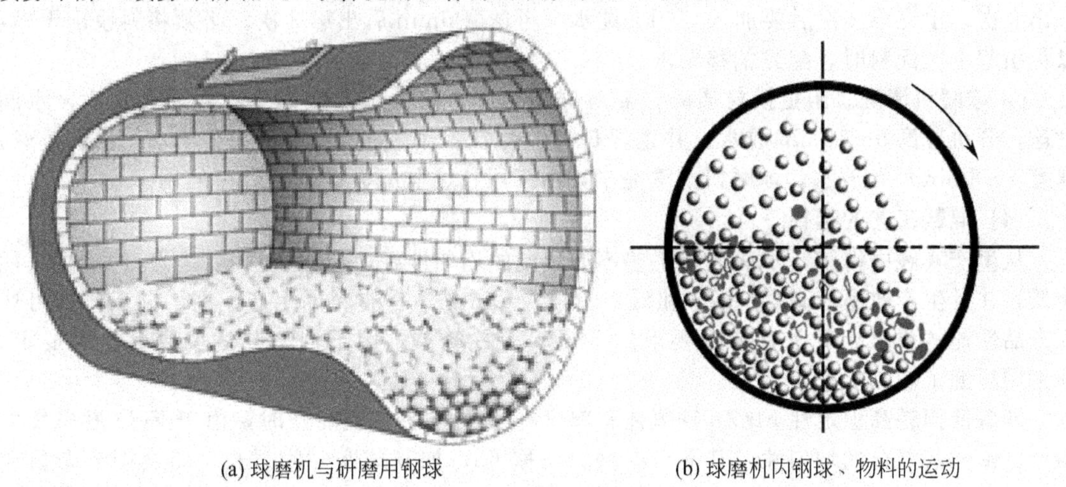

(a) 球磨机与研磨用钢球　　(b) 球磨机内钢球、物料的运动

图 6.1　球磨机的工作原理图

球磨机筒体内装载了一定数量的球、被磨物料及适量的水，并按工艺要求对物料、水和研磨体进行适当的匹配。当筒体在电机的作用下产生回转时，研磨体受离心力的作用，贴在筒体内壁与筒体一起回转上升，当研磨体被带到一定高度时，由于受重力作用而被抛出，并以一定的速度降落，在此过程中，筒体内物料受到研磨体的冲击与研磨的双重作用而被粉碎。

湿混时，球磨机的球料比为球：料：水＝（3～4）：1：（0.7～1.5），磨 6～12h，砂磨机的球、料与水的比例为 6：1：（0.5～1.5），砂磨 1h 左右。经理化分析表明，氧化铁与碳酸锰等原料的颗粒较氧化锌大，三者混合，由于颗粒尺寸不一致，往往很难得到所期望的效果，再者，增加球磨时间会发生 ZnO 的重聚集，从而严重影响原料的均匀混合度。球磨混合时间一般不要超过 12h，最佳效果在 8～10h 为宜，同时，还可以先将颗粒度大的原料球磨数小时后，再将颗粒度小的原料放入混合，这样混合的效果，要比同时放入球磨的效果好。另外，对于不同含锌量的配方，也须调整其球磨时间，含锌量高，混磨时间相应减少，这样能确保原料的均匀混合度。湿混混合好的粉料中含有大量水分，需要脱去。一般让料浆先在沉淀池中沉淀，沉淀好后除去表面的清水，再将料浆烘干，有的厂家采用喷雾干燥器脱水，也有的用压滤或蒸汽烘干等方式脱水，各有利弊，可视情况，选择脱水工艺。湿法混料的常用操作规程如下。

① 将“待投料”投入球磨机内。用吊车将料袋吊置球磨机上，吊料时，需注意安全，吊车下面严禁站人。将球磨机的出料口转至朝上，将投料袋口伸入球磨机内，以免投料时粉料外泄或飞扬，引起配方的偏移。料袋在投完后需对其复称。加纯水和分散剂（分散剂的加入量，按质量分数计，一般为0.3%～0.5%）时，监配员需在旁监督。投完料后，盖好球磨机盖和排气阀。

② 设定一次球磨时间。球磨机装完料后，操作人员需根据工艺要求设定球磨周期，并做好标识，填写生产流通卡。

③ 启动球磨机。按下点动按钮“开”，红灯亮，球磨机开始转动，启动后操作人员观察1～2min，确认运转正常后方可离开。注意，启动前要检查球磨机盖和排气阀是否拧紧，护栏是否放好，是否有人在其运动范围内，只有检查好这些才能启动球磨机。

④ 球磨后出料。填写（红料生产流通卡），做好球磨记录；球磨机停稳后，换上出料阀套上快速接头，并将有关阀门连通，启动抽料泵，将料浆从球磨机抽入搅拌罐中。每批浆料需出3次，出完第2次后要加入100kg纯水，再球磨5min后出第3次。必须将料浆出干净，以免引起下次配料时，配方偏移要求。

⑤ 球磨机清洗。当更换材质时，需对球磨机进行清洗，方法如下：先加自来水，水满过球，开机球磨5～15min放水。并重复5～10次，最后，向机斗中加去离子水，水满过球，球磨4～5min后，放水。球磨机清洗完毕，由工段长、监配员确认后方可使用。

（4）混料工艺的选择

从生产实践中得知，干法混料工艺不如湿混的均匀性好，但与湿法相比，工序较少，耗能低，并且生产效率较高。MgZn和低、中档MnZn铁氧体材料的生产，用干混工艺即可达到产品性能的要求。对于有特殊要求的MnZn等铁氧体，用干混工艺达不到其技术要求，则常用湿混工艺。

制备低损耗高稳定性MnZn铁氧体材料，在一次球磨（湿混）时，由于ZnO最先发生团聚，影响其混合的均匀性，其混合时间，可取6h，如其球磨时间过长，将会引入杂质和过量的铁。

低μ_i材料的生产，通常采用强混加振磨的干混方式混料，在强混机中强混10～20min，再转入振动球磨机中振磨30～40 min即可；高频焊接磁棒用低μ_i材料的生产，一般采用湿法工艺，混磨时，料∶球∶水＝1∶3∶（1.0～1.2），混磨12h后烘干过筛，预压成坯体。

有的企业在做高μ_i（μ_i为15000）材料或PC40功率铁氧体时，采用振动球磨机将主原料混合25min，红色料浆的平均粒度控制在1.0～1.5μm。

有的企业则采用两级干混方式混料，如对其PC50MnZn功率铁氧体产品，先用V形混料器对主原料进行干式强混，混料的时间为0.7～1h；然后，采用振磨机振磨，其振磨时间为0.6～1h。

（5）红喷

在软磁铁氧体颗粒料的生产中，通常都要使用喷雾干燥器。所使用的喷雾干燥器有两种类型：离心喷雾干燥器和压力喷雾干燥器。离心喷雾干燥器因为其旋转盘的旋转速度有限、料浆雾化效果较差，制成的颗粒通常要比压力喷雾干燥器制成的颗粒要粗一些。这两种喷雾干燥器都是逆流干燥，即热气的流动方向与雾滴的运动方向相反。喷雾干燥器可以用于铁氧体料浆的喷雾干燥，也可以用于喷雾造粒。采用“湿法”工艺时，原料湿混后，去除水分的干燥，常称为喷雾干燥（俗称“红喷”），当然它也有造粒的作用，红喷的工艺路线如图 6.2 所示，其详细情况，见 8.4 节——喷雾造粒；而对于主要目的为制造成型用颗粒料的干燥，通常称为喷雾造粒（俗称“黑喷”）。

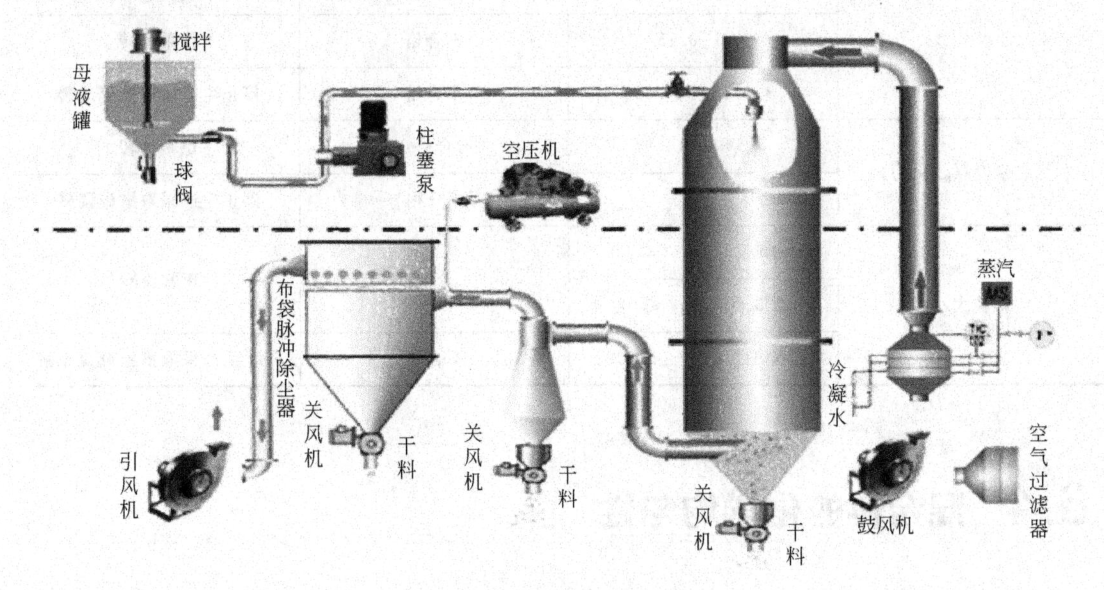

图 6.2 红喷的工艺路线图

① 红喷前，料浆的检测与判定。红喷前，软磁铁氧体料浆的检测与判定，如表 6.1 所示。料浆磨好，且检测合格之后，化浆 20min，加适量胶水（如每 100kg 干料粉，加胶水 8kg），搅拌 2h。

表 6.1 软磁铁氧体料浆的检测与判定表

检测项目	加胶前的固含量/%				平均粒度/μm		
测量值(X)	$55\leqslant X\leqslant 62$	$50\leqslant X<55$	$62<X\leqslant 65$	或 $X\geqslant 65$ $X<50$	$X\leqslant 1.10$	$1.10<X\leqslant 1.20$	$X>1.20$
判定	合格	不合格	不合格	不合格	合格	不合格	不合格
流转与否	正常流转	特采流转	特采流转	停止流转	正常流转	特采流转	停止流转

② 红喷的工艺参数。红喷时，常用工艺参数如表 6.2 所示。在此工艺条件下，所获得的粒料，其粒度分布如表 6.3 所示。

表 6.2 红喷常用工艺参数表

进风温度	排风温度	泵压	塔内负压	喷嘴孔径	粒料松比	粒料含水率	开喷排风最高温度
350～550℃	120～150℃	1.6～2.2MPa	－400～－50MPa	1.8～2.3mm	≤1.3g/cm^3	0.15%～0.35%	≤160℃

表 6.3 红喷后常用颗粒料的粒度分布表

粒度大小/目	>40	40～60	60～120	120～200	<200
所占比例/%	<0.5	0～8	60～80	10～25	<7

③ 红喷后，其颗粒料的检测与判定。红喷后，软磁铁氧体颗粒料的检测与判定如表 6.4 所示。

表 6.4　软磁铁氧体颗粒料的检测与判定项目表

检测项目	测量值		判定	流转与否
含水率/%	0.15～0.35		合格	正常流转
	0.1～0.15		不合格	特采流转
	<0.1 或>0.35		不合格	停止生产采取措施改善
松装密度/(g/cm³)	<1.30		合格	正常流转
	≥1.30		不合格	停止生产采取措施调整
颗粒大小	>40 目	≤2%	合格	正常流转
	<200 目	≤10%		
	>40 目	>2%	不合格	停止生产采取措施调整合格

6.4 混合料的化学均匀性

(1) 化学均匀性的检测

混合料的化学均匀性用混合料各部分之间化学成分的差别来表示。理想情况是从任意部位取出任意少量的混合料试样，其成分应与配方比例完全相同，这是不容易达到的，但应尽可能接近。显然，混合均匀性的测定与取样的多少有关。目前，有关混合料化学均匀性的测定，尚无统一的标准和方法。在生产中对混合料化学均匀性比较时，应在相同的条件下进行。关于混合料化学均匀性的检测比较，一般认为可行的办法是，在球磨筒的不同部位（如上层、中层、下层）各取同样多的试样，通过化学分析，定性比较混合料的化学均匀性。这种方法至少可以用来比较两次球磨的效果。目前，有些厂家已经使用电子探测微分析器检测混合料的化学均匀性，得出定量的结果。

(2) 影响化学均匀性的因素

影响混合料化学均匀性的因素较多，其中，原料本身的特性、混合方式及设备、混合时间（球磨时间）等是较重要的因素。

① 原料特性对化学均匀性的影响。混合均匀的难易程度与原料本身的特性有关。在相同的工艺条件下，原料不同，获得的化学均匀程度不同。

a. 原料的粒度和粒度分布对混合均匀程度有较大影响。一般规律是：颗粒较大的原料较难混合均匀，增加一种成分的平均粒度，不仅损害它本身可以达到的最大均匀度，同时也影响其他成分的均匀度；但是，当 Fe_2O_3（主要原料）的起始平均尺寸较其他（MnO_x，ZnO）的起始平均尺寸大时，则有利于达到最大的均匀度，即最小的成分偏离值。

b. 原料颗粒形状对化学均匀性的影响：球状颗粒有利于提高混合料的化学均匀性，而针状颗粒原料对均匀混合不利。

② 混合方式对化学均匀性的影响。原料粉末的混合一般用滚动式球磨机，弥散剂分为

干磨和湿磨两种形式。湿磨以水为弥散剂。原料中含有溶于水的成分时，宜改用酒精等。水尽管对磨具和钢球有缓冲作用，但由于水对原料颗粒的"劈裂作用"，在均匀混合的同时，兼有提高研磨效果的作用。实践证明，湿磨比干磨混合效果好，磨得的颗粒也较细，这无疑有利于提高化学均匀性。所以，尽管湿磨较干磨增加了压滤去水和烘干等工序，生产中仍普遍采用这种工艺。

湿磨得到的浆状混合料，由于各成分密度不同，烘干过程中会出现分层沉淀现象，以致使均匀性受到破坏，这个缺点可用压滤去水再烘干的方法弥补，烘干后过筛也可提高化学均匀性。

③ 球磨时间对化学均匀性的影响。一般说来，均匀程度随球磨时间的延长而不断提高。实践证明，多数原料成分的分布，随球磨时间而连续改善（但速度不同）。当粉末原料混合到一定均匀程度后，再延长球磨时间，均匀性改善甚微，反而增加了铁的掺杂（钢球和球磨筒壁有磨损）。此外，某些原料研磨到一定程度后，再延长球磨时间，将出现重聚集现象，均匀性反而下降。发生重聚集现象最严重的是氧化锌。锰锌铁氧体的特性测试结果证明了这个结论，球磨时间长，烧结样品的晶粒大，密度高，磁导率也上升，但损耗和减落特性变坏。其原因就是氧化锌引起的不均匀性使烧结样品中出现双重结构。由此可见，球磨时间不是越长越好。

一次球磨的最佳时间与配方组成、投料量多少、球磨机结构、工艺粒度的要求等多种因素有关，一般在4～24h不等。在生产中，可以运用优选法确定产品的最佳球磨时间。

④ 磨料、磨具与弥散剂的配比。采用湿磨方式时，料、钢球和水的比例与球磨效果也有直接关系。具体比例与配方、原料密度等因素有关，如密度较小的原料成分多（体积大），应适当提高水的数量。通常，采用如下配比：m（料）：m（球）：m（水）＝1：（3～12）：（1～2）。

6.5 NiZn铁氧体原料的混合及其一次造粒

制备NiZn铁氧体材料的工艺流程与MnZn铁氧体相似，只是具体的工艺条件不一样。其原材料混合的均匀性、预烧与烧结等工序，须采用特殊的措施，以满足其工艺要求。

在常温下，Ni的氧化物是Ni_2O_3，Ni_2O_3在600℃时放出氧形成NiO。在高温时，NiO是最稳定的镍的氧化物，生成$NiFe_2O_4$或NiZn铁氧体后，Ni^{2+}不易氧化而变价，故适宜在空气中烧结，使工艺简单化，同时也起到防止Fe^{2+}出现的作用，从而提高电阻率，减少高频下的涡流损耗。虽然在NiZn铁氧体材料制造工艺过程中不存在Ni^{2+}离子的氧化问题，工艺比MnZn铁氧体简单得多，但是在制造过程中出现氧化锌的凝聚、脱锌、锌的游离与挥发（详见10.6节）等问题，是NiZn铁氧体制造过程中必须解决的问题。

(1) 混料

NiZn铁氧体一般是用氧化物法制备的，用NiO、ZnO和Fe_2O_3为原料，首先把这些氧化物变成铁氧体粉料，进而将粉料成型烧制成铁氧体制品。为了使铁氧体的固相反应能够很好地进行，原材料的均匀混合是十分重要的。不过，要使各种原料均匀混合并不是一件容易的事。由于同一种原料颗粒间的凝聚、异种原料颗粒的粒径和密度等性质的不同，将导致混合好的料分离。

要使各原料均匀混合，要求每种原料尽可能地分散。对于Fe_2O_3和NiO，一般都随着混合时间的延长而更加分散。随着混合时间的延长，Fe_2O_3 的分散程度在增大，要求有较长的混合时间；对于 ZnO，随着混合时间的延长，其分散均匀程度先是增大，大约在 5h 达到最大，而后就逐渐减小，这是由于 ZnO 的凝聚作用引起的。由此可见，对于不同原料进行混合有一个最佳的混合时间。

生产 NiZn 铁氧体的混料方式，与 MnZn 铁氧体一样，也是干混与湿混并存，干混是将配好的粉料在强混机中混合后，转入振动球磨机中进一步混合并研磨。干混的优点是节省能量，生产周期短，但是混合效果不及湿混，很难完全消除 ZnO 的凝聚。所以，在混合好的粉料中仍存在"白点现象"，只是对性能要求不高的产品，用干磨混料。湿混是将粉料与钢球、弥散剂一起装入球磨罐，在球磨机或砂磨机中进行球磨。因有弥散剂的存在，混合球磨效率可大大提高。如果对工艺条件掌握得好，可以消除"白点现象"。原材料混合的均匀性对产品性能的影响很大。NiZn 铁氧体的生产，一般用去离子水作弥散剂，采用球磨机或砂磨机进行混磨。这道工序常用的主要设备有：强混机或搅拌机、振动球磨机、滚动球磨机或砂磨机、压缩机等，可根据生产实际选用合适的型号。混料的主要工艺条件为：

① 球磨机、轴承钢球，料：球：水=1：(2～3)：(1～1.2)。球磨 8～10h 后，用压缩空气将料浆压入沉淀池沉淀。

② 砂磨机，料：球：水=1：6：(1～1.2)，循环砂磨 20～40min。

(2) 烘干与过筛

湿混球磨好的浆料，在沉淀池内沉淀之后，水与沉淀物已基本分开，去掉上面的水分，将沉淀物置于烘房中烘干。因原材料的密度不同，沉淀物会自行分层，NiO 的密度大，大多沉于下面，ZnO 的密度小，大多在上层，所以烘干后的粉料需要重新将其混合均匀。通常是用过筛的方法使之均匀。先过 60 目筛，再过 100～130 目筛，粉料基本上就能混合均匀。对于要求更高的产品，可以用酒精作弥散剂，在球磨混合好的浆料出罐后，立即点火烧尽酒精，就可以避免沉淀分层现象，还可以使粉料初步铁氧体化，有利于预烧时的固相反应。

总之，对于混合工艺，需要认真地加以控制，使原料均匀混合，才能制出性能良好的 NiZn 铁氧体材料。

6.6 LiZn 铁氧体的混料工艺

在 LiZn 铁氧体的制备过程中，混料的均匀性与防止 Li_2O 的损失，是其制造工艺的关键。LiZn 软磁铁氧体材料常用工业纯的 Li_2CO_3、ZnO 和 Fe_2O_3 为其主原料，因 Li_2O 能慢慢地溶于水，生成 LiOH，即 $Li_2O+H_2O \rightarrow 2LiOH$，而在 Li 盐中，只有 Li_2CO_3、Li_3PO_4 和 LiF 为几乎不溶的化合物，如果用 LiF 和 Li_3PO_4 作原料，会带进 F 和 P 元素，影响材料的磁性，所以，常用 Li_2CO_3 为原料。但 Li_2CO_3 在 25℃时的溶解度为 1.33g/100g 水，如果用湿混工艺生产，Li 的流失量是较大的。同时，Li_2CO_3 的密度较 LiZn 和 Fe_2O_3 小得多，湿混后沉淀时，会明显分层造成混合料不均匀。LiZn 旋磁铁氧体的制造过程中，因其产量小，可常用酒精作弥散剂，湿混后立即将酒精烧掉，可避免 Li_2CO_3 的损失，混合料的均匀性也好。但是，作为 LiZn 软磁铁氧体材料的生产，其产量大，如用酒精作弥散剂，则很不经济，也不安全，最好采用先进的干混工艺。

在工业上，LiZn 软磁铁氧体材料多用氧化物法（干法）生产。因为，所用原材料的金属元素在烧结过程中均为不变价，所以，其制造工艺过程及设备与 NiZn 铁氧体相似，只是具体的工艺参数有所不同。

如果采用强混加振磨的干混工艺能达到产品性能要求，尽量采用干混工艺，这样省时省电。在有些情况下，需采用湿混工艺，如果要用湿混工艺，需采取相应的措施来防止 Li_2CO_3 的损失和沉淀引起的不均匀性。

一般用滚动球磨机进行球磨。其工艺为料：球：水＝1：2：1，球磨 6～8h，磨好沉淀后烘干。因 Li_2CO_3 在 25℃的溶解度仍较大（1.33g/100g 水），不能采用压滤的方法将水挤去，否则，会损失部分 Li_2CO_3，导致成分偏移。若为了节省能量，一定要将沉淀出的水倒掉，则必须在配料时，补加上因这道工序损失的 Li_2CO_3，具体加多少，需对混合料进行化学分析，了解损失量并予以补充。另外，因 Li_2CO_3、ZnO 与 Fe_2O_3 的密度相差较大，特别是 Li_2CO_3 很轻，湿混后的浆料易分层，在上层密度小的原料较多，所以混合料烘干后，必须过 2～3 次筛，使之重新混合均匀后再进入下一道工艺。

6.7 平均粒度测定仪的校准与测试

(1) 工作原理

WLP-205 型平均粒度测定仪是一种利用空气透过法快速测定各种粉末粒子平均粒径的仪器（图 6.3）。空气泵送出的压缩空气经过过滤器、空气调节器、稳压器、干燥器后，产生稳定压强、稳定流量的气体到试样管前端，当气体通过试样后被送入 U 形压力计，根据送入压力计的空气压强的高低来反映出被测粉末的粒度（粒度越粗，气体穿过越容易，U 形压力计上显示的液面越高，反之越低）。通过量程开关可以实现粗粉和细粉的转换（粗粉时打开量程开关，细粉时关闭量程开关）。

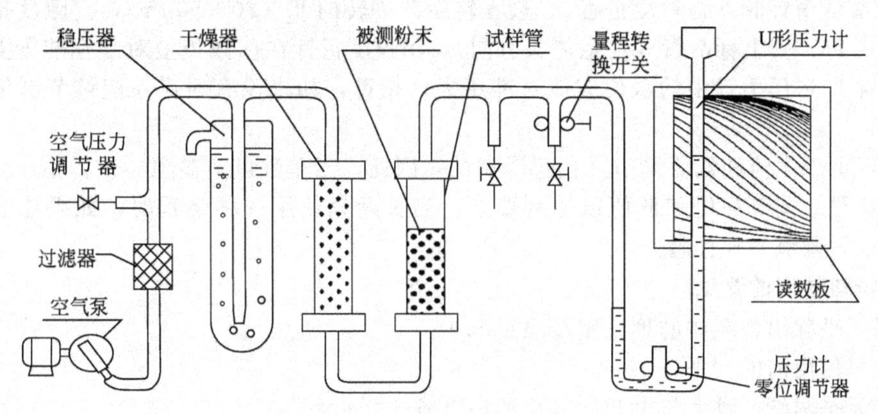

图 6.3 WLP-205 工作原理图

该仪器由空气泵、过滤器、稳压器、压力调节器、试样管、高值针阀、低值针阀、U 形压力计、读数板、标准管等组成。当仪器接通电源后，空气泵动作，打出压缩空气，经过滤器去除灰尘杂质，再经稳压器稳压后，通过变色硅胶组成的干燥器，去除压缩空气中的水分子，再进入试样管，通过被测粉末后，一部分压缩气体进入 U 形压力计，根据压力计水位高度便可在读数板上读出被测粉末的平均粒径，多余的气体经高值针阀排出。由于被测粉末颗粒之间有空隙，压缩空气通过被测粉末层后便会产生一定的压力降 ΔP，当被测粉末质量一定时，颗粒愈大，颗粒之间空隙也大，空气透过也容易，压力降 ΔP 则愈小，U 形压力计水位就愈高，读数板指示粒度值也大；反之，如颗粒直径较小，空气透过不容易，ΔP 就大，读数板上指示粒度就小了，仪器所测得之值均为粉末的体表面积的平均粒径。

(2) 测试料粉的准备

取 10～15g 料浆于不锈钢盘内，在 800～1000W 的电炉上烘干水分（不能直接在电炉上烘烤，温度≤300℃），如烘料温度偏高，则测试结果偏小，如过高，接触盘底已开始变颜色，则测试结果偏大，最好用 150～200℃ 的烘箱去水，烘好后，稍冷，移入干燥器冷却至室温，压碎过筛，准确称取 5.1g 料粉待用。

(3) WLP205 平均粒度测试仪的调整与定标

① 调整 U 形压力计的零位。在未安装试样管、标准管，未通电的情况下进行。调节压料旋钮，使粒度指针对准读数板基线，调节零位调节旋钮，使 U 形压力计水位对准压力计指针。当无法使 U 形压力计水位对准压力计指针时，应往 U 形压力计中加水（水位不够高时）或从 U 形压力计中抽出一些水（水位过高时）。

② 调整 U 形压力计满度。打开电源，安上空试样管，观察液位是否达到 U 形压力计的红点（满度）位置。当低于满度时，应往稳压器中加水，当高于满度时，应从稳压器中往外抽水（注意：不能用零位调节旋钮来调节满度，也不能再往 U 形压力计中加水）。

③ 调整空气压力（空气流量）。调节空气压力调节旋钮，从观察窗中观察气泡速度，以 2～3 个/s 为宜。

④ 调节量程（定标）。由于该仪器有两种测量范围，因此调节时分为高值和低值两种状态进行调节。

a. 调整高值针阀（细粒度量程）。量程转换开关转向Ⅰ（0～20μm），空隙度指针对准读数板的 0.75，安上标准管（注意箭头方向），用粒度指针在读数板上对准标准管上标定的高值，这时 U 形压力计中的水位应该对准压力计指针，如果没有对准，应调节高值针阀使其对准。

b. 调节低值针阀（粗粒度量程）。量程转换开关转向Ⅱ（20～50μm），空隙度指针指向读数板的 0.75，安上标准管（注意箭头方向），用粒度指针在读数板上对准标准管上标定的低值，这时 U 形压力计中的水位应该对准压力计指针，如果没有对准，应调节低值针阀使其对准。

注意：由于高值和低值调节是相互影响的，因此，当单独调节高值（或低值）达不到要求时，应反复地调节高值和低值以达到要求。当长期只使用一种量程时，如果能够调节到位，则可以只调节一种针阀。

(4) 粉料粒度的测试

① 用天平称出铁氧体的理论密度质量 5.1g。

② 天平使用前的调平；

③ 在天平两端托盘上垫上相同大小的白纸各一张；

④ 按左物右码的方法进行称量；

⑤ 将试样管的一端塞入一个带一张滤纸的多孔铜塞，插在橡胶座上；

⑥ 在试样管的另一端安上漏斗；

⑦ 将称好的粉料（5.1g）通过漏斗倒入试样管中；

⑧ 另一端再塞入一个带一张滤纸的多孔铜塞；

⑨ 将装好料的试样管放在压料座上，旋动压料旋钮将粉料压紧，移动读数板，使读数指针指向试样高度线；

⑩ 将压好的试样管安在测试座上；

⑪ 待液面稳定后，移动压料旋钮，使压力计指针对准U形压力计中的水位，读出粒度指针在读数板上所指的粒度。

(5) 测试过程中的注意事项

① 所有玻璃器件不能损伤；

② 标准管不得粘污、撞击，使用时应该注意方向，并在0.75空隙度下定标（调整量程）；

③ 测试管端部不能损伤；

④ 每个铜塞，只能垫一张滤纸（以免影响透气效果）。

6.8 黏度的测量

煮好的胶水（煮胶水的工艺详见8.3节），其外观透明、无白点和其他杂质，黏度符合工艺要求（一般为85s⩽X⩽105s），方可使用，同样，料浆（红喷、加胶前）的黏度符合工艺要求（一般为11～15s）方可使用。黏度的测试常用涂-4黏度测试仪。它是一种便携式仪器，被测液体盛满特定容器后，在标准管孔内流出所需时间来标定液体的黏度，单位为秒。

(1) 涂-4黏度杯的结构特点

涂-4黏度杯的杯体为黄铜，其容量为（100±1）mL，内径为ϕ49.5±0.2mm，内锥体角度为81°±15′，漏嘴长为（4±0.02）mm，嘴孔内径：ϕ4±0.02mm，其光洁度符合GB/T 1723—79规定，其底部为不锈钢的流出孔。在设定的温度条件下（如20℃±0.1℃），用二级标准油注满黏度计后，流完的时间应在30～100s范围内，其K值应在0.97～1.03以内。

涂-4黏度杯置放在一个能调节水平的平台上的十字支架上，如图6.4所示。十字架的横臂上附近有圆形水泡，调节平台的水平螺栓使这水泡气孔居中为止，涂-4黏度杯置放在横臂的圆环上。搪瓷杯容量约为150mL，为承放测试液之用。

(2) 涂-4黏度杯使用说明

① 在测量前或测量后应用纱布蘸些待测溶液，将黏度计擦拭干净，在空气中干燥或用冷风吹干，不允许有过去测试的残余液体黏附在杯中或流于管孔中，应使杯的内壁和流出孔保持洁净。

② 试验前，调整十字架平台保持水平位置。

③ 将试液搅拌均匀，并在不少于567孔/cm^{2}的筛网中过滤后，在设定温度下，保持15s后进行测定。

④ 将试液注入黏度计时，同时用一手指堵住流出孔，注满后用一金属或玻璃平板在杯上刮平，将多余试液刮入黏度计边缘凹槽内，放好承接杯。

⑤ 将手指放开，试液垂直流出，同时开动秒表，试液流出成线条，断开时，止动秒表并读数，测得的时间即代表其条件黏度，单位为秒。

⑥ 二次试验，其误差不超过0.5s。

⑦ 每次使用后应用第①条办法加以清洗。

图6.4　黏度的测试

(3) 单位换算

若需将流出时间（s）换算成运动黏度厘斯（mm^2/s），可参照式（6-1）：

$$t=0.154v+11(t<23s)$$

$$t=0.223v+6.0(23s\leqslant t<150s) \quad (6\text{-}1)$$

式中，t 为流出的时间，单位为秒（s）；v 代表运动黏度，单位为 mm^2/s。

第7章 软磁铁氧体预烧工艺与控制

软磁铁氧体的形成过程就是在高温下离子扩散与接触，并发生固相反应的过程，为使反应完全，各种原料的分子必须充分接触，但固体中的离子扩散较难，接触就更难。为给固相反应创造更多的离子扩故与接触的机会，软磁铁氧体采用两次球磨混合和两次烧结工艺。一般把第一次烧结称为预烧。第二次在较高的温度下焙烧，称为烧结或正烧。

7.1 预烧目的与作用

预烧的目的是使原材料颗粒之间发生一定程度的固相反应，并达到一定的铁氧体生成率。预烧的作用有以下几点。

① 改善铁氧体粉料的压缩性。预烧之后的颗粒料松装密度增大，流动性好，容易在模具中填充，其压缩比较小。

② 降低烧成产品的收缩率，减少产品的变形。由于铁氧体进行了一次固相反应，铁氧体结构开始形成并发生体积收缩，在烧结时，磁芯的收缩率将减小，窑炉及温度梯度对其变形的影响将会降低。

③ 消除生成 $ZnFe_2O_4$ 时异常膨胀带来的不良影响。由于生成 $ZnFe_2O_4$ 时，不是发生收缩，而是产生膨胀，由此形成的应力将导致磁芯产生裂纹，通常情况，在预烧过程中，$ZnFe_2O_4$ 已基本形成，因此，生成 $ZnFe_2O_4$ 时异常膨胀带来的不良影响，通过预烧环节，已基本消除。

④ 易于造粒和成型。未经预烧的混合氧化物粒度过细、粒度分布较宽；不利于造粒与成型。经过预烧和二次球磨的铁氧体粉料可以满足造粒、成型的粒度及粒度分布的要求。

⑤ 提高铁氧体产品的密度。预烧时，盐类原料分解，气体逸出（如 $MnCO_3$ 分解成氧化锰和二氧化碳），烧结时就不会因气体逸出而造成气孔。此外，二次球磨后，未完成铁氧

体化的颗粒界面将重新暴露出来，烧结时再度接触反应，进一步铁氧体化，从而提高了产品的密度。

⑥ 有利于提高铁氧体材料的性能。坯料通过预烧，出现部分铁氧体化，既符合化学成分的要求，又保留一定的化学活性。未反应的部分，在烧结时，可再次发生固相反应，获得更完全铁氧体化的结构，降低烧结产品的化学不均匀性。

7.2 固相反应

(1) 固相反应的概念

用氧化物法来制造铁氧体，铁氧体形成的化学反应不是在熔融状态下进行的，而是在比大多数原材料熔点低的温度下，利用固体粉末间的化学反应来完成的。在固体中，原子（或离子）是以某种规律进行排列的，和气体、液体比较，原子（或离子）不能随便移动。然而，随着温度升高，晶格振动加剧，在某种程度上，原子（或离子）就可能移动，即原子（或离子）扩散。这种能使原子（或离子）稍微发生变化的温度从经验中得知约为固体熔点的$\frac{1}{2}\sim\frac{3}{5}$（用绝对温度表示）。这就是说，固相反应是由参与反应的原子（或离子）经过热扩散而形成新的固溶体。

按照化学反应的一般概念，当参与反应的组成部分（例如离子），具有足以克服库仑力的活动性时，才可能发生反应。在室温时，气态的和液态的物质，因其组成部分（原子、离子、分子）均有充分的活动性，所以能很好地进行化学反应。但是固体在室温时，晶体中各点阵位置上的原子（或离子）并不具有大的活动性，它们只能围绕某些结点振动。当温度升高时，其振幅增大，最后达到足以发生位移的程度，离开原来的位置。这时分散的质点（如离子）有可能结合起来形成另一种晶体，或可能在晶体质点的移动范围内结合。上述的这些过程可以看作是扩散，因此，固相反应本质可看作是由于系统内组成部分的扩散所形成的。下面以镍铁氧体的形成来加以说明。如图 7.1 所示。左边的圆代表原料氧化镍，设有 4 个 NiO，右边的圆代表氧化铁，设有 4 个 Fe_2O_3，由于温度的升高，热扰动，离子（Ni^{2+}、Fe^{3+}）获得能量离开晶格点阵的位置而扩散：3 个 Ni^{2+} 从左边扩散到右边；2 个 Fe^{3+} 从右边扩散到左边。这样扩散的结果，左边和右边仍然是电中性的，但是左边和右边都形成了新物质，即 $NiFe_2O_4$。其他铁氧体的固相反应亦类似。

从上面的讨论中可以看到，在固相反应时，粉料的颗粒由聚合以致结合成一个整体，但不是形成一个坚固的熔块，铁氧体的低密度、多孔性，就是一个证明。

(2) 固相反应机理

实际上，固相间反应的过程是一个复杂的过程，尤其是在反应的初期阶段，首先是不同原料颗粒间的接触部分上发生局部反应，并且与整体组成比例毫无关系地，在该局部上首先生成最容易生成的化合物。在处理固体间反应的场合，必须随时考虑到像这样一种局部化学反应的特殊性。所谓局部化学反应是指发生反应的位置、场所局限在表面或一点上的这样一种化学现象。局部化学反应也可以称作是在固体界面上的化学反应。下面以氧化锌和氧化铁经过加热生成锌铁氧体为实例来讨论固相反应的过程，即所谓固相反应机理。

由氧化铁、氧化锌的混合物固相反应生成锌铁氧体的过程也和其他许多物质一样可以分为六个阶段，如图 7.2 所示。

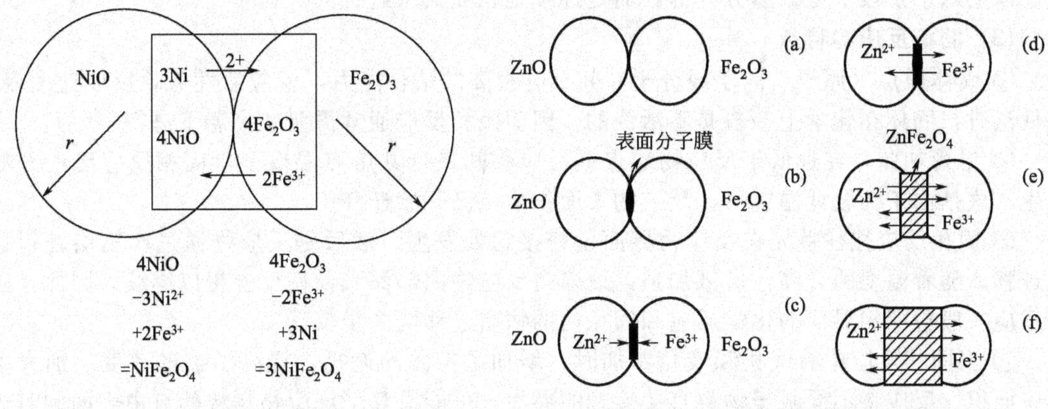

图 7.1 Ni-Zn 铁氧体固相反应示意图

图 7.2 锌铁氧体的固相反应示意图

① 表面接触期。对于组成坯件的各种原料颗粒表面，在混合球磨、压型过程中，就已经存在着表面接触。现在由于温度升高，这种颗粒表面的接触更加紧密，但粉末颗粒之间并无离子扩散现象发生，其晶格结构也没有变化。对于 ZnO、Fe_2O_3 系统，这个时期为室温到300℃。

② 形成表面孪晶期。随着温度的升高，氧化锌和氧化铁颗粒表面的接触进一步紧密，并由于接触表面上离子的相互作用，形成了特殊的结合表面分子膜——假分子，这种结合表面分子膜被称为孪晶，随着温度的升高，这种孪晶数目增多。对于 ZnO、Fe_2O_3 系统，这个时期为 300～400℃。

③ 孪晶发展和巩固期。温度继续升高，表面分子膜的结合强度增大，少数金属离子由于获得较大的能量并克服了其周围离子的库仑力作用的束缚而发生扩散，由原来的晶格点阵上结点的位置迁移到表面，互相接触，开始构成少量的新表面分子，在这时期还没有形成新的铁氧体相。对于 ZnO、Fe_2O_3 系统，这个时期为 400～500℃。

④ 全面扩散期。温度再升高，由于处在晶格点阵结点上的离子因获得更多的能量，氧化锌、氧化铁分子中的金属离子 Zn^{2+}，Fe^{3+} 不仅能够在各自的晶格点阵内发生位移（自扩散），并且能穿过表面分子膜而互相扩散到另一原料颗粒的晶格点阵中去，扩散到另一原料颗粒晶格点阵中去的离子与那里的晶格形成固溶体，即 Zn^{2+} 在 Fe_2O_3 晶格中或 Fe^{3+} 在 ZnO 晶格中形成固溶体。扩散到对方去的离子浓度在固溶体允许的溶解度范围内，虽然会引起那里的晶格发生畸变，但还不能导致晶格转变。也就是说，还没有反应结晶产物，即没有锌铁氧体的形成。对于 ZnO、Fe_2O_3 系统，这个时期为 500～600℃。

⑤ 反应结晶产物形成期。随着温度的继续升高，离子扩散能力不断增强，由一种成分扩散到另一种成分中去的离子数量增多。当扩散过去的离子浓度超过对方晶格稳定所能允许的溶解度时，则引起“量变到质变”的过程，即发生晶格转变，并形成新化合物的晶格结构，也就是说，由 ZnO、Fe_2O_3 固溶体的晶格结构转变为尖晶石型的晶格结构，即形成了 $ZnFe_2O_4$，温度愈高，尖晶石相愈多，说明形成的 $ZnFe_2O_4$ 量也愈多，并且开始形成晶粒，坯件的密度也增加。对于 ZnO、Fe_2O_3 系统，这个时期为 620～750℃。

⑥ 形成的化合物晶格结构校正期。最初形成的化合物（$ZnFe_2O_4$）晶格结构是不完整的，其中存在缺陷。当温度继续升高，一方面通过离子扩散，继续进行固相反应，并且晶粒长大；另一方面使生成物晶格结构的缺陷逐渐修正成正常的尖晶石结构，在这个时期，坯件的密度大大提高，如果温度再继续升高，已经形成的化合物将发生聚合再结晶，晶粒长大。对于 ZnO、Fe_2O_3 系统，这个时期为 750℃以上。

以上六个阶段不是截然分开的，而是连续地相互交错进行的。

(3) 固相反应的特点

① 固体质点（原子、离子或分子）间具有很高的结合能力，反应活性低，反应速度慢。在低温时，固体在化学上一般是不活泼的，因而固相反应通常需要在高温下进行。

② 尽管如此，在远低于反应物熔点或反应物间最低共熔点温度下，固相反应已经开始发生。这是由于在较低温度下，反应物表面的质点已开始迁移。

③ 固相反应往往首先在反应物界面紧密接触处发生，然后是反应物通过产物层进行扩散迁移。随着温度的升高，扩散加强，逐渐向反应物内部深入，使反应得以继续。因此，固相反应一般包括相界面的化学反应和固相内的物质迁移两个步骤。

④ 当固相反应中有气相和液相参加时，增加了扩散的途径，提高了扩散速度，加大了反应面积，反应将不局限于物料直接接触的界面，可能沿整个反应物颗粒的自由表面同时进行，大大促进了固相反应的进行。

7.3 固相反应的影响因素

影响固态物质间反应的因素很多，而且很复杂。除了反应物的化学组成、特性、结构、烧结温度、压力、保温时间等条件的因素之外，凡是能够活化晶格，促进外扩散及内扩散作用进行的因素，都对固态物质间的反应有影响。实践表明，要求固相反应完全的情况下，要使反应时间 $t_{保温}$ 短，则必须使参加反应物质的颗粒半径 R 小，激活能 E 小，而常数 K_0 大，烧结温度 $T_{烧结}$ 高，具体为：

$$t_{保温}=\frac{R^2 e^{\frac{E}{KT_{烧结}}}}{2K_0} \tag{7-1}$$

式(7-1) 中，K 为反应速度常数，与反应时间无关。下面分别对这几个因素进行讨论：

(1) 参加反应物质的颗粒半径

固相反应完全所需要的时间与参加反应物质的颗粒半径 R 的平方成正比，因此要使固相反应速度快（即固相反应完成所需要的时间短），就要求参加反应物质的颗粒半径 R 要小，即粉料颗粒越小越好。实践中，对于固相反应的影响，常以活性差的原料颗粒大小作为主要依据。活性差的颗粒越小，固相反应速度越快。在铁氧体的制造过程中，减小粉料颗粒半径的办法是球磨，所以球磨是一道很重要的工序。

(2) 常数量 K_0

要使固相反应速度加快，则要求常数 K_0 增大，而 K_0 是由参加反应物质的物理状态所决定的，如式(7-2) 所示：

$$K_0=C_0D_0 \tag{7-2}$$

式中，D_0 是离子扩散常数。对于铁氧体固相反应来说，由于配方确定之后，混合物中所含的离子种类也确定了，因此 D_0 也定了。扩散反应层的离子浓度 C_0 和粉粒之间的接触情况有关。不同原料的粉粒均匀混合并适当加压，就会增大不同粉粒间的接触面积，也就会促进离子扩散的进行，使 C_0 增加，这当然有利于固相反应的完成。

(3) 烧结温度和保温时间

烧结温度对固相反应的影响是很显著的。烧结温度愈高，意味着外界给予反应物粉料的能量愈大，反应物颗粒间离子热运动能愈大，扩散能力和反应能也愈大，所以有利于固相反应的进行。

实践表明，对于复合铁氧体而言，形成铁氧体的开始温度要比其中单一铁氧体的形成温度要低。另外，固相反应的完全程度和保温时间成正比，因此延长保温时间会有利于固相反应的进行。但提高烧结温度，可使固相反应速度大大增加，而延长保温时间只是成正比。因此，提高烧结温度的作用要比延长保温时间的作用效果大得多。

(4) 扩散激活能

扩散激活能 E 小，则完成固相反应所需要的时间可显著地减少。扩散激活能又称活化能，就是离子克服晶格的束缚力，扩散到相邻的晶格，进行固相反应所需要的最低能量。

为了改善固相反应，可以从降低激活能 E 入手。降低激活能就是增加原材料的活性。所谓原料的活性是指原料中离子在高温下离开本身结构，扩散到附近元素晶格中去的难易程度。原料（或粉料）的活性与哪些因素有关呢？

原料的活性与晶格结构的能量及晶格中结点上离子占有情况有关。结晶结构紧密的活性差，结晶结构有缺陷的原料活性好。即原料的活性与粉料的比表面、不完整性（不完整性，也叫活性中心，是指结晶物质中存在的特别活泼的中心，在那里优先发生吸附和反应。这些活性中心的地区，可能是位于晶体的棱、角或突凸处的原子，在结晶台阶中的原子，或者是原子间距不正常，例如邻近位错的地方。杂质的存在也引起与主要组成在性质上不同的地区，因而也能产生活性不同的中心）、电子因素及几何因素等。这就是说，原料的活性和它的来源、制造方法等是相关的。若原料的活性好，预烧料结晶也就好。

在工业上，增加原材料活性的办法有如下几点。

① 研磨：对于给定重量的结实固体，最明显的增加面积的方法是细磨。细磨就是机械地使颗粒破碎，也使颗粒剪切，从而增加了比表面。另外也可造成晶格缺陷（如孔隙体积——聚结体内颗粒间的间隙形成的）。比表面大了，表面能也大，表面结构松弛，有利于离子扩散，原料活性好。

② 原材料的纯度：从形成单相铁氧体角度来要求，总希望所选择的原材料的纯度愈高愈好。但是提高原料的纯度，不仅增加原料的价格，而且会降低原料的活性，从而影响固相反应的进行。对于特性要求不太高的铁氧体或对铁氧体特性影响不太大的杂质，通常可以允许有一定数量的存在，也就是说，在制造铁氧体时，要选择适当纯度的原材料。

关于杂质的作用可以这样来理解。由于杂质的加入，特别是那些价数与主体晶格上离子不同的杂质离子加入，会使原材料晶格点阵中出现空位、间隙或代位等，引起晶格畸变；杂质还会引起范性流动的效应，即影响位错的比例；含杂质越多，原材料的缺陷、晶格畸变浓度就越大，有利于激活能的下降。

③ 原材料的来源：原材料的活性和原料的来源有很大关系。经过高温处理的原料，由于晶格缺陷已得到校正，所以活性较差。有实验表明，经 850℃处理的 Fe_2O_3，比在 650℃处理的 Fe_2O_3，其反应速度常数 K 约小三倍。

通常由盐类经低温分解而得到的氧化物活性较好。这是因为，在低温分解过程，要发生晶格转变，而在晶格转变过程中，晶格间的缺陷浓度增加，同时，原料的比表面积增加。

④ 矿化剂：矿化剂就是在铁氧体生成反应中能增加固相反应速度，助长和控制晶粒生长，而它本身的组织和重量在反应前后保持不变的物质。

⑤ 助熔剂：助熔剂常常是熔点较低的物质。将少量助熔剂加入到反应物系中去，由于在固相反应前，助熔剂就已熔化并成为液相，或者，它会与某一反应物作用生成液相。正由于这些液相的作用，促进了反应物之间固相反应的进行。

除上述讨论的影响固相反应因素外，还有其他一些因素。例如，固相反应速度还与各反应物的比例有关；此外，气氛对固相反应也有重要影响。气氛可以通过改变固体吸附特性而影响其表面反应活性，气氛可直接影响晶体表面缺陷的浓度和扩散的机构，从而影响固相反应速度。

7.4 预烧工艺

制备软磁铁氧体的预烧工艺条件对预烧料的质量以及后面的成型和烧结工艺都有一定影响。

7.4.1 预烧的三个阶段

合适的预烧条件是预烧料质量的保证，具体条件因生产的产品特性而异，一般的预烧工艺条件如下。

(1) 升温阶段与升温速度

在预烧过程中，由差热分析可知，MnZn 和 NiZn 铁氧体从 600℃多度就开始固相反应，为使反应形成较多的晶核，便于原材料分解的气体排出，在 600～800℃之间，升温速度应慢，到 800℃以后应快些，这样可以使晶格结构来不及校正，从而提高预烧料的活性。为此可以改变回转窑和推板窑的炉体尺寸来调节升温速度，在制造炉体时可按升温速度要求设计制造。

(2) 预烧温度与保温时间

预烧温度是影响预烧效果的最重要因素，预烧温度直接影响铁氧体粉料的化学活性、松装密度和收缩率。

预烧温度偏高，尽管预烧料中铁氧体化的成分较多，但化学活性较差，烧结后，产品的收缩率较小。而且，预烧温度偏高会使粉碎颗粒度分布不均匀，烧结时出现不连续晶体生长，使产品性能大大下降。原料中含有低熔点成分时，过高的预烧温度还会使坯料部分熔融，以致无法用调节烧结温度的方法来补救。

预烧温度偏低，铁氧体粉料的松装密度较小，坯件烧结后的收缩率较大，达不到预期的工艺目的；另一方面，还将因原料中的低熔点杂质不容易挥发干净，使得产品在烧结后，局部出现结晶点。

合适的预烧温度略高于开始发生固相反应的温度，而开始固相反应的温度又与铁氧体的品种及原料性质有关。在空气中预烧，各原料之间发生固相反应，开始生成各铁氧体的温度如下：

$$ZnO+Fe_2O_3 \xrightarrow{620℃开始} ZnFe_2O_4$$

$$NiO+Fe_2O_3 \xrightarrow{700℃开始} NiFe_2O_4$$

$$MnO+Fe_2O_3 \xrightarrow{800℃开始} MnFe_2O_4$$

$$CuO+Fe_2O_3 \xrightarrow{700℃开始} CuFe_2O_4$$

$$MgO+Fe_2O_3 \xrightarrow{600℃开始} MgFe_2O_4$$

此外，预烧温度的选择也取决于产品对初步铁氧体化程度的要求。预烧温度与保温时间也因产品的种类或采用的工艺不同而异，在实际生产中有两种情况，一是采用较高的预烧温度和较长的保温时间，这样对提高产品密度、磁导率及降低损耗有好处，这种情况预烧时收缩率大，烧结时收缩率小，便于控制产品的尺寸精度，但是预烧料活性较差；二是采用较低的预烧温度和较短的保温时间，便于提高产品的综合磁性能。究竟采用哪种工艺，需要按产品性能要求，通过试验确定。用回转窑对软磁铁氧体预烧时，预烧温度一般在 920～980℃之间，最高不超过 1020℃。

(3) 冷却阶段与冷却方式

预烧料一般采用随炉冷却的方式。有的厂家为了增加预烧料离子间的反应活性，把预烧好的毛坯从高温炉中推出风冷，即向毛坯吹风，使其快速冷却。让其氧化而破坏本来已初步反应好的内部晶格结构，使其产生晶格缺陷，以便于提高预烧料的活性，同时增加了坯体的内应力，便于粉碎和球磨。

(4) 预烧效果的其他影响因素

铁氧体预烧效果除决定于各个加热组所形成的温度曲线外，还取决于回转窑的倾角、转速，在同样流量的情况下，倾角越大、转速越快，粉料在窑内停留的时间越短，倾角可在 0～5°之间调整，主要是使粉料在窑内有足够的停留时间，同时，又能达到相应的产量。转速常在每分钟 1～5 转之间调整，这视转管的管径而定，主要是使粉料能翻滚，达到均匀预烧的目的；回转窑内的气氛控制是比较困难的，一般通过调节入窑口的抽气量，从而改变出窑口吸入新鲜空气的量来调整。当料中的 Cl^- 含量较高时，大量的水蒸气、Cl_2 充斥在窑内，O_2 的含量将降低，若加大抽风量，O_2 的含量将升高，但能耗将增加。铁氧体预烧时，通常其氧含量应大于 15%，当粉料的流动性较差时，部分细粉末将黏附在窑内壁上，并在窑内长时间停留，这个黏附层将影响铁氧体的预烧温度，为此，回转窑都设置了敲击或刮壁的装置。

7.4.2 MnZn 铁氧体的预烧

一般低 μ_i MnZn 铁氧体材料，常采用颗粒料进行预烧，在 950～1050℃之间，保温时间在 2.5～3h；高频焊接磁棒用低 μ_i MnZn 铁氧体材料，通常在 960～1000℃下预烧，并保温 2.5～3.0h。

在做高 μ_i MnZn 铁氧体材料时，国内企业的预烧工艺通常为 700～1000℃（如 800℃）保温 10～40min，回转窑的转动速度为 10～20r/min，粉料流量为 2～5kg/min 使红色固体混合物初步发生固相反应，并使混合物由红色转变为黑色；其 PC40 功率铁氧体材料的预烧温度为 700～1000℃（如 900℃），预烧时间为 30～60min（如 30min），混合物的流量、回转窑的转速与其高 μ_i 材料相同；在做 PC50 功率铁氧体时，则常采用空气窑直接对粉料进行预烧，温度为 950℃，时间为 2.5h；在制备 PC95 功率铁氧体材料时，先在砂磨机中将各主原料均匀混合并破碎，而后将料浆烘干，过筛后于 930℃下保温 120min。

日立金属公司在做高 μ_i MnZn 铁氧体材料时，其预烧工艺通常为 850℃保温 2h；其高频宽温低损耗 MnZn 铁氧体的预烧工艺为，900℃保温 2h。在制备低常温宽温功率铁氧体时，中畑功等人的预烧工艺为 800～1100℃下预烧 1～3h。

TDK 公司则常采用制备氧化铁的喷雾焙烧法制备高 μ_i MnZn 铁氧体粉料，烧制材料的 μ_i 为 20000，可以说，这种方法是高 μ_i 材料制粉技术的更新。喷雾焙烧法是采用工业原料 $FeCl_2$ 和 $MnCl_2$，按比例混合成氯化物溶液，然后置于鲁斯纳（Ruthner）焙烧炉中，于 800℃进行喷雾焙烧形成 Fe 和 Mn 的氧化物。为了获得所确定的 MnZn 铁氧体成分，加入经 850℃预烧 3h 后生成的 $ZnFe_2O_4$，一起在研磨机中湿式混合，其主成分按摩尔分数计为：Fe_2O_3 ∶ MnO ∶ ZnO＝52.8 ∶ 24.2 ∶ 23.0，其辅成分为 Bi_2O_3、SiO_2 和 $CaCO_3$，其添加量按质量分数计，分别为 400ppm、70ppm 和 170ppm。在制备 PC90 功率铁氧体时，福地英一郎等人湿式混合主要成分的原料粉末以后进行750～950℃保温2h的预烧，其气氛可以是N_2或大气。

7.4.3 NiZn铁氧体的预烧和氧化锌的异常膨胀

对混合好的NiO、ZnO、Fe_2O_3粉料，通常是压制成饼状块料进行预烧，原料间发生的固相反应是分时段进行的。尤其是在反应的初期阶段，是在不同原料颗粒间的接触部分发生局部的反应，在该局部先生成Zn铁氧体，而后在更高的温度下，通过第二阶段的反应才生成$NiZnFe_2O_4$。

对于混合好的NiO、ZnO、Fe_2O_3料进行预烧时，当温度升到700～900℃时，会发生一种ZnO的异常膨胀现象。所谓ZnO的异常膨胀，就是ZnO发生分解而游离出原子Zn，游离出的Zn很快被挥发掉。

通常，ZnO的熔点为1800℃，因此，在NiZn铁氧体的制作过程中，ZnO本身是不会挥发的。但当温度升高时，ZnO会发生下列反应：

$$ZnO \longrightarrow Zn + \frac{1}{2}O_2$$

使Zn从ZnO中游离出来，而Zn的沸点是907℃。所以，在预烧过程中，如果有游离的Zn，就很容易被挥发掉（在有些资料上写的"ZnO的挥发"，可以理解为ZnO分解后Zn的挥发）。对于含有ZnO的氧化物系统经行预烧时，要尽量地将粉料混合均匀，尽可能地使ZnO与Fe_2O_3反应生成$ZnFe_2O_4$。将料浆烘干过筛后，压制成块料进行预烧，缩短了原料颗粒之间的距离，有利于原料颗粒的接触与扩散，有利于固相反应的进行。所以，NiZn铁氧体的生产，多用块料进行预烧。预压时，可用63t或45t油压机，将粉料压制成像蜂窝煤一样的块料，为了降低成本，对于性能要求不高的产品，若用粉料预烧，能达到技术要求的也可以用粉料直接预烧。ZnO和Fe_2O_3反应生成$ZnFe_2O_4$在620℃时就开始了，而锌的游离和挥发要在907℃后，所以，NiZn铁氧体最好在较低的温度下（一般不要超过950℃）进行预烧，可有效防止ZnO的异常膨胀和挥发。

事实上，NiZn铁氧体预烧过程中，各种条件的控制是至关重要的，对铁氧体的组成、性能、尺寸精度以及制造的后道工序有很大的影响。

通常，NiZn铁氧体的预烧工艺如下：先将预压坯体置于预烧炉内，在600℃以后缓慢升温到900℃，使其有充足的时间进行离子扩散和固相反应，在900～920℃预烧2.5～4.5h。预烧的时间和块料的大小，与产品的性能要求有关，具体的预烧时间和温度须通过实验确定。预烧以后最好进行空气淬火，以增加块料的内应力和脆性，便于粉碎与球磨，同时，可以提高预烧料的活性，有利于烧结时的固相反应。对于预烧设备，试验室和小批量生产可用箱式或井式炉，大批量生产可用推板窑或回转窑。

高频NiZn铁氧体材料的制造工艺过程与一般NiZn铁氧体的制造工艺过程相似，只是预烧工序的工艺条件不同。对于高频NiZn铁氧体材料，为避免高频损耗，晶粒不宜长得过大，所以，其烧结温度低。可在配方中添加少量低熔点助熔剂，使固相反应在液相存在的条件下加速进行。加助熔剂的高频NiZn铁氧体，常在900～920℃下预烧2～3h。

7.4.4 MgZn铁氧体与LiZn铁氧体的预烧

（1）MgZn铁氧体

用于彩偏磁芯的MgZn铁氧体，具有一小、二大、三多和四高的特点。一小，指其尺寸公差要小；二大，一般彩偏磁芯的体积大；三多，内孔呈内曲面尺寸测量点多；形状复杂沟槽多；四高，用户要求破坏强度高、居里温度高、表面电阻率高，这些特点给模具的设计及制造带来了很大的难度。正因为偏转磁芯具有上述特点，在彩偏磁芯的材料成分确定以后，在生产中控制其变形和几何尺寸就成了制造磁芯的关键问题。据试验分析，在生产过程中造成彩偏磁芯变形、开裂和影响尺寸精度的因素较多，主要有下列几个原因：

① 预烧温度不合适，如果偏低，烧结时收缩率大，致使产品变形或开裂。密度不一致。

② 造粒质量不好，流动性差，成型时颗粒料在模具内分布不均匀，造成成型密度不一致。

③ 成型压力不均匀，造成成型密度不均匀。

④ 成型密度小，烧结收缩大，坯体与承烧钵摩擦力大，致使变形或开裂。

⑤ 承烧钵本身变形，强迫磁芯收缩时变形。

为此，针对上述情况，偏转磁芯材料一般采用造球后在回转窑中预烧，预烧料均匀性好。通过试验确定合适的预烧温度，多采用预烧温度略高于烧结温度的制造工艺。其预烧温度通常为1150～1180℃保温2h。而对于低损耗MgZn铁氧体材料通常是在其配料之后，于滚动球磨机中混磨8h，沉淀后烘干，在1150～1200℃预烧2h，待冷却到700℃左右，将其粉料倒入冷水中淬火；MgCuZn铁氧体的预烧温度通常在760～850℃之间，预烧1～3h。

(2) LiZn铁氧体

在制备LiZn铁氧体时，因加入助熔剂的情况不同，预烧温度有较大的差异，一般在650～950℃之间，选一合适的温度预烧2～3h。若是压制成块预烧，并且在预烧后进行“水淬”处理，生产的材料性能较好。

7.5 磁化度的影响因素及其控制

(1) 磁化度的影响因素

预烧的过程伴随着复杂的固相反应，不同的预烧温度、不同的进料量可直接影响生成物的品种与数量。各种原料之间在发生固相反应的同时，存在着频繁的吸氧与放氧过程；而吸、放氧的多少，又促使生成物发生不断的变化。但回转窑不能像氮窑一样安装测气孔，因而，难以确切地弄清楚其内部复杂的反应。实践表明，发现影响磁化度的因素很多，如原料的活性、粒度、颗粒形状、杂质含量、一次料预烧前的内在品质、材料的基本配方组成、进料量、窑管转速、倾角、抽排气状态以及预烧料的冷却过程等。

(2) 磁化度的控制

① 预烧前一次颗粒料的控制。预烧前一次颗粒料的制备，对磁化度有着至关重要的意义。因此，需要对各种原材料的理化特性有所了解，然后，根据这些特性，在制备工艺上进行调整，如活性好的原材料的一次砂磨时间要缩短，对活性差的原料，要增加一次砂磨的时间，控制好一次颗粒料的松装密度、流动性、含水量等参数。另外，聚乙烯醇（PVA）在高温下易与氧气发生反应并燃烧，因此，PVA的添加量必须适当，颗粒料对磁化度的影响趋势如表7.1所示。

表7.1 颗粒料对磁化度的影响趋势

项目	原材料的活性	PVA的加入量	颗粒料的松装密度	颗粒料的含水量	颗粒料的流动性	预烧前颗粒料的处理温度
特性	好	过多	高	高	好	高
磁化度	差	高	低	高	低	高

② 预烧工艺过程的控制。预烧温度对磁化度影响较大，预烧温度为1050℃，磁化度高达20%，经过多次实验后，将温度调整到900℃左右，磁化度得到了显著的降低，如图7.3所示。另外，不同材料应有不同的预烧温度，因为，随着成分中氧化锌含量的增加，在预烧中，最易生成的锌铁氧体的量将增多，相应的磁性物质将减少，磁化度将相应地降低。实践表明，在同等条件下，锌含量多的材料与锌含量少的材料相比，锌含量多的材料，其磁化度相对较低。

一个合理的温度曲线，有利于磁化度的改善。控制好回转窑的内部气氛，在保证预烧充分的前提下，尽量使窑内温度曲线向前移，如图7.4所示（曲线2的磁化度就比曲线1的磁化度低），使预烧料能够缓慢冷却并充分吸氧，降低预烧料的内应力，预防磁芯由此而产生的开裂。如调大窑头抽气风门，减少窑尾抽气风门；及时清理抽气管道和除尘布袋，保证抽气顺畅；适当降低窑尾温度等，都是改善温度曲线和控制窑内气氛的好办法。最后，同氮窑产品的降温过程一样，预烧料的冷却过程和降温方式对磁化度的影响也很显著，因此，保证循环冷却水的降温效果，在窑尾安装鼓风机向窑内输送冷空气，既使预烧料能够缓慢冷却，防止淬火现象的发生，又使预烧料能够充分地吸氧，完成铁离子、锰离子的变价，从而降低预烧料的磁化度。

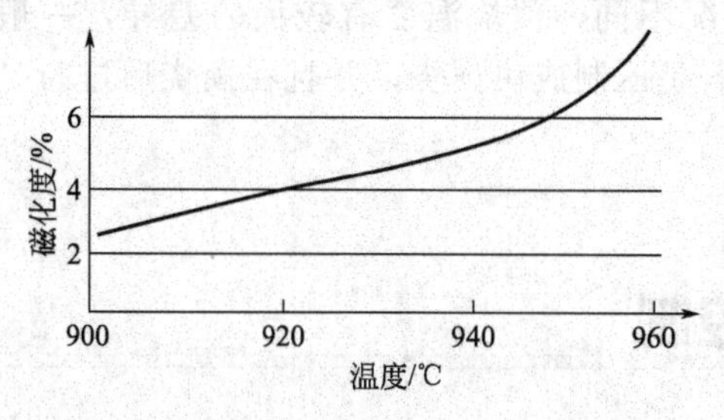

图7.3 磁化度随预烧温度变化曲线

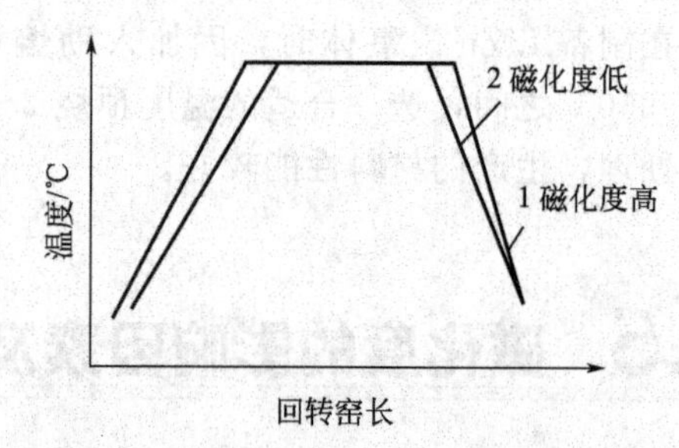

图7.4 磁化度与预烧温度曲线的关系

7.6 预烧温度对高磁导率MnZn铁氧体的影响

采用传统氧化物陶瓷工艺制备MnZn铁氧体，选取高纯氧化物Fe_2O_3、Mn_3O_4、ZnO为原料，按Fe_2O_3：MnO：ZnO=52：26：22的摩尔比配料，采用等径钢球，按球：料：水为2：1：1的比例进行一次球磨4h，然后将烘干的粉料分别于800℃、830℃、860℃、890℃、920℃进行预烧，保温时间为1.5h。预烧完成后分别掺入相同的微量添加剂并二次球磨6h，烘干后加入10%（质量分数）的PVA造粒并压制成标准的磁环，最后按照一定的烧结工艺曲线，在氮气保护气氛下烧结，从而得到所需样品。

(1) 预烧温度对烧结体微观结构及晶相的影响

实验表明，随着预烧温度的升高，烧结体的晶粒变小，而且越来越均匀。当预烧温度为800℃时，最终烧结体的晶粒长得较大，其典型晶粒尺寸约为20μm，而且明显可以观察得到有一些二次晶粒的长大；当预烧温度分别为860℃和920℃时，烧结体晶粒变小，其典型晶粒尺寸分别约为15μm、12μm。由此可见，预烧温度对最终烧结体的微观结构有很大影响，这主要是由于预烧温度不同，粉体的活性有所差异造成的。粉体的活性主要体现在晶格的不规则性、晶格缺陷、表面能以及比表面积上面。

由不同预烧温度下预烧粉料的X射线衍射分析可知，随着预烧温度的升高，其衍射强度逐渐升高，生成的尖晶石相越来越多，晶粒中晶胞排列越来越规则；另一方面，在实验过程中可以明显看到在不同的预烧温度下，粉料的烧结收缩率不同，当预烧温度升高时，在相同的成型和烧结条件下，粉体的烧结收缩率逐渐变小，不同预烧温度粉料的烧结收缩率如表7.2所示。

表 7.2 烧结收缩率和烧结体的密度随预烧温度的变化

预烧温度/℃	800	830	860	890	920
烧结收缩率/%	14.36	14.34	14.14	14.03	14.03

通过以上的分析可以认为，当预烧温度较低时，粉体具有较高的活性，当预烧温度升高，粉体的活性就会降低，于是对后面的烧结过程产生显著的影响，从而影响最终烧结体的微结构及其磁性能。根据电子陶瓷的烧结传质理论，粉体越细，活性越高，在相同的烧结条件下，其晶粒生长速度越快，且容易出现二次晶粒长大，从而导致微结构中出现一些异常大的晶粒，使得晶粒的大小不均匀。这主要是因为粉料的晶粒愈细，一次晶粒的平均粒径$d_{平均}$愈小，出现偶然粗晶的可能性愈大，这样，二次晶粒成核就比较容易，晶粒生长速度v（$v \propto 1/d_{平均}$）也越大，所以，当预烧温度较低，粉料活性较高时，最终烧结体的晶粒就要大些，并且出现一些异常大晶粒，使晶粒不均匀。由此可见，要使烧结体具有良好的显微结构，如何控制预烧温度是关键因素之一。在铁氧体的烧结过程中，一般认为最佳预烧温度应控制在主晶相基本合成而粉料之间又没有完全烧结为宜。由上面的分析讨论可以得出，对于高导MnZn铁氧体，要获得良好的微结构，预烧温度应控制在860～920℃范围内。

（2）预烧温度对磁性能的影响

图7.5表示的是材料的起始磁导率随预烧温度的变化关系曲线。从图中可以看出，当其他工艺条件相同时，材料的起始磁导率随预烧温度的升高呈先升高后下降的趋势，当预烧温度为860℃时，材料的起始磁导率达到最大值。

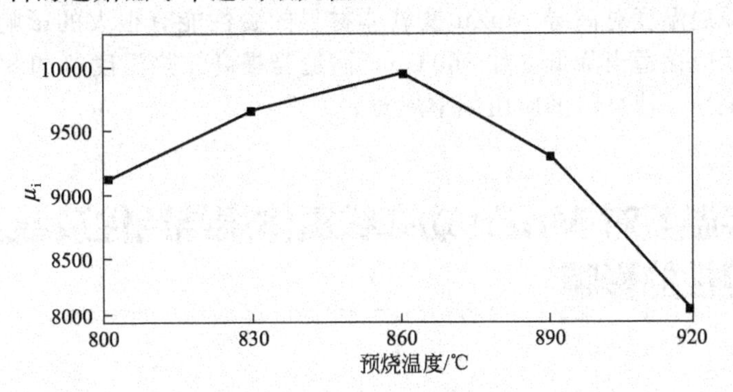

图7.5 材料的起始磁导率随预烧温度的变化关系曲线

高导MnZn铁氧体的起始磁导率主要是受磁畴壁移动的支配，为了增加畴壁的数量并使畴壁位移容易，必须增大晶粒尺寸、使晶粒生长均匀、减少晶粒内部气孔。实验表明，当预烧温度为800℃时，最终烧结体的晶粒偏大，气孔较少，但是由于晶粒的大小很不均匀，有一些二次晶粒的长大，所以这时材料的起始磁导率不是最大；当预烧温度升高，晶粒虽然有一定的减小趋势，但是从整个显微结构来看，晶粒生长比较均匀、完整，晶界平直，所以起始磁导率呈现上升的趋势，当预烧温度升至860℃时，起始磁导率达到最大值；预烧温度进一步升高，由于粉体活性的下降，晶粒尺寸更小，晶界增多，对畴壁位移的阻滞增大，所以起始磁导率又开始呈现下降的趋势。故要得到较高的磁导率就得适宜的降低预烧温度。

图 7.6 表示的是不同预烧温度下材料磁导率与频率的关系曲线。从图中可以看出，当频率 $f \leqslant 100\mathrm{kHz}$ 时，所有预烧温度下磁导率随频率变化的关系曲线基本保持水平，当 $f >$ 100kHz 后，磁导率都呈现下降的趋势，但是预烧温度为 890℃、920℃的两条曲线明显比 800℃、830℃、860℃的曲线下降得平缓些，尤其是预烧温度为 890℃的材料，具有较高磁导率的同时还能保持较好的频率稳定性。实验表明，随预烧温度的升高，晶粒是越来越细，根据 Snock 公式$(\mu_i - 1)^{\frac{1}{2}} f_r = \frac{M_S}{2\pi}\left(\frac{2\delta}{\pi\mu_0 D}\right)^{\frac{1}{2}}$（其中，$\delta$ 为畴壁厚度、D 为磁畴宽度、f_r 为截止频率）知道，当晶粒细化以后，磁畴宽度 D 就会减小，而式中饱和磁化强度 M_S 和畴壁厚度 δ 由材料配方和晶体结构所决定，$\delta = C\sqrt{\frac{A}{K_1}}$，式中 C 为常数，A 为亚铁磁性超交换作用积分，K_1 为磁晶各向异性常数，因此，减小畴壁宽度 D 就能提高畴壁的共振频率 f_r，所以当预烧温度提高，细化晶粒后，磁导率的频率稳定性就会得到改善。由此可以得出，要获得频率特性好、使用频率高的高导 MnZn 铁氧体，提高预烧温度是有效手段之一。

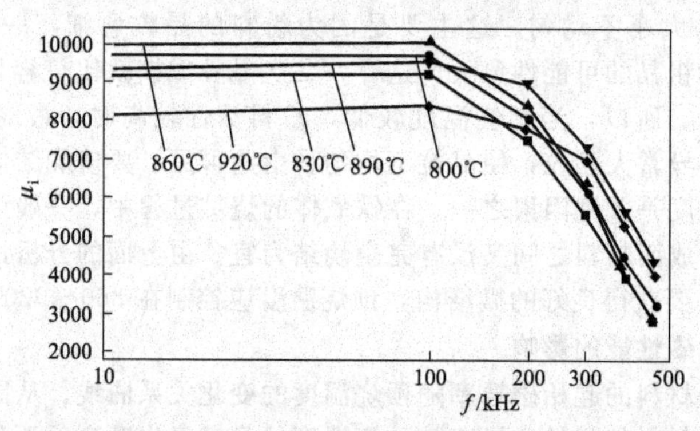

图 7.6 不同预烧温度下磁导率和频率关系曲线 μ_i-f

综上所述，预烧温度对高导 MnZn 铁氧体材料的磁性能有很大的影响，要获得高的磁导率，预烧温度就应该适当降低（如 860℃），而适当提高预烧温度（如 890℃），则可以获得良好的频率稳定性，使材料的应用频率展宽。

7.7 预烧温度对 MnZn 功率铁氧体烧结活性及温度稳定性的影响

(1) 实验

样品均采用氧化物陶瓷工艺制备，按照 Fe_2O_3 ∶ MnO ∶ ZnO＝52.5 ∶ 34.5 ∶ 13 的摩尔比，进行配料，用 QM-C1 球磨机球磨 2h，将烘干的粉料分别在 840℃、870℃、900℃、930℃、960℃下预烧 2h，然后，按质量分数（下同）计，加入 0.06％的 $CaCO_3$，0.05％的 V_2O_5，0.04％的 Nb_2O_5 及 0.1％的 Co_2O_3，二次球磨 4h，烘干后以聚乙烯醇（PVA）作黏合剂造粒，并在 60MPa 压力下压制成环形坯件和圆片形坯件，最后，再按照一定的升降温速率在氮气保护气氛下，于 1320℃进行平衡气氛烧结。

(2) 实验结果与讨论

① 预烧温度对预烧粉料烧结活性的影响。粉体的活性，很难用一个通用的指标来表征，只能在相同的实验条件下，对其特定的反应和变化过程进行比较。对活性的测试有物理和化

学两大类方法。其中物理方法有氮吸附法、碘吸附法等；化学方法有柠檬酸法、溶解活化能法、热分析法等。姬海宁等人，采用热分析法对预烧温度分别为840℃、900℃、960℃的预烧粉料的活性，进行了分析。测试条件为空气气氛，升温速度为10℃/min。

实验表明，样品在900～1170℃存在热失重，这是由于MnZn铁氧体在该温度范围内生成，并且放出氧气，故引起质量损失。3个样品在900℃、1150℃附近，热失重有较大的变化率，其中840℃的样品变化率最大、900℃的样品次之、960℃的样品最小，这说明预烧温度越低，铁氧体生成的反应越剧烈。表7.3给出了各吸热峰的热学参数，其中T_m为峰顶温度，ΔH_m为与峰面积成正比的热焓。

表 7.3 不同预烧温度样品吸热峰的热学参数

样品	T_{m1}/℃	ΔH_{m1}/(J/g)	T_{m2}/℃	ΔH_{m2}/(J/g)
840℃	945.5	−3.991	1147.0	−9.14
900℃	959.2	−3.366	1162.7	−4.724
960℃	985.7	−1.592	1169.5	−4.648

由表7.3可知，随着预烧温度的升高，样品的吸热峰顶温度朝高温移动，同时吸收热量变小，即随着预烧温度的升高，预烧粉料的活性降低。这是由于预烧过程是通过金属离子或空位的扩散完成固相反应的过程，预烧温度较低，生成的新相晶格不完整，缺陷多，因而活性较好；随着预烧温度的升高，晶格缺陷将得到校正，晶格结构、离子分布固定，因而其活性变差。

② 预烧温度对烧结样品微观结构的影响。实验表明，当预烧温度为840℃时，烧结体的晶粒长得较大，粒径大小不均匀，且明显可以观察到二次晶粒的生长；当预烧温度为900℃时，烧结体晶粒尺寸变小，晶粒较均匀；而当预烧温度继续升高至960℃时，晶粒尺寸又变大，且不均匀，出现了更多二次晶粒的生长。在一定的范围内，升高预烧温度，在同样的烧结条件下，可使烧结体的晶粒越来越均匀，并且晶粒尺寸越来越小。这是由于预烧温度低的粉料，其烧结活性好，在相同的烧结条件下，其晶粒生长速度较快，并且比较容易出现二次晶粒长大，从而导致微结构中出现一些异常晶粒，使得晶粒大小不均匀；而预烧温度过高，则会在烧结时出现晶粒的不连续生长，使产品性能大大下降。由此可见，要使烧结体具有良好的显微结构，通过控制预烧温度来控制粉体活性是关键的影响因素之一。

③ 预烧温度对材料磁性能及其温度稳定性的影响。图7.7和图7.8分别为不同预烧温度样品室温下的起始磁导率、单位体积功耗。

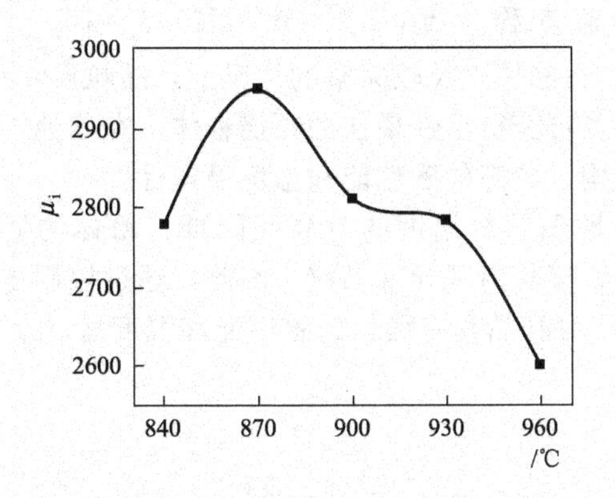

图 7.7 不同预烧温度样品的室温起始磁导率

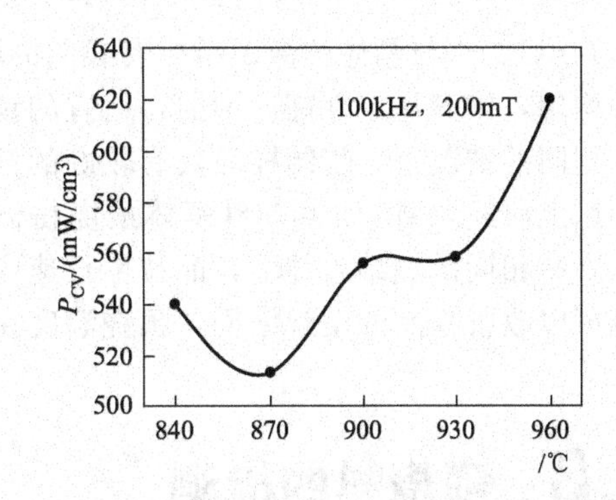

图 7.8 不同预烧温度样品的室温单位体积功耗

可以看出随着预烧温度的升高，起始磁导率先升高后降低，单位体积功耗与之相反，为先降低后升高，并且两者皆在预烧温度为870℃时达到最佳。由前面的分析可知，随着预烧温度的升高，烧结体的微观结构先是晶粒尺寸变小，晶粒更均匀，若继续升高预烧温度，则晶粒尺寸将变大，晶粒均匀性变差。在870℃预烧的样品由于晶粒尺寸较为均匀、晶粒结构完整，因而磁化阻力较小，表现出较高的磁导率和较低的单位体积功耗。

表7.4和表7.5分别给出了不同预烧温度样品的起始磁导率温度系数 α_{μ_i}、单位体积功耗温度系数 $\alpha_{P_{CV}}$ 和温度 T 的关系，其计算公式，如式(7-3) 和式(7-4) 所示，其中 $T_0=25℃$。

$$\alpha_{\mu_i}=\frac{\mu_i(T)-\mu_i(T_0)}{\mu_i(T_0)(T-T_0)}\times 100\% \tag{7-3}$$

$$\alpha_{P_{CV}}=\frac{P_{CV}(T)-P_{CV}(T_0)}{P_{CV}(T_0)(T-T_0)}\times 100\% \tag{7-4}$$

表7.4　不同预烧温度样品的 α_{μ_i} 值

预烧温度	样品 α_{μ_i}/(%/℃)			
	$T=60℃$	$T=80℃$	$T=100℃$	$T=120℃$
840℃	0.37	0.33	0.29	0.23
870℃	0.18	0.22	0.17	0.11
900℃	0.26	0.30	0.25	0.22
930℃	0.34	0.32	0.28	0.19
960℃	0.39	0.36	0.30	0.26

表7.5　不同预烧温度样品的 $\alpha_{P_{CV}}$ 值

预烧温度	样品 $\alpha_{P_{CV}}$/(%/℃)			
	$T=60℃$	$T=80℃$	$T=100℃$	$T=120℃$
840℃	−0.40	−0.33	−0.25	−0.12
870℃	−0.38	−0.28	−0.14	−0.01
900℃	−0.38	−0.33	−0.28	−0.15
930℃	−0.42	−0.33	−0.24	−0.09
960℃	−0.38	−0.33	−0.27	−0.18

由表7.4和表7.5可知，在25～60℃、25～80℃、25～100℃、25～120℃各温度范围内，起始磁导率温度系数 α_{μ_i} 值和单位体积功耗温度系数 $\alpha_{P_{CV}}$ 的绝对值，都是先随预烧温度的升高而降低，如再继续升高预烧温度，则 α_{μ_i} 值和 $|\alpha_{P_{CV}}|$ 都有回升趋势。当预烧温度为870℃时，在25～120℃温度范围内有最好的温度稳定性，$\alpha_{\mu_i}=0.11\%/℃$、$|\alpha_{P_{CV}}|=0.01\%/℃$。这与晶体的微观结构有必然的联系，在晶体生长较完整的情况下，晶粒尺寸小，晶粒均匀，则其稳定性高。因而，适宜的预烧温度可获得活性最佳的预烧粉体，在其他工艺条件相同的情况下，烧结样品具有较好的微观结构、较高的磁性能和温度稳定性。

综上所述，MnZn功率铁氧体预烧粉体的活性随预烧温度的升高而降低，粉体的活性高，则在相同的烧结条件下，晶粒生长速度较快，容易出现异常晶粒。因此，通过控制预烧温度可以改善样品的微观结构，预烧温度在870℃时样品具有最佳的磁性能和温度稳定性。

7.8 预烧料的检测

软磁铁氧体预烧料的质量要求有：铁氧体的生成率和氧化度，在批量的生产中，测其生成率难度大，也不经济，通常用简单易行的办法来评估其质量，这些简单办法有外观、振实密度、磁化度、单位质量预烧料的磁矩、氧化度等。

(1) 外观

合格的软磁铁氧体预烧料，其外观为黑色、流动性好、成颗粒状态。

(2) 振实密度

粉末经过振实后的堆积密度，以 g/cm^3 表示。该性能对粉末压制用模具的设计等有指导作用，是粉末的一种工艺性能。

粉末振实密度相对于其松装密度增大的百分数，是粉末多种物理性能（如粉末粒度及其分布、颗粒形状及其表面粗糙度、比表面积等）的综合体现。常用拍击（振实）密度测试仪器测试，其操作规程如下：

① 测试条件。振动幅度，国标中规定为3mm；电源为交流200V±10%，50Hz，35W；相对湿度小于85%，无凝结现象；其他要求为，测试环境整洁无烟尘，周围没有机械振动源或电磁干扰源。

② 样品的测试步骤

a. 清洗量筒。用试管刷清洁量筒内壁，或者用溶剂冲洗，如丙酮溶液。如果使用溶剂，在使用前应彻底干燥量筒。

b. 干燥样品。通常粉末应按接收状态进行实验。如粉料受潮，则需对其进行干燥处理。

c. 称样品质量。称取适量的待测样品。在精密天平上测量其质量，将所称样品全部装入量筒，注意使粉末的表面处于水平状态，量筒组件放入振动机构中。

d. 完成振动。在计数器面板上输入所需的振动次数。按“启动”键开始振动，直到设定的振动次数完成时，仪器自动停止振动。实践中，粉末的体积不再发生变化所需的最少振动次数 N 是可以测定的。对于同类粉末，除了通常实验和验收时已确定的特定振动次数（不少于 N 次）外，振动 $2N$ 次即可。

e. 读出并输入体积。如果振实后粉末的上表面是水平的，可直接读数。如果振实后粉末的上表面不是水平的，则读出最高值和最低值，计算它们的平均值，通过公式计算出测试结果。

$$\rho_t = \frac{m}{V_t} \tag{7-5}$$

式(7-5)中，ρ_t为振实密度，g/cm^3，m 为粉料的质量，V_t为粉末振实后的体积，cm^3。

③ 仪器的维护与保养

a. 电源电压应在200～240V之间，当电源电压不稳定，或有脉冲干扰时，应配备精密净化交流稳压电源。

b. 此设备应放置平稳、牢固，避免振动、敲击，防止滑落。

c. 在搬运或移动时，应注意轻拿轻放，且不可撞击仪器。

d. 清洁仪器表面时可用湿毛巾蘸洗涤剂拧干后擦拭，不得将液体流入或溅入仪器内部。

e. 系统电源不要在开启后瞬间关闭。每次开、关时间间隔应大于5s。

f. 要经常检查保护地线等连接线，确保系统的各个部分都处于良好的接地状态。

g. 振动组件属于运动部件，对溅入到直线轴承中的粉末，需及时用刷子清理干净。定期向直线轴承中加入适量的润滑油。

MnZn 铁氧体预烧料的振实密度一般为 $(1.7\pm0.15)g/cm^3$。

(3) 磁化度

预烧料的 *IND*（磁化度），是一个非常重要的参数，它没控制好，不但影响产品的磁性能，还将影响产品的外观（容易开裂）。解释料粉的 *IND*（磁化度），我们需要理解铁氧体相，它可以存在两种形式：在低氧气浓度的情况下预烧后为有磁性相，在高氧气浓度的情况下，为无磁性相。晶格点阵在两种相位下是不同的。如果含氧少，晶格点阵就更大。在预烧中，我们想得到没有磁性的铁氧体相位。预烧结束，所有的原材料应该反应生成铁氧体相或者初步铁氧体相。我们应尽力避免有磁性的铁氧体相。也就是说，材料里必须含有氧。换而言之，把材料从800℃降到600℃，应该越慢越好。通过这样做，从窑炉里出来的材料，就几乎是无磁性的。

软磁铁氧体预烧料的磁化度的测试，常用ϕ0.5～0.6的漆包线（通常为铜线）在一个塑料杯的周围绕600匝，装预烧料，松装刮平即可。其高度略过线圈最高处（有的企业装预烧料的质量固定）。在10kHz、10mV的条件下测试预烧料的磁化度。

磁化度 IND=100%×(装满料粉时的电感-不装料粉时的电感)/不装料粉时的电感

功率类的铁氧体料粉的磁化度小于7%，通常在3%～4%。高磁导率的铁氧体预烧粉料的磁化度小于20%。如材料的磁化度过高，二次烧结做产品时，容易开裂。在二次烧结时，可以通过调节烧结气氛如N_2、O_2的量来缓解磁化度过高的预烧料带来的麻烦。当然，有的功率类的预烧料，其磁化度略大于7%，二次产品也能做，如重庆超锶的预烧料就常在7%以上。

(4) 单位质量预烧料的磁矩

单位质量预烧料的磁矩常用磁秤法测定，测试温度为20℃（293K），MnZn铁氧体预烧料单位质量预烧料的磁矩一般为：σ_{293}=(4～15)(emu/g)。

(5) 氧化度

MnZn铁氧体的氧化度常用化学方法来测定，通常要求（Mn^{3+}-Fe^{2+}）占的比例≥1.3%（质量比）。

(6) 松装密度

MnZn铁氧体（高磁导率）预烧料的松装密度$\rho_{松}$一般为1.33～1.42g/cm³。功率铁氧体的$\rho_{松}$一般为1.01～1.20g/cm³。

(7) 粗、细粉含量

一般情况下，合格的MnZn铁氧体预烧料粗粉含量（≥50目）≤8%，细粉含量(≤200目)≤15%。

第8章 软磁铁氧体备料工艺与控制

8.1 铁氧体粉料的性质

铁氧体粉料的性质会影响后道工序，如造粒、成型、烧结等，进而影响到铁氧体产品的显微结构与性能。这里，我们着重讨论铁氧体粉料的粒度、堆积密度等性质，以及这些性质对成型、烧结等某些特性的影响。

(1) 铁氧体粉料中的空隙和型模密度

如果把铁氧体粉料装入某一容器内，那么铁氧体粉料所占的总体积就是铁氧体真正的体积和空隙体积之和，而空隙的体积，又可分为粉料粒子内的空隙体积和粉料粒子外部的空隙体积，粉料粒子内的空隙取决于预烧时原料混合物的烧结状况。同一原料混合物在不同的温度预烧后，经粗粉碎成30～60目的粉料性质与预烧温度的关系列于表8.1中。由表可见，随着预烧温度的升高，铁氧体粉料的视在密度和粒径都增加。这说明，预烧温度升高，铁氧体粉料粒子内的空隙减小。当然，这不是绝对的，如果预烧温度过高，粉料粒子内的空隙将会因组成的变动而有所增加。

表8.1 锰锌铁氧体粉料的某些性质与预烧温度的关系

预烧温度/℃	视在密度/(g/cm^3)	粉料颗粒/μm	型模密度/(g/cm^3)
1050	4.8	0.16	2.12
1180	4.93	0.22	2.33
1300	4.94	0.24	2.60

粉料粒子填充而产生的空隙取决于粉料粒子的形状和粒度分布。图8.1给出锰锌铁氧体的型模密度与粉料粒径的关系，曲线上的数字是预烧温度。由图可见，由铁氧体粉料填充而产生的空隙并不太随粉料中的粒度的变化而变化。这是因为由高温预烧的铁氧体粉料粒度分布变宽，而由这样宽粒度分布的粉料堆积在一起，其填充产生的空隙自然就小。

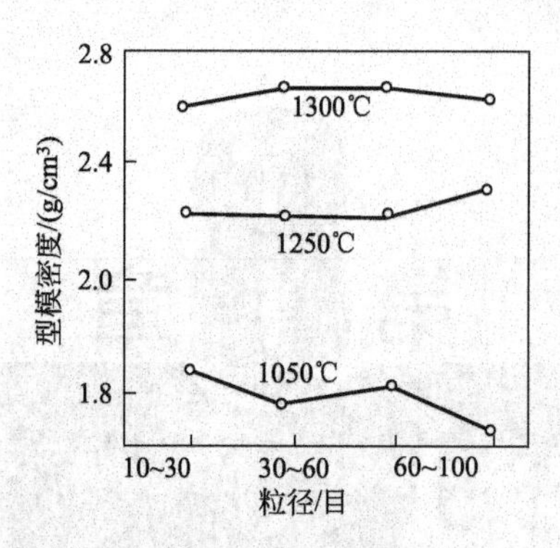

图 8.1 型模密度与粉料粒径的关系

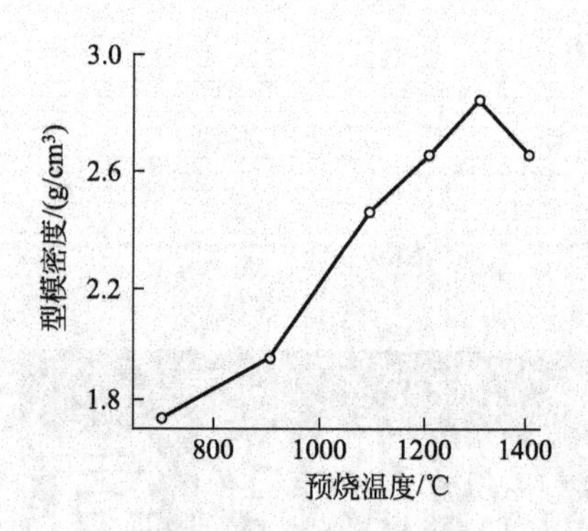

图 8.2 型模密度与预烧温度的关系，预烧保温时间 3h，粉碎时间 15h

所谓型模密度，有两种说法。其一，是将粉料松装在某一容器中，称其重量，测其体积后相除求得，也叫松装堆积密度。其二，是将粉料装入某一容器后，将装有粉料的容器轻摇或振动到粉料不再下沉为止，称其质量，量其体积再相除求得，也叫做拍击（振实）或轻敲密度。

铁氧体粉料的型模密度主要与预烧温度及粉碎条件有关。图 8.2 给出锰锌铁氧体粉料的型模密度与预烧温度的关系。由图可见，随着预烧温度的升高，粉料的型模密度也增加。表 8.1 中的数据也如此。但 1400℃预烧的粉料型模密度下降。这可认为预烧温度过高，预烧时晶粒生长显著，给粉碎造成困难，所以粉料的粒子粗（与 1300℃预烧的粉料相比），粉料粒子外部的空隙体积的增加，超过了粉料粒子内空隙体积的结果。

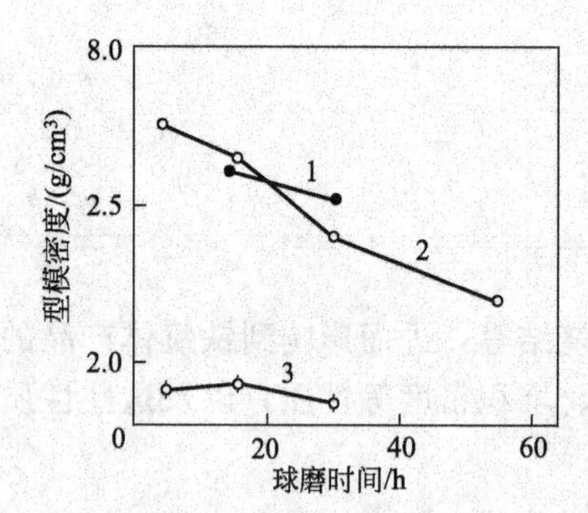

图 8.3 型模密度与粉碎时间的关系
1—1400℃；2—1200℃；3—900℃

图 8.3 给出在几种预烧温度下的镍锌铁氧体粉料的型模密度随粉碎时间的变化情况。由图可见，预烧温度高时，随着粉碎时间的增加，粉料的型模密度明显地减小。在较低温度，如 900℃预烧的粉料，其型模密度随着粉碎时间的增加变化是不大的。这是由于在预烧温度高时，粉料中粒子外部的空隙体积增大变得显著的结果。

表 8.2 列出铁氧体粉料的型模密度与预烧、粉碎的关系。由表不难根据铁氧体粉料的型模密度大小，推测铁氧体粉料的制造条件和一些性质。

表 8.2 型模密度与预烧、粉碎的关系

工序	型模密度大	型模密度小
预烧	预烧温度高； 原材料的烧结活性大； 原料存在促进预烧的微量成分	预烧温度低； 原材料的烧结活性小； 原料混入阻碍预烧的成分
粉碎	不充分	一般或者充分

(2) 铁氧体粉料的颗粒度和表面积

铁氧体粉料的粒度和表面积受预烧和粉碎条件的影响很大。一般地说，经过均匀混合的原料通过预烧，其表面积下降，粉料粒子的粒径却增大。图 8.4 给出镍铁氧体由于预烧温度不同，其表面积和粒子平均直径的变化关系。由图可见，随着预烧温度的升高，粉料粒子的平均直径增大，而表面积减小。

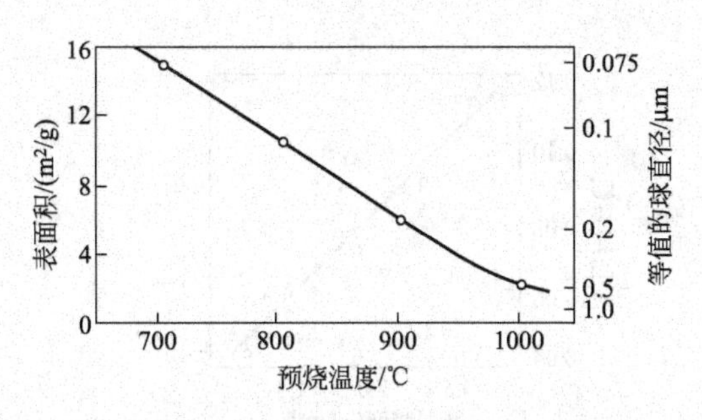

图 8.4 预烧温度对粉料表面积和粒径的影响

试样经过粉碎，通常是随着粉碎时间的增加，粉料的平均粒径减小，而表面积增大。关于粉料颗粒度和表面积的测量，可以有如下的一些方法：

① 筛分法，它是利用孔径不同的筛子对粉料进行筛分，而后作出细度分布曲线并从中定出颗粒的几何粒径；

② 沉降法，这是利用直径不同的颗粒悬浮在液体和气体中沉降时所需的时间不同，测出颗粒的细度分布曲线，一般以颗粒的有效面积表示，沉降法又有液相法和气相法之分；

③ 比表面法，此法是用所测比表面积计算出颗粒的平均粒径；

④ 显微镜法，这是用显微标尺直接测出个别颗粒的几何粒径；

⑤ X 射线法，用 X 射线衍射分析后计算出颗粒平均粒径。

(3) 铁氧体粉料的造粒性

表 8.3 给出镍铁氧体粉料的制造条件与造粒时所加的黏合剂数量的关系。由表可见，虽然是从同一种原材料混合物着手的铁氧体粉料，但随着预烧温度和粉碎条件的不同，造粒时所应加的黏合剂量有很大的差别。粉碎时间不变，随着预烧温度的升高，造粒时应加的黏合剂量减少。预烧温度不变，造粒时应加的黏合剂量随着粉碎时间的延长而增加。

表 8.3 镍铁氧体粉料的制造条件与造粒时应加的黏合剂量关系

预烧温度/℃	粉碎时间/h	应加的黏合剂量/%
700	15	8.4
900	15	7.0
1200	5	1.0
1200	15	1.6
1200	55	5.8

不难想象，经低温预烧的铁氧体粉料，每一个粒子是由很多的晶粒构成的；经高温预烧的铁氧体粉料，每一个粒子是单晶或至多由 2～3 个晶粒构成的。像这样凝集状态的差别使得相同粉碎时间，例如 15h 的粉碎所得到的粉料就不相同。经低温预烧的粉料粒径小、表面积大，所以造粒时要多加黏合剂；而经高温预烧的粉料，粒径大、表面积小，所以在造粒时要少加黏合剂。预烧温度相同，粉碎时间短的，相对地讲粉料粒径大、表面积小，所以造粒时应加的黏合剂量少；而粉碎时间长的，由于粉料的粒径变小，表面积增大，在造粒时自然就要多加黏合剂。

(4) 铁氧体粉料的压制性

图 8.5 给出锰锌铁氧体粉料的压缩系数与型模密度的关系曲线。由图可见，随着铁氧体粉料的型模密度增加，粉料的压缩系数下降。如前所述，预烧温度高的粉料型模密度大，因此，粉料压缩系数就小。例如配方为 $Mn_{0.55}Zn_{0.45}Fe_2O_4$ 粉料经 1050℃、3h 预烧的压缩系数在 0.076～0.079，而经 1300℃、3h 预烧的压缩系数就下降到 0.068～0.074。型模密度大的粉料难以压缩。图 8.6 给出在不同压力下成型体的密度与铁氧体粉料型模密度的关系。由图可见，在同一成型压力下，成型体的密度随型模密度的增大而增加。

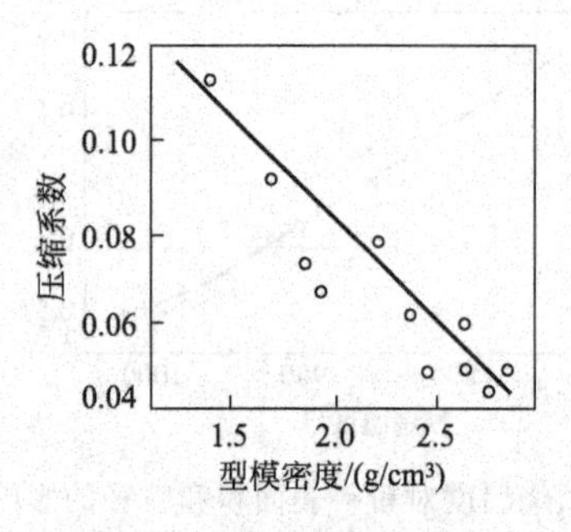

图 8.5 粉料的压缩系数与成型密度的关系

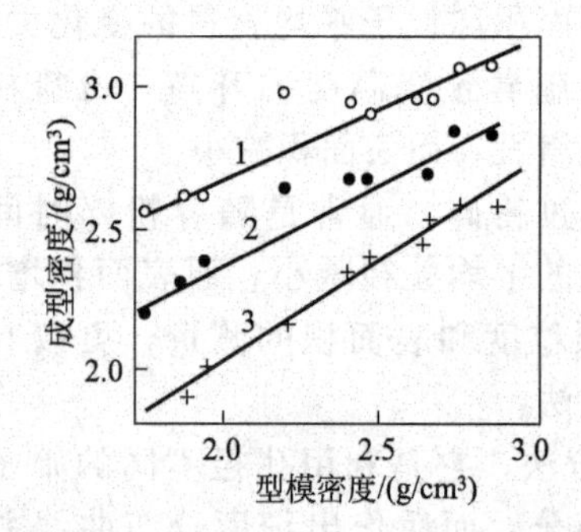

图 8.6 成型体的密度与粉料的型模密度关系

NiZn 铁氧体的成型压力 1—980MPa，2—196MPa，3—19.6MPa

(5) 铁氧体粉料的反应性

铁氧体粉料的反应性有的也叫"烧结活性"，它将影响到铁氧体产品的烧结温度、收缩率和结晶成长等。铁氧体粉料型模密度的大小，反映了粉料粒子的凝集状态和粒子的大小，因此，可以预料到型模密度和烧结特性也有着密切的关系。图 8.7 给出要达到某一密度的镍锌铁氧体烧结温度（保温时间为 1h）随铁氧体粉料的型模密度变化的曲线。由图可见，在保温 1h 的情况下，要使烧结密度达到某一数值，例如 4.0g/cm³ 或 4.5g/cm³ 时，粉料型模密度小的，所需要的烧结温度可以低些；而粉料型模密度大的，烧结温度就要高些。这就是说，型模密度越小的粉料，烧结活性好。对于结晶成长也是这样，凡型模密度小的粉料，在烧结过程中结晶成长就快。图 8.8 示出镍锌铁氧体在 1300℃烧结时，为达到结晶成长的四个阶段中某一阶段，所需要的保温时间随粉料型模密度的增大而加长情况。

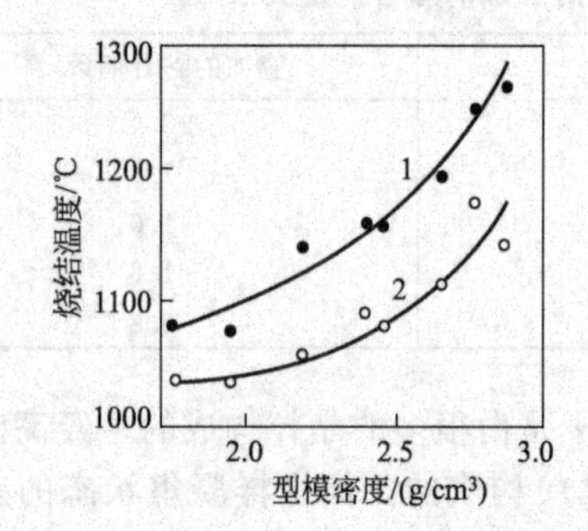

图 8.7 烧结温度与粉料型模密度的关系

1—4.5g/cm³；2—4.0g/cm³

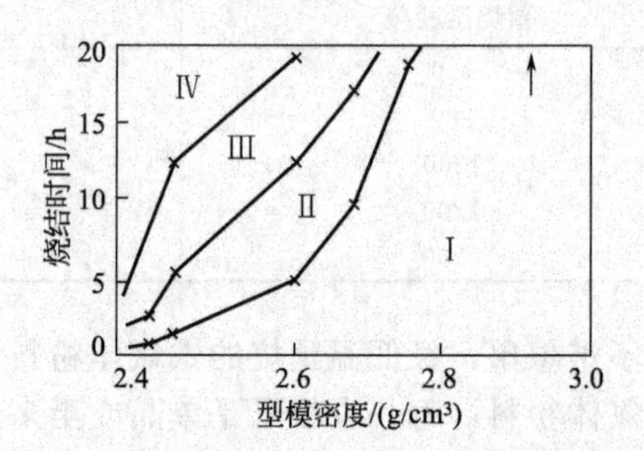

图 8.8 结晶成长所需时间与型模密度的关系

8.2 软磁铁氧体的粉碎工艺

软磁铁氧体的粉碎（又称磨料），是将粉料在球磨设备内均匀混合，并进一步碾磨的工艺过程，是制造软磁铁氧体产品的重要工序。配料之后的混料（混合）为一次球磨，其主要目的是将原料混合均匀并进一步磨细，改善原料的活性，以利于预烧时的固相反应。预烧后，预烧料的粉碎称为二次球磨，其主要作用是将预烧料碾磨成一定的颗粒尺寸的粉体，以利于成型与烧结。一般称第一次球磨为混磨，第二次球磨为球磨。第二次球磨过程是一个复杂的物理化学过程，它不仅使粉末变细，而且还改变粉料的物理化学性质。例如，通过球磨，可以大大提高粉末的表面能，增加晶格的不完整性，形成表面无定形层，从而提高整个粒子的能量。粉料性能的这种改变，直接影响到后续工序，即成型和烧结性能的改善。

氧化物法生产粉料需混磨和球磨两道工序。有的化学法（如化学共沉淀法）只需要预烧料的球磨，不同粉料对球磨条件的要求不同。现在制造软磁铁氧体材料有滚动球磨、搅拌球磨（砂磨）、振动球磨、行星磨和气流磨等球磨方式。可根据产品性能和粉料的特性选用合适的球磨设备和球磨工艺。在满足产品性能要求的情况下，可选择费用最低的球磨方式。

8.2.1 滚动球磨

滚动式球磨又称滚筒式球磨，是最常用的球磨方式。滚动球磨有干磨和湿磨两种工艺，软磁铁氧体多采用湿磨工艺，将被磨物料、研磨体及分散介质按比例装入筒体内，开动电源进行球磨。工艺简单，操作容易，但影响因素较多，主要是各种工艺参数的影响，只有确定正确的工艺参数，才能取得好的球磨效果。

（1）滚动球磨机的转速

球磨的效果与筒体的转动速度有关，随着筒体转动速度的变化，筒内研磨体存有三种方式，即雪崩式、瀑布式和离心式。其运动轨迹如图 8.9 所示。

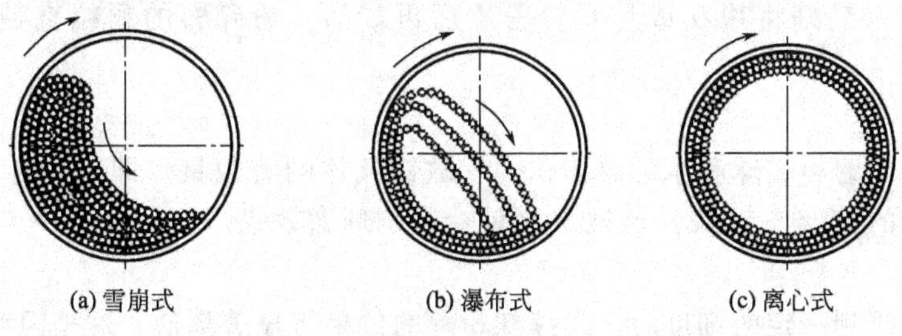

(a) 雪崩式　(b) 瀑布式　(c) 离心式

图 8.9　球和物料在球磨筒中的三种运动状态

① 雪崩式。球磨转速较低，料粉的粉碎、磨细，取决于料在运动过程中的相互摩擦力，球磨效率差。

② 瀑布式。在离心力与筒壁摩擦力的作用下，钢球将提升到较高的高度，然后在重力作用下瀑布式地泻下。传统观点认为，处于这种状态时，物料将在钢球的冲击下被破碎，在钢球之间摩擦力的作用下被碾细，这时粉碎的效果最好。

③ 离心式。当筒体的转速进一步增加，以致作用在钢球上的离心力超过其重力时，钢球将随着筒壁旋转，处于离心状态，对粉料几乎无粉碎作用，研磨效果差。

最佳转速的选取：

作用在钢球上的离心力为

$$F_1=m\omega^2D/2=m(2\pi n/60)^2D/2(D\text{ 为筒体直径}) \tag{8-1}$$

因重力 $F_2=mg$，有效粉碎的临界条件为 $F_1=F_2$，则由式(8-1) 可以导出

$$n_{临界}=42.3/\sqrt{D} \tag{8-2}$$

经有关计算表明，当 $n=75.5\%n_{临界}$ 时，钢球下落的距离最大，粉碎效率最高，即

$$n_{最佳}=32/\sqrt{D}(\text{r/min}) \tag{8-3}$$

但 $n_{最佳}$ 要根据实际情况进行调整，如在实际中，$n_{最佳}$ 常按式(8-4) 执行。

$$n_{最佳}=32/\sqrt{D}(\text{r/min})+C(\text{r/min}) \tag{8-4}$$

在球磨机的改进中，是在筒内加筋 6～8 条，可大大提高球磨效率，由原来的磨 170h 左

右，减少到磨 9～20h。

(2) 钢球大小

通常，待磨物料越细，所用钢球的球径越小，一般可采用 ϕ6～8mm 的钢球，对铁氧体预烧料（100μm 以下）进行研磨。

(3) 筒体与钢球的质量

球磨过程中，筒内壁、钢球有磨损，主要成分为 Fe，可在配方中适当减少相应的 Fe 含量。另外，钢球采用高硬度、耐磨的轴承钢球，筒壁内衬采用高锰钢板。

(4) 球磨方式以及料、球、水之比

实践表明，湿磨比干磨得到的颗粒更细，粒度分布更窄，混合更均匀。湿磨用介质（弥散剂），对软磁铁氧体来说，主要为蒸馏水、去离子水作分散介质，以免带进杂质；对旋磁、矩磁、压磁铁氧体来说，主要为蒸馏水、酒精（工业酒精无水乙醇）。为防止细颗粒聚集，常加入分散剂（如反絮凝剂 AC-21 等）。

钢球与水的用量可以根据预烧温度和研磨细度等因素作适当调整，一般地，m(料)：m(球)：m(水)＝1：(2～3)：(0.8～1.0)。

(5) 进料粒度

进料粒度视筒体的大小而定，如筒体大，则进料粒度可以粗一些，但为了提高球磨效率和缩短球磨时间，最好将块状或片状料粉碎后再球磨。粉碎料的颗粒直径最好为 100μm 以下。

(6) 装载量

装载量是指球磨料、球和水的总体积，软磁铁氧体的装载量（即球、料、水的总体积）为球磨筒体容积的 50％～80％，超过 80％就会影响球磨效果。

(7) 助磨剂

当物料细粉碎到一定的细度后，继续细粉碎的效果将显著降低，这是因为已粉碎的细粉对大颗粒的粉料起着缓冲作用，较大的颗粒难于进一步粉碎。为了提高细粉碎效率，使物料达到预期细度，需要加入助磨剂。常用的助磨剂有油酸和醇类。干磨常加油酸或乙二酸、三乙醇胺和乙醇等，湿磨加乙醇或乙二醇等。

(8) 球磨时间

球磨时间是决定粉料粒度大小的主要因素，随着球磨时间的延长，粉料粒度变小，延长到一定的时间，球磨效率降低。如果经过很长时间的球磨，将会使粉料过细从而进入超顺磁状态，使比饱和磁化强度下降，料浆过稠，并且不可避免地引入较多杂质，其中主要是 Fe，这改变了铁氧体的主成分，在烧结过程中会产生较多的 Fe^{2+}，从而改变铁氧体的 μ_i-T 曲线Ⅱ峰位置以及最低功耗温度。Koing 的实验结果指出：

$$T_0=(0.88-0.29y)T_C \tag{8-5}$$

式（8-5）中，T_0、T_C、y 分别为二峰温度、居里温度以及 Fe^{2+} 的摩尔浓度，从工艺卫生角度来看，球磨时间应该是越短越好。

由试验可知，球磨时间直接决定所磨粉料的颗粒度及颗粒分布，直接影响到产品的磁性能。一方面，由于钢球与筒壁等的摩擦致使 Fe^{2+} 增多，导致材料的功耗急剧上升。另一方面，由于粉料平均颗粒尺寸变小，使铁氧体粉料尺寸的分布过大，在烧结时，明显出现不连续晶粒的生长，从而导致性能的恶化。然而，随着球磨时间的增加，粉料粒度变小，增加离子间的接触面，缩小了气孔的尺寸，促使产品致密化并促进晶粒的生长，使振幅磁导率和磁感应强度得到改善。所以，在试验中，选取不同时间的球磨粉料，进行粒度分析，以粒度达到要求的球磨时间为合适的球磨时间。它与球磨机的状态、球磨参数的选择、所磨材料的特性及进料的原始粒度等因素有关，当一台新的球磨机开始使用时，需作球磨试验确定所粉碎预烧料的球磨时间。

(9) 出料方式

球磨好的浆料可采用真空出料、空气压缩出料、高差流动出料和泵抽法出料等方式中的一种，将浆料出在沉淀池中，或直接用于喷雾造粒。

8.2.2 砂磨机磨料

砂磨，是较先进的磨料方法之一，搅拌砂磨机最先由美国 Union Process 公司发明，20 世纪 80 年代后期才被引入我国铁氧体制造业，由于它优良的特性，很快就成为铁氧体磨料的主要方法。

(1) 基本结构

砂磨机是由机身、转动装置、工作部分、循环泵输送系统和电气控制五部分所构成。通常有周期式、连续式和循环式三种型式。

(2) 工作原理

该机配有搅拌装置，做圆周运动状态的搅拌器对磨筒内的研磨介质（钢球）及料浆做功，使物料既受到撞击力又受到剪切力的双重作用，从而被研磨成超微粉。

在砂磨机运行过程中，料浆的循环起着很大的作用，它可以避免砂磨机运行过程中产生死角并有利于粒度的均匀性。批装式砂磨机对铁氧体预烧料进行细粉碎时，其工作示意图如图 8.10 所示。

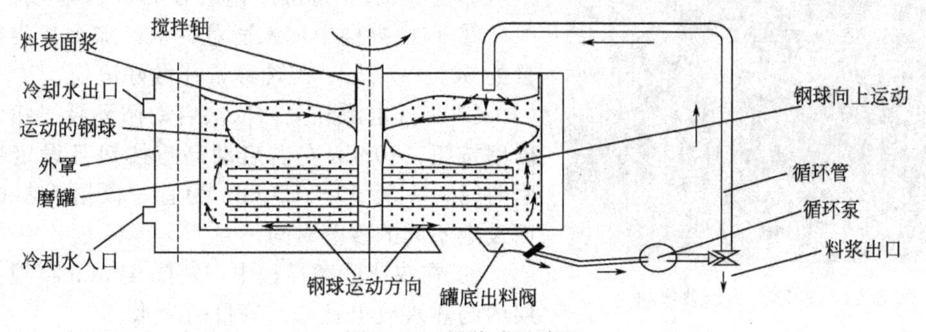

图 8.10 批装式砂磨机

(3) 砂磨机的特点

一般地，砂磨机具有以下特点：

① 细粉碎时间短，效率高，是滚动球磨的 10 倍。

② 物料分散性好，微米级颗粒度分布均匀，易于成型与烧结。

③ 能耗低，为滚动筒式磨机的 1/4。

④ 生产中易于监控，温控好。

⑤ 对于铁氧体磁性材料，可直接用金属磨筒及钢球介质进行细粉碎，细粉碎时，无严重碰撞，混杂少。

(4) 砂磨工艺与方式

砂磨介质一般为 ϕ1～6mm 钢球，磨球总量约占圆筒有效容积的一半。连续细粉碎时，待磨浆料由筒底泵入，经细粉碎后由上部溢出。中轴带动桨叶以 700～1400r/min 的速度旋转，给磨球极大的离心力和切线加速度，球与球、球与圆筒壁之间产生摩擦，将待磨料磨细。

通常搅拌球磨进料颗料尺寸小于 100μm，最好采用粗粉碎（粉碎机）、粗磨（球磨机）和细磨（砂磨机）等多级细粉碎方式，国外部分先进厂家已采用多级串联粉碎方式，如TDK公司成田工场采用三级串联粉碎磨料，粉碎设备使用直径为 2.3mm 的钢球作为研磨介质，因此作用面积增加。每一级进出料粒差都小于国内现行的单级批装砂磨机，最后一级进料粒度为 0.95～1.0μm，出料粒度为 0.85μm，粒度差为 0.1～0.15μm，而国内粒度高达 1.5～2.0μm。多级磨机较单级砂磨机工作负荷轻，介质磨损小，物料受污染程度小，粒度分布窄，并且便于实现粉体连续不间断的生产，目前国内多用单级球磨或砂磨，也有采用多级粉碎磨料的。可以预见，多级球磨是发展方向，将会被更多厂家所采用。

NiZn 铁氧体在细粉碎时，许多厂家已采用砂磨机对预烧料进行细粉碎，磨前，先将块料粉碎至一定的粒度，按料：球：水＝1：6：(0.8～1) 装好罐，循环砂磨 1～2h。砂磨时间视进料粒度而定，直磨至粒度为 1μm 左右。若用多级砂磨，球磨效率高，带进杂质少，大批量生产，多采用二级或四级砂磨，粒度能达到 1μm 以下。NiZn 铁氧体的细粉碎，也有用滚动球磨机进行细粉碎的，粉碎后再研磨，m(料)：m(球)：m(水)＝1：(2～3)：(0.8～1.2)，球磨 20～30h，粒度可达 1μm，因滚动球磨工艺稳定，用人工少等优点，现在，仍有不少厂家在使用。

(5) SM200-1 型砂磨机研磨软磁铁氧体预烧料的操作规程

SM200-1 型砂磨机的外型如图 8.11 所示。研磨软磁铁氧体预烧料时，其操作规程如下：

① SM200-1 型砂磨机，加工能力 200kg/t，流速 50L/min。

图 8.11　SM200-1 型砂磨机

② 将准备好的待磨粉料准确称量并加入搅拌桶中（非搅拌机），每次加料量为 100～150kg。

③ 往搅拌桶中加入适量的水，加水量为粉料重量的 60%～65%，准确称量并做好记录。

④ 打开电源开关，依次启动循环泵按钮和低速砂磨按钮，10min 左右启动高速按钮且设定快速砂磨时间，一般 90～120min 为宜，根据粉料的不同而设定不同的砂磨时间。

⑤ 在快速砂磨过程中，每隔 40min 将搅拌桶夹层内的热水放出且加入等量的冷水。

⑥ 砂磨结束后，转换球阀将料浆送入搅拌机内，送料的同时往砂磨机内不断加水，送料结束后，及时清洗钢珠、管道等。

8.2.3 软磁铁氧体研磨料浆的检测

一般软磁和旋磁铁氧体的二次球磨后的颗粒可稍大一些，约 1μm，U 形和 E 形软磁磁芯所用粉料颗粒略小于 1μm，偏转磁芯和天线棒的粉料颗粒在 1～2μm 之间。采用砂磨机细粉碎 MnZn 铁氧体预烧料时，磨 400kg 料，时间一般控制在 60～100min，磨后粒度控制在 0.9～1.2μm 之间。

对砂磨好的料浆，需进行配方分析，并通过最后一级砂磨机，对配方进行校正，砂磨前，可在砂磨机中加入适量的、改善产品磁性能的添加剂（如前述的辅配方）。

【例 8.1】 二次砂磨工艺的企业实例。

① 砂磨时间，每槽投 400kg 料，研磨 100min；

② 取样并校正配方，补料并加杂；

③ 分散剂，每槽加4kg；

④ 料浆的平均粒度控制为（1.1±0.1）μm；

⑤ 加胶，搅拌时间为2.5h。

二次砂磨料的检测，通常情况，其检验批次为，单机砂磨，每一单机砂磨批次为分组检验批，以颗粒料批次加砂磨顺序号表示；合批后的颗粒料，料浆批次为最终检验批。检验项目为黑色料浆的成分、固含量、平均粒度。检测设备为，固含量使用烘炉和电子天平进行测试，平均粒度使用平均粒度测定仪测试，成分使用X-荧光分析仪测试。软磁铁氧体预烧料，在细粉碎之后，其质量的检验与判定，有的企业，按表8.4中所示的方式执行。

表8.4 软磁铁氧体预烧料细粉碎后质量检验和判定

检测项目	测量值(X)	判定	流转否	备 注
成分(每1000kg产品补加量)/kg	$Fe_2O_3 \leqslant 5$	合格	正常流转	不补加
	$Mn_3O_4 \leqslant 1$			
	$ZnO \leqslant 0.5$			
	$5 < Fe_2O_3 \leqslant 70$	不合格	正常校正配方	
	$1 < Mn_3O_4 \leqslant 23$			
	$0.5 < ZnO \leqslant 10$			
	$Fe_2O_3 > 70$	不合格	重新校正配方	重测不合格，严禁留到下工序，分析原因以寻求解决途径
	$Mn_3O_4 > 23$			
	$ZnO > 10$			
固含量(加胶前)/%	$65 \leqslant X \leqslant 72$	合格	正常流转	
	$60 \leqslant X < 65$	不合格	特采流转	
	$72 < X$ 或 $X > 60$	不合格	停止流转，进行处理	
平均粒度/μm	$1.00 \leqslant X \leqslant 1.20$	合格	正常流转	
	$X < 1.00$	不合格	重新判定	如重测还是相差不大时，特采
	$1.20 < X \leqslant 1.30$	不合格	特采流转	
	$X > 1.30$	不合格	停止流转进行处理	延长砂磨时间

8.3 黏合剂

干压成型工艺为了提高成型用料的流动性、可塑性，增加颗粒间的结合力，提高坯件的机械强度和密度，需对成型用料加入一定的黏合剂（PVA）进行造粒。烧结铁氧体（干压成型工艺）常用的黏合剂有甲基纤维素（CMC）、聚乙烯醇（PVA）、石蜡等。其中，最好、最常用的是聚乙烯醇，它的黏性好，挥发后残留物质极少，可在200～400℃范围内均匀挥发；其次为石蜡，主要用于小型复杂形状铁氧体坯件产品的热铸成型工艺。下面重点介绍PVA。

8.3.1 PVA的制备

聚乙烯醇是水溶性高分子树脂，它在各行各业中用作黏合剂。在铁氧体行业中，也被用作暂时性黏合剂。聚乙烯醇牌号的选择、水溶液的制备方法及贮存条件和时间、是否使用了相应的改性剂等，对铁氧体粉料的物理特性都有不同程度的影响。使用的聚乙烯醇品种的热稳定性及其从铁氧体坯件中的分解、排出等因素，直接影响铁氧体产品的质量，若处置不当，将会严重地影响产品的成品率。

聚乙烯醇的聚合度按分子量的等级可分为超高聚合度、高聚合度、中聚合度、低聚合度四种。一般超高聚合度的聚乙烯醇，其分子量为25万～30万，高聚合度的分子量为17万～22万，中聚合度的分子量为12万～15万，低聚合度的分子量为2.5万～3.5万。

聚乙烯醇的醇解度（摩尔分数）通常有三种，即78%、88%和98%。完全醇解的聚乙烯醇，其醇解度为98%～100%；而部分醇解的聚乙烯的醇解度通常为87%～89%；78%的则为低醇解度聚乙烯醇。我国聚乙烯醇牌号命名是取聚合度的千、百位数放在牌号的前两位，把醇解度的百分数放在牌号的后两位，如1799，即聚合度为1700，醇解度为99%。

一般说来，聚合度增大，相同浓度水溶液的黏度增大，但在水中的溶解度下降。醇解度增大，在冷水中的溶解度下降，在热水中的溶解度提高。醇解度87%～89%的产品水溶性最好，不管是在冷水中还是在热水中它都能很快地溶解；醇解度为99%及以上的聚乙烯醇只溶于95℃以上的热水中。随着聚合度的增大，水溶液表面生成的皮膜强度将增大。

在铁氧体制备工艺过程中，常用6%～10%（按质量分数记）的聚乙烯醇水溶液作黏合剂，其常用的配制方法主要有烘培法、蒸煮法和快速溶解法。

【例8.2】 煮胶（PVA）工艺的企业实例。

(1) 煮胶（PVA）工艺

常见的煮胶工艺，其工艺流程如图8.12所示。

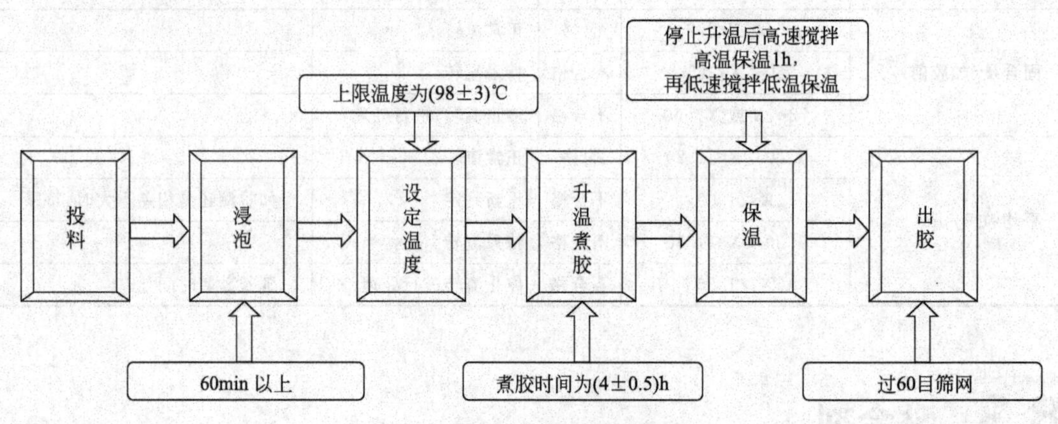

图8.12 煮胶的工艺流程图

① 加水与投料。每煮一批胶，加纯水量为660kg，确定加水量后，加胶量为60kg（取1799PVA，40kg，取1788PVA，20kg）。投胶时需缓慢投入，每20kg胶，约2min时间投完，控制好投入的速度，以防止胶粉团聚。

② 搅拌并浸泡。适当搅拌，可使其充分分散并溶胀，然后再不停搅拌并逐步提高温度，搅拌速度每分60～100转，60min之后，开始升温煮胶。升温速度不宜太快，以避免强烈地发泡。

③ 煮胶温度控制在95～100℃之间，升到温度后高温保温1h，高温保温时间过后低温40～50℃保温，且搅拌调为低速，并补加水至计算量，直至常温，再过60目筛，贮存备用。在制备PVA水溶液时，过快的升温速度和过高的搅拌速度都会引起大量的泡沫，与铁氧体料浆一起搅拌时也要产生气泡。为此，可加入以PVA为基准量的0.01%～0.03%的添加剂。天气炎热时可以

在高温保温后，把胶水出在胶水桶里，以加快冷却速度，但出完后应立即加纯水。

（2）胶水的检测

胶水的检测项目如表 8.5 所示。

表 8.5 胶水的检测项目

检测项目	测量值(X)	判定	流动否
外观	透明、无白点和其他杂质	合格	正常流转
	混浊、有白点或泛黄、异味等	不合格	停止流转，采取措施处理
黏度/s	$85 \leqslant X \leqslant 105$	合格	正常流转
	$X<85$ 或 $X>105$	不合格	停止流转，采取措施处理

① 样品的抽取及胶水的处理

a. 在煮好的胶水出炉前，红粉煮胶岗位的员工用取样袋取样 20g 并标识好批号；黑粉料浆所用的每批胶水，出胶时用专用取胶瓶取样约 500mL，取样员工标识好批号，分别送检测。

b. 检测胶含量合格后，若是红喷的胶水，由监配员通知班组可以使用；若是黑喷的胶水，由监配员通知班组可以出胶到保温炉中。

c. 检测胶含量不合格时，监配员通知相应班组暂停使用，同时通知车间相关人员对其进行处理。

② 固含量的测定

a. 将预先准备好的纸盒，使用前放入烘箱中烘干，放在电子秤上称其质量并记录为 G_1；

b. 电子秤清零，再将员工取的胶水样品放在纸上称重，控制质量在 10g，为 G_2；

c. 将称好的样品放入烘箱，在 150℃左右的温度下烘 2h，注意纸不能烧着；

d. 将烘干后的纸与胶水皮用原来的电子秤称重，记录质量为 G_3；

e. 计算固含量$=(G_3-G_1)/G_2 \times 100\%$；

f. 当计算固含量在 $0.75 \pm 0.07\%$范围内时，判断为合格，否则为不合格。

③ 黏度的测定

a. 在测试前先将在生产现场取的胶水样装入 500mL 的烧杯中，约 400mL。插入温度计观察冷却到室温后开始检测；

b. 安装转子，打开 DV-C 黏度计测试电源开关；

c. 设定转子型号为 62#，转子转速为 60rpm（r/min），量程为 0～500；

d. 将转子伸入 400mL 装胶水的烧杯内，打开转速电机开始测试；

e. 大约 10s 后，记录黏度数据与温度数据。

④ 聚乙烯醇是否已完全溶解的检验。取少量溶液，加入 1～2 滴碘液，并适当摇动，然后进行观察。对完全醇解聚乙烯醇而言，若出现蓝紫色团粒状透明体，对部分醇解聚乙烯醇而言，若出现红紫色团粒状透明体，则说明尚未完全溶解。若色泽能均匀扩散，说明已完全溶解。聚乙烯醇完全溶解后，边搅拌边冷却，直至常温，并补加水至计算量搅拌均匀为止。再过 60 目筛，贮存备用。

聚乙烯醇水溶液长期存放，溶液中的水会腐败，若加入 0.01%～0.05%（以 PVA 为基准）的甲醛、水杨酸，则可以防腐。完全醇解聚乙烯醇水溶液的黏度随存放时间的延长而上升，若存放时间过长或贮存温度过低，甚至会产生凝胶化。为了使其黏度稳定，除保持其温度在常温外，还可向溶液中加入 5%～10%（以 PVA 为基准）的硫氰酸胺或苯酚丁醇。

8.3.2 聚乙烯醇水溶液的性质及其改性

(1) PVA 的性质

① 黏度。聚乙烯醇水溶液的黏度随品种、浓度、温度和存放时间等因素变化，表 8.6 给出了不同牌号聚乙烯醇水溶液的特性。其水溶液的黏度随浓度、温度、存放时间的变化曲线见图 8.13～图 8.15。不同醇解度的溶液表面张力与浓度的关系如图 8.16 所示。

表 8.6 不同牌号聚乙烯醇水溶液的特性

日本合成化学公司牌号	聚合度	醇解度/%	黏度/mPa·s	灰分以(Na_2O)计
GH-23	2300	86.5～89	52±4	0.5 以下
GH-20	2000	86.5～89	43±3	0.5 以下
GH-17	1700	86.5～89	30±3	0.5 以下
GM-14	1400	86.5～89	18±2	0.5 以下
NM-14	1400	99～100	22.5±2	1.0 以下

注：黏度测定条件为 20℃、4%的水溶液，测定仪器为霍普勒黏度计。

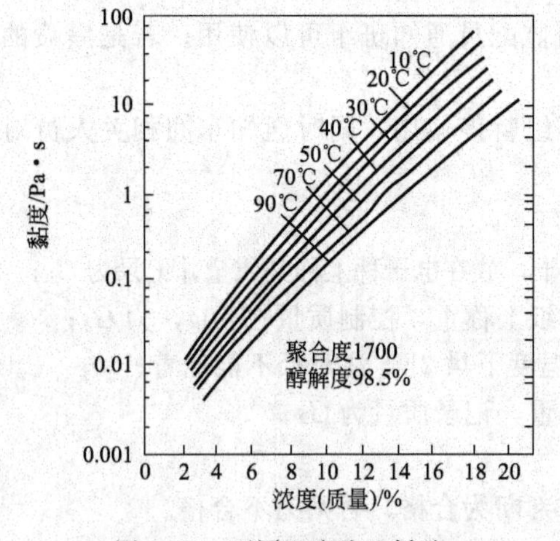

图 8.13 不同温度聚乙烯醇水溶液黏度-浓度曲线

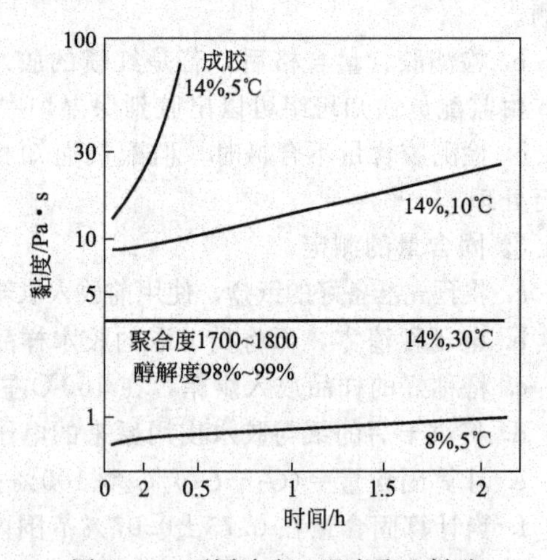

图 8.14 不同浓度、温度聚乙烯醇水溶液的黏度随存放时间的变化

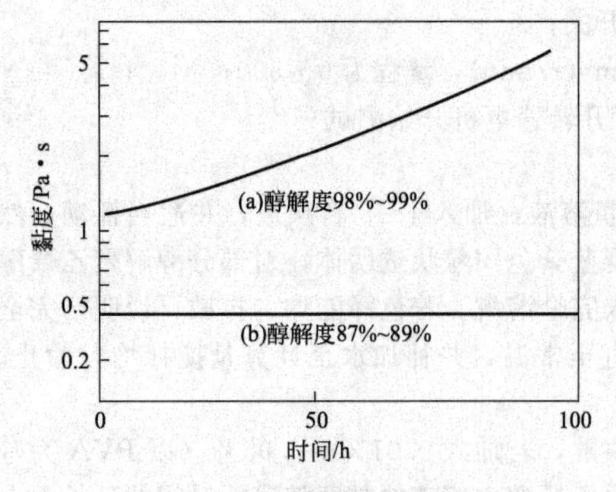

图 8.15 不同醇解度聚乙烯醇水溶液的黏度随时间的变化

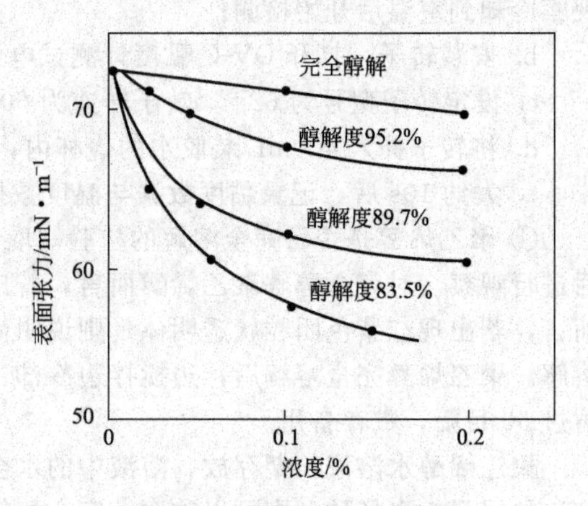

图 8.16 不同醇解度聚乙烯醇水溶液的表面张力-浓度曲线

一般说来，聚合度增大，相同浓度的水溶液的黏度明显增高；醇解度增大，相同浓度的水溶液的黏度稍有增高；同一牌号聚乙烯醇的浓度增大，黏度增大；贮存温度升高，水溶液黏度降低；完全醇解聚乙烯醇的水溶液的黏度随存放时间的延长而升高；部分醇解聚乙烯醇的水溶液的黏度基本上不随时间的延长而变化。聚合度越高，浓度越高，聚乙烯醇水溶液的黏度稳定性就越差。适当延长溶解时间或加强搅拌，均能提高其水溶液的黏度稳定性。

② 相容性。聚乙烯醇的水溶液与很多水溶性树脂的水溶液相容，混合后的水溶液具有原来所没有的特性。这就大大地扩展了聚乙烯醇的使用范围，可以根据使用的具体需要改变水溶液的特性。其水溶液与部分水溶性高分子的水溶液的相容性见表8.7，其水溶液与铁氧体料浆的改性剂（分散剂、减阻剂、消泡剂等）也具有很好的相容性。可以利用其水溶液的相容性改善聚乙烯醇水溶液的特性及改善料浆的特性，同时，也可改善有机添加剂（黏性剂、改性剂）从铁氧体坯件中排出的曲线，提高铁氧体的质量。

表8.7 聚乙烯醇水溶液和部分水溶性高分子的水溶液的相容性

名称	使用条件		醇和高分子之比8/2		醇和高分子之比5/5		醇和高分子之比2/8	
	浓度/%	黏度/Pa·s	2h	24h	2h	24h	2h	24h
氧化淀粉	50	3	○	○	×	×	○	○
醋酸淀粉	20	27	×	×	○	○	○	○
磷酸淀粉	5	2.8	○	○	○	○	○	○
醚化淀粉	10	5.2	×	×	○	○	○	○
阿拉伯树脂	20	2.6	△	△	×	×	×	×
藻蛋白酸钠	5	5.1	○	○	○	○	○	○
聚氧化乙烯	10	0.045	○	○	○	○	○	○
羧甲基纤维素	1.5	1.8	○	○	○	○	○	○
甲基纤维素	1.5	1.0	○	○	○	○	○	○
羟乙基纤维素	10	3.4	○	○	○	○	○	○
聚乙烯吡咯烷酮	10	0.02	○	○	○	○	○	○
聚丙烯酸钠	1	1.84	○	○	○	○	○	○

注：1. 聚乙烯醇水溶液浓度为10%，黏度1.0Pa·s；2. ○—相容，△—有分离倾向，×—分离。

③ 对盐类的容忍度和凝胶化作用。聚乙烯醇溶液对氯化物有很强的容忍度。低浓度下作沉淀剂的盐类有碳酸钙、硫酸盐等。各种盐类对聚乙烯醇水溶液的凝析能力顺序为：阴离子 $SO_4^{2-}>CO_3^{2-}>PO_4^{3-}>>Cl^-$，阳离子 $K^+>Na^+>NH_4{}^+>>Li^+$。

聚乙烯醇水溶液对硼砂及硼的化合物特别敏感。将硼砂或硼酸水溶液与聚乙烯醇水溶液混合，静置2min，即可失去流动性。即使很少剂量的硼砂也可使聚乙烯醇水溶液失去流动性。在铁氧体中掺入少量的三氧化二硼，当聚乙烯醇水溶液与铁氧体粉料混合时，会大大降低聚乙烯醇的渗透性，从而形成柔韧性很好的表层或粗大的结团。

(2) 聚乙烯醇的改性

① 增塑剂。所有牌号的聚乙烯醇在未增塑时，其肖氏硬度均在100以上。加入增塑剂后可得到肖氏硬度小于10的柔韧产物。聚乙烯醇最有效的增塑剂是含羟基的酰胺基或氨基的有机化合物。

甘油是最广泛使用的聚乙烯醇增塑剂，它可以和聚乙烯醇以适当的比例掺和，增塑效果好。但一缩甘油与聚乙烯醇的相容性较差。

乙二醇和某些分子量较低的聚乙二醇也是有效的增塑剂。一般说来，对完全醇解的聚乙烯醇而言，乙二醇比甘油的相容性差。

另外，甲酰胺也有很好的增塑效果。上述增塑剂都是吸湿的，因而，其增塑效果也随湿度的不同而有所差异。所以，湿气也是单独有效的增塑剂。

在软磁铁氧体的生产中，PVA 常用的增塑剂有水、甘油等。加水调湿基本上可以满足锰锌铁氧体粉体成型需要，一般来讲，颗粒料成型前需要混料，加入雾状水将粉料含水率调整到 0.35%～0.45%。含水率低容易引起压坯起层，但含水率调节过高，成型时会引起粘模现象。在粉料含水量本来就很高，或是混料前粉料本身就容易粘模的情况下，可以加入甘油改善。加入甘油可以降低铁氧体粉料与模具表面的附着力，在增塑的同时可以减少粘模情况的发生。甘油的加入量也必须严格控制，若加入的甘油量太多，压坯内甘油会在烧结时集中受热挥发，很容易造成压坯开裂。挥发出的甘油气体在窑炉抽气管道中变冷会再次凝结成液体，从管道法兰接口或抽风机缝隙中渗出，污染窑体。所以，要谨慎使用甘油增塑。

② 防（消）泡剂。如前所述，在制备聚乙烯醇水溶液过程中，过快的升温速度和过高的搅拌速度都会引起大量的泡沫产生；在聚乙烯醇水溶液与铁氧体料浆一起搅拌时，也要产生气泡。为了消除气泡，应加入适量的防（消）泡剂。三丁基磷酸盐、聚乙二醇醚及正辛醇等均可抑制泡沫的产生。一般加入量为 0.01%～0.05%（以 PVA 为基准）。

③ 增黏剂。若需要提高聚乙烯醇水溶液的黏度，除提高其浓度外，还可以加入适量的淀粉、羧甲基纤维素（CMC）、酪酝等，可获得较好的增黏效果。

(3) PVA 溶液加入料浆时的注意事项

在锰锌铁氧体颗粒料制备过程中，一次和二次砂磨阶段，通常需要加入质量比为 10% 左右的 PVA 溶液。加入 PVA 溶液时需要用滤网进行过滤，避免意外出现的胶皮和粉团堵塞通道。往砂磨机里加入 PVA 溶液时，需要注意料浆的状态：

① 料浆的温度不能太高，太高的温度将会导致 PVA 逆向溶解；

② 料浆的 pH 值不能太高（主要是控制碱性分散剂的加入量），往 pH 值高的料浆中加入 PVA 溶液后，PVA 发生凝胶，形成絮状或条状的胶条，往往会堵塞过滤网和喷孔。

8.4 造粒（制造颗粒料）

8.4.1 干压成型对颗粒料的质量要求

经球磨烘干后的粉料细，若直接成型，颗粒间的接触面增大，粉料间、粉料与模具型腔间的摩擦力大，难以成型，脱模也困难。另外，若直接干压成型时，干粉含水量很低（质量分数≤5%），压制成型时可塑性差，颗粒间结合力差，流动性差。因此，若采用干压成型，必须加入适量的黏合剂造粒。使粉料、黏合剂均匀分散，造粒后再成型，是干压成型方法生产实现坯件产品稳定性和一致性的一个重要环节。

干压成型对粒料的处理主要从以下三方面入手：

① 向所压粒料加入一定量的表面活性剂，改变粉体表面性质，包括改变颗粒表面吸附性能，改变粉体颗粒形状，从而减少超细粉的团聚效应，使之均匀分布；

② 加入润滑剂减少颗粒之间及颗粒与模具表面的摩擦；

③ 加入黏合剂增强粉料的粘接强度。

粉体质量包括它的物理特性和电气特性，电气特性要通过烧结以后才显现出来，它与材料配方及添加剂有关；同时也与工艺过程有关，而物理特性在成型时就能体现出来。一般对粉体质量的评价主要是对其成型性的评价，成型性好的粉体成型压力小，粉体流动性好，压制的毛坯不粘模、起层和开裂，烧结后不开裂。粉体应着重控制以下参数：

① 磁化度。磁化度是表明粉体预烧过程中固相反应程度及吸氧量的一个重要参数，其测试值与测试装置关系密切。如果在预烧过程中吸氧量不足，则会在二次烧结过程中因吸氧速度过快而引起产品内应力增大造成产品开裂。因此，对预烧温度曲线及其工艺控制相当重要当然，粉体的松装密度、流动角等也要控制在合适范围内。

② 粉料的松装密度。粉料松装密度的大小决定着成型时的压力，直接影响坯体的体积密度。一般情况下，为保证坯体体积密度的稳定，松装密度较大时，压制压力应减小；反之亦然。另外，松装密度过高，产品强度低，易碎，而松装密度过低，会因压缩比过大导致脱模阻力加大易分层开裂。软磁铁氧体粉料的松装密度通常控制在 1.33～1.42g/cm^3，但不同的产品，应有所区别，比如壁薄的 EP 型产品应选用松装密度高的粉料。粉料的松装密度大小，还应依据坯体的体积密度要求，作适当的调整。

③ 粉料的流动性。粉料的流动性，决定着成型时它在模型中的充填速度及充填程度。流动性好的粉料在成型时能够较快地填充模型的各个角落，使坯体的密度分布保持稳定，流动性差的粒料不易均匀地充填形状较复杂的模腔，压制成型后，坯件的密度均匀性也较差。因此，干压成型，特别是自动成型用粒料应具有较好的流动性。流动性是一个综合性较高的参数，粉料的流动性与颗粒之间的内摩擦力及粉料颗粒的形状、大小、表面形态和粒度分布等因素有关。

生产中，往往在粒料中添加少量润滑剂（如硬脂酸锌），也可以同时加适量（如 1%）的煤油，以提高粒料的流动性。但若加入过量的润滑剂，不但不能起润滑作用，反而会形成阻力，使流动性变差。此外，用喷雾干燥工艺造粒，颗粒大多呈球状，也可提高流动性。

颗粒的流动性，常用安息角来衡量——粒料堆积到一定高度时，会向四周流动，保持为圆锥体，其安息角与流动性有关（如图 8.17 所示）。除可用粉末流动仪测量粒料流动性外，也可用角的大小来比较粒料的流动性。一般粒料的安息角 28°～29°，安息角越小，粒料的流动性越好。

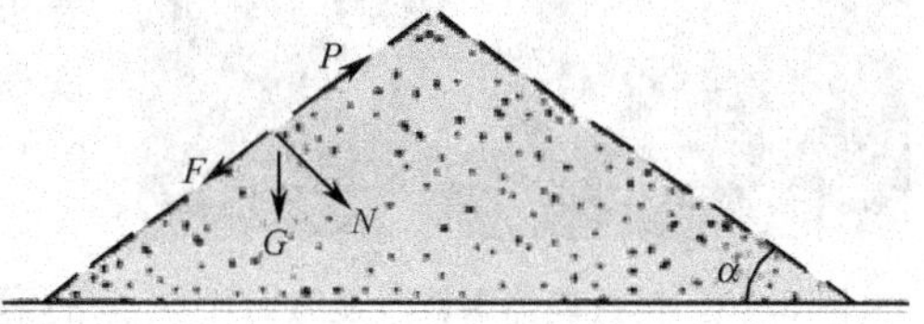

图 8.17 粉末自然堆积的外形

④ 颗粒尺寸及其分布。造粒所得粒料应有适当的粒度和粒度分布。料浆粒度的大小及其分布，直接影响坯体的致密度、收缩和强度。粉料料球是由许多单颗粒、水、空气和 PVA 等所组成的集合体。一般尺寸的软磁铁氧体产品，其正常的粒度分布值在 100～350μm 之间，太小或太大的粒子数应少于粒子总数的 5%。过粗的粒料（松装密度低）在压制中，无法得到好的产品强度、表面质量（在显微镜下能观察到气孔组织的存在），在烧结中，易产生表面及内部裂纹，大大地降低磁芯的抗拉强度、电磁性能；过细的粒料（松装密度高）有着高的磁化度，其颗粒吸附力大，易于引发成型中的卡模及成型体的起层开裂现象。压制大的坯件，粒料可适当粗些；较小的坯件，粒料需稍细。因此，粒料应有适当的粒度分布和好的一致性。

生产中可用筛子目数估计粒料粒度，例如通过 50 目筛子的最大颗粒约为 350μm。如果是小型化的产品，对粉体粒度就应有新的要求。传统颗粒度为 40～200 目，对于小磁芯来说，为了充分填满复杂和窄小的模腔，就需要 80～240 目、峰值为 140 目的粉体，以提高粉体的流动性；否则，毛坯各处密度差异大，烧结后收缩不一致，导致变形、尺寸一致性差而难以适应批量磨加工的要求，并影响电感和功耗的一致性，造成质量较大的波动。

工艺上要求料球有适当的颗粒级配，即有适当比例的粗、中、细颗粒，这样可减少粉料堆积时的孔隙，降低由于颗粒相互咬合形成拱桥空隙的概率，提高松装密度，有利于提高成型时坯体的致密度。合适的粒度分布取决于产品形状、尺寸等因素，需通过实验确定。

⑤ 颗粒强度、外形、活性。颗粒强度是指粒料颗粒在动态下不发生开裂、形变的现象。如包装运输中，或在机床高频运行时，或在料臂加料过程的抖动中，颗粒间因运动摩擦产生的开裂、形变。颗粒强度、外形是决定粒料流动性的必要条件。颗粒强度、外形、活性在影响流动性的同时，也决定着粒料在模腔中的充填速度和充填度，流动性差的粒料不易均匀地充填形状结构复杂的模腔和成型体积较大的产品，直接影响成型体的质量和尺寸，导致成型坯件一致性差而最终影响产品合格率。

料球的形状以接近圆球状为宜，圆球形或椭圆球形颗粒之间的吸附力和摩擦力小，具有较好的流动性。不同的砂磨分散剂及造粒的黏合剂对料球的形状有着很大的影响。用桃胶分散剂、高醇解度的 PVA 黏合剂做出的颗粒形状多呈苹果形，即顶部凹陷，如图 8.18 所示；若选择合适的分散剂和黏合剂，则料球的形状将得到明显的改善。

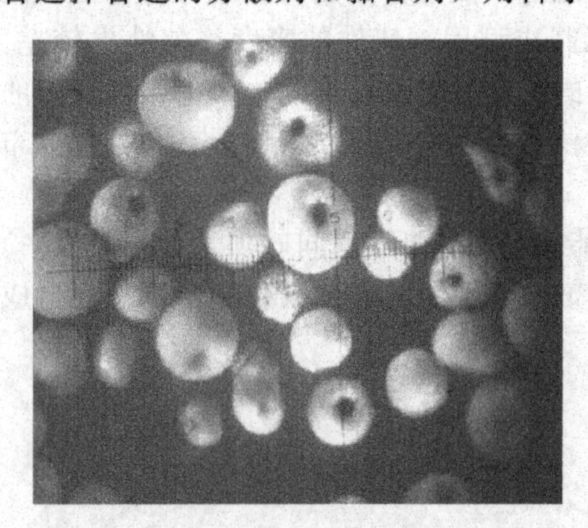

图 8.18　锌铁氧体颗粒料显微照片

⑥ 含水量。粉料水分分布的均匀程度，对坯体质量也有很大影响。粉体含水量低，成型压力大，压制的毛坯易起层、开裂；含水量高，则易粘模，造成表面缺陷。粉料含水率的高低，影响坯体的密度和收缩率。实际生产中，多是根据粉料的性质和压机的情况来确定含水率，水分的波动范围要求越小越好，一般地，可调整料浆浓度及喷雾干燥器的出口温度，使其水的质量分数控制在 0.15%～0.35%。

⑦ 粒料的黏结性。干压成型用粒料应具有一定的黏结性。粒料的黏结性来源于造粒时添加的黏合剂，黏合剂的性能要良好且分散均匀，添加量还要适当。合理、适量的黏合剂，有利于提高坯体强度和增强粒料的可塑性、压制性。在一定范围内，胶含量越高，成型性越好，产品强度越高，但需要充分考虑到烧结的排胶压力。添加黏合剂的质量分数过高，压制脱模坯体易吸附在上模表面，给模具安全带来了隐患；反之，则会降低坯体强度。

润滑剂的作用，主要是降低成型压力与脱模阻力，但其添加量也应适度，添加量过高，容易产生气孔。

8.4.2　常见的造粒方法

(1) 干压成型用料粒的制备

干压成型用料粒的制备，常用方法主要有两种：机械造粒和喷雾干燥造粒。

① 机械造粒。通常是将二次球磨后的粉料烘干，再加入配制好的（PVA）黏合剂（液体），用轮碾（试验用陶瓷研钵）、混合过筛形成一定尺寸的颗粒。应用此方法，可在加入黏合剂后混合，再将粉料用模具在比较低的压力（200～500kg/cm^2）下进行预压，

再粉碎过筛，经过预压再造的粉料颗粒压缩性好，压缩密度高。机械造粒的主要工艺步骤如下：

a. 压薄烘干。经过二次球磨的铁氧体料浆含有大量水分，出料后，先用压滤机去水。再放入烘房或烘箱烘干，一般烘至水的质量分数为1%～5%即可。

b. 加黏合剂混合。黏合剂以聚乙烯醇为最佳，配成质量浓度为5%～10%的溶液，黏合剂溶液加入量决定于产品的大小及形状，一般取相对于粉料的质量分数10%左右。聚乙烯醇挥发后的残存物虽然极少，但会在产品中造成气孔，故在保证坯件机械强度的前提下，尽量少加黏合剂溶液，加入黏合剂溶液的粉料，在陶瓷研钵或轮辗机中均匀混合。

c. 过筛。混合均匀的粉料用30～50目分样筛获得粒度适当的铁氧体粒料，为改善粒度分布，可再用120目筛筛去细粉，送回研钵或轮辗机重新造粒。

d. 预压造粒。机械造粒过程中往往加一道预压工序，即先将混合了黏合剂的粉料压成块状（压力远小于成型压力），然后在研钵或轮辗机中粉碎过筛后，制成粒料。这种造粒方法具有造粒密度大、强度高等优点，适用于各种大型、异型产品的成型。

② 喷雾干燥造粒。它是把配制好的黏合剂（液体）加入快磨细的料浆中混合均匀，再经压缩（空压机）机将料浆打入喷雾干燥塔顶部，通过喷枪雾化后，悬浮在空中的料滴在下降过程中被高温空气干燥，料滴失去水分，变成干燥的细颗粒并在下降过程中涂覆在新的料滴上，重复多次干燥-涂覆过程，最终铁氧体粉末被PVA粘接成足够大的内部空心的苹果形颗粒，摆脱上升气流的阻力下降到喷雾干燥塔底部，形成铁氧体颗粒料，经筛选备用。这样的粒料，其流动性比机械造粒好，对模具损耗小（摩擦力小），易于干压成型生产。

喷雾干燥后的颗粒（粒料）粒径通常为60～220μm。

(2) 热压铸成型料粒的制备

将二次研磨后的料浆去水烘干，然后过120目筛，制成铁氧体粉料。再将此粉料放在烘箱中，在150～200℃温度下烘4h左右。将烘干的粉料加入适量的石蜡、油酸、蜂蜡等，在料锅中加热搅拌，直至无料块无气泡时为止，即得热压铸成型用料浆。

8.4.3 镁锌铜铁氧体材料的机械造粒

以μ_i为600的镁锌铜铁氧体材料（工字型产品）为例，讨论软磁铁氧体材料的机械造粒过程。

(1) 擂馈（加PVA液）

① 备妥擂馈之研磨材料和PVA液；

② 核对《物料识别卡》；

③ 检查擂馈机是否已清洗干净，更换材质时，尤其应注意擂馈机的清洗，如图8.19(a)所示。

④ 称量50～60kg二次球磨好的料粉倒入擂馈机中；

⑤ 依据所称量之研磨材料和细粉的总量，称PVA液12～14kg；

⑥ 开启擂馈机，将PVA液均匀倒入，边倒边搅拌，搅拌时间一般为20min，视粉料而定，继续搅拌至完全成粒并结实。

注意：如PVA液加入过量，其擂馈材料中，可加入适量细粉（以颗粒不成糊状为佳），料∶胶约4∶1。

(2) 烘干

常用的烘箱长度为7.4m，宽为0.65m，设有升温、保温、降温三个温区，其温度曲线具体见表8.8。它通常采用皮带式传送方式传送料粒，烘箱的温度、皮带的传输速度等根据粉料的干燥情况以及天气的状况，随时调整。

表8.8 烘料窑炉的温度曲线

温区	一温区	二温区	三温区
设定温度/实际温度/℃	130/140	140/190	150/180

(3) 造粒

① 将烘干的粉料倒入造粒机中并过筛，如图8.19（b）所示；

② 开始下料后注意机槽与盛料箱内材料高度；

③ 观察颗粒目数，若下料颗粒过粗，则是钢网破裂，必须更换新的钢网；若材料粘网，则是材料太湿，需重新烘干。

(a) 混PVA的三爪搅拌机

(b) 造粒机(内衬30目筛网)

(c) 振动筛(下料口处出的是细粉)

图8.19 机械造粒常用设备

造粒的注意事项：

① 钢网不可调得太紧或过松，以略有弹性为佳；

② 机槽内材料不可淹没转动杆；

③ 造粒机运转时不可将手伸进机槽内，以免危险；

④ 造粒机不可空转，以免造成钢网破裂。

(4) 整粒

① 造粒后过120目筛网（约15kg/次），振动筛的内部结构如图8.19（c）所示。以粉料自由从指间滑落为佳，此时，粉料粒度刚好；

② 筛网过滤的细粉要实施再造粒作业。

(5) 机械造粒材料判定标准

μ_i 为600的镁锌铜铁氧体材料，其机械造粒材料判定标准见表8.9。

表8.9 机械造粒材料判定标准

水分	粒度分布/%			松装密度	粉料收缩比	磁导率	外观形态：在放大镜下观察颗粒为不规则形状，以颗粒不团聚为准
	+40	40−120	−120				
1%～3%	5～10	80～90	5～10	43g±3g	1∶1.13～1∶1.15	600±20%	

注：表中的松装密度指30cm³松装仪配备容器所松装材料质量。

8.4.4 喷雾造粒系统的构造与原理

(1) 喷雾造粒系统的基本构造

喷雾造粒系统由雾化器、料浆供给系统（料浆池、泵）、干燥塔、热风系统（空气加热器、热风分配器）、气固分离系统（除尘器、引风机、废气烟囱）等构成。在喷雾造粒系统中，传质与传热交换过程的气液两相的流向分为四种类型：并流式向上喷雾造粒、并流式向下喷雾造粒、逆流式喷雾造粒和混流式喷雾造粒。如图 8.20 所示。上述四种流向各有特点，其中逆流式和混流式热利用率较高。如使用离心盘式雾化器，一般选用并流向下的形式；使用压力式喷嘴雾化器，则绝大多数采用混流式。

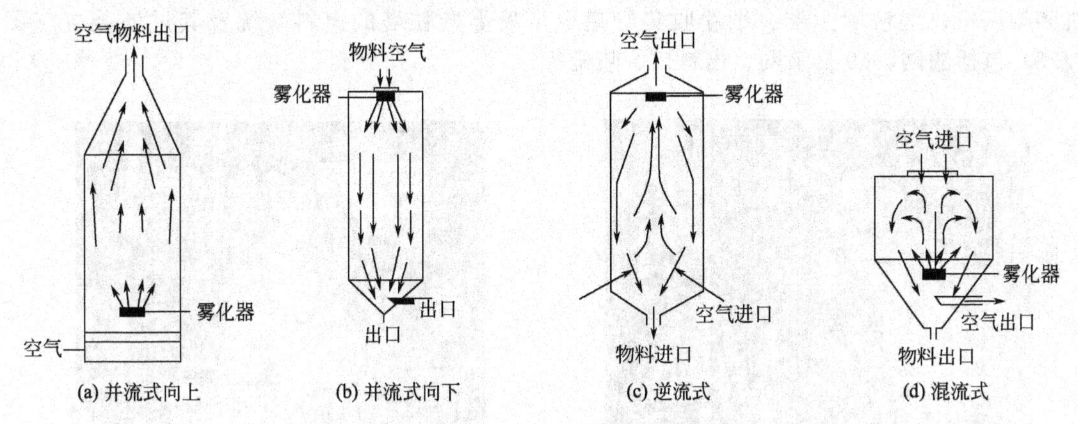

图 8.20 喷雾造颗粒系统气液两相流向示意图

这里着重分析混流式流向的喷雾造粒工作原理。其雾化器安装在塔的中上部，向上喷雾。液滴在与塔顶流入的热空气接触过程中，水分迅速蒸发，在逆流运动中基本上完成干燥过程。物料达到一定高度后，即开始向下沉降，此时与热空气同向而行，继续完成干燥过程。最后由出料口流出，完成干燥过程。

(2) 雾化器的分类及压力喷嘴雾化器的工作原理

雾化器一般分三类：离心盘式雾化器、压力喷嘴雾化器和气流式雾化器。气流式雾化器因动力消耗很大、产品粒度特别细等原因，已很少使用。

离心盘式雾化器工作时，料浆在离心盘里高速旋转，在离心力的作用下向圆盘边缘运动，在运动的过程中逐渐地被加速并扩展成薄膜，最后以很高的速度甩出而成为液滴。离心盘式雾化器不易堵喷枪，但因其高速运行，设备精密，造价较高。而压力喷嘴雾化器的粉料粒度较离心盘式雾化器粗，且加上维修方便等原因，铁氧体材料行业多采用压力喷嘴雾化器。

压力喷嘴雾化器的工作原理是，料浆用泵以较高的压力沿切线槽送入旋流室。在旋流室内，料浆高速旋转，形成近似的自由涡流。越靠近喷嘴中心，旋转速度越大，而压力越小。结果在喷嘴的中心孔附近，料浆破裂，形成一根压力等于大气压力的空心柱，料浆在喷嘴内壁与空气柱之间的横截面中心以薄膜的形式喷出。喷出后，随着薄膜的伸长、变薄，拉成细丝，最后细丝断裂而成为液滴。

因压力喷嘴雾化器中料浆的压力一般在 1.8～3.5MPa，磨损较大，故材质须具有高的耐磨性。喷嘴片材质一般有 TC（Tungsten Carbide）钨碳合金、CC（Chrome Carbide）铬碳合金和陶瓷（Ceramic）等。

(3) 辅助设备的工作原理

热风分配器：作用是均匀分配热风，使热风以一定的角度下旋，使料浆均匀受热。

旋风除尘器：采用侧面进风（气固混合体），质量大的颗粒被甩向外侧，沿除尘器壁下落，回收。质量小的颗粒料（一般粒径小于50μm）处在除尘器中间部位，经引风机抽出。

二级除尘系统一般采用喷淋法，带有细小颗粒的水蒸气从旋风分离器出口出来后，经过水淋，被水吸收，排入回收池，几乎干净的水蒸气由烟囱排入大气。

8.4.5 喷雾造粒的过程控制

喷雾造粒区设备的布置通常如图8.21所示。喷雾造粒塔的排风设备（图8.22）包括风机和排风口、湿法除尘器、细粉收集管道等，喷雾造粒塔的出料系统及其过滤装置（图8.23）包括滤网、60目筛网、出料口、喷枪等。

图8.21 喷雾造粒区设备

1—砂磨机；2—搅拌机；3—隔膜泵；4—喷雾造粒塔

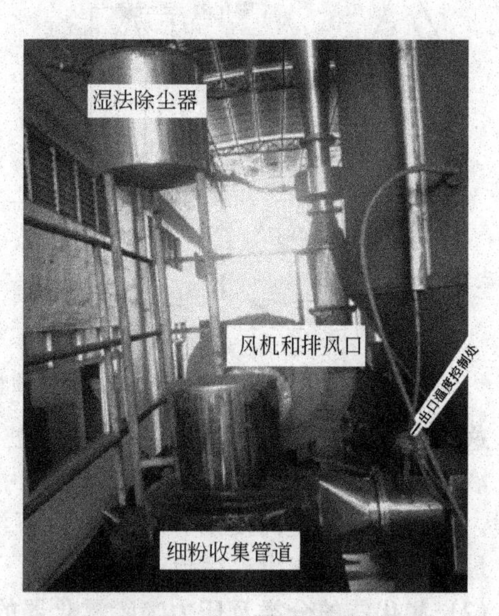

图8.22 排风设备

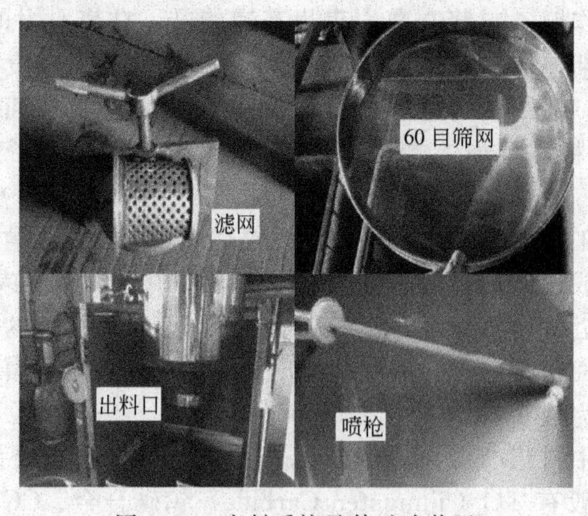

图8.23 出料系统及其过滤装置

（1）喷雾造粒开机前的准备

① 查看待喷雾造粒的料浆是否准备好；

② 查看设备电源、循环水、阀门、管道、密封联结等是否正常，开启料泵泵水检查输料管道是否畅通；

③ 安装喷枪喷嘴，检查喷片、盲片是否完好；

④ 在塔外泵水检查喷嘴雾化效果，要求雾化角四周对称，雾化角 30°～45°为佳，枪头无漏水；

⑤ 检查燃油机油路是否畅通，供油是否畅通；

⑥ 清除粘在塔底内的物料；

⑦ 推进燃烧机，打开油阀。

（2）开机

① 升温：打开总电源，启动引风机（先开送风机再开抽风机），待 10s 后调节抽风机风量，塔内负压调至 100～200Pa，启动燃烧机，喷雾塔开始升温，在控制面板打开加热器第 1～4 组（每组间隔 3s），约 30min 后，进口温度达 380℃，出口温度达 160～180℃；

② 开启湿法除尘阀（约开 1/3）；

③ 开启搅拌器，待喷料浆需提前 1h 搅拌，固体含量控制在 60%～65%，喷料前半小时加入胶水，比例控制在固体含量的 8%左右，发现有泡沫滴入少量消泡剂。若需加分散剂，加量一般控制在 2‰～3‰；

④ 开启隔膜泵，按照隔膜泵说明调整喷料压力，正常工作保持在（2.0±0.2）MPa；

⑤ 调试：据试喷出的粉料情况适当调整温度、压力、出料量，基本正常后可正式喷料；

⑥ 喷雾塔喷雾，工艺参数见表 8.10。

表 8.10 DYP300 喷雾塔喷雾工艺参数的控制

工艺参数	红喷工艺要求	黑喷工艺要求
进口温度/℃	350～400	290～370
出口温度/℃	120～150	90～115
料浆压力/MPa	1.6～2.2	2.0～2.8
除尘差压/mmHg	<150	<140
塔内负压/MPa	−450～−100	−450～−100
喷嘴孔径/mm	1.6～2.0	1.6～2.0
排风量	≤90%	—
喷枪数/支	2～3	2～3

⑦ 工艺跟踪注意事项

a. 在喷雾过程中要保证喷雾塔内为负压，并对喷枪座孔进行负压测定。测定方法：用一张小纸片放于喷枪座孔，制片被吸住并贴于喷枪座孔上，说明处于正常负压状态；

b. 严格控制好出口温度，开喷及换枪后首检，含水量控制在 0.15%～0.45%，颗粒料每 30min 检测一次，并按表 8.11、表 8.12 的标准进行检验。

表 8.11 喷雾造粒材料判定标准

水分/%	松装密度/(g/m³)	粉料收缩比	粉末流动角	外观形态：在放大镜下观察颗粒为苹果状或圆球状，以颗粒不团结为准
0.15～0.45	1.33～1.42	1∶1.18～1∶1.20	≤30°	

表 8.12　黑喷后，常用颗粒料的粒度分布表

黏度大小/目	>40	40～60	60～120	120～200	<200
所占比例/%	<0.5	<5	60～80	18～33	<7

c. 喷料过程中进出口温度、压力、塔内负压应稳定，发现异常先关料泵，遇到堵枪、堵网及时更换排除。

(3) 关机

① 喷料结束，关搅拌机电源，关闭隔膜泵，关闭燃烧机，立刻拉出炉膛，并同时关闭供油阀。

② 卸下喷枪，清洗喷枪，喷嘴和供料管道。

③ 待进口温度下降到150℃以下，先关抽风机，再关送风机。

④ 清除粘在塔体内的物料。清洗搅拌器，用水清洗隔膜泵、用高压水枪清洗喷枪，滤网。

⑤ 清扫平台地面卫生。

⑥ 关闭电控总电源。

⑦ 造出的粉料过 60 目筛，标识入库，填好设备运行过程中原始记录。

(4) 停电事故处理

① 应将所有电源及开关断开。

② 立刻将燃烧机拉出炉膛。并同时关闭供油阀。

③ 打开布袋除尘塔顶盖，防止高温损坏布袋。

④ 卸下喷枪，清洗喷枪，喷嘴和供料管道。

(5) 喷雾塔的常见故障与维护

① 砂磨机循环泵无法循环。如砂磨机循环泵无法循环，则多次开关循环泵，每次 20s。如依然不循环，则维修泵。

② 搅拌机底部导管出料少或堵管

a. 料浆太稠，呈面糊状，不流通，此时加水一桶（20kg/桶），稀释料浆。

b. 搅拌机内部胶衬脱落，导致堵管，需用铁丝清理。

③ 隔膜泵故障。隔膜泵的故障可以通过其压力指针（正常值为 2.0MPa 左右）的变化体现出来。

a. 压力针突然掉到 1.5MPa 以下的原因与对策：一是滤网被料浆堵塞，则应及时更换（一般情况下 3h 更换一次），两个滤网，一用一备；二是料泵左右某侧内部胶圈破裂，检测方法：左右手按住导管，无压力那侧则内部破掉，应及时停机更换；三是搅拌机内料浆已喷完。

b. 压力针突然上升到 2.2MPa 以上，且出口温度快速上升，其原因与对策：上塔查看喷枪头情况：如枪头喷出的料成一条直线或枪头完全堵塞，无料出，则出口温度将快速上升（一般出口温度的报警值设在 180℃），此时应关闭料泵，将压力泄至 0MPa 以下，然后取下喷枪清洗，并及时换上备用喷枪。

④ 喷雾塔故障。喷雾塔的故障可以通过进出口温度体现出来：

a. 出料颗粒太粗的原因与对策：一是进口温度偏低导致出口温度偏低（常见于用电高峰期，电流偏低，温度无法上升），则适当提高电流，并加大巡查力度；二是喷枪枪嘴长时间使用，导致其磨损后喷嘴直径变大，则及时更换。

b. 进口温度与出口温度严重偏离设定值，一是出口温度探测计热电偶坏掉，无法正

确显示温度；二是喷雾塔内壁粘料严重，需及时清扫（一般 3h 清扫一次）；三是枪身粘料严重，应及时敲打；四是喷雾塔内部（旋风分离器伸入塔内部部分）堵塞，及时用竹竿敲打。

c. 控制面板上三个电压表指针长期掉落，则保险丝坏掉，需及时更换。

d. 电源打开后，开启 1-4 组加热器过程中遇到跳闸，则电加热箱内加热管烧掉。

在运行过程中突然停机，再次开机时跳闸，则多为加热管烧掉，需要及时更换（此故障是喷雾塔两大主要故障之一，另一主要故障则是隔膜泵故障）。

8.4.6 提高喷雾造粒质量与效率的途径

在喷雾造粒时，提高造粒的质量，主要从雾化角的选择、颗粒的水分、粒度分布、松装密度的控制等方面，调整喷雾造粒系统。

(1) 选择合适的雾化角，保证较充分的雾化程度

喷雾时，雾化角的大小合适与否对喷料过程的控制和粉料质量有很大的影响。雾化角过大，整个雾化面偏低，易粘塔壁，而且不能有效地利用塔的顶部热空气分布较均匀的优势；雾化角过小，雾化面增高，料浆可能射向塔顶，亦造成粘塔。上述两种情况会产生较多的落塔料。频繁的落塔不仅影响出料率，而且导致粉料的流动性有所降低，对压制成型产生不良影响。不充分的雾化会导致孪生颗粒的增多，甚至产生落塔料。喷雾时，料浆雾化不均匀，丝状液滴相连，导致有较大的液滴存在，此液滴干燥相对较慢，在运动的过程中，也容易形成许多的孪生颗粒，若颗粒较大，来不及干燥，则粘塔壁的可能性将显著增大。另外，也会导致粉料颗粒粗细不均，分布不合理，流动性减小。

为了选择合适的雾化角，可采取以下措施。

① 雾化器的喷嘴片与旋流片的合理组合，喷嘴片孔径与旋流室高度的合理组成。现以水蒸发量为 200kg/h 的喷雾造粒塔为例来说明两者对雾化角的影响。如图 8.24 所示，其中曲线表示雾化角等值线，斜直线表示喷嘴片孔径。上述参数是在喷雾泵压 2MPa 下测定的。

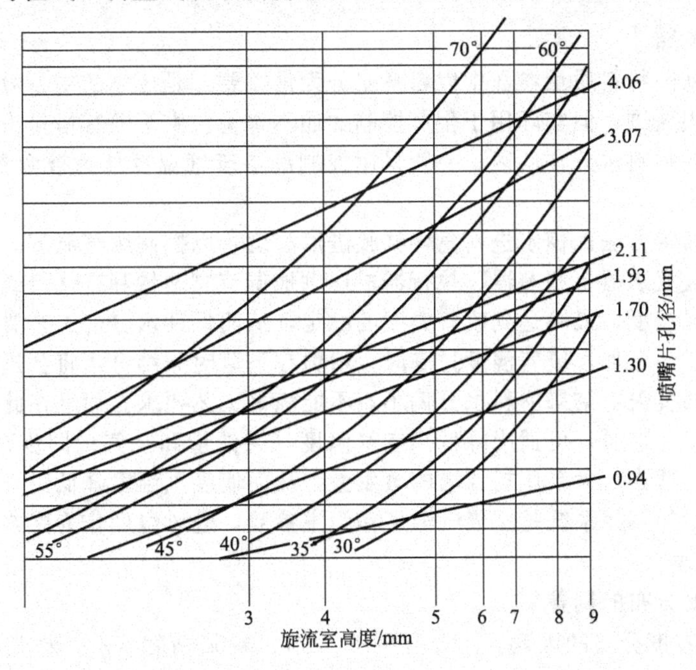

图 8.24 雾化角与高度、喷嘴片孔径之间的关系

由图 8.24 可以看出：旋流室高度的减小及喷嘴片孔径的增大，均能使雾化角增大；反之，雾化角减小。

② 雾化器与泵压的合理组合。同样以水蒸发量为 200kg/h 的喷雾造粒塔的旋流片高度与泵压的关系为例说明其对雾化角的影响，如图 8.25 所示。上述参数是在喷嘴片孔径约 1.0mm 条件下测定，旋流室高度分别为 8mm、5mm 和 3mm，泵压由 1.8MPa 增加到 2.4MPa。由图 8.25 可以看到，当压力一定时，雾化角随旋流室的高度减小而增大，反之亦然；当旋流室高度一定时，雾化角随压力的增大而增大，反之亦然。

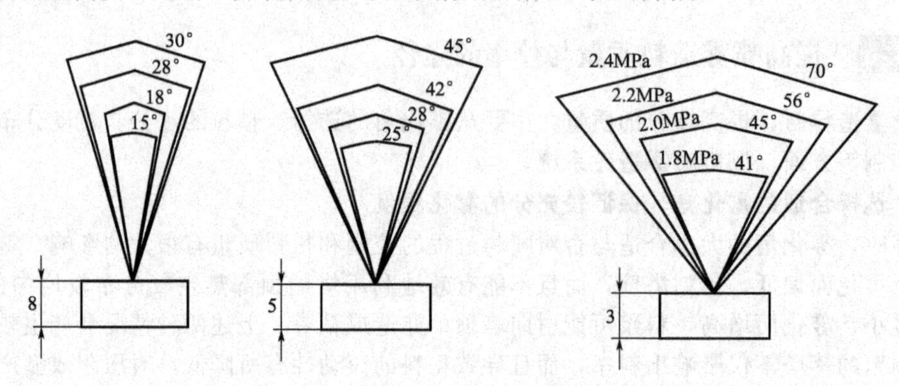

图 8.25 料浆压力与旋流室高度对雾化角的影响

为了保证较充分的雾化程度，首先，泵压不能太低，对于水蒸发量为 200kg/h 的喷雾塔，泵压一般应在 1.8～2.4MPa 为宜；其次，泵压要保持稳定，才会有较稳定的雾化角和雾化程度；最后，在喷料过程中，应防止料浆在搅拌过程中产生湍流或大量旋涡。料浆由于搅拌，在流动过程中，其边界影响产生的湍流或因振动而产生许多小旋涡，由于小旋涡要吸收或消耗料浆体系的能量，减弱料浆的流动性等，这将造成料浆在喷雾造粒过程中不易雾化。另外，料浆的黏度过大、温度过低或者料浆中析出 PVA 胶絮等也直接影响雾化的均匀程度。

(2) 水分的调整

喷雾造粒出来的粉料质量参数中以粉料水分为最重要，是控制的主参数。目前，连续测定水分的仪器已很先进，但实际用于生产控制的还不普遍。由于喷雾塔排出的废气温度在一定程度上可以反映粉料水分，所以，一般采用控制离塔废气温度作为被调参数，使之稳定，可以满足生产要求。

控制水分的通常方法是稳定进料量，调整进风温度，以控制废气温度。即以进风温度作为信号，通过温度变送器、调节器、执行器成比例地调节燃油量和空气量或分别对二者进行调节，以稳定进风温度，最终达到废气温度的稳定，从而保证水分的工艺要求。这也是人们常采用的调控方式。譬如，废气温度过高时，粉料在下落时非结合水将会进一步失去，甚至导致部分结合水的丧失，结果粉料水分偏小，不能满足工艺要求。而且在此情况下，还将导致大量热量的浪费。这时，可适当降低热空气温度（燃油量和空气量同步减少），也可对料浆流量进行微调，适当增大泵压提高塔的蒸发量，从而使废气温度降低。

现在较为复杂的调控系统是把废气温度作为主参数，进风温度作为副参数，进行串级调节，如图 8.26 所示。

(3) 粉料粒度分布的调整

① 影响粉料粒度分布的因素。主要有泵压（P）、料浆黏度（η）、料浆密度（ρ）、旋流室高度（A）和雾化角（α）等。上述五参数对粉料的颗粒分布的影响关系见图 8.27。

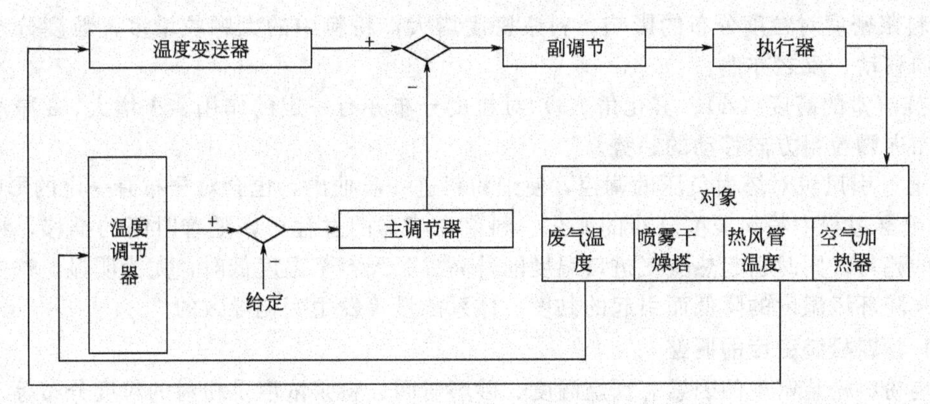

图 8.26　料球、水分调控系统方框图

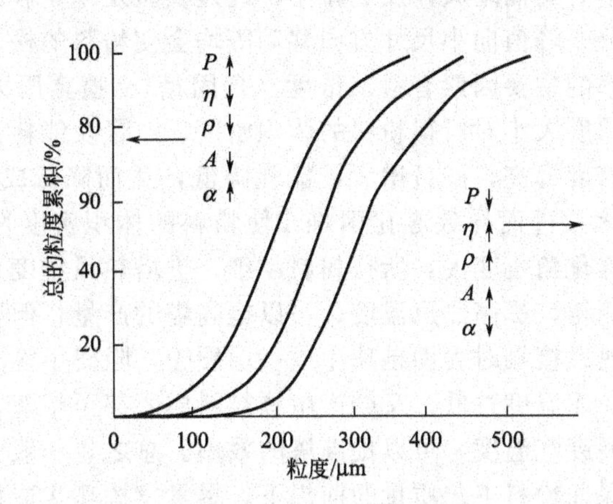

图 8.27　喷雾造粒粒度分布的影响因素

从图 8.27 可以看出，泵压、雾化角的减小，以及料浆黏度、料浆密度和旋流片高度的增加，都能使粒度分布曲线向右（颗粒粗）移动。反之，将使曲线向左（颗粒细）移动。

a. 泵压对粒度分布的影响。泵压减小，粉料中的大颗粒明显增多，粒度分布向颗粒粗方向移动，如表 8.13 所示。

表 8.13　泵压对粒度分布的影响/%

泵压	粒度分布/μm							
	>450	450～401	400～301	300～201	200～126	125～98	97～63	<63
20MPa	5.90	9.84	8.81	26.06	33.28	7.93	5.60	2.58
14～16MPa	19.78	17.64	13.11	26.68	17.56	2.99	1.63	0.71

b. 黏度对粒度分布的影响。黏度增大，粉料中的大颗粒增多，粒度分布向颗粒粗方向移动，如表 8.14 所示。但黏度如果过大，可能产生大量的落塔料。

表 8.14　黏度对粒度分布的影响/%

黏度	粒度分布/μm							
	>450	450～401	400～301	300～201	200～126	125～98	97～63	<63
80cP	0.07	0.32	0.57	4.01	46.25	18.44	24.32	6.02
100cP	0.47	1.42	3.58	22.84	49.89	13.17	6.70	1.97

c. 料浆密度对粒度分布的影响。料浆密度增大，粉料中的大颗粒增多，粒度分布向颗粒粗方向移动；反之亦然。

d. 旋流室的高度（A）、雾化角（α）对粒度分布亦有一定的作用。A 增大、α 减小，都有使分布向颗粒粗方向移动的趋势。

e. 通过引风机对塔内负压的调控，使细粉料进一步抽出，也会对分布有一定的影响。

② 喷雾过程中粉料粒度分布的变化。料浆在喷雾的过程中，随着时间的推移，粗颗粒有增多的趋势，同时引起热空气进口温度的升高。冬天料浆温度低时，尤为明显。这主要是因为料浆随环境温度的降低而引起的黏度、体系能量等发生变化导致的。

（4）粉料松装密度的调整

影响粉料松装密度的因素有预烧温度、砂磨时间、料浆浓度及粉料的粒度分布等。粉料松装密度随着预烧温度的升高而增大，反之减小；经过实验发现，砂磨时间的延长、料浆浓度的增大及粉料的粒度分布峰值向小尺寸方向移动等均会使粉料的松装密度有增大的趋势。

影响干燥塔干燥效率的主要因素有料浆浓度（含固量）、喷雾压力、进塔热风温度和废气排出温度等。料浆的浓度大小对所得粉料的体积密度、产量及能耗都有直接影响。料浆含固量增大，粉料的体积密度提高，产量增大，能耗降低，从而降低成本。但含固量应适当，否则将导致料浆黏度增大，进而导致雾化困难，使粉料的体积密度发生变化；雾化压力越大，产量越大，但同时雾化角也变大，所得粉料越细。进塔热风温度主要影响粉料的含水率和体积密度。根据实验测得，提高热风温度；可以提高塔的产量，但要适宜，否则，热风温度过高，雾滴与高温度热风接触时表面迅速生成一层硬壳，阻碍了雾滴的收缩，使粉料的体积密度下降，成型困难。而温度过低，又会产生颗粒料成团甚至粘壁。另外，适当增大进浆量，增大塔内负压、提高废气温度，可以提高塔的效率。总之，一般调整要考虑蒸发量的限制因素，综合调整，在保证粉料工艺质量的前提下，尽量发挥喷雾造粒系统的效率。

提高出料率的途径，主要有以下几方面：

① 料浆黏度合理，雾化角大小合适，雾化均匀。

② 在满足成型工艺要求的前提下，粉料水分控制尽可能小些，可以提高出料率。

③ 尽量减少造粒黏合剂 PVA 在料浆中以胶皮的形式析出。如在冬季，料浆温度低，需做好料浆池及管路的保温工作，或者采用加热料浆，或者在料浆中加入能促进 PVA 胶液溶解的添加剂，或者在能满足工艺的前提下，选用醇解度较低的 PVA 或其他黏合剂。

上述方法可有效地减少粘塔现象和落塔料的产生，从而保证和提高出料率，对系统效率的提高亦有促进作用。

8.5 不同类型产品粉碎、造粒工艺的比较

（1）MnZn 铁氧体

MnZn 铁氧体的造粒工艺，可参阅 8.4.5 节，下面对其不同材质的具体要求略加说明。

① 低 μ_i MnZn 铁氧体。低 μ_i MnZn 铁氧体材料一般采用球磨机或砂磨机球磨。球磨机球磨时，其料：球：水＝1：3：(0.8～1.0)，球磨 24～30h；砂磨机球磨时，其料：球：水＝1：6：(1.0～1.2)，砂磨 0.5～1.0h；然后将球磨好的低 μ_i 材料料浆，直接送入喷雾造粒设备进行喷雾造粒，但是，现在生产低 μ_i 材料的，大多是小厂，生产量小，一般采用压片式机械造粒的方式进行造粒。

高频焊接磁棒用低 μ_i MnZn 铁氧体材料的球磨工艺为，料∶球∶水=1∶3∶(0.8～1.0)，磨 36h，也多采取机械造粒方法造粒。

② 高 μ_i 材料。高 μ_i 材料的造粒和成型工艺过程与其他 MnZn 铁氧体的工艺相似，但对具体工艺条件要求较高，高 μ_i 材料需要高密度。而成型密度是决定材料密度的主要因素之一，成型密度的高低主要由颗粒料的特性和成型压力所决定。将造好粒的粒粉过 40、60、80 等目的筛孔分类，再按一定的比例级配的粒料，其松装密度高，成型密度也高。另外，球形或近似球形的颗粒，其流动性好，如果再加入一定的润滑剂，可以增大成型压力。所以，高 μ_i 材料的生产，需用先进的造粒工艺，造好粒料的颗粒形状应为球形或近似于球形，并加入一定的润滑剂，进行粒度级配。

国外（如 TDK 公司）的高 μ_i MnZn 铁氧体材料，常在其料浆中加入 0.1%～1.0%（质量分数）的 PVA，采用喷雾干造机将其颗粒化，其颗粒大小约为 150μm。

国内的高 μ_i MnZn 铁氧体预烧料，常采用振动球磨机进行粗粉碎，时间为 20～50min，然后将其在砂磨机中进行 90min 的细粉碎，将经砂磨的料浆在 200～300℃的温度下，喷雾造粒成表面干燥、中间湿润、具有良好流动性与分散性的椭圆颗粒，该颗粒的含水率为 0.1%～0.6%，松装密度为 1.22～1.45g/cm^3，安息角为 26°～30°。

③ 功率铁氧体。对 PC40MnZn 铁氧体，常先将预烧所得的黑色混合物进行粗粉碎，采用振动球磨机，粉碎时间为 20～50min，使其颗粒半径更小，分布更均匀。再按质量分数计，黑色粉末为 48%～68%，纯水为 30%～50%（如 35%），添加剂为 0～1 %，分散剂为 0～1%，配好后投入砂磨机研磨，砂磨过程快结束时，再投入磷酸二辛醇 0.2%，聚乙烯醇 0.6%和消泡剂 0.01%。分散剂在砂磨开始时随同预烧过的黑色粉末加入，作用是防止颗粒结团，提高砂磨效率。胶水的作用为便于软磁铁氧体粉的压制成型，消泡剂的作用为消除加入胶水时产生的泡沫。经粗粉碎的混合物进行砂磨，得到黑色的浆料。整个砂磨时间为30～100min（如 60min）。混合料在砂磨机中依靠钢珠与粉料颗粒之间、粉料颗粒相互之间的摩擦，进一步降低粉料颗粒的平均粒径，缩小颗粒粒径的分布范围。砂磨后颗粒的粒径为 0.7～1.5μm。经过砂磨的料浆，在 80～100℃的温度下通过喷雾造粒塔喷成表面干燥、中间湿润、具有良好流动性与分散性的椭圆颗粒。其颗粒的含水率为 0.1%～0.6%，松装密度为 1.22～1.45g/cm^3，安息角为 26～30°。

有的国内企业在做 PC50 功率铁氧体时，常采用循环式砂磨机进行砂磨，砂磨时间为 2.5h；m(料)∶m(球)∶m(水)=1∶1∶0.60；经砂磨后的粉料平均粒度为 1.0～1.2μm；然后采用造粒机进行造粒，入口温度 270℃，出口温度 130℃。在做 PC95 产品时，常采用二次砂磨工艺，对其预烧料和添加剂进行混合、破碎与烘干。加入 PVA 后进行喷雾造粒。

TDK 公司在制备 PC90 功率铁氧体时，先将预烧粉碎至比表面积（比表面积根据 BET 法测定）为 2.5～4.0m^2/g，50%的粒径为 0.9～1.5μm。在混合粉末中少量添加适当的粘接材料例如 PVA，将其用喷雾干燥器进行喷雾和干燥。颗粒的粒径为 80～200μm。

日立金属做高频宽温低损耗 MnZn 铁氧体时，将预烧粉和辅成分的原料（$CaCO_3$、SiO_2、Co_3O_4 和 Ta_2O_5）投入球磨机，粉碎混合至平均粒径为 0.75～0.9μm，然后在所得的混合物中加入聚乙烯醇，由喷雾干燥器将其进行颗粒化。

(2) 镍锌铁氧体的造粒

PVA 对镍锌铁氧体粉料生产的影响，主要体现在：

① PVA 在一定温度（约 95℃，不同规格的 PVA 的溶解温度，有一定的差别）的水中溶解后，其黏度将随环境温度的改变而有变化。温度升高，黏度下降；温度降低，黏度增加。

② PVA溶液与料浆溶液，必须在一定的温度下，才能被充分溶解，与锰锌铁氧体粉料相比，这二者之间的相互溶解性较差，溶解后，易结团，导致喷雾困难，尤其是当两者之间的温度不匹配，更容易结团或析出絮状物，导致颗粒含胶量不足，产品在生产过程中易分层、开裂。在锰锌铁氧体的制备过程中，这种影响，要轻微得多。

对不同的造粒方式，其解决措施不同。

① 对机械造粒

a. 夏天采用高浓度的PVA溶液，冬天采用低浓度的PVA溶液。由表8.15可知，冬天采用8%浓度，夏天采用9%浓度的胶水，其黏度基本上能达到相当的效果。

b. 夏天采用高聚合度的PVA，冬天采用低聚合度的PVA，从而确保冬天与夏天PVA溶液的粘度基本保持一致。

表8.15　同一型号（BJ-1799）PVA不同浓度胶水黏度对比

温度/℃	8	10	12	15	20	25	30	35	40	45	55
8%浓度胶水的黏度/mPa·s	43	39	38	37	32	26	21	20	18	16	12
9%浓度胶水的黏度/mPa·s	81	76	78	60	49	45	38	35	31	23	19

表8.16列举了2种不同牌号的PVA溶液在同等浓度、不同温度下的黏度对比。

表8.16　浓度均为8%的BJ-1799与BF-17的PVA溶液在不同温度下黏度的对比

温度/℃	8	10	12	15	20	25	30	35	40	45	55
BJ-1799胶水的黏度/mPa·s	43	39	38	37	32	26	21	20	18	16	12
BF-17胶水的黏度/mPa·s	36	32	30	28	26	18	16	14	12	10	8

② 对喷雾造粒，宜将胶水与料浆的温度均控制为45～55℃，这样，二者之间的互溶性较好，颗粒与胶水之间的分散较均匀。

由于镍锌铁氧体粉料目前主要有两种生产工艺：机械造粒工艺；喷雾造粒工艺。因大部分镍锌铁氧体产品都需要经过切割加工，这对其成型后的生坯强度要求较高。传统的机械造粒，主要是通过机械臂与粉料进行相互播馈方式成粒（颗粒中PVA通常为1.33%），因此，制成的颗粒均为实心颗粒，但形状不规则（见图8.28），流动性差（流动角一般大于36°），颗粒较粗（一般在0.425～0.150mm），颗粒料表观密度大（通常为1.40～1.50g/cm^3）。其颗粒中含PVA胶水量大，颗粒致密，压制后的生坯强度大，收缩率小，适合于后工序的切割与搬运；不足之处在于，所获得的颗粒较粗，颗粒表面不规则，所压制产品的表面较粗糙，尺寸范围控制差，适合于大规格的产品。

压力式喷雾造粒主要是将制好的料浆通过料泵在一定压力下进行雾化，形成一个个小雾滴，在喷雾塔体中经过烘干后，水分蒸发，粉料在PVA胶水（颗粒中PVA的质量分数通常为0.73%）作用下，形成具有一定黏结性且接近球形的空心颗粒（见图8.29），流动性好（流动角一般小于30°），颗粒细（一般在0.250～0.106mm），且分布较好，喷雾颗粒料表观密度小（通常为1.30g/cm^3）；适合于制作小规格的产品与公差范围要求较小的产品，目前，该法已逐渐成为主流。

经分析，当喷雾料浆的含水量较多，喷雾造粒时水分蒸发后，粉料颗粒内形成空心结构且颗粒结构不致密。当料浆的固含量为64.52%时，喷雾后的颗粒料表观密度约为1.30cm^3，在MnZn铁氧体产品的生产中能满足要求，但在NiZn产品生产过程中，因需要对大部分产品进行切割加工，由于成型后的生坯强度较低，故切割加工时，产品破损较多，难以进行正常生产。

图 8.28 机械颗粒料的 SEM 照片

图 8.29 喷雾颗粒料的 SEM 照片

通过控制料浆中当 NiZn 铁氧体粉料的粒度（D_{50}）为 1.5μm、料浆与 PVA 胶水的温度均为 45～55℃时，在料浆中将质量分数为 8.00%的 PVA 胶水加入量，由 9.09%增加到 16.67%（即喷雾造粒后颗粒料中的 PVA 质量分数由 0.73%提高到 1.33%）及料浆中固含量由 64.52%提高到 68.97%时，可提高喷雾颗粒料的黏结性；同时，可将喷雾颗粒料的表观密度由 1.30g/cm^3 提高到 1.40g/cm^3 以上，从而使成型后生坯的机械强度大大提高，这样，可解决产品切割时的破损问题。

（3）MgZn 铁氧体

常规 MgZn 铁氧体的造粒、成型工艺，与 NiZn 铁氧体材料的工艺相同。彩偏磁芯用 MgZn 铁氧体，因其产品大，且复杂，在造粒时，需采用一些特殊的措施：

① 添加合适的分散剂。以聚碳丙烯酸铵为分散剂，在用铁氧体浆料造粒时加入铁氧体干粉中，对降低浆料黏度特别有效，并能获得较好而无空心的球形颗粒。实践表明添加分散剂的量为铁氧体总重量的 0.5%～0.8%，效果最好。

② 改善黏结剂 PVA 的性能及添加量。聚乙烯醇 PVA 是铁氧体生产常用的黏结剂，其含量多少与成型压强有密切的关系，如表 8.17 所示，含黏结剂少的颗粒在较低的压强下成型，能保持模糊的颗粒轮廓。经过改善，可获得 2.6×10^{3}kg/m^3 以上密度的坯体，而成型压强仅为 5.9kN/cm^2，烧结后磁芯的密度达 4.6×10^{3}kg/m^3，磁芯内部各处的密度变化极小，因而磁芯不易变形。

表 8.17 PVA 含量与破坏颗粒压强的关系

样品	PVA(质量分数)/10^{-2}	压强/(N・cm^{-2})
A	1.5	17
B	1.0	27
C	2.0	47

也有些外国公司的成型颗料中含有多种有机物，除聚乙烯醇（PVA）外，还加入了聚乙烯二醇（Polyviry Ioue Glycol）、甘油（GIYcorin）、阿拉伯胶（Gum Arabic）和硬脂酸锌等。虽然数量较少，但对提高颗粒质量、获得良好的磁芯毛坯，起着积极的作用。

低损耗 MgZn 铁氧体，球磨 12～20h 至粒度达到 1μm 左右，烘干、过筛、造粒。MgCuZn 铁氧体预烧料，细粉碎时，控制其比表面积，将其细粉碎至 3～15m^2/g。

（4）LiZn 铁氧体

LiZn 铁氧体的造粒、成型工艺，与 NiZn 铁氧体材料的工艺相同。

第9章 软磁铁氧体成型工艺与控制

铁氧体产品的种类、大小和形状各异，成型方法也不相同。目前，常用的有干压成型、湿压磁场成型、热压铸成型和挤压成型等多种工艺。此外，注浆成型、等静压成型、注塑成型和轧带冲压成型等方法也被用于个别铁氧体产品的成型。本部分将着重讨论常用的成型工艺原理、主要设备和成型质量问题，对其他方法仅作简单介绍。

9.1 干压成型

干压成型就是将做好颗粒的铁氧体粉料放入具有一定形状的模腔中，外加一定的压力，将粉料压制成所需形状的铁氧体坯件。这样的坯件其固体粉料颗粒之间的连接，靠液体（胶水）薄层之间分子力和粒子力的相互作用来实现的。坯件能保持一定的形状，具有一定的机械强度。在干压成型过程中，当颗粒受到外加的压力大于粉料颗粒间的摩擦力时，颗粒受到压挤，颗粒开始移动而互相靠近，并且发生变形，因此粉料开始被压紧。此时，首先是靠近凸模的粉料层变紧，当这些粉料层的颗粒相互靠近时，颗粒之间的摩擦力增大，压力也增大。同时，这个压力开始传到邻近的粉料层上，并使这些粉料层也发生颗粒移动、变形、颗粒间孔隙体积变小，从而使得整个粉料变紧压实。离开凸模越远，受到压力越小，这是因为一部分压力消耗在克服颗粒间以及颗粒与模具壁间的摩擦上了。当外加的压力与颗粒相互间的摩擦力平衡时，颗粒即处于平衡状态，否则颗粒将继续移动、变形，直至达到新的平衡。粉料颗粒的变形，包括弹性变形和塑性变形。弹性变形是由于粉料中的空气、水以及颗粒本身的影响，当短时间内压力突然增加时较为显著。塑性变形表现在随着压力的增加，颗粒间的接触面积跟着增大。

9.1.1 干压成型方式的分类

干压成型是国内外铁氧体生产中经常采用的一种成型方法。用这种方法成型的坯件有较

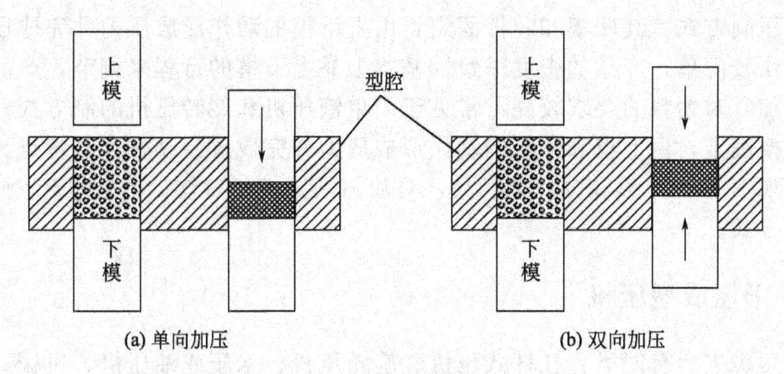

图 9.1 干压成型的方式

好的机械强度，不易在烧结前碎裂。对横向尺寸较大、纵向尺寸较小的形状简单的中小型产品，干压成型尤为适宜。在批量生产中，软磁铁氧体粉末压制方法有单向压制和双向压制两种。大部分坯件都采用双向压制，只有形状简单、坯件高度较低的坯件才采用单向压制，如图 9.1 所示。

单向压制，其外力从一个方向施加；双向压制，其外力从两个方向施加。单向压制特点：设备和模具简单，密度一致性差，适用于非常薄或高度不大（高径比 $H/D<1$）、形状简单的零件，通常为圆环类或铁硅铝类产品，坯件密度在 $3.0g/cm^3$ 及以上。

双向压制的特点：设备动作和模具复杂，密度一致性可以得到充分的调节，适用于成型比较厚而且形状复杂的产品，如压坯的高径比 $H/D>1$ 或管套类压坯的高度与壁厚之比 $H/T>3$ 的零件。双向压制的压坯，其上、下两端密度高，压坯中端外表面可见一圈暗线，此线就是我们常说的密度线，也就是压坯中密度最低的地方。密度线的位置可通过上、下冲进阴模的量来调节。双向压制方式又分为凹模（模腔，阴模）固定压制、凹模浮动压制方式两类，如图 9.2、图 9.3 所示。

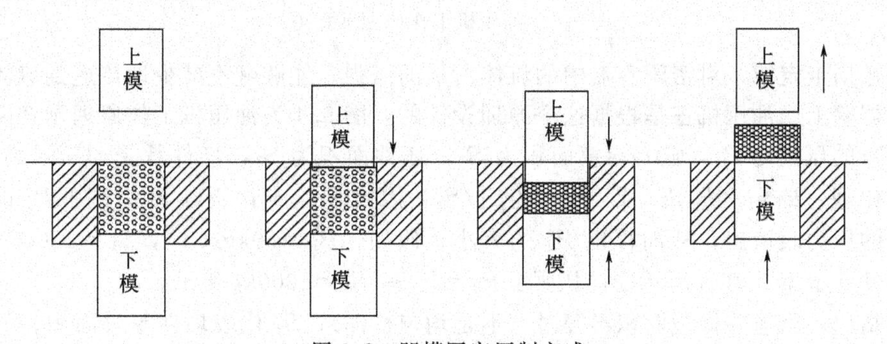

图 9.2 凹模固定压制方式

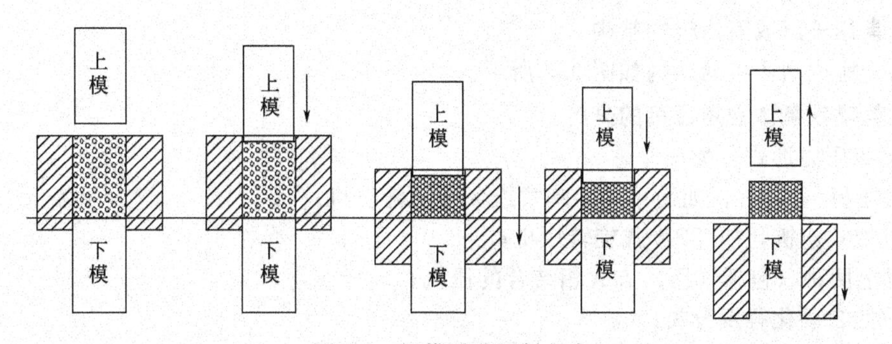

图 9.3 凹模浮动压制方式

凹模固定压制方式，其凹模和芯杆固定，由上下模的动作形成压力并完成压制动作，其特点为，动作比较简单，产品的密度一致性基本上靠上下模的行程来调节，产品的脱模行程不可避免地增加，对粉料的要求较高，常见于简单液压机和旋转压机的制方式；凹模浮动压制方式，其下模固定，由上模和凹模的动作形成压力并完成压制动作，其特点为，压制形状简单的产品，如E形、U形和圆环类产品，对粉料的要求相对较低，常见于全自动TPA系列压机的压制方式。

9.1.2 干压成型压机

干压成型压机主要有四类：杠杆式压机、旋转压机、水压或油压机、机械式压机。国内一般采用油压式和机械式压机。油压式压机有50t、100t、120t等多种规格，机械式压机通常为45t及以下的压机。油压式压机所使用的机械油为12号或10号。

(1) 油压机工作原理

油压机的工作原理如图9.4所示。

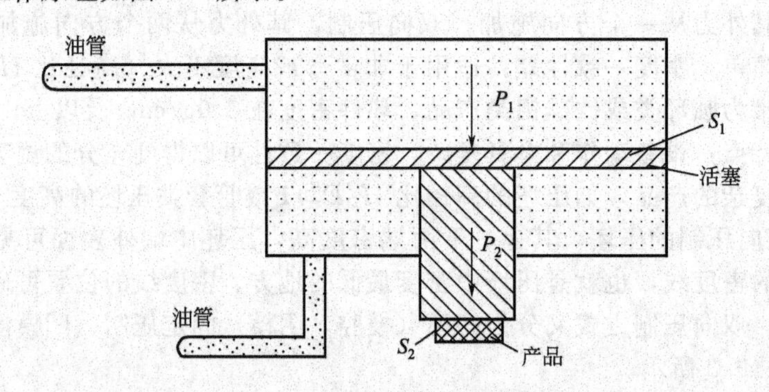

图9.4 油压机工作原理示意图

根据帕斯卡定律，对密闭容器中的流体所加的压强，能够毫不减少地传递到流体的各处和容器的器壁上。油压机正是根据这个原理设计的，图9.4为油压机工作原理示意图。工作液体（油）的压强为P_1，缸心活塞面积为S_1，坯件面积为S_2，坯件承受的压强为P_2。根据帕斯卡原理：$P_1S_1=P_2S_2$，即$P_2=P_1S_1/S_2$，因为$S_1>S_2$，所以$P_2>P_1$。P_1的值可由油压机上的压力表读出，从而算出P_2的大小。假如，$P_1=50\text{kg/cm}^2$，$S_1=150\text{cm}^2$，$S_2=7.5\text{cm}^2$。由上式算出坯件所承受的压强：$P_2=P_1S_1/S_2=1000\text{kg/cm}^2$。

应该指出，当坯件横截面积不等时（不是均匀柱体），S_2代表坯件等效面积。等效面积为坯件在垂直于压力的平面上的投影面积。

(2) 常用干压成型压机的结构

常用干压成型压机的结构如图9.5所示。

(3) 软磁铁氧体常用压机的分类

① 按照压力形式分类：

a. 液压机（油压），如简单的手动式或大吨位液压机；

b. 机械式压机，如TPA式旋转压机；

c. 以上两种（包括气压）方式相结合的压机；

② 按照自动化程度分类：

a. 通用式(手动式）压机；

b. 半自动式压机；

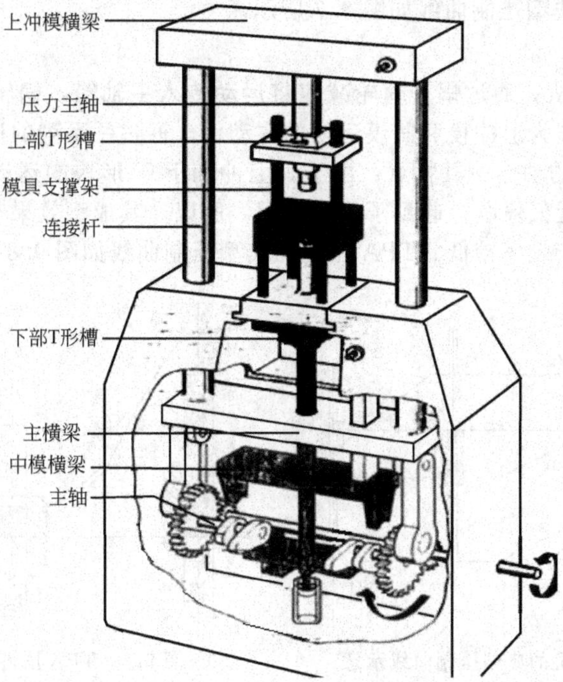

上冲模横梁
压力主轴
上部T形槽
模具支撑架
连接杆
下部T形槽
主横梁
中模横梁
主轴

图 9.5 常用压机的结构图

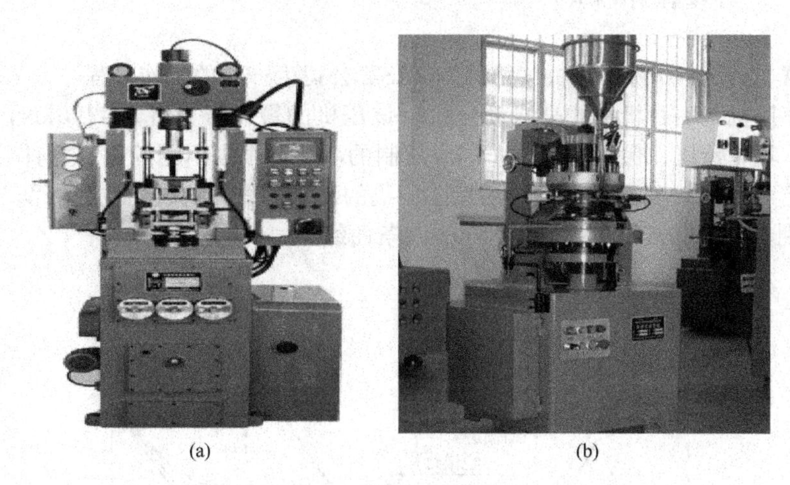

(a) (b)

图 9.6 常用压机外形图

c. 高效全自动压机。

③ 全自动压机按压制方式分类的分类：

a. TPA 压机，见图 9.6（a）；

b. 旋转式压机，见图 9.6（b）；

c. Rotary 压机。

（4）RP 旋转压机

RP 旋转压机的工作原理：主电机通过皮带传动和减速，带动蜗杆运动，蜗杆带动蜗轮减速，同时在蜗轮上设置 8～10 个工位，蜗轮的旋转带动 8～10 个工位的模具通过一系列的导轨和压轮循环完成压制动作。其特点：结构简单，压制动作简单，成型性较差，只能成型结构较简单的产品；工位多，速度快，生产效率高；吨位设计通常在 45t 及以下，也有 50t，

120t 的。旋转压机的典型压制曲线如图 9.7 所示。

(5) TPA 压机

TPA 压机的主电机，通过蜗杆蜗轮减速将运动传入主轴箱，蜗轮带动一对双联齿轮再次减速，双联齿轮就作为上冲模和凹模运动的主动件。通过一系列的连杆、摇杆和滑块分别实现上冲和下 T 形块的动作。其特点：由于其上冲和下 T 形块的运动属于滑块运动，在下极限位置附近实现了近似停歇，起到了保压作用，所以，其成型效果有较大的优势；其结构复杂；速度有限，生产效率较低。TPA 压机的典型压制曲线如图 9.8 所示。

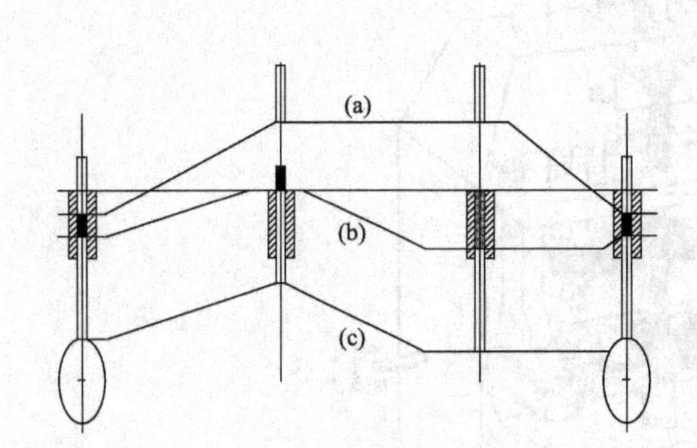

图 9.7 RP 旋转压机的典型压制曲线示意

(a) 上模运行路线示意；(b) 产品运行路线示意；(c) 下模运行路线示意

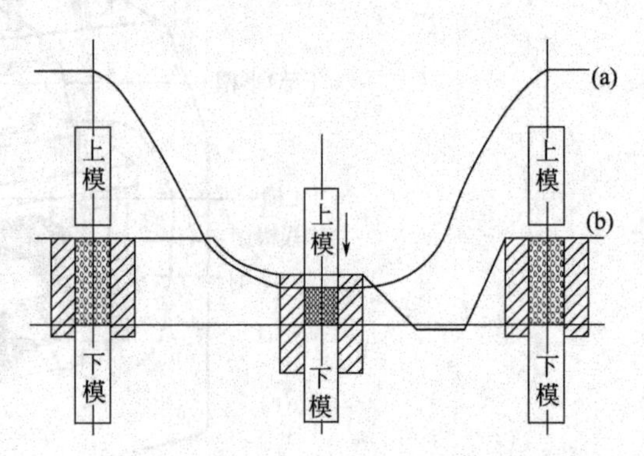

图 9.8 TPA 压机的典型压制曲线

(a) 上模运行路线示意；(b) 套模运行路线示意

【例 9.1】 TPA140 粉末压机（德国 DORST 公司生产）的工作过程

TPA140 压机是一种机械式全自动压机。该压机的最大压力可达 1400kN，最大脱模行程为 90mm，具有预压、保压、三次非同时压制的功能，根据不同的压制零件可更换相应的模具，脱模行程可调，具有很高的灵活性。压机的压制曲线与脱模曲线如图 9.9 所示，包括脱模行程分别为 0、30mm、60mm、90mm 四条曲线。

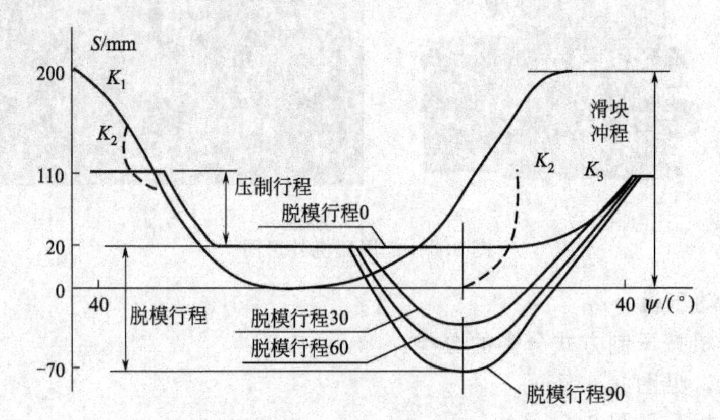

图 9.9 TPA140 粉末压机运动规律线图

K_1—上箱运动曲线；K_2—上压头运动曲线；K_3—凹模机构运动曲线

制品的压制过程如图 9.10 所示，由上箱、上压头和凹模的协同动作完成一个压制循环。首先，凹模模具填粉，上箱、上压头同步向下运动；上压头下行至 A 点与粉料接触进入凹模；上压头行至 B 点形成高度为 e_1 的一次顶压量。从 B 点开始，上压头与凹模同步下移至 C 点，形成高度为 e_2 的下压量，完成二次底压过程；然后凹模不动，上压头继续下移至 D

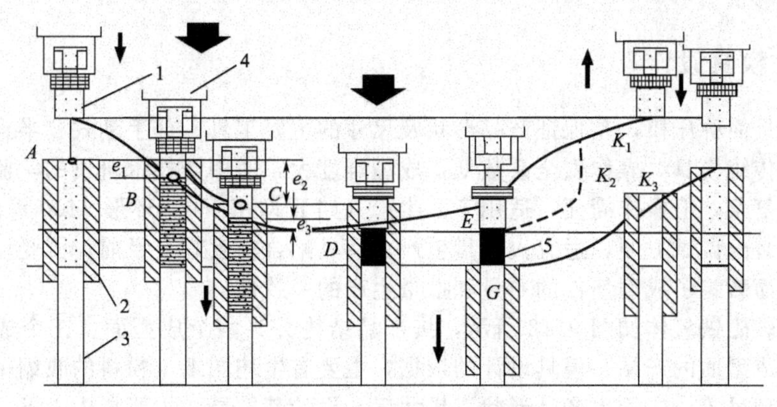

图 9.10 TPA140 粉末压机工作过程

K_1—上箱运动曲线；K_2—上压头运动曲线；K_3—凹模运动曲线；

1—上压头；2—凹模；3—芯杆；4—上箱；5—成型品

点，形成高度为 e_3 的三次顶压。之后，上箱回升，上压头气缸冲气，使上压头在压件上固定不动以保压，至 E 点时快退，凹模下降至 G 点形成脱模动作。最后，上压头与上箱同步上升，凹模上升至填粉位置，一个动作循环完成。

(6) Rotary 压机

Rotary 压机的压制方式为双向压制，其成型原理如图 9.11 所示，产品脱模后，下模进入填粉导轨，填料盒中的粉料进入中模（型腔）进行填料动作，填粉动作完成后，下模离开填料导轨，经过过桥后，到达填粉深度调整位置，此处有一个 T 形块，可以上下移动，即可以调整下模的上下移动，来达到所需要的填粉深度。此时，上模开始向下运动，下模在过桥上向前运动，此时，上模慢慢进入中模，即开始压制，也就是预压。然后上、下模同时到达凸轮位置，通过上下凸轮的作用，下模向上顶、上模向下压，最终完成成型。接着，上模向上，离开中模，下模在脱模导轨上运行，下模向上，将产品顶出，即完成脱模动作。接着下模进入填粉导轨，中模进行填料，即进行下一个循环动作。

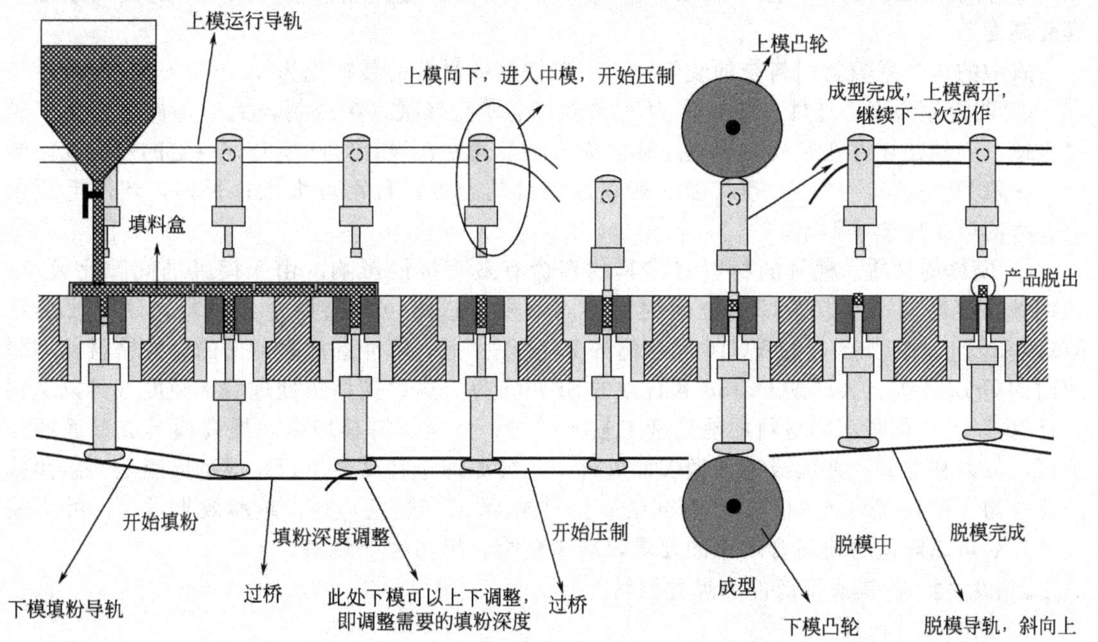

图 9.11 Rotary 压机的成型原理

9.1.3 模具设计

成型用模具简称压模，是保证产品形状及尺寸的主要工具。分手动式、半自动式、全自动式。手动式传统模具，操作安全系数低，成型难度大，适用于技术研发的实验试样。半自动式，结构较复杂，但操作简便，适用于大生产（如E型-EE80、环形 ϕ100 等的生产）；全自动式模具，装配调试方便，适宜大批量生产，模具配合精度高，目前，因受粒料、机床等因素的制约，而影响了成型坯件的质量和批量生产的一致性。

常见产品软磁铁氧体如图 9.12 所示，按产品结构分为两个成型面、三个成型面的、四个或四个以上成型面的产品。模具设计的依据，主要有生坯图纸、粉料的收缩率、粉料的松装密度、设备型号等。在给出产品形状、尺寸后，设计其模具，主要考虑以下几点：

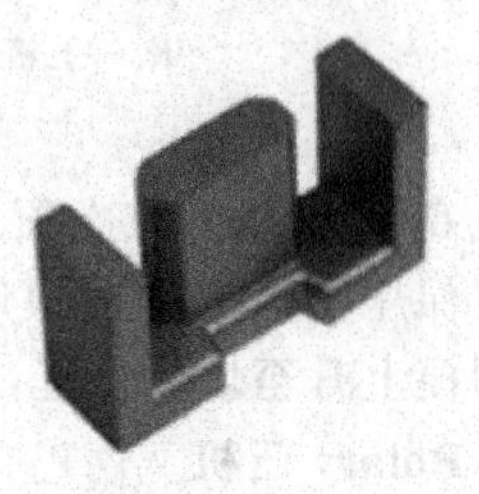

图 9.12　常见产品软磁铁氧体实物图

① 坯件的线收缩比。定义如下：坯件的线收缩比＝坯件的径向（横向）尺寸/烧结后产品的径向（横向）尺寸

实际上，坯件在各方向的收缩不一样，但生产中最关心的是坯件的线收缩比，铁氧体粉料的坯件的线收缩在 1.07～1.2 之间，一般 NiZn 铁氧体的坯件的线收缩比要比 MnZn 铁氧体的小。由于干压成型的产品（如软磁铁氧体材料的产品）在烧结后一般不再加工或加工余量很少，可以通过“产品径向尺寸×坯件的线收缩比＝模具的径向尺寸”来估算。

② 料粒的装料比。一般采用如下公式来计算模腔高度：坯件轴向尺寸×适当的系数＝模腔高度。

式中的这个系数就叫料粒的装料比，一般铁氧体料粒的装料比为 2.5～3.0。

③ 凹模倾斜度。坯件在去掉压力后，会产生弹性膨胀。在压制较大的坯件时，为了脱模方便，不致使坯件在脱模时因迅速膨胀而开裂，通常在设计时凹模允许一定的倾斜度。倾斜度一般为 1∶150～200，倾斜度一般在成型区的上方，且不可太大；否则，坯件毛刺太大，将给后工序造成困难。

④ 模具的材质。模具的材料对模具的寿命有最直接的影响。由于模具的间隙比较小，长期做摩擦运动，所以选择比较硬的材料。凹模、芯棒一般选择合金材料，硬度要求在 87HRA 以上，例如国内的 YG15 和台湾的 KG2 等。上、下冲选择耐冲击的韧性铬材，例如国内的 Cr12MoV、大同的 DC-53 和日立的 SKD11 等，这些钢材热处理后，硬度都可以达到 60HRC 以上。但是不同材料的热处理工艺不一样。为延长模具寿命和提高模具成型面的光洁度，可以在上、下冲的成型面做表面处理，主要原理是在高温下，在成型面喷上一层薄薄的化合物，例如 TiC（黄色）、CrN（银白色）或 WuC（黑色）等，越薄效果越好。冲头表面处理后可以降低对粉料含水率的要求，减少粘模，提高生产效率。

【例 9.2】 模具成型部件的尺寸设计。

① 径向尺寸设计

$$上、下模径向尺寸\ D_{径向} = D_{烧结后尺寸} \times 收缩比$$

凹模的径向尺寸：

$$D_{\text{凹模的径向下部}}=D_{\text{烧结后尺寸}}\times\text{收缩比}+\text{间隙}$$

$$D_{\text{凹模的径向上部}}=D_{\text{烧结后尺寸}}\times\text{收缩比}+\text{间隙}+\text{脱模斜度增加的尺寸}$$

② 轴向尺寸设计

上、下模的轴向尺寸设计，主要考虑设备的行程和维修余量。凹模的轴向尺寸：

$$H_{\text{凹模}}=H_{\text{生坯}}\times\text{压缩比}+\text{下模与凹模的配合高度}+\text{其他余量}$$

$$\text{压缩比}=H_{\text{粉}}/H_{\text{生坯}}=\rho_{\text{生坯}}/\rho_{\text{粉}}$$

注意：① 凹模有台阶、复杂型产品，其底厚腔深与腿部腔深的压缩比是不同的。

② 工艺圆角可有效避免应力的集中释放，脱模斜度$\left(\text{常为}\frac{1}{200}\sim\frac{1}{300}\right)$可降低生坯的脱模阻力，减少分层开裂。

9.1.4 成型工艺

(1) 粉料压缩运动分析

粉料的压缩过程根据产品密度的变化，可分为三个阶段，如图 9.13 所示。

① 颗粒滑动阶段。在压力作用下，颗粒发生相对位移，填充孔隙，压坯密度随压力的增加而急剧增加。

② 颗粒弹性压缩阶段。颗粒出现压缩阻力，即使再加压其孔隙度也不能再减少，密度不随压力的增高而明显变化。

③ 颗粒塑性变形阶段。当压力超过粉末颗粒的临界压力时，颗粒开始发生塑性变形，粉料被压缩，从而使其密度又随压力的增高而增加。

(2) 压制过程中的受力分析

① 压缩过程。粉料在压缩过程中，主要受到压制力、侧压力、外摩擦力的作用，如图 9.14 所示。

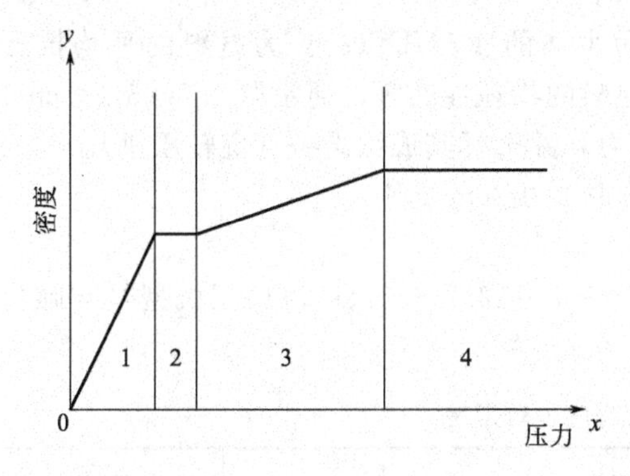

图 9.13　成型过程中的压力与压坯密度变化示意图

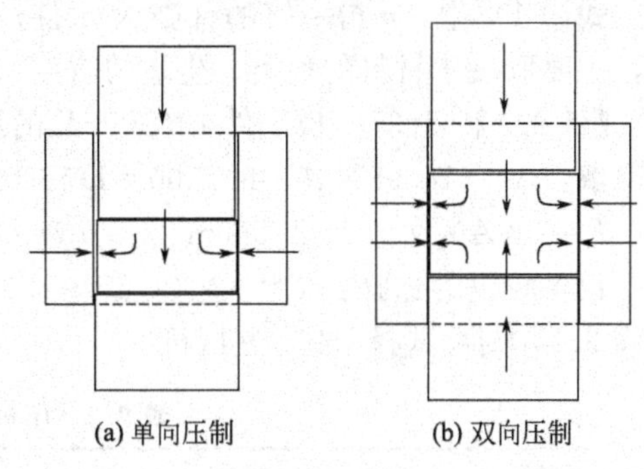

图 9.14　粉料在压缩过程中的受力分析图

a. 压制力。施加于上模使颗粒成型的力，压制力主要消耗在两部分：使粉末体致密所需的净压力和用来克服粉末颗粒与模壁之间的摩擦力。

b. 侧压力。粉末体在模具内受压时，坯体会向周围膨胀，模壁就会给坯体一个等量、反向的作用力。

c. 外摩擦力。粉末在模具中受压向下运动时，由于侧压力的存在，粉末与模壁之间产生摩擦力，其大小与摩擦系数和侧压力的大小有关。

② 保压的作用

a. 压力传递充分，进而有利于生坯中各部分的密度均匀化；

b. 粉末间孔隙中的空气有足够的时间逸出；

c. 给粉末颗粒的相互啮合与变形以充分的时间，实现生坯的密度和强度的提高。

③ 脱模过程。产品的脱模，常分为无预加载脱模［如图 9.15（a）所示］，有预加载脱模［如图 9.15（b）所示］两类。

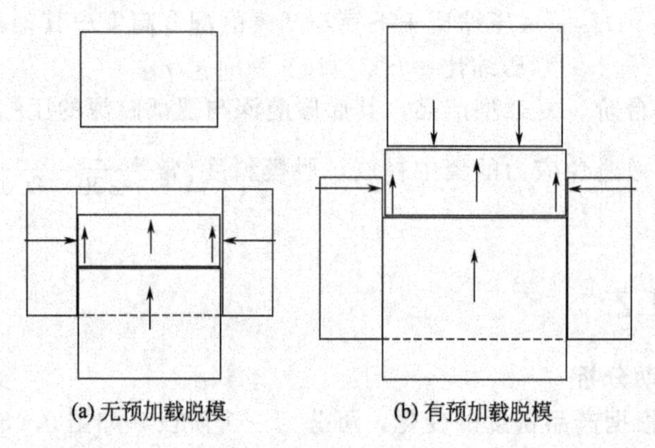

图 9.15 脱模示意图

生坯在脱模过程中，由于坯体卸压后的膨胀和侧压力的存在，坯体与凹模内壁产生较大的摩擦力，生坯很容易拉裂（即最常见的分层）。预加载的作用，主要是保护生坯的脱模，其主要原理是在脱模的过程中，上模施加一个力在生坯上，以缓解生坯所受到的部分摩擦力，从而实现保护脱模的目的。对于薄的、结构复杂的产品，预加载的作用，非常关键。

(3) 压制力的计算和设备吨位的选择

在粉末的成型过程中，压制力 F 主要由产品的横截面积与材料平均抗压系数决定。

$$F = nA\S \tag{9-1}$$

式(9-1) 中，n 指一模的件数为 n 件；A 为生坯的横截面积；§ 为材料的平均抗压系数，主要取决于材料的种类、生坯的密度、颗粒料的物理性能等，通常取 2.5～3.5t/cm²。

【例 9.3】 计算一模二件 EP13 产品的压制力，并选择其成型设备（旋转压机）。

解：$A=(14.98\times10.38)/100=1.56\text{cm}^2$；§ 取 3.0t/cm^2；则

$F=2\times A\times\S=2\times1.56\text{cm}^2\times3.0\text{t/cm}^2=9.36\text{t}$

设备吨位的选择：$T=F\times(1.25\sim1.30)=11.7\sim12.2\text{t}<15\text{t}$；根据压机型号与吨位对照表 9.1，则可选择 R400 型压机。

表 9.1 压机型号与吨位对照表

型号	R200	R300	R400	R500
吨位/t	4～5	7～8	15	30

(4) 成型参数的设计

① 压制参数的设计。成型参数设计，即根据已有的模具、粉料和烧结后产品的要求来设计生坯的密度，转化为成型直观控制的压制参数。转化的公式主要涉及：

$\rho=m/V$；$H_{生坯}=H_{烧后(含磨削余量)}\times$收缩比；$m_{生坯}=\rho_{生坯}V_{生坯}$；$\rho_{生坯}$一般是已知的。

② 压制设备行程的计算关系

a. TPA 压机

装料高度＝生坯高度×压缩比；

压制行程＝装料高度－生坯高度－顶压行程－上模进入凹模的深度；

脱模行程＝生坯高度＋顶压行程＋上模进入凹模的深度＋下模伸出凹模的高度。

b. 旋转压机

装料的高度＝生坯高度×压缩比≈引下导轨的高度＝引上导轨的高度；

其模具及配件的组装需满足：凹模面距导轨安装面的高度＝装料高度＋下模高度＋下模垫块高度＋下压棒高度＋下塞头高度。

9.1.5 压机的运行与调试

以常用的、浮动阴模压制方式的压机，探讨软磁铁氧体成型用压机的运行与调试。采用浮动阴模方式成型时，在压制过程中，下冲始终不动，靠上冲、芯杆和阴模的移动来完成装粉、成型和脱模的过程。其运行过程，见图 9.16 和图 9.17。因为阴模在成型过程中有浮动，特别是脱模时下冲不动，阴模下移，直到将压坯脱出模腔，因此这种压制方式叫浮动阴模压制。其实这种成型方式类似于不同时双向压制，压坯密度较均匀，且易于连续生产。

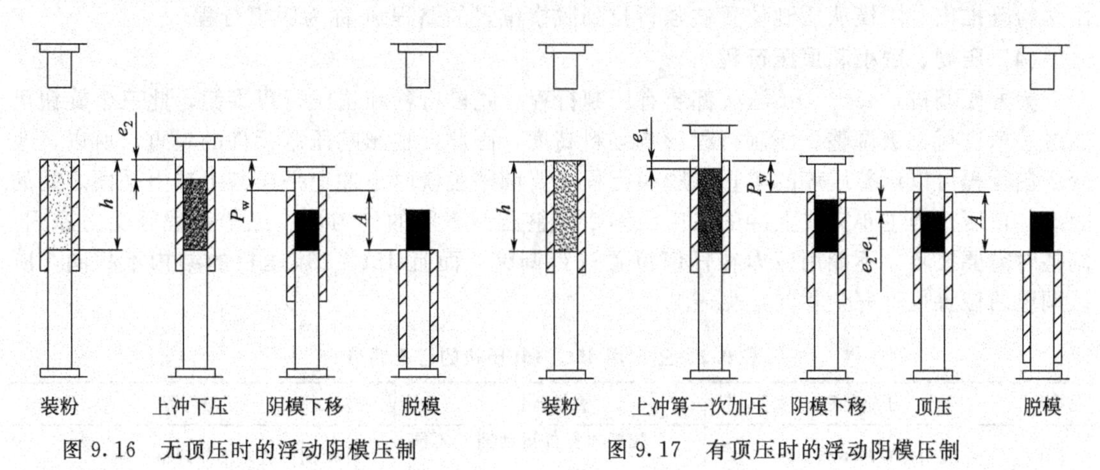

图 9.16 无顶压时的浮动阴模压制　　图 9.17 有顶压时的浮动阴模压制

(1) 上冲的运行及其行程的调试

在传动装置的带动下，上冲横梁作恒定的正弦曲线运动，其尺寸不变，冲头每上下一次即作一次压制过程，但上冲相对于机架为基准的距离是可变的，可以通过调节上冲行程量来改变上冲下平面与压机基面的距离，即可以通过调节上冲行程量来改变上冲进阴模的尺寸。16t 压机常通过手柄来调节上冲行程量；45t 压机是在工作挡打到手动后，通过点动按钮来完成上冲行程的调节。一般在新装模调机前，要求将上冲行程量调小。上冲行程量为调整上冲浸入阴模的深度提供了极其方便的条件。

(2) 下冲动作

下冲固定在模架座上，而模架座固定在压机上，因此，下冲在压制过程中始终不动。

(3) 阴模动作及顶压功能

假设阴模处于装粉位置时为起始位置，粉料充满了阴模型腔，其高度为 h，

$$h=\text{压坯高度}\times\text{压缩比}$$

$$\text{压缩比}=\text{压坯密度}/\text{粉料松装密度}$$

Mn-Zn 铁氧体颗粒料，其压缩比一般为 2.0～2.5。上冲按压制曲线运动，开始浸入阴模，对粉末进行第一次预压缩（预压），在浸入深度 e_2 后，阴模开始连同上冲一起同步运

动，并一同到达压制位置点，见图 9.16，即上冲进入阴模 e_2 深度后，上冲与阴模运动速度完全相同，上冲与阴模之间无相对运动。

压制行程，就是阴模从装粉位置到达压制位置所经过的路程，用 Pw 表示，该行程连续可调。压缩的粉末在整个高度上所受的压制力是由下往上递减的。压坯在整个高度上的密度不均匀，上小下大。为了使压坯在整个高度上密度尽量均匀，关键就是在压制过程中上冲再作一次从上往下的动作，通常设计有顶压功能的压机，来达到这一目的，见图 9.17。上冲浸入阴模，对粉料进行第一次预压，浸入深度为 e_1，e_1 须小于无顶压时的浸入深度 e_2，此时阴模开始连同上冲一起运动并到达压制位置，在这个位置上阴模已经不能再动作，这时的压坯密度下大上小，但压坯还未达到最终尺寸，离最终尺寸还差 e_2-e_1 距离。上冲继续向下运动 e_2-e_1 距离，达到最终尺寸。这是，已从下面受压缩过的粉末又可从上往下再被压缩一次，因此，压坯上面的密度也就增加了。

e_2-e_1 之间的距离，称为顶压行程。该行程在一定范围内连续可调，以便将密度线调到合理的位置。粉末最终成型后，上冲向上运动，跟着脱模开始。阴模继续往下运动，压坯逐渐脱出阴模，直到阴模的上平面与下冲的上平面在同一个平面上，这时压坯完全脱出阴模，由送粉靴推出。阴模从压制位置被强行拉到脱模位置的路程 A 称为脱模行程。

(4) 压制、脱模和顶压行程

为方便调机，45t、16t 压机都装有压制行程、脱模行程和顶压行程旋钮，此三个旋钮可通过手柄进行无级调整。压制行程影响装料高度，因此，也影响压制元件的单重，所以，改变压制行程可以调整压坯的单重。脱模行程主要调整脱模时下冲上平面与上冲上平面之间的距离。顶压行程主要完成上冲的二次压制，调整压制密度的均匀性。三个行程因受力原因，调整时需要技巧，不能用蛮力在任何位置进行调整。而且 45t、16t 压机的结构不相同，所以调整的位置也不完全相同，见表 9.2。

表 9.2 生产用 45t、16t 压机的行程调节

压机	压制行程	脱模行程	顶压行程
16t	在装料位置时不能调整	在脱模和复位运动期间不能调整	在压制位置时不能调整
45t	必须在脱模位置时调整	必须在装粉位置时调整	必须在压制位置时调整

9.1.6 模具的安装与调试

(1) 模具

一套完整的软磁铁氧体成型用模具，包括阴模、上冲（上模）、下冲（下冲中棒、下冲边棒、浮动下冲）、芯棒、冲头压板、芯棒压板、上冲座、下冲座、冲头垫块、芯棒垫块及驳棒等，但上冲座、下冲座、芯棒垫块及驳棒可以通用。决定压坯形状的主要有阴模、上冲、下冲和芯棒，此四部分组成一个封闭的空间，让粉料在里面成型，因此，对这四部分之间的配合要求较高。在装模具时，除芯棒和下冲可以稍微活动外，其他部件都要锁紧，并要配合良好和保证同轴度，否则模具的损坏将会非常严重。

(2) 装模前的准备

① 装模前需先按图 9.18，将顶压归零、脱模归零、填粉归零，预压载开关关闭。

直立式压机控制面板如图 9.19 所示，在上模调试前，一般要将预加载关掉，打至 OFF。产品调试好后，量产过程中，要将预加载打开，打至 ON。预加载就是产品在脱模之

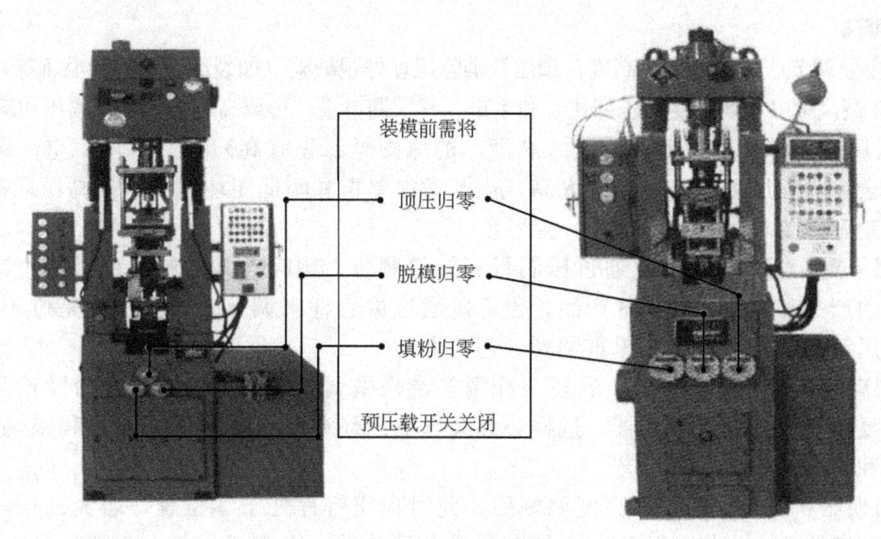

图 9.18 装模前的准备

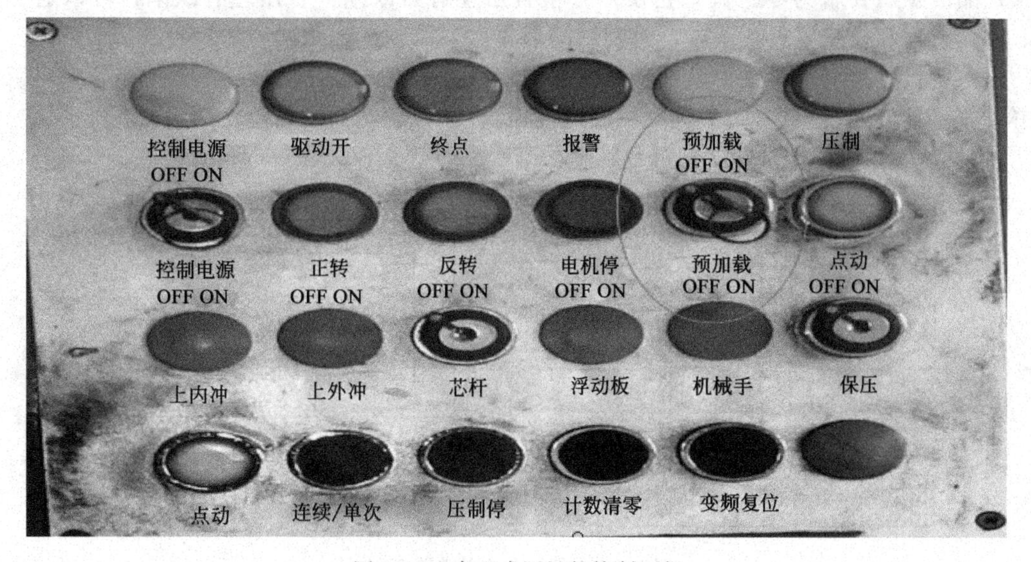

图 9.19 直立式压机的控制面板

后，上模停留于产品并保压一定时间。其作用是保护产品，防止产品在脱模过程中由于内应力过大，而引起裂纹、分层等。

② 启动压机，将上冲横梁运行到最高点，将工作选择开关定于调整位置；

③ 将压制行程、脱模行程和顶压行程置零，夹持调到较小位置；

④ 拆除送粉装置。

(3) 装模顺序

先将下冲、芯棒固定在模架上，再装上阴模，阴模先不要锁紧。启动压机，用“点动”按钮让阴模、下冲和芯棒运行几冲次，根据配合情况调整阴模，直到配合良好，并锁紧阴模。最后装上冲。为避免损伤模具，装上冲前，先将上冲调整量调到足够小，保证上冲运行到最低时上冲不进阴模。此时再通过上冲调整量来调整上冲与阴模和芯棒的配合，直到配合良好，并锁紧上冲。以上装模顺序是在压机上装模。一般情况要求装模应先在模架上完成，再将模架抬上机台，不过顺序与在机台上装模一样。

（4）调机

调机主要调节压坯的单重、高度、顶压及消除压坯外观缺陷（如裂纹、起层和毛刺等）。调机顺序为：先粗调高度（压坯高度×压缩比）和单重，其次调单重，再调高度，最后调顶压和缺陷。

① 粗调单重和高度。粗调单重（高度）的原则是：先（高）轻后（矮）重。即为保证模具的安全，最先压坯的密度不要太高，逐渐增加单重和降低压坯高度，提高压坯密度，慢慢靠近压制工艺要求，直到压坯有一定强度。

② 调单重。压坯单重可以通过压制行程旋钮调节，顺时针为加粉，反时针为减粉。对于比较高的产品和单重比较大的产品，也可以通过中心杆来调节。中心杆就是位于模架下，带动模架运动的轴杆。将压坯单重调到工艺要求。

③ 调高度。待单重稳定后，通过上冲调整量来微调压坯高度。对于多台阶产品，高度调整比较复杂，需要调整中心杆，这样势必会影响压坯单重，再通过压制行程来调整单重，直到单重和高度都符合压制工艺。

④ 调顶压和缺陷。单重和高度调好后，此时顶压行程处于零位置，增大顶压，将压坯密度线调到工艺要求。增大顶压，压坯密度线向下移动。对于矮产品，不要调整顶压行程，即矮产品的顶压要求为零。调好密度后，检查压坯有否缺陷，若压坯有缺陷，可以通过夹持、顶压行程和换粉等重新调整，直到缺陷消失。

以上调机过程都是通过手动刮粉的方式加粉，待压坯调整好后，装上送粉装置，将工作选择开关打到“连续”。下面举例说明调机过程。

【例 9.4】 图 9.20 为直立式机台躺着压制产品时，其相关参数的设置。

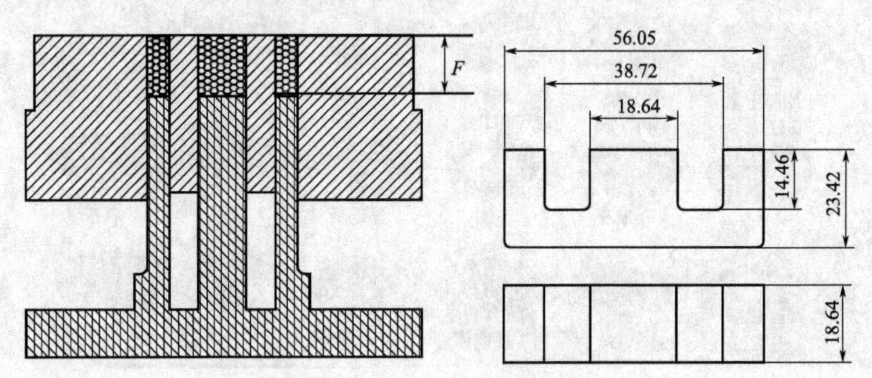

图 9.20 直立式机台躺着压制

① 总填粉深度＝n 倍的生坯厚度（n＝2～2.5，随粉料的松装此变化，这里取 n＝2）＝18.64×2＝37.28mm。

② F 为机台处于归零状态，中模需要的填粉深度。也就是一个产品厚度 18.64＋0.5 倍的产品厚度（也就是上模要进入中模的深度）＝18.64＋0.5×18.64＝27.96mm。

③ 压制行程，指下模相对于中模的填粉深度，等于 0.5 倍的生坯厚度，即 37.28－27.96＝0.5×18.64＝9.32mm。

④ 脱模行程，等于机台归零状态下 F 的填粉深度，即需要加 27.96mm 的脱模行程，产品才可以脱出中模。

【例 9.5】 图 9.21 为直立式机台站着压制时，其相关参数的设置。

直立式机台，有脚（D）、背厚（B）的产品调机方法：

① 总填粉深度，即为 n（同上，这里取 n＝2）倍的产品总高，16.61×2＝33.22mm。

② 压制行程，指下模相对于中模的填粉深度，即总填粉深度－脱模行程＝33.22－

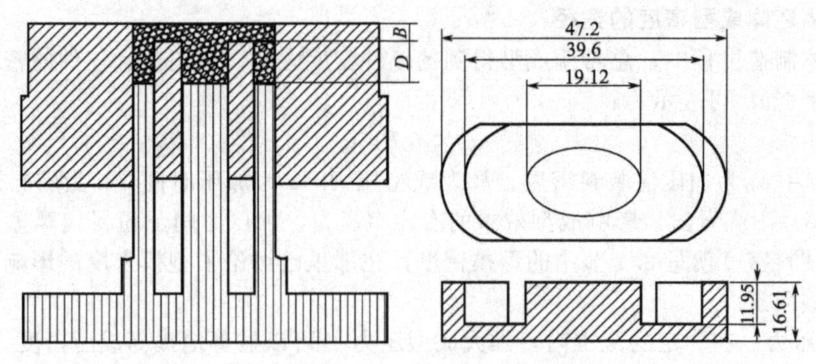

图 9.21 直立式压机站着压制

21.27＝11.95mm，也就是一个脚高 11.95mm。

③ 脱模行程，指机台处于归零状态下，中模需要的填粉深度，也就是 $B+D$，即 2 倍生坯背厚＋一个生坯的脚长 11.95，也就是需要加 $B+D$ 的脱模行程，产品才可以脱出中模。

④ 图中，B 代表中模背部的填粉深度，即 2 倍的生坯厚度，也即 2×(16.61－11.95)，就是 4.66×2；D 代表一个生坯的脚长，即等于 11.95mm。

【例 9.6】 假设压坯为高度是 10mm 的圆柱形产品，所用粉料的压缩比为 2.22。则

装粉高度 h＝压坯高度×压缩比（通常使用 2.22）＝22.2mm；

同时，装粉高度 h＝压制行程 P_w＋脱模行程 A；

而脱模行程 A＝压坯高度＋上冲进阴模的深度 e_2＝10mm＋上冲进阴模的深度 e_2；

22.2mm＝压制行程 P_w＋10mm＋上冲进阴模的深度 e_2；

即：压制行程 P_w＋上冲进阴模的深度 e_2＝12.2mm。

压制行程 P_w 是阴模到压制位置前阴模的下移量，即相当于假设阴模不动，下冲上移量。那么，下冲相对于阴模的上移量 P_w＋上冲相对于阴模的下移量 e_2＝12.2mm。所以浮动阴模压制相当于双向压制。压制行程 P_w 约等于上冲进阴模的深度 e_2，即压制行程 P_w 约等于 12.2/2mm＝6.1mm。而脱模行程 A＝10mm＋上冲进阴模的深度 e_2，即脱模行程 A 约等于 10＋6.1mm＝16.1mm。

上冲进阴模的深度 e_2＝上冲第一次进阴模的深度 e_1＋顶压。

以上数据是在假设条件下得出的，与实际压制有稍微差异，但对圆柱形产品，可以为其粗调单重和高度提供参考，即粗调时，装粉高度约等于压坯高度×2.22；压制行程约等于压坯高度×0.6；脱模行程约等于压坯高度×1.6；上冲进阴模的量约等于压坯高度×0.6；上冲第一次进阴模的量约等于压坯高度×0.3。

9.1.7 生坯密度的控制

(1) 成型密度

坯件的密度称为成型密度，成型密度越均匀越好。铁氧体产品成型后需要烧结，体积会发生不同程度的收缩，收缩程度可以用坯件的收缩率 η 来表示：

$$\eta=[1-(\text{烧结后产品密度}/\text{成型密度})^{-3}]\times 100\% \tag{9-2}$$

式(9-2) 中的 η 除和配方、原料、预烧温度等因素有关外，还与坯件的成型密度有关，成型密度大，η 大；成型密度小，η 小。因此，坯件成型密度不均匀时，产品易变形，甚至开裂。另外，成型密度不一样，烧结时固相反应时间、温度也有差异，这在一定程度上也会导致产品磁性能下降。

(2) 提高坯体成型密度的途径

在铁氧体制造过程中，总希望成型得到的坯件密度大些、均匀些。坯件的密度也叫成型密度。成型密度 $d_ρ$ 可表示为：

$$d_ρ \propto d_0 Pt/u \tag{9-3}$$

式(9-3) 中 d_0为加压前装料密度，P 为成型压力，t 为加压时间，u 为粒料的内摩擦系数。从式(9-3) 不难看出，影响成型效果的有成型压力、加压时间、粉料内摩擦系数以及装料密度等。装料密度就是 8.1 节中的型模密度，在那里已讨论了型模密度的影响。下面着重讨论其他一些因素。

① 成型压力。在一定的范围内，加大成型压力 P 可以显著地提高成型密度。图 9.22 为镍锌铁氧体的成型密度与成型压力的关系。曲线 1、2、3 为 1200℃预烧，分别粉碎 5h、15h、55h；曲线 4 为 900℃预烧，粉碎 15h；曲线 5 为 700℃预烧，粉碎 15h；曲线 6 为不预烧，球磨 15h。由图不难看出，当成型压力 $P=4.9\times10^7\sim98\times10^7$Pa 时，成型密度 $d_ρ=2.6\sim3.2$g/cm³。但是成型压力过大，不仅对提高成型密度效果不显著，而且会造成坯件分层。这是由于上层压力过大，粉料中的空气跑向下层，造成下层空气增多出现空气层，这样在坯件脱模时，由于空气膨胀造成坯件层裂。成型压力太小，则坯件不紧密、机械强度差。另外，成型压力的大小还与粉料的干湿程度有关。一般粉料较干的，可加较大的成型压力。通常铁氧体的成型压力取 $4.9\times10^7\sim29.4\times10^7$Pa。最好是在成批成型前试验一下，取不使坯件开裂下的最大压力。因为压力超过一定范围后，密度呈饱和状态，再继续加大压力，不仅成型密度无明显提高，反而容易造成脆性断裂，或坯件起层、开裂。

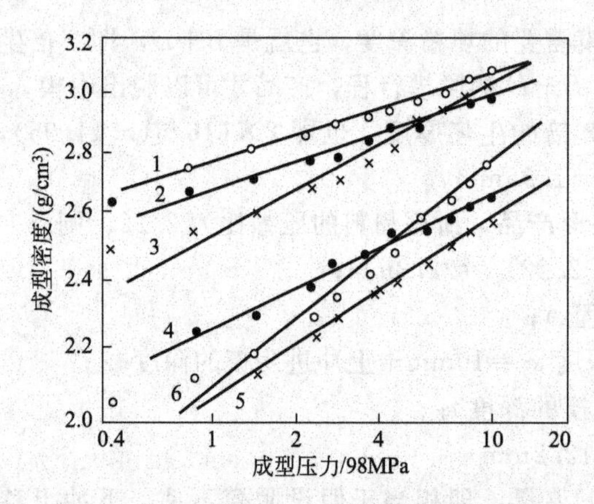

图 9.22 成型密度与成型压力的关系

② 加压时间。由式(9-3) 不难看出，加压时间对成型效果影响很大。如果短时间内压力增加较大，粉料内的空气来不及排出而被压成薄层存在于坯件中，形成“过压”，这样的坯件在干燥和烧结过程中，会因空气受热膨胀出现开裂。另外，成型速度过大，坯件会因过大的冲击荷载而造成开裂。但加压时间太长，虽然粉料内的空气容易排除，成型密度趋于稳定，但生产效率降低。所以，加压时间要适当，如果以压制速度表示，大约控制在 20～30mm/s 较好。

③ 加压方式由产品的形状和加压方向的关系来决定。加压方式决定着压力在坯件内的分布与坯件各部位的密度。如果坯件是长条形且长度方向与压力方向平行，则直接受压的一端压力大，随着离开压端距离的增加，压力是逐渐减小的，见图 9.23 (a)。如果坯件是扁平的，则加压后将出现当中密度大，四周密度小的现象。

由图 9.23 (a) 不难看到，单向加压得到的铁氧体坯件将是一端紧一端松。这是由于坯件在压制过程中，上端受到的压力较大，下端所受的压力因克服颗粒相互间和颗粒与模壁之间的摩擦力而减小。如果采用双向加压的方式就会好些，但当坯件很高，其中间部分的密度仍是较小，解决的办法是加润滑剂。

此外，粉料的干湿程度、胶水的黏性、装料的均匀程度、上下模用力大小不适宜、模具质量的好坏以及操作不合理等因素都会影响成型坯件的质量。通常要尽可能采用具有球形的颗粒

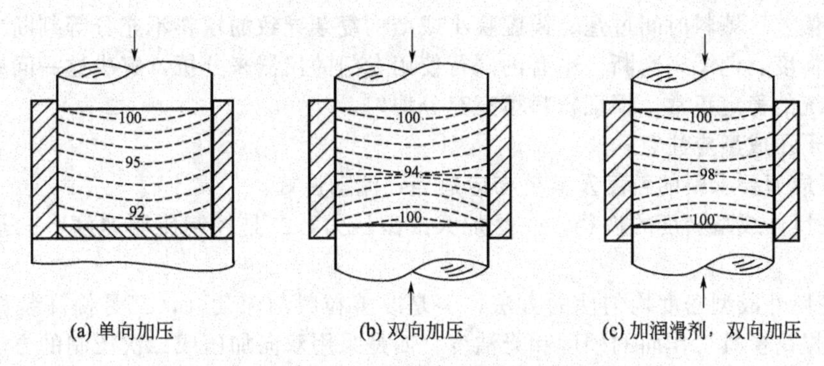

图 9.23 加压方式与模内产品密度分布示意图

和用粒径不同的颗粒按一定比例分级配合（级配）的粉料，在颗粒中加入适量的（按质量分数计，加 0.1%～0.2%）硬脂酸锌等润滑剂，可减小粉料的内摩擦系数 u，提高成型密度。

生产中，还应密切关注实际生坯密度与设计密度之间的差异，差异过大会造成产品烧结后尺寸偏离设计要求，特别提醒关注：

a. 密度参数设计前提条件是否偏离；

b. 压制过程中单片产品的质量及其高度的波动控制（具体见 9.1.10 节）；

(3) 密度均匀性的控制

密度的不均匀性是指生坯成型后在径向和轴向存在的密度分布不一致的情况，局部密度不一致的生坯，经高温烧结后，将因收缩不一致而产生变形，轴向密度不均匀常产生大小头、内缩外扒变形，径向密度不均匀常产生弯腰、拱背、扭曲变形等。

① 密度不均匀性产生的原因。成型密度的不均匀分布，多发生在压制轴向尺寸（高度）较大的细长坯件时。坯件密度大的地方表面光洁度好，密度小的地方表面光洁度差。由压制过程中力的分析可知，粉料颗粒在凹模内受力后向各个方向流动，由于摩擦力的作用，造成模冲施加在粉料体上的应力传递不均匀，因而压坯密度呈不均匀分布，这种不均匀分布主要体现在轴向（即压制方向）。

压制坯件时，外加压力 P 消耗在两方面：第一，将粒料压紧的力，以 P_1 表示，这部分压力又称“净压力”，它使粒料颗粒变形、位移和克服粒料内摩擦；第二，用于克服粒料与模壁之间的摩擦的力，以 P_2 表示，这部分力对成型不利，故称“压力损失”。

外加压力 P 是“净压力”与“压力损失”之和，即 $P=P_1+P_2$。

“压力损失”是造成成型密度不均匀分布的主要原因。在单向加压时，“压力损失”沿坯件轴向，由上而下越来越大，“净压力”越来越小，从而形成上面成型密度大，下面成型密度小的结果；双向加压时，密度分布不均匀的原因与此类似。另外，在大生产中，由于粉料填充的不均匀性和不充分性，而同样在摩擦力的作用下，在径向（宽度方向）也存在密度的不均匀分布。

② 密度均匀性的控制。成型密度的不均匀可能导致烧结产品掉边缺角、开裂、起层及变形等不良后果。成型密度的不均匀可以采取以下措施加以克服：

a. 轴向（高度方向）密度差的控制。主要对密度分布线进行调节、控制，判断或测试方法一般是目测密度中线的位置。TPA 压机主要通过压缩行程和顶压的调节来实现，而旋转压机则主要是通过偏心压轮和整个上压轮相对下压轮位置的调整来实现。对于常规直通型产品 5/5 分，而凹模具有台阶的复杂型产品则一般是 4/6 或 3/7 分（实际以产品烧结后的尺寸及变形的情况来确定）。

b. 径向密度差的控制。造成生坯径向密度差异的主要原因有粉料流动性差、喂料系统导致的填料偏差、填料时间过短、模腔狭小或结构复杂导致的填料不充分等判断方法：目前大多是通过强度、色泽来判断，也有的同行使用专门的仪器来分析，解决这一问题主要是要保持喂料系统的稳定正常，保证粉料填充充分均匀。

总之，干压成型应注意：

① 干压成型要求料的粒度及其分布应适当，流动性好。

② 提高坯件成型密度的途径，一是加大成型压力，二是控制压制速度，三是降低粒料内摩擦系数。

③ 提高坯件成型密度均匀性的方法，一是改善粒料的流动性，二是提高装料密度的均匀性，三是提高模具工作面的硬度和光洁度，四是采用双向加压或二次压制的方法。

9.1.8 复杂型产品成型工艺要点

(1) 复杂型产品的特点

习惯上将具有三个或三个以上成型面的产品称为复杂型产品，如图 9.24 所示，复杂型产品具有以下几个特点：

① 三个或三个以上的成型面；

② 结构复杂，呈非对称性；

③ 规格小，壁薄。

图 9.24 复杂型软磁铁氧体产品

(2) 复杂型产品成型的难点及对策

① 变形是复杂型产品成型生产中最主要，也是最难控制的问题，这主要是由其结构的复杂性决定的，坯体密度不均匀是变形的根本原因，对策主要有以下几方面：

a. 成型线控制不当。成型线就是生坯密度最差的区域，由于粉料内摩擦力和粉料与模具之间摩擦力的影响，压力在传递中的损失，导致生坯存在一个密度最差的区域，该区域颜色比较暗，表面比较粗糙。

b. 粉末流动性差，引起填粉不均匀，从而导致生坯密度不均匀，烧结收缩不一致，产品变形。

c. 模具设计不当引起的变形。主要考虑压缩比和收缩比两方面的因素。

d. 脚背密度差过大。如 ER、EFD 等有脚和背的产品，因背部在烧结时候是和耐火板接触的，受热较快，因此收缩比脚部大，所以，在成型时候，采取背部密度要大于脚部密度，来控制产品的变形（即内外八现象）。

② 分层。分层是复杂型产品成型生产中另一大难点，主要是出现在规格小，结构不规则，壁薄的产品上（如 EP6.5/RM 等产品），主要的问题出在脱模环节。对策：

a. “三高”原则，提高粉料的成型性：高胶含量——提高颗粒的粘合性和产品强度；高水分——提高颗粒的粘合性和产品强度；高松装密度——降低压缩比，减小脱模阻力；

b. 模具设计时，注意脱模斜度；

c. 控制好压制速度，保压充分。

9.1.9 不同软磁铁氧体成型参数的比较

(1) MnZn 铁氧体

低 μ_i MnZn 铁氧体材料的成型。对于小、形状简单的产品，多用铁氧体专用冲床成型，大型产品多用油压机成型，压力为 100～120MPa，形状复杂的产品用热压铸成型，具体成型工艺见 9.2 节。

高频焊接磁棒用低 μ_i MnZn 铁氧体材料的生产，多采用油压机成型，因棒的长度大，对压床的精度有更高的要求，压床的上、下压头必须平行，成型时装料均匀，压力平稳。

成型压力是决定成型密度的主要因素，曾用 μ_i 为 5000 的粒料，采用不同的成型压力，在同一炉内烧成样环的主要性能如表 9.3 所示。

表 9.3 成型压力对高 μ_i MnZn 铁氧体性能的影响

编号	成型方式与压力	密度 d /($\times10^3$kg/m^3)	μ_i	饱和磁感应强度 B_S/mT	剩余磁感应强度 B_r/mT	矫顽力 H_C /(A/m)	居里温度 T_C /℃
1	干压成型 (98MPa)	4.08	5200	400	120	3.76	169
2	干压成型 (127MPa)	4.85	6300	405	121	4.08	169
3	等静压成型 (294MPa)	5.02	8250	410	110	4.00	170

由上表可知，成型压力对材料的密度和 μ_i 值影响较大，所以，在生产高 μ_i 材料时，应采用性能良好的颗粒料和模具，成型时尽量提高成型压力，增加成型密度。但是干压成型时提高压力是有限的，必要时可以采用等静压成型，成型压力大、坯体受力均匀、生产的产品密度高、微观结构均匀，是生产超高 μ_i 材料的理想成型方法，但成型效率低、成本高，只有在特殊情况下使用。现在批量生产高 μ_i 材料，常采用多级匹粒料、双向加压的干压成型方法。

有的企业在做 PC50 产品时，常采用全自动干压成型压机进行成型，其毛坯密度控制在 3.0g/cm^3，尺寸公差控制在±0.1mm。

(2) NiZn 铁氧体

一般 NiZn 铁氧体磁芯多用油压机成型，对于形状简单的小磁芯，如柱状、管状和条状等，多用铁氧体专用冲床成型，多孔小磁芯，常用旋转压机成型，形状复杂的磁芯，如王字、工字和帽形磁芯等用热压铸成型，也可用印刷方式成型微型磁芯。总之，NiZn 铁氧体的磁芯型号繁多，形状、大小各异，可根据磁芯的特点选用成型设备和成型工艺。

(3) MgZn 铁氧体

因偏转磁芯的体积大、形状复杂、沟槽多，所以，其成型工艺较一般铁氧体磁芯成型难度大，成型时要求模具精度高、压机上下冲头平行度高、加压平稳、颗粒料流动性好，能均匀地填充到模腔的各个部位。

9.1.10 常见干压成型的质量问题及其解决措施

(1) 成型质量缺陷及其形成原因

铁氧体磁性材料成型时最常出现的问题有：毛坯强度不够、毛坯裂纹、毛坯单质量、尺寸易变动和毛坯粘膜等。欲提高产品质量和产品合格率，必须有效排除以上问题。

干压成型坯体质量的影响因素主要有以下几方面：

① 粉体的性质，包括粒度、粒度分布、形状、含水率等；

② 添加剂特性及其使用效果。好的添加剂可以提高粉体的流动性、填充密度和分布的均匀程度，从而提高坯体的成型性能；

③ 压制过程中的压力、加压方式和加压速度，一般地说，压力越大坯体密度越大，双向加压的产品，其质量优于单向加压，同时，加压速度、保压时间、卸压速度等都对坯体性能也有较大的影响。具体见表 9.4。

表 9.4 成型质量缺陷及其形成原因

缺陷名称	缺陷的形成原因				
	人	机	料	法	环
强度不够		成型压力不够●	胶水的浓度不够●颗粒料水分偏低●细粉末偏多●		
裂纹		模具安装不垂直○脱模锥度小○	粉料干燥●润滑剂添加量不当○	生坯成型密度设计过大●压制速度过快○	
粘模		模具粗糙度大●上、下模表面不清洁●	粉料含水量高●润滑剂含量高○黏合剂量偏多●		空气湿度大○
掉块	运输不当○		粉料含胶量低●粉料含水量低●	生坯成型密度设计过低○操作使生坯密度过低●	
毛刺(披锋)		模具配合间隙大●	粉料细粉多○		
尺寸/重量一致性差		机器不稳定●	粉料流动性差●		
变形※	成型线控制不当●		粉料流动性差●	模具设计不当●	
结晶※			粉料含易结晶物质(如 B、Si 等)●		混入灰尘、油污等异物○

注：●表示发生概率大，○表示发生概率小，※表示该缺陷是通过烧结工序反映出来。

(2) 成型常见质量问题的解决措施

① 毛坯强度不够。在成型过程中，有时会遇到成型毛坯不结实，即使烘干后，用手仍能轻松掰开。遇此情况，应从以下几方面着手解决：

a. 首先观察其是否存在裂纹或潜在裂纹，若存在应将其排除。

b. 核实使用胶水的浓度及添加量是否合适，若浓度偏低，添加量又少，则会导致毛坯不结实。实际操作时遇到的毛坯强度不够，常由这一原因引起。行业中常用的黏合剂为聚乙烯醇（PVA-117)，根据成型毛坯是否需二次加工，其添加量，按质量分数计，一般控制在 0.9%～1.5%（按干粉计）。遇此情况时，应停止继续用此批材料成型，改换其他批次材料。此批材料应退回材料车间，添加胶水。

c. 检查成型压力是否达到规定的要求，压力小，则强度低。成型压力一般是通过压缩比来控制的，压缩比通常控制在 2.5∶1。

d. 若颗粒料的水分偏低，导致毛坯的强度不达标，应停止继续用此批材料成型，改换其他水分合适批次的材料。此批材料应退回材料车间，进行水分的补加处理，对于成型后需进行二次加工的毛坯所用颗粒料的水分，一般控制在3%～6%（质量分数）。对于一次成型的毛坯所用颗粒料的水分宜控制在0.4%附近。

② 毛坯裂纹。毛坯裂纹是产品成型过程中的一个突出问题。成型时如果出现明显的裂纹还好处理，若是潜在裂纹，肉眼不容易辨别，这样批量生产出的产品，如果经烧结后制成成品，产品的性能和强度都会明显下降，严重的甚至会因裂纹而导致整批报废。故了解裂纹出现的原因，掌握发现裂纹的方法，对于杜绝裂纹的出现至关重要。

a. 颗粒料的水分。颗粒料的水分不当（最常见），或颗粒料中细粉过多或润滑剂添加量偏少。不管水分偏高或偏低，成型时都可能产生裂纹。其解决方法是将颗粒料的水分调整到合适即可（通常控制在0.4%附近），例如，冬天天气干燥，容易失水，料桶应加盖防止失水；对于润滑剂添加量少，也只需增大添加量即可。常用的润滑剂为硬脂酸锌，一般按0.02%～0.05%（质量分数）的比例添加。

b. 成型压力不均。成型压力不均，尤其是毛坯高度相对直径较长的产品，一旦压力严重不均匀，会导致毛坯一端的压力过大而产生裂纹。解决此种裂纹的方法是先确定毛坯哪端的压力大？这可通过测量毛坯两端外径的尺寸来判断，若两端相差超过0.03mm，便需调整上下两端的压力，以防止裂纹的出现。

c. 模具的粗糙度和倾角。通常情况下，模具内表面并不是完全垂直的，而是在出口处有一个很小的倾角（通常这个角度在5°左右），来保证出口处的直径略微比成型部位大些，以便于脱模。如果无此倾角，或出口处的直径略微比成型部位的直径小些或相同时，将会在脱模时，因脱模不畅而出现裂纹现象。同样，模具内表面的粗糙度对于成型产品的脱模也是至关重要的。粗糙度不好，产品脱模时摩擦力大，脱模困难，成型毛坯的表面会出现裂纹，通常情况下模具内表面的粗糙度应达到0.012μm。当模具使用时间较长时，成型部位会出现磨损，使成型部位的毛坯直径明显比模具上出口处直径偏大，造成脱模不畅，毛坯出现裂纹。鉴别模具时只需将其对着光线，用肉眼观察其内表面即可，如发现有凹凸不平现象时，模具便需更换了。否则，使用这样的模具成型的产品，即使用肉眼观察不到有裂纹，也很有可能隐藏有潜在裂纹。

d. 成型周期。粉料受压时间短，粉料中的空气来不及排除，毛坯还未压实，便被推出模具，易使毛坯产生裂纹。而受压时间相对长些，对于消除裂纹有好处。对于回转压机，只需降低回转速度，便可增加受压时间，一般毛坯直径在ϕ6mm以下时，压机的回转速度一般控制在18～20r/min，直径在ϕ8mm以上时，压机的回转速度一般应控制在8～10 r/min。

e. 模具上下冲头的质量若存在问题，也会导致成型出现毛坯裂纹。对于模具上下冲头端面有突起的，如压制有引针孔毛坯的模具，突出部位的模具尺寸的设计要有利于脱模，一般情况下，模具上下冲头端面突起的根部与颈部有10mm左右的倾斜度。另一方面，模具上下冲头端面的粗糙度和垂直度也会影响到毛坯的脱模，无论是粗糙度还是垂直度出现问题，都会导致毛坯裂纹。由此出现的毛坯裂纹，只能对模具进行重新修复，别无他法，重新修复的模具表粗糙度要达到0.012μm。

f. 模具安装。一般当模具安装不垂直时，将导致成型产品密度不均，脱模弹性后效不一致，从而产生垂直于成型方向的裂纹，这种情况，需要重新调整模具或安装模具。对于一些形状较复杂的模具，排除以上原因导致的产品裂纹，还需考虑模具的安装方向是否与毛坯的脱模受力方向相抵触，尤其对于回转压机更应引起足够的重视。如果不能判断出脱模受力方向时，可慢慢改变模具的安装方向，直至选出一个最佳的安装角度，也就是成型的毛坯无裂纹的角度即可。

g. 还有一种能引起毛坯裂纹的情况，就是已经压制出的毛坯在离开压机的过程中，可能存在其他外力的作用，比如对于旋转压机来说，挡料板的位置安装不当：超前，会造成下型模具尚未离开毛坯前，便被推出，即受到一个横向的力的作用；超后，造成毛坯部分已回入模具后，也将受到一个横向的力，这两种情况都会导致毛坯因受外力而产生裂纹。欲排除这种情况产生的裂纹，只需调整好挡料板的位置即可。

h. 当成型密度过大，或大于 $3.1g/cm^3$ 时，容易出现成型生坯密度不均匀、弹性后效大等现象，从而导致垂直于成型方向出现裂纹。如果是这样，则可适当降低一点成型压力或保压时间。

鉴别毛坯是否存在裂纹的方法，通常是采用目测法，严重裂纹一目了然。对一些似裂非裂的情况，可用手将毛坯轻轻掰一掰，若毛坯沿所怀疑的痕迹裂开，说明毛坯确实有裂纹。若毛坯裂开处不在所怀疑的痕迹处，则不是潜在裂纹。这种方法在光线充足的情况下，还是能起到很好的鉴别作用。但对于一些 24h 连续工作的企业，夜间工作时采用目测法便显得有些困难了。实践表明，浸油漆法对于夜间发现毛坯裂纹行之有效。具体做法是先准备一小杯白油漆，再将待检测的毛坯浸入油漆中，过几分钟后将毛坯取出烘干，观察其外表，如果存在裂纹或潜在裂纹的话，在其外表则会留下痕迹。若痕迹不是很清晰，可再配合手掰法进行鉴别。

③ 毛坯单质量、尺寸易变

a. 颗粒料的流动性不好是引起毛坯单质量、尺寸易变的主要原因。而颗粒料的制料工艺和颗粒料的水分多少又直接影响颗粒料的流动性好坏。一般水分少的颗粒料流动性比水分多的颗粒料的流动性好，喷雾造粒工艺做出的颗粒料的流动性比机械制料工艺做出的颗粒料的流动性要好，为了提高机械法制料的流动性，可采取二次重新搅拌法。

b. 增加润滑剂的添加量可提高颗粒料的流动性，使休止角≤30°。如加硬脂酸锌、煤油等。一般在保证流动性的情况下，应尽可能少地添加润滑剂，如按质量分数 0.02%～0.05%的比例添加，过多的润滑剂容易使产品粘模，甚至影响产品的磁性能。

c. 影响颗粒料流动性的另一个原因是盛料器内粉末多。当机台运行较长时间时，因摩擦力，在盛料器内常常会产生一些细粉末，它占到颗粒料的一定比例时，会使材料流动性变坏。不仅要定期清理盛料器，还要定期检查转盘表面是否已有磨痕，若磨痕已引起转盘表面不平时，就必须将其拆下，对其进行表面修整。

另外，压机运行一段时间后，型腔装料高度，上下冲之间距离都会有一定变化，以及气（油）压不稳定、料靴不到位，都会影响尺寸/质量的一致性。对于旋转压机，其模具充磁、下型模具与模具配合过紧、上下凸轮不圆、上下压棒螺钉松动、盛料器螺钉松动也都将导致毛坯的质量、尺寸易变。这只需将模具放到脱磁机上对其退磁、增加下型模具与模具的公差配合间隙，将其调整为 0.02mm 为佳，修整上下凸轮的真圆度，使其保证在±0.01mm 的范围之内、拧紧上下压棒的螺钉和固定盛料器的螺钉即可。

④ 毛坯粘模。毛坯粘模是成型过程中经常遇到的问题，毛坯一旦出现粘模，将直接影响到产品的外观质量。引起毛坯粘模的原因有：

a. 颗粒料的水分偏多。粉料含水率高于 0.5%时，容易出现粘模，但对于颗粒料的水分不可以盲目减少，尤其对于那些需要二次加工的毛坯，水分偏少会出现二次加工时严重破碎，或成型过程中出现毛坯裂纹。故调整水分时要慎重。

b. 模具粗糙度不够引起的粘模（常见于凸模上），则只需提高其粗糙度便可。一般要求上下冲头与料接触面的粗糙度要达到 $0.012\mu m$ 以下。成型所用的模具主要为 TiO_2 镀表面，在模具有老化破损时，TiO_2 脱落，与周围模具表面形成色差，方便技工检查，另外，模具的倒角处，由于在压制成型中出现应力集中，容易被磨损，压制产品时，该部位的产品易出现粘边、粘角等现象。

c. 硬脂酸锌添加量过多，硬脂酸锌添加量过多引起的粘模，只需将其与一定质量的尚未添加硬脂酸锌的材料相混合，但添加量偏少时，如前述，易导致毛坯出现裂纹。

d. 空气湿度。当雨天空气湿度大时，粉料表面容易吸水，容易导致粘模，可在料桶上加盖。

总之，粘模的各影响因素中，模具的影响大于粉料的影响，因此，一般先检查模具（如有问题，则擦拭或更换模具），再看粉料。

⑤ 产品在压制时，毛坯暗裂纹形成的原因与对策。暗裂纹是由于密度分布不均匀所致，它主要是由粉料的粒度分布不合理而造成的。为了防止产品压制时毛坯起层、暗裂，应在料粉生产时采取以下措施：

a. 将 PVA 煮到位。

b. PVA 用量应合理。喷雾造粒的颗粒分布上细粉过多，颗粒分布的整体向大目数方向偏移，所以要配合 PVA 的使用（加大 PVA 的含量），调整喷雾塔的各参数，矫正颗粒的分布。

c. 减小坯件的密度。

d. 调整坯件密度的均匀性。

解决压制时毛坯暗裂最有效的办法，是控制颗粒料的粒度分布。

⑥ 产品起层，表面形成波浪形的小裂纹

压制时毛坯起层，这说明材料颗粒之间的结合性不够好。

a. 模具搭配不当和卡模。压制成型中，模具由中柱和芯杆两部分组成，两者搭配不当或中柱芯杆卡得太紧。

b. 粉料太干。含水量低于 0.2%时。正常的粉料在用手握紧再松开时呈流沙状。

c. 压制产品密度过大。压制过程中，如果单重和产品高度未调整合适，导致产品密度过大，则容易造成产品横向分层，此时的产品呈现深黑色。

d. 粉料的可抗压性能过差。粉料抗压性能过差时，在压制过程中粉料不容易团聚结合在一起。产生分层。

调整方法：调整预加载、中心线、装料深度、粉料加纯水或硬脂酸锌、更换粉料等。

⑦ 压制过程中的其他问题

a. 脱模太紧。出现此种情况时，可在允许范围内，适当减小成型压力或减小坯件单重，也可通过提高模具工作面的光洁度及配合精度，或在粒料中加入适量的润滑剂以改善脱模情况。

b. 罐形磁芯掉芯柱。由于上模与凹模配合不好而卡模，可造成罐形磁芯掉芯柱，改善模具配合状况即可。

c. 小产品成型暗裂的检测。小产品暗裂，现有显微镜发现不了，无法在成型时检验到，烧结后才能看到。将小产品生坯，浸泡在煤油中，约 10s，看是否冒泡，如果冒泡即有暗裂，无冒泡即无暗裂。

⑧ MgMnZn 软磁铁氧体的横裂。当 MgMnZn 软磁铁氧体产品出现横裂时，可略降低其成型压力，或适当提高颗粒料的松装密度，提高颗粒料的松装密度，又须提高颗粒料在制备过程中的预烧温度。

9.2 热压铸成型

热压铸成型是在铁氧体粉料中加入一定量的热塑化剂，依靠热塑化剂随温度的升高而从固态变成液态，使铁氧体粉料变成流动性大的料浆。然后用压缩空气把料浆注入具有产品形状的模子，热塑化剂经冷却凝固，就得到较坚固的铁氧体坯件。热压铸成型是在专用的热压铸机上进行的。

热压铸成型的优点在于可制造形状复杂、密度均匀、尺寸较小而性能要求不太高的铁氧体坯件。热压铸成型的坯件尺寸精度高。热压铸模具耐用程度比干压成型模具提高6～10倍。此外，设备不太复杂，生产效率高，可以一模多只，劳动强度小，劳动条件好。

热压铸成型的缺点是造出的坯件密度低，工艺上较难控制，易出现起泡、缩孔、裂纹、皱纹、缺肉和冷隔等废品。此外，坯件排蜡工艺要求严格。

热压铸成型的特点在于由铁氧体粉料和黏合剂组成中间系——料浆。料浆依赖于它的温度的改变而改变，即当温度升高时熔化，冷却时凝固。

通常，用于热压铸成型的料浆应具备以下性质：

① 要有一定的黏度，以便能把铁氧体粉料铸成一定的形状；

② 在一定温度下要具有一定的流动性，以便在铸型时能填至模具的各处；

③ 要有一定的凝固速度；

④ 要有好的稳定性，即不轻易出现粉料与黏合剂的分层；

⑤ 料浆经冷却变成固态，固态要有一定的机械强度，以免成型后坯件变形。

为了制取具有一定性能的热压铸成型用的料浆，必须对铁氧体粉料进行处理。铁氧体热压铸成型用的粉料是已烧结过的铁氧体，再经粉碎而得到的粉末。粉料的分散度、颗粒大小以及含水量都对料浆的性质有着很大的影响。

粉料被粉碎的时间越长，粉料的颗粒越小，分散度越大，从而引起粉料的总表面积增大，越有利于吸附黏合剂。颗粒的大小会影响制出料浆的稳定性。因此，为了获得优质的料浆，必须很好地选择粉料的分散度和颗粒度。

通常，铁氧体粉料会吸附空气中的水分（特别是潮湿的天气），如果采用湿法粉碎球磨而没有很好地烘干，铁氧体粉料将含有相当的水分。用这样的粉料配制料浆，粉料中的水分会破坏料浆的黏合度，降低料浆的流动性，甚至会给热压铸带来分层、气泡等现象，从而影响铸坯的质量。另外，过多的水分会给料浆的配制带来困难，例如不易将粉料和黏合剂混合均匀。为了保证料浆的质量，务必把铁氧体粉料彻底烘干，使其含水量＜0.02%。

用于热压铸成型的热塑剂可以有石蜡、蜂蜡、硬脂酸等。在铁氧体工业中多用的是石蜡。石蜡是一种固体增塑剂，是石油的分馏产物，各种牌号的石蜡有着不同的熔解温度。铁氧体工业用的石蜡是白色晶体，无臭味，熔点在50～60℃而不含杂质。在生产中，一般是把石蜡加热到90～100℃的温度下，将其熔解。

料浆的配制是将熔解成液态的石蜡和经过加热的铁氧体粉料按石蜡：粉料＝(19～20)：100配比混合，具体配比的数字要视粉料的细度和热压铸时的压力而定。为了促进石蜡对铁氧体粉料的浸润性，也为了尽量减少热塑剂石蜡，热塑剂太多会增加烧结中铁氧体坯件的收缩和变形，往往还要加入表面活性物质——油酸（如苯酸油）。油酸的添加量约为石蜡与粉料总量的4%～8%。

粉料和石蜡、油酸混合常在110～120℃的温度范围内进行。混合后的料放在转速约为1400r/min的拌和机中搅拌。搅拌的时间应不少于0.5h。而后再以每分钟几十转的转速拌和几小时，拌和温度不大于150℃。

这样的拌和对保证料浆的可铸性起了决定性的作用，特别是快速搅拌对保证黏合剂（石蜡和油酸）和粉料最大限度的均匀作用更为突出。因为当黏合剂与粉料在同一温度下进行配合后，需要有较高的速度在较短的时间内充分搅拌，才能使得每颗粉粒的表面都能吸附上一层黏合剂而组成一层粒子移动时所需要的膜，从而达到提高可铸性的目的。一定时间的快速搅拌对提高料浆的稳定黏度也有好处。而一定时间的慢搅拌，主要是为了充分排除料浆中的空气和提高料浆的均匀性。

热压铸成型的铸造能力就是料浆填充铸型而完全将后者的形状复制出来的本领。料浆的黏度越小、凝固速度越慢，铸造能力越大。铸造能力还与料浆的温度、模具温度、铸造时的压力以及热压铸的持续时间有关。

实践表明，提高料浆的最初温度，会在某种程度上增大坯件的密度，减小坯件内部缩孔和空洞的体积，同时，也会减小冷却时坯件的收缩率，从而降低铸件尺寸对模具尺寸的偏差。但是，如果料浆和模具温度过高，由于料浆的流动性很大，注入速度就会过快，坯件表面易出现凹坑。又由于模具温度高，料浆碰到模壁不会冷却，而如喷泉似地落在模壁上，并沿着模子侧壁流动。这样就容易把空气泡包在坯件内形成大的空隙。冷却时，由于收缩会造成裂纹，特别是在坯件厚薄相接之处。如果料浆温度偏低，料浆的铸造能力也就低，甚至浆料压不满模腔，所做坯件常出现皱纹、缺肉和冷隔等缺陷，坯件密度降低，坯件内部气孔增多。所以，料浆的温度应调整得适当，一般料浆在盛料桶内的温度保持在60～90℃之间较好，模具的温度在25～35℃之间，并且要尽量地均匀。如果模具的温度过高，坯件不易凝固成型，坯件强度不够，脱模也不方便，铸造大而厚的坯件常出现缩孔。模具温度不均匀，会造成坯件皱纹。

压力的大小也是热压铸成型的重要条件。压力的大小决定铸型的填料速度、料浆在模内冷却收缩的补偿能力以及凝结过程的条件。压力过低会使坯件出现缺肉、皱纹等缺陷。压力过高，铸型的填料速度就会过快，会使坯件产生缩孔。通常，压缩空气的压力选在303.98～607.95kPa，具体还要看坯件的大小、厚薄而定。

热压铸的持续时间应根据坯件的厚薄、料浆的性质、温度决定。主要是在热压铸过程中不因浇口过早冷却、缺乏补偿而造成缩孔、欠压等现象。当料浆的导热性低、料浆和模具温度升高、坯件厚度增大时，热压铸的持续时间就要延长。选择持续时间的简单办法是控制料浆在浇口中的凝固情况，即逐渐延长持续时间至浇口中的料浆凝固为止。影响热压铸成型效果的还有模具结构、热压铸设备以及压铸的操作过程等。

图9.25是足踏式热压铸机构造示意图。它的主要部件有盛料桶、供料装置、压紧装置以及机架和工作台等。

热压铸机是利用压缩空气的压力将盛浆桶内的料浆送入铸模而成型的。操作时，先将铸模放在工作台上，使铸模的注口和供料装置的供料孔（又称流口）相吻合。浇口旁边有电热丝加热，用以控制模具温度。模具上部放在压紧装置的压杆下面，空隙不超过8mm，距离太大，易造成喷浆事故。踏动踏板后，压缩空气的压力先传至压杆把铸模紧压在浇口之上，接着压缩空气进入盛浆桶，将液浆沿供料管压入铸模模腔。此时，脚下继续踩着踏板保持一定时间（约几秒钟），然后放松踏板，待回气后，再取出模具脱模。如模具温度偏高，不易脱模，可将模具放在水上冷却片刻，然后再行脱模。

热压铸模具的结构一般比干压模具简单。设计这类铸模时，主要应考虑注口板的设计，特别是对一模多件的模具，要尽量使料浆通过注口流至各个模腔。另外，模腔的各个平面连接处要“倒角”，即以弧形相连接，以利于脱模。

综上所述，热压铸成型的关键在于适当控制料浆与模具的温度。一般说来，在确保料浆流动性的条件下，原则上不希望料浆和模具的温度很高。料浆的流动性与温度有关，模具的温度决定模腔内料浆冷却凝固的速度和质量。热压铸坯件的常见质量问题及其原因可归纳如下：

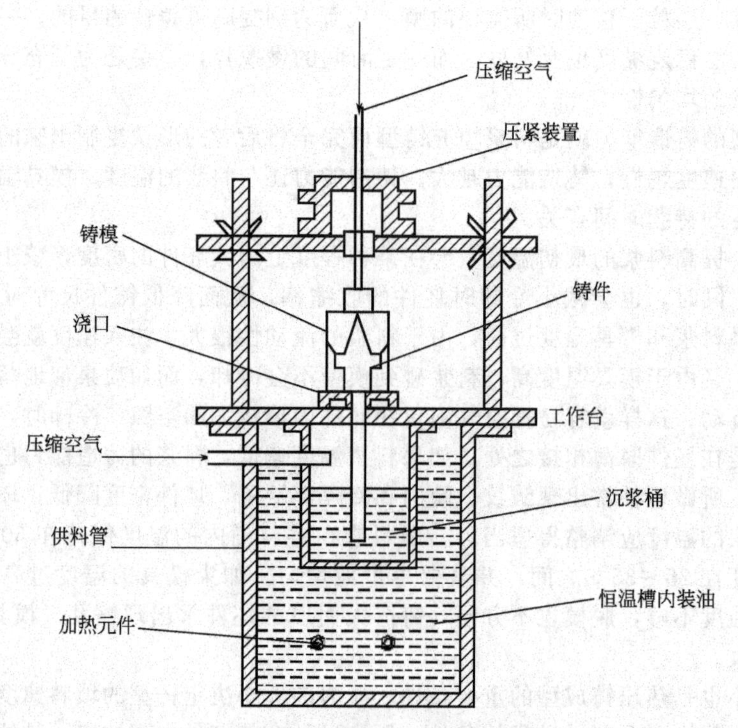

图 9.25　热压铸机构造示意图

① 料浆压不满。这往往在一模多件的压制时出现，其原因是压缩空气的压力不足，料浆的流动性差，或模具配合太紧等。

② 坯件毛刺大。由于模具磨损，配合太松，空隙大而造成；也可能因操作时，模具中间的余料未清理干净，而造成大的毛刺。

③ 坯件有裂纹。因模温太低，料浆在模腔内冷凝急剧而形成裂纹。

④ 坯件有气孔。浆温过高，特别是浇口温度高，料浆又未及时搅拌而造成。

⑤ 坯件变形。模温过高，脱模时易造成坯件变形。此外，当室温较高时，坯件堆放太多也会造成坯件变形。

9.3 铁氧体坯件的其他成型法

(1) 冲压成型

冲压成型主要是为了解决矩磁铁氧体小磁芯的生产而出现的。记忆磁芯的生产有两个最大的特点，其一是尺寸小，目前已发展到 ϕ0.5mm 甚至 0.3mm、0.2mm；其二是它的需求量非常之大，如一台中型的电子计算机就需要数百万颗记忆磁芯，一台大型的电子计算机就要上亿颗磁芯。这样小尺寸、大数量的小磁芯如果仍然采用单件成型的办法生产，那是办不到的，所以出现了冲压成型工艺。

所谓冲压成型，就是将粉碎球磨后的铁氧体粉料加入较大数量的黏合剂，经轧膜机轧成适当厚度的薄带，而后在自动冲床上冲压成小磁芯的坯件。

冲压成型的优点在于生产效率高，与粉压工艺比较可提高近40倍。特别适合于生产尺寸小的磁芯，利于每批产品的一致性，因而产品合格率高，此外，也节省原材料。

将经过粉碎的铁氧体粉料先过 40 目/cm 筛，而后加入浓度为 20%～30%的黏合剂（聚乙烯醇水溶液）30%～40%、甘油 3%～6%（皆为质量百分比），并进行均匀混合，待黏合剂与粉料混合均匀后，即可送入轧膜机进行粗轧。

粗轧的目的在于使黏合剂和粉料进一步均匀混合，同时也利用黏合剂的黏着力把分散的粉料轧成块状集合体。粗轧就是将拌有黏合剂的混合料置于轧膜机上不断地滚轧。在粗轧的过程中，应注意掌握温度以控制混合料的含水量，然后精轧。精轧的目的是将经过粗轧的片子进一步轧得密实并使片子具有一定的厚度。精轧仍然采用轧膜机，精轧时由厚到薄每次的吃进量要尽可能地小，并且在每一厚度上要往复多轧几次以提高片子的密度。经过精轧得到的片子密度要适当，一般密度在 3.2～3.5g/cm^3 范围，片子的含水量在 7%～9%范围较宜。

切割、冲压是将经过精轧的片子用切条机切成一定宽度的长条，然后在自动冲床上冲制成环状的小磁芯坯件。

(2) 强挤压成型

强挤压成型是将经过粉碎之后的铁氧体粉料加上黏合剂，经均匀拌合后用真空炼泥机制成铁氧体坯泥，然后以强力挤入定型的嘴子，从而获得一定形状的圆管、圆柱等铁氧体坯件。

① 坯泥的炼制

a. 黏合剂的配制。挤压成型用的黏合剂通常是羰甲基纤维溶液，质量浓度为 3%～5%。将羰甲基纤维素在水中浸泡 8h 左右。搅拌均匀，滤去杂质，即可得到供炼泥用的黏合剂溶液。

b. 炼泥。挤压成型用料呈泥状，俗称坯泥。将铁氧体粉料过 120 目分样筛，加入 15%～30%（质量分数）的黏合剂溶液，用真空炼泥机将其揉搓均匀，除去气泡，即可得坯泥。坯泥要求混合均匀，无气泡，可塑性好。气泡的存在将降低坯泥的可塑性，易造成坯件起泡、分层、裂缝等现象。

② 挤压成型。将坯泥放入活塞式挤坯机内，由活塞向前挤压，经过机嘴挤出所要求的长条坯件，按所需尺寸切割即可。

③ 挤压成型的工艺问题

a. 挤制压力与机头锥度。挤制压力过小，要求坯泥中含黏合剂较多才能顺利挤出，这样得到的坯件强度低、收缩大。挤制压力过大，则相应的摩擦阻力也大。同样的坯泥，挤制压力的选取主要决定于机头锥度（图 9.26）。根据实践经验，当机嘴直径 d 在 10mm 以下时，锥角 α 约为 12°～15°为宜，出口直径 d 在 10mm 以上时，α 应取 17°～20°。挤制直径较大的坯件时，若坯泥的塑性较好，α 角可取 20°～30°。影响挤制压力取值的另一因素是机嘴直径 d 和机筒直径 D 之比值，(d/D) 愈小，所需的挤制压力愈大。挤制棒状坯件时，通常取 $d/D=1/10\sim1/5$。机嘴出口处有一段定型区，其长度 L 要根据出口直径 d 而定，一般取 $L=(2\sim3)d$。L 过短，坯件会因急剧的弹性膨胀而产生横向裂纹，L 过长，则内应力增加，坯件易出现纵向裂纹。为了使挤出的坯件表面光滑，密度均匀，可用变压器油来润滑挤压筒。

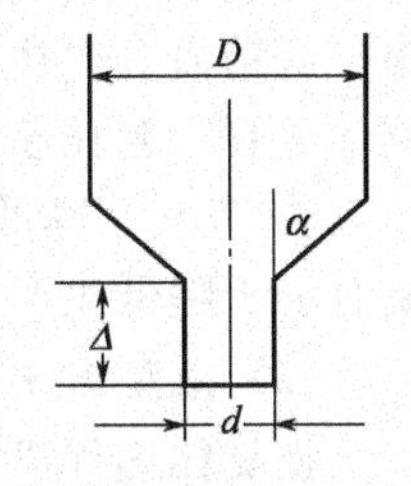

图 9.26 机头锥度

b. 挤压速度。挤压速度太快时，由于坯料的弹性后效，坯件容易变形，尤其是薄壁管状样品，口径容易变成椭圆形，故挤压速度不可太快。

c. 管状坯件的挤制。挤制管状坯件时，要注意型芯和机嘴同心，否则，挤出坯件的壁厚不够均匀。管壁太薄的产品不宜用挤压成型。

(3) 注浆成型

按铁氧体粉料：水：羰甲基纤维素（质量比）=100：35～45：0.3～0.6，配好后装入球磨机，磨约10h出料并过200筛，即得注浆成型用料浆。然后，将该料浆注入石膏中，由于石膏多孔，能吸收料浆中的水分，使之逐渐干燥成型。料浆在失去水分的同时发生收缩，故成型坯件容易从石膏中脱出。注浆成型要求料浆具有良好的流动性，以保证料浆顺利地填充模腔的各个部位。此外，铁氧体粉料颗粒要均匀地分散在料浆中，这样才能保证坯件成分和密度均匀。料浆渗透性要好，水分可以顺利地被石膏模吸收，以便缩短吸水时间。料浆还要有良好的黏结性。常见的注浆方法有空心浇注、实心浇注、压力浇注等。

铁氧体的成型方式较多，还有等静压成型等，这里不再赘述。

9.4 成型方法的选择

铁氧体磁芯用途不同，产品形状多样，尺寸也有很大差异，小的仅几毫米，大的几十厘米，甚至长达1m以上。在生产某种产品时，究竟选用哪种成型工艺，应根据生产设备、工艺条件、产量多少、质量要求、产品成本等多种因素综合考虑。

(1) 成型方法选择原则

① 便于成型。选取的成型方法应便于获得高成型密度且均匀分布，有足够强度，几何尺寸一致性好的坯件。当产品形状不太复杂，尺寸不太小（最小尺寸不小于1cm）时，宜采用干压成型方法；生产各向异性的产品，用湿压磁场成型；生产形状复杂、尺寸较小而性能要求不太高的产品时，可采用热压铸成型；尺寸特大的棒状产品，如通信接收机用的长达1m的天线棒，则可用注浆成型。

② 为后续工序提供方便。成型方法的选择应尽量为后续工序提供方便，如热压铸成型的坯件，烧结前需要做排蜡处理，故生产中一般尽量采用干压成型工艺，而少用热压铸成型工艺。

③ 有利于提高产品质置。对一般产品而言，成型方法对产品的电磁性能影响不大，但对产品的机械强度有较大影响。如螺纹磁芯用热压铸成型比较方便，但坯件上的螺纹，经排蜡、烧结后有损坏，机械强度也差，因而多采用干压成型工艺，烧结后再用螺纹磨床加工螺纹。尽管工艺比较复杂，但产品质量大大提高了。

④ 有利于降低成本。选择成型方法，也要考虑经济性，即要适应批量生产的要求，也要有利于降低生产成本。

(2) 成型方法与产品形状

铁氧体坯件成型的法较多，各有特色，不同形状的产品使用的成型方法也不相同。挤压成型是生产细长棒状、管状产品的成型方法，采用铁氧体粉料炼制坯泥，通过挤坯机挤压成型。热压铸成型用于生产形状复杂、尺寸较小而性能要求不太高的产品。注浆成型、等静压成型、轧带冲压成型分别适用于各种特殊产品的成型。

第10章 软磁铁氧体烧结工艺与控制

10.1 铁氧体的烧结

关于烧结的概念，M. I. O. 巴利新认为："原子的温度活动性引起的颗粒（体）间接触的量与质的变化称为烧结。"在铁氧体坯件中，即使是细小的颗粒，其原子（或离子）都是按某种规律排列的。由于加热，系统温度升高，晶格内的离子振动加剧，在一定程度上，离子将摆脱其周围离子的束缚而发生移动，从而导致物质的迁移。由于系统内物质的迁移，铁氧体坯件将发生去除水分、排除黏合剂、盐类分解、铁氧体生成反应、收缩、致密化、结晶成长、氧化、还原、挥发以及铁氧体结晶内离子分布等过程，从而得到具有一定性能的铁氧体产品。

铁氧体烧结的目的在于使铁氧体生成反应完全，即全部反应生成符合烧结要求的铁氧体；控制铁氧体的内部组织结构以达到所要求的电、磁和其他物理性质；满足技术条件上所规定的产品形状、尺寸和外观等要求。铁氧体的内部组织结构影响着铁氧体的性能。在铁氧体的生产过程中，内部组织结构特性是与铁氧体的烧结紧密相关的。

烧结情况与铁氧体内部组织结构特性大致可归纳成如图 10.1 所示的关系。

铁氧体的烧结过程是指在铁氧体制造过程中，将成型后的铁氧体坯件经过一定的处理后，置于高温烧结炉中，加热到一定的温度——烧结温度，并在烧结温度下保持一段时间——保温，然后冷却下来的过程。

通常，铁氧体的烧结过程可以分成初期、中期和末期三个阶段。在烧结的初期，铁氧体粉料颗粒接触，并在接触表面形成颈部，颈部长大，而在总体上还未出现晶粒生长。铁氧体坯件的线收缩率约为百分之几或相当于坯件密度增加百分之十左右。

在烧结的中期，开始气孔仍然是处于连通的状态，气孔的形状是多种多样的。随着烧结的进行，坯件体积显著收缩，密度增大。当铁氧体坯件密度达到理论值的 60%左右时，晶

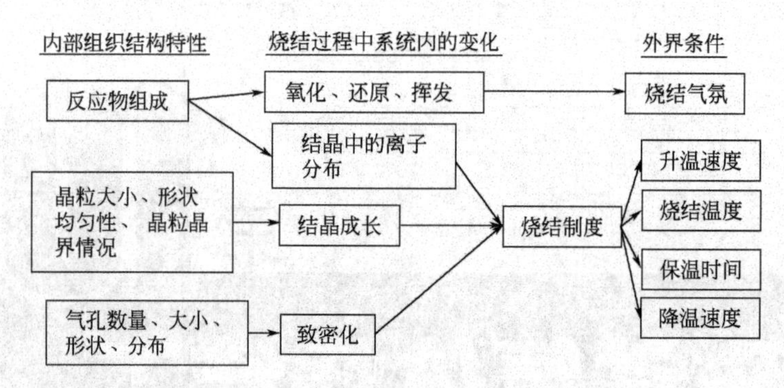

图 10.1　烧结与铁氧体内部组织结构特性的关系

粒开始生长。此时，坯件中仍有许多细气孔。密度变化在较大的范围内，随着烧结时间的加长而减慢（对数关系）。随着晶粒尺寸的增大，致密化的速度有所下降。当铁氧体坯件密度大约为理论密度的95％时，气孔全部变成封闭式。

在烧结的末期，可能发生不连续的晶体生长。当有异常晶粒生长时，大量气孔被卷入晶粒内部，并且气孔与晶粒边界隔绝，因而坯件不能有更多的收缩。如果能够避免不连续的晶粒生长，则由于气孔可以在晶界上被排除，最后的百分之几的气孔可以得到排除。于是可得到高密度的铁氧体烧结体。在某些情况下，铁氧体烧结体的密度可接近X光理论密度。

10.2 固态物质的烧结

（1）固态物质的烧结

固态物质的烧结是指那些在烧结过程中不出现液相，而完全依靠固相间的作用形成多晶材料的现象和过程。

通常，多晶铁氧体在烧结过程中要发生体积收缩、密度提高和气孔率减少等现象。图10.2给出镍铁氧体在烧结过程中体积收缩和气孔率变化的情况。图10.3给的是锌铁氧体密度随烧结温度变化的情况。由图可见，在整个烧结过程中，不同温度下铁氧体坯件的变化规律是不同的。

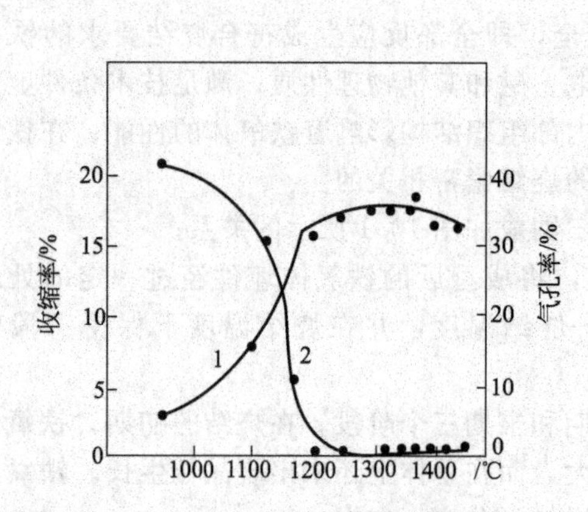

图 10.2　镍铁氧体坯件的性质随烧结温度的变化

1—收缩率；2—气孔率

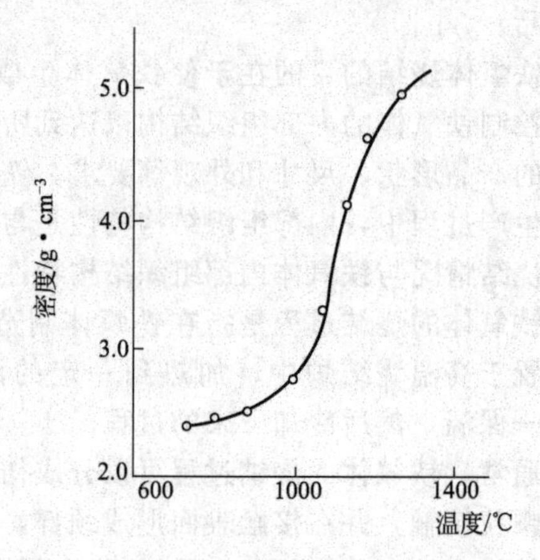

图 10.3　锌铁氧体的密度与烧结温度的关系

在烧结开始阶段，随着温度的升高，铁氧体坯件内的水分、黏合剂和其他杂质被排除，颗粒开始点接触，但孔隙多而分散，并且互相贯通，坯件的体积收缩、致密度与强度都不会出现明显的变化，如图 10.4 (a) 所示，温度继续升高，坯件中颗粒与颗粒之间由点接触逐渐变成面接触，接触面积迅速扩大并且形成界面；接着颗粒的界面逐渐合并，原来互相贯通的孔隙逐渐被封闭并相对地集中成为孤立的孔隙，其体积也逐渐缩小，最后大部分从坯件中被排除［图 10.4 (b)］，在此阶段，只要温度稍有增加，坯件的收缩、致密度及强度就会发生很大的变化。温度进一步升高，铁氧体坯件的收缩、致密度与强度的变化又趋缓慢，那些未被排除的封闭气孔有所缩小，密度增大达烧结密度，致密化趋于完善［图 10.4 (c)、(d)］。

(2) 烧结的动力

粉末状的物料是分散的，具有较大的比表面，所以粉末状的物料具有高的表面能。由于粉料颗粒表面的正、负离子作用比内部的大，从而引起了变形和间距变化，使得热力学稳定性下降，因此加热时，离子具有可动性。另外，由于粉碎等使粉末物料出现加工应变，促进晶格活化，也造成加热时离子的可动性。基于以上的原因，粉末物料具有较高的能量。任何系统都有向着最低能量状态发展的趋势。所以说，系统能量的降低是固态物质烧结的动力。

以粉末物料的表面张力作为驱动力，其大小主要取决于粉料颗粒半径的大小。气孔表面附近过剩空位浓度的大小与固体的表面张力成正比，与气孔的半径成反比。空位浓度的存在，将使扩散速度增大，这就促进了烧结。

实践表明，颗粒越大，收缩率就越小。所以对于烧结来说，颗粒越细越好。但从密堆集来看，具有大小不同尺寸的颗粒可以获得紧密的堆集，会使颗粒容易结合。所以，最佳烧结要求粉料的颗粒尺寸在一定的范围，通常平均颗粒尺子（直径）在 0.05～1.0μm 范围较好。另外，烧结收缩率与烧结时间 t 的$\frac{1}{q}$次方成正比。而 t 为大于 1 的正数（若烧结机理以体积扩散为主，则 $q=2.5$；如以晶界扩散为主，则 $q=3$），所以，在烧结开始时，收缩很快，但时间长了，则变慢。由此不难想到，过分地延长烧结时间是没太大必要的。至于收缩与烧结温度的关系，从整体地看，温度的提高只会加快烧结的进行，图 10.5 可间接地看出这种效果。

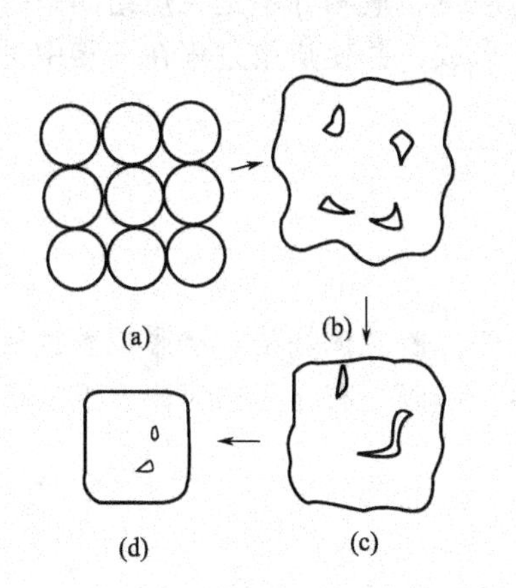

图 10.4 在烧结过程中坯件内孔隙的变化

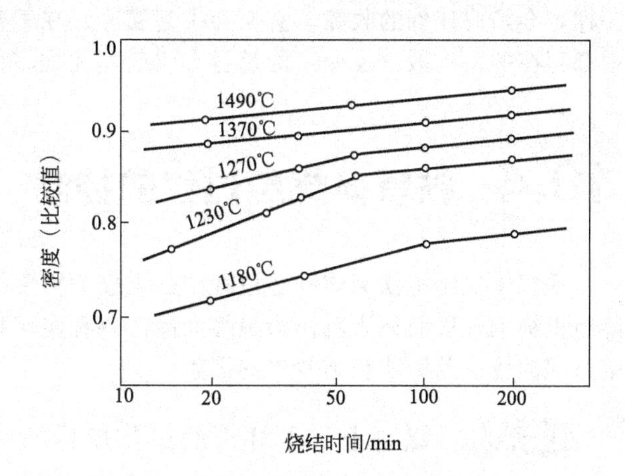

图 10.5 锌铁氧体的密度与烧结时间的关系

10.3 液相存在下的烧结

在铁氧体制造过程中，固相烧结很重要。但当系统中加入助熔剂或具有低熔点的掺杂，在烧成过程中往往出现液相，于是其烧结就成了带有液相的烧结。

在液相存在下进行烧结可简称为液相烧结。它是由于液相流动时的物质迁移比固相扩散显著加快，以及在液相中原子的扩散系数大，所以在界面的反应和粒子间的物质迁移比固相烧结来得快。

图 10.6 示出了液相烧结的致密化过程的三个阶段：液相流动、溶解并析出、固相烧结。

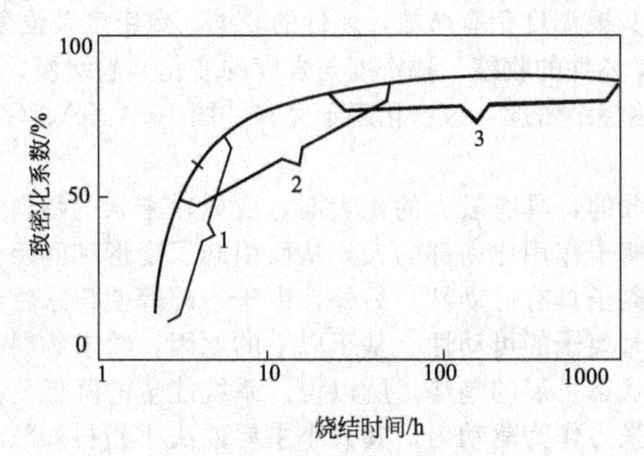

图 10.6 液相烧结的致密化过程

1—液相流动；2—溶解并析出；3—固相烧结

液相存在下烧结的一般规律是：在烧结时，液相的形成通常会伴随有激烈的坯件收缩，也就是说，激烈的致密化过程是从形成液相的时候就开始。提高坯件的收缩，除了与组成的物理、化学性质有关外，还决定于系统液相的数量、难熔组元的颗粒大小以及坯件的起始孔隙度。增加易熔组元的数量可以促进坯件的收缩，但在组元存在一定的相互溶解度时，易扩散过程会使液相烧结时密度变化复杂化。采用粒度较细的难熔组元，也可以增加坯件的收缩。坯件的原始密度对收缩动力学也有重要的影响。如果坯件的起始孔隙度很小，由于液相的漫流而形成了许多彼此隔离的孔隙。这些孔隙中，气体的压力与粉末在固相烧结时的情况一样，会妨碍坯件的收缩，甚至会引起膨胀。在某些情况下，液相并不是在烧结的整个过程中都存在的。扩散（反应）的进行会引起其他难熔相的形成，并使烧结过程在固相中进行。

10.4 铁氧体烧结过程的控制

铁氧体烧结是铁氧体制造过程中一道极为重要的工序。铁氧体烧结直接影响着铁氧体内部组织结构，进而还影响作为最终产品的各种应用特性。所以，有必要来讨论一下铁氧体烧结过程的控制及影响烧结效果的因素。

10.4.1 氮窑上、下坯件的操作规程

(1) 排坯工艺要求

① 排坯基本原则

a. 注意对设备安全运行的影响；

b. 产能较大化与产品性能优化相结合；

c. 不出现开裂与变形，对产品外观的影响要小；

d. 减少对气流的阻碍，利于产品的热交换；

e. 利于劳动生产效率的提升。

② 常规型产品排坯注意事项

a. 对封口产品，尽量使其封口朝下；对联体产品，其中柱宜竖起烧结，不宜用“日”字型烧结。

b. 产品与承烧辅材之间应空出一定的间距，产品互叠时，产品之间应撒些少量辅材，以防产品粘连、变形。

c. 单层烧产品的品质易保障，叠烧要注意产品的变形和开裂情况。

d. 排坯时要注意前后单板上，产品的高度及其总质量一致性的控制；尽量减少波动。

e. 小规格的产品相对适宜在中下层烧结。

③ 排烧。排烧是指其生坯按一定的规律，整齐排放在锆板上。排烧时应注意：

a. 在不平整的锆板上排坯，不允许有横向跨板现象，见图 10.7；

b. 生坯的排放不能超过锆板边缘，见图 10.8；

c. 生坯与上层棚板的距离应大于 5mm，见图 10.9；

d. 高导产品生坯与立柱的接触面处必须用锆板隔开，见图 10.10；

e. 易倒方向的生坯与锆板边缘的距离应大于 5mm，见图 10.11。

图 10.7 不允许横跨板

图 10.8 产品不超过锆板边缘

图 10.9 生坯与上层棚板距离>5mm

图 10.10 产品与立柱间用锆板隔开

④ 堆烧。堆烧指其生坯排放没有规则，堆积在一起烧结。堆烧时需先在锆板的边缘排上排烧产品或用锆板围挡。堆烧时应注意：

a. 堆烧产品应均匀平整堆积在一起，见图 10.12；

b. 生坯与上层棚板的距离应大于 5mm，见图 10.9；

c. 高导产品生坯与立柱的接触面处必须用锆板隔开，见图 10.10。

⑤ 叠烧指生坯按一定的要求叠在一起烧结，叠烧时应注意：

a. 在不平整的锆板上排坯，不允许有横向跨板现象，见图 10.7；

b. 生坯的排放不能超过锆板边缘，见图 10.8；

c. 生坯与上层棚板的距离应大于 5mm，见图 10.9；

d. 高导产品生坯与立柱的接触面处必须用锆板隔开，见图 10.10；

e. 叠烧产品必须上下对齐，见图 10.13；

f. 产品易倒方向应必须用锆柱挡好，见图 10.14；

g. 叠烧产品每层都必须均匀撒上锆粉，见图 10.15。

图 10.11　生坯与锆板边缘>5mm

图 10.12　产品堆积均匀平整

图 10.13　产品上下对齐

图 10.14　产品易倒方向用锆柱挡好

图 10.15　每层产品洒锆粉

(2) 操作步骤

① 上料

a. 清扫上下料导轨上的废生坯和杂物，使推板活动自如；

b. 铺上推板、棚板，并检查是否完好，推板、棚板应无裂缝、蹦角、变形等；

c. 打扫干净推板，铺上锆板，锆板无裂缝、蹦角、变形、整体平整无台阶，整体中心落于推板中间；

d. 清扫锆板表面灰尘，按工艺要求排放合格生坯；

e. 排完 A 层后，摆上垫柱铺上棚板、锆板，继续按 A 层步骤排放生坯 B 层或 C、D 层；

f. 如此排放，一直排到炉膛有效高度；

g. 排放后的生坯应马上盖好防尘罩防止粉尘。

② 下料

a. 下料时必须轻拿轻放磁芯，并将有质量问题（晶粒、开裂、严重变形等）的磁芯分离存放，并作好标识；

b. 需磨加工的产品必须严格按四角、四周、中间进行摆放（有特殊安排的除外）。

③ 炉上产品的标识

a. 每人每批产品必需有两个以上的标识；

b. 同一板的不同批次产品必须以锆板作界线分区。

10.4.2 铁氧体烧结过程的控制

铁氧体坯件在烧结前，根据其成型方法一般需进行干燥、刷坯、装盒等处理，具体如下。

(1) 坯件干燥处理

用干压成型的坯件，刚压制好时，其强度一般还不够理想，需经干燥处理后坯件的强度才能大大提高，这对尺寸大的坯件来说，也是避免其烧结前开裂的有效措施之一。

坯件含水量不同，干燥方法也就不同。用喷雾干燥法造粒，干压成型的坯件，其水的质量分数小于1%，可以直接装盒送入窑炉烧结。用机械造粒干压成型的坯件，其含水量在5%左右，应该作干燥处理。干燥处理一般采取自然干燥法，把压制好的坯件放在干燥通风处1～5天即可。

热压铸成型的坯件一般不需干燥，而且堆放坯件处的温度不宜太高，环境温度太高会使坯件软化而变形，成为废品。

(2) 坯件“毛刺”处理和“倒角”

由于种种原因，特别是干压模具长时期使用后，模具配合会出现间隙，从而使干压成型的坯件出现“毛刺”。这些“毛刺”若不去除，经烧结后变硬，一方面影响外观，另一方面某些产品的硬毛刺（如罐形磁芯的槽口毛刺）容易刮去线圈口引线的绝缘层而引起短路。

对于坯件上、下端面的“毛刺”（即坯件和上下凸模相接触的部位），可在坯件压成时就用软毛刷轻轻刷去，以免损坏坯件。

(3) 装盒

除容易烧好的软磁铁氧体产品外（通常将这类材料的产品直接放在耐火板上，对于容易开裂的产品，或烧结气氛不理想的窑炉，人们常常将待烧产品用用废品围起来），部分铁氧体坯件的烧结，需将坯件装在耐火盒内。选取不同形状的耐火盒对防止产品的变形相当重要。条形、长棒形坯件，如各种规格的天线棒，可用槽形耐火板，如图10.16（a）所示。坯件放在槽内，一般每槽一根。如为扁天线棒，亦可叠放2～3根；喇叭形偏转磁环可用有孔的耐火盒［图10.16（b）］，坯件放在孔内。设计这类耐火盒时，孔径的锥度应和坯件喇叭口的锥度基本一致，孔径大小应保证坯件收缩后不至从孔内掉下去；一般产品可放在矩形耐火盒内，如图10.16（c）所示。耐火盒的深浅规格不同，不能叠放的坯件可用浅的耐火盒，可叠放的坯件用深的耐火盒。一般需将坯件整齐地排列于盒内（尺寸特别小的坯件例外，如罐形磁芯、I字形磁芯等），这种耐火盒要求底部平整。装盒时，先在盒底上及坯件层间用装有氧化铝粉的纱布袋轻撒少许氧化铝粉，以防烧结后磁芯粘在一起。坯件上、下各处均需对齐，空隙处可用废坯或泡沫耐火砖填塞，以免坯件晃动错位而引起产品变形。装坯

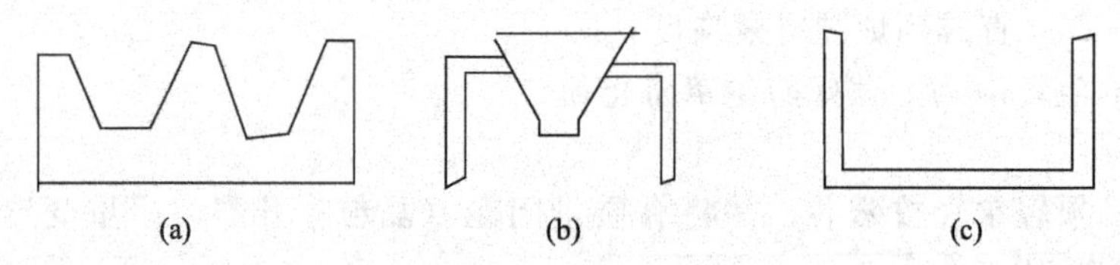

图 10.16　各种承烧耐火盒

的高度应低于耐火盒的高度，以免耐火盒叠放时压碎坯件。

某些薄壁的环形、管形坯件，绕结后特别容易变形。防止变形的方法，是在坯件下部垫上片状废坯（如有片状产品需烧结亦可）。这样，在烧结时，垫片和坯件将一齐收缩，可有效地防止产品变形。另外。在耐火盒底部撒一层氧化铝粉，可以减少坯件底部与耐火盒的摩擦力，且使接触面上各处的摩擦力趋于一致，也可克服坯件的变形。

此外，在装盒时应在盒上用废坯写明坯件所用粒料的名称、批号，以便按工艺规定送进窑炉烧结。发生质量问题时，也便于查明原因。

铁氧体的烧结过程可分成升温、保温和降温三个阶段。

(1) 升温阶段

为了成型方便，往往在铁氧体粉料中加进一定数量的黏合剂。这些水分和黏合剂在烧结的升温阶段都要排除。随着系统温度的升高，铁氧体坯件中的水分首先要蒸发。水分的蒸发大约在 100～200℃温度范围。接着是黏合剂的挥发，一般在 450℃以前完成。

① PVA 的热稳定性。在空气中，将聚乙烯醇加热至 100℃以上，它就会慢慢地变色、脆化；在 150℃以上，会充分软化而熔融；加热至 160℃以上，颜色会变得很深；在 170℃以上，颜色更深；加热至 220℃以上，聚乙烯醇很快分解，生成醋酸、乙醛、丁烯醇和水；至 250℃以上来不及分解的聚乙烯醇则变成含有共轭双键的聚合物。聚乙烯醇的分解速度受加热温度、保温时间及气氛中的氧含量和分解物的蒸气压等因素的影响。在空气中，聚乙烯醇开始分解的温度为 230℃左右，而在氧气中却为 180℃。气氛中氧含量过低，开始分解的温度会增高。聚乙烯醇由于规格、品种不同，两种化学结构所占的比例不同，开始分解温度和分解曲线也有一定的差异，其开始分解的温度差异可达 80℃左右，如图 10.17 所示。

② 铁氧体坯件中 PVA 的排出。铁氧体坯件中的聚乙烯醇在升温过程中要逐渐排出，其排出速度受到多种因素的影响。在生产过程中要注意处理好这些因素间的关系，限制聚乙烯醇的分解、排出速度，避免其在某一特定条件下集中挥发、快速排出。在升温过程中，铁氧体坯件中的聚乙烯醇受各种各样因素影响的排出趋势曲线如图 10.17 所示。

实践表明，国产 1799 开始排出的温度约为 200℃，在 270℃附近时排胶量达到最大。如果 200℃～300℃升温速度过快（如 200℃/h），温度很快达到 270℃，PVA 过快分解而产生大量热量，造成坯体温度急剧升高，而坯体温度的升高又导致 PVA 更快的排出，最终使坯体开裂，严重的情况是坯件炸裂。另外，由于铁氧体坯件的导热性能较差，升温速度太快会造成坯件内部水分、黏合剂还来不及蒸发或挥发，表面就收缩，从而形成一层硬壳，当温度继续升高时，坯件内部的水分、黏合剂因蒸发或挥发冲出产品，从而造成铁氧体产品的开裂。此外，对于尺寸大或各处尺寸不同的坯件，会因受热不均匀引起各处膨胀不一致而造成产品开裂。通常，选择排胶速率适中的温度区间（如 230～240℃），根据毛坯的尺寸、体积，制定一个相对缓慢、合理的升温速度（如 50～100℃/h），或选择在此温区，保温一定时间（如 1h），使坯体有较小的温升，从而消除由此原因导致的裂纹。有时，由于坯体本身的气孔及排胶段未排尽气体会形成一些潜在的，无法通过肉眼察觉的裂纹，这种裂纹要通过性能测试、敲击（有裂纹时，敲击发出喑哑声；无裂纹时，发出类似金属的清脆声）及强度

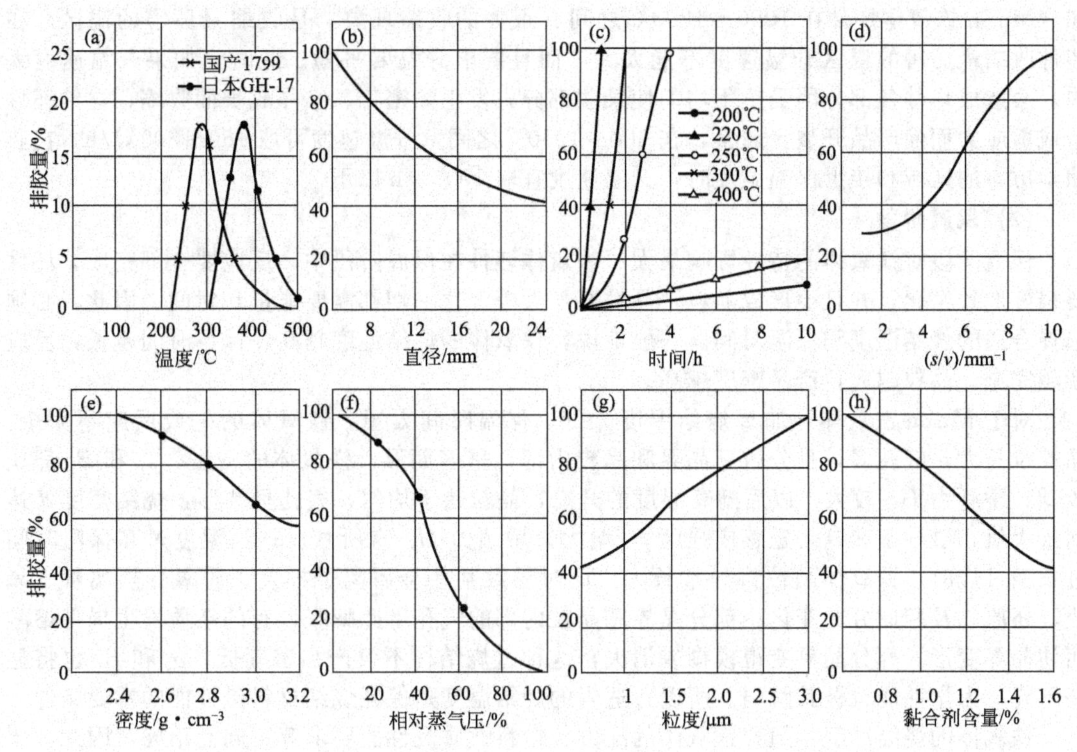

图 10.17 排胶量与（a）温度、（b）坯件直径、（c）温度和时间、（d）坯件表面积与体积之比、（e）坯件密度、（f）气氛中黏合剂的相对蒸气压、（g）压制坯件的粉料粒度及（h）黏合剂含量的关系

测试等方法进行检测排除，以保证产品的质量。

③ 热压铸软磁铁氧体生坯的排蜡。热压铸成型常采用石蜡作黏合剂，石蜡的蒸发温度为120～130℃，而熔融温度是50～80℃，故坯件体在50℃～120℃之间由于液态石蜡的黏度低，容易发生变形。生产上，通常采用吸附剂将坯件埋在其中，并使蜡液通过吸附剂的毛细管作用由坯件逐渐迁移到吸附剂中，进而蒸发排除。吸附剂的作用有三点：一是固定坯件形状，防止变形；二是吸附石蜡黏合剂，并通过它进一步排除；三是使坯件受热更加均匀，有助于防止坯件的变形和开裂。特别是对小型的、形状复杂的制品有用。通常使用经1200～1350℃煅烧过的氧化铝粉作吸附剂。产品的排蜡过程大致如下：

a. 从室温～100℃，即石蜡熔化的温度范围，升温速度要缓慢，并充分保温，以使整个坯体均匀加热和石蜡缓慢熔化，并开始排液态蜡。

b. 100～300℃，主要发生液态石蜡向吸附剂的渗透和迁移（100～160℃），以及吸附剂表面石蜡的蒸发（120～130℃）。本阶段要求缓慢升温，通常为（10～30)℃/h，在200℃和300℃应充分保温。若升温过快，吸附剂来不及将石蜡排出，产品容易出现变形、起泡，表层脱落和开裂等缺陷。同时，必须加强通风（抽风），使大量挥发物得以及时排除，防止出现燃蜡现象。

c. 300～600℃，主要是排除剩余黏合剂，升温速度可稍快，如在400℃以前为（20～40)℃/h，500～600℃为（30～90)℃/h。

热压铸产品由于增加了专门的排蜡工序，使产品的合格率受到了影响，增大了产品的制造成本。因此，凡能采用干压成型的产品，均应避免采用热压铸成型。

④ 收缩最厉害的温区。随着系统温度的升高，铁氧体坯件要收缩，颗粒之间接触得更加紧密，烧结反应开始。此时，铁氧体坯件内气孔率下降，结晶成长，坯件进一步收缩。例

如，MnZn铁氧体坯件在1050～1200℃之间有很大的收缩现象，是收缩最厉害的温区。在坯件收缩最厉害的温区升温速度不能太大，而且要求升温要平稳。此时，如果升温速度太快，会造成坯件各部分因受热不均匀使某些部分先发生致密化、结晶成长而收缩，这给坯件造成剪应力而使产品开裂。通常，在600～1050℃之间，升温速度可取150～300℃/h，在收缩最厉害的区域和接近保温温度时，升温速度宜取100℃/h以下。

(2) 保温阶段

保温阶段对铁氧体的特性影响最大。铁氧体坯件在保温阶段中，反应要全部完成，坯件要很好地致密化，并且要形成晶粒，晶粒要长大等。这一切都需要能量和时间。因此，必须选择合适的烧结温度和保温时间。一般地说，铁氧体的烧结温度越高，保温时间越长，反应就越完全，晶粒越大，产品密度越高。

对于MnZn铁氧体，如果烧结温度太低、保温时间太短，铁氧体的生成反应不完全，晶粒没长大，气孔多，且分散于晶界和晶粒内部，呈多面形，铁氧体的密度、μ_i和B_r都比较低，矫顽力H_C较大；以后随着温度的升高，晶粒趋于均匀，气孔呈球形，烧结密度d达到最大值，磁导率和剩余磁感应强度B_r增大，矫顽力H_C有所减少；当温度过高保温时间过长而过烧时，铁氧体晶粒将异常长大，同时导致某些金属离子挥发、脱氧、热离解、氧化、还原以及相成分的变化，部分晶界和晶粒内部的气孔迅速膨胀，有的杂质发生局部熔融而使晶界变形，部分晶界变得模糊或消失，这种过烧结构不仅产品密度低，μ_i和B_r也将显著下降，力学性能也极其脆弱。所以，适当的烧结温度是保证烧结材料磁性能的重要条件。

铁氧体的烧结温度，随着铁氧体的配方、粉料性质及性能要求等不同而不同，因此，要根据实际情况来确定。

实践表明，在保证μ_i值的前提下，适当降低烧结温度是降低涡流损耗、提高电阻率的有效方法之一。在制造MnZn功率铁氧体时，由于要求它有较低的功率损耗，需要抑制晶粒成长，所以，其烧结温度不能选得太高，只要能达到致密化就行。总之，最优烧结温度的的确定，必须针对材料不同的特点区别对待。在一定范围内，烧结温度和μ_i成正比，高μ_i铁氧体的烧结温度高达1350～1450℃，但是随着烧结温度升高，Fe^{2+}增多，电阻率ρ即显著下降，限制了使用频率，所以高频和甚高频铁氧体的烧结温度都控制在1250℃以下。

【例10.1】 对高频MnZn功率铁氧体，用市售Fe_2O_3（纯度>98.5%）、$MnCO_3$（纯度>94%）和ZnO（纯度>99%）为原料，按组成为$Zn_{0.16}Mn_{0.76}Fe_{2.08}O_4$进行配料并用钢球湿磨2h，浆料在100℃烘干，并于900℃预烧1.5h，然后加入（按质量分数计）0.3%的CaO、0.1%的V_2O_5和0.15%的TiO_2，再球磨12h，烘干后以聚乙烯醇为黏合剂并于70MPa压力下压制成环型样品，之后再按照一定的烧结曲线进行平衡气氛烧结，图10.18～图10.21分别表示烧结温度对起始磁导率μ_i、烧结密度d、电阻率ρ以及材料单位体积功耗P_{CV}的影响。已有的研究表明，起始磁导率μ_i与铁氧体平均晶粒直径成正比，而与晶界厚度和气孔成反比。烧结温度过低，晶体生长不充分，晶粒过细，晶界较厚，气孔分散于晶界与晶粒内部，对畴壁位移阻滞较严重，因而其起始磁导率和烧结密度d较低，但由于晶界厚，其晶界电阻率较大，故高频下涡流损耗低；随着烧结温度的升高，晶粒逐渐长大并变得均匀，晶界变薄，气孔逐渐被排除，起始磁导率μ_i和烧结密度d逐渐增大，并分别在1240℃和1230℃达到最大值，而电阻率ρ却逐渐减小，高频涡流损耗随之升高；当烧结温度超过1240℃后，由于晶粒生长速率过快，粒径大幅增大，晶界迅速变薄，同时铁氧体中发生$2ZnO \rightarrow 2Zn + O_2$反应，并带来Zn的挥发，造成材料内部气孔迅速膨胀，内应力增加，导致材料的起始磁导率μ_i和烧结密度d略微降低，而电阻率ρ大幅度下降，损耗大幅度增加。

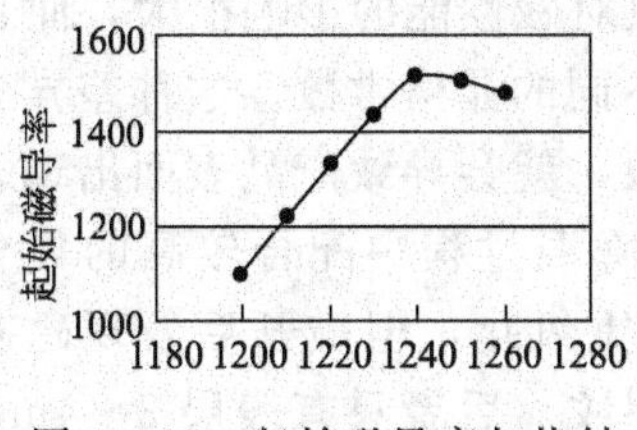

图 10.18 起始磁导率与烧结温度的关系

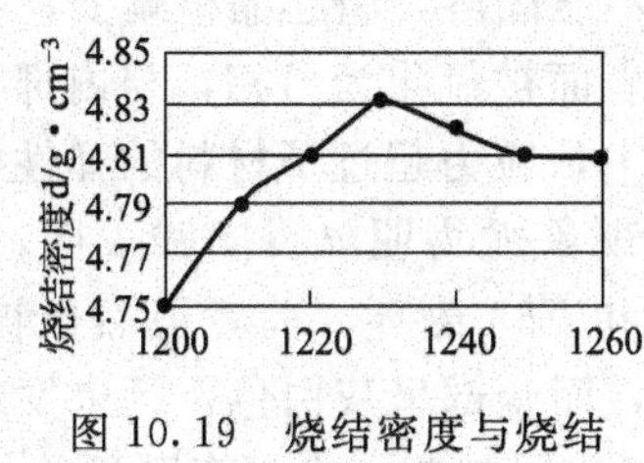

图 10.19 烧结密度与烧结温度的关系

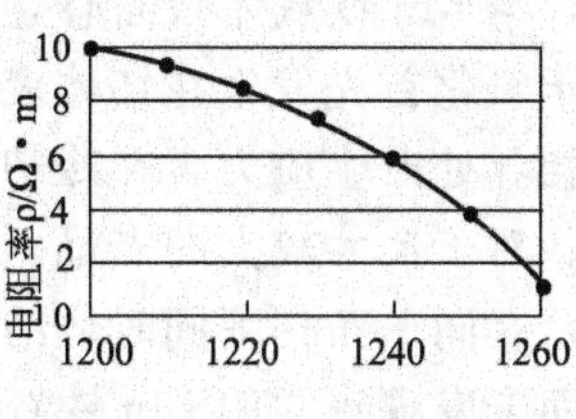

图 10.20 电阻率与烧结温度的关系

如果保温时间过短，则晶粒生长不均匀，晶粒过细，晶界较厚，气孔分散于晶界与晶粒内部，形成对畴壁位移的阻力，因而其起始磁导率 μ_i 和密度 d 较低；随着保温时间的延长，晶粒逐渐长大并变得均匀，晶界变薄，材料电阻率 ρ 逐渐减小（见图 10.24），相应地材料损耗也逐渐增加（见图 10.25），气孔逐渐被排除，起始磁导率 μ_i 和烧结密度 d 逐渐增大，并在保温 3h 后达到最大值；当保温时间超过 3h 后，晶粒的长大不再明显，但磁芯内 Zn 的挥发量会增加，晶粒与晶界内产生大量气孔，材料表层区域形成较大内应力，其起始磁导率 μ_i 和烧结密度 d 反而有所下降（图 10.22、图 10.23）。

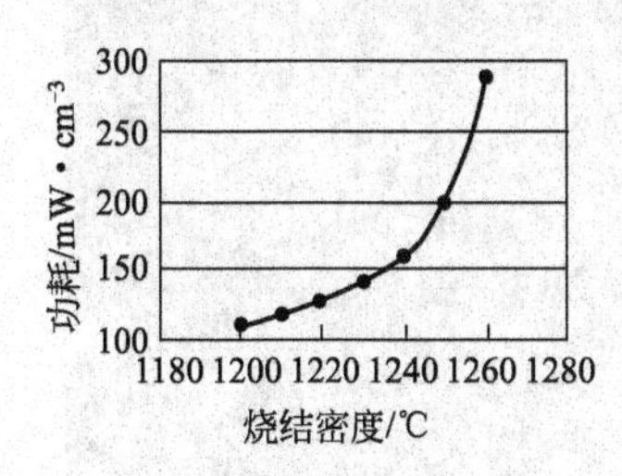

图 10.21 功耗与烧结温度的关系

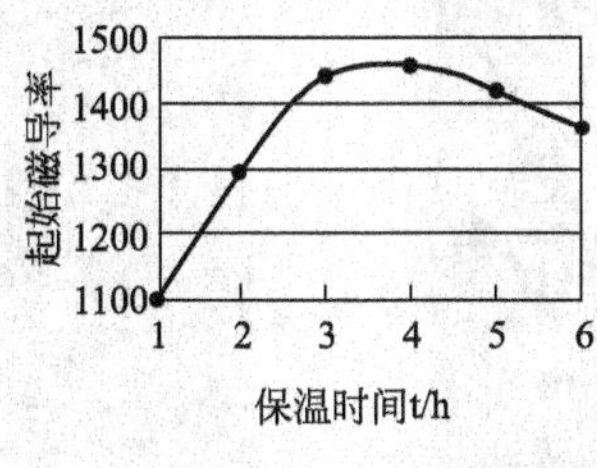

图 10.22 起始磁导率与保温时间的关系

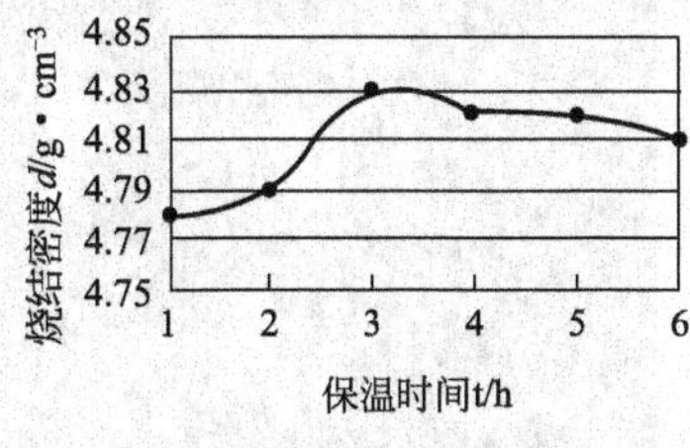

图 10.23 烧结密度与保温时间的关系

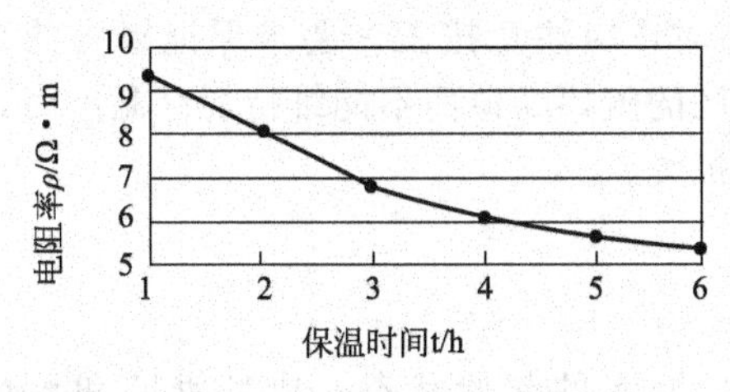

图 10.24 电阻率与保温时间的关系

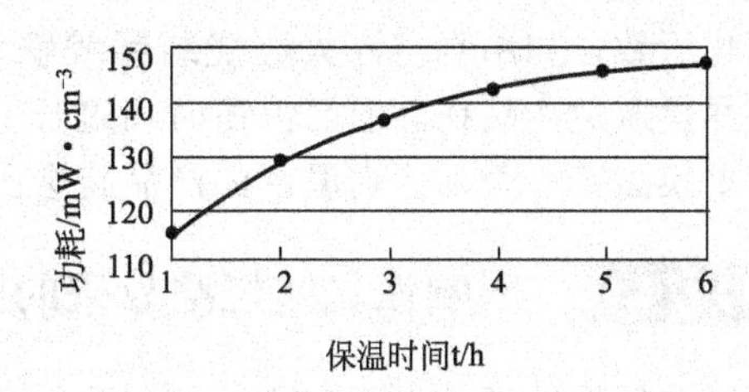

图 10.25 功耗与保温时间的关系

(3) 降温阶段

有的软磁铁氧体（如 MnZn 系列产品），要求在一定气氛下（如真空或 N_2 中）冷却，有的铁氧体（如 NiZn 系列产品）则采用随炉冷却的方法进行冷却。

降温过程的控制对铁氧体产品的影响也很大。降温时，由于冷却速度太快，尤其 500℃以后的降温速度太快，或出炉温度太高（200℃以下出炉较好），特别是在严冬季节，将造成烧结体开裂。严重时，将会引起产品炸裂。其裂纹一般细而直，裂纹断面也较齐整、光滑，晶粒细小。在降温过程中，铁氧体易被氧化，若控制不好此时的氧分压，产品也可能因过度氧化而开裂。

【例 10.2】 Mn 铁氧体在 1050℃左右易被氧化而析出另相如 β-Mn_3O_4，该相为正方结构，与 Mn 铁氧体（面心立方）不能固溶，引起晶格畸变，不仅对磁性能的影响很大，而且由于氧化首先发生在坯体表面，表面被氧化为另相，与内部有不同的晶格常数。这种差异会在相界处产生应力，在冷却过程中，应力超过了材料的弹性极限，就会导致产品表面出现裂纹。对于尺寸较大的产品，这种现象尤为明显。实践表明，在降温过程中配合较高的氧分压，在同一条件下同时烧结 F31 和 F63 磁环，前者虽然也被严重氧化，但敲开后发现磁芯断面未发现正常的 Mn 铁氧体相，而全部呈灰白色，且未发现裂纹。后者只有表层 3～4mm 为灰白色的另相，Mn 铁氧体被氧化层包裹，之间有明显的相界（见图 10.26）。该氧化层上出现大量的网状裂纹，深及相界（见图 10.27）。由此可见，过度氧化对 MnZn 铁氧体产品，特别是对尺寸较大的产品，会导致较严重的开裂。

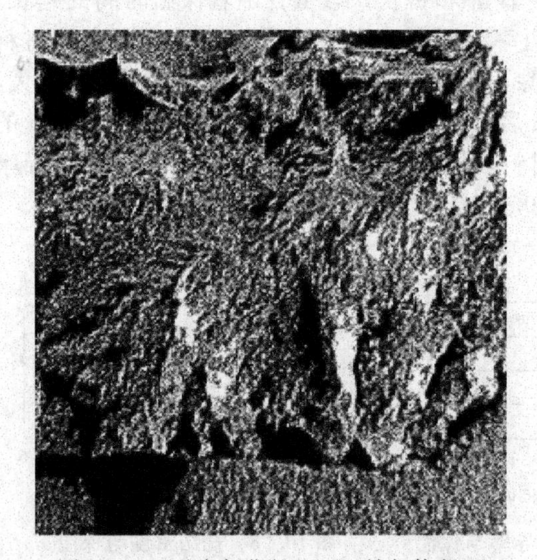

图 10.26 过度氧化的 MnZn 铁氧体断面

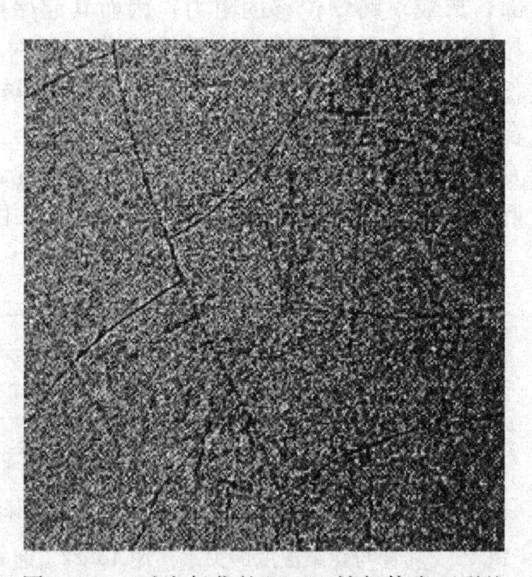

图 10.27 过度氧化的 MnZn 铁氧体表面裂纹

实践中，遍布产品表面的细且多的龟裂，对锰锌铁氧体来说，多是由于锰锌铁氧体的严重氧化所致；如用真空淬火法烧结锰锌铁氧体产品时，应注意按工艺要求保证罐内的真空度，尽量避免产品在高温区停留时间过长。当高温区的碳棒断掉而不能维持烧结温度时，应立即更换碳棒；否则，高温区的产品将会因氧化而报废。

10.4.3 影响铁氧体烧结效果的因素

影响软磁铁氧体材料烧结温度的因素较多，如原料的起始状态、成型密度和预烧温度等。

【例 10.3】 $Mn_{0.58}Zn_{0.37}Fe_{0.05}Fe_2O_4$ 铁氧体在低于临界温度（约 1020℃）下进行预烧后，在空气中 1380℃烧结 2h，降温至 1280℃后，在氮气中以每小时 200℃的速度控温冷却，可获得高的 μ_i 值，当 Fe_2O_3 粒径保持在 0.2μm 左右，也可以获得 μ_i 为 3500 的高密度低损耗铁氧体，如图 10.28 所示。

关于软磁铁氧体材料烧结温度的影响因素，具体分析如下：

① 铁氧体粉料的烧结活性。铁氧体粉料分散度的提高会对其烧结起良好的作用。表面能是粉料烧结的主要动力，所以高分散度的铁氧体粉料具有好的烧结活性。细粉碎和超细粉碎可提高铁氧体粉料的分散度。通过细粉碎和超细粉碎，还可以增加粉料的晶格缺陷，晶格缺

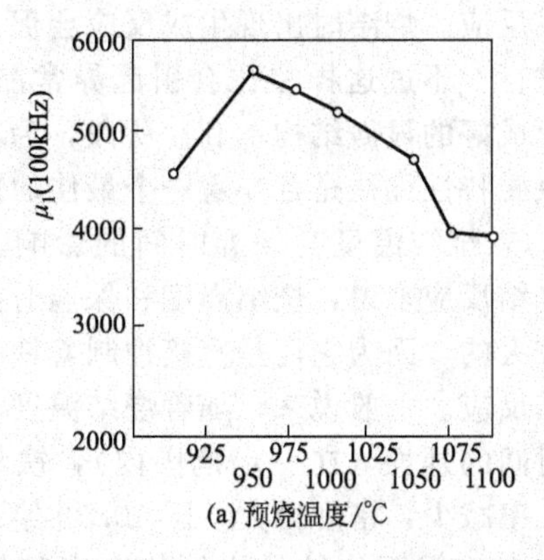

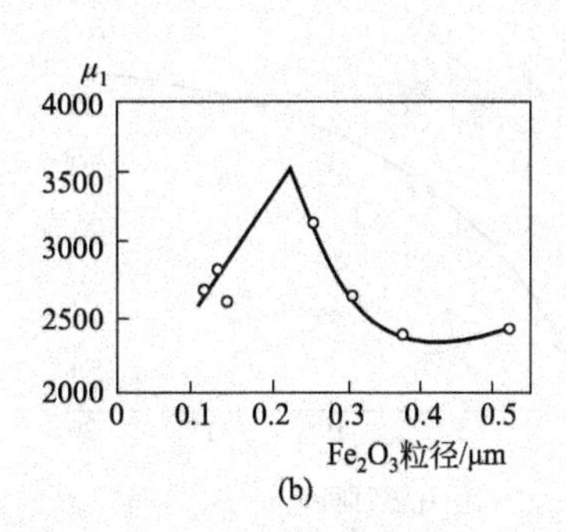

图 10.28　$Mn_{0.58}Zn_{0.37}Fe_{0.05}Fe_2O_4$ 铁氧体的预烧温度和 Fe_2O_3 颗粒尺寸对 μ_i 的影响

陷多的铁氧体粉料，其烧结活性好。

② 铁氧体粉料颗粒之间的接触。铁氧体粉料颗粒之间的接触是铁氧体烧结的重要条件。因此，在铁氧体烧结之前成型时，都给以一定的压力，一般在保证产品不开裂的前提下，成型压力要尽量地大。图 10.29 给出了用化学共沉淀法制取的锰锌铁氧体，用不同压力成型的坯件，在不同烧结温度下的烧结体密度。由图可见，成型压力大的坯件在较低的烧结温度下就可以达到较高的密度；而成型压力小的铁氧体坯件，则需要较高的烧结温度才能很好地致密化。这是由于压力大，坯件中铁氧体粉料颗粒间接触好，促进了烧结。反之，一切阻碍铁氧体粉料直接接触的因素，都会阻碍铁氧体的烧结。特别是存在有较显著的高温挥发性物质，它除了会形成气体的吸附层外，由于高温挥发还给烧结体造成气孔，因而不利于烧结。

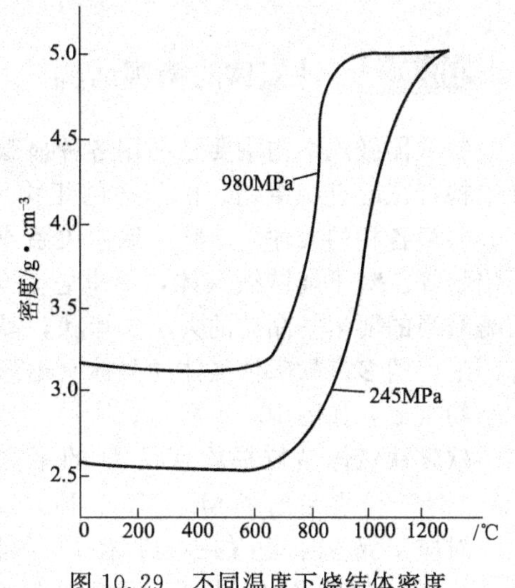

图 10.29　不同温度下烧结体密度与烧结温度的关系

③ 添加剂的影响。表 10.1 给出 Cu 的含量对 $Ni_{1-x}Cu_xFe_2O_4$ 烧结密度的影响。由表可见，适当的含 Cu 量会提高烧结体的密度。这是由于 CuO 和 Fe_2O_3 在高温时，会形成液相，促进烧结的进行。通常，液相具有润湿能力好、黏度小，表面张力大，对铁氧体粉料有拉近、拉紧和促进物质传输等作用，所以会促进铁氧体的烧结。因此，在铁氧体制造过程中常常添加一些助熔剂，如 V_2O_5、Bi_2O_3、PbO 等。

表 10.1　Cu 的含量对铁氧体密度的影响

$Ni_{1-x}Cu_xFe_2O_4$	0.1	0.2	0.3	0.4	0.7	1.0
密度/(g/cm^3)	3.7	5.2	5.34	5.33	5.16	5.14

④ 预烧的影响。预烧的情况对铁氧体的最后烧结有着特别重要的影响。在同一烧结温度下，烧结体的密度随着预烧温度的升高而下降。这说明经过高温预烧的铁氧体粉料烧结活性降低了，所以坯件收缩率减小。但经低温预烧的铁氧体粉料，由于预烧温度低，铁氧体的

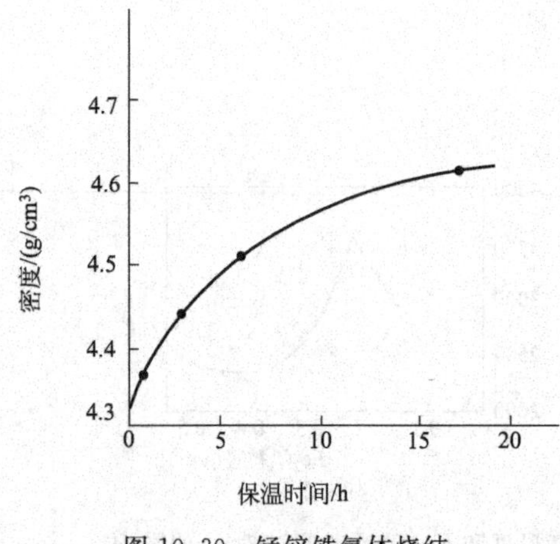

图 10.30 锰锌铁氧体烧结密度与保温时间的关系

生成反应完成的程度小，这样在烧结时还要进行生成反应。烧结时出现生成反应会促进烧结反应的进行。不过这样往往会引起异常晶粒的生长，对形成好的显微结构不利。所以，为获得某些主要电磁特性往往是存在着一个最佳的预烧温度。

⑤ 烧结温度与保温时间的影响。对于铁氧体烧结反应来说，烧结温度和保温时间的影响是比较大的，因为它们是直接控制着铁氧体坯件的烧结反应。一般说来，随着烧结温度的升高和保温时间的延长（在一定范围内），铁氧体坯件的气孔率减少，密度增大，图 10.30 给出锰锌铁氧体在 1350℃下烧结的烧结体密度随保温时间延长而逐渐增大的情况。

10.5 铁氧体的微观结构及其控制

10.5.1 铁氧体的微观结构

铁氧体微观结构主要是利用各种显微镜观测得到的，所以，也称之为显微结构。形成显微结构特征的有相结构、由怎样的相构成、其数目与构造；孔隙与气孔也可以看作为一种相；共存各相的尺寸、形状、取向关系或分布状况、容积比；晶界的构造，组成变动，晶界析出物等。对于烧结铁氧体，要求它是单相的（从化学角度上说），所以，在显微结构中，值得重视的要素是晶粒的大小、形状，晶粒界面的相构造以及气孔的数量、形状和分布等。应用最广的多晶软磁铁氧体的晶体是由形状大小不同的晶粒和在晶粒内部或边界处的气孔与夹杂物组成，如图 10.31 所示。

软磁铁氧体晶粒平均直径 D 的平方与烧结时间（保温时间）成线性关系。图 10.32 (a)、(b) 分别给出了 $Mn_{0.5}Zn_{0.5}Fe_2O_4$ 和 $Mn_{0.48}Zn_{0.5}Mg_{0.02}Fe_2O_4$ 试样在不同烧结温度上，对应于保温时间 t 的晶粒直径 D^2 的标绘图。由图可见，在固定的一个烧结温度上，晶粒平均直径 D 的平方，与保温时间成线性关系。

当铁氧体坯件中无液相存在时，晶粒按 $D^2 \propto t$ 的规律生长；而当铁氧体坯件中存在液相时，晶粒是按照 $D^3 \propto t$ 的规律生长的。E. Roess 在研究锰锌铁氧体烧结时也给出过类似的关系：

$$D=Kt^{\frac{1}{3}} \tag{10-1}$$

式(10-1) 中，D 为平均晶粒尺寸；t 为烧结时间；K 为常数，当使用氮气作保护气体时，$K=0.55\mu m/s^{\frac{1}{3}}$；当在真空中烧结时，$K=1.8\mu m/s^{\frac{1}{3}}$，在实际铁氧体烧结中，出现 $D^3 \propto t$ 的原因可以认为是微量杂质作用使铁氧体坯件中出现了液相。

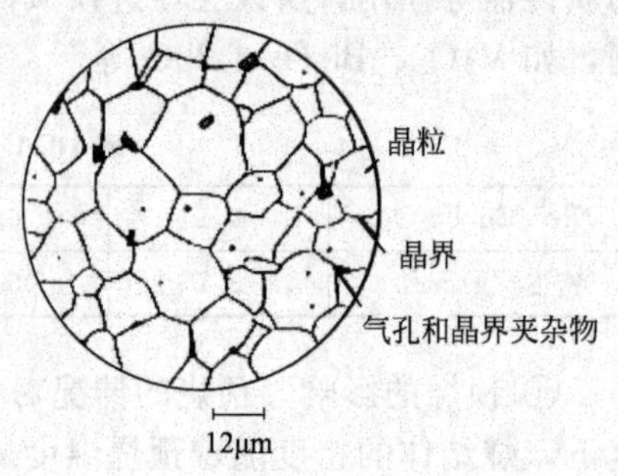

图 10.31 多晶软磁铁氧体的晶体

当 $Mn_{0.48}Zn_{0.5}Mg_{0.02}Fe_2O_4$ 在 1250℃烧结 10min 时，试样主要是由约 10μm 直径的小晶粒构成，只有极

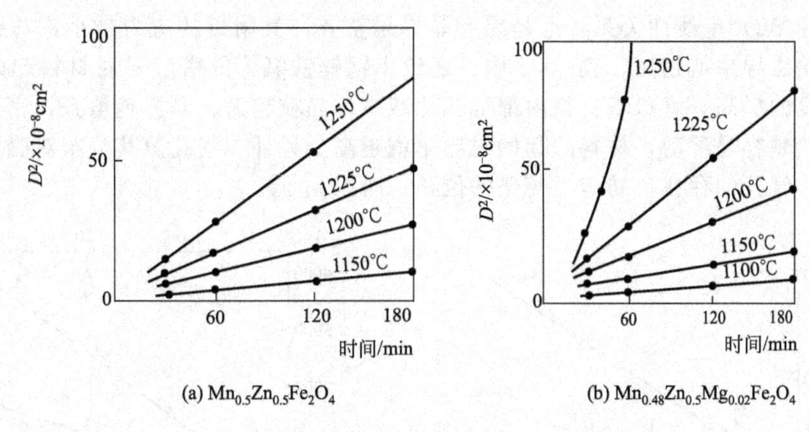

图 10.32 晶粒直径的平方与保温时间关系

少数的大晶粒散布其间。随着烧结时间的延长，为了降低系统的能量，大晶粒吞并小晶粒而长大；大约烧至 45min 后，大晶粒边界的移动已较缓慢；最后晶粒生长到约 150μm 直径时，几乎所有的小晶粒都消失了，晶粒生长就基本停止了。

实践表明，系统含杂越多，晶界生长就越困难，结束也就越早。C. Zener 曾指出，极限晶粒直径 D_{cr}与异相的平均直径 d_i及其在坯件内的容积比 f_i有如下的关系：

$$D_{cr}=\frac{d_i}{f_i} \tag{10-2}$$

运用式(10-2) 可以说明铁氧体坯件在烧结过程中的一些现象。例如，在烧结的开始阶段，由于铁氧体坯件中孔隙占的容积很大，气孔阻碍了晶粒生长，所以，在烧结初期几乎看不到晶粒生长。随着烧结的进行，铁氧体坯件内的孔隙逐渐被排除，即 f_i变小，所以，晶粒生长就逐渐地显著起来。如果 f_i趋向于零，则依照式(10-2)，D_{cr}就变为无穷大，于是系统出现所谓异常晶粒生长。

异常晶粒生长也叫“不连续晶粒生长”。如前所述，当以表面张力作为晶粒生长的驱动力时，较大的晶粒吞并较小的晶粒而逐渐长大；但异相的存在，常会妨碍晶粒的生长，当促使晶粒生长的作用与抑制（妨碍）晶粒生长的作用之间，处于平衡状态时，晶粒的生长就停止。然而，当局部地方由于某一原因而对晶粒生长的抑制作用减弱时，例如杂质或孔隙在铁氧体坯件的某个部位突然消失，于是该部分的个别晶粒就大量地吞并四周小晶粒而迅速长大，出现不连续晶粒生长而产生与周围晶粒不同的异常大的晶粒，使整个系统出现“双重结构”。双重结构在铁氧体的烧结过程中是时常出现的。双重结构的出现，对于铁氧体的性能是不利的。

10.5.2 铁氧体显微结构的控制

(1) 晶粒直径与性能

软磁铁氧体的应用面很广，随着应用要求的不同，对材料内部结构的要求也不一样，例如，对于用作变压器等磁芯的软磁铁氧体材料，要求其磁导率要高。图 10.33 示出了起始磁导率 μ_i 与平均晶粒直径的关系曲线。

由图 10.33、图 10.34、表 10.2 均可见，要获得高的磁导率，必须使材料的晶粒尽量长大。实践表明，对于软磁铁氧体，平均粒径在 5～10μm 时，磁导率增加很快，因为直径<5.5μm 的颗粒，主要靠磁畴旋转获得的相对磁导率约为 500，而直径大于 5.5μm 时主要由畴壁移动，可获得更高的磁导率。图 10.34 还示出，μ_i 与晶界的整齐程度（又称平均晶界

的比例，简称 BB）呈线性关系，这是因为晶界越整齐，其附近的应力越小，畴壁移动的妨碍越少，起始磁导率就越高。表 10.2 中，还给出锰锌铁氧体的密度 d 对材料起始磁导率 μ_i 的影响。密度的提高，意味着材料内部气孔的减少。晶粒越大、晶界越整齐，密度越高；气孔越少，畴壁越容易移动，材料的起始磁导率就越高。另外，气孔及其分布对磁导率的影响也是很大的。气孔的存在，妨碍了畴壁的位移，所以 μ_i 低。

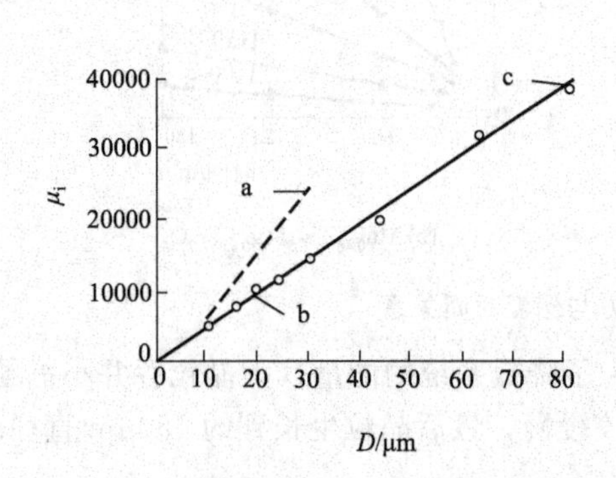

图 10.33 锰锌铁氧体的 μ_i 与平均粒径的关系
a—Peloschek 数据；b—E. Roess；c—A. Beer 数据

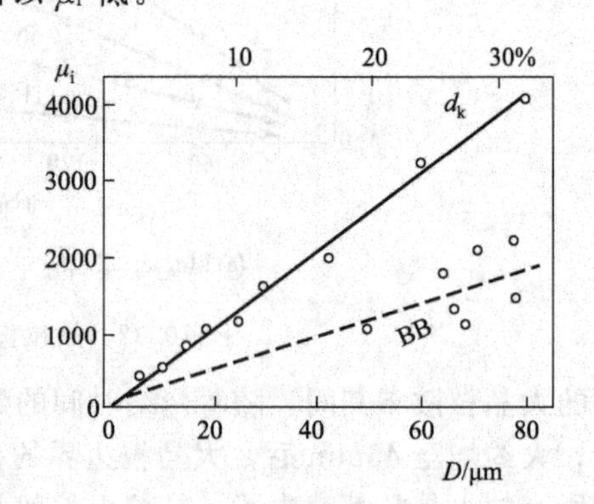

图 10.34 Mn-Zn 铁氧体的 μ_i 与 D、BB 的关系

表 10.2 锰锌铁氧体的 μ_i 与 D、d 的关系

μ_i	6500	10000	14000	16000	21500	25000	40000
$d/(g/cm^3)$	4.55	4.70	4.88	4.95	5.04	5.05	5.10
$D/\mu m$	11	14	19	21	27	30	80

实践表明，对镁铁氧体，其 μ_i、最大磁通密度随着材料密度的增大而提高；而材料的矫顽力 H_C、剩磁 B_r 却随着密度的增大而降低。

实践同时表明，矫顽力的大小也与晶粒尺寸有一定的关系，晶粒越小，晶界越多，畴壁移动的阻力越大。当晶粒小于 5μm 左右时，磁畴为单畴状态，即此时不存在畴壁，也就不可能有壁移磁化，只有磁畴的移动，所以，晶粒越小的材料，其矫顽力 H_C 越大。因此，一般软磁铁氧体要求比较大的晶粒粒径。

在想获得低损耗软磁铁氧体的场合，往往希望材料具有细的晶粒和适当的气孔率。通常，为了降低畴壁共振引起的磁滞损耗，可采用减小晶粒尺寸以去除畴壁和利用气孔来“冻结”畴壁等办法。对同一成分、密度相同而晶粒大小不同的两个镍锌铁氧体试样的对比试验表明，具有细晶粒的试样损耗（μ''）低。为了降低涡流损耗，通常要提高铁氧体的电阻率。图 10.35 给出镍铁氧体在 10000MHz 下的电阻率与材料内气孔率的关系曲线。由图可见，适当地增大气孔率会提高材料电阻率。

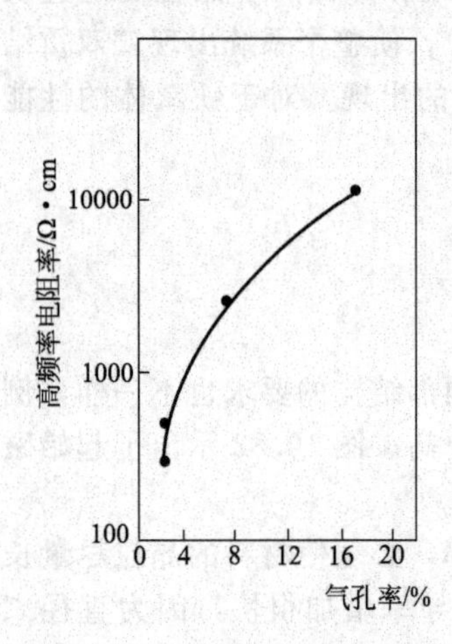

图 10.35 镍铁氧体的高频率电阻率与材料内气孔率的关系

（2）气孔的控制

多晶铁氧体内气孔的多少、分布状况严重地影响着铁氧体材料的性能，所以，控制气孔对提高铁氧体材料的性能有着重要的意义。

表征铁氧体材料内气孔多少的物理量是气孔率 P，在实际测量中，通常是先测出材料的表观密度 d 和 x 光理论密度 d_x，然后按（10-3）式求取材料的气孔率：

$$P=\left(1-\frac{d}{d_x}\right)\times 100\% \tag{10-3}$$

铁氧体内气孔的来源在于粉碎、造粒和成型时混入的气体，烧结时水分和黏合剂的气化，氧化和还原反应，成分的分解、挥发以及晶粒内部的缺位和工艺条件不当等。对铁氧体坯件进行加热烧结，孔隙是通过颗粒的表面向外逃脱而减少；接着由于烧结反应，出现一些孔隙被封闭在坯件内部形成封闭的气孔；与此同时，结晶成长。

铁氧体内气孔的数量、大小、分布状况取决于铁氧体的组成、粉料的烧结活性、烧结温度和保温时间以及周围的氧分压。比如，烧结温度偏低时，则固相反应不完全，气孔细小，且密布于晶界、呈不规则的多面体；当烧结温度较高时，则气孔较大、呈圆球形、表面能较小、较稳定，包含在晶粒内部的气孔常远离晶界为较小的圆形（如麻点）；烧结气氛不当或烧结温度偏高，则容易造成铁氧体的分解及某些离子的挥发，从而影响气孔的消除。如果能够很好地控制这些因素并且将它们适当地组合起来，就可在很大程度上控制气孔的数量、大小和分布状况。

图 10.36 是两种同一组成的铁氧体坯件在烧结过程中烧结密度与烧结时间、平均晶粒直径的关系。曲线 A 表示在比较短的时间内致密化。由图可见，烧结体内的平均晶粒直径增加，烧结密度增加，但不多。曲线 B 表示的是缓慢地进行致密化，但随着晶粒平均直径的增加，烧结密度增大较快。这说明：曲线 A 的试样在烧结过程中，先发生致密化，而后发生结晶成长。曲线 B 的试样在烧结过程中，是致密化和结晶成长同时发生的。如前所述，在烧结的初期，铁氧体坯件内的气孔是通过粒子间向外逃脱的。曲线 A 因是一下子晶粒生长到 20μm 左右，即在烧结初期晶粒生长很快，这样气孔就容易被封闭到晶粒中去，成为闭合的气孔，这样的气孔要向外排除是缓慢而困难的。曲线 B 由于结晶成长是在以较慢的速度进行，气孔残留在晶界上；虽然致密化速度较慢，但毕竟还是在发生着；这样气孔会通过晶粒边界移动并排除掉。

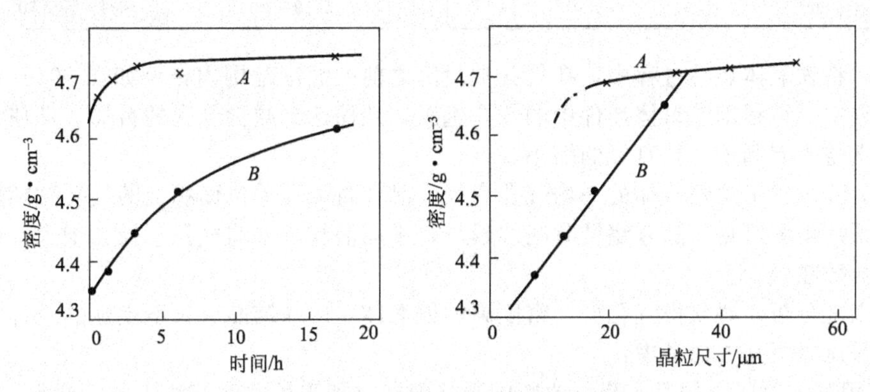

图 10.36　烧结密度与平均晶粒直径、烧结时间的关系

许多研究表明，在烧结中后期的致密化过程中，烧结体内气孔尺寸经历了一个变大（气孔生长）的过程，气孔生长与晶粒生长和致密化同时发生，但气孔生长的速度低于晶粒生长的速度。气孔生长与晶粒生长和致密化有关，所以，气孔生长受到颗粒尺寸差别和气孔压应力的双重影响。

图 10.37 给出粉料的平均粒径对镍铁氧体气孔率的影响。图（a）为干法制取的，粉料的平均粒径为 70nm；图（b）为湿法制取的，粉料平均粒径为 24nm；压型压力为 294MPa。

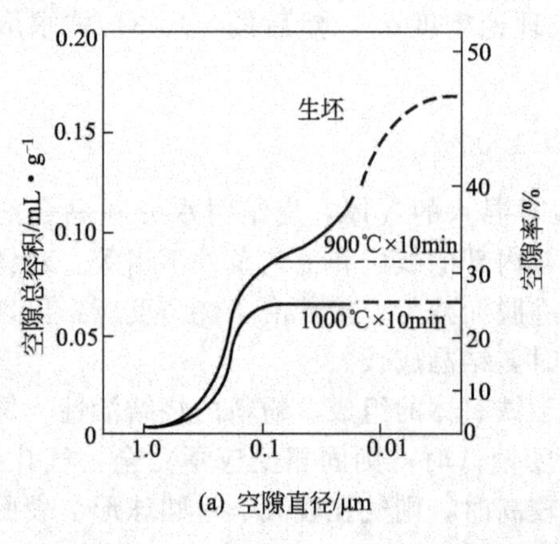

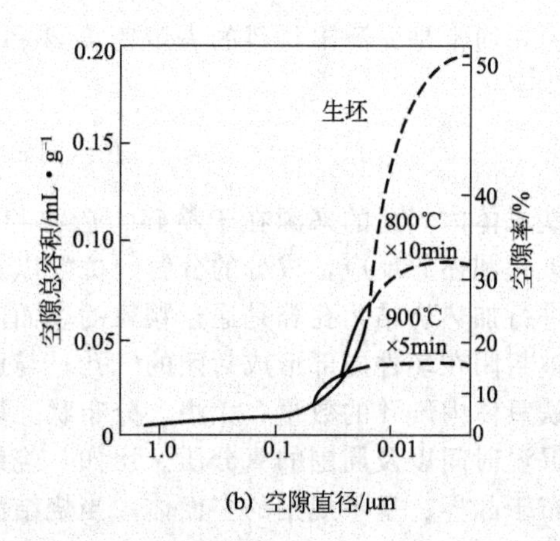

图 10.37 粉料平均粒径对镍铁氧体气孔率的影响

15nm 以下的气孔用虚线表示。由图可见，降低粉料的起始粒径对减小气孔率有利。

Stwjts 仔细研究了高密度 NiZn 铁氧体的制备，他发现，当原始配方中氧化铁含量略低于正分比时，可获得高密度；反之，如氧化铁含量略高于正分比，则很难得到致密的样品$\left[\text{这可能是由于铁的变价而产生氧气}\left(2Fe^{3+}-\frac{1}{2}O^{2}\longrightarrow 2Fe^{2+}\right)\text{，气泡在晶界未被排除之故}\right]$。

实践表明，采用热压烧结，可以减少铁氧体内的气孔。一般说来，铁氧体坯件在热压烧结时，随着压力的增加，烧结体内气孔的数量及尺寸都减小，密度增大。表 10.3 给出压力对热压镍锌铁氧体密度的影响。但是，热压温度不能过高，通常在 800～1200℃加压。也就是说，必须在结晶成长之前加压才有利于气孔的排除。如果温度过高，则热压只能制取大晶粒而不能获得高密度。

表 10.3 压力对热压镍锌铁氧体密度的影响

压力/×0.098MPa	100	200	300
密度/(g/cm³)	5.01	5.19	5.30

另外，在铁氧体烧结过程中，在气孔被封闭之前的温度范围内，例如在 900～1200℃范围内，抽真空，可帮助铁氧体坯件中的气孔逃脱，从而达到减少气孔的目的。即使气孔被封闭了，抽真空也有利于气孔直径的缩小。

图 10.38 示出了镍铁氧体的平均气孔直径、晶粒直径和单位面积上的气孔数随烧结时间的变化关系。由图可见，随着烧结时间的延长，平均晶粒、平均气孔直径在增大，而单位面积上的气孔数在减少。

根据以上分析，要获得气孔少、密度高的铁氧体，应在结晶成长不迅速的条件下进行烧结，且还需从以下几方面考虑：

① 采用高纯原料，并适当降低原料的平均粒径（如采用共沉淀法生产的原料）；

② 适当地降低铁氧体粉料的平均粒径；

③ 加大成型压力，提高坯件密度及其均匀性；

④ 通过掺杂抑制异常晶粒的长大；

⑤ 加压烧结；

⑥ 缓慢升温，并严格控制烧结气氛与保温时间。

(3) 铁氧体晶粒尺寸的控制

铁氧体试样的晶粒可以通过金相显微镜、电子显微镜等加以观察。影响铁氧体晶粒生长

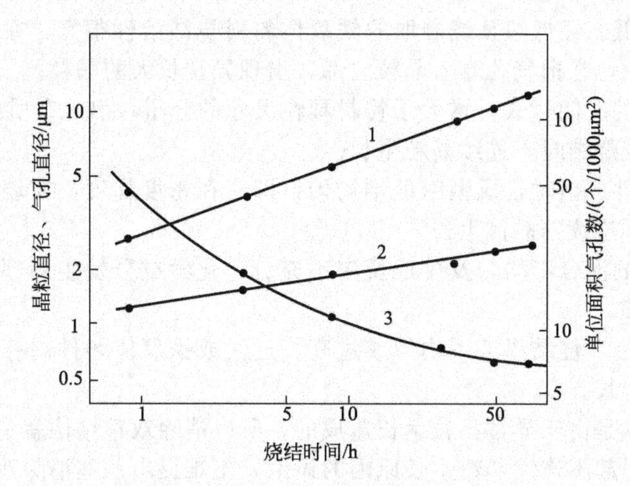

图 10.38 烧结时间对镍铁氧体的平均气孔直径、晶粒直径和单位面积上的气孔数

1—晶粒直径；2—气孔直径；3—单位面积气孔数

的因素是很多的，诸如组成、粉料性质、成型压力、成型密度、烧结温度、烧结时间、烧结气氛以及杂质等。

铁氧体的组成对晶粒生长影响显著的是 Fe_2O_3 的含量。当配方中 Fe_2O_3 含量不足时，因容易造成高的 O^{2-} 空位浓度，促使 O^{2-} 扩散变快，晶界迅速移动，所以，晶粒容易生长。而铁氧体中有过剩的 Fe_2O_3 固溶并在氧化性的条件下烧结，由于阳离子空位浓度增加，O^{2-} 空位浓度减小，使得晶界移动速度显著降低，所以，晶粒生长慢。

在铁氧体配方中，加入一定数量的助熔剂，由于在高温时助熔剂熔化成液相，如前所述，有液相参加的烧结，结晶成长是快的，所以，晶粒容易生长。

添加剂对铁氧体晶粒的生长影响，也是显著的。如前所述，少量的 MgO 会促进锰锌铁氧体的晶粒生长，对于 $Mn_{0.5}Zn_{0.5}Fe_2O_4$，其晶粒生长的激活能为 481.482kJ/mol，而 $Mn_{0.48}Zn_{0.5}Mg_{0.02}Fe_2O_4$ 晶粒生长的激活能为 417.424kJ/mol，显然，加 MgO 使激活能降低了。另外，有的添加剂会抑制晶粒的生长，通常为了减少晶粒边界的表面能，晶界常停在杂质的中心位置，因为这样晶界面积最小。晶界要是迁移过杂质，晶界就要增加相当于杂质横截面的面积，从而增大晶粒边界表面能，所以，这些杂质会阻碍晶粒的生长。

铁氧体粉料的烧结活性好坏对晶粒生长的影响是很容易理解的。例如经低温预烧的铁氧体粉料，由于具有良好的烧结活性，在烧结过程中，晶粒生长就相当迅速。

一般说来，随着烧结温度的升高或保温时间的延长，晶粒尺寸增大。对于希望具有大晶粒结构的材料，都希望尽可能地促进晶粒的生长。然而，当晶粒生长条件的控制稍有不当，便会出现异常晶粒的生长，其结果是给铁氧体材料造成双重结构。在铁氧体的烧结过程中，常常出现双重结构。具有双重结构的铁氧体，无论是哪一种铁氧体，其性能都是不好的。因为具有双重结构的铁氧体，晶粒是不均匀的，晶粒内气孔很多，密度当然低，从而使材料的 μ_i、μ_iQ、α_{μ_i}、D_F 等性能参数变坏。

在铁氧体的烧结过程中，发生双重结构的原因直至具体条件尚不十分明了。根据许多报道，关于双重结构产生的原因大体有以下一些：

① 杂质的影响。通常双重结构多发生在不能把极微量杂质的影响忽略不计的场合。特别是锰锌铁氧体，当主原料中含有微量的 Si（如按质量分数计，为 0.02%）时，在烧结过程中，它将以分散的液相出现，即晶粒边界不完全被该液相覆盖，导致不连续的晶粒生长，造成双重结构。

② 预烧温度过低。经低温预烧制取的铁氧体粉料烧结活性很好，在烧结过程中控制稍不当，晶界移动过快，常把气孔卷入晶粒内部，出现异常长大的晶粒。

③ 粉料被粉碎的时间过长，增大了粉料颗粒尺寸的分布，引入杂质或发生 ZnO 的重新聚集现象，都会造成烧结时不连续晶粒生长。

④ 在铁氧体坯件成型时，成型密度不均匀，即存在密度梯度，在坯件经受高压、密度较大之处容易发生不连续的晶体生长。

⑤ 原料氧化物的混合不均匀及生成反应不充分、化学成分发生局部变动的场合，易引起不连续的晶粒生长。

⑥ 在烧结过程中，烧结温度不均匀或过高、过快或铁氧体坯件内存在温度梯度时，也容易发生异常晶粒生长。

双重结构的形成是由于异常晶粒生长造成的，所以消除双重结构就是防止铁氧体坯件的异常晶粒生长。从引起不连续晶粒生长原因的讨论，不难提出一些消除双重结构的方法，主要有以下一些：

① 尽可能采用高纯度的原料。这样，可消除夹杂物熔解现象而引起的重结晶，可以获得良好的均匀显微结构。

② 采用合适的混合工艺，严防杂质的混入和某些原料的团聚。如能用湿式法生产均匀的铁氧体粉料则更好。

③ 在成型前，要避免粉料结成刚硬的团块；压制时，尽可能使坯件各部分受力均匀，如能用均衡压制方法，则更好。

④ 在配料时，适量地加入一些能起阻止晶粒长大的添加剂。这种添加剂既不形成有害的液相，也不会长大成聚合块；另外，其粒度要小于铁氧体粉料的初始颗粒度；把铁氧体的晶粒生长限制在连续生长阶段，即使坯件内所有的气孔都消失，晶粒也不过分生长。添加剂通常有能够生成液相的，例如 CaO、V_2O_5 等；不能生成液相的，如 ZrO 等；会形成固溶体的，如 CaO，不能形成固溶体的，例如 V_2O_5 等。实践证明，不能生成液相的作用大于会生成液相的；不形成固溶体或固溶度小的作用大于形成固溶体或固溶度大的。对形成固溶体的，当添加量超过其固溶度时，限制晶粒生长的作用更加明显。在形成固溶体的关系中，还和取代离子的进行及点缺陷有关。

阿特金（Atkin）认为，在靠近晶粒边界附近，添加离子浓度大，会显著地阻碍晶界的移动；当晶界移动时，晶界必须拖着被吸附在晶界上的杂质一道移动，因而晶界移动速度减慢。

⑤ 制订合适的烧结制度，防止因温度不均匀或时间不足而造成不均匀的晶粒生长。另外，在铁氧体烧结过程中，往往在某一温度范围内，晶粒生长很快（例如，锰锌铁氧体在1050～1200℃是晶粒成长最快的阶段），在此阶段中，如果不认真地给予控制，会形成晶粒大小极不均匀的双重结构。但如能在对大晶粒的迅速生长不利、而对小晶粒生长有利的温度预保温一些时间，便可形成晶粒大小均匀的显微结构。

⑥ 适当地提高预烧温度使铁氧体粉料的烧结活性降低，可抑制晶粒的狂长。

此外，控制适当的烧结气氛也是重要的。对于需要细晶粒结构的材料（如低损耗的锰锌铁氧体），利用微量掺杂抑制晶粒生长，也是一个有效的办法。

通过以上的讨论，不难看出，影响铁氧体内部组织结构的因素是很多的，也是很复杂的。但是，如果能把原材料的选择、配方、混合、预烧、粉碎、成型、烧结温度、时间和气氛等巧妙地结合起来并严格地加以控制，是可以得到晶粒均匀、晶粒内不含气孔、高密度、大晶粒的铁氧体材料的。

【例 10.4】 原材料选择高纯主原料，尤其是 SiO_2、TiO_2、CaO、V_2O_5，碳酸盐、硫酸盐等对烧结影响很大的杂质，要求其含量（质量分数）少于 0.01%。

① 配方（按摩尔分数计）：Fe_2O_3 为 52.5%，MnO 为 25.5%，ZnO 为 22%。

② 预烧，把所需要的原材料经充分混合后，在空气中加热到 900℃保温 1h。

③ 粉碎，以铁制的球磨机作湿式粉碎。

④ 成型，加有机黏合剂做成颗粒后，用 49MPa 的压力压制成环状试样。

⑤ 烧结，在氧气氛中加热到 1340～1380℃，保温 2～72h，然后在含氧 0.1%（体积）的氮气中加热 3h，冷却是在纯氮气中进行，最后获得晶粒大小均匀、晶粒内不含气孔，密度达到 5.04g/cm³，平均晶体颗粒为 30μm，μ_i 可达 25000 的 MnZn 铁氧体。

10.6 铁氧体的气氛平衡

铁氧体的最终组成和微观结构还受其周围气氛支配。特别是在高温情况，铁氧体坯件周围气氛不同，金属离子会变价、组成会变动，从而引起电的、磁的、力学性能的变化。因此，有必要讨论一下周围气氛对制造铁氧体的影响。本部分先是讨论铁氧体气氛平衡的有关理论，而后通过一些具体的铁氧体制造实例分析铁氧体的氧化、还原和挥发以及它们的控制方法。

10.6.1 铁氧体的平衡气氛

铁氧体的物理化学问题一直是铁氧体制造中极为重要的问题。铁氧体的各种性能都和制造工艺有关，尤其是烧结过程。例如，镍锌铁氧体在高温烧结时如周围气氛中缺少氧气，则制造出的材料电阻率低、损耗大，这是由于某些成分挥发造成的。钡铁氧体在烧结过程中如果缺氧，则钡铁氧体将被还原，使得其磁性和力学性能变坏，甚至一敲即碎。又如锰锌铁氧体在冷却时如果被氧化，则会出现分解现象，从而使其性能下降。

为了防止铁氧体坯件在烧结过程中发生氧化、还原和挥发，就必须了解高温下的化学平衡和以怎样的速度由偏离平衡状态回复到平衡状态，也就是说如何控制平衡气氛的问题。

(1) 铁氧体的平衡氧分压随温度的变化

铁氧体的平衡周围气氛是指在任何温度上与铁氧体取得平衡的某种单一气体或混合气体。平衡周围气氛是温度的函数。铁氧体平衡气氛中，重要的是平衡氧分压。在一定的条件下，例如通常在 101.325kPa 的空气中，氧分压占 21%，即 21.28kPa。当所考虑的系统，例如，试样及其周围的气氛，在温度升高时，由于氧的活动性加强，无论是铁氧体试样内氧的分解压力还是试样周围气氛中氧的分压力都增大。由于铁氧体试样内氧的密集程度比其周围气氛中的大，所以，温度升高，铁氧体试样内的氧分解压力比其周围气氛中氧分压增长来得快，于是出现铁氧体试样内氧分解压力大于试样周围气氛中的氧分压，其结果是造成铁氧体试样放氧。反之，当系统温度降低，铁氧体试样内氧的分解压力就会比其周围气氛中氧分压小，于是，出现铁氧体试样吸氧。

对于在空气中进行加热的场合，一般在温度低于 500℃时，铁氧体试样与其周围气氛之间，氧的交换可以忽略不计。当温度界于 500～1000℃之间，这种氧交换是缓慢的，但可觉察到。当温度高于 1000℃时，铁氧体试样与其周围气氛之间的氧交换就变得十分迅速和显著。图 10.39 是几种铁氧体的平衡氧压与温度的关系曲线。

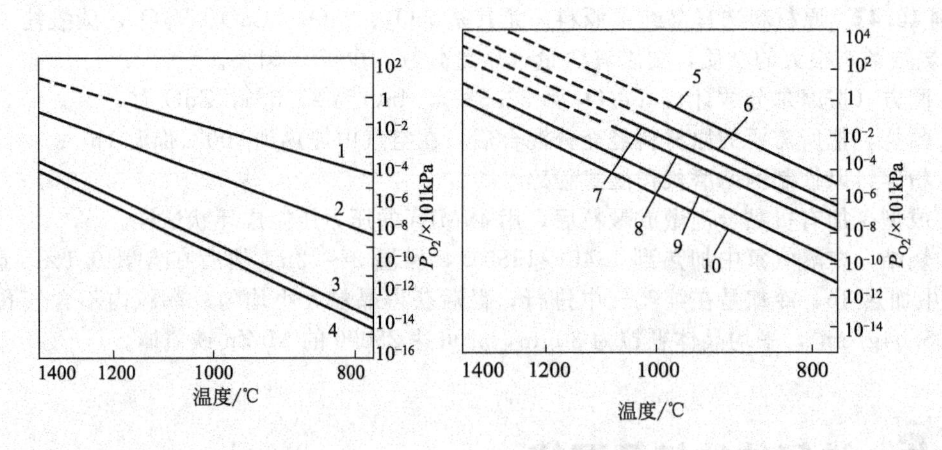

1—NiO 23.8% ZnO 27.5% Fe_2O_3 48.7%；　2—MnO_2 15.0% MgO 41.0% Fe_2O_3 44.0%；
3—NiO 28.4% ZnO 18.9% Fe_2O_3 52.7%；　4—MnO_2 29.3% ZnO 16.1% Fe_2O_3 54.6%；
5—MnO_2 34.8% ZnO 19.2% Fe_2O_3 46.0%；　6—MnO_2 32.2% ZnO 17.8% Fe_2O_3 50.0%；
7—MnO_3 29.3% ZnO 16.1% Fe_2O_3 54.6%；　8—MnO_2 25.2% ZnO 14.2% Fe_2O_3 60.6%；
9—MnO_2 12.9% ZnO 7.11% Fe_2O_3 80.0%；　10—磁铁矿

图 10.39　几种铁氧体的平衡氧压与温度的关系

由图 10.39 可见，对于不同的材料，有其各自的平衡气氛曲线。无论什么材料，在高氧分压的一边，材料吸氧，$4MO_2 \longleftrightarrow 2M_2O_3+O_2$ 反应向左进行；在低氧分压的一边，材料放氧，$4MO_2 \longleftrightarrow 2M_2O_3+O_2$ 应向右进行；在曲线上，平衡成立，反应物和生成物共存。由于这个缘故，所以确定了氧分压，就是确定了达到使各反应平衡的温度。在某一氧分压 P_{O_2} 条件下，随着系统温度的升高，有利于金属离子以低价形式存在；反之，当系统温度降低，则有利于金属离子以高价形式存在。

通常，在铁氧体烧结过程中，当系统的氧化、还原现象不甚严重的情况下，虽然会出现部分金属离子的变价或出现空位，但它们会固溶于原来的相中，所以仍能保持单相。图 10.40 给出锰锌铁氧体和镍锌铁氧体具有一定单相区的状态图。按摩尔分数计，图（a）的组成是：MnO_2 为 30.5%，ZnO 为 16.8%，Fe_2O_3 为 52.7%；图（b）的组成是：NiO 为 28.4%，ZnO 为 18.9%，Fe_2O_3 为 52.7%。图中的信息表明，无论锰锌铁氧体还是镍锌铁氧体，烧结时，其氧分压都有一个上限和一个下限。当超过上限，由于氧分压过大，铁氧体被氧化，氧化过分，超过固溶度而脱溶出非磁性的另相。同样，如果低于下限，由于缺氧，

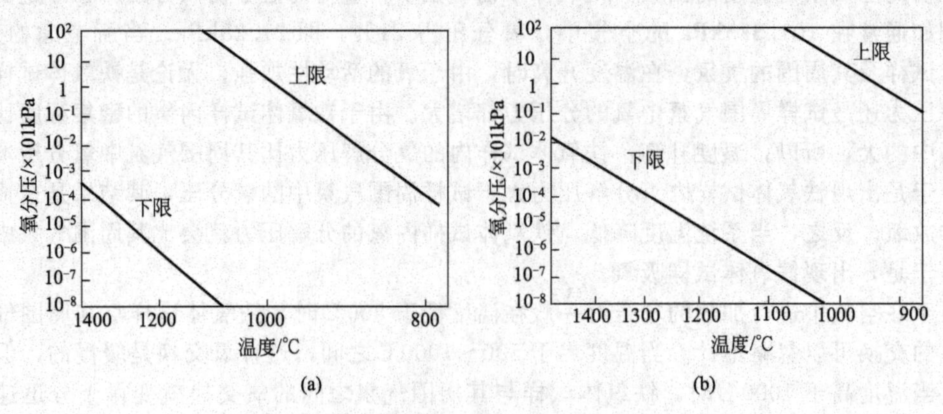

图 10.40　锰锌和镍锌铁氧体的状态图

试样被还原并超过固溶度而脱溶出另相。

铁氧体中如有另相出现，会使铁氧体的性能下降。为了保证铁氧体的组成、离子状态和微观结构符合要求，铁氧体的烧结必须在平衡气氛中进行。

(2) 氧分压的控制

在打算获得所要求组成的材料场合，一定要确定氧分压和温度。当在空气中加热时，由于氧分压是21.278kPa，对于一般的材料能获得所要求的组成。但对含有Fe^{2+}、Mn^{2+}等的材料，要求低的氧分压。而对含有Co^{3+}、Ni^{3+}、Mn^{4+}等的材料，则要求高的氧分压。所以要能控制氧分压。

在想获得101.3×10^{-3}kPa到101.3kPa的氧分压的场合，通常可用含惰性气体如氩、氦等以及氮气那样的中性气体、混合气体来加以控制。例如用氮气来控制，要把包括烧结炉在内的系统置于密封装置中。利用氮气来控制氧分压有两种方法，一是固氮，二是流氮。固氮法，就是先将系统内的空气用真空泵抽走，而后通入氮气，根据通入氮气的多少和炉内原有的真空度及系统的体积可算出系统内的氧分压。利用流氮法来控制，就是不断地向系统通氮，随着氮气的不断通入，系统的氧分压不断下降。系统内氧分压P_{O_2}的大小与通入氮气的流量和时间有关。假设通入的氮气是绝对纯的，P_{O_2}有：

$$P_{O_2}=P_0 e^{\frac{-ut}{V_0}} \tag{10-4}$$

式(10-4)中，P_0为大气中的氧分压；u为通入系统内氮的流量；t为通氮时间；V_0为系统的体积。由此可见，系统内的氧分压P_{O_2}是随着通入氮的流量大小及时间长短连续变化的。

关于流氮法，企业里也常用以下方式，对其进行计算。

【例 10.5】 假设经过计算，窑内某进气点，需要约4%的氧含量，而该点的进气总量为$2.5m^3/h$，问通入窑内的空气与氮气如何配？

解：假定空气中氧气的量为空气的1/5，设空气的进量为x，则

$\dfrac{x\times\frac{1}{5}}{2.5}=4\%$，则空气的进量为$0.5m^3/h$，氮气的进量为$2.5-0.5=2.0m^3/h$。

10.6.2 铁氧体的还原与氧化

在铁氧体的组成中除了含有氧离子之外，还含有金属离子。其中有些金属（如铁、锰、钴、铜等）离子会变价，如铁离子有三价和二价两种。变价的条件是温度和周围气氛中的氧分压。如果铁氧体周围气氛中缺氧，则铁氧体就会放氧，伴随着放氧，铁氧体试样中的可变价金属离子就会由高价转变为低价，即出现还原。在铁氧体制造过程中，如果出现还原，会使铁氧体因出现不符合要求价的金属离子而降低性能，所以，有必要讨论一下铁氧体的还原问题。

(1) 铁铁氧体的形成

在铁氧体的烧结过程中，还原的重要问题是$Fe^{3+}\longrightarrow Fe^{2+}$，即，$Fe_2O_3\longrightarrow Fe_3O_4$，通常$Fe_3O_4$称为磁铁矿，其结构是尖晶石型，即铁铁氧体。通常，在室温和空气中，氧化铁（Fe_2O_3）是稳定的相，而氧化亚铁（FeO）是不稳定的，常与空气中的氧发生作用生成Fe_2O_3：

$$4FeO+O_2\longrightarrow 2Fe_2O_3$$

但所需要的时间很长。

如果将 Fe_2O_3 在空气中加热，在适当的条件下，Fe_2O_3 就会转变成 Fe_3O_4。实验表明，在空气中加热 Fe_2O_3，在 1392℃左右 Fe_2O_3 放出氧气而还原 Fe_3O_4。但是，在空气中 1000℃下，或者在 101.3kPa（$\lg P_{O_2}=0$）中于 1450℃温度下，Fe_2O_3 都不能还原生成 Fe_3O_4，这是为什么呢？实验发现，Fe_2O_3 在 1000℃时的平衡氧压为 101.3×10^{-6}kPa，即 $\lg P_{O_2}=-6$，在 1450℃时的平衡氧压小于 101.3kPa。当周围气氛中的氧分压大于该温度下的 Fe_2O_3 平衡氧压，Fe_2O_3 就不产生还原分解，也就不能转变成 Fe_3O_4。如果，Fe_2O_3 在氧气为 101.3×10^{-7}kPa 的周围气氛中，于 1000℃加热，或者在氧气为 101.3×10^{-2}kPa 的周围气氛中于 1450℃下进行烧结，由于周围气氛的氧分压均已小于 Fe_2O_3 在该温度下的平衡氧压，所以能烧结生成 Fe_3O_4。

通常，烧结炉在室温时炉膛内的氧分压为 21.28kPa。当炉温升高时，炉内气体因得到热量而增强了活动性，从而气体压力也就增大。但一般烧结炉不是绝对密封的，由于炉膛内气体压力大于炉膛外的气压，于是炉膛内的气体就往外流，这导致炉膛内的氧含量减少。因此，在某种意义上说，可以相对地把高温时的炉膛看作是氧真空。正因为是这样，Fe_2O_3 的热分解温度可能下降。有实验表明，作为铁氧体配方成分的 Fe_2O_3，如果是过量的话，在空气中烧结，于 1000℃左右就有 Fe_2O_3 发生分解反应。

现在来研究一下，在 Fe_2O_3 中加入单原子价的金属氧化物对 Fe_2O_3 热分解的影响。图 10.41 示出在 Fe_2O_3 中分别加入 Cr_2O_3 和 ZnO 时，Fe_2O_3 的分解随温度的变化情况。图中各曲线的组成情况如表 10.4 所示。图中纵坐标是用来表示离解程度的尺度，是 Fe_2O_3 中 Fe 和 O 的比。其中 O/Fe=1.50 和 $O/Fe=\frac{4}{3}$ 分别对应于 Fe_2O_3 和 Fe_3O_4。从图（a）不难看到，在 Fe_2O_3 中加入 Cr_2O_3，Fe_2O_3 的离解特性被抑制。也就是说，可以认为，由于在 Fe_2O_3 中加进入了 Cr_2O_3，使 Fe^{3+} 变成 Fe^{2+} 困难。另外，由图（b）还能看到平行于纵坐标的组成，与单纯是 Fe_2O_3 的场合相同，按摩尔分数计，当 Cr_2O_3 含量为 40%（曲线 *b*）和 50%（曲线 *a*）时，已看不出平行于纵坐标的线段了。与此相反，在 ZnO-Fe_2O_3 体系中，当 ZnO 含量大于 $ZnFe_2O_4$ 所对应的组成：ZnO 为 50%，Fe_2O_3 为 50%时，Fe^{2+} 的生成量是非常少的；虽然，纯粹的 Fe_2O_3 在空气中，1392℃时才开始离解而生成 Fe^{2+}，但当 Fe_2O_3 在 50%以上时，可以看到在比 1392℃远低的温度下，就能生成多量的 Fe^{2+}。从图（b）中曲线 *b* 可以看到，ZnO 50%，Fe_2O_3 50%时，在烧结过程中变成单相的 $ZnFe_2O_4$，由于没有多余的 Fe_2O_3，所以 $Fe^{3+}\rightarrow Fe^{2+}$ 的转变明显地被抑制。从曲线 *a*（ZnO 为 60%、Fe_2O_3 为 40%）看出，除了 $ZnFe_2O_4$ 以外，即使有 ZnO 存在，这种倾向也毫无变化。与此相反，在 $ZnFe_2O_4$ 以外有 Fe_2O_3 存在，Fe_2O_3 含量在 50%以上的组成，Fe^{2+} 的生成反而比单纯 Fe_2O_3 存在的场合来得容易，变化的程度是随着 Fe_2O_3 含量而变。其原因可能是 $Fe^{3+}\rightarrow Fe^{2+}$，游离的 Fe_2O_3 转变成 Fe_3O_4，而固溶于 $ZnFe_2O_4$ 中。

表 10.4　图 10.41 中各曲线的组成

	曲线	*a*	*b*	*c*	*d*	*e*	*f*	*g*
图(a)	Fe_2O_3 摩尔分数/%	50	60	70	80	90	100	
	Cr_2O_3 摩尔分数/%	50	40	30	20	10	0	
	曲线	*a*	*b*	*c*	*d*	*e*	*f*	*g*
图(b)	Fe_2O_3 摩尔分数/%	40	50	58.4	66.7	73.4	90	100
	ZnO 摩尔分数/%	60	50	41.6	33.3	26.6	10	0

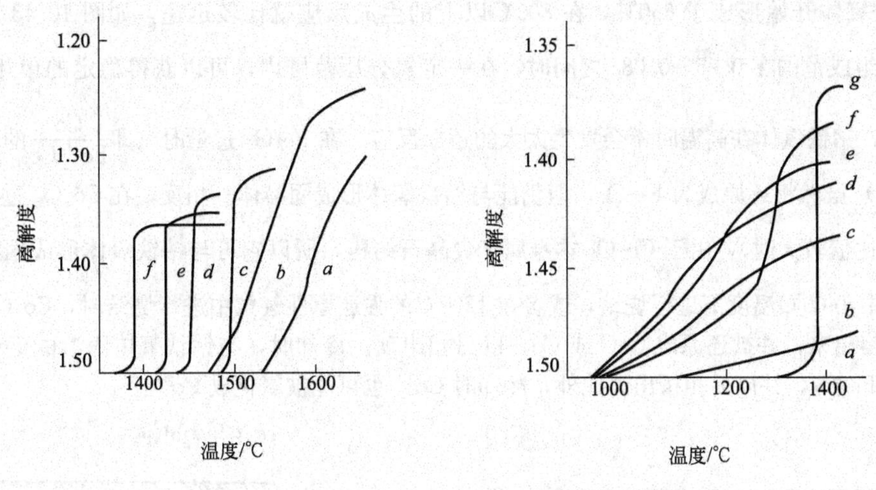

图 10.41 Cr_2O_3-ZnO 对 Fe_2O_3 离解特性的影响

(2) 铁氧体的还原

图 10.42 给出 ZnO-Fe_2O_3 二元系在空气中加热时的热离解特性和相图。图（a）上的虚线为相界，在虚线的左侧是尖晶石和 ZnO 两相共存，在虚线的右侧是尖晶石和 Fe_2O_3 两相并存。当 Fe_2O_3 过量时，部分 Fe_2O_3 还原成 Fe_3O_4，Fe^{2+} 含量急剧上升。当 Fe_2O_3 的摩尔分数为 100%并于 1400℃烧结时，Fe^{2+} 含量达最大值，热离解度（即 Fe_2O_3 中的 O/Fe 比值）也达最大值，最后 Fe_2O_3 全部被还原成 Fe_3O_4。当 Fe_2O_3 的摩尔分数为 80%时，在 1300℃以下，$ZnFe_2O_4$ 和 Fe_2O_3 两相共存；在 1300℃以上，Fe_2O_3 全部消失，$ZnFe_2O_4$ 以单相出现。相反，当 Fe_2O_3 的摩尔分数小于 50%时，就有 ZnO 析出，使尖晶石单相区变狭窄。总之，锌铁氧体在高温高氧分压下烧结时，失氧还原较少；相反，在低温、低氧分压下，还原分解就比较严重。

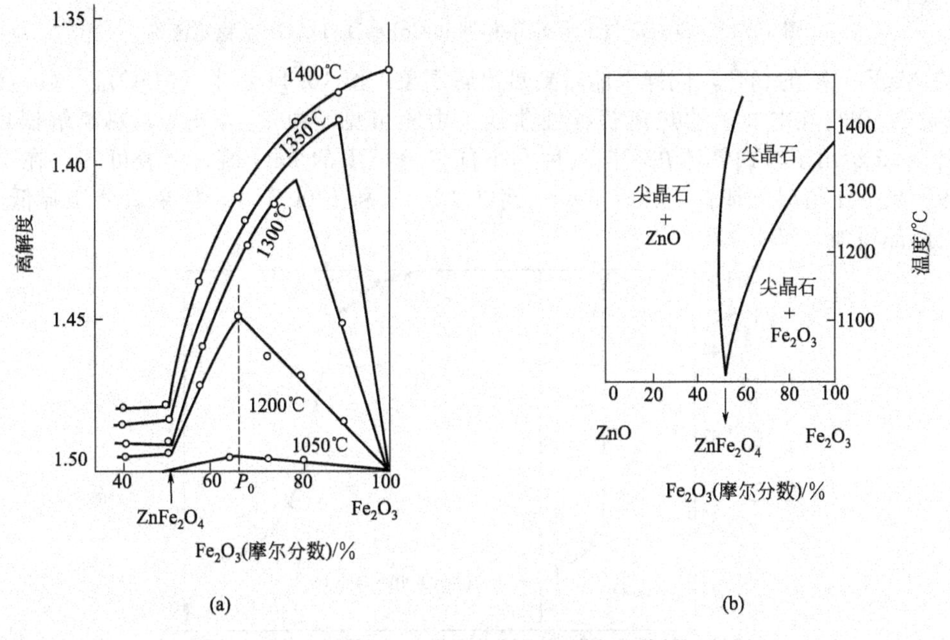

图 10.42 ZnO-Fe_2O_3 系在空气中的热离解特性和相图

钴铁氧体开始形成于650℃，在800℃以上的生成反应就比较迅速，如图10.43所示。当$\frac{Co}{Fe+Co}$的组成范围在0.25～0.083之间时，在一定氧分压范围内，可以获得稳定的单相尖晶石。一般地说，钴铁氧体在高温时不会发生太大的还原反应。在Fe_2O_3过量时（即$\frac{Co}{Fe+Co}$的比值较小时），Fe_2O_3虽然将还原成为Fe_3O_4，但仍能与钴铁氧体形成固溶体。相反，在Co_3O_4过量时（即$\frac{Co}{Fe+Co}$的比值较大时），由于Co_3O_4本身属于尖晶石结构，所以它可与钴铁氧体形成固溶体。但是在空气中1400℃温度下进行烧结，或者在1200℃的强还原性气氛中进行烧结时，Co_3O_4将从固溶体中脱溶出来，并被还原成CoO或Co，以另相出现。冷却时，与钴铁氧体固溶的Fe_3O_4将被氧化成为Fe_2O_3，并以另相析出。此外，冷却时Co^{2+}也可能被氧化成Co^{3+}。

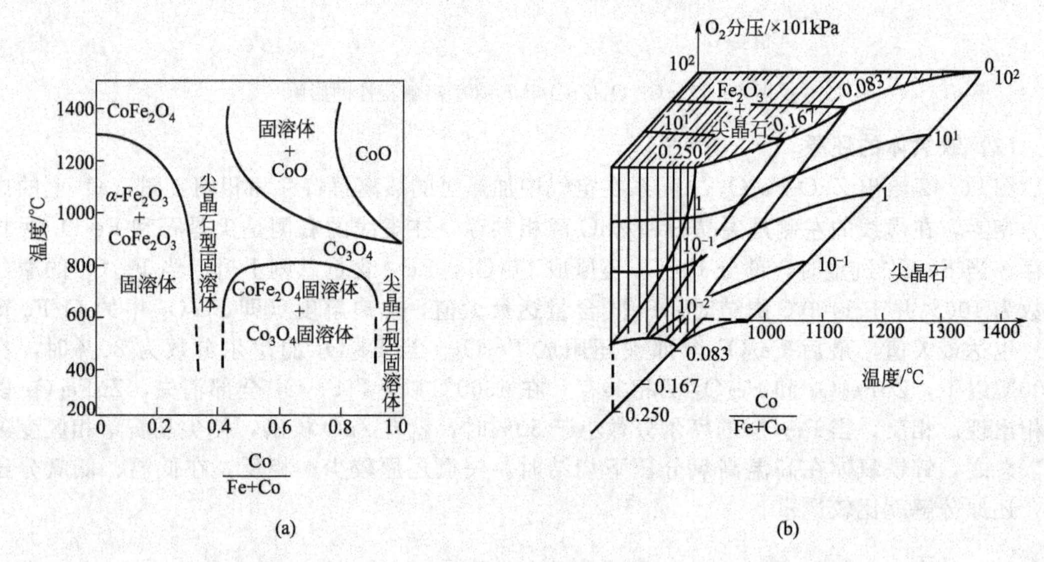

图10.43 Co_3O_4与Fe_2O_3系相图和$CoFe_2O_4$-Fe_3O_4系稳定范围

在$MgFe_2O_4$的场合，同样也能看到热离解现象。图10.44示出$(MgO)_{0.1}(Fe_2O_3)_{0.9}$及纯$Fe_2O_3$在空气中加热的热离解特性曲线。由图可见，由于加MgO，热离解温度降低了。表10.5给出了镁铁氧体在不同温度和不同氧分压下的FeO值。由表可知，在1100℃时，各种氧分压情况下都看不到有FeO；而在1200℃和1300℃时，如果氧分压降低，FeO的生成量都增加。

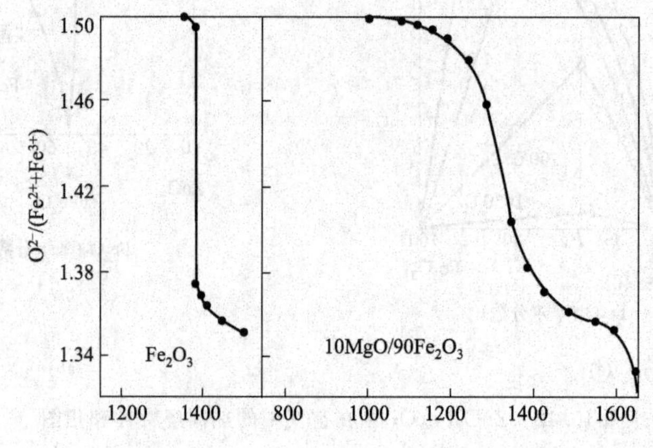

图10.44 $(MgO)_{0.1}(Fe_2O_3)_{0.9}$及纯$Fe_2O_3$的热离解特性

表 10.5 镁铁氧体在不同温度和不同氧分压下的 FeO 含量表（摩尔分数）

氧分压(101.325kPa)	温度/℃		
	1100	1200	1300
1.00	0	0	0.6
0.21	0	0.6	1.0
0.01	0	1.2	2.0

以上讨论过程中并没特别指定周围气氛的氧分压，通常情况下，即使是温度相同时，热离解程度均受周围气氛中氧分压的影响，凡是氧分压越低，越会促进热离解。

10.6.3 锌的游离和挥发

在铁氧体的烧结过程中，应该注意的一点是成分的挥发。在高温时，金属离子的挥发所引起的铁氧体成分变动，有时可大到出乎意料的显著程度。

许多铁氧体，例如锰锌铁氧体、镍锌铁氧体、锂锌铁氧体、镁锌铁氧体、铜锌铁氧体都含有锌，烧结时锌的挥发会给材料的特性带来显著的影响，因此，下面介绍，在铁氧体烧结过程中锌的行为和控制锌的挥发问题。

众所周知，在制造含锌铁氧体时，加进去的是 ZnO，ZnO 的熔点是 1800℃，因此，在铁氧体制造过程中，ZnO 本身是不会挥发的。但是当温度升高时，ZnO 会发生如下反应：

$$ZnO \longrightarrow Zn+\frac{1}{2}O_2$$

使 Zn 游离出来。而 Zn 的沸点是 907℃，所以，在铁氧体烧结过程中，如果有游离的 Zn 就很容易挥发掉。图 10.45（a）、（b）给出了不同组成下，锌的挥发量随加热温度和时间变化的情况。图中各曲线所代表的组成如表 10.6 所示。

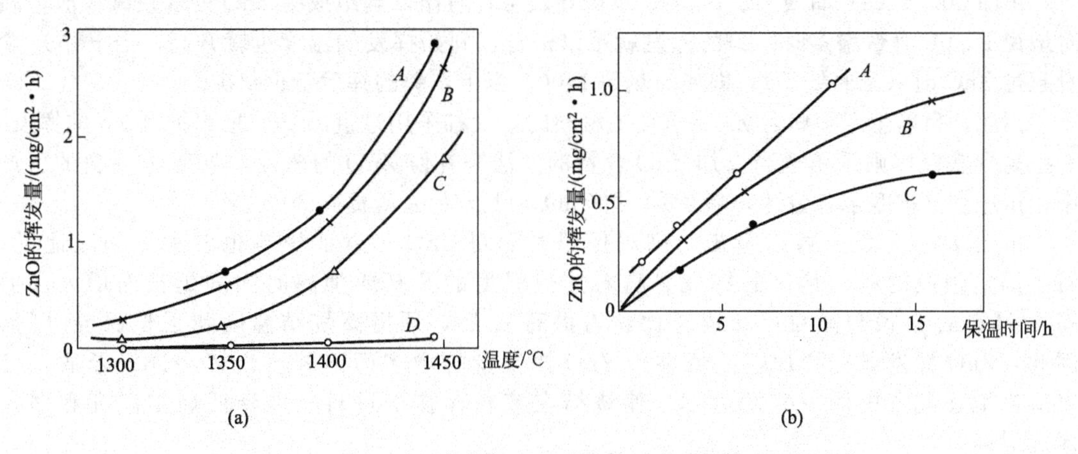

图 10.45 不同组成下锌的挥发量随烧结温度和加热时间的变化

表 10.6 图 10.45 中各曲线的组成

曲线号	*A*	*B*	*C*	*D*
$ZnO:Fe_2O_3$	1:0	3:2	1:1	1:2

图 10.45 中曲线 *A* 是代表纯 ZnO 的情况。当对纯 ZnO 进行加热时，Zn 的挥发量随着加热温度的升高而增加，特别当温度在 1350℃以上时，挥发更严重。而锌的挥发量随着加热时间的增长而增大，见图（b）中曲线 *A*。

图中曲线 B 是代表组成为 ZnO∶Fe_2O_3＝3∶2 的情况。由曲线可以看到，当在系统中加入 Fe_2O_3 后，Zn 的挥发量显然比纯 ZnO 的情况来得少（对同一温度或同一加热时间而言）。这是由于部分的 ZnO 与 Fe_2O_3 在加热过程中反应生成为 $ZnFe_2O_4$ 即：

$$ZnO+Fe_2O_3 \longrightarrow ZnFe_2O_4$$

这样 Zn^{2+} 就被固定结合在锌铁氧体中。此时，由于 Zn^{2+} 受到其周围离子的束缚作用，所以锌的挥发就困难了。

但是，对应于 $ZnFe_2O_4$ 的组成，在高温时锌的挥发仍然是显著的，曲线 C 代表的是 ZnO∶Fe_2O_3＝1∶1 组成的情况。对该粉料进行加热，无疑完全有可能全部固相反应成 Zn-Fe_2O_4，并且应该是正分的。由曲线 C 可知，$ZnFe_2O_4$ 中的 Zn^{2+} 在 1300℃以上，随着加热温度的升高和加热时间的延长，其挥发量也增大。

那么原料 ZnO 和 Fe_2O_3 经加热已经形成了锌铁氧体，怎么又会有 Zn 的挥发呢？这是由于在 1200℃以上温度烧结样品时会发生如下转变：

$$ZnFe_2O_4 \longrightarrow (1-x)ZnFe_2O_4+\frac{2}{3}xFe_3O_4+xZnO+\frac{1}{6}xO_2$$

这里生成的 Fe_3O_4 属尖晶石结构，所以与 $ZnFe_2O_4$ 形成固溶体。而生成的 ZnO 是六方结构，不能固溶于 $ZnFe_2O_4$ 中而呈游离相。这就是说，由于加热到高温，部分 ZnO 从 Zn-Fe_2O_4 中游离出来。而这些游离的 ZnO 又发生如下反应而分解，即

$$ZnO \longrightarrow Zn+\frac{1}{2}O_2$$

由于 Zn 的沸点为 907℃，在 1200℃以上其蒸气压更大，于是就出现 Zn 的挥发现象。系统温度愈高，锌的挥发量自然就愈大。

由图 10.45 (a) 曲线 A、B、C、D 的比较可以看出，当组成中 ZnO 的含量减少时，相对地说 Fe_2O_3 含量增多时，锌的挥发就难以进行，开始挥发的温度也就升高。当 Fe_2O_3 含量超过 ZnO 时（见曲线 D），即使加热到 1400℃以上，锌的挥发量也很少。

因此，目前生产一些含 Zn 铁氧体的材料时，大都采用过量的 Fe_2O_3 来抑制 Zn 的挥发，一些高导铁氧体则采用适当增加 ZnO 含量的方法来补偿 ZnO 的挥发，在高 μ_i 材料的生产中，用过量（按摩尔分数计，超 2%）的 ZnO，可以使 μ_i 值提高 30%。

由图 10.45 (b) 可以看出，高温保温时间对 ZnO 挥发的影响也较大。一般地说，对于固定组成的料，其锌的挥发量随着加热温度的升高或加热时间的延长而增大。但高 μ_i 材料的 μ_i 值与晶粒尺寸成正比，为提高 μ_i 值，须提高烧结温度和延长保温时间，因此，ZnO 挥发量也增加，μ_i 值会因 ZnO 挥发量的增多而下降。为解决这一矛盾，可以适当地在配方中加一些助熔剂，使烧结在液相存在下进行，以降低烧结温度和缩短保温时间。

生产中，可用的围烧法、铁氧体盒烧法及 ZnO 补偿法，对提高 μ_i 有明显的效果，这些方法若使用得当，可使 μ_i 值有较大的提高（见高 μ_i 材料的烧结）。

10.6.4 锌的挥发对含锌铁氧体性能的影响

在含锌的铁氧体中，如果锌挥发，则会导致二价铁离子（Fe^{2+}）的出现。由于铁氧体中存在 Fe^{2+} 和 Fe^{3+}，其中电子必然会发生跳动，从而使铁氧体材料的电阻率和其他性能大幅度下降。

图10.46给出一组镍锌铁氧体的电阻率与烧结温度的关系曲线。图中各曲线对应的组成如表10.7所示。由图可见，电阻率 $\lg\rho$ 在1300℃时突然下降。分析样品表明，镍锌铁氧体在1250℃以下烧结，铁氧体中锌的损失可以忽略不计。在1300℃烧结，锌要损失掉7.7%。为此，铁氧体内将出现 Fe^{2+}，因而使铁氧体的电阻率急剧下降。

一般烧结铁氧体中，锌的挥发主要是发生在表面层。表10.8给出配方为 $(MnO)_{0.335}(ZnO)_{0.137}(Fe_2O_3)_{0.528}$ 并按质量分数：CaO为0.1%、CoO为0.3%加入的锰锌铁氧体，其表面腐蚀深度与其 μ、Q、$\mu_i Q$ 值的关系。由表上的数值可以看出，对掺入Ca、Co的锰锌铁氧体，随着表面腐蚀深度的增加 μ、Q、$\mu_i Q$ 都增加。图10.47给出了 $Ni_{0.36}Zn_{0.64}Fe_{2.34}O_4$ 的电阻率与试样表层厚度的关系，这均说明，在铁氧体的表面由于 Zn^{2+} 的挥发导致了铁氧体的性能下降。

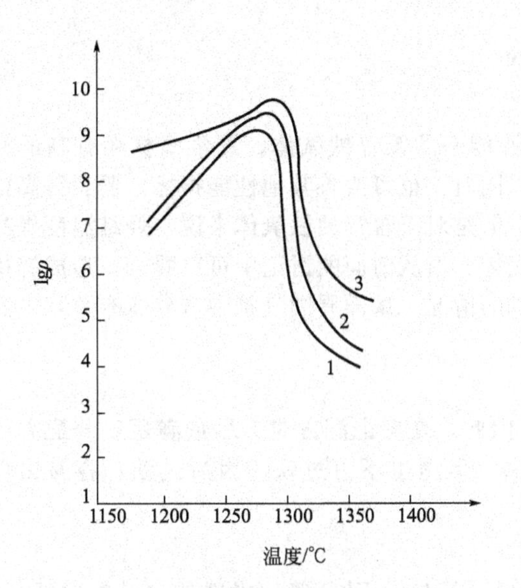

图10.46 镍锌铁氧体的电阻率与烧结温度的依赖关系

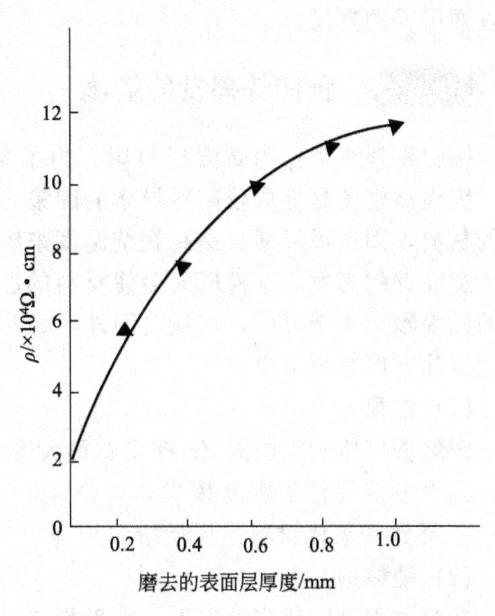

图10.47 $Ni_{0.36}Zn_{0.64}Fe_{2.34}O_4$ 的电阻率与试样表层厚度的关系

表10.7 图10.46中各曲线的组成

曲线号	1	2	3
Ni	0.71	0.58	0.30
Zn	0.29	0.42	0.70
Fe	1.91	1.91	1.94

表10.8 MnZn铁氧体表面腐蚀深度与其磁性能的关系

腐蚀深度/mm	μ	Q	$\mu_i Q/\times10^4$
0	991	289	26.3
0.09	1390	364	50.5
0.15	1390	389	53.9
0.29	1500	405	60.8

关于锌的挥发使得铁氧体磁性能变坏的原因，对于Q值的下降，那是由于锌的挥发导致铁氧体中二价铁离子（Fe^{2+}）的产生，使材料的电阻率下降，因而材料的电损耗当然就增大了。至于磁导率的下降，有人认为在铁氧体表面附近，由于锌的挥发而产生空位浓度的影响，使得材料的磁导率下降了。烧结铁氧体锌的挥发还会使材料的矫顽力H_C增大，具体见表10.9。

表10.9 烧结铁氧体表面腐蚀深度与其H_C的关系

腐蚀深度/mm	0	0.11	0.19	0.26
H_C(A/m)	3.104	2.228	1.830	1.082

从上面的讨论可以看出，对含锌的烧结铁氧体来说，锌的挥发会使铁氧体材料性能变坏，因此，在含锌铁氧体的制造过程中，特别是在烧结过程中，一定要防止锌的挥发，尤其是表面层锌的挥发。

10.6.5 预防锌挥发的措施

镍锌铁氧体常作为高频材料用。为了制造性能好的镍锌铁氧体，总希望材料有高的密度，因为高密度是促成较高磁导率的因素之一，同时，也可改善其他性能指标。要获得高密度的材料，固然可以通过提高烧结温度来解决，但是对于含锌的铁氧体来说，烧结温度提高了会造成锌的挥发，这样反而会使材料的性能变坏。但从前面的讨论中可以看到，造成锌挥发的原因除了烧结温度，加热时间外，还与组成的情况、试样周围气氛中氧分压有关，下面我们从几方面给予解决。

(1) 主配方

既然铁氧体的组成对Zn挥发有很大影响，因此，在考虑配方时，尽量满足正分配方要求，因为过量的锌很容易挥发，如图10.45 (a)。但是也不可过铁，因为过铁，容易出现Fe^{2+}，导致铁氧体材料的损耗增大。

(2) 助熔剂

在配方中可以适当地加入一些助熔剂如CuO、Bi_2O_3、PbO等使材料的烧结温度降低，例如一般低磁导率高频镍锌铁氧体由于添加了适当的助熔剂，可在1000～1200℃温度范围内烧结。特别是添加PbO的镍锌铁氧体，由于PbO的助熔作用大，可以使烧结温度降低到1000℃以下，而且烧结时间还可缩短。

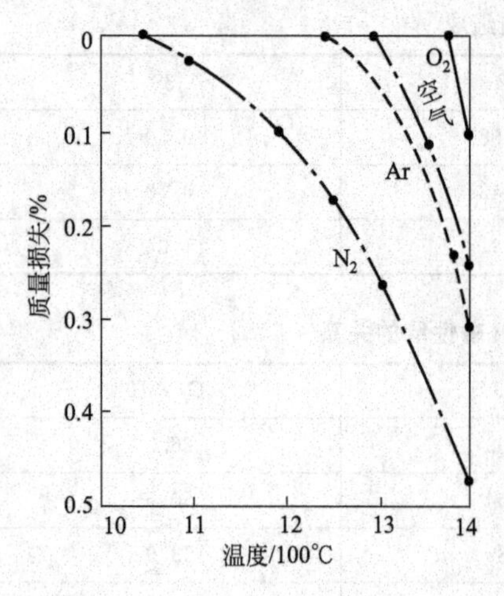

图10.48 在不同气氛条件下镍锌铁氧体因加热质量损失的情况

(3) 控制铁氧体坯件周围气氛中的氧分压

就含锌铁氧体来说，其中Zn的挥发要通过$ZnFe_2O_4$分解成ZnO，而ZnO又游离出Zn，Zn才挥发的。显然，无论是ZnO从$ZnFe_2O_4$中游离出来，还是ZnO分解出Zn，都是放氧反应。因此，如果系统的周围气氛中氧分压很大，则ZnO不容易游离，也不容易分解；相反，如果在周围气氛中缺氧（即氧分压低）就会促进这种游离和分解作用，从而造成锌的挥发。

图10.48给出在各种气氛中成分为$Ni_{0.5}Zn_{0.5}Fe_2O_4$粉末，在加热过程中质量损失的情况。由图可见，当粉料周围气氛中缺氧，如在氮气和氩气中加热，镍锌铁氧体质量损失最厉害，在空气中次之，在氧气中直到近1400℃才开始损失。这说明锌的挥发程度取决于烧结气

氛中氧分压的大小。对 MnZn 铁氧体而言，抑制 Zn 的挥发与防止产品的氧化，是矛盾的（详细讨论见后续相关章节）。另外，在动态的气氛中，流动的气体不断地将铁氧体表面挥发的 Zn 带出窑外，将加剧 ZnO 的分解，使产品表面产生内应力，因此，其产品的机械强度，明显低于静态气氛烧结的产品。

图 10.49 分别给出组成为 $Ni_{0.5}Zn_{0.5}Fe_2O_4$ 的镍锌铁氧体的起始磁导率 μ_i，烧结密度与烧结气氛和烧结温度的关系。由图（a）可以看到，在氧气中烧结，材料的磁导率 μ_i 随烧结温度的升高而增大。与其他烧结气氛比它可以得到最大值。这是因为在氧气中烧结，由于铁氧体坯件周围气氛中有足够大的氧分压，从而阻止了坯件中锌的挥发以及 Fe^{2+} 的出现。但从图（b）中可以看到，在氧气中烧结得不到高的烧结密度。但在真空中烧结可在 1100℃左右达到最大的烧结密度。这是由于铁氧体坯件在低于 1200℃并且是氧分压低的气氛中烧结，会因缺氧而引起晶格缺陷，见图 10.49（c）。正由于这些晶格缺陷的出现而促进了铁氧体的烧结作用，所以在 1100℃左右缺氧的气氛中，可以获得高的烧结密度。

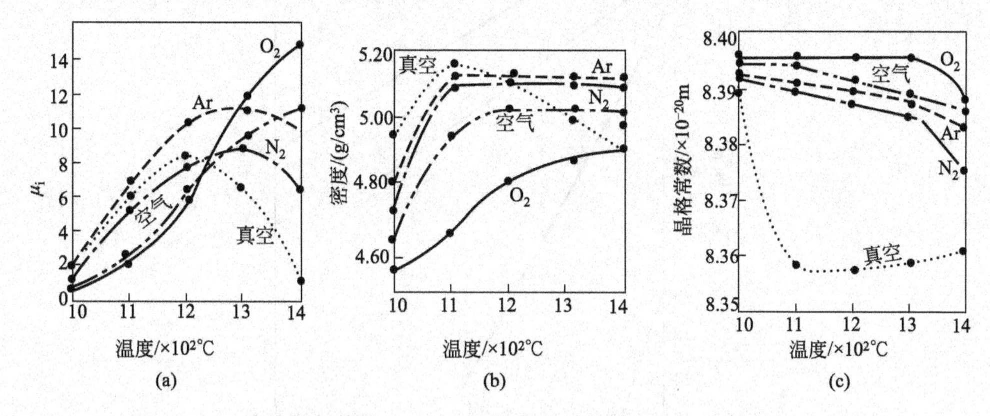

图 10.49 镍锌铁氧体的 μ_i、d、晶格常数随烧结温度、烧结气氛的变化

不难设想，镍锌铁氧体在低温时，应该在低氧分压的气氛中烧结，在高温时（1200℃以上），应该在高氧分压的气氛中烧结，则可获得更好的性能。

(4) Al_2O_3 粉能加剧产品表面 Zn 的挥发

这是由于 Zn 与 Al_2O_3 反应生成 $ZnAl_2O_4$（蓝绿色）。由于 Zn 大量挥发，使表面晶粒之间空隙加大，并产生许多网状孔洞，这种松散的“框架”，使磁芯的应力进一步增大，从而大大降低了磁芯的机械强度。

生产中，尽力不用含 Al_2O_3 的匣钵或耐火板来装产品，可采用 ZrO_2 陶瓷匣钵，或在坯体的最下层放置废品或同成分的铁氧体片，则可避免接触面 ZnO 的挥发。这样虽然增加了成本，但产品的性能可以得到保证。关于镍锌铁氧体烧结更进一步的讨论，见 10.14 节。

10.6.6 锰铁氧体的形成与氧化

含锰的铁氧体到目前为止，仍是应用很广的一类铁氧体材料。例如，软磁中的锰锌铁氧体、矩磁中的锂锰铁氧体、旋磁中的镁锰铝铁氧体等。由于含锰的铁氧体中，锰离子、铁离子都是变价的，因此，在制造过程中容易引起氧化与还原反应，另外，还常出现同质异构转变，所以在制造过程中，要比别的铁氧体复杂。要想制造出性能良好的含锰铁氧体，并使产品性能稳定，首先就要很好地掌握锰的变化规律。

(1) 锰的氧化物

锰和铁一样，具有可变的离子价。锰的离子价可以是二价、三价、四价、六价和七价。

对于制造铁氧体来说，常见的是二价、三价和四价。几种锰的氧化物的晶体结构类型及离子价列于表 10.10 中。锰氧化物的平衡氧压与温度的关系曲线见图 10.50。

表 10.10 锰氧化物的晶体结构类型及离子价

锰的氧化物	锰的离子价	晶体结构类型
MnO	Mn^{2+}	面心立方（NaCl 型）
α-Mn_2O_3	Mn^{3+}	体心立方（Ti_2O_3 型）
β-Mn_3O_4	Mn^{2+}、Mn^{3+}	四方结构
γ-Mn_3O_4	Mn^{2+}、Mn^{3+}	面心立方
MnO_2	Mn^{4+}	正方结构（SnO_2 型）

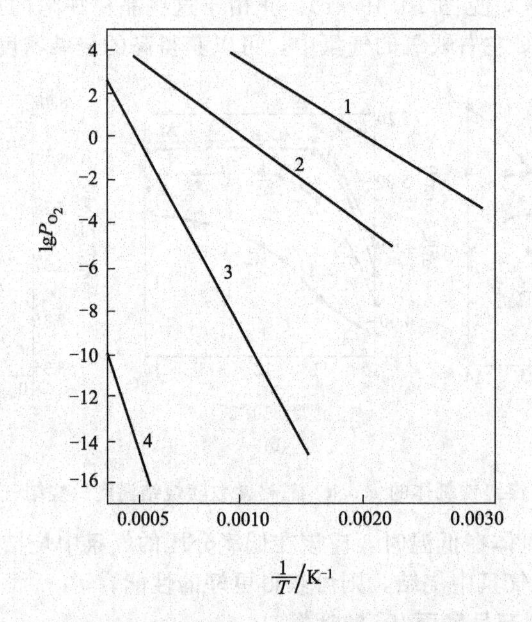

1—$4MnO_2 \longleftrightarrow 2Mn_2O_3+O_2$；2—$6Mn_2O_3 \longleftrightarrow 4Mn_3O_4+O_2$；
3—$2Mn_3O_4 \longleftrightarrow 6MnO+O_2$；4—$2MnO \longleftrightarrow 2Mn+O_2$

图 10.50 几种 Mn 氧化物的平衡氧压-温度曲线

在常温下，MnO 在空气中极不稳定，它很容易被氧化成高价的锰氧化物：

$$2MnO+O_2 \longrightarrow 2MnO_2$$

所以，在市场上是买不到的。通常，在需要氧化锰作原料的场合都用 MnO_2 或锰的盐类如 $MnCO_3$ 等。MnO_2 在 500℃ 以下是稳定的，但它的化学活性较差。在制造铁氧体时，为了增进原材料的活性，较多地是采用 $MnCO_3$ 作原料。

碳酸锰属于菱面体 $NaNO_3$ 型结构，在 100℃ 下会发生热分解。$MnCO_3$ 只有在真空或惰性气体中，才能热分解成一氧化锰：

$$MnCO_3 \longrightarrow MnO+CO_2\uparrow$$

在空气中，由碳酸锰分解出的初生态 MnO 很快就被氧化成二氧化锰。在空气中，当温度升高到 535℃ 时，具有正方结构的 MnO_2 发生分解，转变成具有体心立方结构的 α-Mn_2O_3：

$$4MnO_2 \longrightarrow 2\alpha\text{-}Mn_2O_3+O_2\uparrow$$

Mn_2O_3 在 535～970℃ 温度范围内是稳定的。但当温度升至 970℃ 以上时，具有体心立

方结构的 α-Mn_2O_3会放出氧气而转变成具有四方结构的 β-Mn_3O_4：

$$6\alpha\text{-}Mn_2O_3 \longrightarrow 4\beta\text{-}Mn_3O_4 + O_2\uparrow$$

当温度再升高达 1160℃时，具有四方结构的 β-Mn_3O_4要发生同质异构转变而成为具有面心立方结构的 γ-Mn_3O_4：

$$\beta\text{-}Mn_3O_4\text{(四方结构)} \longrightarrow \gamma\text{-}Mn_3O_4\text{(面心立方)}$$

若系统温度再升高，当达到 1250℃以上时，则具有面心立方结构的 γ-Mn_3O_4又会脱氧转变成具有面心立方结构的 MnO：

$$2\gamma\text{-}Mn_3O_4 \longrightarrow 6MnO + O_2\uparrow$$

以上是随着系统温度上升时，锰氧化物的转变反应情况。要是温度从高温逐渐下降，上述转变的逆反应也是成立的。另外，以上过程都是在空气中（氧分压固定为 21.28kPa）进行的。由图 10.50 可知，如果试样周围气氛中的氧分压发生变化，则各氧化物之间的转变温度也要发生变化。例如，周围气氛中的氧分压减小，各种锰氧化物的分解温度也降低；相反，如果周围气氛中氧分压增大，各种锰氧化物的分解温度就提高。

（2）锰铁氧体的形成

首先讨论一下在空气中烧结的情况。通常锰铁氧体（$MnFe_2O_4$）可以写成为 MnO · Fe_2O_3，其中 MnO ∶ Fe_2O_3 = 1 ∶ 1。当配方组成中含有符合化学计量的 MnO 和 Fe_2O_3 时，它们就会反应生成 $MnFe_2O_4$：

$$MnO + Fe_2O_3 \longrightarrow MnFe_2O_4$$

通过前面的锰氧化物讨论不难得知：无论是采用 MnO_2，还是采用 $MnCO_3$ 作原料，在空气中加热，要在 1250℃以上才会出现 MnO。照此看来，似乎只有在 1250℃以上才有 $MnFe_2O_4$生成。实践表明，用 $MnCO_3$ 或 MnO_2 作原料，即使在空气中加热，在高于 1000℃时，就有锰铁氧体形成。

归纳锰的氧化物转变过程有如下的形式：

$$\underset{\text{正方}}{MnO_2} \xleftrightarrow{535℃} \underset{\text{体心立方}}{\alpha\text{-}Mn_2O_3} \xleftrightarrow{970℃} \underset{\text{四方}}{\beta\text{-}Mn_3O_4} \xleftrightarrow{1160℃} \underset{\text{面心立方}}{\gamma\text{-}Mn_3O_4} \xleftrightarrow{1250℃} \underset{\text{面心立方}}{MnO}$$

但这是周围气氛中氧分压保持 21.28kPa 的情况。如果周围气氛中的氧分压降低，这在高温烧结炉中是常见的，则以上转变温度都要降低，实际上，当系统加热到 1000℃以上就有 Mn_3O_4，而 Mn_3O_4 又可看作是 Mn_2O_3 · MnO，这样就便于和 Fe_2O_3 反应生成 $MnFe_2O_4$。

对于 Fe_2O_3，通常在 600℃以下，是以菱面体结构的 α-Fe_2O_3形式存在。当温度升高到 600℃以上时，α-Fe_2O_3就会发生同质异构转变成为面心立方结构的 γ-Fe_2O_3，这就是说，符合化学计量的锰铁氧体组成，在 1000℃以上的温度时，系统中存在具有面心立方结构的 Fe_2O_3 和 MnO，所以，它们就发生反应生成 $MnFe_2O_4$。具体的反应是：

$$Mn_3O_4 + Fe_2O_3 \longrightarrow MnFe_2O_4 + Mn_2O_3$$

而余下的 Mn_2O_3因处于 1000℃以上的高温，所以，很快地脱氧并转变 Mn_3O_4。新生成的 Mn_3O_4又与 Fe_2O_3 反应生成 $MnFe_2O_4$，如此往复，结果使 $MnFe_2O_4$不断生成直至全部完成。

上述反应过程可归纳成如下形式：

$$Mn_3O_4 + Fe_2O_3 \longrightarrow MnFe_2O_4 + Mn_2O_3$$

$$3Mn_2O_3 \longrightarrow 2Mn_3O_4 + \frac{1}{2}O_2$$

（图示：生成的 Mn_2O_3 进入第二式，生成的 Mn_3O_4 返回第一式，循环进行）

这样的锰铁氧体形成过程已被X射线结构分析所证实。由上述反应生成$MnFe_2O_4$，一般只有在平衡气氛时才有充分保证。否则，不仅会出现氧化或还原反应，甚至不能生成锰铁氧体。当然其过程与周围气氛及温度有关。下面讨论周围气氛中氧分压偏离平衡氧压的几种情况。

① 在强氧化气氛中。当周围气氛中具有很高的氧分压时，配方虽然符合化学计量，但也难生成锰铁氧体。这是由于周围气氛中高的氧分压使得铁离子、锰离子以高价出现，因为此时Fe^{3+}和Mn^{3+}是稳定的。在系统中即使有MnO，但它很快就被氧化成为β-Mn_3O_4，而Fe_2O_3是以另相形式存在。以上是指在1000℃烧结时的情况，其化学反应过程为：

$$MnO+Fe_2O_3+\frac{1}{3}[O]\longrightarrow\frac{1}{3}Mn_3O_4+Fe_2O_3$$

② 在较强的氧化气氛中。在1300℃烧结，当周围气氛中具有较高的氧分压时，虽然配方符合化学计量，但它们也不能全部生成锰铁氧体。原因是部分MnO被氧化成四氧化三锰，并以γ-Mn_3O_4形式出现，而氧化铁也以γ-Fe_2O_3形式存在。设有$3a$个分子的MnO被氧化了，它们的反应情况如下：

$$MnO+Fe_2O_3+a[O]\longrightarrow(1-3a)MnFe_2O_4\cdot a(\gamma\text{-}Mn_3O_4)\cdot 3a(\gamma\text{-}Fe_2O_3)$$

因为生成的γ-Mn_3O_4和γ-Fe_2O_3都是面心立方结构，所以它们能够固溶于$MnFe_2O_4$中，形成单相的固溶体。当然这是在MnO被氧化得很少的情况，即a很小时的情况。但如果MnO被氧化的量很大时，即a很大时，固溶体就会发生分解。

③ 在还原气氛中。在高于1300℃的真空中烧结，周围气氛中氧分压比较低时，虽然配方符合化学计量，但由于是处在还原气氛中，使得锰离子和铁离子以低价的形式出现。因为在还原气氛中，Mn^{2+}、Fe^{2+}是稳定的，于是有一部分Fe_2O_3被还原成Fe_3O_4。设有a个分子的Fe_2O_3被还原，其反应过程为：

$$aFe_2O_3-a[O]\longrightarrow 2aFeO$$

因为有FeO和Fe_2O_3，它们以Fe_3O_4的形式出现，而Fe_3O_4和$MnFe_2O_4$均属于尖晶石结构，所以，Fe_3O_4和$MnFe_2O_4$将互相固溶。而余下的MnO因是面心立方结构，也将固溶于其中。其总的反应式为：

$$MnO+Fe_2O_3-a[O]\longrightarrow(1-3a)MnFe_2O_4\cdot 2aFe_3O_4\cdot 3aMnO$$

④ 在强还原气氛中。在高于1300℃的真空中烧结，周围气氛中氧分压很低，虽然配方符合化学计量，但由于铁、锰更有利于以低价形式出现，所以会引起一系列的强还原反应。在严重的情况下出现金属铁和锰，$MnFe_2O_4$当然就无法生成。其反应如下：

$$MnO+Fe_2O_3-[O]\longrightarrow MnO\cdot 2FeO$$

$$MnO+Fe_2O_3-3[O]\longrightarrow MnO+2Fe$$

$$MnO+Fe_2O_3-4[O]\longrightarrow Mn+2Fe$$

(3) 锰铁氧体的氧化

经高温烧结所形成的锰铁氧体，不能保证它在冷却到室温时仍然是$MnFe_2O_4$。这是由于试样要始终与周围气氛发生氧交换。随着温度的降低，试样内的氧分解压力要下降，而且它的下降速度要比周围气氛中氧分压下降速度来得快，其结果是由试样跑到周围气氛中的氧数目少于由周围气氛中进入试样的氧数目，这样，试样实际上吸氧。由于吸氧，促使了试样内的锰离子向高价转变，从而导致了相变。下面就来看看$MnFe_2O_4$在氧化气氛中缓慢冷却时所发生的变化。

① 在1100℃以上。温度在1100℃以上，当周围气氛中氧分压较大时，则$MnFe_2O_4$中有一部分的二价锰离子要被氧化成三价锰离子。其结果是出现γ-Mn_3O_4，与此同时也出γ-Fe_2O_3，其反应如下：

$$3MnFe_2O_4+[O]\longrightarrow \gamma\text{-}Mn_3O_4+3\gamma\text{-}Fe_2O_3$$

由于 $\gamma\text{-}Mn_3O_4$ 和 $\gamma\text{-}Fe_2O_3$ 都是面心立方的结构，所以，它们都固溶于 $MnFe_2O_4$ 中形成单相的固溶体。因为没有另相出现，所以对材料的性能还影响不大。

② 在1100～1000℃温度范围内。系统温度下降到1100～1000℃范围内，当周围气氛中氧分压较大时，锰铁氧体中的 Mn^{2+} 继续被氧化成 Mn^{3+}。另外，在这个温度范围内，本来固溶于 $MnFe_2O_4$ 中的具有面心立方结构的 $\gamma\text{-}Mn_3O_4$ 要发生同质异构转变，而成为具有四方结构的 $\beta\text{-}Mn_3O_4$，由于 $\beta\text{-}Mn_3O_4$ 的结构与 $MnFe_2O_4$ 不同，所以，要从固溶体中脱溶出来并以另相形式存在。即

$$MnFe_2O_4\cdot\gamma\text{-}Mn_3O_4\cdot\gamma\text{-}Fe_2O_3\longrightarrow MnFe_2O_4\cdot\gamma\text{-}Fe_2O_3+\beta\text{-}Mn_3O_4$$

由于出现了 $\beta\text{-}Mn_3O_4$ 另相并导致了晶格畸变，所以对产品的性能影响很大。

③ 在950℃左右。当系统温度下降到950℃，周围气氛中氧分压较大时，$MnFe_2O_4$ 中的 Mn^{2+} 继续被氧化成为 Mn^{3+}。另外，$\beta\text{-}Mn_3O_4$ 因吸氧而被氧化成具有体心立方结构的 $\alpha\text{-}Mn_2O_3$，即

$$2\beta\text{-}Mn_3O_4+[O]\longrightarrow 3\alpha\text{-}Mn_2O_3$$

由于 $\alpha\text{-}Mn_2O_3$ 是体心立方的结构，所以也是以另相的形式存在，对产品的性能也有影响。

④ 在600℃左右。当系统温度下降到600℃左右，周围气氛中氧分压较大时，$MnFe_2O_4$ 中的 Mn^{2+} 虽然还会被氧化成 Mn^{3+}，但由于温度较低，锰铁氧体被氧化的速度减慢。可是本来固溶于 $MnFe_2O_4$ 中的具有面心立方结构的 $\gamma\text{-}Fe_2O_3$，此时要发生同质异构转变而成为 $\alpha\text{-}Fe_2O_3$。由于 $\alpha\text{-}Fe_2O_3$ 的晶体结构是菱面体的，它与 $MnFe_2O_4$ 不同，所以，要从固溶体中脱溶出来，则：

$$MnFe_2O_4\cdot\gamma\text{-}Fe_2O_3\longrightarrow MnFe_2O_4+\alpha\text{-}Fe_2O_3$$

这些 $\alpha\text{-}Fe_2O_3$ 和在其前面脱溶出来的 $\alpha\text{-}Mn_2O_3$ 互相固溶形成 $\alpha\text{-}(Mn_2O_3\cdot Fe_2O_3)$，则：

$$\alpha\text{-}Fe_2O_3+\alpha\text{-}Mn_2O_3\longrightarrow \alpha\text{-}(Mn_2O_3\cdot Fe_2O_3)$$

$\alpha\text{-}(Mn_2O_3\cdot Fe_2O_3)$ 呈片状组织（有的称之为魏氏组织），并且夹在尖晶石相的大晶粒中，对材料性能的影响很大。

⑤ 在300～250℃。当系统温度下降到300～250℃范围内时，将大量析出针状的 $\alpha\text{-}Fe_2O_3$ 另相，对产品性能影响严重。

从上面的分析讨论，可以看到锰铁氧体在制造过程中要发生氧化、还原反应。为了制取具有良好性能的含锰的铁氧体，了解锰铁氧体的氧化、还原速度是很必要的。图10.51给出锰铁氧体在750～1150℃温度范围内的氧化程度与时间的关系，数字表示被氧化的程度。由图可见，在同一个温度下，氧化的时间越长，氧化的程度越大。在1050℃

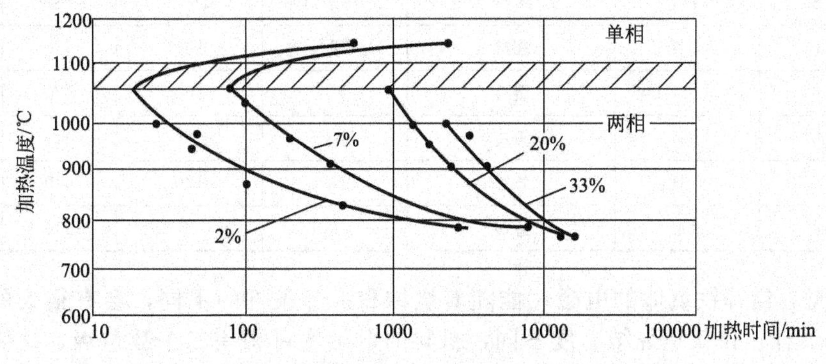

图10.51 锰铁氧体的氧化程度与温度、时间关系

以下温度被氧化时，如果是达到相同的氧化程度，则温度越高，所需要的时间越短。在高于1050℃时，氧化速度最大。但当温度高于1050℃后，随着温度的升高，达到相同氧化程度所需要的时间反而减少。此时，温度虽然升高了，离子的活动能力变大了，但由于试样中的氧分解压力也增大，所以吸氧的趋势反而减小，于是氧化速度下降。如果系统温度再升高，则试样中分解出的氧数目与从周围气氛中送回试样的氧数目可达平衡，因此，曲线出现饱和。

依照上面的讨论，不难对锰铁氧体的制造归纳成以下几点：

① 在1300℃左右空气中因是接近锰铁氧体的平衡气氛，被氧化程度较小，所以锰铁氧体可以在1250～1350℃温度范围内于空气中烧结。

② 在1050℃左右锰铁氧体被氧化的速度最大，并析出具有四方结构的β-Mn_3O_4而引起晶格畸变，所以1050℃左右的温区，被称为是锰铁氧体的氧化危险区，在冷却过程中应予以足够重视。

③ 低温时易出现片状组织和针状组织，但由于温度低，离子扩散速度慢，析出的速度也较慢。因此，冷却速度可适当快些。

10.6.7 烧结气氛对锰锌铁氧体性能的影响

通常铁氧体材料的显微结构和离子价态是在制造过程中确定下来的。因此，其制造工艺条件，特别是烧结制度、烧结气氛等对铁氧体材料的组成及性能有着重要的影响，对于含Mn的铁氧体材料更是如此。

烧结和冷却条件对含锰铁氧体性能的影响，对于含锰的铁氧体应该如何烧结，以锰锌铁氧体为例加以讨论。为了获得高磁导率、低损耗等优异性能的锰锌铁氧体，如前述，往往采用气氛烧结。但是，不同的烧结和冷却条件对锰锌铁氧体的性能有着很大的影响。表10.11列出组成为（按摩尔分数计）：Fe_2O_3 57%、MnO 29.5%、ZnO 13.5%的锰锌铁氧体的电磁特性随烧结温度、冷却速度及气氛的变化情况。

表10.11 烧结条件对锰锌铁氧体性能的影响

编号	烧结温度/℃	烧结气氛	冷却速度/(℃/h)	冷却气氛	ρ/Ω·cm	μ_i	Q(1MHz)
1	1175	空气	缓冷	N_2+2%O_2	20	560	11
2	1200	空气	缓冷	N_2+2%O_2	20～700	740	16
3	1225	空气	缓冷	N_2+2%O_2	4000	830	82
4	1250	空气	缓冷	N_2+2%O_2	5900	820	100
5	1275	空气	缓冷	N_2+2%O_2	2600	760	74
6	1300	空气	缓冷	N_2+2%O_2	130	610	30
7	1250	N_2+2%O_2	缓冷	N_2	360	870	45
8	1250	N_2	缓冷	N_2	90	900	24
9	1250	空气	急冷	N_2	120	600	31
10	1250	N_2	急冷	N_2	68	670	27

由表可见，锰锌铁氧体的电磁性能随着烧结和冷却条件的不同，会有很大的差别。例如，1～6号试样，仅仅是烧结温度不同，材料的电阻率可相差二个数量级、Q值相差一个数量级，比较4、7、8号试样，由于气氛不同，电阻率相差二个数量级，Q值相差2～4倍。

比较4、9号试样，仅加快了冷却速度，材料的电阻率下降了一个数量级，Q值下降了二倍。此外，材料的磁导率也随着烧结和冷却条件的不同而变化。

图10.52按摩尔分数计，给出成分：MnO 30%、ZnO 19%、Fe_2O_3 51%的铁氧体材料，其磁导率μ_i随着烧结气氛中氧含量改变时变化的情况。整个烧结过程是在氮气中进行，仅在1250℃保温3h中给予一定量的氧。冷却也是在氮气中进行，冷却速度为100℃/h。由图可见，锰锌铁氧体的磁导率随着烧结气氛中氧含量的增加而增加，在含氧量为2%～3%的气氛中烧结，材料的磁导率μ_i达极大值，而后，随着烧结气氛中含氧量的增加而下降。图10.53所示的是$(Fe_2O_3)_{0.67}(MnO)_{0.89}(ZnO)_{0.04}$材料的减落$D$随着烧结气氛的变化情况。由图可见，在某一氧化气氛下，D值出现极大值，而在其他气氛下，则较小。

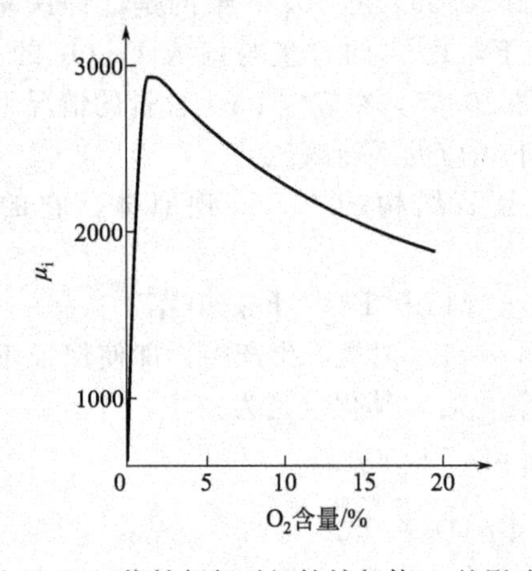

图10.52　烧结气氛对锰锌铁氧体μ_i的影响

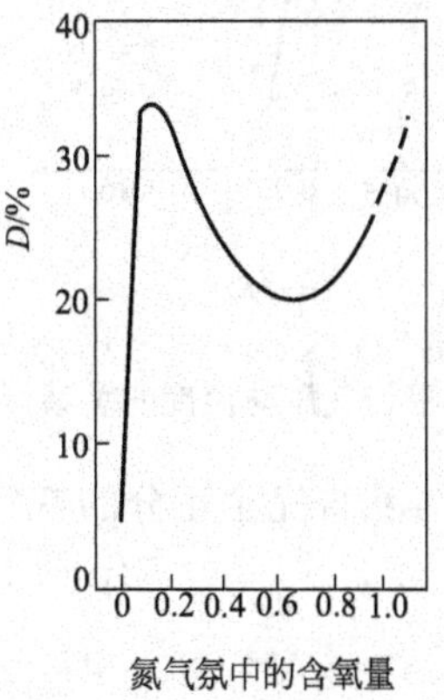

图10.53　烧结气氛对锰锌铁氧体D的影响

表10.12给出组成（按摩尔分数计）：Fe_2O_3 53%，MnO 28%，ZnO 19%，按质量分数计，外加0.15%的V_2O_5，0.03%的SiO_2，0.05%的$CaCO_3$的铁氧体，在空气中1250℃烧结8h后，在不同气氛中冷却的试样μ_i和Q值的变化情况。

表10.12　冷却气氛对锰锌铁氧体性能的影响

冷却气氛	N_2	N_2+0.23%O_2
μ_i	1090	108
Q	130	46

注：试样的测试频率为100kHz。

由表可知，在锰锌铁氧体的冷却过程中，气氛对性能的影响也是很大的。在冷却气氛中仅多了0.23%的O_2，就使得材料的μ_i、Q值降低了一个数量级。

锰锌铁氧体含有锰离子、锌离子和铁离子。锰离子和铁离子极易变价，而锌容易在高温挥发，这都将引起铁氧体相成分和晶格结构的变化，从而影响最终产品的性能。因此，在想获得性能良好的锰锌铁氧体的场合，就必需严格地控制烧结条件，特别是烧结和冷却的气氛。

10.6.8　锰锌铁氧体的平衡气氛

图10.54给出了$MnFe_2O_4$和$Mn_{0.4}Zn_{0.6}Fe_2O_4$的平衡氧压$\lg P_{O_2}$与温度的关系曲线。

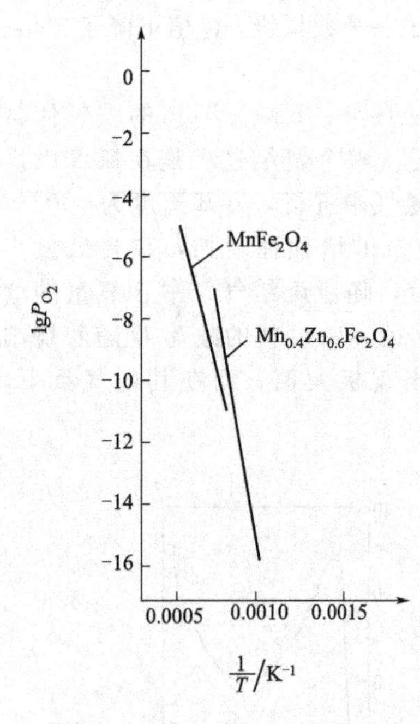

图 10.54 平衡气压与温度的关系

由图可见，随着组成的不同，平衡氧压的曲线也不同；对于某一组成的材料，随着系统温度的变化，平衡氧压值也变化。

对于锰锌铁氧体，为了要达到某些性能指标，例如高的磁导率、低的温度系数等，还要控制适当的 Fe^{2+} 含量。在确定 Fe^{2+} 含量的情况下，如何找到相应的平衡氧压呢？莫润榔（Morineav）等人由实验求得成分（按摩尔分数计）：Fe_2O_3 为 50%～54%、MnO 为 20%～40%、ZnO 为 10%～30%材料的烧结温度与平衡氧压的关系图。图中的 γ 值为单相锰锌铁氧体中 Fe^{2+} 被氧化成 Fe^{3+} 的量（即氧化度），见图 10.55。图 10.56 给的是锰锌铁氧体在不同氧化度 γ 值下，Fe^{2+} 的含量与组成 Fe_2O_3 的关系。利用图 10.55 和图 10.56，在确定 Fe^{2+} 含量的情况下，可以找到不同温度下相应的平衡氧压。

对于正分尖晶石结构的 MnZn 铁氧体，它的分子式为：

$$Zn_{\alpha}{}^{2+}Mn_{\beta}{}^{2+}Fe_{\chi}{}^{2+}Fe_2{}^{3+}O_4^{2-}$$

式中，$\alpha+\beta+\chi=1$。但是，生产中，即使保证不产生另相，也很难获得完全正分的铁氧体，经过一定的氧化后，其化学是为：

$$Zn_{\alpha}{}^{2+}Mn_{\beta}{}^{2+}Fe_{\chi-2\gamma}{}^{2+}Fe_{2+2\gamma}{}^{3+}O_{4+\gamma}{}^{2+} \quad (10\text{-}5)$$

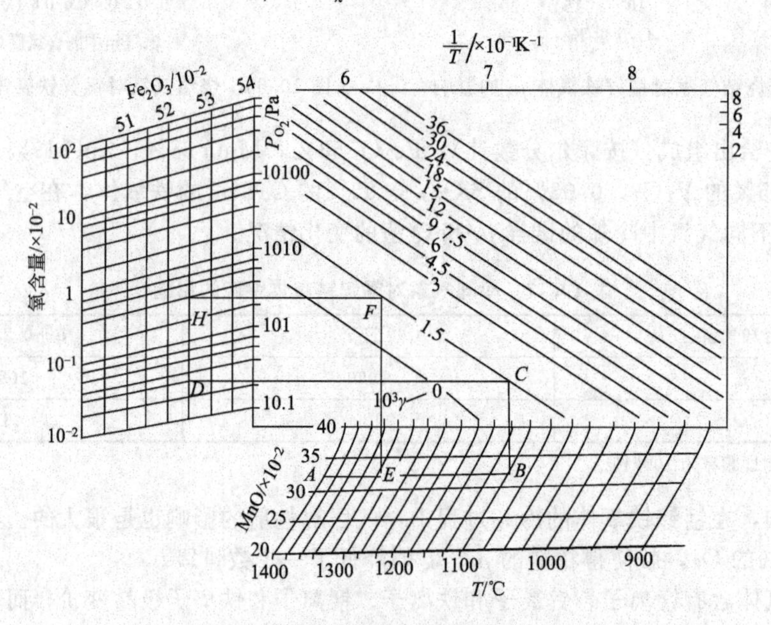

图 10.55 锰锌铁氧体的烧结温度与平衡氧压关系

式(10-5) 中金属离子为 3 个，氧离子为 $(4+\gamma)$ 个。式中 γ 也表示吸氧的程度，称它为氧化度。具有一定 γ 值的 MnZn 铁氧体，它本身具有放出氧的能力，铁氧体周围气氛中氧的压强称为氧分压。如前述，铁氧体的氧分解压与温度有关，温度越高，氧分解压越大。在一定温度下，当铁氧体的氧分解压和气氛中氧分解压恰好相等时，达到动态平衡。在平衡气氛中，MnZn 铁氧体能生成单相多晶尖晶石结构，具有良好的微观结构和磁性能。

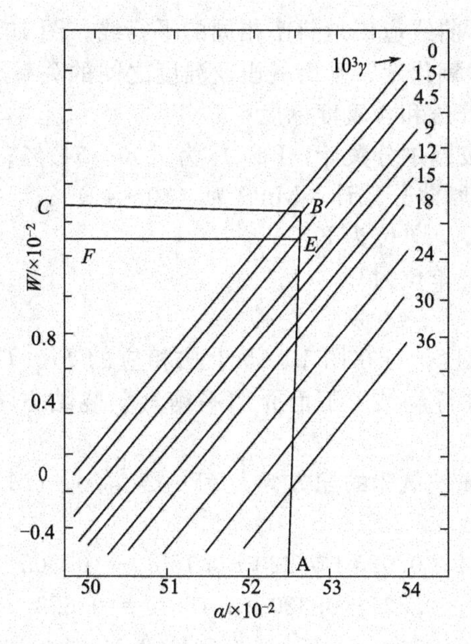

图 10.56 不同氧化度时 Fe^{2+} 与 Fe_2O_3 的关系

根据制备材料的类型选定配方之后，应当找出最佳的氧化度 γ。对于一定配方，γ 与 Fe^{2+} 含量有关。由式(10-5) 可以清楚地看出，γ 值越大，Fe^{2+} 就越少。现在，我们来找出 Fe^{2+} 含量与 γ 之间的定量关系。

设：MnZn 铁氧体的配方为$(Fe_2O_3)_a(MnO)_b(ZnO)_c$

式中，$a+b+c=100\%$，最终生成的铁氧体分子仍用式(10-5) 表示，则其式中的 α、β 和 χ 可由下式计算：

$$\left.\begin{aligned}\alpha&=3c/(2a+b+c)\\\beta&=3b/(2a+b+c)\\\chi&=2(a-b-c)/(2a+b+c)\end{aligned}\right\}\tag{10-6}$$

利用式(10-6)，可计算出 γ 值下 Fe^{2+} 的质量分数 ω。

$$\omega=(\chi-2\gamma)55.85/M\tag{10-7}$$

由式(10-7) 可导出 γ：

$$\gamma=\frac{1}{2}(\chi-\omega M\ /\ 55.85)\tag{10-8}$$

式中，M 为式(10-5) 的摩尔质量，γ 值很容易计算出来。在 α 的摩尔分数为 (50～54)%，MnO 的摩尔分数为 (20～40)%的成分范围内，式(10-7) 中的 χ 与 α 几乎成为线性关系（相对误差小于 2%），如果摩尔质量 M 近似地取一中间值，则取定 γ 值后，Fe^{2+} 的质量分数 ω 与 Fe_2O_3 的摩尔分数成正比例，由图 10.56 看出，ω 可能为负值。当 ω 为负值时，就意味着有 Mn^{2+} 变为 Mn^{3+}。严格来说，($\chi-2\gamma$) 并不完全代表真实的 Fe^{2+} 离子数，由氧化度 γ 换算过来的 Fe^{2+} 含量只是一个等效值，其中可能有 Mn 离子变价做出来的一定贡献。

理论和实践已证实，尖晶石结构的铁氧体氧分解压的对数与绝对温度的倒数成线性关系，可用下式表示：

$$\lg P_{O_2}=\frac{K_1}{T}+K_2\tag{10-9}$$

式(10-9) 中 P_{O_2} 代表氧分解压，T 为绝对温度，K_1 和 K_2 为常数。对于不同的配方或 γ 值，只不过 K_2 不同，而 K_1 是相同（等于－14.540）的。这就是说，具有不同配方和 γ

值的产品，它们的 $\lg P_{O_2}$-T 曲线应该是斜率相同的平行线。图 10.55 是由实验得出的平衡气氛关系图，它表示出配方、氧化度、平衡氧压及温度之间的关系。该图上有 6 个标度：

① 采用对数刻度的氧分压和含氧度标度；

② Fe_2O_3 含量标度，按摩尔分数计，Fe_2O_3 为（50～54)％；

③ MnO 含量标度，按摩尔分数计，MnO 为（20～40)％；

④ 绝对温度的倒数 $1/T$，单位为 K^{-1}；

⑤ 摄氏温度的标度 T，单位为℃；

⑥ 氧化度 γ 值标度。

根据选定的配方和氧化度，可在图 10.55 上按相应的 P_{O_2}-T 曲线要求的平衡气氛中保温和降温的氧分解压下，进行烧结。下面介绍平衡气氛烧结方法的一个实例，其他 MnZn 铁氧体材料也可参照执行。

【例 10.6】 选用 MnZn 铁氧体的配方为：$(Fe_2O_3)_{0.525}$ $(MnO)_{0.320}$ $(ZnO)_{0.155}$，利用式(10-6) 算出其 α、β 和 χ。

$$\alpha=3\times0.155/(2\times0.525+0.320+0.155)=0.305$$

$$\beta=3\times0.32/(2\times0.525+0.320+0.155)=0.629$$

$$\gamma=2\times(0.525-0.320-0.155)/(2\times0.525+0.320+0.155)=0.066$$

若需得到正分铁氧体，则其分子式为 $Zn_{0.305}{}^{2+}Mn_{0.629}{}^{2+}Fe_{0.066}{}^{2+}Fe^{3+}O_4$。根据本式，$Fe^{2+}$ 的质量分数为 1.57％；若其中的 Fe^{2+} 有 0.003 氧化成 Fe^{3+}（其氧化度 $\gamma=0.0015$），则其化学式变为

$$Zn_{0.305}{}^{2+}Mn_{0.629}{}^{2+}Fe_{0.063}{}^{2+}Fe_{2.003}{}^{3+}O_4$$

则依据式(10-7)，Fe^{2+} 的质量分数为 1.5％（与如图 10.56 的 C 点相吻合）；若其 γ 值选为 0.0045，则依据式(10-7)，Fe^{2+} 的质量分数为 1.36％（与如图 10.56 的 F 点相吻合）。同样，也可以根据产品中 Fe^{2+} 所要求的含量来确定 γ 值。

若本例的产品，其烧结温度为 1300℃，其 γ 值选为 0.0015，在图 10.55 上，于 MnO 的摩尔分数为 32％的 A 点起，画一水平线与 1300℃的标度线相交于 E 点，过 E 点画一条竖线与 0.0015 的 P_{O_2}-T 曲线交于 F 点，再由 F 点画条水平线与 Fe_2O_3 的摩尔分数为 52.5％的标度线交于 H，在 H 点查出其保温时所需的平衡气氛中，氧分压为 404Pa（氧含量约为 0.404％）。

同理，以该配方为例，γ 值定为 0.0015，温度为 1100℃时，在图 10.55 上找出 MnO 的摩尔分数为 32％的 A 点，从 A 点起画一水平线与 1100℃标度线交于点 B，向上画一条竖线与 0.0015 的 P_{O_2}-T 曲线交于点 C，再由 C 点画条水平线与 Fe_2O_3 的摩尔分数为 52.5％的标度线交于 D，在 D 点读出平衡气氛的氧含量约为 0.033％（氧分压为 33.33Pa)。

在降温时，保持 γ 值不变，查出不同温度下的氧分压（或氧含量），然后通过控制降温速度和调节气氛中的氧分压，使产品沿着一定 γ 值要求的 P_{O_2}-T 曲线缓慢降温，即可完成平衡气氛烧结。从而获得表面和内部化学成分均匀的产品。

用同样的方法，可以求得不同组成、不同 Fe^{2+} 含量、不同烧结温度和冷却温度下的平衡氧压。有了平衡氧压，就便于控制周围气氛中的氧分压了。但实际上，要求按完全的平衡气氛烧结是困难的，要准确控制 γ 值也是困难的。不过，因不同配方和不同 γ 值的尖晶石铁氧体有互相平行的 P_{O_2}-T 曲线，所以，按某条曲线保温和降温，都可获得 γ 为定值的均匀产品，按照不同的曲线保温和下降，可以找出最佳 γ 值。

10.6.9 锰锌铁氧体常用的烧结方法

锰锌铁氧体实际上是由锰铁氧体和锌铁氧体互相固溶而成的复合铁氧体。从前面的锰铁

氧体形成过程的讨论，不难得知，在平衡气氛下，于高温烧结时，可以获得锰锌铁氧体。但由于对产品性能要求的不同，锰锌铁氧体的具体烧结法也有许多，例如，空气烧结、真空烧结、二次还原烧结以及高压充氮烧结等。

(1) 空气烧结

从锰铁氧体的形成过程讨论中，不难知道，在锰铁氧体生成过程中，要放出氧气。因此，在其周围气氛中，氧分压适当低些，有利于锰铁氧体的生成反应。通常，烧结炉在高温时相当于氧真空，并且随着温度的升高，炉膛内的真空度也升高。例如，在空气中加热，当温度达1000℃以前，炉膛内的气氛呈强氧化性；当温度大于1000℃时，炉膛内气氛呈弱氧化性；当温度升至1300℃以上时，炉膛内的气氛呈还原性。因此，如果选择高于1300℃的温度，就是在空气中烧结锰锌铁氧体，也能使之全部形成。

在空气中烧结锰锌铁氧体，温度要高，可是锌在高温，特别是1300℃以上的温度下，很容易挥发。由于锌的挥发，往往会造成产品，特别是其表面成分偏离，微观结构被破坏，密度下降、气孔增多，从而使产品的性能下降。为了解决这个问题，生产一般的锰锌铁氧体，例如低μ_i材料，通常在其配方中，添加一定的助熔剂（CuO等），以促进反应，降低烧结温度，减少锌的挥发。在生产中，一般的锰锌铁氧体，在空气中于1200℃多些的温度烧结。因为在稍高于1200℃的温度烧结，炉膛内的气氛接近于锰锌铁氧体的平衡气氛。由于高温，锰锌铁氧体的氧分解压力比较大，即使有被氧化的可能，但氧化数量也是很少的。

(2) 真空烧结

真空烧结是将试样先在适当的真空中，于1200～1300℃烧结一些时间，而后升至1250～1400℃，在平衡气氛中煅烧一定时间，最后在真空中冷却。

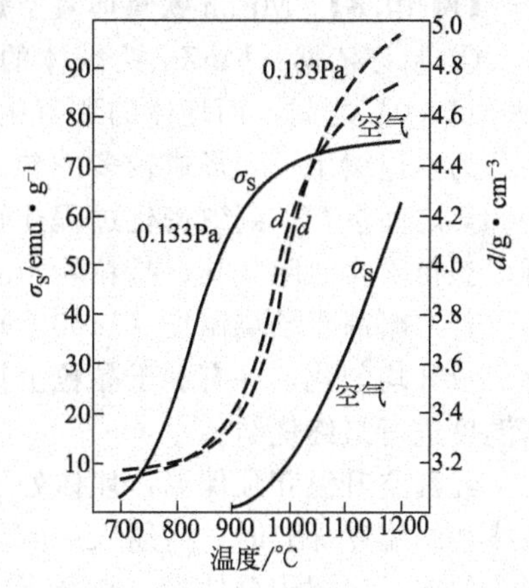

图 10.57 $MnZnFe_2O_4$ 的σ_S、d与烧结温度、气氛的关系

对于高磁导率、高密度的锰锌铁氧体，比较适宜于采用真空烧结。锰铁氧体的生成反应是放氧反应，周围气氛中适当地缺氧有助于锰铁氧体的形成。图10.57给出烧结温度，烧结气氛对锰铁氧体的饱和磁化强度σ_S和密度d的影响情况。由图可见，当试样在真空中烧结时，在700℃以上就有饱和磁化强度了；在700～1000℃范围，随着温度的升高，σ_S增大很多也很迅速；在1000℃以上，σ_S就增加不多了。这说明锰铁氧体在真空中烧结，于700℃就有$MnFe_2O_4$形成了；在1000℃时生成反应就基本完成了。关于后一点，用X射线衍射分析经1000℃烧结的样品时，Fe_2O_3的衍射线完全消失得以证明。在空气中烧结，在900℃以上温度才有σ_S，直到1200℃时，σ_S还在急剧地增大。这说明，在空气中烧结，在1200℃时，$MnFe_2O_4$还没全部生成。这一点也可通过X射线衍射发现，在1200℃时仍有Fe_2O_3衍射线得以证实。由此可以看出，真空烧结可大大地促进锰铁氧体的形成。另外，由图10.57可见，在1030℃以下，真空烧结的试样密度变化与在空气中烧结的差别不大。

在1030℃以上的温度烧结，在真空中的试样密度要比在空气中的高。这是由于真空烧结因周围气氛中压力低，有利于试样气孔外逃所致。真空烧结还会造成结晶缺陷，所以也有利于烧结反应。而在空气中烧结，因结晶成长与致密化同时发生，容易造成不连续的结晶成长并将气孔卷入晶粒内部，所以，空气中烧结的试样密度不如真空烧结的高。下面对真空烧结工艺进一步举例说明。

【例 10.7】 $Mn_{0.48}Zn_{0.5}Fe_{2.04}O_4$ 材料置于真空中（真空度为 0.133Pa）烧结，发现铁氧体的形成是在 650～1000℃之间，致密化则发生在 900～1250℃范围内。在 1250℃保温 2h 时，就能获得低气孔率、细晶粒的铁氧体，其密度可达 5.13g/cm^3。但是，仅在真空中烧结，所得到的铁氧体性能还很差，例如上述组成的铁氧体在 1kHz 下测量，起始磁导率 μ_i 仅 6400。这是因为真空烧结时，由于周围气氛中氧不足，往往制作的铁氧体是非正分的。为了使铁氧体正分化，可将温度升高到 1250～1400℃于平衡气氛中进行煅烧。在平衡气氛中煅烧的目的在于使得因低温真空烧结造成的非正分试样，在平衡气氛中得以适当的氧补充而达到正分化。高温煅烧的另一个目的是使细晶粒长大，以利于材料性能的提高。

上述组成的材料在 1250℃ 0.133Pa 真空下，烧结 2h 后，再在 1300℃和含有 1%体积 O_2 的氮气中煅烧 2h；最后在真空中降温。便可得到大晶粒、小气孔、高密度（5.14g/cm^3）、高性能（1kHz 下，$\mu_i=23000$）的铁氧体。真空冷却的目的是避免已生成的锰锌铁氧体被氧化。真空烧结的缺点是容易造成试样中锌的挥发。

用真空方法来烧结 $Mn_{0.48}Zn_{0.5}Fe_{2.04}O_4$ 材料，将使组成中 5%的锌挥发。但实验表明，锌的挥发主要是发生在距表面 0.5mm 的表面层内，使得表面层的性能大大下降。如果将表面层除去，则试样性能会升高。例如，将试样置于 $H_2SO_4+H_3PO_4$ 中进行热腐蚀，可把组成偏离和龟裂的表面层除去，使试样的 μ_i 从 22700 提高到 31500。

【例 10.8】 MnZn 铁氧体真空烧结规程。

① 制订依据：MnZn 铁氧体的坯体在空气中进行烧结，产品迅速晶体化过程发生在 900～1200℃之间，而坯体的致密化过程也正好在这一稳定范围内迅速进行，因而容易造成晶粒的不连续生长，形成较多的包封气孔。在真空中升温烧结，迅速晶体化过程在 700～1000℃之间进行，到致密化过程开始时，其晶体化过程已经基本结束。因此，在真空中升温可以获得不含封闭气孔、晶粒均匀的致密化 MnZn 铁氧体材料。

若在略高于预烧温度（1100℃）进行 1h 保温（称预保温），将有利于材料进一步铁氧体化、成分均匀化，并有利于晶粒生长过程中晶粒体内部气体的逸出。为促进晶粒长大，须提高温度进行最终烧结。

经真空升温和预保温，坯体处于还原状态，会有许多氧离子空位，为消除这些空位，在最终烧结温度保温时，需通入一定量的氧气。如果在真空或低压状态烧结，会加速 ZnO 挥发，使产品表层成分偏离，甚至表面出现龟裂。为防止锌离子挥发和氧离子空位，需在含有一定氧气的氮气中进行保温烧结。保温时间按产品的种类及其大小确定。烧结气氛中氧含量需按材料组成中 Mn 离子含量多少来确定，功率铁氧体含 Mn 比高 μ_i 材料多，所以需在含氧 5%～10%的氮气中烧结，而高 μ_i 材料需 1%～3%的 O_2。

在保温完成后，为防止氧化，还需在规定的降温条件下进行降温，降至 200℃以下出炉。

② 工艺

a. 室温到 700℃为排除水分和黏结剂阶段。在空气中升温，为防止坯体开裂，升温需要慢，升温速度为 2～3℃/min，还需在 400℃保温 1h。这时需要空气流通，便于水气和 CO_2 的排出。

b. 700～1100℃为真空升温阶段。在 700℃左右关闭真空罐，抽真空到 13.3Pa 以下，升温速度一般为 3～5℃/min。

c. 1100℃为真空预保温阶段，在真空状态下预烧结 1h。

d. 1100℃至烧成温度，为真空升温第二阶段，在真空中继续升温，升温速度为 1～3℃/min。

e. 保温阶段。充入适量的空气，使氧含量基本达到需要值，再充入氮气至一个大气压，用氧分压测试仪测量炉内的氧含量，如果不合适再充入空气和氮气进行调整，直到适合为止。保温时间根据坯体体积的大小和装炉的情况来确定，一般为 2.5～6.0h。

f. 降温阶段。保完温后，关炉降温或控制降温至 1200℃，抽出炉内气体充入纯氮气，随炉冷却到 200℃以下出炉，或抽气在真空下冷却到 900℃左右充入纯氮气，再随炉冷却到 200℃以下出炉。这两种方法适合于不同的材料，可视产品的性能要求选用。

典型的烧结曲线如图 10.58 所示。

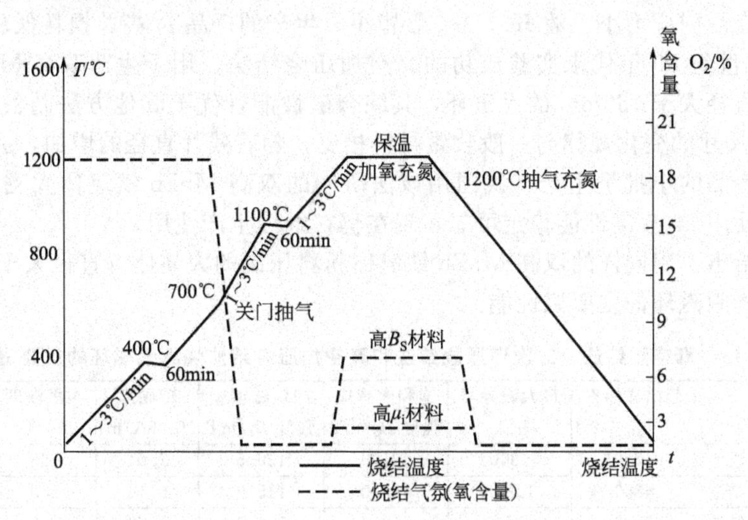

图 10.58 MnZn 铁氧体典型的真空烧结曲线

(3) 二次还原烧结法

在真空烧结中还有一种特殊的烧结工艺，叫二次还原烧结法，即将成型好的坯体置于真空炉的均温区升温烧结。烧结分三个阶段进行：第一阶段是在较低的温度（1200～1300℃）的还原气氛下，减压［$1.3\times(10^{-1}\sim10^{-2})$ Pa］状态下烧结 2～3h，以获得细晶粒的多晶铁氧体；第二阶段是在微含氧的平衡气氛［含 O_2 1%～3%（体积分数）的 N_2 中］中高温(1250～1400℃）烧结 2～3h，使铁氧体成分正分化，并促进晶粒充分地长大；第三阶段是在还原气氛中减压降温冷却至 200℃以下，真空度为 $1.3\times(10^{-1}\sim10^{-2})$Pa，以避免再氧化变质。

如前所述，降低周围气氛中的氧分压，会使锰铁氧体开始形成的温度降低，例如在氮气中，$MnFe_2O_4$ 于 850℃就开始形成。所以，略带还原性的气氛，有助于锰锌铁氧体的生成，此外，因有助于坯件内气孔的逃脱，所以，有利于坯件的致密化。当然，周围气氛要控制在不使 FeO 相析出为限。可是到了高温，周围气氛仍呈还原性，不仅会有 FeO 相产生，而且会有锌挥发。为了避免不必要的反应发生，必须使周围气氛含有一定的氧，以保证试样组成正分化，促进晶粒长大。在低氧分压的保护气氛中冷却是防止已形成的锰锌铁氧体被氧化和析出另相。利用二次还原烧结法对组成（按摩尔分数计）：MnO 为 24%，ZnO 为 25%，Fe_2O_3 为 51%，按质量分数计，外加 1%的 In_2O_3，0.01%的 CaO 的材料，进行烧结。烧结程序如下：先在 1250℃、周围气氛的真空度为 0.183Pa 下保温 2h；接着在 1330℃含有 1.33kPa 氧分压的氮气中保温 2h；随后降温，当温度下降到 1200℃以下时，置于纯氮气中冷却。得到的材料性能是：在 1kHz 时，$\mu_i=22300$，$Q=70$，$\mu_{MAX}=40000$，$B_m=0.375$T，$H_C=0.955$kA/m。

实践表明，二次还原烧结法是做高 μ_i 材料烧结的好方法，能获得较高的 μ_i 值、功率和超优 MnZn 铁氧体，也可用上述的真空二次还原烧结法烧结。

(4) 真空加压烧结

真空加压烧结是将坯体在真空状态下，烧结保温一半时间，再加一定压力继续保温烧结的方法。其升温阶段与真空烧结相似，到保温时抽气减压到高真空状态。在高温高压下再保温一半时间，保温完毕后控制降温到1200～1150℃抽气减压，在真空下或充入平衡气体后，降温到200℃以下出炉。

真空加压烧结法，前一半时间在高真空下烧结，压力小，便于晶体内部的气体排出，使晶粒更均匀；后一半时间在高温、高压下烧结，在压力作用下晶体内部残余的气体被压出，气孔减少、空隙率小，密度增高，便于晶粒均匀长大。与机械加压法相比，气体加压使各部分压力均匀，产品内应力小，故 K_1、λ_S、σ 皆小，生产的产品 μ_i 高，损耗低。

我国在20世纪80年代末实验成功的真空加压烧结法，用于生产双高MnZn铁氧体材料，已制出的直径大于150mm的大磁环，其综合磁性能皆优于其他方法制备的产品。特别是 μ_i 值随产品尺寸的变化规律与一般软磁材料相反，随着残片直径的增加，μ_i 值略有提高，更适合于大型产品的小批量生产。我国用该法研制的双高MnZn铁氧体大磁环，已用于某国防设备中，使用20多年性能稳定可靠，现在仍在继续生产使用。

表10.13给出了用同样的双高MnZn铁氧体粉料压制的大坯体（直径大于150mm），用前述三种方法烧制磁环的主要磁性能。

表10.13 真空烧结法、二次还原烧结法和真空加压烧结法烧纸大磁环的主要磁性能

编号	烧结方法	起始磁导率 μ_i	最大磁导率 μ_{max}	饱和磁感应强度 B_S/mT	剩余磁感应强度 B_r/mT	矫顽力 H_C/(A/m)	居里温度 T_C/℃	密度 d /×(10³kg/m³)
1	真空烧结法	4250	9800	481.5	126.5	7.04	168	4.89
2	二次还原烧结法	4850	10200	485.0	115.0	6.16	168	4.89
3	真空加压烧结法	5800	13800	510.0	105.0	4.72	169	4.96

实践表明，在其他工艺条件均相同时，真空加压烧结法与二次还原烧结法和真空烧结法相比，所生产的产品其磁性能更优。

（5）快速烧结法

如前述，高 μ_i MnZn铁氧体材料的 μ_i 值与晶粒尺寸有密切的关系，晶粒越大，μ_i 值越高。有时为了提高 μ_i 值，必须延长烧结时间，促使晶粒长大。但是在高温下进行较长时间的烧结，会增加Zn的挥发量，使成分偏高，反而会影响 μ_i 值的提高。如果在配方中加入高价离子，它存在于晶界附近，增加晶格空位，提高晶界的移动度，则可促进晶粒生长，缩短烧结时间。其方法是在高 μ_i 材料的配方中按质量分数计，加入0.1%～0.5%的 MoO_3，在低氧气氛中烧结，高于1100℃时加速升温，以每小时400℃/h左右的升温速度升温至烧成温度，保温2h即可烧成。烧结周期缩短在24h以内，该方法特别适用于连续烧结，不但可提高生产效率，还可使 μ_i 值保持在11000以上。

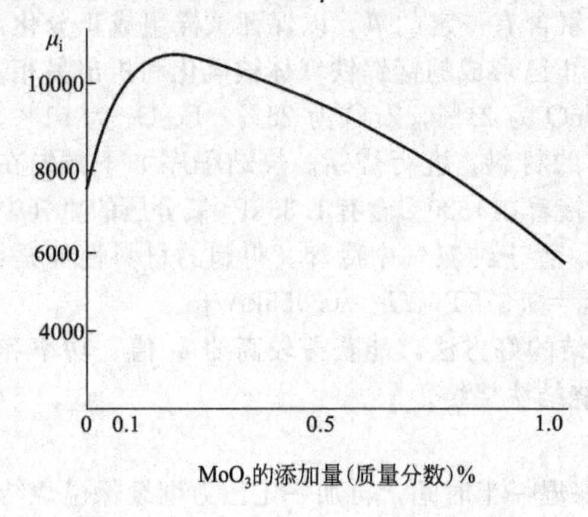

图10.59 MoO_3 的添加量与 μ_i 的关系

材料 μ_i 值与 MoO_3 的含量有关，如图10.59所示。少量添加 MoO_3 磁导率明显提高，添加约0.2%的 MoO_3，磁导率达到峰值，超过这个量，磁导率逐渐下降。

实践表明，在添加0.15%的 MoO_3 的MnZn铁氧体材料烧结过程中，高于1100℃时，升温速度为400℃/h，氧含量为0.1%是其最佳工艺条件，所制材料的平均粒径为30μm，比不添加 MoO_3 的材料大1倍左右，粒径的增大相应地提高了材料的磁导率。

（6）高压充氮法

由于锰锌铁氧体含有锌，而锌在高温时，

特别是在真空中，容易挥发，所以，锰锌铁氧体在高温时会失去锌。为了防止锌的挥发，可采用高压充氮法来烧结。

【例 10.9】 如配方，按摩尔分数计：MnO 为 25.5%，ZnO 为 22%，Fe_2O_3 为 52.5% 的锰锌铁氧体，先在空气中升温，接着在含有 12.797kPa 氧分压（计算值）的 202.7kPa 的氮气中，于 1380～1400℃保温 6h，最后抽真空至 13.3Pa 后，于充满氮气的气氛中冷却，所得到铁氧体性能如下：$\mu_i=8000\sim11000$，$B_m=0.38\sim0.39T$，$B_r=0.062\sim0.070T$，$H_C<2.387kA/m$，密度 $d>5.0g/cm^3$，$T_C=120\sim130℃$。

采用高压充氮的办法之所以能防止试样中锌的挥发，主要是由于周围气氛中气压很高，使得锌要离开试样所需要的锌蒸气压也要高，所以，在一般情况下可以防止或减少锌的挥发。另一方面，由于周围气氛中气压很高，它还将起一种类似于均衡热压的作用，所以，用该法可制取较高密度的铁氧体。

将坯体放在密封的烧结炉中，在烧结时按要求通入氮气，调节流量以控制氮气分压，其平均效果可接近平衡氧气分压。钟罩炉和氧窑均用这种方法烧结，前者是用氮气将炉中的空气挤出炉外，调节氮气流量达到控制氧气分压的目的；后者是将炉体设计成几个分区，调节氮气流的压力，以不同的流量控制各温区的氧分压。一般氮窑有升温区、低温区、高温区（即保温区）和降温区四段，在这四个温区的温度和气氛均按烧结制度自动调节，一般高性能 MnZn 铁氧体氮窑烧结曲线如图 10.60 所示。

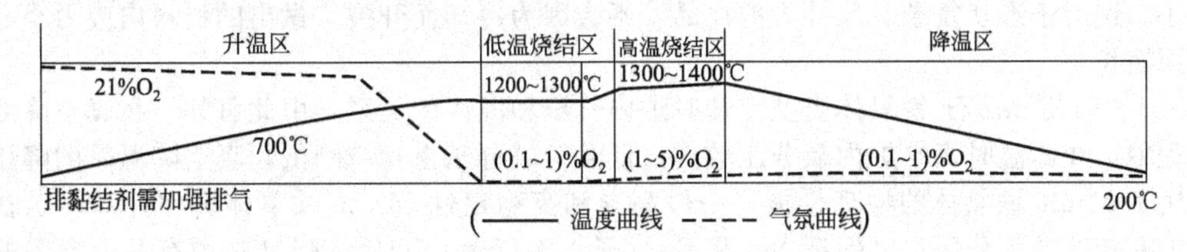

图 10.60 氮窑烧结 MnZn 铁氧体材料的烧结温度气氛与曲线

10.6.10 锰锌铁氧体的冷却

降温过程中主要涉及两方面的问题：一是冷却过程中，将会引起产品的氧化或还原，产生脱溶物等。对易变价的锰锌铁氧体高磁导率材料，控制冷却过程中的氧气氛尤为重要。二是合适的冷却速度，有利于提高产品合格率。若冷却速度过快，出窑温度过高，过分的热胀冷缩将导致产品冷（降温）开裂，或产生大的内应力，恶化产品性能。

镍锌铁氧体在冷却时，需要适当的氧化气氛，这样可以大大提高铁氧体的电阻率 ρ，从而降低涡流损耗，提高产品的 Q 值。对 $NiO_{0.4}\cdot ZnO_{0.6}\cdot Fe_2O_4$ 铁氧体，同样的烧结温度（1300℃）下，氧气中烧结，氧气中缓冷比空气中缓冷电阻率 ρ 降低 400 倍，具体见表 10.14，可见改变气氛对 $NiO_{0.4}\cdot ZnO_{0.6}\cdot Fe_2O_4$ 铁氧体的电阻率 ρ 的影响较大。

表 10.14 烧结温度、烧结气氛、冷却方式对 NiZn 铁氧体电阻率 ρ 的影响

烧结温度/℃	烧结气氛	冷却方式	电阻率 $\rho/\Omega\cdot cm$
1300	氧气	氧气中缓冷	5.4×10^5
1300	氧气	空气中快冷	1.3×10^3
1300	空气	空气中缓冷	1.3×10^5
1300	空气	空气中快冷	1.1×10^3
1200	空气	空气中缓冷	9.6×10^5

但锰锌铁氧体在冷却时，应尽力防止其被氧化。由于锰锌铁氧体的平衡氧压是温度的函数。当温度下降时，锰锌铁氧体的平衡氧压也降低。为了制造性能优异的锰锌铁氧体，最好是按其平衡氧压来冷却。如果周围气氛中的氧分压偏离开锰锌铁氧体的平衡氧压，则试样就要发生氧化或还原，从而造成另相析出、成分偏离、离子变价等，使材料的性能下降。为此，有必要专门讨论一下锰锌铁氧体的冷却。但随着对材料要求的不同，锰锌铁氧体的冷却方式也有许多，诸如真空冷却、氮气冷却、阶梯近似冷却以及高温淬火等。

(1) 真空冷却

这是一种严格地按照铁氧体的平衡氧压来控制周围气氛中氧分压的办法。真空冷却一般是在特制的真空烧结炉中进行。首先，把试样置于真空烧结炉中烧结，当保温结束时，抽真空，同时以一定的速度降温。炉内真空度的控制应符合铁氧体在各个温度时的平衡氧压的要求。显然，在高温时，由于材料内部氧的分解压力较大，所需要周围气氛中的氧分压也要大，因而要求炉内真空度较低。随着温度的下降，铁氧体内部氧的分解压力减小，所需要的周围气氛中氧分压也要减小，因而要求炉内真空度较高。

采用真空冷却法来制造锰锌铁氧体，由于是按照铁氧体的平衡氧压来控制的，所以能够很好地防止氧化。但由于要严格地连续不断地控制周围气氛中的氧分压，所以操作比较麻烦，设备也比较复杂，通常只应用于生产质量要求高的产品。真空冷却的另一个特点是，因为周围气氛中真空度高，热对流能力差，所以散热慢。真空度愈高，散热愈慢，因而冷却速度较小。这对于形状复杂、尺寸大的产品，不会因为冷却而开裂，做出的材料内应力小，但生产周期长。

图 10.61 是 MnZn 铁氧体真空冷却时炉内气压和温度的关系，由此可知，在真空降温冷却过程中，在高温时真空炉内氧分压较大；低温时氧分压也相应降低，真空降温时的降压制度取决于 MnZn 铁氧体的物理性能，一般高导和高稳定性 MnZn 铁氧体真空冷却时，在高温要求有较低的氧分压，以保证 Mn 和 Fe 离子不至于氧化变价，但又必须有一定含量的氧

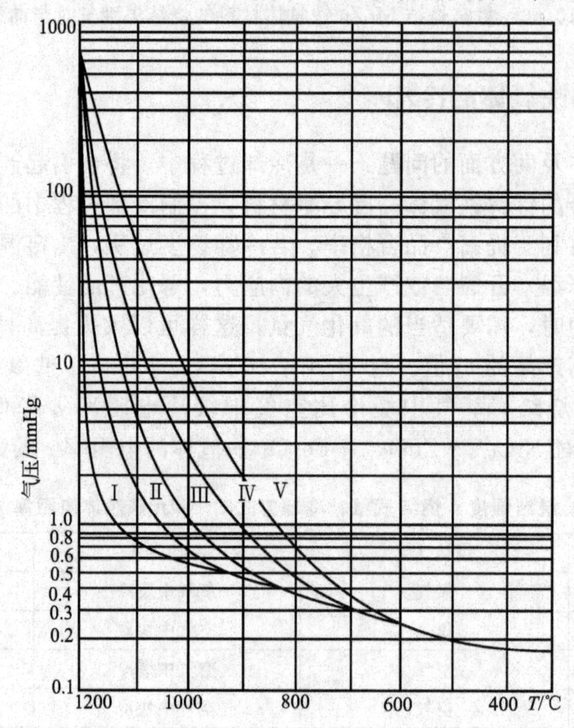

图 10.61　MnZn 铁氧体真空冷却时炉内气压和温度的关系

气，以避免 Fe_2O_3 过分离解而影响 Q 值，对于一般中 μ_i MnZn 铁氧体的要求则较宽。图10.61可以作为制定真空降温工艺的参考。图中，曲线Ⅰ和Ⅱ适用于制取高磁导率材料，曲线Ⅲ适合于 μ_i 为2000附近的材料，而曲线Ⅳ和Ⅴ适用于制取高 μ_iQ 材料。实践中，该法与阶梯近似冷却法相结合效果更好。

(2) 阶梯近似冷却法

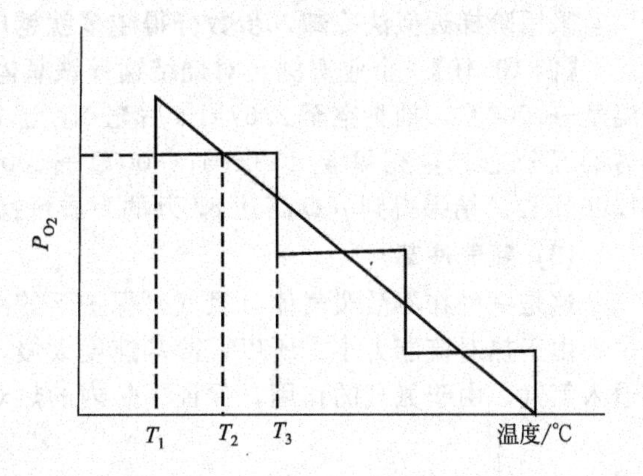

图10.62 阶梯近似冷却法示意图

严格地按照铁氧体的平衡气氛曲线来控制周围气氛中的氧分压固然是理想的，但是从实际的情况来看，同时要周围气氛中氧分压和温度产生连续的改变是有困难的。因此，在实际操作中，常常采用分步接近所预定的平衡周围气氛，即所谓阶梯近似冷却法。

阶梯近似冷却的具体做法是：从烧结温度到室温，分成若干步，例如，每100℃算一步，当炉温降低100℃（即一步）时，改变一次周围气氛中的氧分压，如图10.62所示。此产品在冷却过程的一定温度范围（T_1-T_3）内，处于一个固定氧分压的周围气氛中。由图可见，当温度从 T_1 降到 T_2 时，周围气氛中的氧分压低于铁氧体的平衡氧压，于是试样放氧，当温度为 T_2 时，周围气氛中氧分压恰好等于铁氧体的平衡氧压，此时，试样既不放氧也不吸氧；但当温度从 T_2 降低到 T_3 时，因周围气氛中的氧分压大于铁氧体的平衡氧压，所以试样要吸氧。阶梯近似冷却法就是通过试样不断放氧（在每一步的开始阶段）和不断吸氧（在每一步的后一阶段），使试样一直处于近似的动态平衡之中。

表10.15给出一组阶梯近似的平衡周围气氛曲线。表10.15中曲线1和2适用于制取高磁导率材料，曲线3适合于 μ_i 为2000附近的材料，而曲线4和5适用于制取高 μ_iQ 材料。

表10.15 一组阶梯近似的周围气氛氧分压曲线

温度/℃	真空度(133.322Pa)				
	曲线1	曲线2	曲线3	曲线4	曲线5
≥1200	760±50	760±50	760±50	760±50	760±50
1175	3±1	170±30	350±45	420±50	500±50
1150	1.1±0.3	35±10	150±30	250±40	320±45
1125	0.9±0.2	8±2	65±15	140±20	200±35
1100	0.8±0.2	2±0.5	30±8	80±17	130±25
1075	0.75±0.2	1.4±0.4	17±5	45±10	80±17
1050	0.7±0.2	0.9±0.2	6±1.7	25±7	50±12
1000	0.6±0.15	0.7±0.2	1.5±0.4	8±2	23±6
900	0.5±0.15	0.5±0.15	0.6±0.15	1.2±0.3	3.7±1
800	0.4±0.15	0.4±0.15	0.4±0.15	0.5±0.15	0.85±0.2
700	0.3±0.15	0.3±0.15	0.3±0.15	0.32±0.15	0.4±0.15
600	0.25±0.15	0.25±0.15	0.25±0.15	0.25±0.15	0.25±0.15
500	0.22±0.15	0.22±0.15	0.22±0.15	0.22±0.15	0.22±0.15
400	0.19±0.15	0.19±0.15	0.19±0.15	0.19±0.15	0.19±0.15
200	0.15±0.15	0.15±0.15	0.15±0.15	0.15±0.15	0.15±0.15

采用阶梯近似法冷却，步数分得越多就越接近于铁氧体的平衡氧压，但比较麻烦。

【例 10.10】 企业实例，对烧结锰锌铁氧体试样采用四个（步）阶梯近似冷却法：保温温度→1000℃，抽真空至 2.67kPa 后充 N_2 至 133.3kPa；1000℃→800℃，抽真空至炉内压力的五分之二，充氮至 133kPa；800℃→500℃，充 40mL N_2；600℃以下，再充 N_2 至 1.064kPa。结果得到 $\mu_i Q$ 高达 87 万的高质量锰锌铁氧体。

(3) 氮气冷却

这是一种在不活泼气体（氮气）保护下的冷却，与真空冷却的效果相类似。在真空冷却中，由于热对流能力小，所以，冷却速度太慢。为了加快冷却速度，往往在烧结之后向系统通入氮气。由于氮气的作用，保证了炉内的热对流，所以，能控制一定的冷却速度。氮气冷却实际上又可分成流氮法、固氮法两种。

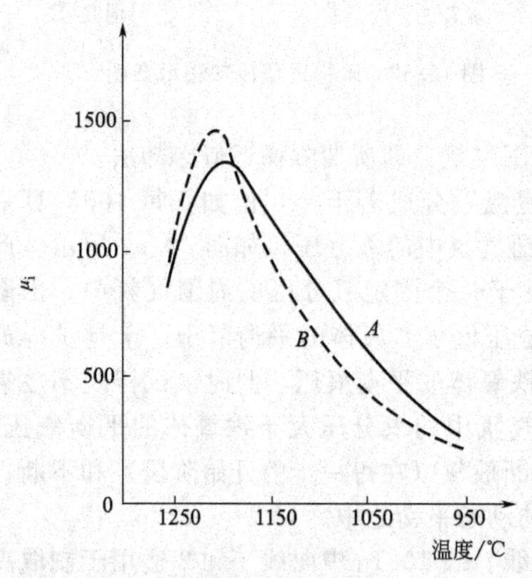

图 10.63 开始通氮温度对 MnZn 铁氧体 μ_i 的影响

如前述，固氮法是在烧结之后抽真空，接着通入氮气，使试样在氮气的保护下以一定的速度冷却，一直冷却到 250℃以下。采用固氮冷却法，很重要的一点是在什么温度时开始抽真空，通氮。如果这个温度掌握不好，对最终产品的性能影响很大。图 10.63 给出两种锰锌铁氧体在空气中烧结之后，采用固氮冷却的产品磁导率 μ_i 随开始通氮温度的变化情况。图中曲线 A 的组成（按摩尔分数计）：MnO 28%，ZnO 19%，Fe_2O_3 53%；图中曲线 B 的组成（按摩尔分数计）：MnO 34%，ZnO 13%，Fe_2O_3 53%。由图可见，随着开始通氮温度的改变，材料的磁导率出现峰值。但铁氧体组成不同，最佳开始通氮的温度也不一样。曲线表明，在 1200℃左右开始通氮较好。

表 10.16 给出抽真空通氮温度对成分为（按摩尔分数计）：MnO 29.3%，ZnO 17.2%，Fe_2O_3 53.5%的锰锌铁氧磁性能的影响。试样烧结在空气中进行。由表可见，在 1160℃时开始抽真空通氮的该锰锌铁氧体试样有较高的 μ_i、Q 及 $\mu_i Q$ 值，而温度过高或过低，μ_i、Q、$\mu_i Q$ 值，都低。

表 10.16 开始抽真空通氮的温度对性能的影响开始抽真空通氮的温度

开始抽真空通氮的温度/℃	μ_i	Q	$\mu_i Q$
1200	1630	217	35.3×10^4
1160	1790	303	56×10^4
1120	1785	273	48.4×10^4

为了获得性能良好的锰锌铁氧体，通常要控制材料中的 Fe^{2+} 含量。对于高磁导率材料来说，希望有一定量的 Fe^{2+}。但 Fe^{2+} 太多，又会使材料的 Q 值下降。一般在空气中烧结的锰锌铁氧体，往往存在着过量的 Fe^{2+}，为此，必须在冷却过程中将过多的 Fe^{2+} 氧化成 Fe^{3+}。锰锌铁氧体在冷却过程中，要是在过高的温度时就开始抽真空通氮，由于周围气氛中氧分压过早下降，则过多的 Fe^{2+} 就无法氧化成 Fe^{3+}，因而材料的性能不好。但如果开始抽真空通氮的温度过低，则因锰离子氧化并析出另相，从而造成材料性能的下降。所以，采

用固氮法冷却锰锌铁氧体时，要掌握好开始抽真空通氮的温度。

采用固氮法冷却设备较复杂，不便于连续生产。为了便于连续生产，简化设备，在工业生产中可采用流氮冷却法。

所谓流氮冷却法，就是当试样烧结好后，通入氮气，按一定的速度冷却，直至250℃以下。由于氮气的通入，首先是稀薄炉中的空气使试样周围气氛中的氧分压下降；随着氮气的不断通入，试样周围气氛中的氧分压不断下降。如前所述，采用流氮法时，炉内的氧分压 P_{O_2} 随着氮气通入的流量大小和时间长短而变，并且可控制成连续的变化；因此，只要控制一定的 N_2 流量，即可使试样处于较理想的平衡气氛线上冷却。此外，炉内的氧分压 P_{O_2} 还与通入炉内 N_2 的纯度有关。不同纯度的 N_2 所对应的氧含量列于表10.17中。

表10.17　不同纯度的 N_2 所对应的氧含量

N_2 的纯度/%	97.5	99	99.5	99.9	99.95	99.97
含氧量/$\times10^{-3}$	15	10	5	1	0.5	0.3

采用流氮冷却法的优点在于，它能在隧道窑中进行，因此，适宜于大批量的生产，同时，也有利于防止锌的挥发。但此法要求氮气的纯度要高，通入的速度不能太快，更不能直接吹产品，否则，将导致产品开裂。此外，流氮法需要大量的氮气，所以，其成本较高。

(4) 高温淬火法

如前所述，锰铁氧体在1050℃左右的温度最容易被氧化，而且氧化速度最大。因此，不难想到，锰锌铁氧体在冷却的过程中，要是能够避开1050℃左右的危险温度区，就会减少氧化。在实际生产中，将经过烧结的锰锌铁氧体产品先冷却至1100～1200℃，而后从高温炉中迅速地取出，置于较低的温度或室温，让产品以极快的冷却速度越过1050℃左右的氧化危险区。这就是所谓的高温淬火法。

高温淬火法根据淬火介质的不同，又将其分为真空淬火、空气淬火和氮气淬火等数种。空气淬火是将产品从高温炉中取出后直接置于空气中冷却的。这种方法十分简便，不需要什么设备。但产品表面容易出现氧化层，而且因为冷却速度太快，产品易开裂。

真空淬火是将产品从高温炉中取出后立即转入真空罐中，封闭罐口后抽真空，让产品在真空中冷却。真空淬火法类似于上述的真空冷却法，但它跳过了1050℃氧化危险区。不过由于淬火过程与空气接触，抽真空需要时间，所以，产品表面仍然出现氧化，但它比空气淬火要好得多。

氮气淬火是将产品从高温炉中取出后送入真空罐中，封闭罐口后先抽真空，而后通入氮气，让产品在氮气保护下冷却。氮气淬火与上述的固氮冷却相类似，只是越过了氧化危险区。氮气淬火由于冷却速度大，而且淬火时要接触空气，抽真空、充氮需要时间，所以，产品还是出现部分氧化。

采用高温淬火法，淬火温度对产品的性能影响很大。淬火温度过低，则产品难免要被氧化。淬火温度过高，产品的内应力就大，并且容易开裂，Fe^{2+} 也会过多。

高温淬火法生产周期短，适合于大批量连续生产，防止氧化的效果也不太差，所以，是一般锰锌铁氧体生产中常用的方法。但由于冷却速度太快，容易造成产品开裂，所以不适宜于大尺寸的产品生产。

10.6.11　防止锰锌铁氧体氧化的其他方法

为了获得性能优异的锰锌铁氧体，很重要的问题是防止氧化。控制冷却方法是一种防止氧化的办法，但在考虑配方组成、添加物上也可以减少锰锌铁氧体的氧化。

（1）采用过铁配方

在考虑锰锌铁氧体的配方时，适当地让 Fe_2O_3 过量些，含有过量铁的材料在高温烧结时，会出现 Fe^{2+}。当试样经烧结后在冷却的过程中，如果周围气氛中含有一定量的氧，则 Fe^{2+} 会首先被氧化成 Fe^{3+}。这是因为铁的第三电离能（31.69eV）比锰的第三电离能（33.97eV）低，于是 Fe^{2+} 变成 Fe^{3+} 的可能，要比 Mn^{2+} 变成 Mn^{3+} 的可能大。由于 Fe^{2+} 变成 Fe^{3+} 需要氧，因而减少了氧对 Mn^{2+} 的作用，所以，能减少锰锌铁氧体的氧化。这是锰锌铁氧体多取过铁配方的原因之一。

（2）加助熔剂

在锰锌铁氧体加入适量的助熔剂，例如 CuO，既可以使产品的烧结温度降低，又能起防止锰锌铁氧体氧化的作用。这是由于加 CuO 的材料，在高温时会出现液相，液相包围锰锌铁氧体晶粒，减少了锰锌铁氧体与氧的接触。同时，液相破坏了铁氧体中的毛细管，也会减少氧气从外部渗透到试样的内部，从而减少了锰锌铁氧体被氧化的机会。此外，铜是变价元素，在高温时会呈现低价 Cu^+，在冷却过程中，Cu^+ 要转变成 Cu^{2+}。铜的第二电离能只有 20.33eV，比锰的第三电离能低，所以，$Cu^+ \rightarrow Cu^{2+}$ 更容易。而 Cu^+ 转变成 Cu^{2+} 需要氧，这样，可减少氧对 Mn^{2+} 的作用，所以，能减少锰锌铁氧体的氧化。

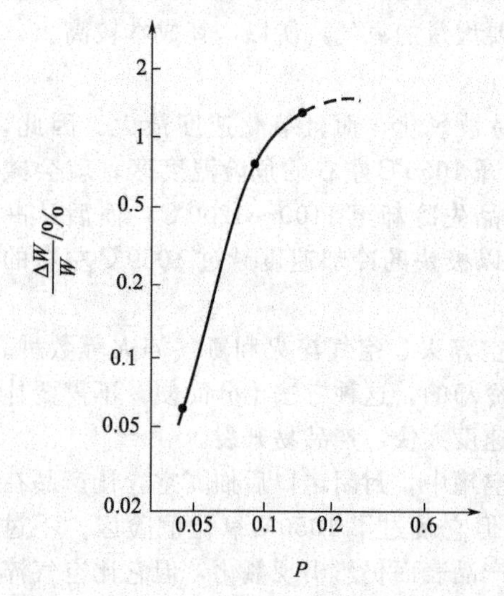

图 10.64　锰锌铁氧体的 $\frac{\Delta W}{W}$ 与 P 的关系

（3）加杂

图 10.64 给出锰锌铁氧体的氧化增量 $\frac{\Delta W}{W}$（%）与气孔率 P 的关系。由图可见，随着铁氧体材料气孔率的增加，材料容易被氧化。不难想到，如果在烧结过程中减少试样的气孔率 P，即提高烧结密度，就会减少锰锌铁氧体的氧化。在锰锌铁氧体中适当地添加一些杂质，促进铁氧体的烧结反应，会有助于减少试样氧化。表 10.18 示的是掺杂对锰锌铁氧体 μ_i、Q 值（在 100kHz 时测）的影响。由表可见，适当的掺杂使锰锌铁氧体的性能提高了许多。这是由于加入的杂质在高温时相互反应生成液相，液相促进了锰锌铁氧体的烧结，提高了试样密度、减少了气孔率，因而有利于减少锰锌铁氧体的氧化。此外，液相包围锰锌铁氧体晶粒、破坏试样的毛细管也有助于减少氧化。

表 10.18　掺杂对锰锌铁氧体性能的影响

<table>
<tr><td>$n(Fe_2O_3):n(MnO):n(ZnO)$</td><td colspan="3">51∶30∶19</td><td colspan="3">52∶29∶19</td></tr>
<tr><td rowspan="3">加杂情况(质量分数)/%</td><td rowspan="3">无</td><td>V_2O_5</td><td>0.15</td><td rowspan="3">无</td><td>V_2O_5</td><td>0.15</td></tr>
<tr><td>SiO_2</td><td>0.03</td><td>SiO_2</td><td>0.03</td></tr>
<tr><td>CaO</td><td>0.05</td><td>CaO</td><td>0.05</td></tr>
<tr><td>μ_i</td><td>800</td><td colspan="2">1420</td><td>720</td><td colspan="2">1720</td></tr>
<tr><td>Q</td><td>44</td><td colspan="2">120</td><td>42</td><td colspan="2">77</td></tr>
</table>

（4）上釉法

上釉法是在产品烧结前，在坯件表面涂上一层防止氧化的釉。烧结后由于釉的结构十分紧密，将产品的内部与外界隔开，而达到防止氧化的目的。

上釉法也较简便，但要求釉料在烧结初期是疏松的，要不至于影响铁氧体烧结反应的进行，而在高温烧结时，釉又不会与铁氧体发生反应。釉料的成分可以是：长石 61.5%、高岭土 22.4%、$BaCO_3$ 9.7%、$CaCO_3$ 6.4%，经过细磨后喷涂在铁氧体坯件表面，待晾干后送入炉内烧结。从图 10.65 中可以看到，在 1000℃相同的时间上，上釉的试样要比不上釉的氧化少。

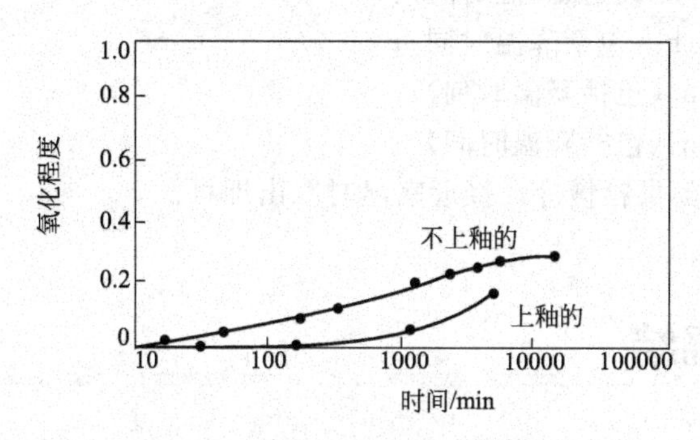

图 10.65 上釉法对锰铁氧体氧化的改进

10.7 铁氧体的低温热处理

所谓低温热处理，就是产品经烧结后（或磨加工后），再将产品放入烘箱（或隧道窑），在铁氧体的居里点附近恒温处理若干小时，目的在于提高产品的某种性能指标。

（1）锰锌铁氧体的低温热处理

对一些低损耗（即高 Q 值）、中高磁导率（$\mu_i \approx 2000$）的锰锌铁氧体产品，经 220℃左右的低温热处理后，可明显改善其温度特性，使产品的 μ_i-T 曲线更加平坦。

（2）Ni-Zn 铁氧体的退火处理

使用在较高频率下的低温度系数的 Ni-Zn 铁氧体磁芯（尤其是加 Co 配方的）经平面磨床加工后，由于产品在磨削时受磨床工作台面的磁场的磁化，具有较大的剩磁，破坏了铁氧体中钴离子排列的有序性。把产品放在 450℃的烘箱中退火处理 2h 后，可使钴离子排列恢复有序性，Q 值基本恢复原来数值。这种退火处理的作用相当于热退磁，表 10.19 给出了 NiO-ZnO-Fe_2O_3 铁氧体，$\phi18$ 罐形磁芯经退火处理后 Q 值的恢复情况。

表 10.19 NiO-ZnO-Fe_2O_3 铁氧体，$\phi18$ 罐形磁芯经退火处理后 Q 值的恢复情况

研磨机加工(无磁场)	研磨机加工(有磁场)	450℃退火处理 2h
$Q(f=8MHz)$	$Q(f=8MHz)$	$Q(f=8MHz)$
240	160	235

（3）磁场热处理

某些矩磁铁氧体产品（如 NiO-ZnO-Fe_2O_3 系列铁氧体），为了获得磁滞回线的矩形性，可采用磁场热处理的方法。在外加磁场下，将产品恒温处理 1～2h，热处理温度满足 150℃

$\leqslant T \leqslant T_C$（居里温度），热处理时的磁场强度应大于材料的矫顽力 H_{CB}。

(4) 铁氧体的老化处理

随着科学技术的发展，对铁氧体元件也提出了较高的可靠性和稳定性的要求。大多数铁氧体材料的起始磁导率 μ_i 随时间的延长而降低，这种现象称为自然老化。采用人工方法加速自然老化过程，可以提高磁芯的磁稳定性。

人工老化的过程如下：

① 200℃±5℃——保温 2h（若居里温度低于 200℃，保温温度应较居里温度低 20℃左右）；

② 160℃——保温 1h（包括降温时间）；

③ 120℃——保温 1h（包括降温时同）；

④ 80℃——保温 1h（包括降温时旬）；

⑤ 40℃——保温 1h（包括降温时间）。

此后，关掉电源，随烘箱慢冷，接近室温时取出即可。

10.8 热压烧结

为进一步提高材料的磁性能，有的采用低温烧结。低温烧结通常需要采用活性好的原料或添加适量助熔剂进行烧结，低温烧结的机理：一是通过增加晶体内晶格空位的方法，使质点易于扩散，从而加快烧结速度；二是使在较低温度下生成液相，由于黏性流动而促进烧结。

压力烧结是在不需要添加太多助熔剂的条件下，也可以达到低温烧结的目的。

(1) 热压烧结的特点

热压烧结，就是将铁氧体粉料或坯件装在热压模具内置于热压高温烧结炉内加热，当温度升到预定的温度时，对铁氧体粉料或坯件施以一定压力的烧结。热压烧结具有以下一些特点：

① 可降低气孔率，提高铁氧体的密度。

② 可以降低烧结温度，缩短烧结时间。通常在比普通烧结的最佳温度低 200～300℃的温度下，热压烧结可以得到和普通烧结同样密度的铁氧体。一般热压烧结温度在 1100℃～1350℃之间，保温 4h 左右，

③ 对防止在普通烧结温度下出现的成分挥发或分解具有重要意义。特别是对氧化锌和碳酸锂这样容易挥发的成分。

④ 可以控制铁氧体的显微结构。如通过调整烧结温度、保温时间、外加压力等参数，可以控制铁氧体的晶粒尺寸。某些尖晶石铁氧体以及六角晶系的钡铁氧体和锶铁氧体，通过热压还可以实现晶粒的择优取向。

⑤ 热压烧结的生产率低，设备复杂，对制品形状和尺寸有一定的限制，一般热压烧结只能用于形状简单的产品，如块状、圆柱状样品，然后切割使用。如果把热压炉密封起来，再配以气氛控制，即热压气氛烧结，则能生产出密度更高、性能更优的产品。如采用同时加热、加压的方法，可使材料的气孔率＜0.1%、晶粒尺寸为 1～500μm，且容易获得高磁导率（$\mu_i > 3\times10^4$）、高磁通（550mT）的样品，热压烧结充分用于磁记录磁头、微波大功率材料的制备。热压生产的高密度铁氧体材料用于制造录像、录音等各种记录磁头，在微波器件方面也日益显示出其优越性。

(2) 热压机理

热压烧结实际上是压制和烧结同时进行的。普通烧结仅以粉料的表面张力（产生收缩）为驱动力，当粉料颗粒直径为5～50μm时，这种驱动力大约是1～7kg/cm²，而热压烧结是在一定外力作用下，使粉料接触面扩大（由点接触变为面接触，如图10.66所示），从而离子扩散速度可以大大加快。热压烧结具有很高的致密化速度。热压烧结促使收缩的驱动力比普通烧结提高约20～100倍。由于热压烧结加快了固相反应的进程，故可降低烧结温度，缩短烧结时间。

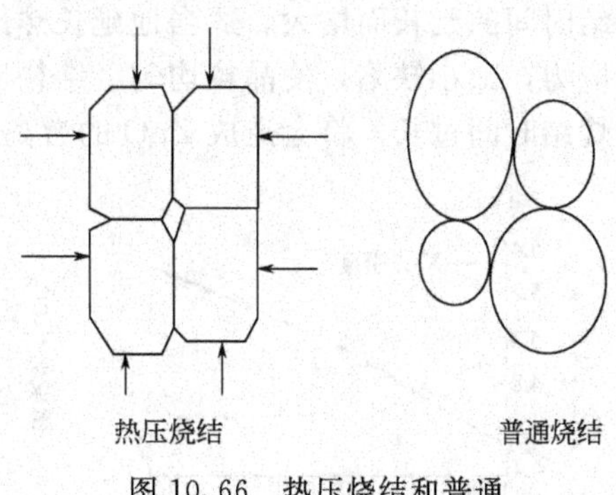

图10.66 热压烧结和普通烧结颗粒接触示意图

理论研究与实践表明，在一定条件下，外加压力越大，致密化速度也越快，但随着材料密度的提高，致密化速度有所减缓。当压力达到某一数值时，材料的密度即为最终密度。

坯件的致密化过程从微观上看，实际上就是晶粒的逼近和气孔缩小的过程，这在宏观上表现为坯件密度和强度的提高。最大限度地提高密度，减少气孔率是热压烧结的关键，因此，在一定压力下进行烧结可有助于材料内部气体的排出，减少气孔率，达到提高产品密度的目的。

热压Ni-Zn铁氧体密度可达5.3g/cm³，热压Mn-Zn铁氧体的密度可达5.12g/cm³，均接近理论密度。

(3) 热压烧结的分类

热压烧结可分为两大类：单轴向热压法和等静压法。

(4) 影响热压烧结效果的因素

影响热压烧结效果的因素很多，除配方、气氛外，还有起始粉料颗粒的大小、铁氧体粉料的性质、铁氧体坯件的密度、预烧温度、起压温度、压力大小、热压烧结温度和保温时间等。

① 起压温度。起压温度过低，将使α-Fe_2O_3脱熔而出现另相，不能生成单相的尖晶石结构，而过高的起压温度则不利于坯件内部气体的排出，达不到高密度。一般情况下，起压温度在1000℃以上，这视不同材料和工艺试验的结果而定，通常，配方中含Fe越多，起压压力越大，起压温度越高。

② 热压压力。压力对热压铁氧体性能的影响也很大。压力一般为100～500kg/cm²。适当加大成型压力，将有利于提高铁氧休的最终密度。加压方式包括一次加压、分段连续加压和分段多次加压。分段连续加压及分段多次加压的致密化速度较快，效果较好。目前生产中大都采用二次加压。实践表明，二次加压的效果较好。

③ 热压烧结温度的影响。在热压烧结中，随着烧结温度的提高，制品的密度和平均晶粒尺寸都增大。图10.67是$Ni_{0.32}Zn_{0.68}Fe_2O_4$的材料在14.7MPa、50%的$O_2$气氛中烧结4h的密度、晶粒尺寸随烧结温度的变化情况。由图可见，材料的密度随着热压烧结温度的增加而增加。在上述压力、气氛和烧结时间条件1300℃就可以达到差不多完全致密的铁氧体。而铁氧体的晶粒尺寸是随着热压烧结温度的提高也增大。此外，由于热压烧结在烧结时对产品施加了外力，所需的烧结温度要比普通烧结低。

④ 烧结时间的影响。烧结时间对热压烧结效果的影响也是很大的。图10.68是$Cu_{0.9}(Ni_{0.32}Zn_{0.68})_{0.01}Fe_2O_4$在1200℃、9.8MPa条件下材料的密度、晶粒品尺寸随烧结时间变化的情况。由图可见，随着热压烧结时间的增长，密度先是提高的较快，但达到一定的程度后就趋于饱和，而且达到饱和的时间随着压力的加大而提早。材料的晶粒尺寸随着热压

烧结时间的延长而增大。适当地延长热压烧结的时间不仅可以增大晶粒尺寸，还有利于消除内应力，减小缺陷，使晶粒均匀，结构完整，最终密度虽然变化不大，磁导率却有所增长。但烧结时间过长，将会造成ZnO的游离和挥发。

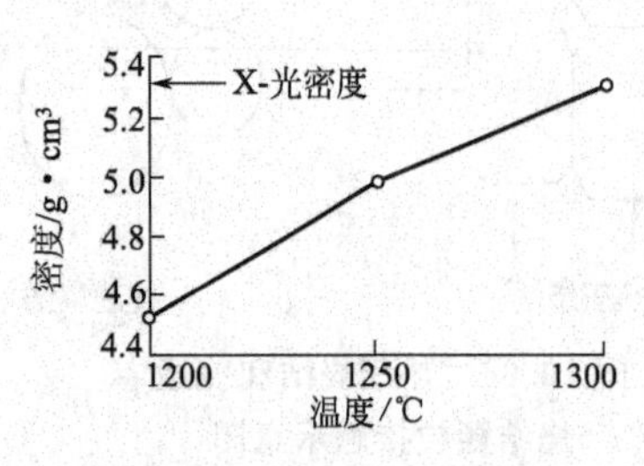

图 10.67 $Ni_{0.32}Zn_{0.68}Fe_2O_4$ 烧结温度对其密度的影响图

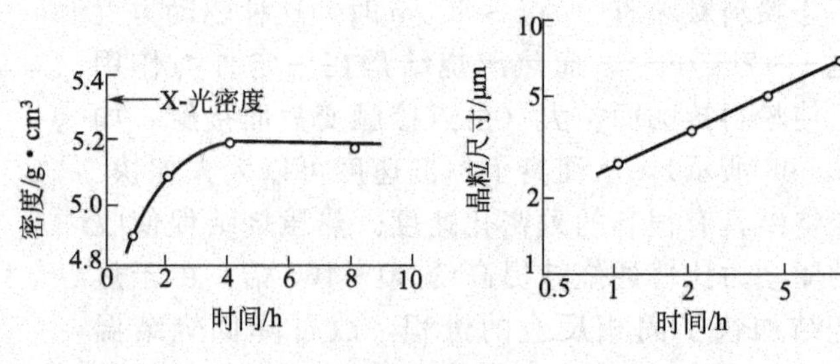

图 10.68 $Cu_{0.9}(Ni_{0.32}Zn_{0.68})_{0.01}Fe_2O_4$ 的烧结时间对其性能的影响

10.9 常用烧结设备与维护

高温窑炉是用来冶炼金属、煅烧原料、烧制产品及热处理各种零件的重要设备。用于铁氧体工业的窑炉，主要有箱式电炉和各种隧道窑。箱式电炉适用于小批量生产或试烧产品，隧道窑适于进行大批量生产。

无论是箱式电炉还是隧道窑，基本上都由炉壳（包括支架）、炉膛、保温层、发热体及供电设备等组成。隧道窑有用于铁氧体粉料的回转窑，有可以控制烧结气氛和冷却气氛的N_2隧道窑以及一般的隧道窑。按结构分类，有窑车式、辊道式和推板式；按窑炉使用的能源分类，有电窑、煤气（天然气）窑等；按窑体长度分类，有13m、18m、25m、36m等多种。

高档软磁铁氧体，特别是高起始磁导率MnZn铁氧体，常用钟罩窑来烧结。该类窑节能、节N_2，烧结气氛控制精细，所烧产品的一致性好。

10.9.1 钟罩窑

(1) 钟罩窑的结构

钟罩窑烧结MnZn铁氧体时，其常用工艺如下：

① 排胶温度200～600℃，升温平缓，升温速度＜1℃/min，空气气氛。

② 排完胶后升温较快，升温速度（3～5）℃/min，空气气氛。

③ 烧结温度1300～1400℃。功率铁氧体的烧结温度一般在1320℃左右，高导铁氧体一般1380℃左右。氧气的质量分数控制在百分之几的水平，也有用空气烧结的，甚至有用氧气烧结的。

④ 降温较快，在500℃以上的降温速率一般大于5℃/min。降温温度与氧含量符合Blank关系式，即

$$\lg(P_{O_2})=a-\frac{b}{T} \qquad (10\text{-}10)$$

式中，P_{O_2}为氧摩尔分数（%），T为绝对温度（K），a和b分别为常数。降温段的温度与气氛决定了被烧结产品的最终性能。这一点无论对烧结产品还是对烧结设备，都是至关

重要的。

⑤ 在降温后期，氧气的质量分数应降至0.01%以下。

根据上述工艺要求，其设备的要求如下：工作温度为1400℃；升温速度为5℃/min（室温～1400℃）；降温速率为5℃/min，（1400℃～500℃）；温度均匀度为±5℃（1400℃）；氧气的质量分数控制范围为20.6%～0.01%。

钟罩窑（如图10.69、图10.70）通常由炉膛、台车、窑车升降机构（图10.71）加热棒、进气系统、循环系统和控制系统等组成。炉膛由轻质耐热保温材料——多晶莫来石纤维块组成，见图10.69（b），其作用是最大限度地保温及最小限度地吸收热能。轻质的保温材料可以在加热过程中吸收最少的能量，让大部分的能量被产品吸收。台车的基础材料同炉膛一样，也是使用多晶莫来石纤维组块，只是在其中埋入了若干刚玉支柱和进气通道，用来支撑产品及进气。

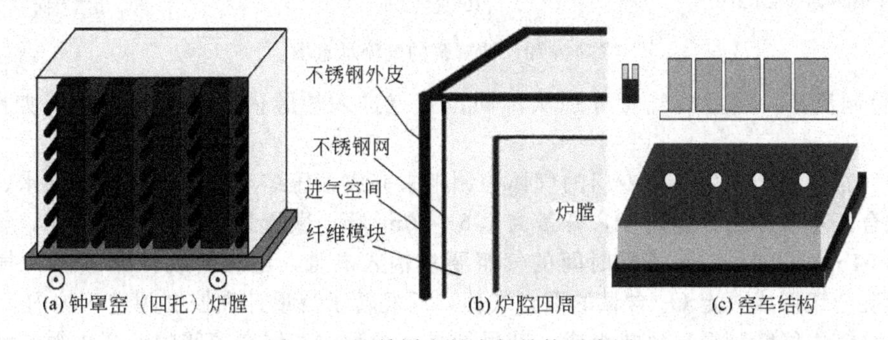

图10.69　钟罩窑的内部结构示意图

图10.70　钟罩窑（一托）实物图

图10.71　钟罩窑（四托）的窑车升降机构

钟罩窑（四托）的炉膛，见图10.69（a），其内通常装有34根SiC棒，分5组平行于炉体安装。在SiC棒之间有29个进气口。窑车和炉底接触部分，有两条密封胶条，胶条之间的空隙会充进氮气密封。钢板与窑车耐火砖用不锈钢网隔开成空心，起到密封、隔热作用。同时也形成了一个储气空间，让进入的气体有一个预热过程，也保证了4个进气口的进气量的一致性。

窑车的升降：通过链轮驱动使横梁上下运动，当窑车升到炉体上方还有10mm时，设在提升臂下的四个千斤顶摆出一定角度后，再将窑车向顶靠紧至密封。

进气系统由减压装置、MFC、流量计和气管组成。氮气和压缩空气在经过减压后，通

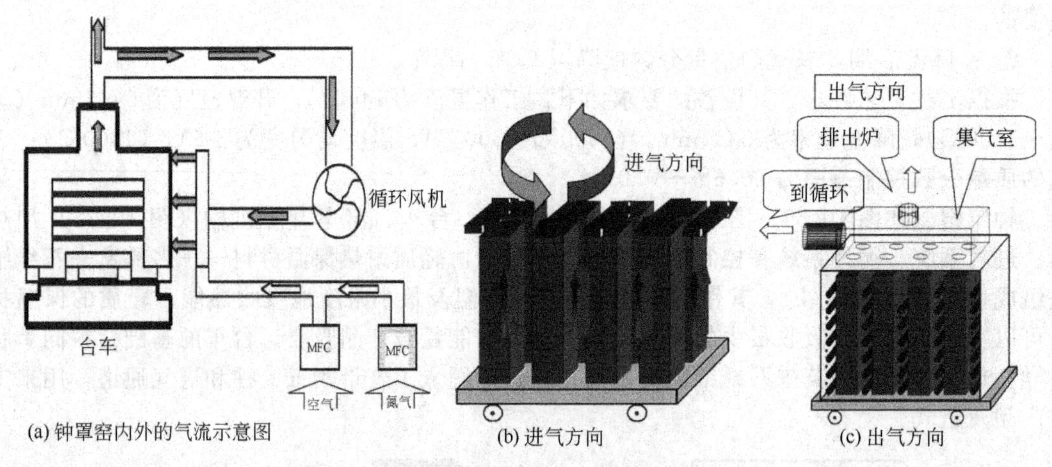

(a) 钟罩窑内外的气流示意图　(b) 进气方向　(c) 出气方向

图 10.72　钟罩窑的气流示意图

过 MFC 控制流量，然后沿气管分别从不同位置点进入炉膛内。窑内气流情况如图 10.72 所示。

窑炉气氛的调节，由一个专门的气体控制柜来完成，压缩空气经过除油、除水、干燥后和氮气混合。空气流量计有两个，常量为 1.6～80m³/h，微量为 0.04～2.0m³/h，氮气有一个，为 0.04～2.0m³/h。按不同时间的气氛要求输入电脑，电脑自动控制这两种气体的流量，通过混合罐形成一定 O_2 含量的混合气体，后经转子流量计和控制阀进入炉内。

循环系统由气管和循环风机组成，其目的是让炉膛内气体在密闭的环境内循环流动，使炉膛内各个位置的产品享受均匀的气氛。

钟罩炉的气体循环冷却系统（如图 10.73）由炉体、连接管道、水冷却器、循环风机等组成一个闭合系统。该系统通过循环风机的运转，完成炉内气氛的调节。循环风机有高速和低速两个功能，在不同的工艺要求下，有不同的转速。从炉顶集气室到水冷却器，有一根夹层连接管，夹层内是流经冷却后的循环气体，以保护进入冷却器的热气不高于 600℃，因温度过高将使一些器件损坏。整个循环系统由 A、B、C、D、E 阀按设定程序自动控制。如用专门的排胶炉来排胶，则循环风机在有气氛要求时，就会自动启动，这时 A、D 阀关闭，B、C 阀各打开 30%，E 阀打开 100%。当设定温度和实测的平均温度偏离时，B、C 阀可自动调整其打开范围。循环风机在降温 700℃前低速运行，700℃后高速运行，以保证钟罩炉的冷却速度。

控制系统由工业控制计算机、气体质量流量控制器（MFC）、温控仪、氧分仪、传感器、通信模块等组成。钟罩窑的大脑把设计好的温度、氧含量、流量、开关量等参数输入电脑（通过专用软件），在曲线启动后，电脑会持续不断的将控制信号通过通信模块传送到执行元件上（如 MFC、变频器、温控仪），并通过传感器（如数字压力表、热电偶、光电开关）或仪器自带的通信模块不断采集数据判断工艺执行情况，然后发出对应的新一轮指令。

(2) 钟罩炉的检修与日常维护

钟罩炉的检修与日常维护，主要包括以下几方面：

① 应常检查窑体的密封状况，是否有漏气；

② 定期测试炉内各区的实际温度；

③ 定期测试气氛曲线与设计值的差异；

④ 定期清洗冷却器；

⑤ 气路的通畅应定期检查；

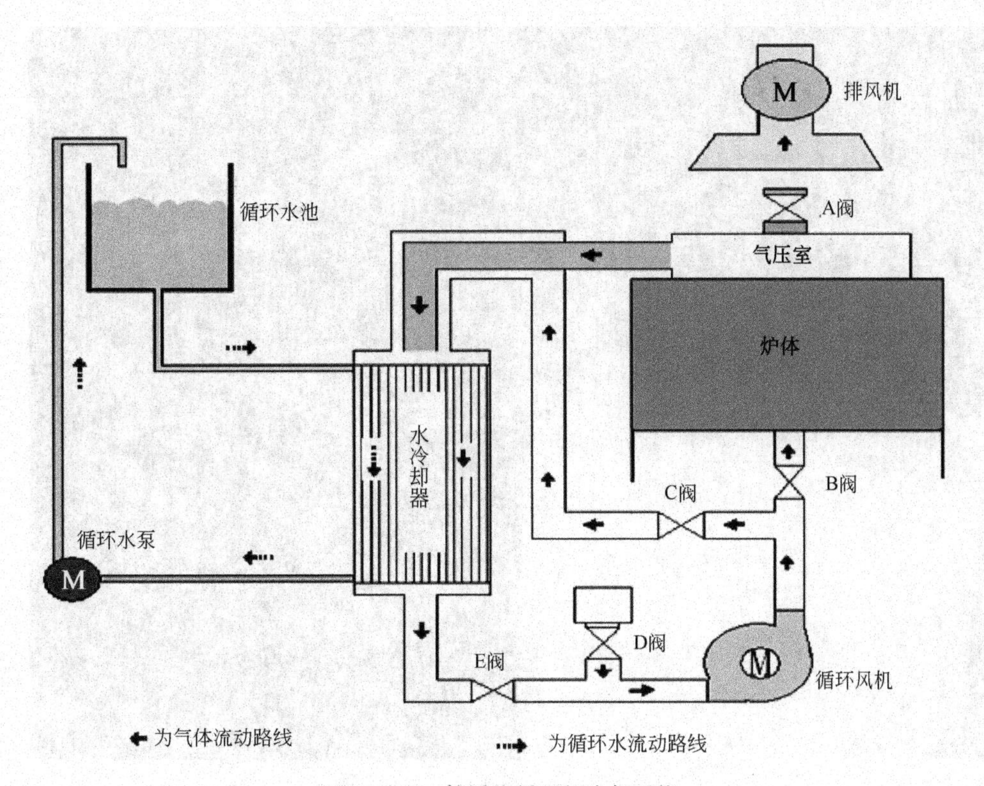

图 10.73 钟罩炉循环的冷却系统

⑥ 每次进炉前检查炉内状况；

⑦ 经常检查、分析电脑记录参数是否异常；

⑧ 定期清洗管道（每月 1 次）；

⑨ 对升降机、风机等构件，每周加润滑油一次。

10.9.2 推板窑

推板窑从其结构上分为窑体、进气系统、液压循环系统、温度控制系统等，其窑体如图 10.74、图 10.75 所示，分成循环区、升温区、保温区、降温区、密封仓、外轨道等部分。

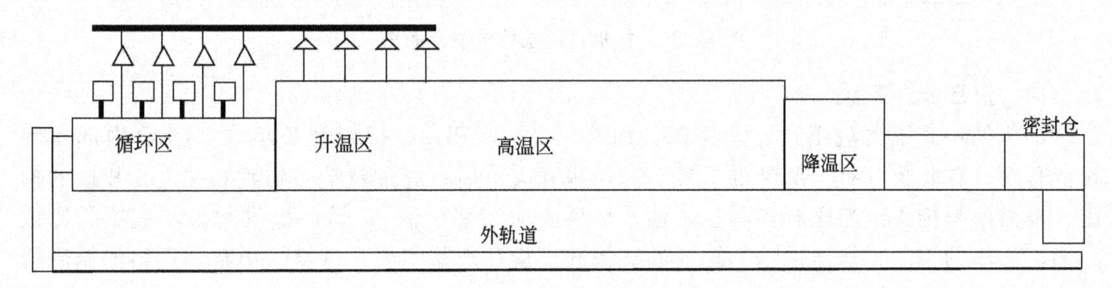

图 10.74 推板窑窑体示意图

(1) 温度控制系

温度控制系统（如图 10.76）相对而言比较简单，将各窑分成若干个独立的加热组各自工作，每个独立的加热组均由加热元件、热电偶及温度补偿导线、温控仪组成，每个加热组通过设定温控仪数值来达到设计温度。

图 10.75 推板窑实物图

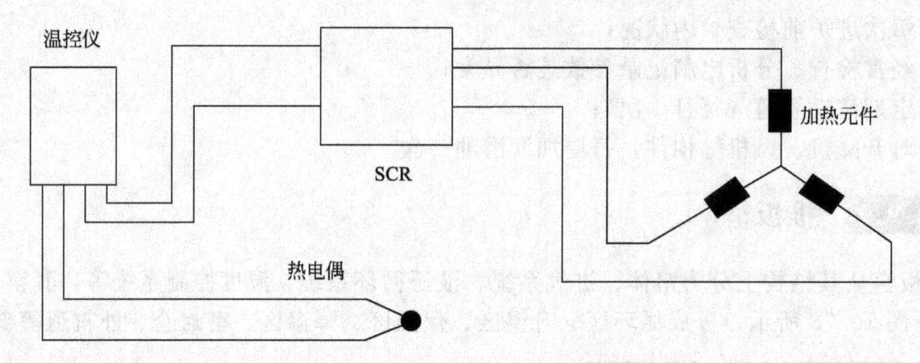

图 10.76 推板窑的温度控制示意图

(2) 液压循环系统

液压循环系统由液压缸、液压阀、油站、马达、PLC、行程开关组成。PLC 内部有预设的程序，在收集各有关部件的信号（如行程开关）后，通过对信号的判断并进行相应的输出，输出信号传送到液压阀和马达，油站提供介质（液压油），马达提供动力，液压阀提供方向、大小的控制，从而推动油缸，油缸带动推板和产品实现：进窑→出窑→进窑的循环的动作。

(3) 进气系统

进气系统由风机、氮气减压系统、管道、流量计组成。空气通过风机，氮气通过减压装置、管道，经流量计控制流量。按设计的不同流量，控制混合后的气体进入窑腔，达到分段控制氧含量的目的。

① 循环区。循环区的作用是将压坯内的水分、有机黏合剂（PVA）通过热空气烘烤去

除。进入窑腔的空气被加热丝加热，然后在搅拌风机或循环风机的带动下最大限度地在压坯间横向流动，让压坯内的水分和有机黏合剂均匀受热挥发出来，并由抽风机抽出排空。所以，这一区的温度不能太高，升温速度也必须有效控制。温度太高或升温速度太快将引起水分或有机黏合剂急剧挥发，迅速膨胀的气体会造成坯件的开裂。所以，一般来讲，调节烧结温度时，常根据坯件所使用PVA的特性来调节合适的温度及其升高速度。循环区的最高温度普遍认为不能超过650℃。

窑炉循环区的设计和调节非常重要，不恰当的风机设计或不恰当的风量以及温度设计，都会引起坯件开裂。当风量循环不定时，有机黏合剂不能被充分加热，不能被充分抽走，在后续温度升高时，易造成突然剧烈挥发，大量的气体冲出坯件，造成裂纹。温度设计太低，也会出现同样的现象，但温度太高会引起有机黏合剂集中在短时间内挥发，产品将炸裂。窑炉的推车速度也会影响脱胶效果，所以，推车速度不宜太快，以保证窑内坯件有足够的时间脱胶。

为进一步提高产品的生产效率，在产品入窑前，有的企业为烧结窑配备了专门的排胶炉，其外形见图10.77。

图10.77 排胶炉

排胶炉的排胶温度控制通常如下：150～200℃的升温速度控制为0.5～0.8℃/min，200～300℃排胶速度控制为0.5℃/min以下，排胶的抽风温度控制在200℃以下，由前到后各区抽风温度应有序递增，根据温度及坯件排胶情况，调节各区进风量和补风量。

② 升温区。升温区的主要目的是将坯件快速升到1200℃以上，使坏件尽快开始致密化反应。其另一目的是在这段时间内，尽可能多地将坯件中含有的低熔点物质（比如 $ZnCl_2$）

排出去，以免低熔点物质造成铁氧体内部产生大晶粒，所以，升温区的窑体结构是上下螺旋型发热丝进行加热，内部通入大量的空气，顶部有密集而宽大的抽气口，在升温段中，大量的酸性物质和窑内耐火材料反应，不断腐蚀耐火材料，同时，酸性盐的结晶又很容易堵塞管道，所以对升温区的温度和进气量的调节宜多花些心思，既不可进太大气量浪费能量，又不能使低熔点物质未得到充分的挥发和排除。在窑炉设计方面升温区的寿命几乎就是整条窑炉的寿命，所以，本段要尽可能地采用优质、抗腐蚀的耐火材料。

③ 高温区。高温区是铁氧体坯件完全致密生成铁氧体的场所，其温度是整个窑体中最高的部位，所以本段的加热元件采用大功率的 $MoSi_2$ 加热棒。从高温区开始，进入窑炉的气道也开始变得复杂，混合气体从窑外进入流量计混合之后，经过上下加热腔预热，然后经过由相对独立的上、左、中、右进气道进入窑腔，坯件在高温区充分烧结，致密。高温区的长度和温度直接决定了磁芯的密度和强度，也对磁芯的电气性能产生重要影响。

④ 降温区。降温区的窑体结构相对简单，没有上下加热腔，只依靠耐火材料的厚度或窑体上加装的风冷、水冷装置进行散热降温。但是，由于降温时，Fe 和 Mn 的化合价很容易发生变化，必须精密控制降温区的氧含量，使之严格符合该温度下铁氧体的平衡氧含量。同时，该段氧含量随位置的不同，变化量极大，比如 1300～1050℃ 在窑体空间位置上只相隔约 5m，但氧含量却要求在这相通约 5m 内从 2.5%急剧变化到 800ppm，所以，降温区的气道更加复杂，数量更加多，分布更加密。事实上，降温区在实际生产中的重要性远比其他区要大，因为降温区氧含量调节不平衡而造成磁芯性能恶化也是烧结生产中最常发生的问题。当磁芯温度降到 1050℃ 以下时，就必须在氧含量为（300±50）ppm 的氮气保护下降温，当磁芯的温度降到 600℃ 以下时，更加要求保护气氛中的氧含量必须低于 200ppm。所以，产品在从窑内到窑外时，要经过“太空舱”或是双门结构，清洗和隔绝外界空气。

(4) 操控氮窑的注意事项

① 当炉内有产品时，不可以内外闸门同时打开。

② 要停氮窑时（如要停电），应先关闭抽风系统，后关闭进气系统，开炉时，应先开进气部分，再开抽气部分；保证炉内的正压。

③ 开孔处理炉尾时，应注意控制窑压的变化，开孔时要避免空气对炉内气氛的影响。

④ 停炉时间应尽量控制，因停炉对高温区、升温和降温段的产品均有影响。

⑤ 更换硅钼棒等会对炉内气氛形成影响时，要控制对炉内气氛的影响。

⑥ 整条炉内的气氛是一个整体，对设备任一处气压的影响都将会影响整条炉的气氛。

⑦ 推进速度和循环时间要保证稳定。

⑧ 尽量避免使用手动不联锁，手动时应注意各动作的正确性。

⑨ 记录好设备运行状况，产品异常时应校对设备的运行情况。

⑩ 易损件如发热丝尽量用同一型号。

(5) 推板炉的检修与日常维护

① 定期检查推板的状况。

② 每天检查炉体的气密性。

③ 每天检查炉进气及排风是否异常。

④ 定期清理出口横推仓掉落的产品或辅材。

⑤ 各行程开关的位置应定期校检。

⑥ 定期（每月至少 1 次）清理抽风管道。

10.10 窑炉的调节

调节窑炉的主要目的是在保证产品尺寸、性能合格的前提下，使生产效能最大化。调节窑炉常遵循如下步骤：

(1) 确定推车速度

根据已往掌握的粉料特性，按所需要的保温时间或脱胶时间来确定窑炉的推车速度，一般地，推车速度主要取决于保温时间，利用窑炉高温区的长度以及所知的压坯烧结所需要的保温时间，即可以计算出推车速度，设计各温控组的温度。

(2) 设计好各个温控组的温度

推车速度确定后，即可依照压坯的特性来设计窑炉各温控组的温度。如了解压坯中有机黏合剂的最佳挥发温度是350℃，压坯中水分排出需要1.5h，即可以设计第一、第二节循环温控组温度约250℃挥发水分。尽量保持350℃温区距离长一些，可以将第三、第四，甚至第五节循环温控组设定至350℃左右，依此类推。常见的注意事项有：

① 循环区最后一节的温度不宜超过650℃，否则，容易损坏其内部的金属部件；

② 升温区金属层加热丝的最高使用温度为1250℃；

③ 最后一节高温加热组至少离开降温区2m，以保证其能够按设计降温；

④ 至少在1100℃以上，温度必须受控，即1100℃以上，不能自由降温；

⑤ 在条件允许的情况下，升、降温的速度尽可能地小，降温速度优先于升温速度来考虑。

(3) 设计总进气量，合理分配各温区进气量

根据各种不同的窑腔宽窄结构，每米距离的窑腔内进气约4～7m³/h为宜，循环区和升温区可适当多进一些，有利于胶水的挥发和窑炉的寿命，但太多会增加能耗和影响加热组实际温度。降温区只要窑压和氧含量情况允许，应尽量少进气以节约氮气，降低成本。

窑炉内太多的进气会造成紊乱的气流，氧分压难以控制，太少又会造成窑腔内横截面上氧浓度梯度大，产品性能不一，当然，适当的总进气量也可以维持窑压在合理的范围之内。一般地，窑尾的压力最好保持在2～4Pa，太高会有窑内气体外泄或异味外泄，太低则外界空气易进入窑腔，造成产品吸氧而破坏产品性能。推板窑气氛控制示意图如图10.78所示。图10.78（c）中，位置1处进的气体为空气，位置2为混合气体，位置3为N_2，位置4排除的气体为空气、水、黏合剂等，5为酸根离子、混合气体，6为混合气体。

(4) 设计总抽气量，使窑炉内气体保持3～6Pa的对外界正压

设计抽气时，首先考虑降温区氧含量的稳定性。抽气量尽量与进气量相等，这样才能保证降温区横截面内氧含量梯度最小，稳定性最大。基于这方面的压力考虑，一般降温区的抽气总量为12～20m³/h，如果没有流量计参考，可以通过测定抽气点前3～4m区域内氧含量的稳定性来判定。调好降温区抽气后再调节循环区、升温区的抽气。循环区的抽气，理论上，越大对胶水的排出越有利，但实际上，太大的抽气会影响窑压和消耗能量，以窑口成负压为宜。在抽气口的分布上，窑口处的抽气口开度尽量小，以便坯件有效地升温。在循环区中段抽气口可适当开大，在这一区域，胶水挥发最快，大量的抽气可以快速带走这些胶水。循环区后段，抽气口宜开小一些，方便压坯有效地升温，由循环区过渡到升温区。升温区的抽气量原则上要略大于该区的进气量，并且根据对应温度，有选择地开大900℃左右的抽气口。有文献表明，在900℃左右时，粉料中含有的$ZnCl_2$开始大量挥发，$ZnCl_2$具有较强的

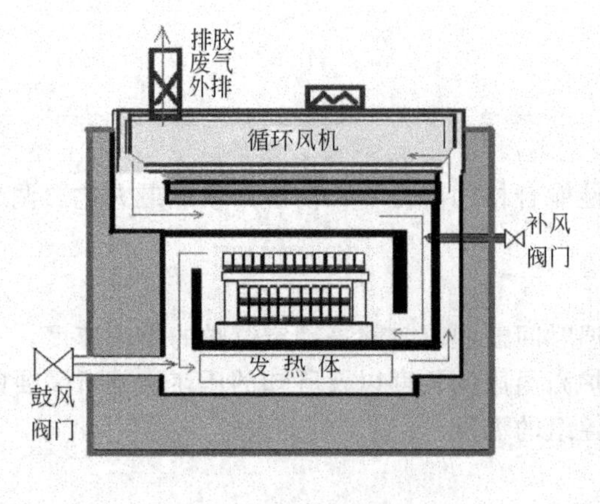

(a) 推板窑排胶区的气流方式

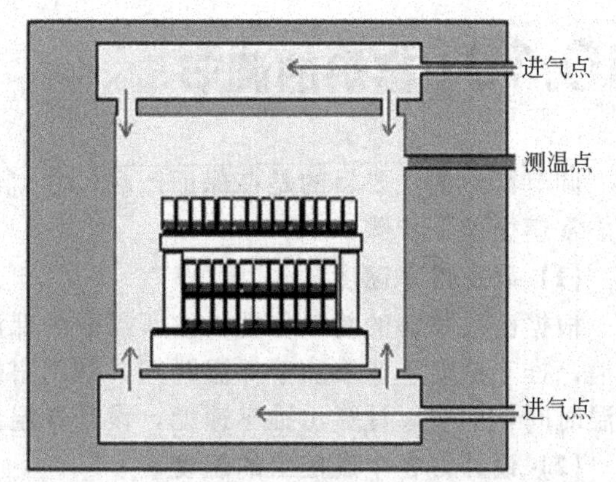

(b) 推板窑高温及降温区的进气方式

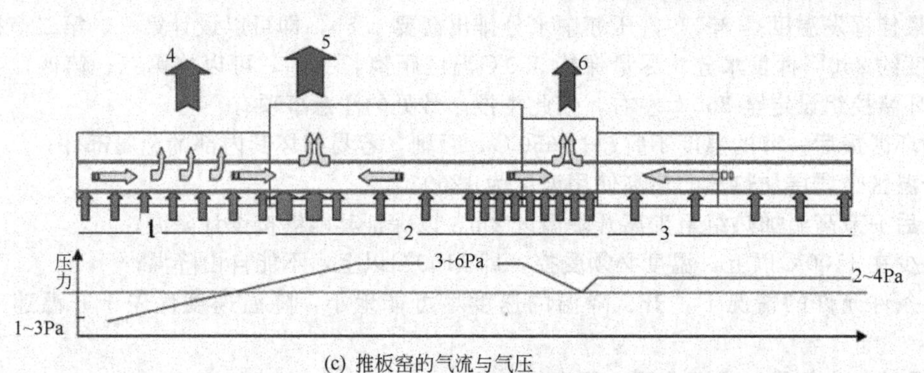

(c) 推板窑的气流与气压

图 10.78　推板窑气氛控制示意图

腐蚀性，对窑炉的耐火材料和钢材的危害性很大，需要尽可能完全地抽走它。调节完抽气后，需要观察窑尾窑压。正常的窑压是在 2～4Pa 之间波动。若调完抽气后窑压太高或太低，须重新调整进气量和抽气量。

(5) 调节各个进气点的空气、氮气比例

窑炉的温度设定完成后，则可以依据式(10-6) 计算出各个进气点所在位置需要的氧含量，然后再根据空气中氧含量为 20.6％的常识，分配总量已经设计好的空气、氮气流量(具体见 10.6 节)。由于推板窑是分段控制的，很难将每个点都精确控制，所以，有时需要估计温度来确定氧含量，而进气也是隔段才有的，也不可能在整个推板窑上实际线性地控制。这样一来，对调窑人员的经验依赖性就强了很多。钟罩窑由于能够实时地对气氛进行控制，所以要简单许多。

(6) 调整抽气口位置，保持窑内气体压力平衡，控制窑内气体局部流动方向

各个进气点的空气、氮气流量配比完成后，大体上窑腔内的氧含量就按配比进行波动，这时，需要调节抽气口的位置，使得在进气点处，窑腔内的氧含量尽量接近配比值。由于工艺上通常希望 1300℃降温段开始时，氧含量的下降梯度较大，若窑腔内的气流方向不合适，进气点左右处的进气就会影响该点的氧含量。如窑腔内的气流是从窑尾流向窑头，那么一般实际测量的氧含量都要比配比值小，那是因为窑尾的低氧含量气体向窑头流动，“冲淡”了氧含量，反之氧含量会偏高。合适的抽气口位置，会让窑炉内的气流在某个段内实现稳定的“静止”状态。通常在 1300℃和 1100℃两个点设置抽气口（图 10.79）会比较合适，因为这

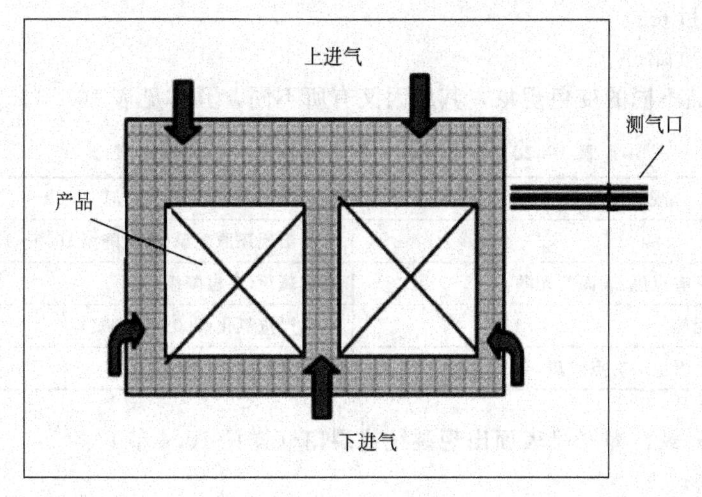

图 10.79 测气口

两个温度点左右的氧含量相差比较大，在这两处抽气容易控制这两段的氧含量，使其比较稳定，比较容易实现工艺要求的大氧含量变化。以上几个步骤完成后，还要实地测量窑腔内的氧含量，并且根据测量结果再重复前面的步骤，直至温度和氧含量曲线达到最大程度的配合。

(7) 根据试烧标准环的结果微调温度设定和流量

由于我们看到的温度值实际上是由热电偶的电压信号值转换过来的，所以我们看到的温度和实际温度存在偏差，这种偏差是由热电偶、补偿导线的制造水平、温控仪的精度及零漂以及外界电磁干扰造成的。而且，不同测气口的同温度段，使用不同分度的热电偶，其温度的偏差也不尽相同，所以，窑炉的设定温度还需根据标准环和试烧品的密度与结晶程度进行修正。另外，利用窑炉壁上的测气孔所测量的氧含量数值，同样也具有局限性，严格地讲，我们所测量到的氧含量，只是测气孔内、测试点处的氧含量，并不是严格意义上产品内层及其周围的氧含量。在高温和复杂的空间分布下，难以准确地测量窑腔内每一点的实际氧含量。所以，也常依赖标准环和试烧品来进行修正。窑炉调节大体完成后，就需要排试烧品和标准环进窑烧结，出窑后按位置分别取样，测试样品的电磁性能，根据性能数据再对窑炉进行微调。一般来讲，在密度良好的情况下，样品的磁导率偏高就表明氧含量偏低；样品在内外存在性能较大差异时表明总体进气不够，氧含量在横截面上存在大差异，需要调节进气量；样品上层和下层存在较大的性能差异时，表明抽气量太大或太小，窑腔顶部的气体流动太大，需要调节抽气量。

10.11 烧结常见质量问题

在烧结工序中，除电磁性能方面的问题外，还会出现产品变色、氧化、开裂、变形、尺寸超差等方面的质量问题。

(1) 产品变色、氧化的原因

① 窑炉密封异常；

② 清洗不彻底，或出现异常；

③ 氮源异常或进气或排气的量发生变化；

④ 窑压曲线发生变化；

⑤ 停电时间过长；

⑥ 其他设备故障。

生产上，产品不同的变色现象，其原因又有所不同，具体见表 10.20。

表 10.20 产品不同的变色现象及其原因对比表

现　　象	原　因
产品表面瘢点亮白	产品出现还原现象(高温降温 1000～1300℃)
产品表面细白，看上又有点黑，表面有光泽	高温氧化(高温降温)
产品表面发白，表面粗糙	产品严重氧化(300～1300℃)
产品表面有火红颜色，看上去有点发黑	低温氧化(300～600℃)

(2) 产品的开裂，即产品表面出现裂纹或裂口（详见 10.4 节）

(3) 产品变形

一般情况，引起产品变形的原因，通常由以下几方面的原因引起。

① 温度不均匀，或升温过快；

② 叠烧收缩不一致；

③ 装坯方式不当，或辅材使用不当；

④ 生坯密度不均匀。

变形多发生于薄壁的环形、管形、罐形磁芯、长条（棒）形天线及 E（U）形磁芯等，克服变形的关键，在于成型时产品密度的均匀性以及产品的装坯工艺。E（U）形磁芯在装盒时，可将坯件的腿朝上放置以减少变形；还可采取成型时压制成“日”字或“口”字形坯件，烧结后再切割成 E 或 U 形磁芯，这样可有效地防止这类磁芯的变形。

生产中，产品不同的变形现象，引起的原因又不同，具体见表 10.21。

表 10.21 产品不同的变形现象及其原因对比表

现　象	原　因	产品表现
椭圆变形	生坯密度不均匀●	T 形大产品(T36、T31、T50)
	锆板不平或锆板与产品接触面在烧结后产生局部粘连，造成收缩过程阻力不一●	① T 形大产品 ② 壁单薄(T16×12×7.5)
大小头变形	叠烧层数过多，受阻力大引起○	T 形、UU 形
	生坯密度不均匀○	T 形
	产品密度中心线偏移，引起收缩不均匀○	EP 形
弯边变形	产品密度中心线偏移，引起收缩不均匀●	ET 形
	叠烧层数过多，支撑力不足●	ET 形、UT 形
开口内缩变形	生坯密度不均匀●	EP 形、EPO 形
开口变形	叠烧多层后，产品没有对齐烧结●	EP 形、EPO 形

注：●表示发生概率大，○表示发生概率小。

(4) 产品尺寸不当

产品尺寸不当（尺寸超差）是指产品烧结后的尺寸（磨加工面除外）超过了产品所规定的尺寸公差允许范围。通常希望产品的电磁性能所需的最佳烧结温度与产品合格尺寸所要求的烧结温度相一致。但实际生产中，有时需将产品尺寸烧在公差的上限或下限，其磁性能才合格。此时，容易发生尺寸超差的质量问题。引起产品尺寸不当的原因主要有：

① 温度与成型生坯密度不相符；

② 叠烧产品单重不当或变化较大；

③ 烧结温度不当；

④ 坯件粉料的预烧温度偏高或偏低；

⑤ 成型模具长时间使用后，模具的某些零件磨损大。

⑥ 烧后电感达不到客户要求。烧结后产品电感达不到客户要求的现象及其原因分析见表 10.22。

表 10.22　烧结后产品电感达不到客户要求的现象及其原因的对比表

产品表现	原　因	
整批产品电感中心偏移●	设计气氛曲线与粉料搭配不当	气氛影响
①外围产品● ②接近辅材四角的产品●	辅助材料的影响(放氧、金属离子)	
产品变色,性能不良○	设备故障(造成气氛波动)	
产品电性能相差大○	生产过程混料	材料影响
多条炉烧后性能下降。○	原材更改、工艺变动、设备故障引起配方偏移或粉料性能变异	

注：●表示发生概率大，○表示发生概率小。

(5) 产品结晶

烧结后产品结晶的现象及其原因分析见表 10.23。

表 10.23　烧结后产品结晶求的现象及其原因的对比表

内部晶粒	压制过程生坯受污染●	产品倒角位置多出现
	生坯存放过程受污染●	
	烧结上料后进炉生坯受污染●	
表面晶粒	锆板老化或锆板出现质量问题●	产品与锆板接触面常出现
	烧结辅材在烧过程产生低熔点或产生腐蚀气体○	
	粉料低熔物过多(相对于烧结温度)○	

注：●表示发生概率大，○表示发生概率小。

(6) MgMnZn 软磁铁氧体的微裂纹

【例 10.11】 以彩偏磁芯为例，生产线上的产品微裂纹如图 10.80 所示。外观表现：微裂纹 A，裂纹细而直，形状规则，裂纹数量少，每只产品 1、2 条。微裂纹 B，裂纹细而直，形状弯曲，裂纹多且分布均匀，主要分布在外曲面的曲面部位。微裂纹 C，网状裂纹，形状弯曲，裂纹多且分布均匀，主要分布在直边及产品与承烧座接触部位。这些裂纹都很细，肉眼不易看出，可用敲击方法根据其发出的声音来判别，有微裂纹时，敲击发出暗哑声，无微裂纹时发出类似金属的清脆声。或者用湿抹布擦拭产品外曲面，待产品快要干的时候，也可以发现这些微细裂纹。微裂纹 A 属于降温开裂，是温度曲线局部降温过快（如 1200℃左右产

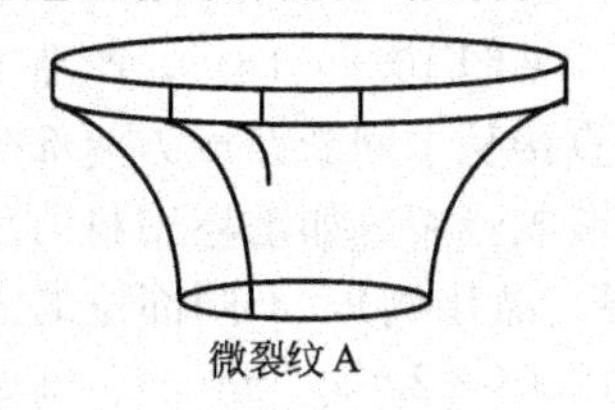

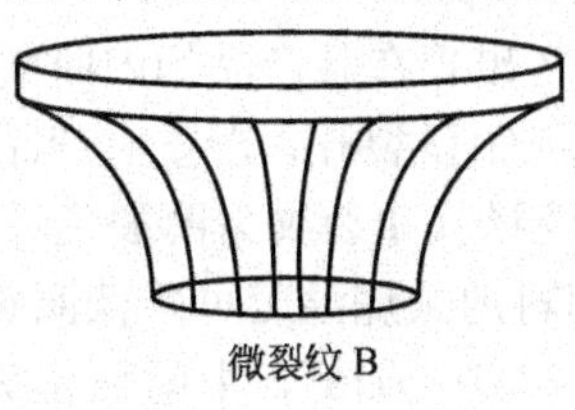

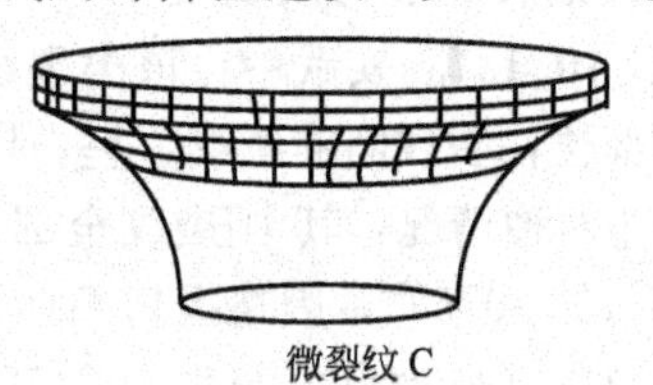

图 10.80　微裂纹

品急剧受冷）所致。微裂纹 B 和微裂纹 C 主要是因产品与所用耐火材料发生化学反应，耐火材料中，游离态的 Al_2O_3 可与 MgMnZn 软磁铁氧体材料中的 ZnO 反应，生成 $ZnAl_2O_4$（蓝绿色），从而导致产品出现微裂纹，影响产品强度。

解决办法：在制作承烧座时要选用纯度高的原材料，另外，要提高承烧座的烧结温度，使瓷化程度提高，减少游离态 Al_2O_3 的存在，使杂质挥发干净，不对烧结产品产生影响。MgMnZn 软磁铁氧体在 1200～650℃的降温区间，通过调整降温速度和控制适当的出口温度（小于 70℃），可以改善产品的强度，提高产品抗外力冲击的能力。

(7) 彩偏磁芯的竖裂

【例 10.12】 彩偏磁芯的竖裂。实践中，该类裂纹主要是因毛坯挥发过于集中造成，沿裂纹炸开后有明显的氧化面，属于典型的烧前裂，裂纹的不平整表面是结合剂裂痕的典型特征。调整的关键在于控制升温区的温度曲线，尤其是毛坯中胶体急剧挥发的 200～400℃温度段，使其尽量延长，避免毛坯胶体大量集中挥发。偏转磁芯颗粒料中的 PVA 和有机添加剂在 230℃左右开始急剧挥发，但这是在理想状态下测试的。考虑到双推窑炉的加热方式(28m 窑燃气加热要比 34m 窑电加热传热要快些)、饱和蒸汽压、推进速度、外界环境温度等因素，偏转磁芯毛坯在大窑烧结中急剧挥发的区域在 34m 窑 S_2 到 S_3（28m 窑 S_2）之间。此时，加热组温度大约为 400℃，窑腔中的温度大约为 300℃，毛坯的温度才能到 230℃。34m 电窑的结构简图如图 10.81 所示。

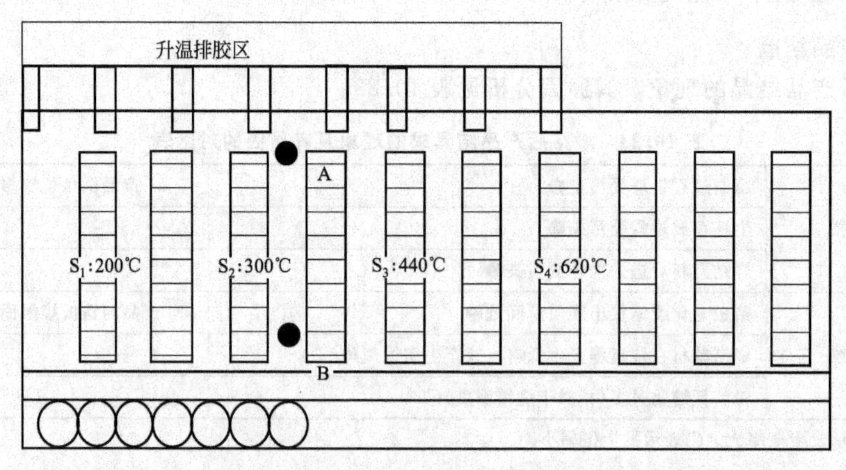

图 10.81　34m 窑生温区结构简图

无论是 S_1、S_2 过低（34m 窑易出现），还是 S_3、S_4 过高（28m 窑易出现），都会导致升温曲线过于陡峭，产品出现竖裂。如图 10.82 所示，对于 S_2 对应的测压孔 A 和 B，只要 S_2 的温度为 300℃，位置 A 的温度在 220℃左右，出现竖裂时 B 的温度为 140℃。这时，如果开大逆风（作用明显）或升高下部加热组温度（效果不明显），位置 B 的温度只要超过 170℃，产品的竖裂就比较少。实践表明，对偏转磁芯，其最佳排胶的温度曲线为：进口 80℃，S_1 200℃，S_2 300℃，S_3 440℃，S_4 620℃。

(8) 偏转磁芯的圈裂

【例 10.13】 实践中，该类裂纹常出现在其产品的内曲面［见图 10.83 (a)］，产品与承烧座接触部位，裂纹断断续续，呈白印或明显裂开，严重时产品直接从中间断开成为两部分。主要有Ⅰ、Ⅱ两种情况，其中Ⅰ裂纹全部是圈裂，Ⅱ裂纹为圈裂延伸形成竖裂。如毛坯用料的预烧温度恰当（如 1075℃，因略提高毛坯用料的预烧温度可降低圈裂废品比例），不同部位的成型密度符合要求（如大口处密度为 2.72～2.76g/cm³，中间部位为 2.62～2.66g/cm³，小口处密度为 2.64～2.68g/cm³，可通过成型时采用双向压制，下冲头固定不动，由凹模向下浮动来实

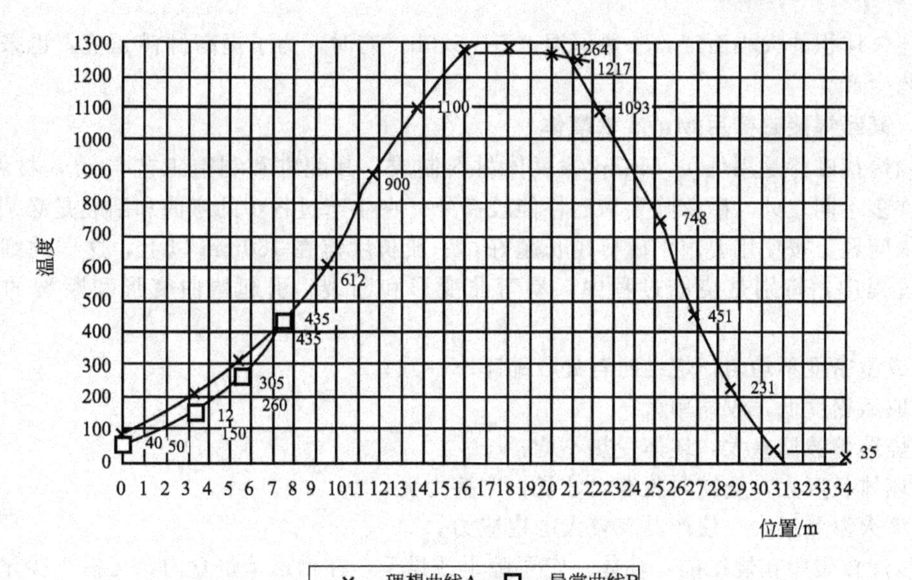

图 10.82　偏转磁芯的烧结曲线

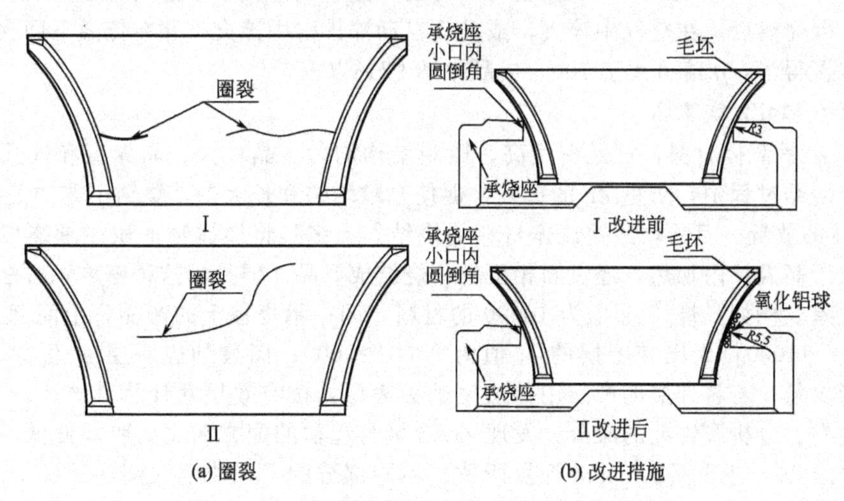

图 10.83　偏转磁芯的圈裂问题及其改进措施

现），则产品的圈裂问题可通过毛坯装烧方法的改进来克服。见图 10.83（b），将承烧座小口内圆倒角由 $R3$ 改为 $R5.5$，并在承烧座与毛坯接触的承烧座小口内圆倒角处使用一层氧化铝空心球，将毛坯和承烧座之间的滑动摩擦改为毛坯和承烧座之间通过氧化铝空心球的滚动摩擦，减小了毛坯和承烧座之间的摩擦力，产品圈裂问题得到了明显的改善。

10.12　不同类型软磁铁氧体产品烧结工艺的比较

10.12.1　MnZn 铁氧体

（1）低 μ_i MnZn 铁氧体材料

低 μ_i MnZn 铁氧体材料常在空气中烧结，随炉冷却，烧结温度为 1200～1300℃，保温时间视坯体体积的大小而定，一般保温 2.5～5.0h。有时，为了提高材料 μ_i 值，也采用淬火冷却工艺生产。

(2) 高频焊接磁棒用 MnZn 铁氧体

高频焊接磁棒是用低 μ_i MnZn 铁氧体材料制成，其配方和制造工艺与低 μ_i 材料相似，但又有许多不同之处。磁棒除要求磁性能较高外，在生产过程中的弯曲和断裂是必须解决的主要技术问题。按使用要求，磁棒越长越好，一般长度需在 160mm 以上，这样的细长磁棒在生产过程中，特别是烧结过程中，易弯曲变形和断裂。引起弯曲变形和断裂的主要原因有：

① 成型密度不均匀，烧结时各处收缩率不一致；

② 成型密度低，收缩率大；

③ 烧结炉膛温差大，坯体受热不均；

④ 坯体长度大，烧结时收缩尺寸长，摩擦力大；

⑤ 淬火温差过大，使产品有较大的内应力。

高频焊接磁棒在烧结前，坯体一定要晾干或烘干，在槽形承烧盒内，可撒上少量 Al_2O_3 粉，再把磁棒坯体放入槽内进行烧结。推板窑的温度均匀性好，多用推板窑进行烧结，在空气中于 1200～1260℃烧结 3～5h。保温时间可由产品直径的大小来定，直径大的，保温时间适当延长。保完温后，在空气中淬火，或推入自动淬火窑中淬火，并在低温下回火，如果对淬火工艺掌握得当，μ_i 值可大于 700，成品率达 92%以上。

(3) 高 μ_i MnZn 铁氧体

凡是高 μ_i 铁氧体材料，都是密度高、微观结构均匀、晶粒大、晶界直和气孔少的烧结体。在整个烧结过程中，防止 Zn 的挥发，促使晶粒均匀和长大是其烧结工艺的关键。

① 坯体的放置。目前软磁铁氧体材料的烧结，大多是将坯体密堆积在承烧板上或烧结钵内，置放于高温炉内加热，经过固相反应，烧结成产品。但是用这种密堆积方法烧结的产品一致性较差。例如，烧结 μ_i 值为 10000 的材料，同一承烧板上的产品，中间部分的 μ_i 值达到 10000～11000；周围和上层的 μ_i 值为 8000～9000；而最外边一层 μ_i 值只有 6000～7000，或者更低。若将外层的产品用盐酸腐蚀去表层，按有效尺寸计算其产品的 μ_i 值，也是 10000 左右。分析腐蚀液的成分，发现 Zn 含量与起初的配方相比，明显偏低，所以，外层 μ_i 值低的原因，主要是因 Zn 的挥发所致。不同部分的 Zn，挥发量不一样，μ_i 值就会有差异，外部挥发最多，μ_i 值最低。

由此可见，在高 μ_i 材料的烧结过程中，坯体的放置方式对 Zn 的挥发影响较大，人们在实践中，摸索出一些高 μ_i 材料烧结时，为防止 Zn 挥发的摆坯方式主要有：

a. 围烧法。为了防止 Zn 挥发，有些厂家将坯体周围放置一圈 μ_i 要求不高的其他规格的铁氧体片，在最上层放置成型的不合格坯体，然后在高温炉内烧结，可减少锌的挥发，产品的一致性较好，烧制 μ_i 值为 10000 的材料，能达到 $\mu_i=10000\pm20\%$ 的技术要求。现在氮窑生产高 μ_i 材料大多采用这种放置方法，效果较好。这样会多耗粉料压片，增加了成本，但从提高产品一致性的效果看来，还是合算的。

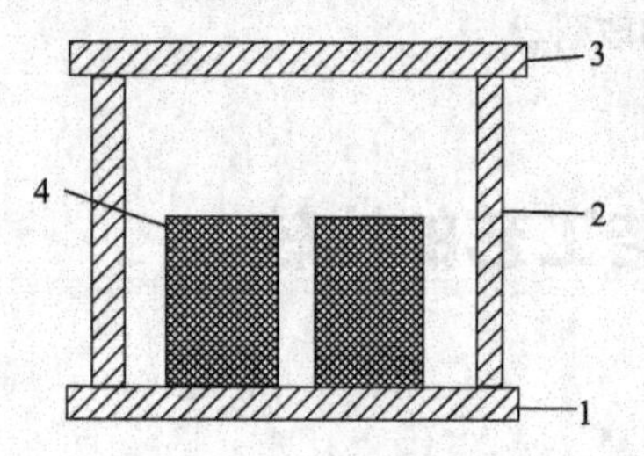

图 10.84 盒烧法示意图

1—匣钵底；2—匣钵；3—匣钵盖；4—铁氧体坯件

b. 盒烧法。为了防止 Zn 挥发，日本铁氧体公司利用铁氧体匣钵（盒）烧结高 μ_i 材料，如图 10.84。匣钵用同样成分的铁氧体粉料压制而成。将坯体放入铁氧体匣钵内，再加上盖，置于高温炉内烧结，在烧结过程中形成较高的

Zn 挥发气氛，有效地防止了 Zn 挥发，提高了产品的磁导率。

【例 10.14】 曾进行了下列的对比试验，按摩尔分数计，主成分：Fe_2O_3 为 52.5%、MnO 为 25.5%、ZnO 为 22.5%，辅成分，按质量分数计为 0.02%的 CaO、0.01%的 SiO_2。经配料混合在 850℃预烧 2h，球磨 8h，造粒，压制成坯体，然后将坯体放入铁氧体匣钵内，另一部分坯体置于承烧板上在 1380℃含 1%氧的气氛中烧结 5h，烧制样品的 μ_i 值见表 10.24。试验证明，用铁氧体匣钵烧结，可有效地防止 Zn 的挥发，烧制的产品 μ_i 值高。这种铁氧体匣钵可使用 10 次，均可获得较好的效果。

表 10.24 盒烧法烧结产品的 μ_i 值

坯体放置方式	μ_i(10kHz)	μ_i(100kHz)
铁氧体匣钵内	14500	11000
承烧板上	6000	4600

c. 锌补偿法。在匣钵内放入高 μ_i 磁芯坯体，再在匣钵内放置一定量的 ZnO 粉压制件或含氧化锌的铁氧体粉，加盖密封。烧结时 ZnO 先挥发，在密闭的盒内形成含 ZnO 挥发物的气氛，抑制了坯件表面的 Zn 挥发，这种方法烧结的产品 μ_i 值高，一致性好，能够批量生产。一般 μ_i>15000 的高 μ_i 材料多用此法生产。

d. 埋烧法。

【例 10.15】 将 MnZn 铁氧体坯件埋在含 ZnO 的 MnZn 铁氧体粉里进行烧结，可防止坯件的锌挥发，保证成分正分，经试验，μ_i 值可大大提高。如按摩尔分数计，主成分：Fe_2O_3 为 52%、MnO 为 25%、ZnO 为 23%，辅成分，按质量分数计为 0.3%的 Bi_2O_3，混合均匀，在 850℃预烧 2h，球磨 12h，干燥后加黏结剂造粒，压制成环形磁芯，将压好的环形坯件埋在含有 ZnO 的软磁铁氧体粉末内，在含低氧的氮气中于 1380℃烧结 4h，烧好的磁环性能列于表 10.25，为了比较也列入了在同样成分和工艺条件下，未埋烧磁环的性能。

表 10.25 埋烧法制备的 MnZn 铁氧体的技术性能

参数	未埋烧样品	埋烧样品
μ_i(1kHz)	8400	24800
B_{10}/mT	350	355
H_C/(A/m)	4.80	2.40
T_C/℃	120	120

由此可知，将坯体埋入含有 ZnO 的 MnZn 铁氧体粉里烧结，防止了 Zn 的挥发，是提高 μ_i 值的有效方法，这种烧结方法在烧制特高 μ_i 材料的生产中，有很好的发展前景。

② 升温制度。高 μ_i 材料的升温制度包括升温速度和气氛两部分，坯体在真空中升温烧结迅速，晶体化过程在 700～1000℃之间进行，等到迅速致密化过程开始时，其晶体化过程已结束，使得致密化过程能够顺利地进行，因此，在真空中升温可以获得不含包封气孔的均匀晶粒结构的致密烧结铁氧体。为了使晶体化过程与致密化过程有充分的时间进行，所以，升温速度应缓慢，并在适当的温度进行一段时间的预保温。理论和实践都说明高 μ_i 材料的升温制度应是：在真空或低氧气氛中慢升温，并在 1100℃左右预保温 1～2h，以后的升温速度可适当快些，但是不同配方的高 μ_i 材料烧结时，升温速度略有差异，可在实验中调整。

③ 烧结温度。高 μ_i 材料的烧结温度由材料的配方和烧结气氛决定。一般高 μ_i 材料的 ZnO 含量都高，故烧结温度都较高，Zn 含量越高烧结温度越高。烧结气氛对烧结温度的影

响很大，在空气或高氧气氛中烧结温度高；在低氧气氛中烧结温度低，如果在配方中加入低熔点添加剂，也可以降低烧结温度，所以，高 μ_i 材料的烧结温度可分为高温烧结，低温烧结和中温烧结三种烧结方式：

a. 高温烧结：在空气或氧含量大于 3%的气氛中烧结，一般烧结温度范围为 1420～1480℃，待保完温后，迅速把氧含量降到 0.01%以下，冷却到室温出炉，这种方法简单，是 20 世纪 90 年代以前常用的方法，但耗能高，Zn 的挥发较多，μ_i 值很难烧到 10000 以上。

b. 低温烧结：又称低氧烧结，氧含量在 0.1%～1.0%，一般烧成温度为 1300～1360℃，保完温后在真空或纯氮气氛中冷却到室温出炉。这种方法因烧结温度低，Zn 的挥发量少，μ_i 容易提高，是烧结超高 μ_i 材料常用的方法。但氧含量过低，难以掌握，若掌握不好，容易出现氧离子缺位现象，影响 μ_i 值的提高。为弥补氧气的不足，可以在保温快结束前，适当增加氧气，在温度降至 1200℃以前，迅速将氧气排除，然后在真空或平衡气氛中降温。若操作得当，对氧含量的控制准确，μ_i 值可大幅度提高。

c. 中温烧结：是介于高、低温烧结之间的一种烧结方法。一般氧分压在 1%～2%之间，烧结温度为 1380℃左右。此法容易掌握，又节能，是目前烧结高 μ_i 材料常用的方法。

④ 保温时间。高 μ_i 材料的 μ_i 值与材料的晶粒大小有直接的关系，一般晶粒越大，μ_i 值就越高，由于晶粒平均尺寸与保温时间的立方根成正比，为使晶粒长大需延长保温时间。但保温时间延长、晶粒长大的同时，Zn 的挥发量也增多，这二者对 μ_i 值的影响起着相反的作用，需要通过试验找到其最佳点。

一般保温时间不宜过长，保温时间过长，Zn 挥发量过多，μ_i 值下降快。如果延长保温时间达不到提高 μ_i 值的目的，可以适当提高烧结温度。一般烧结温度提高 10℃，保温时间可以减少 1h 左右。视产品体积的大小和装炉情况，高 μ_i 材料的高温保温时间可在 4～8h 之间，具体保温时间需由实验确定。保温时，一般为全氧气气氛（关闭 N_2 通道）。

⑤ 降温制度。具体降温制度可参考“平衡气氛烧结”介绍的方式制定。为避免产品氧化需在平衡气氛或真空、氮气中降温冷却。保温完成后关炉或控制降温到 1200℃左右，加大降温速度，使之迅速通过 1050℃，到 900℃以后可减慢降温速度，以便减少产品内应力，缓慢降温到 200℃以下出炉。如果用氮窑生产高 μ_i 材料，窑炉可按上述工艺条件设计制造，才能保证良好的烧结条件。

【例 10.16】 井上胜词按摩尔分数计，取主成分：Fe_2O_3 为 53%、MnO 为 24%、ZnO 为 23%，辅成分，按质量分数计为 0.02%的 MoO_3、0.01%的 SiO_2、0.02%的 CaO、0.02%的 Bi_2O_3、0.0008%的 P 制成样品。

将它们混合后，加入黏合剂，采用喷雾式干燥机颗粒化，用平均粒径为 150μm 的颗粒成型，得到成型体 100 个。将这些成型体在 P_{O_2} 为 0.5%的氮气气氛中升温，在氧气浓度为 20%以上的气氛中，于 1380～1450℃（如 1420℃）保温 3h，然后在控制氧气分压的气氛中冷却，得到平均粒径为 50～200μm，外径 6mm，内径 3mm，高度 15mm 的圆环形磁芯。

① 升温工序。从室温至 1200℃的升温速度：300℃/h；从 1200℃到 1420℃的升温速度：100℃/h。

② 保温、降温度工序。在 1420℃保持 3.0h；从 1420℃到 1000℃的降温速度：100℃/h；1000℃到常温的降温速度：250℃/h。

测定所得到的各圆环形磁芯在 250℃下，10kHz 和 100kHz 的磁导率和平均结晶粒径。磁导率的测定采用阻抗检测器。结果列于表 10.26。

表 10.26 各样品的磁性能对比表

参数 编号	平均结晶粒度/μm	磁导率	
		10kHz	100kHz
样品 1	64	22800	16200
样品 2	75	26100	15200
样品 3	81	29700	13800
样品 4	107	36300	15000
样品 5	131	33600	14600
样品 6	154	30200	13200
样品 7	189	24800	11800

(4) 宽频高磁导率锰锌铁氧体

在宽频高磁导率锰锌铁氧体晶粒生长的初期阶段（900～1050℃），采用低氧含量（P_{O_2}低于0.2%），可提高其烧结体的密度，使晶体结构更加均匀，减少晶体内部缺陷，电磁性能可明显提高。宽频高导材料的烧结温度通常为1350～1420℃，各公司因设备不同可能会有一些差异。

【例 10.17】 李卫等人的研究表明，如果以功率铁氧体为参考，高导材料的烧结温度比功率材料的烧结温度高10～70℃。烧结温度的高低和保温时间的长短，将直接影响材料的起始磁导率和频率特性。过高的烧结温度会使晶粒异常长大，比损耗系数增大，频率特性变差。通过加入Bi_2O_3、WO_3等低熔点添加剂，降低了烧结温度，实际烧结时的最高保温温度为1360～1380℃。由于ZnO在高温下可与耐火材料发生反应，减少气体流量和提高氧含量可减少锌的挥发；宜采用氧化锆板装坯、用铁氧体材料围烧等方式也可有效地减少锌的挥发。高导材料的具体烧结气氛，采用平衡气氛曲线方程来控制：

$$\lg P_{O_2}=a+\frac{b}{T} \tag{10-11}$$

式(10-11)，中$b\approx-13000$，氧参量$a=5\sim7$，P_{O_2}为氧分压。可获得在200kHz时，μ_i大于10k的宽频高磁导率锰锌铁氧体材料。

【例 10.18】 赵杰红等人采用传统的氧化物工艺方法，所用原材料为：日本Fe_2O_3（$Fe_2O_3\geqslant99.0\%$）、湖南Mn_3O_4（$Mn\geqslant71.0\%$）、上海ZnO（$ZnO\geqslant99.7\%$），按铁氧体组成分子式$Zn_{0.45}Mn_{0.45}Fe_{2.1}O_4$进行配方。将按组成配好的原材料放入砂磨罐中一次湿法砂磨半小时，让原材料充分混合均匀，取出烘干后在空气中800℃预烧并保温2h，然后将预烧块料粉碎并按质量分数计，添加了0.025%～0.035%的MoO_3，以及适量的$CaCO_3$与Bi_2O_3，再砂磨1.5h，烘干后，按质量分数计，加入12%的聚乙烯醇（PVA）(其质量浓度为10%)，造粒后，用45t压机于10MPa的压力下成型，生坯尺寸为$\phi21\times9\times6$mm，生坯密度3.2g/cm^3，然后在德国RIEDHAMMER钟罩式气氛烧结炉烧结，采用氮气致密化，具体烧结曲线见图10.85，在1380℃，O_2的体积浓度为4.0%保温5h的情况下，降温过程按照平衡氧分压法冷却。所获得的产品磁性能见表10.27。

(5) 功率铁氧体

① 功率铁氧体的典型烧结工艺。功率铁氧体的典型烧结工艺和烧结条件如图10.86所示。图中实线为烧结温度曲线，虚线为烧结气氛曲线，并给出了几种材料在保温时烧结气氛中的氧含量，在生产中可根据产品的性能要求选用合适的烧结气氛。

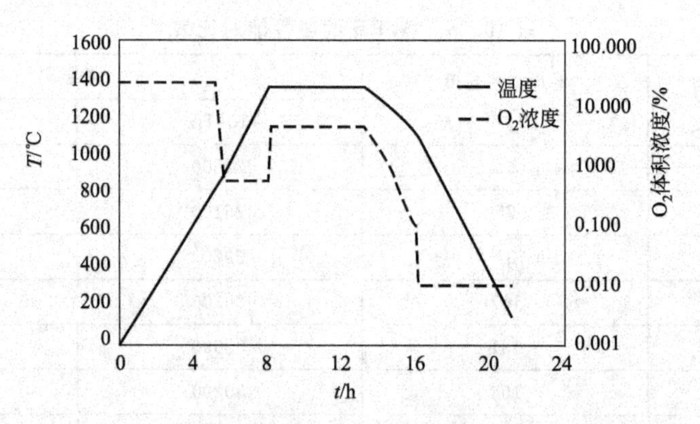

图 10.85 宽频高磁导率锰锌铁氧体的烧结、气氛曲线

表 10.27 宽频高磁导率锰锌铁氧体实验参数和磁性能

参数	μ_i			$D/(g/cm^3)$	T_C/℃	$\tan\delta/\mu_i$	$\eta B/mT^{-1}$
	10kHz	160kHz	200kHz				
指标	10000±30%	10000±30%	8000±30%	>4.9	>120	$<3.0\times10^{-6}$	0.289×10^{-6}

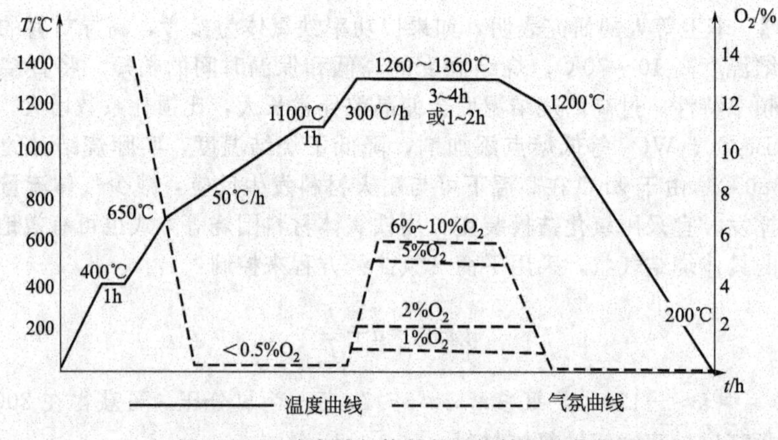

图 10.86 功率铁氧体材料的烧结工艺曲线

a. 室温～650℃。这一阶段主要是排除坯体内的水分和黏结剂。应加强通风，以便 H_2O 和 CO_2、黏结剂的分解物质排出，为避免排出量集中，引起坯体开裂，升温速度应缓慢，并在 400℃保温 1h。

b. 650～1100℃。这阶段主要是原材料的离子扩散并进行固相反应、晶体化过程开始和小晶体形成的过程。应在真空或超低氧气氛中慢升温，一般每小时升 50℃左右。

c. 1100℃保温 1h，使晶体化进一步完善。

d. 1100℃至烧成温度。为铁氧体致密化过程，视不同的要求，升温速度在每小时 200～400℃之间。

e. 保温温度与保温时间。保温温度即为烧成温度，视配方中的 ZnO 含量高低及加杂情况而定，一般在 1260～1360℃之间。若 ZnO 含量低或加有助熔剂，烧结温度就低，反之则高，合适的烧结温度需用实验确定，保温时间的长短，视产品要求、晶粒尺寸而定。在 100～500kHz 使用的材料，晶粒尺寸为 8～10μm，保温时间应长些，为 3～4h；在 500～1000kHz 使用的材料，晶粒尺寸为 3～4μm，保温 1～2h。

在保温阶段，为减少氧离子空位，促使阳离子在尖晶石内部的正常分布，氧分压应高些，一般采用含氧5%～1.0%，但是工艺难度较大，如果掌握不好，会造成氧空位，影响材料性能。如果用低氧气氛烧结，还需在配方和制粉技术中采取相应的措施。

f. 降温阶段，烧成温度约1200℃。保完温后控制降温到1200℃，在这一阶段应不断地降低氧含量。在1200～200℃以下，在平衡气氛中、或氮气、真空中随炉冷却至200℃以下出炉。

若用真空炉或钟罩炉烧结功率铁氧体材料，可将上述烧结工艺条件制定为烧结曲线输入控制设备自动控制烧结；若用氮窑烧结，可按上述烧结工艺调整其控温系统和气氛调节系统，使各温区的工艺参数达到规定的技术要求。

② 高 B_S 功率铁氧体。

【例 10.19】 高 B_S 功率铁氧体的烧结。

主成分的配方为：$n(Fe_2O_3):n(MnO):n(ZnO)=53.7:35.7:10.6$；按质量分数计，辅成分为0.11%的CaO和0.05%的 Nb_2O_5，经湿磨获得平均径粒为1.0μm的粉末，造粒后压制成环状坯体，于表10.28中的四种烧结条件下进行烧结，烧结的产品性能列于表10.29。

表 10.28 高 B_s 功率铁氧体的烧结工艺实验

<table>
<tr><th>编号</th><th>室温～900℃</th><th>900～1050℃</th><th>1050～1320℃</th><th>1320℃/3h</th><th>1300～1200℃</th><th>1200～室温</th></tr>
<tr><td>Ⅰ</td><td rowspan="2">空气中缓慢升</td><td rowspan="2">空气,50℃/h</td><td>含0.5%氧的 N_2 气氛,300℃/h</td><td colspan="2" rowspan="4">含0.5%氧的 N_2 气氛</td><td rowspan="4">纯氮气</td></tr>
<tr><td>Ⅱ</td><td>空气,300℃/h</td></tr>
<tr><td>Ⅲ</td><td colspan="2">空气中缓慢升</td><td>含0.5%氧的 N_2 气氛,300℃/h</td></tr>
<tr><td>Ⅳ</td><td colspan="3">空气中以300℃/h升温</td></tr>
</table>

表 10.29 高 B_s 功率铁氧体的烧结工艺所获产品磁性能对比表

参数特性		B-H 特性					功耗/(mW/cm³)		
		B_m/mT	B_r/mT	H_C/(A/m)	B_m/Br	$\Delta B=B_m-B_r$	25℃	60℃	100℃
烧结条件	Ⅰ	529	130	15.2	4.07	399	430	300	360
	Ⅱ	508	157	16.0	3.24	351	680	460	590
	Ⅲ	515	175	16.0	2.94	340	690	500	640
	Ⅳ	497	166	15.2	2.99	331	600	470	620

上述四种烧结条件的烧结温度、保温时间、烧结气氛和降温冷却条件均相同，只是升温速度和气氛不同。从表10.29列出的烧结结果可知，烧制的产品性能有较大的差异，按烧结条件Ⅰ烧制的样环磁感应强度高，B-H 特性好，高温区域的功耗低，其他烧结条件烧制的样环性能均较差。烧结条件Ⅰ与其他烧结条件不同之处是900～1050℃升温速度很慢，并在超低氧含量气氛中升至保温温度。烧结条件Ⅰ的烧结过程，正好基本符合固相反应中的物理变化过程。根据固相反应原理，铁氧体在空气中进行烧结，迅速晶体化过程发生在900～1200℃之间，而产品致密化过程也正好在这一温度范围内迅速进行，因而会造成晶粒不连续性生长，形成较多的包封气孔，影响磁性能。若在真空中升温烧结，迅速晶体化过程在700～1000℃之间进行，等到产品迅速致密化过程开始时，晶体化过程已经基本结束。烧结条件Ⅰ是在超低氧分压中慢升温，使材料有足够的时间晶体化，排出气体，形成均匀细小的多晶体，再升温到1100℃以上时，致密化过程使细小的晶粒长大，形成密度较高的铁氧体产

品。所以，根据固相反应的物理化学变化过程，在真空或超低氧分压中慢升温是功率铁氧体升温烧结的最佳工艺条件。

③ 低损耗功率铁氧体材料。为满足功率电源高功率和低损耗的要求，功率铁氧体的饱和磁通密度 B_S 和损耗成为它的最重要技术指标。如何提高材料的 B_S 和降低损耗一直是研究的重点，各国铁氧体工作者先后研制出了一系列适用于100～500kHz的低损耗功率铁氧体材料。如日本TDK研制的PC47等较早期的PC30的高温功耗降低了一半多（如100℃ PC47，P_{CV}=250mW/cm^3，PC30，P_{CV}=600mW/cm^3）。考察在100kHz、200mT条件下材料的损耗时发现，磁芯损耗最小的晶粒尺寸在8μm，此时，磁滞损耗占主导地位。均匀而致密的晶粒结构有助于提高磁导率，从而达到降低磁滞损耗的目的。据报道，PC47磁芯晶粒大小分布比PC44更均匀，因此，其功耗更低。低损耗功率铁氧体的烧结工艺关键是使晶体化过程和致密化过程分开，选用合适的烧成温度和保温时间。一般从700～1100℃在真空或超低氧气氛中慢升温，在平衡气氛中于1260～1360℃烧结2.5～3.5h。保温时间延长晶粒长大，可通过实验选用形成晶粒尺寸在9～10μm之间的保温时间，保完温后在真空中或在平衡气氛中降至200℃，这样就可制成低损耗功率铁氧体材料。据报道，国内有的公司，用过铁配方混合后，在850～950℃之间预烧。二次球磨时加入微量杂质，球磨6～10h，烘干造粒成型，在平衡气氛中于1280～1330℃烧结。烧制的产品，在100kHz、200mT测试，100℃的功耗低达258mW/cm^3，其他厂家用类似于上述的配方和工艺也制造出低损耗功率铁氧体材料。

【例10.20】 功率损耗低、适应频率高的锰锌功率铁氧体（PC40）的烧结。

主成分的配方为：$n(Fe_2O_3)$∶$n(MnO)$∶$n(ZnO)$=53.2∶36.5∶10.3；辅成分按质量分数计，为0.04%的CaO、0.03%的V_2O_5和0.02%的Nb_2O_5。将主成分混合后预烧，加入辅成分，然后粉碎。将少量黏结剂PVA加入混合物中，通过喷雾干燥器制成80～240μm的颗粒。随后，颗粒被模具压制成环形产品，如图10.87所示的曲线烧结，得到外径约31mm、内径约19mm、厚约6mm的环形试样。烧结时，氧含量按照平衡氧分压理论调节。其温度控制程序如下：

a. 直到900℃的加热速度：300℃/h；

b. 直到1300℃的加热速度：150℃/h；

c. 在1300℃保温5h；

d. 1300℃到1200℃的冷却速度为100℃/h；

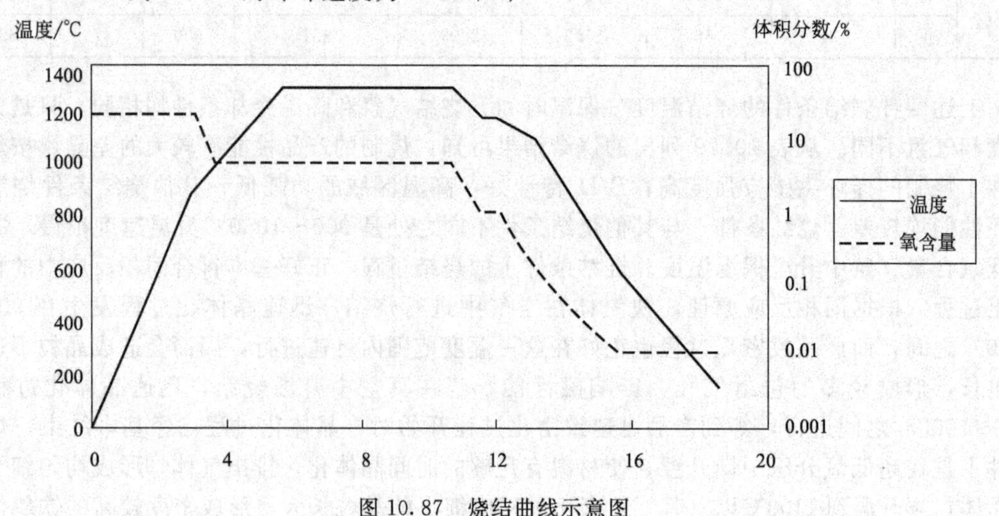

图10.87 烧结曲线示意图

e. 在 1200℃保温 30min；

f. 1200℃到 1100℃的冷却速度为 100℃/h；

g. 1100℃到 600℃的冷却速度为 200℃/h；

h. 600℃以下的冷却速度为 150℃/h。

环形试样性能由 HP4284A 和 SY8232 测得，数据平均值见表 10.30。

表 10.30　功率损耗低、适应频率高的锰锌功率铁氧体实验所获样品的参数

参数	功耗 $P_{cv}/mW\cdot cm^{-3}$					
	25℃	80℃	90℃	100℃	110℃	120℃
指标	620	350	310	301	329	406

【例 10.21】 PC44MnZn 功率铁氧体的烧结。

如前述，升温速度对铁氧体产品的密度、晶粒大小及均匀性有直接关系，升温速度过快将使晶粒尺寸不均匀，内部存在较多的气孔；升温速度太慢，则烧成的铁氧体密度低，气孔明显增大。为了得到晶粒小而均匀（PC40 材料，晶粒为 10～14μm，PC50 材料，晶粒为 3～6μm）、气孔少、密度高、无开裂缺陷的铁氧体，600℃以下升温不宜过快，600～900℃可快一些，900～1100℃为晶粒初生阶段，宜平稳升温，同时采取致密化措施处理，1100℃以上可稍快一些，最高烧结温度不大于 1350℃（为限制晶粒尺寸），保温时间 3～4h 即可，然后在氮气（N_2）保护下选择合适的氧分压降温。

在 900～1100℃左右采取致密化措施是十分必要的，其目的是降低铁氧体中的气孔率。日本 TDK 公司特别重视 900～1100℃之间的升温速度和周围气氛的控制，他们认为这个阶段是保证铁氧体获得好的微观结构的关键，对 PC44 等高性能功率铁氧体的制备，该阶段的控制尤为重要。通常采取的致密化措施是从 900℃平稳升温至 1100℃，再保温 1h，同时充入适量的 N_2 以控制氧分压。这可使铁氧体的表观密度迅速达到真实密度的 99%，而且大多数气孔是停留在晶界上。当然，在 1000℃以下的升温段，保证窑炉内有足够的氧含量及废气排气管道的畅通也是非常重要的。

在降温阶段会引起铁氧体的氧化或还原，通过加入适量的 N_2 保护气氛以控制窑炉内的氧分压，是为了防止铁氧体在冷却过程中 Mn、Fe、Co、Cu 等离子变价、产生脱溶物、引起晶格变化等。过度的氧化与还原，就有另相如 α-Fe_2O_3、FeO、Fe_3O_4、Mn_2O_3 析出，从而导致磁性能的急剧恶化。图 10.88 是配方为 $n(Fe_2O_3):n(MnO):n(ZnO)=51.9:$

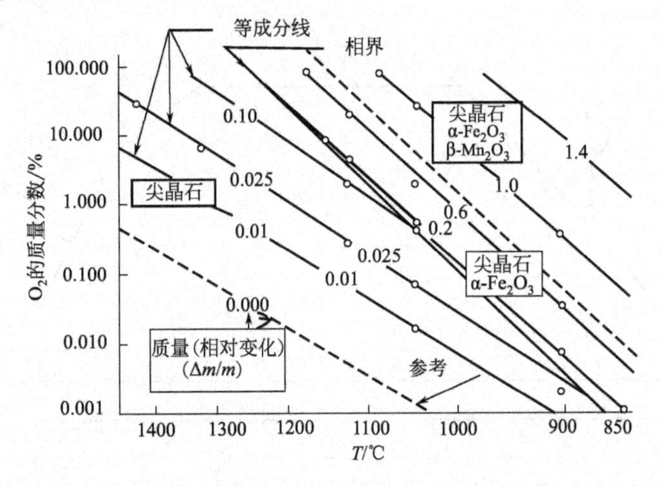

图 10.88　功率铁氧体系统中平衡质量变化与气氛及温度的关系

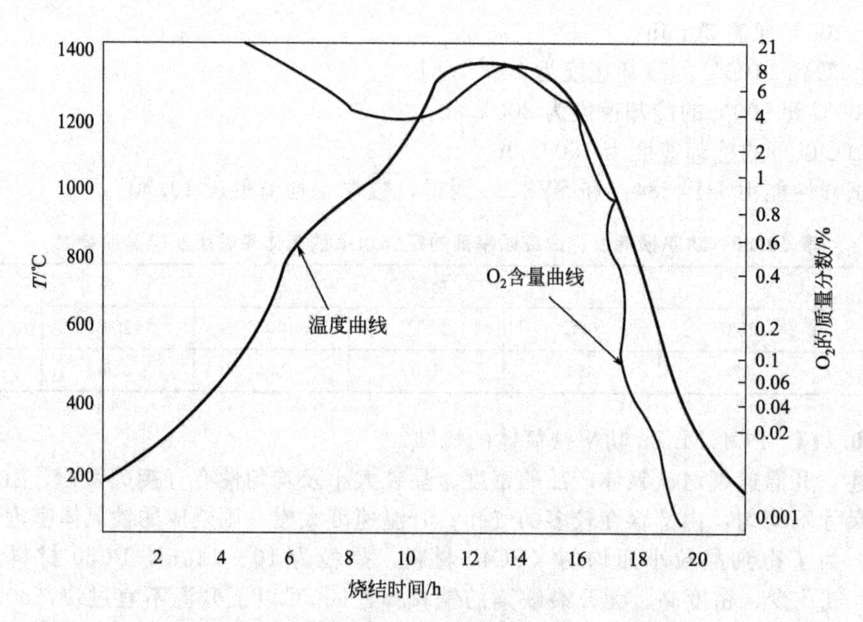

图 10.89 一种典型的功率铁氧体烧结工艺曲线

26.8：18.3 的功率铁氧体平衡气氛相图。从图 10.88 中可看出，气氛对尖晶石相和 Fe_2O_3 相界内氧化状态的重要性。应特别注意，先沿等成分线冷却，接着在最低的温度下通过相界迅速冷却，这是生长动力不敏感，使 α-Fe_2O_3 的脱溶最少，氧化和生成另相的程度最轻。图 10.89 示出了功率铁氧体的典型烧结工艺曲线。

【例 10.22】 PC47 功率铁氧体的烧结。

安原克志等人采用下述工艺获得了 PC47 铁氧体。用喷雾干燥器等处理后的直径为 (80～200)μm 的颗粒成型，并在控制氧浓度的气氛中于 1270～1330℃范围内给定温度下烧结，并让最高温度的保持时间 t_2＝3～6h。图 10.90 为该烧结工序的温度变化曲线示意图。至烧结温度即最高温度的加热速度 T_1/t_1 为（100～500)℃/h。在加热区间（t_1），在 0.5％或更低的氧（O_2）分压下进行最高温度保持（t_2）在 2.0％～8.5％的氧（O_2）分压下进行。

在完成最高温度 T_2 的保持工序之后，进行冷却工序。冷却工序包括两个阶段，即在氮

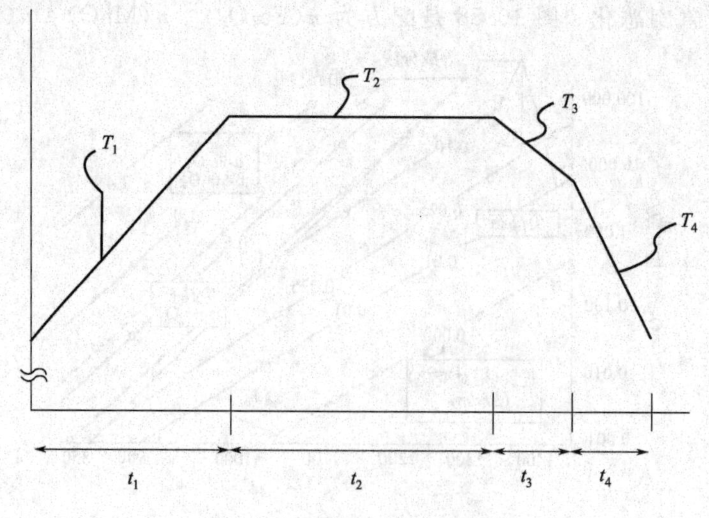

图 10.90 烧结曲线示意图

气气氛中进行的初始冷却阶段 t_3 和冷却阶段 t_4。

初始的冷却阶段 t_3 是从最高温度保持工序到氮气气氛中的冷却工序的过渡阶段。在最高温度保持工序 t_2 和初始冷却阶段 t_3 控制晶粒直径等。

a. 在冷却工序中的 N_2 气氛转换温度为 1000℃≤T<1150℃时，冷却速度 v_1 应符合：

$$T \leqslant (v_1 + 1450)/1.5 \tag{10-12}$$

式(10-12) 中，T 是氮气气氛转换温度，v_1 是从 T 降到 900℃的冷却速度。

b. 在冷却工序中的氮气气氛转换温度为 900℃≤T<1000℃时，冷却速度 v_1 应符合下式条件：

$$T \leqslant (v_1 + 450)/0.5 \tag{10-13}$$

式(10-13) 中，T 是 N_2 气氛转换温度，v_1 是从 T 降到 900℃的冷却速度。

c. N_2 气氛转换温度 T 降到 900℃的所述冷却速度 v_1 为 600℃/h 或更低。

d. 从 900℃到 600℃的冷却速度 v_2 为（250℃～700℃）/h。

如果 N_2 气氛的转换温度偏离上述范围，则磁性损耗和功率损耗增大。

在给定范围之内，若能控制好控制 N_2 气氛中的第一冷却速度 v_1，尤其是能控制好第二冷却速度 v_2，则能够极大地降低磁性损耗和功率损耗。至于 N_2 气氛中的氧（O_2）分压，最好小于 0.05%，若是 0.02%或更低，则更好。要实现磁性损耗和功率损耗的降低，就应在冷却工序使辅助成分，尤其是钙、硅和铌在铁氧体晶界以高浓度析出。

④ 高频 MnZn 功率铁氧体的烧结。

【例 10.23】 高频 MnZn 功率铁氧体（PC50）的烧结。

对组成为 $Zn_{0.16}Mn_{0.76}Fe_{2.08}O_4$ 的高频 MnZn 功率铁氧体在还原气氛中高温烧结时，部分 Fe^{3+} 离子将转变成 Fe^{2+} 离子并占据铁氧体尖晶石结构的 B 位。一般 MnZn 铁氧体的磁晶各向异性常数 K_1 与饱和磁致伸缩系数 λ_S 均为绝对值较大的负值，而 Fe^{2+} 的 K_1 与 λ_S 值却是正值，故 MnZn 铁氧体与 Fe^{2+} 的 K_1 与 λ_S 值会正负补偿，改变功率 MnZn 铁氧体材料的 K_1 与 λ_S。由于起始磁导率 $\mu_i \propto M_S^2/[K_1 + (3/2)\lambda_S\sigma]\beta^{2/3}$（式中，$M_S$ 为饱和磁化强度，σ 为内应力，β 为掺杂的体积浓度），所以，降低氧分压 P_{O_2}，铁氧体中 Fe^{2+} 增多，功率 MnZn 铁氧体材料的 K_1 与 λ_S 值减小，起始磁导率 μ_i 增大（见图 10.91）；同时，由于 Fe^{2+} 增多，B 位上 $Fe^{2+} \rightleftharpoons Fe^{3+} + e$ 的电子迁移加剧，导致材料电阻率 ρ 逐渐降低（见图 10.92），高频功率损耗 P_{CV} 急剧升高（见图 10.93）。烧结过程中生成尖晶石铁氧体时发生放氧反应，因此，烧结氧分压 P_{O_2} 直接影响着铁氧体内部气体的逸出。随着氧分压 P_{O_2} 的降低，磁芯内气孔减少，材料密度增大，如图 10.94 所示，当 P_{O_2} 降至 5%左右时，烧结密度达到最大值，过分降低 P_{O_2}，烧结密度并不随之增大。产品的烧结温度、保温时间对性能的影响见 10.4 节。

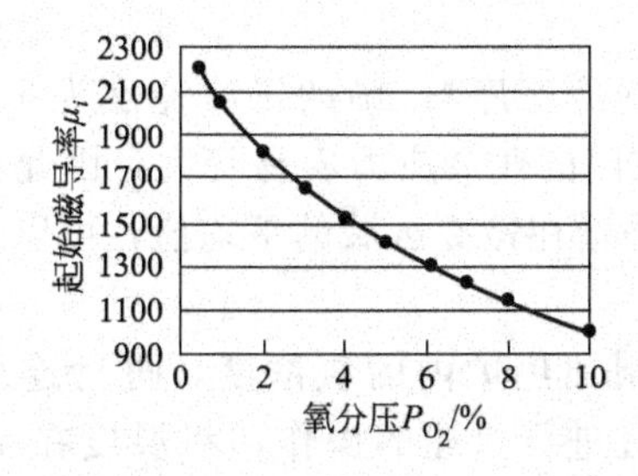

图 10.91　氧分压对 μ_i 的影响

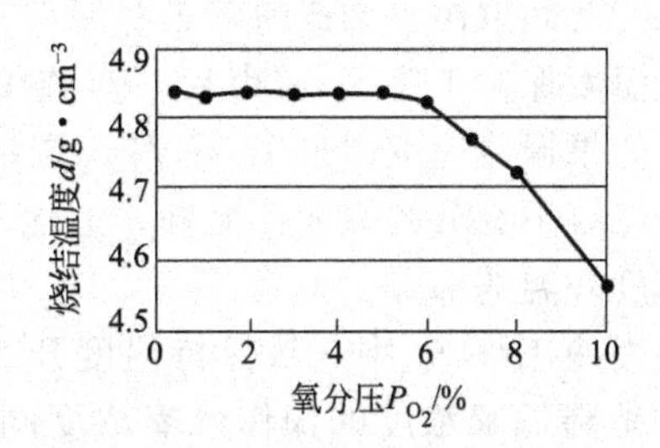

图 10.92　氧分压对烧结密度的影响

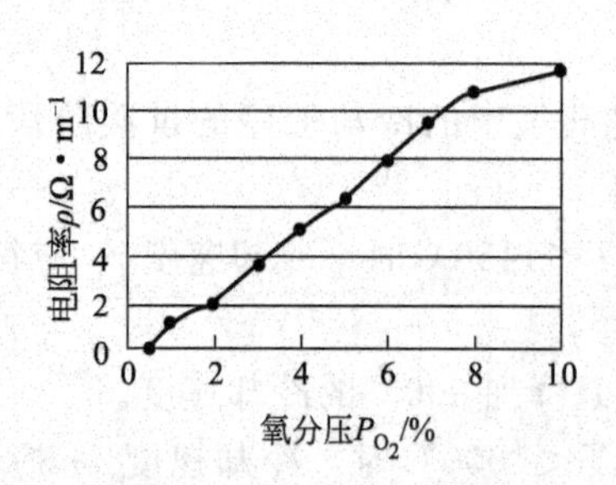

图 10.93 氧分压对电阻率的影响

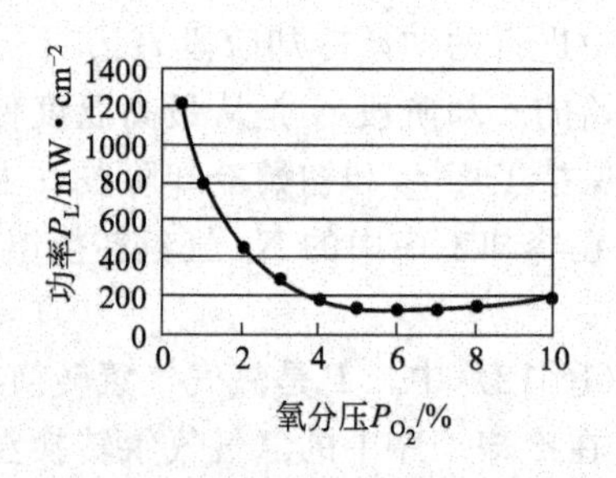

图 10.94 氧分压对功率损耗的影响

⑤ 高频宽温低损耗 MnZn 铁氧体。

【例 10.24】 石肋将男在做高频宽温低损耗 MnZn 铁氧体时，其烧结工艺如下：在大气中，先进行从室温到 900℃的升温，在 900℃用 N_2 置换锻烧炉内的大气，在 N_2 中升温到 1150℃后，将 N_2 气氛中的氧浓度设为 0.1%～0.5%，在 1150℃保持了 4h。其后，在 1150～900℃期间，以平衡氧分压按照 100℃/1h 的冷却速度进行降温，900℃以下设成 N_2 气氛，以 200℃/h 的冷却速度进行降温。

⑥ PC90 功率铁氧体。

【例 10.25】 福地英一郎等人，在制备 PC90 功率铁氧体时，于 1300～1325℃的范围内，氧分压为 1.5%～2%，保温 5h，将平均晶粒直径控制在 10～25μm 的范围内。这是因为晶粒直径小于 10μm 时，磁滞损耗增大，另一方面，晶粒直径增大到超过 25μm 时，涡流损耗增大。

⑦ 低常温宽温功率铁氧体。

【例 10.26】 在制备低常温宽温功率铁氧体时，中畑功等人在大气条件下（1 个大气压）在加热炉内烧结成型体（主烧成工序）。如图 10.97 所示，主烧成工序包括：缓慢加热炉内成型体的升温工序 S_1；将温度保持在 1250～1345℃的温度保持工序 S_2；从保持温度开始缓慢降温的慢冷工序 S_3；慢冷工序 S_3 结束后急速冷却的急冷工序 S_4。

升温工序 S_1 是将加热炉内的温度升温到后序的保持温度为止的工序，其升温速度为 10～300℃/h。如果通过升温工序 S_1 达到规定的温度（1250～1345℃），则实施维持在这个温度的保持工序 S_2。如果温度保持工序 S_2 的保持温度不满 1250℃，则烧结铁氧体的晶粒成长不充分，磁滞损耗增大，从而不能充分降低功率消耗。如果保温温度超过 1345℃，则铁氧体的晶粒成长过剩，涡流损耗增大，不能充分降低功率消耗。通过将保持温度设定为 1250～1345℃，可以达到磁滞损耗和涡流损耗的平衡，能充分降低高温区域的功率消耗。

在上述保持温度下进行烧成的时间（保持时间）为 3～10h。如果保温时间过低，即使在温度 1250～1345℃下进行烧成，晶粒成长也变得不充分，功率消耗的降低容易变得不充分。保持时间取决于构成粉碎粉的原料。

在温度保持工序 S_2 结束后，实施慢冷工序 S_3。慢冷工序 S_3 中的慢冷速度为 150℃/h 以下。如果慢冷速度超过 150℃/h，烧结铁氧体的晶粒内的残余应力容易变大，因此功率消耗的降低有不充分的倾向。另外，上述“慢冷速度”是指在慢冷区域的平均值，可以有超过这个速度降温的部分。

在慢冷工序 S_3 中，从保持温度开始降温时，控制加热炉内的氧浓度，进行连续或是阶段性地降低氧浓度的操作（氧浓度调整工序）。通过进行上述的操作，将温度在 1250℃时的氧气的体积浓度设定为 0.24%～2.0%，且将温度在 1100℃时氧的体积浓度设定为 0.020%～0.20%。

图 10.95 示出了在慢冷工序 S_3 中，在加热炉内，随温度阶段性地下降时，对应氧浓度的变化情况。当温度从 1250℃降到 1100℃时，宜将加热炉内的氧浓度控制在图 10.96 中线 L_1 及线 L_2 之间的区域内。对于氧浓度的阶段性降低，可以通过阶段性地降低向加热炉内供给的含氧气体中的氧浓度来实现。也可采用连续降低氧浓度的方式来代替阶段性地降低氧浓度的方式，也可以将它们组合。另外，只需将加热炉内的氧浓度控制在线 L_1 及线 L_2 之间的区域内，该浓度也可以有暂时升高的情况。

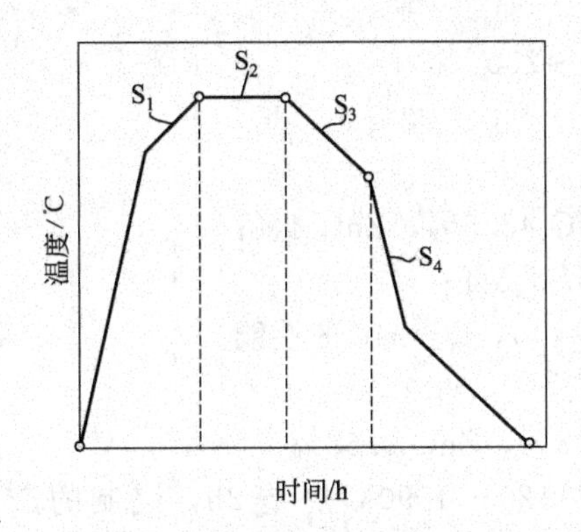

图 10.95　低常温宽温功率铁氧体的烧结曲线

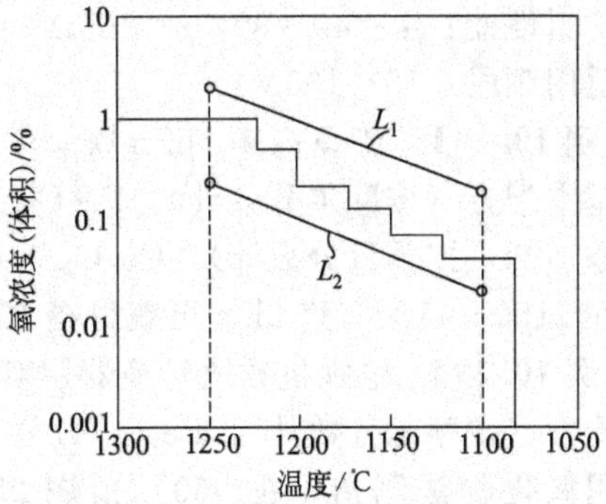

图 10.96　慢冷工序 S_3 中加热炉内氧浓度的设定

根据下列式(10-14) 计算温度 1250～1100℃中氧浓度的上限线（a=9.45，b=13941）及下限线 L_2（a=9.26，b=15044）。

$$\lg(P_{O_2}) = a - \frac{b}{T} \tag{10-14}$$

式(10-14) 中，P_{O_2} 表示氧摩尔分数（%），T 表示绝对温度（K），a 和 b 分别表示常数。

结束慢冷工序 S_3，开始急冷工序 S_4 的温度（慢冷结束温度）为 950～1150℃。如果慢冷结束温度高于 1150℃，烧结铁氧体的晶粒内的残留应力容易变大，则不利于功率损耗的降低。另一方面，如果慢冷结束温度低于 950℃，烧结铁氧体的晶界上容易产生异相，同样不利于功率损耗的下降。

慢冷工序 S_3 结束后实施急冷工序 S_4。从慢冷结束温度到 800℃的温度范围内，降温速度为 200℃/h 以上。如果该温度区域内的降温速度不满 200℃/h，则烧结铁氧体的晶界上容易产生异相，不利于功率损耗的下降。慢冷工序 S_3 结束后，从防止铁氧体的氧化的观点出发，加热炉内宜为氮气氛围（氧浓度为 0.02%以下）。

10.12.2　NiZn 铁氧体

组成 NiZn 铁氧体的原材料在制备过程中，由于 Ni^{2+} 在高温下比较稳定，不容易变价，没有离子氧化问题，不需要特殊的气氛保护烧结，一般可在空气中烧结，其工艺比 MnZn 铁氧体简单得多，但其制备过程中，出现的氧化锌凝聚（详见 6.4 节）、脱锌、锌的游离与挥发（详见 10.6 节）等问题，是 NiZn 铁氧体制造过程中必须解决的问题。烧结是生产铁氧体材料的关键工序，不同配方的 NiZn 铁氧体，需用不同的烧结工艺。

(1) 高 μ_i NiZn 铁氧体的烧结

高 μ_i NiZn 铁氧体的烧结温度曲线如下：室温～600℃，升温速度为 20℃/min；600℃保温半小时；600～1000℃，升温速度为 2.5℃/min；1000～1200℃，升温速度为 2℃/min；

1200℃保温3h，然后，随炉自然冷却。

(2) 高频 NiZn 铁氧体

加助熔剂的高频 NiZn 铁氧体通常在1100～1200℃，空气中烧结2.5～4.0h。

【例 10.27】 缺铁配方制备 NiZnCuCo 铁氧体。

配方（按摩尔分数计）：Fe_2O_3 49%～50%，NiO 20%～25%，ZnO 15%～20%；

添加剂（按质量分数计）：CuO 4%～6%，CoO 2%；

烧结温度：1150℃；

材料性能：$\mu_i=40\sim60$，$\rho=10^7\Omega\cdot m$，$Q=100\sim200$；

适用频段：10～100MHz。

【例 10.28】 高 Q 高频 NiZn 铁氧体。

基本配方（按摩尔分数计）：Fe_2O_3 52.5%，NiO 43.5%，ZnO 4%；

添加剂（按质量分数计）：Co_2O_3 0.4%，$BaCO_3$ 0.5%；

在1150～1180℃烧2h，可获得在100MHz，$\mu_i=14$，$Q\geqslant240$的性能。

【例 10.29】 电视机频道转换器用双孔磁芯。

配方（按摩尔分数计）：Fe_2O_3 47%，NiO 49.42%，ZnO 3.58%。

用氧化物法制造，在960℃预烧2h，坯体在1120～1190℃烧结2h，烧制的产品在25.2MHz，任一孔内用ϕ0.15漆包线烧上5匝的电感量$L\geqslant0.98\mu H$，品质因素$Q\geqslant160$，经测试材料的性能为：$B_S=0.20T$，$B_r=0.10T$，$T=380℃$，$\tan\delta/\mu_i=650\times10^{-6}$（25MHz下测试）。

【例 10.30】 复合添加制备高 Q 高频 NiZn 铁氧体。

按质量分数计，Fe_2O_3 为66.7%，NiO为26.4%，ZnO为6.9%的配方中，复合添加适量的$MnCO_3$、Co_2O_3、V_2O_5和$CaCO_3$等，用氧化物法制成坯体，置于高温炉中，在1100～1200℃烧结3h，烧制的产品性能为$\mu_i=40$，$Q=230$（$f=2.4MHz$），该产品广泛地用于闭路电视器件、音响电子设备等领域。

(3) 高频大磁场大功率 NiZn 铁氧体

高频大磁场大功率 NiZn 铁氧体，要求其在磁通密度变化较大时，具有很高的 Q 值，该材料主要用于发射机终端级间耦合变压器、跟踪接收机、电视机输出变压器、质子同步加速器、大功率通信装置、便携式计算机、数码相机、移动电话、雷达电源、轻型电台以及弹载、车载、舰载国防电子设备等场合。一般高频大功率 NiZn 铁氧体工作在弱磁场下，当高频电流所形成的外磁场大于某一磁场——临界磁场 H_C（如50mOe）时，就会立即引起磁损耗的突增，使磁芯线圈的温度突增，这就意味着畴壁开始不稳定，不可逆畴壁开始，若继续加大外磁场将会导致磁芯“爆裂”。通常，将引起磁损突增的外磁场数值称为软磁铁氧体材料磁损突增的临界磁场 H_C。所以，该类材料的主要任务就是提高其 H_C。

在缺铁的 NiZn 铁氧体中加入钴铁氧体，是增大 H_C 值的一种方法；另一种方法是在制备工艺上细化晶粒，使磁化过程变为磁转过程，以避免在高频下产生畴壁位移所导致的弛豫与共振损耗。Kubo 等人对缺铁的 NiZn 铁氧体 $Ni_{0.88}Zn_{0.16}Co_{0.01}Fe_{1.95}O_{4+r}$进行了研究，结果表明：

① 磁滞损耗随着晶粒尺寸的减小而降低，这意味着晶界对畴壁的钉扎作用不可忽视。

② 剩余损耗随晶粒尺寸的增加而增加，这是由于畴壁位移共振的频率，随晶粒的增大而移动到较低的频率。

③ 随着孔隙率的增加，磁滞损耗减小，剩余损耗增加，前者主要是因气泡退磁场的影响所致，后者的原因尚不清楚。

④ 样品处于扫描偏磁场工作状态时的 $\tan\delta_m$（动态 $\tan\delta_m$）大于处于静态偏磁场时的 $\tan\delta_m$（静态 $\tan\delta_m$），两者之差，随着晶粒尺寸的增大而显著增大。

由实践得知，要使高频大磁场 NiZnCo 材料具有更大的 H_C，以使高频场在 H_C 限度内，具体方法如下：

① 采用缺铁 NiZnCo 材料，加入低熔点助熔剂（如 PbO）以及细化晶粒的其他高价离子如 Zr^{4+}、Nb^{3+}、V^{5+} 等，并在烧结温度低于预烧温度的条件下烧结，以控制晶粒生长。

② 适当延长球磨时间，细化粉末，并在最高烧结温度之前，进行一次预烧保温，使晶粒均匀生长。

由上述可知，提高 H_C 的关键之一是采用适当的制造工艺细化晶粒，如果是用氧化物法生产，需要适当延长球磨时间细化粉末。但延长球磨时间，将带进较多的杂质（主要是铁），在配料时需加以校正。最好是采用化学共沉淀法，因该法制备的粉料细，预烧以后的料块疏松易于粉碎细化，而且活性好、烧结温度低，便于实现烧结温度低于预烧温度的烧结，生产的大功率铁氧体的性能远高于氧化物法。

【例 10.31】 将缺铁的 NiZn 铁氧体 $(Ni_{0.43}Zn_{0.57})_{1.01}(Fe_2O_3)_{0.99}$ 在液氮（N_2）下进行低温（−200℃）破碎和球磨四、五个小时，再在 1000℃下进行热压烧结，可获得在 $f=350$（MHz）时，$\mu_i Q$ 达 2000，$\mu_i Qf=7\times10^{12}$ 的大功率铁氧体，该材料在甚高频和特高频频段的电子对抗系统中有不少应用。由于材料的磁导率为可调，因而便于在频率很快的范围内进行电子扫描，其物理性能如表 10.31 所示。

表 10.31 在 1000℃ 热压的大功率铁氧体 $(Ni_{0.43}Zn_{0.57}O)_{1.01}(Fe_2O_3)_{0.99}$ 的物理性能

指标	77K 低温下球磨 4.5h	室温下球磨 4.5h	室温下球磨 24h
μ_i(350MHz)	20	4	14
Q(350MHz)	2000	400	1400
$D/(g/cm^3)$	5.31	5.25	5.30
$4\pi M_S$/Gs	4450	4800	4350

【例 10.32】 高性能大功率铁氧体材料，按 $Ni_xZn_yCu_zMn_wCo_vFe_{2+u}O_4$（其中 $x+y+z+w+v+u=1$）的形式进行配料，湿法混合 3～6h 后烘干，于 850～950℃的大气中预烧，球磨时再加入适量的 Bi_2O_3、V_2O_5 等作为助熔剂，烘干，造粒，成型后，在大气中于950～1250℃下烧结 4h，得到了高 μ_i、高 B_S、高电阻率、低损耗因子的材料，其典型技术指标如下：

$\mu_i=300\sim450$；$B_S\approx460mT$；$T_C\geqslant300$℃；比温度系数 $\alpha_{\mu_i}/\mu_i<6\times10^{-6}$（0～25℃）；$\rho\geqslant10^5\Omega\cdot m$；密度 $D\approx5.2g/cm^3$。

（4）负温度系数 NiZn 铁氧体材料

电视机、收音机等音响电器以及便携式电台的高频通信电路要求高稳定性，通常采用负温度系数的电容与正温度系数的磁芯线圈构成回路，利用温度补偿原理使整个回路的温度系数接近于零，从而保证回路的稳定性。但是正温度系数的磁芯线圈很难满足这种要求，并且，频率越高越困难，同样，保持一致性良好的负温度系数的电容也很难控制。为此，改用具有连续负温度系数的高频铁氧体磁芯，制成的磁芯线圈与正温度系数的其他元件构成的回路，可达到理想的稳定性。据报道，用 Ni 或 NiCuZn 铁氧体为基础，添加适当的添加剂，采用合适的工艺，可制备出具有连续负温度系数特性的铁氧体磁芯。

【例 10.33】 以镍铁氧体为基础，掺加少量的 Bi_2O_3、SiO_2、Co_2O_3 等元素降代损耗、

调节温度系数，在指定配方范围获得起始磁导率为负温度系数的高频铁氧体磁芯。

按 $Ni_{0.99}Co_{0.02}Fe_{1.95}O_4$ 的配方称取 NiO、Co_2O_3、Fe_2O_3，然后按质量分数加入 0.5% 的 Bi_2O_3 及 0.5%的 SiO_2，用水作粉体媒介，球磨 24h，烘干后在空气中于 800～1000℃预烧 2h，再湿磨 24h，烘干、造粒、压制成 $\phi36\times\phi24\times3$mm 的环形试样，在空气中于 1100℃烧结 3h。试样的磁导率温度特性如图 10.97 的曲线 1 所示。试验结果表明，在－30～＋180℃宽温范围内具有负温度系数。当温度范围为－20～＋60℃时，温度系数为 -80×10^{-6}/℃，试样的 Q 值频率特性如图 10.98 的曲线 1 所示。

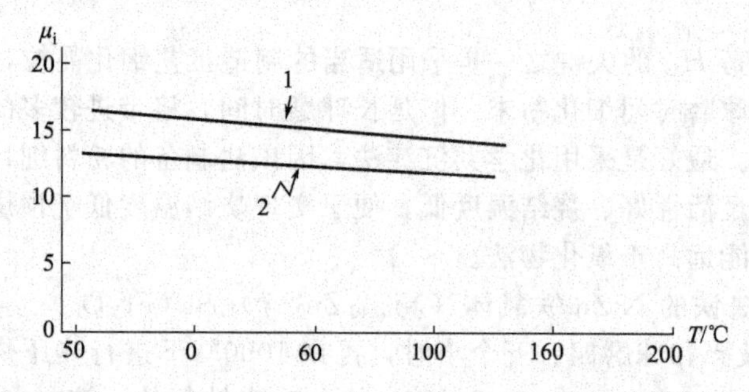

图 10.97 加 Bi_2O_3、SiO_2、Co_2O_3 的高频 NiZn 铁氧体的 μ_i-T 特性

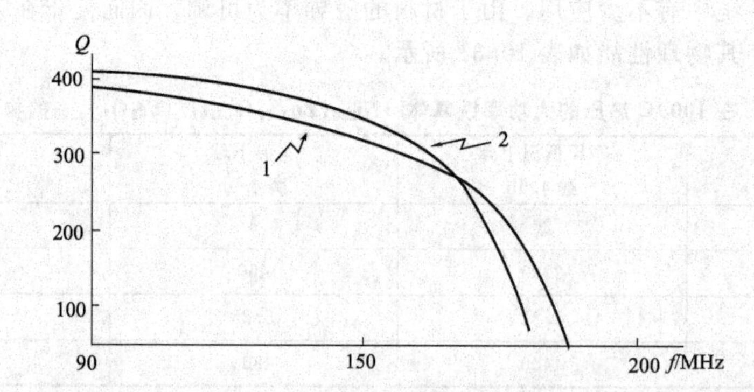

图 10.98 加 Bi_2O_3、SiO_2、Co_2O_3 的高频 NiZn 铁氧体的 Q-f 特性

按 $Ni_{1.05}Co_{0.015}Fe_{1.94}O_4$ 的配方，称取 NiO、Co_2O_3、Fe_2O_3，然后按质量分数加入 1.5%的 Bi_2O_3 及 0.3%的 SiO_2，与上述同样工艺，在 1050℃烧结 2h。试样的温度特性及 Q 的频率特性分别如图 10.97 与图 10.98 中曲线 2 所示。

实践证明，采用上述配方和制造工艺，可生产出起始磁导率具有一致性很好的负温度系数磁芯，并在高频时保持高 Q 的特性。

【例 10.34】 以 NiCuZn 铁氧体为基，制造负温度系数的铁氧体磁芯。

按摩尔分数计，Fe_2O_3 为 40%、CuO 为 8%、ZnO 为 30%、NiO 为 22%进行配料并添加辅成分 MnO、MgO、CoO 中的至少一种。经过混合后于 701～1000℃预烧，经湿磨、造粒和成型后于 1000～1150℃烧结 1～3h，在－20～＋60℃温度范围测得的温度系数与 MnO、MgO、CoO 添加量的关系如图 10.99 所示。从图中可以看出，按摩尔分数记，添加的 MnO 为（0～2）%，温度系数为负值，添加 MgO 为（0～4.75）%或 CoO 为（0～0.25）%，温度系数也为负值。

10.12.3 MgZn 铁氧体材料

由于组成 MgZn 铁氧体的 Mg^{2+} 的化学稳定性好，在生产中不变价，工艺过程与 NiZn 铁氧体相似。但它是混合尖晶石结构，在不同的烧结和冷却条件下，制成材料的正、反尖晶

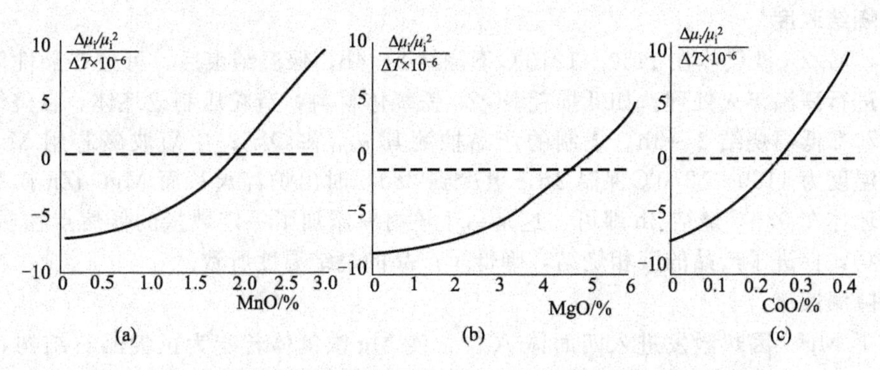

图 10.99　负温度系数铁氧体与 MnO、MgO、CoO 添加量的关系曲线

石比例不同，材料性能就有较大的差异。MgZn 铁氧体的性能主要取决于 Mg 铁氧体的性能，而 Mg 铁氧体的阳离子分布与烧结后的降温及热处理条件直接相关，另外，淬火温度与 Mg 铁氧体的 M_S、离子分布之间的关系也十分紧密。

（1）烧结气氛

MgZn 铁氧体的平衡气压比 MnZn 铁氧体大，要求在空气或氧气中烧结和冷却，图 10.100 为 MgO-Fe_2O_3 系相图（空气中），Fe_2O_3 的摩尔分数为 50%左右，在 1100～1200℃空气中烧结，可获得均匀的 MgZn 铁氧体尖晶石结构。

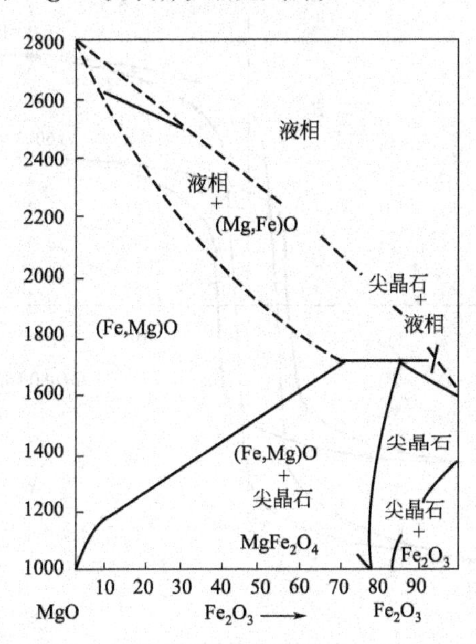

图 10.100　MgO-Fe_2O_3 系相图（空气中）

不同气氛中烧结 MgZn 铁氧体的实验结果见表 10.32，数据表明，在静止或流动的空气中烧结的效果较好。

表 10.32　在不同气氛中烧结的 Mg 铁氧体的主要磁性能

烧结气氛	μ_i	B_m/mT	B_r/mT	H_C/(A/m)	$\rho/\Omega\cdot m$	α/Å	d/(g/cm³)
静止的空气	26.6	137.5	78.5	2.96	2×10^4	8.37	4.36
在空气流中	27	139.0	81.0	3.48	6×10^6	8.37	4.38
在氧气中	14.4	117.5	70.5	2.87	8×10^5	8.38	4.37
低气压中	5.4	17.5	20	5.00	4×10^{-2}	8.38	

（2）烧结温度

通常，MgZn 铁氧体在 1150～1210℃下烧结 2～4h，保温结束后，可按产品性能要求随炉冷却或进行高温淬火处理。如低损耗 MgZn 铁氧体材料，造粒压制成坯体，在烧结炉中于 1150～1170℃低温烧结 2～3h。烧制的产品抽测其 μ_{app} 和 Q_{app}；中短波磁芯用 MgZn 铁氧体，烧结温度为 1180～1210℃保温 3h，缓冷到 280℃时出炉淬火；而 MgCuZn 铁氧体造粒成型后，坯体在 930℃烧结 2h 即可，这是由于该材料添加了一定数量的低熔点物质 CuO 作为其主原料，促进了产品的液相烧结，降低了产品的烧结温度所致。

（3）降温速度

高温下 Mg^{2+} 因热激发进入四面体 A 位，使 Mg 铁氧体转变为正尖晶石结构，淬火有利于保持这种结构。淬火后产品的内应力大，如果要提高 Q 值，需要对其在 T_C 以上回火，并缓慢冷却处理。慢冷降温，可使 Mg^{2+} 有时间迁移到择优的八面体 A 位，从而转化为混合尖晶石结构。

（4）淬火温度

Mg 铁氧体的 M_S 和 Mg^{2+} 的分布与淬火温度有关，淬火温度高，M_S 增加，见图 10.101。高温淬火还可避免 Fe_3O_4 在降温时转变成 α-Fe_2O_3 另相，从而改善材料的磁性能。淬火温度对材料的性能影响见图 10.102。

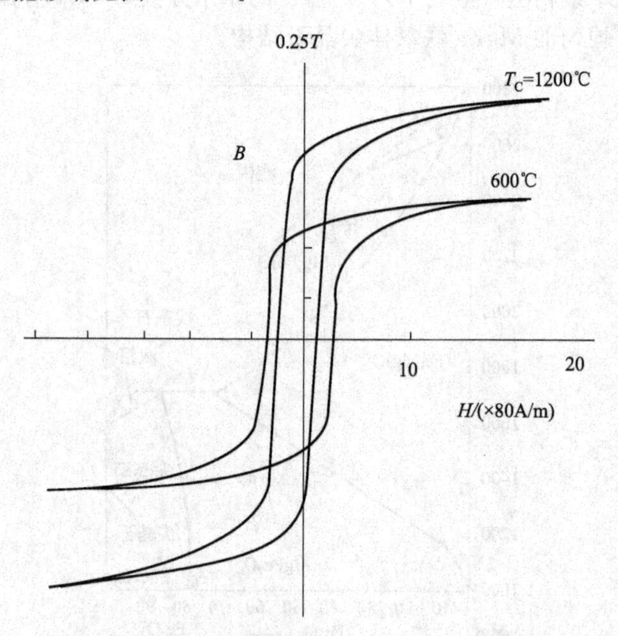

图 10.101 $MgFe_2O_4$ 磁滞回线与淬火温度的关系

实际生产中，可根据产品的性能要求进行高温（1200℃左右）或低温（280～600℃）淬火，每种材料都有一个合适的淬火温度。

【例 10.35】 MgZn 铁氧体中短波磁芯生产用的基本配方（按摩尔分数计）：Fe_2O_3 为 56.5%～58%、MgO 为 24%～29%、ZnO 为 15.2%～17.2%，按质量分数计，外加 3.5% 的 $MnCO_3$、0.4%的 Co_2O_3、0.35%的 $BaCO_3$、0.08%的 V_2O_5，采用氧化物法生产工艺；预烧温度为 1150～1180℃保温 2h，烧结温度为 1180～1210℃保温 3h，缓冷到 280℃时出炉淬火，制得产品的 μ_{app} 与 Q_{app} 值列于表 10.33。由表中数据可知，在 280℃淬火生产的中短波磁芯性能略高于部颁标准。

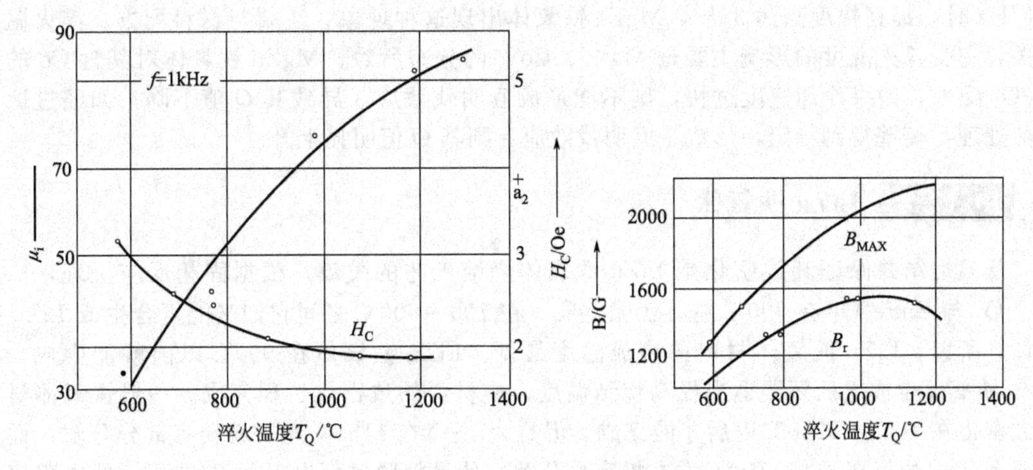

图 10.102　$MgFe_2O_4$ 淬火温度对磁性能的影响

表 10.33　MgZn 铁氧体中短波磁芯的主要特性与部标的对比

产品规格	性能指标							
	1.6MHz				12MHz			
	部标		实验数据		部标		实验数据	
	μ_{app}	Q_{app}	μ_{app}	Q_{app}	μ_{app}	Q_{app}	μ_{app}	Q_{app}
Y_{10}×140	2.3	7.2	2.32～2.63	7.24～7.5.	1.6	3.35	1.65～1.8	3.37～3.45
Y_{10}×160	2.2	7.3	2.25～2.5	7.32～7.6	1.58	3.4	1.58～1.75	3.45～3.56

这主要是由于对该材料在较低温度下的淬火，使得一部分 Mg^{2+} 返回到 B 位置，导致了该材料 μ_i 值的下降，Q 值的提高。

(5) 热处理

对 MgZn 铁氧体，除了其主配方、副副方（TiO_2、Co_2O_3）、制造工艺和磨加工等环节对 μ_i-T 曲线影响之外，热处理也是影响其磁性能的一个重要环节。成分为 $Mn_{0.47}Zn_{0.32}Fe_{2.20}Co_{0.01}O_{4+\gamma}$ 的天线棒 Y_{10}×120 坯体，在1200℃烧结，之后对其热处理，在－25～15℃范围内温度系数在整个温度范围内，明显下降。实践表明，对该成分、该工艺条件下的产品，400℃的热处理工艺较好。

【例 10.36】 在含 Co 的过 Fe_2O_3 配方制造 MgZn 铁氧体时，如果对其烧结条件没掌握好，材料损耗增加，Q 值降低，可在 280～300℃热处理 1～3h，随炉冷却到 120℃出炉，4h 后测其性能见表 10.34。

表 10.34　MgZn 铁氧体 Y_{10}×140 热处理前后性能

热处理前后	性　能			
	1.6MHz		12MHz	
	μ_{app}	Q_{app}	μ_{app}	Q_{app}
热处理前	7.55～7.7	2.35～2.42	3.5～3.7	1.45～1.50
热处理后	7.35～7.50	2.25～2.40	3.4～3.5	1.80～1.95
部标	7.3	2.2	3.4	1.55

数据表明，MgZn 铁氧体经过适当的热处理后，μ_{app} 略有下降，Q_{app} 有所提高，在 12MHz 时，提高幅度高达 35%，MgZn 铁氧体出现这种现象，主要与材料配方、淬火温度有关，它受淬火温度的影响主要是 Mg^{2+}、Co^{2+} 的分布所致，MgZn 铁氧体对其含 Co 的过 Fe_2O_3 配方，如果冷却速度过快，则不能形成巨明伐效应，导致其 Q 值下降，如经过适当的热处理，畴壁得到稳定，形成了巨明伐效应，则其 Q 值明显上升。

10.12.4 LiZn 铁氧体

低温烧结并保证其致密化是 LiZn 铁氧体烧结工艺的关键。根据固相反应机理，$Li_{0.5}Fe_{2.5}O_4$ 与 $ZnFe_2O_4$ 在 700℃左右就能生成，在 700～900℃之间它们又能复合生成 LiZn 铁氧体，所以，LiZn 铁氧体材料的烧成温度最低。LiZn 铁氧体在 900℃以前就能生成，在 LiZn 铁氧体生成之后还要适当提高烧结温度，使材料的致密化过程完成。一般铁氧体材料的致密化在 1000～1200℃以后才能完成。但是，Li_2O 在 1150℃左右就会有部分分解，而且 Li 铁氧体中的氧离子在 1100℃左右极容易分解，使晶粒脱氧而出现 Fe^{2+} 离子，使电阻率下降，因此，LiZn 铁氧体材料致密化必须在 1100℃以下完成。为此，必须采取相应的措施，降低其致密化过程的温度，使之在较低温度下完成。通常采用下列方法，才能烧结出高密度磁性能良好的 LiZn 铁氧体。

① 加入低熔点助溶剂，使固相反应在有液相参与的情况下进行。常用的助熔剂 Bi_2O_3、CuO 和 V_2O_5 等，在 1000℃以下均已熔融成液相。如果在配方中加入少量的这些物质，在烧结过程中就会有少量液体存在于晶粒中，加速固相反应的进行，致使密度化过程在较低温度下完成。如果这一技术运用得好，就可以在 LiZn 铁氧体生成的同时完成材料致密化过程。

② 添加锂玻璃助熔剂。在球磨时，按摩尔分数计添加（0.1～0.5）%的锂玻璃作为添加剂，在烧结过程中形成液相，因锂系铁氧体与锂玻璃中都含有 Li_2O，相互之间有润滑性，可以降低烧结温度。常用的玻璃成分按摩尔分数计为：（3～50）% Li_2O、（10～97）% 的 B_2O_3 以及小于 70%的 SiO_2，如果加入的量合适，可以使烧结温度下降 50～100℃。

③ 采用湿法制粉工艺。采用化学共沉淀法等湿法制粉工艺，可以制得高活性、小粒度的粉料，烧结温度就会降低。

④ 附加略多的 Li_2O 在较高温度（如 750～1250℃）下进行短时间的烧结（如 10～60min）。

⑤ 将配件埋没于经过烧结的 Li_2O 和 Fe_2O_3 混合料中，以增加配料周围 Li 的蒸气压，减少 Li_2O 挥发。

LiZn 铁氧体的烧结工艺通常为，在空气中 900～1000℃下烧结 2～4h。具体的烧结温度与保温时间，需根据材料的组成与烧结温度的高低，通过实验确定。

第11章 软磁铁氧体磨加工工艺与控制

需要配对组装或有气隙设计的磁芯，均需要加工配合接触面或气隙，以满足磁芯设计指标，封闭型磁芯（如磁环、日型、口型等磁芯）一般不需要此工序。常见软磁铁氧体的生产路线，如图 11.1 所示。

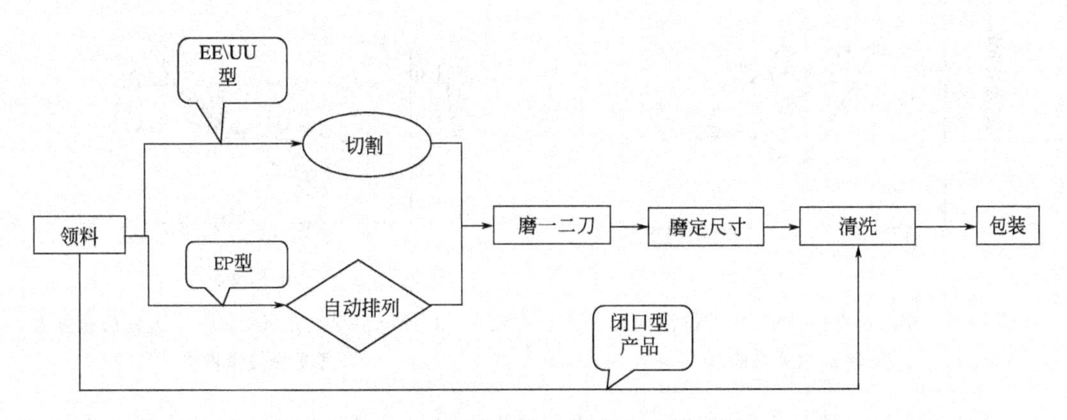

图 11.1　常见软磁铁氧体的生产路线图

软磁铁氧体的磨加工方式一般分为直线通过式、圆盘通过式、直线往返式、圆盘周期式(批装式) 等。由于直线通过式需要下垫砂带、钢带，而且磁芯相对于台面在移动，因此精度较差，但效率很高；圆盘周期式磨床的磁芯与台面相对固定，且不垫任何介质，因此精度较高，精度要求更高的抛光产品也采用圆盘周期式磨加工。为提高磨加工产品质量的一致性，需精选钢带、砂带，其厚度、尺寸、均匀性直接影响磨加工产品尺寸的一致性，必要时，可制作一些专用工具，很好地保证批量磨加工的一致性。因铁氧体的加工是和铁氧体的机械特性有着密切关联的，所以，下面就从铁氧体的机械特性谈起。

11.1 铁氧体的机械特性

铁氧体的机械特性有许多，例如硬度、杨氏模量、韧性，抗折强度、抗拉强度、抗压强度等。随着铁氧体的种类不同、组成不同以及制造工艺不同，铁氧体的机械特性也不尽相同。

(1) 铁氧体的组成与机械特性

图 11.2 给出 $Mg_{0.63}Zn_{0.37}Fe_xO_4$ 的机械强度随含铁量的变化曲线，当无掺杂时，试样的机械强度随着 Fe_2O_3 含量偏离化学计量值增加时是逐渐增大的，这是由于维氏相的数量增大所致。而掺 CaO 会使机械强度出现极值，这可能是由于维氏相抑制晶粒长大的作用造成的。当 CaO 和 SiO_2 同时掺入时，机械强度先是很快地减小，达最低值后又上升，这是由于在烧结时，CaO 和 SiO_2 一起形成液相硅酸盐，促进了晶粒生长造成的。

图 11.3 给出了 $Mg_{0.63}Zn_{0.37}Mn_{0.1}Fe_{1.8}O_{3.85}$ 机械强度与密度的关系曲线，对无掺杂的试样，机械强度随密度的增大而增大，在 $d=4.7g/cm^3$ 时达极大值而后又急剧下降。下降的原因可能是晶粒再次长大造成的。对掺 CaO 的试样，由于 CaO 的掺入会抑制晶粒的生长，所以机械强度随密度的增大而增大。对于同时掺 CaO 和 SiO_2 的试样，由于存在 CaO＋SiO_2 玻璃相的影响，使得密度对机械强度的影响较前微弱得多，且最大机械强度也较低。

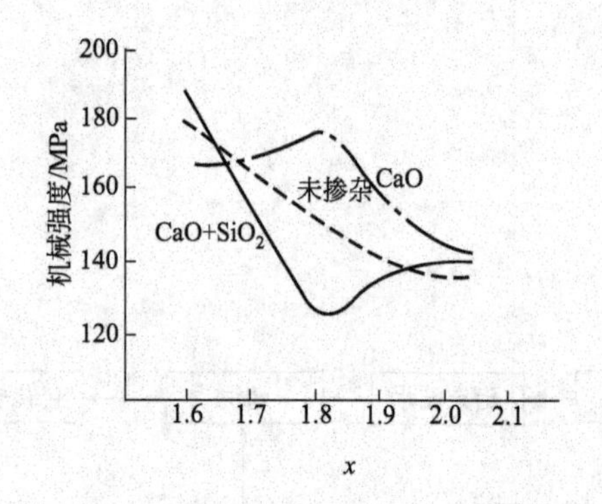

图 11.2 $Mg_{0.63}Zn_{0.37}Fe_xO_4$ 的机械强度与 Fe 含量的关系曲线

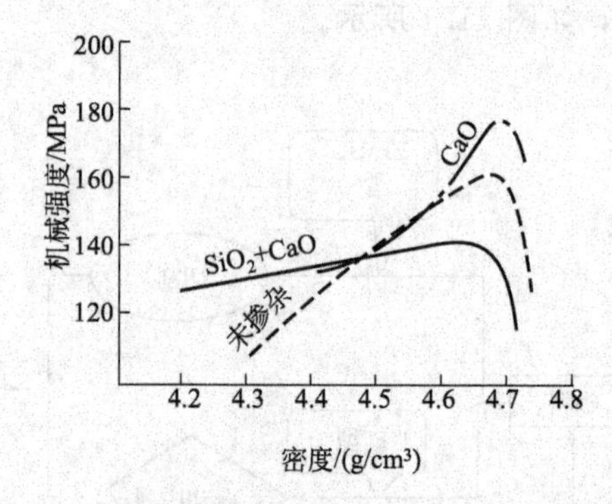

图 11.3 $Mg_{0.63}Zn_{0.37}Mn_{0.1}Fe_{1.8}O_{3.85}$ 机械强度与密度的关系曲线

众所周知，铁氧体的密度越大，其气孔率越小，因此，试样的气孔率对铁氧体的机械特性必然有影响。图 11.4 给出 Ni-Zn 铁氧体的抗折强度与气孔率的关系曲线。图 11.5 给出铁氧体的抗压强度与气孔率的关系曲线。其特点都是随着试样气孔率的增加，强度下降。微裂纹理论也认为：材料中有许多微裂纹，在外力作用下，裂纹尖端附近产生应力集中，当这种局部应力超过材料的强度时，裂纹扩展，最终导致断裂。材料中的空隙处是最容易产生微裂纹的地方，孔隙率大，产生裂纹的概率就大，机械强度就低。

实践表明，材料的晶粒越细，研磨的阻力越大，磨耗率越低，如 MnZn 铁氧体比 NiZn 铁氧体耐磨；晶粒越细，结构越微密，其机械强度也越高。铁氧体材料和所有的脆性材料一样，抗压强度较高，而抗拉强度却很低，一般仅为抗压强度的 1/30～1/10。另外，铁氧体粉料颗粒度的大小对其机械强度也有所影响。

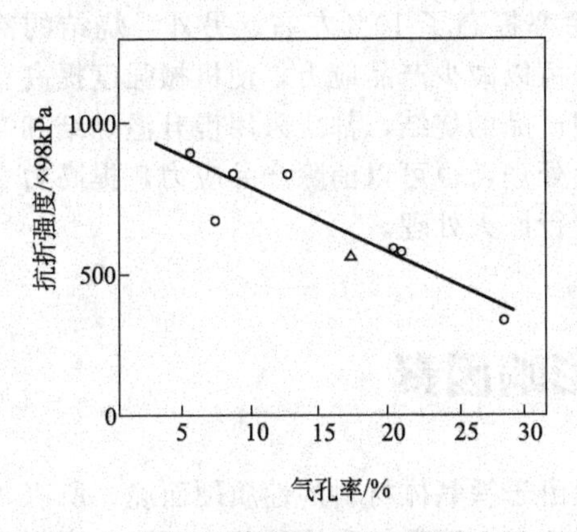

图 11.4 NiZn 铁氧体的抗折强度与气孔率

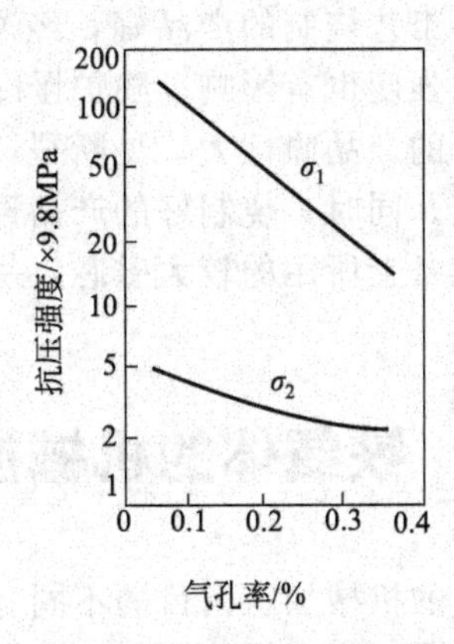

图 11.5 NiZn 铁氧体的抗压强度与气孔率

σ_1—抗压强度；σ_2—抗拉强度

(2) 烧结工艺与机械特性

通常不同品种和不同配方的软磁铁氧体力学性能一般都在同一数量级。材料的微观结构主要由烧结工艺决定。实践证明，烧结气氛控制适当，材料的机械强度将有显著的提高。

烧结气氛对 MnZn 铁氧体抗折强度的影响如图 11.6 和图 11.7 所示。

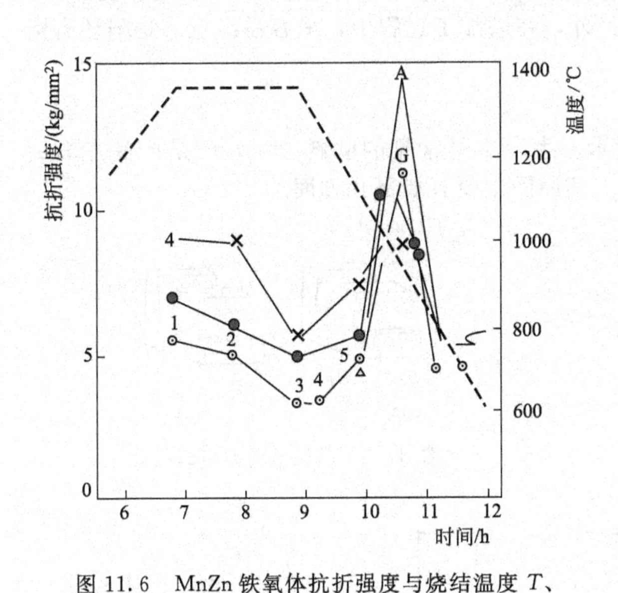

图 11.6 MnZn 铁氧体抗折强度与烧结温度 T、烧结时间 t、氧分压的关系

----—烧结制度，在各种温度下，从空气中（$P_{O_2}=0.21$ 大气压）调节如图所示的氧分压 △—$P_{O_2}=0.5\times10^{-3}$ 大气压；⊙—$P_{O_2}=1.5\times10^{-3}$ 大气压；●—$P_{O_2}=3\times10^{-3}$ 大气压；×—$P_{O_2}=10^{-2}$ 大气压

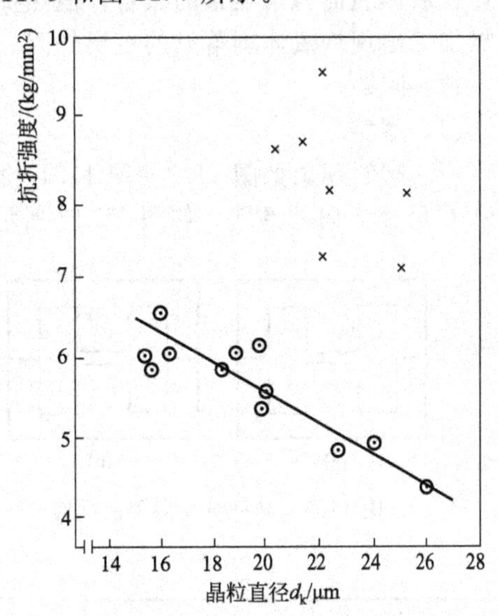

图 11.7 不同冷却条件下对抗折强度的影响

×—1050℃以下，3×10^{-3} 大气压 $<P_{O_2}\leqslant15\times10^{-3}$ 大气压；⊙—$P_{O_2}\leqslant3\times10^{-3}$ 大气压

由图可知，在低氧分压下进行高温烧结，将使抗折强度 σ_B 有所下降，但在低氧分压下冷却至 950℃左右，却可以使抗折强度 σ_B 有显著提高。

同样，烧结的升温工艺对力学性能也有一定的影响。在烧制长度为 200mm 的焊接磁棒时，若采用慢升温并在 1100℃保温 1h，可以使材料晶粒细化、均匀、气孔率小，力学性能比一般烧结工艺烧制的产品好，经冲击试验，成品率提高了10%左右。另外，烧结的冷却工艺对机械强度也有影响。随炉慢冷到室温出炉，可以减少产品应力，使机械强度提高；淬火工艺生产的产品脆性大，易断裂，所以，较大型产品的烧结，都应采用慢升温烧结和慢降温冷却工艺。同时，烧制好的产品再进行低温回火处理，也可以消除产品应力，提高力学性能，国防设备上所用的较大磁芯，一般都应将其进行回火处理。

11.2 铁氧体的机械加工及其影响因素

铁氧体的机械加工因目的不同有许多方法。但由于铁氧体材料的性质硬而脆，所以，不能采用如金属材料那样的车、铣、刨等方法来进行加工，而只能采用研磨、切割、磨削、抛光等方法。

当研磨剂颗粒摩擦试样表面时，往往是几种不同的微过程（如变形，裂缝断面等）同时发生。这样，研磨的结果就要取决于一系列的因素，诸如颗粒的形状、用力的大小，研磨速度、试样的硬度、断裂阻力以及试样中的微裂缝、气孔、瑕疵的分布，此外，还有环境湿度等。

在铁氧体的机械加工过程中，常出现剥落点和掉碴现象，实验表明，在机械加工过程中，铁氧体表面积聚大量的热量，但热扩散速度较慢，这种局部受热所引起的热冲击是导致机械加工出现铁氧体剥落点的主要外因。另外，在磨加工过程中，最容易出现的缺陷还有磨斜、掉块问题。

（1）磨斜

产品磨斜现象如图11.8～图11.11所示。生产中最常见的磨斜现象，就是产品左右磨斜和C尺寸方向的磨斜，如图11.12所示。其原因主要有如下几方面。

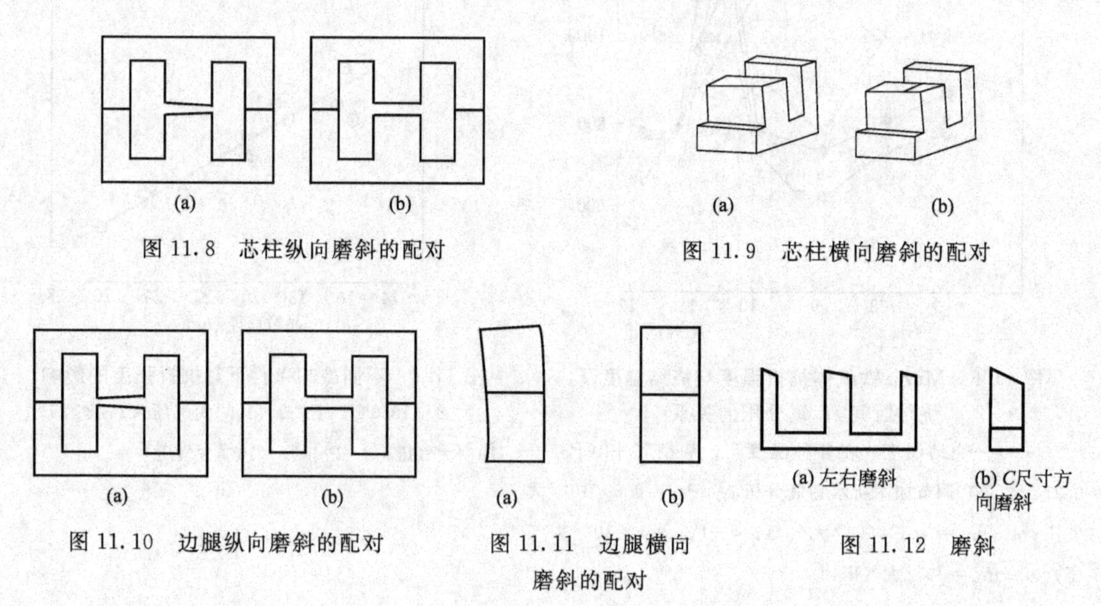

图11.8 芯柱纵向磨斜的配对

图11.9 芯柱横向磨斜的配对

图11.10 边腿纵向磨斜的配对

图11.11 边腿横向磨斜的配对

图11.12 磨斜

① 设备的影响

a. 平面磨床的影响。平面磨床的影响对产品磨斜的影响主要表现在：

i. 工作台面不平整，在长期生产加工中，工作台面出现不同程度的磨损，导致不平整引起加工后磁芯尺寸差异，则修整工作台面；

ii. 主轴与工作台面不平行，设备在长期使用中，砂轮与台面不平行，将导致台面内外尺寸存在较大差异，则调整砂轮与工作台面角度，同时注意角度大小与加工方向；

iii. 主轴运转震动较大，其原因主要有，主轴轴承磨损或砂轮装配不好或砂轮因磨损、碰损造成其动平衡差，则对主轴进行维修，重新装配或更换砂轮。

b. 通过式磨床的影响。通过式磨床对产品磨斜的影响，主要表现在：工作台面不平整；主轴运转震动较大，砂轮与台面不平行；传送带、钢带厚度不一致；钢带、传送带之间存在杂物；导轨弯曲或与传送带运行不平行；传送带运行中偏移；传送带运行拉直后与台面高度之间配合的紧密性不够。

c. 砂轮。砂轮磨削面因磨损而不平，需修整砂轮磨削面的平整度和垂直度。安装砂轮时，必须用百分表检测气隙砂轮磨削面一周的状况，将指针的跳动控制在 0.05mm 以内。

② 产品毛坯的影响

a. 变形

i. 扭曲变形：主要导致产品在装夹中易断裂、尺寸磨低后变松动，从而导致磨斜等问题。

ii. 底部弯曲变形：变形分为两类（底部凸出与凹进），影响最大的是凸出变形。主要是在加工中产品左右摆动，从而导致产品被磨斜、双面（阴阳面）、撞刀等不良现象。

iii. 开口变形（常见于 EP 型产品）：将导致产品在装夹过程中，因受力不均而使产品开裂。同时，开口变形一般有端面凸出变形，导致第一刀加工就被磨斜。

iv. 上下大小不一的变形（常见于相对较长的产品）：分上大下小与上小下大 2 类，以上大下小影响最大，将导致产品无法装夹到位而撞刀磨斜。

b. 尺寸偏差：主要因成型压制过程中控制不合理或波动，引起产品在尺寸大小上存在明显差异，导致在磨床上料后出现 C 值方面不齐而直接导致上料装夹难度增加。

③ 操作方法方面

i. 磨前杂物未处理干净，则需将其清洗干净。

ii. 装夹动作不到位。选用专用挡铁将产品预压紧；上料未通磁前，用手将产品各方向预紧到位。即用手掌心将产品压平到位，手掌在压产品时具有感觉，当出现明显高出的产品或低出的产品时，手心能够感觉到，分析并找出原因之后，再处理；最后，用胶锤将产品压平到位。

iii. 台面磁吸力或砂轮相对的磨削力不够强。

可通过选用强磁台面、薄钢带、薄输送带、大直径砂轮、略粗目数的砂轮、降低输送带速度、减少一次磨削量等方法来解决。

(2) 缺角、掉块

产品在加工过程中，被“挤压”是引起其缺角、掉块的主要原因。在研磨过程中，将可能存在严重挤压现象的地方找出来，就能找到对应的原因了。一般最常见的有以下几种。

① 砂轮磨削力不足。理论上，砂轮的磨削力主要取决于它的线速度、目数和胶合剂，因胶合剂多采用树脂类，条件相同，故可暂不考虑其影响，而线速度与其转速和直径成正比，目数方面，理论上，在一定范围内，越粗磨削力越强，但过粗会造成心柱磨面周边呈锯齿状缺角，故一般磨气隙用砂轮的目数，选择为 100～280 目。

② 磁台面磁吸力太强。吸力强，对磨面质量和电感的一致性有利，但易造成磁芯因吸力过大而挤压缺角，故理想的台面磁力不是均匀的，而应是磁芯被磨削的部位（砂轮下方）强、其他部位弱。

③ 磨床导轨调节不当。导轨调节的理想状态是使磁芯与导轨之间的摩擦力最小，即导

轨与输送带运行方向平行，且双导轨两轨间也相互平行。

④ 为了防止锰锌铁氧体产品磨削时掉块，磨削之前需将新砂轮用碱水煮过，或用旧砂轮磨削。

11.3 加工变质层及其表面的处理

机械加工会引起铁氧体性能的改变，尤其是对磁芯的电感、磁导率和矫顽力将产生不良的影响，特别是在元件的表面部分。

表 11.1 给出一些铁氧体的磁导率因机械加工而降低的实例。由表中的数值可见，由于机械加工使得试样的磁性能大幅度地下降。造成性能下降的原因是由于机械加工造成机械损伤，另外，在加工表面还被外晶质层或微细结晶组织所覆盖。有实验表明，铁氧体抛光表面的变质层厚度等于 0.2～0.3μm。这样的变质层，对于像作磁头芯子那样的元件（厚度仅约为 0.15mm）是不能忽视的。

表 11.1 机械加工引起的磁导率降低

铁氧体 (f=1kHz)	HPF-2M	HPF-4M	HPF-7M	HPF-2N$_1$	HPF-3N	高密度铁氧体	
						Ni-Zn	Ni-Zn
μ_3	3000	17000	3500	1200	1400	1600	1900
$\mu_{0.1}$	2000	3000	1900	600	650	480	480
$\Delta\mu$	1000	14000	1600	600	750	1120	1400
$\frac{\Delta\cdot\mu}{\mu_3}\times100\%$	33	82	46	50	57	70	75

注：HPF-Matsushita 为电力工业公司的商标。μ_3、$\mu_{0.1}$ 分别为磨削厚度为 0.1mm、3mm 时，环形样品的磁导率；$\Delta\mu=\mu_3-\mu_{0.1}$。

机械加工对产品的影响，主要表现在以下几方面。

(1) 砂轮的影响

在同一片砂轮中，其粒度应均匀，不能有相对较粗的金刚石粒度存在，如有，则磨加工之后，其产品端面的一致性差，电感的波动性较大。另外，砂轮中的金刚石颗粒应粘接牢固。

在生产中，可以通过不同砂轮粒度改变产品端面粗糙度，调整产品配合之间的有效接触面积（或改变漏磁率），从而调整 L 值。具体见表 11.2。

表 11.2 砂轮及其进刀速度与电感 L 值的变化

砂轮/目	合理进刀速度/(μm/min)	电感 L 值的变化
150～200	350～500	$L_{磨后}=L_{磨前}\times40\%\sim50\%$
280～400	300～400	$L_{磨后}=L_{磨前}\times50\%\sim60\%$
600～900	10～30	$L_{磨后}=L_{磨前}\times60\%\sim80\%$
1200～1500	5～7	$L_{磨后}=L_{磨前}\times80\%\sim90\%$

不同规格的砂轮，应选择不同的进刀速度，主要是考虑产品是否会开裂等因素。大生产常选用 400 目的砂轮来加工产品，若需对产品进行抛光处理，需采用 1000 目以上的砂轮，且

需留 10～20μm 的加工余量。

(2) 设备的影响

在高 μ_i 产品的加工过程中，设备对加工后产品电感（L）值及稳定性的影响非常大。常要求：

① 主轴运转稳定。磨床在加工时主轴是每分钟近 2000 转在高速运转，主轴运转的平稳性，直接影响加工后产品端面的平整度，从而影响 $L_{磨后}$；

② 调慢主轴下降速度，以减小产品与砂轮之间的压力。因为产品与砂轮之间的压力越大，加工后产品端面越粗糙，则 $L_{磨后}$ 相对较低。

(3) 水质

水质在加工中主要起润滑与降温作用。当水中存在一些颗粒物时，则会对加工产品端面产生一些划伤，而影响 $L_{磨后}$、加大砂轮损耗。用纯净水＋合适的润滑剂，可明显提高产品的研磨、抛光质量、效率、电感。

生产中为了克服加工变质层的影响，必须对加工后的铁氧体试样进行处理，以去除变质层的影响。消除加工变质层影响的处理方法可以是腐蚀和热处理。对热压 Mn-Zn 铁氧体，其热处理是将加工后的试样，在 930℃保温 20 min。热处理能够使材料性能恢复的原因是它能使试样因加工而造成的晶格缺陷恢复，内部形变，变质层消除。当然，热处理温度不宜过高（<1000℃），升温速度也不宜过快，否则会损耗试样的晶面。由于镍锌铁氧体产品经磨削加工后，因应力的影响，也会出现 Q 值下降的现象，磨削后，也需对其进行低温回火处理以恢复 Q 值，提高产品的性能。

第12章 软磁铁氧体检测工艺与控制

用于制作磁芯的铁氧体材料，以及制成的磁芯，都要进行检验。其检验分为逐批检验和周期检验。所有交付给顾客的材料和磁芯，都必须进行逐批检验；周期检验按照企业标准规定的时间间隔进行。材料的检验批，由原材料、配方和生产工艺相同的一批粉料构成；磁芯检验批，指磁芯材料、产品型号/规格、生产工艺均相同，且在同一时间提交检验的磁芯。必要时，在磁芯周期检验中，还须进行相关的环境试验和机械强度试验。

铁氧体材料的逐批检验项目，通常包括主要的电磁特性和物理特性；其周期检验项目包括电磁特性及相应的环境试验。磁芯的逐批检验项目，通常包括表面缺陷、尺寸和形位公差以及主要的电磁特性；磁芯的周期检验项目包括主要尺寸、电磁特性、机械强度和环境试验。

软磁铁氧体测试技术包括：软磁性能参数测量原理及方法，软磁性能参数测量装置（系统）及仪器，测试条件及测试程序，测量结果的误差分析与数据处理。

12.1 样品的抽取与处理

逐批检验的样品在已分选、测试完毕，提交检验的检验批，按 GB2828.1 的相应规定随机抽取；周期检验的样品在已经过逐批检验且已判定合格的检验批中，按 GB2829 的相关规定随机抽取。

若样品受潮，应在 80～100℃下烘烤 2h 以上，并在测量和试验用标准大气条件至少放置 24h 后，方可进行电磁特性测量；从样品出窑炉后算起，应在测量和试验用标准大气条件下，至少放置 48h 后，方可进行电磁特性测量。

当样品曾经受过机械的、电磁的影响时，测试前应对样品进行磁正常（状态）化处理。未经磨削加工的样品（如环形磁芯），在不能确定其是否受到过机械的、电磁的影响时，在测试前，也应进行磁正常（状态）化处理。

在磨削过程中，铁氧体磁芯始终被强大的磁场力所吸引，磁芯中的磁通密度已经达到或超过其饱和磁通密度。磨加工后，磁芯通常不会处于磁中性状态，磁芯中存在有剩余磁通密度（B_r）。因此，应对磁芯作一种去掉其磁经历并使它处于能再现的磁状态处理，即磁正常（状态）化。磁正常（状态）化对于在弱磁场下使用的磁芯尤为重要。磁正常（状态）化的目的是为了获得准确定义的、可再现的磁性状态，在测试或使用之前，应按照规定对磁芯进行磁正常（状态）化处理。

12.1.1 磁正常（状态）化

(1) 磁正常（状态）化的方法与原理

磁正常（状态）化的方法主要有两种：

① 电的方法。即样品受到幅度足够大且逐渐减小到零的交变磁场的作用，使其磁正常（状态）化，此时，样品的磁场强度、磁通密度均为0。

② 加热的方法。即将样品加热到高于其居里点，再冷却到室温，从而使其磁正常（状态）化。

(2) 电方法的试验程序

磁场强度的起始峰值应高于磁芯磁化曲线的起点，在减小幅度时，每个完整的循环，磁芯中，磁通的方向应改变两次。有两种可行的方法：

① 用一个逐渐减小的交流电流，通过磁芯上的线圈，以消除其磁经历遗留的影响。减小电流的方法可以是：

a. 线性下降：正弦波发生器向功率放大器提供输入信号。采用增益合适的控制电路对放大器的输出波形进行全程整形，以便为进行磁正常（状态）化的磁芯试验绕组提供一个具有所需要的频率和预定的峰值幅度变化的电流。该电流幅度连续降低应不少于50个循环。

b. 指数下降：将一个电容器充电到预定电压，然后通过一个电感器向与其串联的需要磁正常（状态）化的磁芯上的试验绕组放电。电容器、电感器和磁芯绕组以及构成放电回路的其他元件共同决定了振荡放电的电流。这个电流同方向相邻的两个峰值之比不应小于0.78［注：在磁正常（状态）化过程电线圈不应因通过上述电流而引起明显地发热］。

② 样品从一个电磁铁空气隙的交变磁场中通过。应适当地选择线包的匝数、通过线包的电流大小和电磁铁气隙的大小，以便使其在空气隙中能产生约25kA/m的磁场强度。

(3) 加热方法的试验程序

磁芯应按规定的温度变化速率加热，而且在约高于居里点25℃的温度下保温30～60min；加热的速度不应超过2℃/min；冷却时，降温速度也不应超过5℃/min。

在应用本方法之前，应核实热循环对磁芯特性是否造成影响，经过热循环后，磁芯材料的特性不应产生不可逆变化（例如，具有蜂腰形回线的材料可能产生的变化）。在整个过程中，磁芯应避免受到机械和磁损伤。

对于批量生产的磁芯而言，实际上，最简单而且快捷的办法就是提高磁芯磨加工后烘干的温度，使磁芯的温度达到其居里点以上，这样就可以使其磁正常（状态）化。

通常，至少应提前24h，将磁芯进行磁正常（状态）化处理，然后再进行测量。在整个测量过程中，磁芯必须受到保护，使其免受机械的冲击和振动，以及磁性的干扰。应避免温度变化可能产生测量绕组的聚缩现象。

12.1.2 测量与实验条件

① 试验的标准大气条件：试验的标准大气条件如下：温度为15℃～35℃，相对湿度为20%～80%，气压为86～106kPa。测量可在标准大气条件范围内的某一温度下进行，在整个测量过程中，温度不能变化到明显影响测量结果的程度。在某些情况下，需使用控温箱。

② 仲裁试验的标准大气条件：仲裁试验的标准大气条件为，温度25℃±1℃，相对湿度48%～52%，气压86～106kPa。如果相对湿度不影响测试结果，可不加考虑。

12.2 电磁特性测试常用仪器

用于检验、实验的设备分为两类：电磁特性及物理特性检验设备和环境实验设备。铁氧体颗粒材料的物理特性的检测器具比较简单；磁芯的物理特性主要就是其机械强度，包括抗张强度、抗压强度、抗弯强度等，用相应的力学测量仪就可以进行测量。环境实验设备有高、低温试验箱、温度冲击试验箱、交变湿热及恒定湿热试验箱等。电磁特性检验时，主要的精密测试仪器见表12.1。

表12.1 电磁特性测试常用的主要精密仪器

序号	测量参数	主要仪器	测试频率
1	本征参数 B_s、B_r、H_C	SY-8232交流 $B\sim H$ 回线测试仪	10Hz～10MHz
		C-750磁滞回线测试仪	10Hz～3MHz
2	低励磁电平(磁通密度)下的电磁特性	Agilent/HP 4274A LCR表	100Hz～100kHz
		Agilent/HP 4275A LCR表	10kHz～10MHz
		Agilent/HP 4284A 精密LCR测试仪	20Hz～1MHz
		Agilent/HP 4285A 精密LCR表	75kHz～30MHz
		Agilent4291B射频阻抗/材料分析仪	1MHz～1.8GHz
3	高励磁电平下的电磁特性	SY-8232交流 $B\sim H$ 回线测试仪	10Hz～10MHz
		CH2335 V-A-W型功率计	DC～1MHz

12.3 低磁通密度下性能参数的测量

(1) 起始磁导率 μ_i 的测量

① 测试条件

a. 样品。样品的形状为环形，尺寸为 $R10\sim36$，其有效截面积为8～100mm²，内径与外径之比约为0.6，高度与内径之比约为0.5。测试时的绕制匝数通常是20匝，绕制导线的直径为0.35mm。测试前需对样品按12.1节的方式，进行磁正常（状态）化处理。

b. 测试环境的温度。在无特殊规定的前提下，测试环境温度为25℃。

c. 测试频率 $f\leqslant10$kHz。测试用磁通密度 $\hat{B}<0.5$mT，波形为正弦波。

② 测试仪器。首先要对测量μ_i的仪器与设备进行校正，使其保持有足够的精确度。近年来由于电感测量仪已经数字化，且准确度较高，为0.01%～1%，所以被广泛应用。通常选用可以调节测试电压的电感测试仪，满足$\hat{B}<0.5mT$（$\hat{B}\leqslant 0.25mT$时，更好）的要求。常用的测试仪表有HP4274A LCR、HP4275A LCR测量仪等低频测试仪器。

③ 测量方法。测量μ_i的方法很多，有电压电流法、电桥法、电感测试法等。随着数字化仪表的快速发展，电感测试法几乎取代了其他的方法，被人们广泛地应用，其测量公式为：

$$\mu_i=\frac{C_1 L}{\mu_0 N^2}=\frac{L}{2hN^2\ln\dfrac{D}{d}}\times 10^{10} \tag{12-1}$$

式(12-1)中，N为绕组匝数；C_1为磁芯因数，m^{-1}；μ_0为磁常数（$\mu_0=4\pi\times10^{-7}$，$H\cdot m^{-1}$）；L为电感，H；D为样品外径，mm；d为样品内径，mm；h为样品高度，mm。

④ 测量程序。在样品圆周上包1～2层绝缘纸（电容纸或黄蜡绸）后，然后在样品圆周上均匀缠绕测量线圈。在绕制时尽可能将线缠紧样品，使样品与线圈之间的耦合系数尽可能趋于100%。在测量频率下，分布电容应尽量低，以使线圈本身引起的测量误差可以忽略。因此，线圈匝数N应根据测量条件、灵敏度和测量准确度而定。通常情况下，在测试频率为1kHz与10kHz时，线圈匝数分别为20与10，线圈线径为0.31mm。按式(12-2)计算并调节好测试线圈上的电压。

$$U=4.44fN\hat{B}A_e=4.44fN\hat{B}\frac{h\ln^2(D/d)}{2(d^{-1}-D^{-1})} \tag{12-2}$$

式(12-1)中，U为测量电压的有效值，V；f为测试频率，Hz；N为线圈匝数；$\hat{B}$为峰值磁通密度，T；A_e为样品有效截面积，m^2。然后将样品测量线圈接到仪器，按电感测量仪操作规程，把测试频率f与电压U调到规定的值，读出（测量）被测样品自感量L值，每次测量时间不得超过1min。将测得样品的自感量L按式(12-1)计算μ_i。

如在测试由2个以上元件组成的样品组件，必须注意磁芯间的接触面是否紧固。

(2) 复数磁导率

① 测试方法。复数磁导率的测试频率、样品要求、磁通密度、测试环境、测量线圈及其缠绕方式等与μ_i的测量相同。复数磁导率常用绕线测量法进行测试（如$\mu_i<100$，常采用短路同轴测量法，这里不再对其赘述）。在样品上均匀绕上测试线圈，采用LCR测试仪或者阻抗分析仪测量样品的自感量L和含样品线圈的损耗电阻R，计算复数磁导率$\tilde{\mu}$（$\tilde{\mu}=u'-ju''$）的两个分量u'和u''。

$$u'=\frac{l_e L}{u_0 A_e N^2}=\frac{L}{u_0 N^2}\times\frac{\pi\ln(D/d)}{d^{-1}-D^{-1}}\times\frac{2(d^{-1}-D^{-1})}{h\ln^2(D/d)}=\frac{L}{u_0 N^2}\times\frac{2\pi}{h\ln(D/d)} \tag{12-3}$$

$$u''=\frac{l_e(R-R_w)}{2\pi f u_0 A_e N^2}=\frac{R-R_w}{2\pi f u_0 N^2}\times\frac{\pi\ln(D/d)}{d^{-1}-D^{-1}}\times\frac{2(d^{-1}-D^{-1})}{h\ln^2(D/d)}=\frac{R-R_w}{f u_0 N^2 h\ln(D/d)} \tag{12-4}$$

式中，u'为复数磁导率的实部；u''为复数磁导率的虚部；l_e为样品的有效磁路长度，m；A_e为样品的有效截面积，m^2；L为样品的自感，H；R为含样品线圈损耗的电阻值，Ω；R_w为测量线圈本身的直流电阻值，Ω；f为测量频率，Hz。

② 测量程序。按电感测量仪操作规程，把样品测量线圈接到仪器，将频率f和电压U调到规定的值，测量样品的自感L和R，把测得的自感L和损耗电阻R代入式(12-3)和式(12-4)中计算复数磁导率。样品线圈的直流电阻R_w用直流毫欧表测量。也可采用直流电阻低的导线绕制线圈以使R_w很小，不影响测量结果。测试出不同频率下的u'和u''，在对数坐标上，作出$u'\sim f$和$u''\sim f$曲线。

(3) 相对损耗因数

测量频率与 μ_i 的测试相同，也可根据需要规定。$\hat{B}<0.25\text{mT}$，波形为正弦波。通过测量 μ_i 和损耗角正切 $\tan\delta=\frac{\mu''}{\mu}$，来计算相对损耗因数 $\frac{\tan\delta}{\mu_i}$。

(4) 磁滞常数

样品的选择、测试线圈、磁通密度波形、测试环境条件与 μ_i 的测试相同，其余测试条件如下：当 $\mu_i>500$ 时，频率 $f=10\text{kHz}$，磁通密度峰值 $\hat{B}_1=1.5\text{mT}$，$\hat{B}_2=3.0\text{mT}$。当 $\mu_i<500$ 时，频率 $f=100\text{kHz}$，磁通密度峰值 $\hat{B}_1=0.3\text{mT}$，$\hat{B}_2=1.2\text{mT}$。用 LCR 测试仪或阻抗分析仪测量 $\hat{B}_1$ 和 $\hat{B}_2$ 下材料的损耗因数，磁滞损耗因数按式(12-5) 计算：

$$\left(\frac{\tan\delta}{u}\right)_h=\left(\frac{\tan\delta}{u}\right)_{\hat{B}_2}-\left(\frac{\tan\delta}{u}\right)_{\hat{B}_1} \tag{12-5}$$

式(12-5) 中，$\left(\frac{\tan\delta}{u}\right)_h$ 为磁滞损耗因数；$\left(\frac{\tan\delta}{u}\right)_{\hat{B}_1}$ 为 $\hat{B}_1$ 下材料的损耗因数；$\left(\frac{\tan\delta}{u}\right)_{\hat{B}_2}$ 为 $\hat{B}_2$ 下材料的损耗因数。磁滞常数按式(12-6) 计算。

$$\eta_B=\frac{1}{\hat{B}_2-\hat{B}_1}\times\left(\frac{\tan\delta}{u}\right)_h \tag{12-6}$$

式中，η_B 为材料的磁滞常数，T^{-1}。

采用 LCR 表或阻抗分析仪，应保证调到规定的测试频率和 $\hat{B}_1$ 和 $\hat{B}_2$ 对应的外加峰值电压 $\hat{U}_1\left[\hat{U}_1=2\pi fA_e\hat{B}_1=\pi f\hat{B}_1\frac{h\ln^2(D/d)}{(d^{-1}-D^{-1})}\right]$ 和 $\hat{U}_2\left[\hat{U}_2=2\pi fA_e\hat{B}_2=\pi f\hat{B}_2\frac{h\ln^2(D/d)}{d^{-1}-D^{-1}}\right]$，仪器的准确度为±1%。然后在 $\hat{U}_1$ 下测出样品的自感 $L_{\hat{B}_1}$ 和损耗角正切 $(\tan\delta)_{\hat{B}_1}$，在 $\hat{U}_2$ 下测出样品的自感 $L_{\hat{B}_2}$ 和损耗角正切 $(\tan\delta)_{\hat{B}_2}$。把 $L_{\hat{B}_1}$ 和 $L_{\hat{B}_2}$ 的测量值带入（12-1）式计算 $\mu_{\hat{B}_1}$，$\mu_{\hat{B}_2}$，从而计算出 $\hat{B}_1$ 和 $\hat{B}_2$ 下的损耗因数，并将其带入式(12-6) 即可。

(5) 磁导率的温度系数 α_μ 的测量

① 方法：样品的准备同 μ_i，测试条件：$f<10\text{kHz}$，$\hat{B}<0.25\text{mT}$，波形为正弦波。温度范围：参考温度为 T_{ref} 25℃，实验温度 T 从下列温度中优选（常取 55℃）：−65℃、−55℃、−25℃、−10℃、0℃、15℃、40℃、55℃、70℃、85℃、100℃、125℃。

$$\alpha_\mu=\frac{L_T-L_{ref}}{L_{ref}(T-T_{ref})} \tag{12-7}$$

$$\alpha_F=\frac{\mu_T-\mu_{ref}}{\mu_{ref}^2(T-T_{ref})}=\frac{\mu_0N^2h\ln(D/d)}{2\pi}\times\frac{L_T-L_{ref}}{L_{ref}^2(T-T_{ref})} \tag{12-8}$$

式中，α_F 为（磁导率的）温度因素，℃$^{-1}$。L_T 为实验温度在 T 下的自感量，H；L_{ref} 为参考温度 T_{ref} 下的自感量，H。

温度系数通常是用来描述给定温度范围内材料磁导率变化的程度，只有在温度范围内材料的磁导率温度曲线近似为线性时，才能用 α_F 或 α_μ 来描述材料的磁导率温度特性。

② 测量仪器设备。电感测量仪与起始磁导率测量相同，控温箱中，样品放置的任何区域都能保持规定的温度偏差为±1℃以内，温度随时间的变化不得超过±0.3℃。样品不受任何超过±0.3℃的温度波动和冲击。

③ 测量程序。将绕有线圈的样品环放入控温箱中，至少做 2 个温度冲击循环来稳定样品。通常温度循环的条件是：从低温（25℃）到高温（55℃），再从高温（55℃）到低温

(25℃）为一个循环周期。循环时控温箱温度变化的速率为 1℃/min。两次稳定循环后，分别在规定的温度下测试电感量 L_{ref}、L_T。测试前的保温时间足够长（1h）。

放入控温箱的样品环的引出线应尽量短，这样可使引出线引起的电感忽略不计，否则应该补偿连接导线引起的电感，从而减少测量误差。测试温度应选择接近实际状态的温度。

(6) 减落

① 方法。样品的准备、测试条件、波形同 α_μ，测量温度为（25±1)℃，将样品磁正常状态化后，在其后的两个规定的时间（单位，秒）t_1、t_2，用电感测量仪测出样品的自感量 L_1、L_2，其对应的起始磁导率 μ_1、μ_2，磁导率的减落系数 d 按式(12-9）计算，减落测量系统如图 12.1 所示。

$$d=\frac{L_1-L_2}{L_1\lg(t_2/t_1)} \tag{12-9}$$

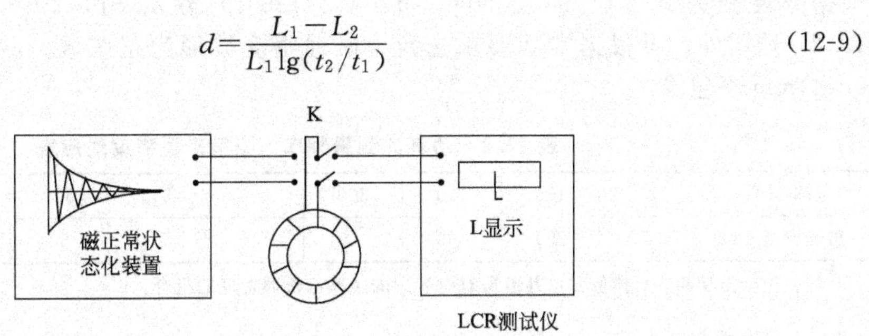

图 12.1 减落测量系统

② 程序。在样品周围包 1～2 层绝缘纸（电容纸或黄蜡绸）后，在样品周围绕制测量线圈，而且应均匀分布，线圈匝数 N 以及导线粗细应使在磁正常状态化时，样品不发热。然后将样品在规定的温度下放置足够长的时间，以使样品的内外部达到温度平衡，然后在样品磁正常状态化后，在时间 t_1、t_2 分别读取样品的自感 L_1、L_2，并带入式(12-9）即可。通常 t_1 可选取 1min 或 10min，t_2 可选取 10min 或 100min 等十进制单位。

(7) 居里温度

样品及测试条件同 μ_i。应注意对电阻率低于 $10^3\Omega\cdot m$ 的样品，在测试时须缠绕上耐高温的绝缘带或者涂上耐热性绝缘涂料，温控箱能控制的温度与导线的耐热温度应高于样品的 T_C，温度的精度应保持在规定的公差范围内。

通过测试样品的自感随温度变化的 L-T 曲线的最大值下降 80％的点和 20％的点做直线，与无磁芯线圈电感 L_0 线相交，其交点为居里温度点 T_C，如图 12.2 所示。把绕有线圈

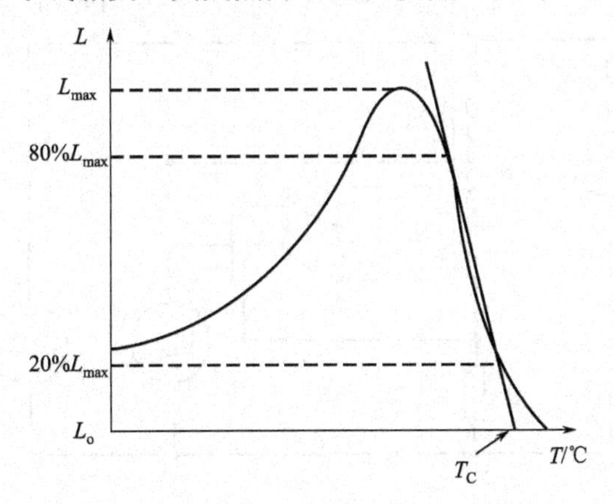

图 12.2 样品的 L-T 曲线

的样品放入控温箱中，线圈引出导线（应尽量短）连接电感测试仪器，组成测试系统，控温从室温开始，以小于1℃/min升温，作出或记录L-T曲线。

12.4 高磁通密度下性能参数的测量

(1) 功耗

① 测试条件。样品的准备同μ_i，测量频率、峰值磁通密度以及测试温度（100℃，可以根据需要调为25℃、60℃、80℃、120℃、150℃）除从SJT 9072.3—1997标准（见表12.2）选用外，可根据实际要求选定，磁通密度波形为正弦波。测试线径采用ϕ(0.3～0.44)mm漆包线。

表12.2 功耗的测量频率、峰值磁通密度对应表

频率/kHz	25	100	100	200	300	200	500	1000	500	1000
磁通密度/mT	200	200	100	100	100	50	50	50	25	10

注：当标出功耗的具体值时，其值需对应表中的频率与磁通密度的组合。

② 测试方法

a. 有效值法。用真有效值读数电压表测量两个电压之和与差的有效值，第1个是跨在测量绕组上的电压，第2个是跨在与电流绕组串联的无感电阻上的电压，这两个有效值的平方之差正比于磁芯中的总损耗。

功耗测量的有效法电路如图12.3所示。变压器T由被测样品和三个绕于样品上的绕组组成，N_1为励磁绕组，N_2为感应电压绕组，N_3为测量绕组，$U_{r.m.s}$为有效值电压表，$U_{a.v}$为平均值电压表，E_S为功率信号源，通过开关K倒换（由a到b或由b到a）测量N_3绕组上的电压和电阻R上的电压之和U_1，以及他们之差U_2即可。N_1、N_2、N_3均绕在样品上，测量绕组N_3的匝数应使N_3上电压和电阻R上的电压同数量级，这两个电压数量值越接近，功耗的准确度越高，E_S的输出阻抗应尽量低，输出电压为正弦波（有效值法对于波形失真不敏感）。测试期间，励磁振幅变化、频率变化均不应超过±0.2%，$U_{r.m.s}$与$U_{a.v}$电压表输入阻抗要高，其不准确度在±0.5%之内。电阻R应为无抗电阻。按式(12-10)算出$U_{a.v}$值。

$$U_{a.v}=4fNA_e\hat{B}=4fN\hat{B}\times\frac{h\ln^2(D/d)}{2(d^{-1}-D^{-1})} \tag{12-10}$$

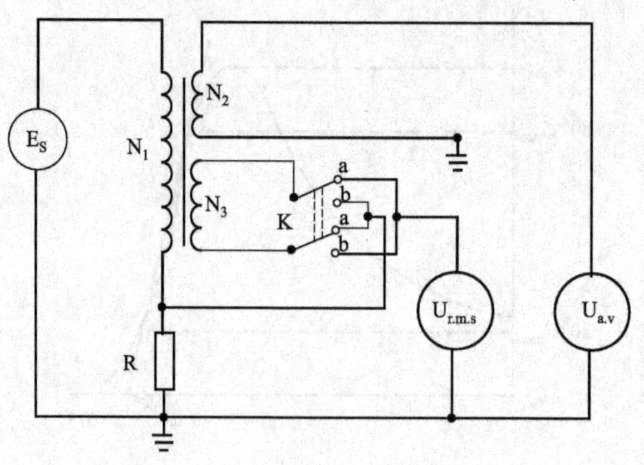

图12.3 功耗测量的有效法电路

在（2±0.5）s内，调节功率信号源输出，使其$U_{a.v}$表指示$U_{a.v}$值，在$U_{r.m.s}$表上读取U_1值，然后开关倒向另一位置，读取U_2值并按式(12-11）计算，操作时间应在10s内完成，以免样品发热。

$$P=\frac{|U_1^2-U_2^2|}{4R\frac{N_3}{N_1}} \tag{12-11}$$

式中，U_1为测量绕组两端电压及电流绕组串联的电阻器两端电压之和的有效值；U_2为上述两电压之差的有效值。

b. 乘积电压表法。无抗电阻与磁芯上的线圈（200kHz以上应采用双绕组测量线圈）串联，将无抗电阻两端的电压和线圈两端的电压分别接到乘积电压表的两个通道，该电压表指出两个电压瞬时值乘积的平均值，这个平均值正比于磁芯的总损耗。

$$P=\overline{u\cdot i}=k\cdot a \tag{12-12}$$

式(12-12）中，$\overline{u\cdot i}$为样品功耗瞬时平均值，a为伏特-安培-瓦特表的读数，k为仪器常数。

③ 功率损耗密度的计算。功率损耗密度常由式(12-13）计算：

$$P_{CV}=P/V_e=\frac{2P(d^{-1}-D^{-1})^2}{\pi h\ln^3(D/d)} \tag{12-13}$$

(2）性能因素 P_F

采用测量功耗的方法，测量样品功耗随磁通密度或功耗随频率变化的曲线，使材料在功耗极限下，求出$P_F=B\times f$之乘积。如规定频率f_n，改变磁通密度B，测出对应的P_{CV}，作出P_{CV}-B曲线，见图12.4。从图中求出规定功耗$P_{CV,MAX}$的B即可。

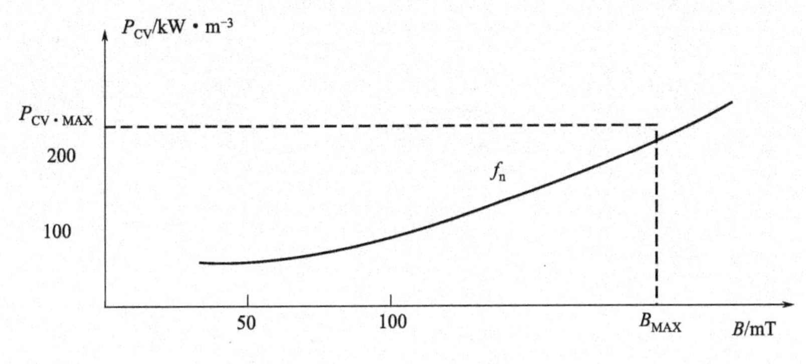

图12.4　P_{CV}-B曲线

12.5 磁滞回线及B_S、B_r、H_C的测量

样品的准备同μ_i。测试频率$f\leqslant 10$kHz；测试温度为25℃、100℃；磁场强度因材料μ_i值的不同而各异，具体见表12.3。

表12.3　测试B_S、B_r、H_C所用磁场强度与材料μ_i值的关系

磁场强度/(kA/m)	1.2	3	10	20
μ_i	>1000	1000～500	100～500	≤100

采用RC积分法，通过自动记录磁通随磁场强度的变化，描绘饱和磁滞回线，见图12.5，并求出 B_S、B_r、H_C。在规定的最大磁场 H_m 下，描绘样品的饱和磁滞回线，取磁滞回线最大磁场 H_m 对应的磁通密度为 B_S，从磁滞回线的饱和状态到磁场为0时，对应的磁通密度为 B_r，从磁滞回线的饱和状态到磁场为0，再反向增大磁场，当磁通密度为0时的磁场强度，取作 H_C。

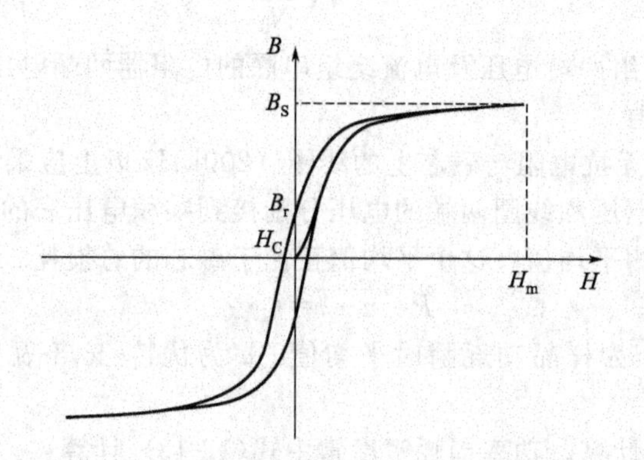

图12.5　软磁材料的饱和磁滞回线

本章对软磁铁氧体材料一些常用参数的测试进行了介绍，如需进一步深入了解各参数的测试，可查阅GB 9632.1—2002《通信用电感器和变压器磁芯测量方法》，SJ 20966—2006《软磁铁氧体材料测量方法》等相关标准。

[1] 夏德贵等．软磁铁氧体制造原理与技术［M］．西安：陕西科学技术出版社，2010
[2] 陈元峻等．一种高性能锰锌软磁铁氧体用氧化铁红的后处理工艺．［P］中国专利．公开号 CN101962209A. 2011. 02. 02
[3] 李先柏等．用菱锰矿制备四氧化三锰的方法．［P］中国专利．公开号 CN102134101A. 2011. 07. 27
[4] 宝山钢铁股份有限责任公司等．GB/T 24244—2009. 铁氧体用氧化铁［S］. 2010. 4
[5] 全国锰业技术委员会等．GB/T 21836—2008. 软磁铁氧体用四氧化三锰［S］. 2008. 11
[6] 兴化市诚歆氧化锌厂等．HG/T 2834—2009 软磁铁氧体用氧化锌［S］. 2010. 6
[7] 宋玉升．铁氧体工艺［M］. 北京：电子工业出版社．1984
[8] 井上胜词．锰锌系铁氧体．［P］ 中国专利．公开号 CN1322364. 2001. 11. 14
[9] 陈卫锋等．具有超高磁导率锰锌铁氧体粉体的制备方法．［P］ 中国专利．公开号 CN1783362A. 2006. 06. 07
[10] 张俊英等．铁氧体磁化度的探讨与控制［J］. 河北煤炭 2005（4）：19-20
[11] 石胁将男等．低损失 MnZn 铁氧体及使用其的电子部件和开关电源［P］ 中国专利．公开号 CN101061080A. 2007. 10. 24
[12] 颜冲等．一种 MnZn 功率铁氧体材料．［P］ 中国专利．公开号 CN1749210. 2006. 03. 22
[13] 福地英一郎等．MnZn 铁氧体的制造方法．［P］ 中国专利．公开号 CNCN1649039. 2005. 08. 03
[14] 屠新根．一种 MgMnZn 系铁氧体及其制备方法．［P］ 中国专利．公开号 CN101698596A. 2010. 04. 28
[15] 罗德高．湿式球磨机最佳转速的探讨．陶瓷［J］. 1992（2）：21-28
[16] 贾利军．磁性材料工艺原理［M］. 成都：电子科技大学出版社，2000. 07
[17] 孙亦栋．铁氧体工艺［M］. 成都：电子工业出版社，1984. 03
[18] 黄永杰．磁性材料［M］. 成都：电子科技大学出版社，1993. 05
[19] 王会宗等．磁性材料及应用．［M］. 北京：国防工业出版社，1989
[20] 李国栋．铁氧体物理学［M］. 北京：科学出版社，1978
[21] 都有为．铁氧体［M］. 南京：江苏科技出版社，1996
[22] 范晶荣．通信变压器用高磁导率低损耗 MnZn 铁氧体 TH10 材料的制备工艺［J］. 磁性材料及器件 2004（4）：38-41
[23] 彭声谦等．低损耗软磁锰锌铁氧体．［P］ 中国专利．公开号 CN1627454，2005. 06. 15
[24] 陈卫锋等．锰-锌功率软磁铁氧体料粉及其制备方法．［P］ 中国专利．公开号 CN1447356. 2003. 10. 08
[25] 何时金等．高频细晶粒软磁铁氧体磁体材料及其生产工艺．［P］ 中国专利．公开号 CN1503280. 2004. 06. 09
[26] 安原克志等．锰－锌铁氧体制造工艺、锰－锌铁氧体和用于电源的铁氧体磁芯．［P］ 日本专利．公开号 CN1317808. 2001. 10. 17
[27] 徐刚明等．磁性材料的磁性参数测量问题与质量保证方案［J］. 磁性材料及器件，2000，31（2）：53-57
[28] 樊志远等．高 B_S低损耗高 T_C的 MnZn 铁氧体材料的研制［J］. 国际电子变压器．2004（1）：134-138
[29] 徐成武等．喷雾造粒系统的工艺原理及提高粉料质量和制备效率的途径［J］. 磁性材料及器件．2003. 34（1）：37-41
[30] 孙健等．软磁铁氧体干压成型工艺技术要点及工装设备的应用［J］. 国际电子变压器．2005. 4：112-115
[31] 魏唯等．软磁铁氧体烧结专用设备钟罩式气氛烧结炉的研制［J］. 磁性材料及器件．2004 年 8 月：27-30
[32] 尉晓东．锰锌铁氧体磁芯烧结裂纹成因浅探［J］. 陶瓷 2011 年 08 月上 26-27
[33] 李爱民．铁氧体材料成形时易出现的问题及解决方法［J］. 电子元件与材料，2007. 26（4）：68～69
[34] 杨青慧等．高磁导率软磁材料的研究现状与关键工艺［J］. 磁性材料及器件．2003. 34（2）：34-36

[35] 余忠等．高频 MnZn 功率铁氧体烧结工艺研究［J］．材料导报．2003.12.17（12）：80-82
[36] 李刘清等．镍-锌软磁铁氧体材料、电感器产品及其制造方法［P］．中国专利．公开号 CN1750182.2006-03-22
[37] 黄刚．高频开关电源变压器用功率铁氧体的关键制备技术［J］．电源技术应用．2005，8（12）
[38] 邓元等起草．软磁铁氧体材料测量方法［S］．中国电子行业军用标准．SJ 20966-2006
[39] 王朝明等．预烧温度对高导磁率 MnZn 铁氧体微结构和磁性能的影响［J］．功能材料．2006（04）：552-554
[40] 姬海宁等．预烧温度对 MnZn 功率铁氧体烧结活性及温度稳定性的影响［J］．材料导报．2008（07）：130-132
[41] 李卫．宽频高磁导率锰锌铁氧体材料的研制［J］．磁性材料及器．2006.08.137（4）：59-61
[42] 黄爱萍等．掺杂对高导 MnZn 铁氧体材料性能的影响［J］ 华中科技大学学报．2006.02.34（2）：39-41
[43] 李刘清等．粘合剂（PVA）在镍锌软磁铁氧体应用中一些问题的解决方法．［C］ 2008 中国电子变压器、电感器第三届联合学术年会论文集．威海．国际电子变压器编辑部．2008：69-71.
[44] 李际勇．NiZn 铁氧体粉料生产中喷雾造粒用料浆的研究［J］ 电子元件与材料．2009.06.28（6）：31-33
[45] 胡大双．“黑色陶瓷”偏转磁芯烧成圈裂问题的研究［J］．陶瓷．2005（7）：39-40
[46] 李晓鹏．偏转磁芯竖裂问题的研究［J］．现代电子技术 2004.184.（17）：26-29
[47] 鲁亚明．偏转磁芯竖裂问题的研究［J］．陶瓷．2008（9）：24-27
[48] 陈永平．功率软磁铁氧体磁芯的气隙研磨［J］．磁性材料及器件，2011，42（5）：73-75
[49] 崔锦华．软磁铁氧体材料参数测量方法和技巧［J］．陶瓷．2011，5：23-24
[50] 中畑功等．烧结铁氧体及其制造方法［P］．中国专利．公开号 CN101593596.2009.12.02